Das

„Handbuch der Gesetzgebung in Preußen und dem Deutschen Reiche"

zerfällt in folgende Theile:

*)1. Theil. **Das Deutsche Reich.**
2. Theil. **Auswärtige Angelegenheiten.** (Bearbeiter: Graf Hue de Grais, Regierungspräsident a. D.)
3. Theil. **Heer und Kriegsflotte.**
   1. Band. Allgemeine Bestimmungen.
   2. Band. Militärstrafrecht. (Bearbeiter: Dr. **Schlayer**, Kriegsgerichtsrath.)
4. Theil. **Der preußische Staat.**
   *)1. Band. Staatsverfassung und Staatsbehörden. (Bearbeiter: Graf Hue de Grais, Regierungspräsident a. D.)
   2. Band. Staatsbeamte. (Bearbeiter: **Bredow**, Geh. Oberregierungsrath).
   3. Band. Kommunalverbände. (Bearbeiter: **Freytag**, Wirkl. Geh. Oberregierungsrath.)
5. Theil. **Finanzen.**
   1. Band. Finanzverwaltung.
   2. Band. Direkte Steuern.
   3. Band. Stempelsteuer.
   4. Band. Zölle. (Bearbeiter: **Lusensky**, Geh. Oberregierungsrath.)
   5. Band. Verbrauchssteuern.
6. Theil. **Rechtspflege.**
   1. Band. Das Bürgerliche Gesetzbuch.
   2. Band. Handels- und Gewerberecht.
   3. Band. Gerichtsverfassung. Gerichtliches Verfahren.
   4. Band. Freiwillige Gerichtsbarkeit.
   5. Band. Strafrecht.
7. Theil. **Polizei.** (Bearbeiter: **Genzmer**, Oberverwaltungsgerichtsrath.)
8. Theil. **Gesundheitswesen.** (Bearbeiter: Dr. **Hornemann**, Landrichter.)
9. Theil. **Bauwesen.** (Bearbeiter: Dr. **Münchgesang**, Regierungsrath.)
10. Theil. **Personenstand und Armenwesen.**
11. Theil. **Kirche.** (Bearbeiter: **Altmann**, Geh. Oberregierungsrath.)
12. Theil. **Unterricht.**
   1. Band. Volksschulen. (Bearbeiter: v. **Bremen**, Geh. Oberregierungsrath.)
   2. Band. Höhere Schulen.
   3. Band. Universitäten. Kunst und Wissenschaft.
13. Theil. **Bergwesen.** (Bearbeiter: **Kreisel**, Oberbergrath.)
14. Theil. **Land- und Forstwirthschaft.**
   1. Band. Landwirthschaft. (Bearbeiter: Dr. **Traugott Müller**, Geh. Oberregierungsrath.)
   *)2. Band. Forstwirthschaft. (Bearbeiter: **Schultz**, Landforstmeister a. D.)
   3. Band. Agrargesetzgebung.
   4. Band. Viehzucht und Thierheilwesen. (Bearbeiter: **Küster**, Geh. Oberregierungsrath.)
   5. Band. Jagd. (Bearbeiter: **Schultz**, Landforstmeister a. D. und Regierungspräsident Frhr. v. **Scherr Thoß**)
   6. Band. Fischerei. (Bearbeiter: **Hoffmann**, Geh. Regierungsrath.)
15. Theil. **Handel und Gewerbe.**
   1. Band. Handel. (Bearbeiter: **Lusensky**, Geh. Oberregierungsrath.)
   2. Band. Gewerbe.
16. Theil. **Arbeiterfürsorge und Arbeiterversicherung.** (Bearbeiter: v. **Loebell**, Geh. Regierungsrath.)
17. Theil. **Schiffahrt.**
18. Theil. **Wege.**
19. Theil. **Eisenbahnen.** (Bearbeiter: **Fritsch**, Geh. Regierungsrath.)
20. Theil. **Post und Telegraphen.** (Bearbeiter: **Aschenborn**, Geh. Postrath.)

Die mit *) bezeichneten Bände sind erschienen.

Die Bände sind einzeln

W0262095

Handbuch der Gesetzgebung

in

Preußen und dem Deutschen Reiche.

Unter Mitwirkung

von

Geh. Oberregierungsrath **Altmann**, Geh. Postrath **Aschenborn**, Geh. Ober=
regierungsrath **Bredow**, Geh. Oberregierungsrath **von Bremen**, Wirkl.
Geh. Oberregierungsrath **Freytag**, Geh. Regierungsrath **Fritsch**, Oberverwal=
tungsgerichtsrath **Genzmer**, Geh. Regierungsrath **Hoffmann**, Landrichter
Dr. **Hornemann**, Oberbergrath **Kreisel**, Geh. Oberregierungsrath **Küster**,
Geh. Regierungsrath **von Loebell**, Geh. Oberregierungsrath **Lusensky**,
Regierungsrath Dr. **Münchgesang**, Geh. Oberregierungsrath Dr. **Traugott
Müller**, Kriegsgerichtsrath Dr. **Schlayer**, Landforstmeister a. D. **Schultz**
Regierungspräsident Freiherr **v. Seherr-Thoss**

herausgegeben

von

Graf Hue de Grais,

Wirkl. Geh. Oberregierungsrath, Regierungspräsidenten a. D.

XIV.

Land- und Forstwirthschaft, Viehzucht, Jagd und Fischerei.

Zweiter Band.
Die Forstwirthschaft.

Berlin

Verlag von Julius Springer

1903.

Die Forstwirthschaft.

Von

W. Schulz,
Landforstmeister a. D.

Berlin
Verlag von Julius Springer
1903.

ISBN-13: 978-3-642-89011-6   e-ISBN-13: 978-3-642-90867-5
DOI: 10.1007/978-3-642-90867-5

Softcover reprint of the hardcover 1st edition 1903

Vorwort.

Unsere Gesetze und die zu ihrer Ausführung erlassenen Vorschriften finden sich in zahlreiche Sammlungen zerstreut, deren jede wieder eine lange Reihe von Bänden umfaßt. Wird schon dadurch das Auffinden der einzelnen Bestimmungen erheblich erschwert, so bieten diese, auch wenn sie gefunden, meist nicht die gewünschte Auskunft, weil sie durch spätere Vorschriften ergänzt oder abgeändert sind, oder erst durch besondere Ausführungsvorschriften verständlich und anwendbar werden. Die Bestimmungen sind dadurch schon den Beamten schwer zugänglich geworden; den Laien sind sie fast ganz verschlossen, obwohl sie auch für diese erhebliche Bedeutung haben, zumal seitdem diese sich in stets wachsendem Umfange zu den Geschäften des öffentlichen Dienstes in Staat und Gemeinde herangezogen sehen. Hier möchte das vorliegende Werk Abhülfe schaffen und die Reichs- und die Landesgesetzgebung allen Betheiligten näher bringen.

Der umfangreiche Stoff ist zu diesem Zwecke in eine Reihe von Einzelgebieten zerlegt, wie sie den einzelnen Gruppen der betheiligten Beamten und Laien entsprechen. Da jedes dieser Gebiete selbstständig als in sich abgeschlossenes Werk bearbeitet wird und alle Bände einzeln käuflich sind, findet jede dieser Gruppen alle sie unmittelbar angehenden Bestimmungen in einem handlichen Bande zusammengefaßt. Wer sich aber auf den Gebrauch mehrerer dieser Werke angewiesen sieht, kann, sobald er eins von ihnen benutzt hat, sich ohne Weiteres in jedem anderen zurecht finden, da alle Gebiete nach einheitlichen Grundsätzen völlig gleichmäßig bearbeitet werden.

Die Eintheilung[1]) ist so getroffen, daß mit dem Deutschen Reiche in seinen staatsrechtlichen Verhältnissen begonnen wird, die zuerst allgemein (Theil 1) und dann bezüglich der auswärtigen Angelegenheiten

---

[1]) Die Eintheilung folgt im Allgemeinen den Grundsätzen, die in des Herausgebers Handbuch der Verfassung und Verwaltung in Preußen und dem Deutschen Reiche (15. Aufl. Berl. 02) und in dessen in wesentlich kürzerer Fassung bearbeiteten gleichnamigen Grundrisse (7. Aufl. Berl. 02) beobachtet worden sind. Beide Werke enthalten systematische Darstellungen, während das vorliegende Werk die Gesetze und Ausführungsbestimmungen in ihrem Wortlaute darstellt und erläutert.

(Theil 2) und des Heeres und der Kriegsflotte (Theil 3 in zwei Bänden
für die allgemeinen Verhältnisse und das Militärstrafrecht) dargestellt
werden. — Daran schließen sich der preußische Staat in seinen staats=
rechtlichen Verhältnissen (Theil 4 in drei Bänden für Verfassung und
Behörden, für Beamte und für Kommunalverbände) und die Finanzen
(Theil 5 in fünf Bänden für Finanzverwaltung, direkte Steuern, Stempel,
Zölle und Verbrauchssteuern). — Alle folgenden Theile behandeln die
Aufgaben des Staates und betreffen den Schutz der Personen und des
Eigenthums und die Pflege der geistigen und wirthschaftlichen Interessen
der Staatsangehörigen. — Schutz bietet die Rechtspflege (Theil 6), die
in fünf Bänden das Bürgerliche Gesetzbuch, das Handels= und Gewerbe=
recht, die Gerichtsverfassung und das Verfahren, die freiwillige Gerichts=
barkeit und das Strafrecht umfaßt, und die Polizei (Theil 7) nebst Ge=
sundheitswesen (Theil 8), Bauwesen (Theil 9), Personenstand und
Armenwesen (Theil 10). Die geistigen Interessen finden ihre Pflege
in der Kirche (Theil 11) und dem Unterricht (Theil 12), der in drei
Bände für das Volksschulwesen, die höheren Schulen und die Univer=
sitäten nebst Kunst und Wissenschaft zerlegt ist. — Für die wirthschaft=
liche Pflege kommen die verschiedenen Gebiete des Erwerbslebens in Be=
tracht, das Bergwesen (Theil 13), die Land= und Forstwirthschaft
im weiteren Sinne (Theil 14), die in sechs Bänden für Landwirthschaft,
Forstwirthschaft, Agrargesetzgebung, Viehzucht, Jagd und Fischerei zur
Darstellung gelangt, der Handel und das Gewerbe (Theil 15) in zwei
Bänden, die Arbeiterfürsorge und Arbeiterversicherung (Theil 16) und
die den Verkehr betreffenden Gebiete der Schifffahrt (Theil 17), Wege
(Theil 18), Eisenbahnen (Theil 19), der Post und Telegraphie (Theil 20).[2])

Die Einzelgebiete sind in Abschnitte getheilt, die mit römischen
Zahlen bezeichnet sind. In dieser werden die Hauptgesetze unter fort=
laufenden deutschen Ziffern aufgeführt. Die den Abschnitten voran=
gestellten Einleitungen bieten eine Uebersicht dieser Gesetze. Die nur zu
ihrer Ergänzung oder Ausführung ergangenen Bestimmungen (Neben=
gesetze, Verordnungen, Anweisungen) sind entweder in Anmerkungen —
die minder wichtigen nur dem Inhalt nach — aufgeführt, oder bei
größerem Umfange als Anlagen unter lateinischen Buchstaben den Haupt=
gesetzen in der Reihenfolge angefügt, in der in dieser auf sie hingewiesen
wird.[3])

---

[2]) Die Ziffernbezeichnung der Theile
und Bände hat gegen die Angabe im
Vorwort zu Theil 1 einige Aenderungen
erfahren, um die Zusammengehörigkeit
der Gebiete der Finanzen, der Rechts=
pflege und der Land= und Forst=
wirthschaft schärfer hervorzuheben.

Die Eintheilung selbst ist nicht ge=
ändert.

[3]) Oertliche Bestimmungen, die
nicht mindestens für den Bezirk einer
Provinz Geltung haben, sind im All=
gemeinen nicht aufgenommen, aber
überall nachrichtlich angeführt.

Die gesetzlichen Bestimmungen sind durch stärkeren Druck hervor=
gehoben und alle Bestimmungen streng nach dem Wortlaute ihrer amt=
lichen Veröffentlichung wiedergegeben.[4]) Die späteren Aenderungen sind
zwar eingefügt, aber als solche deutlich bezeichnet. Veraltete oder auf=
gehobene Bestimmungen sind demgemäß fortgelassen, oder wo sie des
Zusammenhanges wegen nicht zu entbehren waren, durch lateinischen
Druck gekennzeichnet, während abgeänderte oder neu hinzugetretene Be=
stimmungen durch gesperrten Druck kenntlich gemacht sind. In beiden
Fällen wird in den Anmerkungen nachgewiesen, wodurch die Aufhebung
oder die Abänderung veranlaßt ist.

Die den Gesetzen angefügten Anmerkungen sollen außer diesen
Angaben (Abs. 5) auch alle sonstigen für das Verständniß und die Hand=
habung erforderlichen Erläuterungen geben. Sie enthalten demgemäß
neben der Darlegung der Entstehung, Bedeutung und Eintheilung der
Gesetze auch Hinweise auf andere Vorschriften, die mit den behandelten
Bestimmungen in Zusammenhang stehen, ferner alle bezüglich ihrer er=
gangenen grundlegenden Entscheidungen der höchsten Gerichte und Ver=
waltungsbehörden, endlich die Hauptergebnisse, die Wissenschaft und prak=
tische Handhabung darüber gefördert haben.

Jedem Theile oder Bande ist ein (chronologisches) Verzeichniß
der Bestimmungen und ein (alphabetisches) Sachverzeichniß bei=
gegeben.

Der vorliegende zweite Band des Theil 14 enthält die die Forst=
wirthschaft[5]) betreffenden Bestimmungen[6]) und hat damit insbesondere

---

[4]) Fortgelassen sind die regelmäßig
wiederkehrenden Eingangs= und
Schlußformeln der Gesetze, erstere,
soweit sie nicht mit gesetzlichen Be=
stimmungen verbunden sind. Die Ein=
gangsformel lautet bei Reichsgesetzen:
„Wir Wilhelm, von Gottes
Gnaden Deutscher Kaiser, König
von Preußen 2c. verordnen im Namen
des Reichs nach erfolgter Zustimmung
des Bundesraths und des Reichstags
was folgt:", bei Landesgesetzen: „Wir
Wilhelm, von Gottes Gnaden
König von Preußen 2c. verordnen
unter Zustimmung beider Häuser des
Landtags der Monarchie, was folgt:"
Die Schlußformel lautet: „Urkundlich
unter Unserer Höchsteigenhändiger
Unterschrift und beigedrucktem Kaiser=
lichen (bei Landesgesetzen: Königlichen)
Insiegel. Gegeben (Datum u. Unter=
schriften)". — Die in den Sammlungen
enthaltenen laufenden Nummern der
Gesetze sind fortgelassen; dafür sind die
für das Auffinden in den Sammlungen
wichtigeren Seitenzahlen der letzteren
den Gesetzesüberschriften hinzugefügt.

[5]) Bearbeitungen des gesammten Ge=
bietes der Forstwirthschaft von: v. Hagen-
Donner die forstlichen Verhältnisse Preu=
ßens (3. Aufl. Berl. 94 nebst Ergänz.
01), Schliedmann Handbuch der Staats=
forstverwaltung in Preußen (3. Aufl.
Berl. 00), Danckelmann Zeitschrift und
Jahrbuch für Forst= und Jagdwesen
(Berl.).

[6]) Die Versicherung der Forst=
arbeiter bildet einen Bestandtheil der
allgemeinen Arbeiterversicherung. Sie
kann deshalb nur in Zusammenhang
mit diesem — im Theil 16 bearbeiteten
— Gebiete dargestellt werden und ist
deshalb hier nicht berücksichtigt worden.

für Forstbesitzer und Forstbeamte Bedeutung. — Die Bearbeitung zer=
fällt in vier Abschnitte. Der erste enthält die dem Forstschutze dienen=
den strafrechtlichen und polizeilichen Bestimmungen und gilt für alle
Forsten, während die drei folgenden Abschnitte die besonderen Vorschriften
enthalten, die für Staats=, für Gemeinde= und Anstalts= und für Privat=
und Genossenschaftsforsten ergangen sind. Der zweite, die Staatsforsten
betreffende Abschnitt umfaßt die Einrichtung ihrer Verwaltung und die
Ausbildung, Anstellung und die Dienstverhältnisse der Staatsforstbeamten.
Der dritte Abschnitt handelt von der staatlichen Aufsicht über Betrieb
und Verwaltung der Gemeinde= und Anstaltsforsten einschließlich
der Anstellung und Besoldung der Kommunalforstbeamten. Der vierte
Abschnitt enthält die einschränkenden Vorschriften, die im Interesse der
Erhaltung und Bewirthschaftung der Privat= und Genossenschafts=
forsten ergangen sind.

Berlin, im Oktober 1902.

Der Verfasser.

Inhalt.

Abkürzungen.

A. = Archiv.
Abf. = Absatz.
AK. = Allerhöchste Kabinetsordre.
AE. = Allerhöchster Erlaß.
AG. = Ausführungsgesetz (dieses bezieht sich, wo kein anderer Hinweis gegeben ist, auf das vorangegangene Hauptgesetz, BGB., StGB. u. s. w.).
AH. = Abgeordnetenhaus.
Anl. = Anlage.
Anm. = Anmerkung.
Anw. = Anweisung (Instruktion).
Art. = Artikel.
Aufl. = Auflage.
Ausf. = Ausführung.
BG. = Bundesgesetz.
BGB. = Bürgerliches Gesetzbuch 18. Aug. 96 (RGB. 195).
Bearb. = Bearbeitung (Kommentar).
Begr. = Begründung (Motive).
Best. = Bestimmung.
CPO. = Civilprozeßordnung (Neufassung 98 RGB. 410).
Dekl. = Deklaration.
DFZ. = Deutsche Forstzeitung — Neudamm.
DJ. = Danckelmann: Jahrbuch für Forst- und Jagdwesen.
Drucks. = Drucksachen.
E. = Erlaß.
Ed. = Edikt.
EG. = Einführungsgesetz (Beziehung wie bei Ausführungsgesetz).
Erg. = Ergänzung.
Entsch. = Entscheidungen.
F.u.FstPG. = Feld- und Forstpolizeigesetz 1.April 80 (GS. 230).
FDG. = Forstdiebstahlgesetz 15. April 78 (GS. 222).
FPO. = Feldpolizeiordnung 1. Nov. 47 (GS. 376).
FM. = Finanzminister.
G. = Gesetz.
GemFG. = Gemeinde-Forstgesetz.
GemO. = Gemeindeordnung.
GemThO. = Gemeinheits-Theilungs-Ordnung 7. Juni 21 (GS. 53).
GemVerfG. = Gemeindeverfassungsgesetz.
GS. = Gesetzsammlung.
GVG. = Gerichtsverfassungsgesetz (Neufassung 98 RGB. 371).
Gesch.Anw. = Geschäftsanweisung.
Großh.Hess.V. = Großherzoglich Hessische Verordnung.
HH. = Herrenhaus.
ha = Hektar.
Hann.V. = Hannoversche Verordnung.
Hess.Homb.G. = Hessen-Homburgisches Gesetz.
Hess.Nass. = Hessen-Nassau.
JM. = Justizminister.
JMB. = Justizministerialblatt.
Kamm.Ger. = Kammergericht.
KB. = Kommissionsbericht.
Komm.BG. = Kommunalbeamten-Gesetz vom 30. Juli 99 (GS. 141).

KM. = Kriegsminister.
KrO. = Kreisordnung.
Kurh.V. = Kurhessische Verordnung.
LGO. = Landgemeindeordnung.
LR. = Allgemeines Landrecht.
Landt.Verh. = Landtagsverhandlungen.
LVG. = Landesverwaltungsgesetz 30. Juli 83 (GS. 195).
M. = Mark.
MB. = Ministerialblatt der inneren Verwaltung.
M.d.g.A. = Minister der geistlichen Angelegenheiten.
M.d.ö.A. = Minister der öffentlichen Arbeiten.
MJ. = Minister des Innern.
Min.Instr. = Ministerialinstruktion.
ML. = Minister für Landwirthschaft, Domainen und Forsten.
Nass.Ed. = Nassauisches Edikt.
O. = Ordnung.
Oberpr.Instr. = Oberpräsidial-Instruktion.
OT. = Obertribunal.
OVG. = Oberverwaltungsgericht.
Pr.Ausf.G. = Preußisches Ausführungsgesetz.
Pr.Ger.Kost.G. = Preußisches Gerichts-Kostengesetz.
Prov.O. = Provinzial-Ordnung.
Regl. = Reglement.
Reg. = Regierung.
RBez. = Regierungsbezirk.
Reg.Pr. = Regierungspräsident.
Regul. = Regulativ.
RG. = Reichsgesetz.
RGB. = Reichsgesetzblatt.
RGer. = Reichsgericht.
RGKG. = Reichs-Gerichtskostengesetz.
Res. = Resolution.
RVerf. = Reichsverfassung 16. April 71 (RGB. 63).
S. = Seite.
St. = Straffachen.
StB. = Stenographische Berichte.
StGB. = Strafgesetzbuch (Neufassung 76 RGB. 39).
StM. = Staatsministerium.
StMB. = Staatsministerialbeschluß.
StME. = Staatsministerialerlaß.
StO. = Städteordnung.
StPO. = Strafprozeßordnung 1. Februar 77 (RGB. 253).
U. = Urteil (Erkenntniß, Entscheidung).
V. = Verordnung.
Verh. = Verhandlung.
Vf. = Verfügung (Ministerialerlaß, Reskript, Zirkular).
Vtr. = Vertrag.
VU. = Verfassungsurkunde 31. Januar 50 (GS. 17).
v. H. = vom Hundert.
Vorsch. = Vorschriften.
d. W. = des Werkes.
ZustG. = Zuständigkeitsgesetz 1. August 83 (GS. 237).

Bemerkungen.

1. Die den Sammlungen (RGB., GS., MB., Entsch. u. s. w.) angefügte Ziffer bedeutet die Seitenzahl und bezieht sich, wo eine besondere Jahreszahl nicht hinzugefügt ist, auf den Jahrgang, aus dem das Gesetz u. s. w. ist. Wo die Sammlungen nicht nach Jahrgängen, sondern nach Bänden eingeteilt sind, weist die römische Ziffer den Band, die deutsche die Seite nach. Die Entsch. des Reichs- und Kammergerichts sind, wo ein besonderer Zusatz nicht gemacht ist, die Entsch. in Civilsachen.
2. Die sonstigen Abkürzungen finden in den unmittelbar vorausgegangenen Anmerkungen ihre Erklärung.

I. Forstschutz.

1. Einleitung [1].

Außer den gesetzlichen Vorschriften zum Schutze des Waldes und seiner Erzeugnisse gegen fremde Eingriffe und polizeiliche Zuwiderhandlungen dienen dem Forstschutze die Bestimmungen, welche auf Erhöhung der persönlichen Sicherheit des Eigenthümers, des Nutzungsberechtigten und der in ihrem Dienste stehenden Personen Forstfrevlern gegenüber gerichtet sind und den Forstbeamten zur wirksameren Ausübung ihres Amtes besondere Befugnisse ertheilen.

Neben dem Reichsstrafgesetzbuch, Nr. 2 d. W. sind die besonderen Vorschriften des Landesstrafrechtes über strafbare Verletzung der Forst- und Feldpolizeigesetze und über den Holz-(Forst-)Diebstahl in Kraft geblieben, EG. zum StGB. 31. Mai 1870 (Bundes-GB. 195) § 2 Abs. 1. Dieses Gesetz bestimmt weiter in § 5 und 6, daß beim Erlaß neuer landesgesetzlicher Vorschriften nur Gefängniß bis zu zwei Jahren, Haft, Geldstrafe, Einziehung einzelner Gegenstände und die Entziehung öffentlicher Aemter angedroht werden darf. Wenn aber in Landesgesetzen anstatt der Gefängniß- oder Geldstrafe Forst- oder Gemeinde-Arbeit angedroht oder nachgelassen ist, so hat es dabei sein Bewenden zu behalten.

Nach EG. z. StPO. 1. Februar 1877 (RGB. 346) § 3 können Forst- und Feldrügesachen durch die Amtsgerichte in einem besonderen Verfahren, sowie ohne Zuziehung von Schöffen verhandelt und entschieden werden.

Demgemäß ergingen für Preußen im Anschlusse an die erfolgte Neugestaltung des Reichsstrafrechtes und des Strafverfahrens das Forstdiebstahlgesetz vom 15. April 1878, Nr. 3 d. W. und das Feld- und Forstpolizeigesetz vom 1. April 1880, Nr. 4 d. W.

Dem Schutze der Forstbeamten dient neben den Bestimmungen des StGB. (I Nr. 2 d. W.), § 113—115, 117—119 das Gesetz über den Waffengebrauch vom 31. März 1837, Nr. 5 d. W.

Ob neben dem Reichs-StGB. noch § 270 des Preuß. StGB., welcher lautet: „Wer Andere vom Mitbieten oder Weiterbieten bei den von öffentlichen Behörden oder Beamten vorgenommenen Ver-

---

[1] Die forstwirthschaftlich benutzte Gesammtfläche betrug 1900 im Reiche 13 995 513 ha d. h. 25,89 % der Gesammtfläche, in Preußen 8 270 134 ha d. h. 23,72 % der Gesammtfläche. Vertheilung der Forsten auf die einzelnen Landestheile in Preußen. Anlage A.

steigerungen, dieselben mögen Verkäufe, Verpachtungen, Lieferungen, Unternehmungen oder Geschäfte irgend einer Art betreffen,
durch Gewalt oder Drohung, oder durch Zusicherung oder Ge-

---

²) Das Reichsgericht hat die Frage bejaht U. 27. März 84 St. (VI. 227),
10. Dez. 88 St. (X. 713), 8. Juli 90 (Entsch. in Civils. XXVI. 311), das Kammergericht sie aber verneint U. 26. Okt. 91. Die Oberstaatsanwälte sind durch Vf. JM.

Anlage A.

Nachweisung der vorhandenen Waldflächen in

Laufende Nr.	Landestheil	Gesammt-fläche	Verhältniß zur Gesammtfläche	Von der Gesammtwald-		
				Kron-forsten	Staats-forsten ²)	Gemeinde-forsten
		ha	%	ha	ha	ha
1	2	3	4	5	6	7
1	Staat	8 270 133,5	23,7	72 420,4	2 557 333,9 *1 135,3*	1 103 646,2
2	Reg.-Bez. Königsberg . .	386 861,0	18,3	—	189 193,2	26 743,3
3	„ „ Gumbinnen . .	257 614,1	16,2	—	194 186,7	7 705,8
4	Prov. Ostpreußen . .	644 475,1	17,4	—	383 379,9	34 449,1
5	Reg.-Bez. Danzig . . .	151 372,9	19,0	—	107 615,9	4 058,7
6	„ „ Marienwerder .	403 274,7	22,9	43,0	228 323,1	19 740,4
7	Prov. Westpreußen . .	554 647,6	21,7	43,0	335 939,0	23 799,1
8	Reg.-Bez. Potsdam . . .	626 801,0	30,4	37 836,5	213 100,7 *13,8*	85 194,7
9	„ „ Frankfurt . .	704 866,6	36,7	6 508,7	185 782,9	75 192,0
10	Prov. Brandenburg .	1 331 667,6	33,4	44 345,2	398 883,6 *13,8*	160 386,7
11	Reg.-Bez. Stettin . . .	230 888,0	19,1	5 341,7	107 224,8 *7,5*	20 833,1
12	„ „ Cöslin . . .	328 256,7	23,4	3 095,0	61 029,3	29 332,4
13	„ „ Stralsund . .	60 030,7	15,0	—	25 151,0	3 918,2
14	Prov. Pommern . . .	619 175,4	20,6	8 436,7	193 405,1 *7,5*	54 083,7
15	Reg.-Bez. Posen . . .	346 385,7	19,8	751,4	80 934,6	6 403,9
16	„ „ Bromberg . .	226 467,9	19,8	—	103 326,3	5 425,6
17	Prov. Posen	572 853,6	19,8	751,4	184 260,9	11 829,5

¹) Die schräg eingetragenen Zahlen geben die Staatsantheilforsten an.
²) Die in Spalte 6 angegebene Gesammtfläche der Staatsforsten umfaßt nur die
zur Holzzucht benutzten, bezw. bestimmten Flächen, nicht auch die im forstfiskalischen
Besitz befindlichen Flächen in anderer, als forstlicher Benutzungsweise (Dienst- und Pacht-

währung eines Vortheils abhält, wird mit Geldbuße bis zu drei=
hundert Thalern oder mit Gefängniß bis zu sechs Monaten bestraft,"
in Kraft geblieben, ist streitig[2]).

16. März 92 auf die Entscheidungen des Reichsgerichts zum Zwecke des Einschreitens in
vorkommenden Fällen aufmerksam gemacht worden.

Anlage A.

Preußen nach dem Stande vom 1. Juni 1900[1]).

			Der forstfiskalische Besitz betrug Ende März 1901		
fläche entfallen auf:					
	Privatforsten:				
Forsten der öffentlichen Anstalten	im Einzelbesitz	Gemeinschaftliche Holzungen	an zur Holzzucht bestimmten Flächen	an nicht zur Holzzucht bestimmten Flächen	im Ganzen
ha	ha	ha	ha	ha	ha
8	9	10	11	12	13
97 972,1	4 201 196,5	236 429,1	2 530 090,4	289 974,2	2 820 064,6
5 131,6	163 257,0	2 535,9	190 899,1	57 804,8	248 703,9
21,0	55 226,2	474,4	193 741,6	49 731,2	243 472,8
5 152,6	218 483,2	3 010,3	384 640,7	107 536,0	492 176,7
843,9	38 680,5	173,9	111 300,4	12 349,0	123 649,4
721,0	153 364,7	1 082,5	220 150,1	26 501,4	246 651,5
1 564,9	192 045,2	1 256,4	331 450,5	38 850,4	370 300,9
5 823,0	282 933,0	1 899,3	204 050,3	21 861,4	225 911,7
5 642,0	431 297,8	443,2	177 968,0	13 686,7	191 654,7
11 465,0	714 230,8	2 342,5	382 018,3	35 548,1	417 566,4
2 160,3	95 016,0	304,6	102 918,9	11 636,7	114 555,6
746,3	233 882,4	171,3	66 230,8	6 749,2	72 980,0
3 711,4	27 125,8	124,3	25 237,7	2 978,6	28 216,3
6 618,0	356 024,2	600,2	194 387,4	21 364,5	215 751,9
4 178,6	253 942,8	174,4	77 303,5	8 220,8	85 524,3
4 066,5	113 629,5	20,0	102 197,7	8 504,7	110 702,4
8 245,1	367 572,3	194,4	179 501,2	16 725,5	196 226,7

ländereien, Wasserflächen u. s. w.) oder Unlandsflächen. — In den Spalten 11 bis 13 ist des=
halb der gesammte forstfiskalische Grundbesitz dem Stande zu Ende März 1901 ent=
sprechend noch besonders angegeben.

Laufende Nr.	Landestheil	Gesammtfläche	Verhältniß zur Gesammtfläche	Von der Gesammtwald=		
				Kronforsten	Staatsforsten	Gemeindeforsten
		ha	%	ha	ha	ha
1	2	3	4	5	6	7
18	Reg.=Bez. Breslau . . .	278 467,7	20,6	4 474,0	57 428,5	13 365,9
19	" " Liegnitz . . .	501 169,0	36,8	6 008,5	21 050,2	66 567,5
20	" " Oppeln . . .	382 255,9	28,9	6 074,0	73 385,2	11 510,7
21	Prov. Schlesien . . .	1 161 892,6	28,8	16 556,5	151 863,9	91 444,1
22	Reg.=Bez. Magdeburg . .	251 127,9	21,8	2 287,6	63 484,6	16 605,4
23	" " Merseburg . .	198 170,4	19,4	—	71 842,5	11 778,4
24	" " Erfurt	86 336,6	24,5	—	36 390,4	21 176,1
25	Prov. Sachsen	535 634,9	21,2	2 287,6	171 717,5	49 559,8
26	Prov. (Reg.=Bez.) Schleswig=Holstein . .	126 313,5	6,7	—	36 295,2	13 523,0
27	Reg.=Bez. Hannover . .	83 525,7	14,6	—	27 420,5	6 700,1
28	" " Hildesheim . .	190 670,9	35,6	—	101 142,3	18 743,2
29	" " Lüneburg . .	247 759,2	21,8	—	79 405,3	16 611,3
30	" " Stade	44 368,7	6,5	—	17 867,2	455,8
31	" " Osnabrück . .	86 732,5	14,0	—	9 205,8	4 200,8
32	" " Aurich . . .	7 541,0	2,4	—	5 181,5	26,6
33	Prov. Hannover . . .	660 598,0	17,2	—	240 222,6	46 737,8
34	Reg.=Bez. Münster . . .	138 897,7	19,1	—	2 771,4	1 525,6
35	" " Minden . . .	103 871,0	19,7	—	25 877,6	14 147,2
36	" " Arnsberg . . .	323 511,3	42,0	—	19 635,2 *1 114,0*	40 029,1
37	Prov. Westfalen . . .	566 280,0	28,0	—	48 284,2 *1 114,0*	55 701,9
38	Reg.=Bez. Kassel	391 717,1	38,8	—	210 138,3	56 656,4
39	" " Wiesbaden . .	230 949,3	41,1	—	50 999,1	156 271,4
40	Prov. Hessen=Nassau .	622 666,4	39,7	—	261 137,4	212 927,8
41	Reg.=Bez. Coblenz . . .	257 046,3	41,4	—	28 004,2	150 390,7
42	" " Düsseldorf . .	95 215,3	17,4	—	15 437,3	3 582,4
43	" " Cöln	119 842,2	30,1	—	13 727,3	8 376,5
44	" " Trier	250 415,6	34,9	—	63 408,1	125 484,3
45	" " Aachen . . .	112 470,1	27,1	—	31 367,7	42 178,0
46	Rheinprovinz	834 989,5	30,9	—	151 944,6	330 011,9
47	Hohenzollern (Reg.=Bez. Sigmaringen)	38 939,3	34,1	—	—	19 191,8

fläche entfallen auf:	Privatforsten:		Der forstfiskalische Besitz betrug Ende März 1901		
Forsten der öffentlichen Anstalten	im Einzelbesitz	Gemeinschaftliche Holzungen	an zur Holzzucht bestimmten Flächen	an nicht zur Holzzucht bestimmten Flächen	im Ganzen
ha	ha	ha	ha	ha	ha
8	9	10	11	12	13
4 055,4	199 068,9	75,0	57 222,7	4 765,5	61 988,2
6 360,4	400 903,2	279,2	20 586,8	1 340,8	21 927,6
1 264,4	289 592,2	429,4	72 933,5	4 272,8	77 206,3
11 680,2	889 564,3	783,6	150 743,0	10 379,1	161 122,1
3 016,1	163 359,8	2 374,5	63 207,7	6 033,6	69 241,3
2 717,5	109 406,8	2 425,2	71 815,5	6 898,7	78 714,2
764,0	19 753,9	8 252,2	36 042,3	957,3	36 999,6
6 497,6	292 520,5	13 051,9	171 065,5	13 889,6	184 955,1
1 833,1	74 457,0	205,2	36 354,5	7 002,3	43 356,8
3 799,5	28 392,1	17 213,5	27 762,0	3 231,9	30 993,9
2 776,3	23 042,9	44 966,2	101 015,3	4 354,1	105 369,4
10 684,2	117 457,0	23 601,4	78 627,9	8 212,6	86 840,5
1 444,0	19 857,9	4 743,8	17 297,9	5 031,2	22 329,1
2 123,0	68 387,7	2 815,2	} 14 873,4	1 430,1	16 303,5
146,0	2 133,4	53,5			
20 973,0	259 271,0	93 393,6	239 576,5	22 259,9	261 836,4
1 699,5	132 843,6	57,6	2 248,2	200,4	2 448,6
271,6	62 628,1	946,5	33 194,5	1 277,5	34 472,0
3 061,5	206 932,5	52 739,0	19 836,4	731,5	20 567,9
5 032,6	402 404,2	53 743,1	55 279,1	2 209,4	57 488,5
11 411,3	76 035,0	37 476,1	200 655,2	5 941,1	206 596,3
1 117,0	18 763,0	3 798,8	51 309,4	1 661,0	52 970,4
12 528,3	94 798,0	41 274,9	251 964,6	7 602,1	259 566,7
1 457,4	60 476,8	16 717,2	28 835,5	847,1	29 682,6
670,4	74 936,9	588,3	16 711,6	2 100,7	18 812,3
1 635,5	95 377,5	725,4	13 078,6	681,3	13 759,9
1 542,8	52 405,0	7 575,4	62 863,0	2 024,5	64 887,5
455,0	38 373,1	96,3	31 620,4	953,2	32 573,6
5 761,1	321 569,3	25 702,6	153 109,1	6 606,8	159 715,9
620,6	18 256,5	870,4	—	—	—

2. Strafgesetzbuch für das Deutsche Reich.
Fassung des G. 26. Februar 1876. (RGB. 25. 40.)
Auszug [1]).

Sechster Abschnitt.
Widerstand gegen die Staatsgewalt.

§. 113.   Wer einen Beamten [2]), welcher zur Vollstreckung von Ge=
setzen, von Befehlen und Anordnungen der Verwaltungsbehörden oder
von Urtheilen und Verfügungen der Gerichte berufen ist [3]), in der recht=
mäßigen Ausübung seines Amtes durch Gewalt oder durch Bedrohung
mit Gewalt Widerstand leistet, oder wer einen solchen Beamten während
der rechtmäßigen Ausübung seines Amtes thätlich angreift [4]), wird mit
Gefängniß von vierzehn Tagen bis zu zwei Jahren bestraft. Sind
mildernde Umstände vorhanden, so tritt Gefängnißstrafe bis zu einem
Jahre oder Geldstrafe bis zu eintausend Mark ein.

Dieselben Strafvorschriften treten ein, wenn die Handlung gegen
Personen, welche zur Unterstützung des Beamten zugezogen waren, oder
gegen Mannschaften der bewaffneten Macht, oder gegen Mannschaften
einer Gemeinde=, Schutz= oder Bürgerwehr in Ausübung des Dienstes
begangen wird.

§. 114.   Wer es unternimmt, durch Gewalt oder Drohung eine
Behörde oder einen Beamten zur Vornahme oder Unterlassung einer
Amtshandlung zu nöthigen, wird mit Gefängniß nicht unter drei
Monaten bestraft.

Sind mildernde Umstände vorhanden, so tritt Gefängnißstrafe bis
zu zwei Jahren ein.

§. 115.   Wer an einer öffentlichen Zusammenrottung, bei welcher
eine der in den §§. 113 und 114 bezeichneten Handlungen mit vereinten

---

[1]) Bearb. von Oppenhoff (14. Aufl.
Berl. 01), Olshausen (6. Aufl. Berl. 01)
u. Wagner (die Preußische Jagdgesetz=
gebung 2. Aufl. Berl. 89) hinsichtlich
der § 117 bis 119.

[2]) StGB. § 359:
Unter Beamten im Sinne dieses
Strafgesetzes sind zu verstehen alle
im Dienste des Reichs oder in un=
mittelbarem oder mittelbarem Dienste
eines Bundesstaats auf Lebenszeit,
auf Zeit oder nur vorläufig ange=
stellte Personen, ohne Unterschied,
ob sie einen Diensteid geleistet haben
oder nicht, ingleichen Notare, nicht
aber Advokaten und Anwalte.

[3]) Dazu gehören auch Feldhüter —
Nr. 4 d. W. § 62.

[4]) Das Ausholen zum Schlage gegen
den Beamten bildet nicht einen straf=
losen Versuch, sondern das vollendete
Vergehen des thätlichen Angriffs im
Sinne dieses § URGerSt. 18. Nov. 82
(VII. 301).

Kräften begangen wird, Theil nimmt, wird wegen Aufruhrs mit Ge=
fängniß nicht unter ſechs Monaten beſtraft.

Die Rädelsführer, ſowie diejenigen Aufrührer, welche eine der in
den §§. 113 und 114 bezeichneten Handlungen begehen, werden mit
Zuchthaus bis zu zehn Jahren beſtraft; auch kann auf Zuläſſigkeit von
Polizei=Aufſicht erkannt werden. Sind mildernde Umſtände vorhanden,
ſo tritt Gefängnißſtrafe nicht unter ſechs Monaten ein.

§ 117. Wer einem Forſt= oder Jagdbeamten[5]), einem Waldeigen=
thümer, Forſt= oder Jagdberechtigten[6]), oder einem von dieſen beſtellten
Aufſeher in der rechtmäßigen Ausübung ſeines Amtes oder Rechtes durch
Gewalt oder durch Bedrohung mit Gewalt Widerſtand leiſtet, oder wer
eine dieſer Perſonen während der Ausübung ihres Amtes oder Rechtes
thätlich angreift, wird mit Gefängniß von vierzehn Tagen bis zu drei
Jahren beſtraft[7]).

Iſt der Widerſtand oder der Angriff unter Drohung mit Schieß=
gewehr[8]), Aexten oder anderen gefährlichen Werkzeugen erfolgt, oder mit
Gewalt an der Perſon begangen worden, ſo tritt Gefängnißſtrafe nicht
unter drei Monaten ein.

Sind mildernde Umſtände vorhanden, ſo tritt in den Fällen des
Abſatz 1 Gefängnißſtrafe bis zu einem Jahre, in den Fällen des Abſatz 2
Gefängnißſtrafe nicht unter einem Monat ein.

§. 118. Iſt durch den Widerſtand oder den Angriff eine Körper=
verletzung deſſen, gegen welchen die Handlung begangen iſt, verurſacht
worden, ſo iſt auf Zuchthaus bis zu zehn Jahren zu erkennen.

Sind mildernde Umſtände vorhanden, ſo tritt Gefängnißſtrafe nicht
unter drei Monaten ein.

§. 119. Wenn eine der in den §§. 117 und 118 bezeichneten
Handlungen von mehreren gemeinſchaftlich begangen worden iſt, ſo kann

---

[5]) Nr. 3. Anm. 33 d. W.

[6]) Zu den Forſtberechtigten gehören nicht bloß Servitutberechtigte, ſondern auch Nutznießer, Pächter uſw. (Oppen= hoff StGB. 14. Aufl. Anm. zu § 117).

[7]) Die Beſtimmung trifft auf jede auch außerhalb des Forſtes zur Hand= habung des Forſtſchutzes vorge= nommene Amtshandlung z. B. eine Hausſuchung zu URGerSt. 21. Febr. 81 (III. 62), 20. Mai 86 (VIII. 367). Daſſelbe iſt der Fall, wenn die den Forſtſchutz bezweckende, berechtig= te Handlung vom Waldeigenthümer, Forſtberechtigten oder den von ihnen beſtellten Aufſehern vorgenommen wurde. URGerSt. 5. April 89 (XIX. 101).

Nur zur Unterſtützung zugezogene Per= ſonen haben nicht die Eigenſchaft be= ſtellter Aufſeher URGerSt. 22. Jan. 81 (III 246). § 117 iſt nicht anwend= bar, wenn der Widerſtand bei Leitung forſtlicher Arbeiten erfolgt (möglicher= weiſe aber die Beſtimmung des § 113) URGerSt. 25. Okt. 88 (X. 590), und wenn der den Forſtberechtigten bei Aus= übung ihres Rechts geleiſtete Wider= ſtand nur die Verhinderung dieſer Aus= führung bezweckt URGerSt. 29. Mai 80 (II. 170).

[8]) Auch mit ungeladenem Gewehr, wenn der Bedrohte es für geladen halten konnte URGerSt. 25. Okt. 83 (IX. 176).

die Strafe bis um die Hälfte des angedrohten Höchstbetrages, die Ge=
fängnißstrafe jedoch nicht über fünf Jahre erhöht werden.

Siebenundzwanzigster Abschnitt.
Gemeingefährliche Verbrechen und Vergehen.

§. 308. Wegen Brandstiftung wird mit Zuchthaus bis zu zehn
Jahren bestraft, wer vorsätzlich Gebäude, Schiffe, Hütten, Bergwerke,
Magazine, Waarenvorräthe, welche auf dazu bestimmten öffentlichen
Plätzen lagern, Vorräthe von landwirthschaftlichen Erzeugnissen oder von
Bau= oder Brennmaterialien, Früchte auf dem Felde, Waldungen[9]) oder
Torfmoore in Brand setzt, wenn diese Gegenstände entweder fremdes
Eigenthum sind, oder zwar dem Brandstifter eigenthümlich gehören, jedoch
ihrer Beschaffenheit und Lage nach geeignet sind, das Feuer einer der im
§. 306 Nr. 1 bis 3 bezeichneten Räumlichkeiten oder einem der vor=
stehend bezeichneten fremden Gegenstände mitzutheilen.

Sind mildernde Umstände vorhanden, so tritt Gefängnißstrafe nicht
unter sechs Monaten ein.

§. 309. Wer durch Fahrlässigkeit einen Brand der in den §§. 306
und 308 bezeichneten Art herbeiführt, wird mit Gefängniß bis zu einem
Jahre oder mit Geldstrafe bis zu neunhundert Mark und, wenn durch
den Brand der Tod eines Menschen verursacht worden ist, mit Ge=
fängniß von einem Monat bis zu drei Jahren bestraft.

§. 310. Hat der Thäter den Brand, bevor derselbe entdeckt und
ein weiterer als der durch die bloße Inbrandsetzung bewirkte Schaden
entstanden war, wieder gelöscht, so tritt Straflosigkeit ein.

Neunundzwanzigster Abschnitt.
Uebertretungen.

§. 361. Mit Haft wird bestraft:

9. wer Kinder oder andere unter seiner Gewalt stehende Personen,
welche seiner Aufsicht untergeben sind und zu seiner Haus=
genossenschaft gehören, von der Begehung von Diebstählen, sowie
von der Begehung strafbarer Verletzungen, der Zoll= oder Steuer=
gesetze, oder der Gesetze zum Schutze der Forsten, der Feldfrüchte,
der Jagd oder der Fischerei abzuhalten unterläßt. Die Vor=
schriften dieser Gesetze über die Haftbarkeit für die den Thäter
treffenden Geldstrafen oder anderen Geldleistungen werden hier=
durch nicht berührt[10]).

---

[9]) Vorsätzliches Anzünden eines Strauches oder dürren Grases oder Laubes im Walde fällt hierunter, wenn Gefahr besteht, daß sich das Feuer dem Holzbestande mittheilt URGer St. 19. Febr. 81 (III. 59).

[10]) Nr. 3 Anm. 19 d. W.

In den Fällen der Nr. 9 kann statt der Haft auf Geldstrafe bis zu einhundertfünfzig Mark erkannt werden.

§. 368. Mit Geldstrafe bis zu sechszig Mark oder mit Haft bis zu vierzehn Tagen wird bestraft:

2. wer das durch gesetzliche oder polizeiliche Anordnungen gebotene Raupen unterläßt[11]);

3. wer ohne polizeiliche Erlaubniß eine neue Feuerstätte errichtet oder eine bereits vorhandene an einen anderen Ort verlegt;

6. wer an gefährlichen Stellen in Wäldern oder Haiden, oder in gefährlicher Nähe von Gebäuden oder feuerfangenden Sachen Feuer anzündet;

7. wer in gefährlicher Nähe von Gebäuden oder feuerfangenden Sachen mit Feuergewehr schießt oder Feuerwerke abbrennt;

8. wer die polizeilich vorgeschriebenen Feuerlöschgeräthschaften überhaupt nicht oder nicht in brauchbarem Zustande hält oder andere feuerpolizeiliche Anordnungen nicht befolgt;

9. wer unbefugt über Gärten oder Weinberge, oder vor beendeter Ernte über Wiesen oder bestellte Aecker, oder über solche Aecker, Wiesen, Weiden oder Schonungen[12]), welche mit einer Einfriedigung versehen sind, oder deren Betreten durch Warnungszeichen untersagt ist, oder auf einem durch Warnungszeichen geschlossenen Privatwege geht, fährt, reitet oder Vieh treibt;

10. wer ohne Genehmigung des Jagdberechtigten oder ohne sonstige Befugniß auf einem fremden Jagdgebiete außerhalb des öffentlichen, zum gemeinen Gebrauche bestimmten Weges, wenn auch nicht jagend, doch zur Jagd ausgerüstet, betroffen wird;

11. wer unbefugt Eier oder Junge von jagdbarem Federwild oder von Singvögeln ausnimmt.

---

[11]) Diese Bestimmung findet auch Anwendung, wenn die Polizei innerhalb ihrer Befugnisse lediglich eine Anordnung getroffen und bekannt gemacht hat. Eine Polizeiverordnung im Sinne des Preußischen Gesetzes v. 11. März 50 ist nicht erforderlich. — Das linksrheinische Gesetz vom 16. März 1796 (26 ventose IV) findet auf Abraupen aller Bäume, also auch der Waldbäume Anwendung UKammGer St. 1. Nov. 00 (Johow XX C. 103, DFZ. Neudamm XVI, 921).

[12]) Nr. 4. Anm. 31 d. W.

3. Gesetz, betreffend den Forstdiebstahl. Vom 15. April 1878.

(G. S. 222)[1].

§. 1. Forstdiebstahl im Sinne dieses Gesetzes ist der in einem Forst oder auf einem anderen hauptsächlich zur Holznutzung bestimmten Grundstücke[2] verübte Diebstahl:

1. an Holz, welches noch nicht vom Stamme oder vom Boden getrennt ist[3];

2. an Holz, welches durch Zufall abgebrochen oder umgeworfen, und mit dessen Zurichtung noch nicht der Anfang gemacht worden ist[4];

3. an Spänen, Abraum[5] oder Borke[6], sofern dieselben noch nicht in einer umschlossenen Holzablage sich befinden, oder noch nicht geworben oder eingesammelt sind;

4. an anderen Walderzeugnissen[7], insbesondere Holzpflanzen, Gras, Haide, Plaggen, Moos, Laub, Streuwerk, Nadelholzzapfen, Waldsämereien, Baumsaft und Harz, sofern dieselben noch nicht geworben oder eingesammelt sind.

---

[1] Das Gesetz ist an Stelle des G. 2. Juni 52 (GS. 305) getreten, dessen Aenderung infolge Neugestaltung des Reichsstrafrechts (Nr. 1. d. W.) nothwendig geworden war.

Dem Inhalte nach zerfällt das G. in drei Theile. Der erste Theil (§ 1 bis 18) enthält die sachlichen Strafbestimmungen, der zweite (§ 19—36) behandelt das Verfahren u. der dritte (§ 37—39) Uebergangs- und Schlußbestimmungen. — Quellen: Landt. Verh. HH. II. 77. Druckf. Nr. 9, KB. 46 u. 58. — AH. 77/78 II Druckf. Nr. 145 (KB.), 212. Bearb. von Öhlschläger und Bernhardt (4. Aufl., Berl. 86), Rotering (Berl. 95).

[2] Entwendung von Bäumen und Strauchwerk auf nicht hauptsächlich zur Holzzucht bestimmten Grundstücken, z. B. Knicks ist strafbar nach Nr. 4 d. W. § 18 oder 20⁴ URGer. St. 1. Juni 81 (IV. 268).

[3] Abhauen stehender Bäume ist als Sachbeschädigung strafbar, wenn es nicht in der Absicht rechtswidriger Zueignung, sondern aus Rache oder Bosheit geschieht URGer St. 22. Februar 81 (III 67). Die Entwendung von zu Merkzeichen — ohne Trennung vom Boden — hergerichteter Baumstumpfe ist Forstdiebstahl URGer. St. 5. Okt. 83 (IX 72).

[4] Als angefangene Zurichtung gilt schon, wenn das Holz mit einer Nummer versehen worden UOT. 22. Dezb. 69 (Goltdammer A. XVIII 121).

[5] Nach LR. I. 22. § 215 gehört Abraum zum Raff- und Leseholz, d. h. zu dem in trockenen Aesten abgefallenen oder in abgeholzten Schlägen als Abraum zurückgelassenen Holze. Nach UOT. 1. April 59 (Goltdammer A. VII 371) sind unter Abraum die nicht zu den Spänen gehörigen Abfälle zu verstehen.

[6] Unter Borke ist hier nur durch äußeren Zufall oder unbeabsichtigt bei Bearbeitung von Holz abgetrennte Rinde, nicht aber etwa Lohrinde zu verstehen UOT. 21. Dez. 54 (JMB. 55 S. 79). Entwendung von Rinde stehender Bäume ist strafbar nach § 3⁸.

[7] Als Walderzeugniß ist alles, was die Forst- oder das hauptsächlich zur Holzzucht bestimmte Grundstück Nutzbares, außer dem Holze erzeugt, anzusehen UOT. 19. Dez. 56 (Goltdammer A. V. 81).

Das unbefugte Sammeln von Kräutern[8]), Beeren und Pilzen unterliegt forstpolizeilichen Bestimmungen[9]).

§. 2. Der Forstdiebstahl wird mit einer Geldstrafe bestraft, welche
dem fünffachen Werthe des Entwendeten gleichkommt und niemals unter
einer Mark betragen darf.

§. 3. Die Strafe soll gleich dem zehnfachen Werthe des Entwendeten
und niemals unter zwei Mark sein:

1. wenn der Forstdiebstahl an einem Sonn= oder Festtage[10]) oder
   in der Zeit von Sonnenuntergang bis Sonnenaufgang begangen ist;

2. wenn der Thäter Mittel angewendet hat, um sich unkenntlich
   zu machen;

3. wenn der Thäter dem Bestohlenen oder der mit dem Forstschutz
   betrauten Person seinen Namen oder Wohnort anzugeben sich
   geweigert hat, oder falsche Angaben über seinen oder seiner
   Gehülfen Namen oder Wohnort gemacht, oder auf Anrufen des
   Bestohlenen oder der mit dem Forstschutz betrauten Person,
   stehen zu bleiben, die Flucht ergriffen oder fortgesetzt hat;

4. wenn der Thäter in den Fällen Nr. 1—3 §. 1 zur Begehung
   des Forstdiebstahls sich eines schneidenden Werkzeuges, insbesondere
   der Säge, der Scheere oder des Messers bedient hat[11]);

5. wenn der Thäter die Ausantwortung der zum Forstdiebstahl bestimmten Werkzeuge verweigert;

6. wenn zum Zwecke des Forstdiebstahls ein bespanntes Fuhrwerk,
   ein Kahn oder Lastthier mitgebracht ist;

7. wenn der Gegenstand der Entwendung in Holzpflanzen besteht;

8. wenn Kien, Harz, Saft, Wurzeln, Rinde oder die Haupt-
   (Mittel=) Triebe von stehenden Bäumen entwendet sind;

9. wenn der Forstdiebstahl in einer Schonung, in einem Pflanz-
   garten oder Saatkampe begangen ist.

§ 4. Der Versuch des Forstdiebstahls[12]) und die Theilnahme
(Mitthäterschaft, Anstiftung, Beihülfe) an einem Forstdiebstahl oder an

---

[8]) „Kräuter" sind nur die zum Genusse für Menschen (z. B. zu medizi-
nischen Zwecken) verwerthbaren, nicht
aber Futterkräuter. Für letztere gilt
der Gattungsbegriff „Gras" AH. (KB.)

[9]) N. 4 Anm. 72 d. W.

[10]) Gesetzliche Festtage sind in den
älteren Landestheilen die beiden Weih-
nachtstage, Oster= und Pfingstmontag,
Charfreitag (G. 2. Sept. 99. GS. 161),
Neujahr, Himmelfahrtstag, Bußtag; in

der Rheinprovinz als kathol. Feiertag
außerdem Allerheiligen AE. 5. Juli 32
(GS. 197), 7. Febr. 37 (GS. 21),
22. Juli 39 (GS. 249).

[11]) Axt, Beil u. dergl. sind keine
schneidenden Werkzeuge UKammGer.
16. Febr. 82 (Joh. III. 357).

[12]) Versuch liegt schon vor, wenn
die Trennung des Holzes vom Stamm
in diebischer Absicht erfolgt UKammG.
27. Okt. 81 (Joh. III. 351).

einem Versuche desselben werden mit der vollen Strafe des Forstdieb=
stahls bestraft.

§. 5. Wer sich in Beziehung auf einen Forstdiebstahl der Begünstigung
oder der Hehlerei schuldig macht, wird mit einer Geldstrafe bestraft, welche
dem fünffachen Werthe des Entwendeten gleichkommt und niemals unter
einer Mark betragen darf.

Die Bestimmungen des §. 257 Abs. 2 und 3 des Reichs=Straf=
gesetzbuchs[13]) finden Anwendung.

§. 6. Neben der Geldstrafe kann auf Gefängnißstrafe bis zu sechs
Monaten erkannt werden:

1. wenn der Forstdiebstahl von drei oder mehr Personen in gemein=
schaftlicher Ausführung begangen ist;

2. wenn der Forstdiebstahl zum Zwecke der Veräußerung des Ent=
wendeten oder daraus hergestellter Gegenstände begangen ist;

3. wenn die Hehlerei gewerbs= oder gewohnheitsmäßig betrieben
worden ist.

§. 7. Wer, nachdem er wegen Forstdiebstahls oder Versuchs eines
solchen, oder wegen Theilnahme (§. 4), Begünstigung oder Hehlerei in
Beziehung auf einen Forstdiebstahl von einem Preußischen Gerichte rechts=
kräftig[14]) verurtheilt worden ist, innerhalb der nächsten zwei Jahre aber=

---

13) StGB.:

§ 257. Wer nach Begehung eines
Verbrechens oder Vergehens dem
Thäter oder Theilnehmer wissentlich
Beistand leistet, um denselben der
Bestrafung zu entziehen, oder um
ihm die Vortheile des Verbrechens
oder Vergehens zu sichern, ist wegen
Begünstigung mit Geldstrafe bis zu
sechshundert Mark oder mit Ge=
fängniß bis zu Einem Jahre und,
wenn er diesen Beistand seines Vor=
theils wegen leistet, mit Gefängniß
zu bestrafen. Die Strafe darf je=
doch, der Art oder dem Maße
nach, keine schwerere sein, als die
auf die Handlung selbst angedrohte.

Die Begünstigung ist straflos,
wenn dieselbe dem Thäter oder
Theilnehmer von einem Angehörigen
gewährt worden ist, um ihn der
Bestrafung zu entziehen.

Die Begünstigung ist als Bei=
hülfe zu bestrafen, wenn sie vor
Begehung der That zugesagt worden
ist. Diese Bestimmung leidet auch
auf Angehörige Anwendung.

§ 52 Abs. 2. Als Angehörige
sind anzusehen Verwandte und Ver=
schwägerte auf= und absteigender
Linie, Adoptiv= u. Pflege=Eltern und
=Kinder, Ehegatten, Geschwister und
deren Ehegatten und Verlobte.

14) Ein Strafbefehl wird rechtskräftig
bei Verzicht auf Einspruch oder mit Ab=
lauf des nicht wahrgenommenen Ein=
spruchtermines, ein erstinstanzliches Ur=
theil nach Ablauf der Berufungsfrist
(eine Woche seit Verkündung der Zu=
stellung) oder vorher bei Verzicht auf
Berufung oder deren Zurücknahme, ein
letztinstanzliches Urtheil mit dessen Ver=
kündung.

mals eine dieser Handlungen begeht, befindet sich im Rückfalle[15]) und wird mit einer Geldstrafe bestraft, welche dem zehnfachen Werthe des Entwendeten gleichkommt und niemals unter zwei Mark betragen darf.

§. 8. Neben der Geldstrafe ist auf Gefängniß bis zu zwei Jahren zu erkennen, wenn der Thäter sich im dritten oder ferneren Rückfalle befindet. Beträgt die Geldstrafe weniger als zehn Mark, so kann statt der Gefängnißstrafe auf eine Zusatzstrafe bis zu einhundert Mark erkannt werden[16]).

§. 9. In allen Fällen ist neben der Strafe die Verpflichtung des Schuldigen zum Ersatze des Werthes des Entwendeten an den Bestohlenen auszusprechen[17]). Der Ersatz des außer dem Werthe des Entwendeten verursachten Schadens kann nur im Wege des Civilprozesses geltend gemacht werden.

Der Werth des Entwendeten wird sowohl hinsichtlich der Geld=strafe als hinsichtlich des Ersatzes, wenn die Entwendung in einem Königlichen Forste verübt worden, nach der für das betreffende Forst=revier bestehenden Forsttaxe, in anderen Fällen nach den örtlichen Preisen abgeschätzt.

§. 10. Die im §. 57 des Strafgesetzbuchs bei der Verurtheilung von Personen, welche zur Zeit der Begehung der That das zwölfte, aber nicht das achtzehnte Lebensjahr vollendet hatten, vorgesehene Straf=ermäßigung findet bei Zuwiderhandlungen gegen dieses Gesetz keine An=wendung[18]).

§. 11. Für die Geldstrafe, den Werthersatz und die Kosten, zu denen Personen verurtheilt worden, welche unter der Gewalt, der Auf=sicht[19]) oder im Dienst eines anderen stehen und zu dessen Hausgenossen=schaft gehören, ist letzterer im Falle des Unvermögens der Verurtheilten für haftbar zu erklären, und zwar unabhängig von der etwaigen Strafe,

---

[15]) Die Prüfung der Rückfälle hat nach einer vom Forstrevierbeamten zu führenden, bei Aufstellung der Forst=diebstahlsverzeichnisse zu benutzenden Liste der nach dem G. bestraften Per=sonen zu erfolgen Vf. JM. 12. Sept. 81 (JMB. 182).

[16]) Die Zusatzstrafe beträgt mindestens 3 M. StGB. § 27.

[17]) Auf Werthersatz muß erkannt werden, auch wenn der entwendete Ge=genstand ganz oder theilweise dem Eigen=thümer verblieben ist, sowie bei nur versuchtem Forstdiebstahl URGer. St. 24. April 85 (XII. 158). UKammG. 27. Okt. 81 und 16. Febr. 82 (Joh. III 351 u. 354). Mehrere Mitschuldige haben den Werthersatz gemeinschaftlich unter solidarischer Verhaftung zu leisten UKammG. 17. Nov. 84 (Joh. V 331).

[18]) Für solche Personen kann hiernach nicht auf bloßen Verweis erkannt werden, wie nach StGB. § 57 Nr. 4 bei Ver=gehen und Uebertretungen in besonders leichten Fällen sonst zulässig ist.

[19]) Das sind nur Personen, für welche ein rechtliches Gewalt= oder Aufsichts=verhältniß besteht. Ob dem Ehemanne gegenüber der Ehefrau eine Gewalt oder ein Aufsichtsrecht in diesem Sinne zusteht, ist nach den Grundsätzen des gemeinen Rechtes zu verneinen UKammG. 4. Aug. 98 Aktenzeichen S. 559/98.

zu welcher er selbst auf Grund dieses Gesetzes oder des §. 361 Nr. 9 des Strafgesetzbuchs[20]) verurtheilt wird.

Wird festgestellt, daß die That nicht mit seinem Wissen verübt ist, oder daß er sie nicht verhindern konnte, so wird die Haftbarkeit nicht ausgesprochen.

§. 12. Hat der Thäter noch nicht das zwölfte Lebensjahr vollendet[21]), so wird derjenige, welcher in Gemäßheit des §. 11 haftet, zur Zahlung der Geldstrafe, des Werthersatzes und der Kosten als unmittelbar haftbar verurtheilt.

Dasselbe gilt, wenn der Thäter zwar das zwölfte, aber noch nicht das achtzehnte Lebensjahr vollendet hatte und wegen Mangels der zur Erkenntniß der Strafbarkeit seiner That erforderlichen Einsicht freizusprechen ist[22]), oder wenn derselbe wegen eines seine freie Willensbestimmung ausschließenden Zustandes straffrei bleibt[23]).

§. 13. An die Stelle einer Geldstrafe, welche wegen Unvermögens des Verurtheilten und des für haftbar Erklärten nicht beigetrieben werden kann, tritt Gefängnißstrafe. Dieselbe kann vollstreckt werden, ohne daß der Versuch einer Beitreibung der Geldstrafe gegen den für haftbar Erklärten gemacht ist, sofern dessen Zahlungsunfähigkeit gerichtskundig ist.

Der Betrag von einer bis zu fünf Mark ist einer eintägigen Gefängnißstrafe gleich zu achten.

Der Mindestbetrag der an die Stelle der Geldstrafe tretenden

---

[20]) Nr. 2. d. W.

[21]) StGB. § 55 (Fassung des EG. z. BGB. Art. 34 II):

„Wer bei Begehung der Handlung das zwölfte Lebensjahr nicht vollendet hat, kann wegen derselben nicht strafrechtlich verfolgt werden. Gegen denselben können jedoch nach Maßgabe der landesgesetzlichen Vorschriften die zur Besserung und Beaufsichtigung geeigneten Maßregeln getroffen werden. Die Unterbringung in eine Familie, Erziehungsanstalt oder Besserungsanstalt kann nur erfolgen, nachdem durch Beschluß des Vormundschaftsgerichts die Begehung der Handlung festgestellt und die Unterbringung für zulässig erklärt ist.

Die Amts- (Staats-)Anwälte haben in Fällen, in denen Personen unter 12 Jahren eine strafbare Handlung begehen, dem Vormundschaftsgerichte Mittheilung zu machen Vf. JM. 25. Aug. 79 (JMB. 255).“

Die landesgesetzlichen Vorschriften enthält das Fürsorge-G. vom 2. Juli 00 (GS. 264).

[22]) StGB. § 56. Die Erkenntniß der Strafbarkeit ist als vorhanden anzunehmen, wenn der Thäter im Stande gewesen ist, zu erkennen, daß seine Pflicht die Unterlassung dieser Handlung fordere und er sich durch ihre Verübung strafbar mache URGer. St. 18. Jan. 82 (V. 398).

[23]) StGB. § 51 (Bewußtlosigkeit, krankhafte Störung der Geistesthätigkeit), § 52 (Nöthigung).

Gefängnißstrafe ist ein Tag, ihr Höchstbetrag sind sechs Monate. Kann nur ein Theil der Geldstrafen beigetrieben werden, so tritt für den Rest derselben nach dem in dem Urtheile [24]) festgesetzten Verhältnisse die Gefängnißstrafe ein.

Gegen die in Gemäßheit der §§. 11 und 12 als haftbar Erklärten tritt an die Stelle der Geldstrafe eine Gefängnißstrafe nicht ein.

§. 14. Statt der in dem §. 13 vorgesehenen Gefängnißstrafe kann während der für dieselbe bestimmten Dauer der Verurtheilte, auch ohne in einer Gefangenanstalt eingeschlossen zu werden, zu Forst= oder Ge= meindearbeiten [25]), welche seinen Fähigkeiten und Verhältnissen angemessen sind, angehalten werden.

Die näheren Bestimmungen wegen der zu leistenden Arbeiten werden mit Rücksicht auf die vorwaltenden Lohn= und örtlichen Verhältnisse von dem Regierungspräsidenten (Landdrosten) in Gemeinschaft mit dem ersten Staatsanwalt beim Oberlandesgerichte erlassen [26]). Dieselben sind er= mächtigt, gewisse Tagewerke dergestalt zu bestimmen, daß die Verurtheilten, wenn sie durch angestrengte Thätigkeit mit der ihnen zugewiesenen Arbeit früher zu Stande kommen, auch früher entlassen werden.

§. 15. Aexte, Sägen, Messer und andere zur Begehung des Forst= diebstahls geeignete Werkzeuge, welche der Thäter bei der Zuwider= handlung bei sich geführt hat, sind einzuziehen, ohne Unterschied, ob sie dem Schuldigen gehören oder nicht.

Die Thiere, und andere zur Wegschaffung des Entwendeten dienen= den Gegenstände, welche der Thäter bei sich führt, unterliegen nicht der Einziehung.

§. 16. Wird der Thäter bei Ausführung eines Forstdiebstahls, oder gleich nach derselben betroffen oder verfolgt, so sind die zur Be= gehung des Forstdiebstahls geeigneten Werkzeuge, welche er bei sich führt (§. 15), in Beschlag zu nehmen [27]).

§. 17. Wird in der Gewahrsam eines innerhalb der letzten zwei Jahre wegen einer Zuwiderhandlung gegen dieses Gesetz rechtskräftig

---

[24]) StPO. § 450. Der Strafbefehl, gegen welchen nicht rechtzeitig Einspruch erhoben worden (§ 27 des G.), steht dem Urtheile gleich.

[25]) Wegen Forst= und Gemeinde= Arbeit Nr. 1 d. V.

[26]) Die Landdrosteien in der Pro= vinz Hannover sind durch Regierungen ersetzt. LVG. § 25 Abs. 1. Die Be= stimmungen über die Anrechnung und Leistung der Strafarbeit sind inzwischen für jeden Regierungsbezirk von den zu= ständigen Beamten getroffen worden.

[27]) In diesem Falle dürfen die Werk= zeuge auch durch einen Nichtbeamten, mithin von jeder zum Forstschutz be= rechtigten Person in Beschlag ge= nommen werden. Darin liegt jedoch nicht die Befugniß, nach diesen Werk= zeugen eine Haussuchung zu halten URGer. St. 20. Nov. 84 (VII. 742) und 29. Jan. 86 (VIII. 105). In anderen Fällen dürfen Beschlagnahmen, sowie Durchsuchungen nur auf Anord= nung des Richters, bei Gefahr im Ver= zuge auch der Staatsanwaltschaft und

Verurtheilten frisch gefälltes, nicht forstmäßig zugerichtetes Holz gefunden, so ist gegen den Inhaber auf Einziehung des gefundenen Holzes zu erkennen, sofern er sich über den redlichen Erwerb des Holzes nicht ausweisen kann. Die Einziehung erfolgt zu Gunsten der Armenkasse des Wohnorts des Verurtheilten.

§. **18.** Die Strafverfolgung von Zuwiderhandlungen gegen dieses Gesetz verjährt, sofern nicht einer der Fälle der §§. 6 und 8 vorliegt[28]), in sechs Monaten.

§. **19.** Für die Zuwiderhandlungen gegen dieses Gesetz sind die Amtsgerichte zuständig. Dieselben verhandeln und entscheiden, sofern nicht einer der Fälle der §§. 6 und 8 vorliegt, ohne die Zuziehung von Schöffen.

Das Amt des Amtsanwalts kann verwaltenden Forstbeamten übertragen werden[29]).

---

derjenigen Polizei= nnd Sicherheitsbeamten erfolgen, welche zu Hülfsbeamten der Staatsanwaltschaft bestellt sind StPO. § 98, 105. — Zu letzteren gehören die zu Amtsvorstehern oder zu Gutsvorstehern und deren Stellvertretern ernannten Forstbeamten Vf. JM. u. MJ. 15. Sept. 79 (JMB. 349), ferner die Königl. Forstschutzbeamten einschließlich der auf Forstanstellungsberechtigung dienenden Waldwärter, Forstpolizeisergeanten, sowie Meister u. Wärter forstlicher Nebenbetriebsanstalten, soweit u. solange sie zum Forstschutze herangezogen werden Vf. 23. Nov. 81 (MB. 34), 9. Okt. 82 (JMB. 312), 2. Febr. 83 (JMB. 28), 25. April 98 (JMB. 102), die Gemeinde=Forstschutzbeamten und Forsthülfsaufseher, welche aus dem Jägerkorps als forstversorgungsberechtigt hervorgegangen sind oder noch auf Forstversorgung dienen u. nach § 23 u. 24 d. G. vereidet werden können Vf. 8. Nov. 91 u. 3. Jan. 99 (JMB. 9), 3. Okt. 99 (MB. 204); die Herzogl. Sachsen-Coburg-Gotha'schen Forstschutzbeamten im Kreise Schmalkalden Vf. 11. Juni 92 und die Herzogl. Anhaltischen Forstbeamten in den Revieren Poeplitz und Norkitten Vf. 24. Juni 95 u. 31. Aug. 96 (JMB. 303). — Befugnisse der zu Hülfsbeamten der Staatsanwaltschaft bestellten Königl.

Forstschutzbeamten: Vf. ML. u. MJ. v. 23. Juli 83 Anlage A, für Gemeindeforstbeamte der Rheinprovinz gleichlautende Vf. 6. Aug. 92. — Die in Beschlag genommenen Werkzeuge hat der Forstrevierbeamte vorläufig aufzubewahren. Werthvollere und solche Gegenstände, deren Verkauf und Rückkehr in den Gebrauch zulässig erscheint, sind vierteljährlich dem Gericht abzuliefern. Ueber andere Gegenstände ist dem Gerichte vierteljährlich ein Verzeichniß mit Antrag auf Zulassung der Vernichtung einzureichen Vf. FM. 1. Sept. 53 und JM. 6. Okt. 53 (JMB. 370) u. Vf. JM. 28. Febr. 60 (JMB. 94). — Außer den der Einziehung unterliegenden Werkzeugen — (§ 15 Abs. 1) sind auch andere Gegenstände, welche als Beweismittel für die Untersuchung von Bedeutung sein können, also auch Transportmittel in Verwahrung zu nehmen oder in anderer Weise sicher zu stellen StPO. § 94 ff. — Das in dem HolzdiebstahlG. v. 2. Juni 52 § 22 u. 23 gewährte Recht zur Pfändung der Transportmittel ist durch das FDG. nicht wieder ertheilt. — Ueber die allein noch statthafte Pfändung von Vieh Nr. 4 § 77 bis 87 nebst Anm. 102 u. 111.

[28]) Alsdann Verjährung erst in fünf Jahren StGB. § 67.

[29]) Geschäftsanweisung für Amtsanwälte 28. Aug. 79 (JMB. 260).

Für die Verhandlung und Entscheidung über das Rechtsmittel der Berufung sind die Strafkammern zuständig; dieselben entscheiden in der Besetzung mit drei Mitgliedern einschließlich des Vorsitzenden.

§. 20. Für das Verfahren gelten, soweit nicht in diesem Gesetze abändernde Bestimmungen getroffen sind, die Vorschriften der Strafprozeßordnung über das Verfahren vor den Schöffengerichten [30]).

§. 21. Der Gerichtsstand ist nur bei demjenigen Amtsgerichte begründet, in dessen Bezirk die Zuwiderhandlung begangen ist.

Ist der Ort der begangenen Zuwiderhandlung nicht zu ermitteln, oder ist die Zuwiderhandlung außerhalb des Preußischen Staatsgebietes begangen, so bestimmt der Gerichtsstand sich nach den Vorschriften der Strafprozeßordnung [31]).

---

[30]) StPO. § 176, 199, 211, 244, 264, 270, 271, 273, 275, 332, 354 bis 373, (Berufung) 380, (Revision) 399. 447 bis 452, 483. — Ueber die Anwendung der auf die Kosten in Strafsachen bezüglichen Vorschriften des GerichtskostenG. 98 (RGB. 659) auf Forstdiebstahlsachen bestimmt das Preuß. GerichtskostenG. 99 (GS. 326) § 121:

1. Ist nicht auf Grund der §§ 6 u. 8 d. G. auf Strafe erkannt worden, so werden für jede Instanz, in welcher eine Hauptverhandlung stattgefunden hat, $^4/_{10}$ der Sätze der § 62 RGKG. erhoben.

2. Ist in Fällen, in welchen der Erlaß des Strafbefehls zulässig ist, ohne Erlaß eines solchen zur Hauptverhandlung geschritten und die Verurtheilung auf sofortiges Geständniß ohne Beweisaufnahme erfolgt, so werden in erster Instanz $^2/_{10}$ der Sätze des § 62 erhoben.

3. Ist nach § 17 d. G. durch Strafbefehl oder Urtheil auf Einziehung von Holz erkannt, so ist der Werth des Holzes an Stelle der Strafe für die Höhe der Gebühr maßgebend, die Gebühr beträgt jedoch in jeder Instanz höchstens 5 M.

[31]) Alsdann Gerichtsstand des Wohnsitzes oder des gewöhnlichen Aufenthaltsortes StPO. § 8 oder des Bezirks der Ergreifung das. § 9.

GVG. § 168 bestimmt:

Die Sicherheitsbeamten eines Bundesstaates sind ermächtigt, die Verfolgung eines Flüchtigen auf das Gebiet eines anderen Bundesstaates fortzusetzen und den Flüchtigen daselbst zu ergreifen.

Der Ergriffene ist unverzüglich an das nächste Gericht oder die nächste Polizeibehörde des Bundesstaates, in welchem er ergriffen wurde, abzuführen.

URGer. St. 9. Dez. 86 (VIII. 735). — Durch Vertrag 21. März 42 (GS. 112) u. 15. Jan. 48 (GS. 29) ist zwischen Preußen u. Oesterreich, durch Vertrag 12. März 49 (GS. 131) zwischen Preußen u. Luxemburg und durch Vertrag 29. April 85 (RGB. 251) zwischen dem Reiche und Belgien die gegenseitige Verfolgung der Forst u. s. w.-Frevel vereinbart.

Im Falle des §. 17 ist der Gerichtsstand bei demjenigen Amts=
gerichte begründet, in dessen Bezirke das Holz gefunden worden ist.

§. **22.**   In dem Verfahren vor dem Amtsgerichte werden sämmt=
liche Zustellungen durch den Amtsrichter unmittelbar veranlaßt.   Die
Formen für den Nachweis der Zustellungen werden durch die Justiz=
verwaltung bestimmt [32]).

§. **23.**   Personen, welche mit dem Forstschutze betraut sind, können,
sofern dieselben eine Anzeigegebühr nicht empfangen, ein= für allemal
gerichtlich beeidigt werden, wenn sie

1. Königliche Beamte sind [33]), oder

2. vom Waldeigenthümer auf Lebenszeit, oder nach einer vom Land=
   rath (Amtshauptmann [34]), Oberamtmann) bescheinigten dreijährigen
   tadellosen Forstdienstzeit auf mindestens drei Jahre mittels
   schriftlichen Vertrages angestellt sind, oder

3. zu den für den Forstdienst bestimmten, oder mit Forstversorgungs=
   schein entlassenen Militärpersonen gehören.

In den Fällen der Nr. 2 und 3 ist die Genehmigung des Bezirks=
ausschusses [35]) erforderlich [36]).   In denjenigen Landestheilen, in welchen das
Gesetz vom 26. Juli 1876 (Gesetz-Samml. S. 297) nicht gilt, tritt an
die Stelle des Bezirksraths die Regierung (Landdrostei) [37]).

§. **24.**   Die Beeidigung erfolgt bei dem Amtsgerichte, in dessen
Bezirk der zu Beeidigende seinen Wohnsitz hat, dahin:

daß er die Zuwiderhandlungen gegen dieses Gesetz, welches den
seinem Schutze gegenwärtig anvertrauten oder künftig anzuver=
trauenden Bezirk betreffen, gewissenhaft anzeigen, bei seinen
gerichtlichen Vernehmungen über dieselben nach bestem Wissen
die reine Wahrheit sagen, nichts verschweigen und nichts hinzu=

---

[32]) Vf. JM. 16. Juli 79 (JMB. 194).

[33]) Alle dem Landwirthschaftsminister
unterstellten Forstbeamten, insbesondere
auch Forstassessoren u. Forstreferendare,
sobald diese sich in Ausübung des
Dienstes befinden, sind zugleich zur
Wahrnehmung des Forstschutzes ver=
pflichtet.   Dazu gehören auch die Offi=
ziere des Reitenden Feldjäger=Korps
Vf. 28. Sept. 86 (MB. 213), 23. März
96 (DJ. XXVIII. 172), URGer. St.
21/23. Dez. 85 (XIII 215) u. die im
Bereiche der Königl. Hofkammer an=
gestellten Forstbeamten URGer. St.
9. Okt. 85 (XII. 419). — Für alle diese
Beamten ist mithin die Genehmigung
des Bezirksausschusses zur Vereidigung
nicht erforderlich.

[34]) Kr.O. 6. Mai 84 (GS. 181)
§ 26.

[35]) An Stelle des Bezirksrathes ge=
treten LVG. § 153.

[36]) Für Reservejäger Klasse A ist — wie
für Kgl. Beamte — Genehmigung nicht
erforderlich, wenn ihnen vom Staate
die Ausübung des Forstschutzes im Königl.
Forstdienste übertragen ist Vf. ML. 28.
Febr. 93 (DJ. XXV. 135).

[37]) Das an Stelle des G. 26. Juli
76 getretenen LVG. ist gemäß § 155
Abs. 1 nach Einführung der Kreis=
ordnungen in die ausgeschlossen ge=
wesenen Provinzen auch für diese in
Kraft getreten.

setzen, auch die ihm obliegenden Schätzungen unparteiisch und nach bestem Wissen und Gewissen bewirken werde.

Eine Ausfertigung des Beeidigungsprotokolls wird den Amtsgerichten mitgetheilt, in deren Bezirke der dem Schutze des Beeidigten anvertraute Bezirk liegt.

§. 25. Ist eine in Gemäßheit der vorstehenden Bestimmungen oder nach den bisherigen gesetzlichen Vorschriften zur Ermittelung von Forstdiebstählen beeidigte Person als Zeuge oder Sachverständiger zu vernehmen, so wird es der Eidesleistung gleich geachtet, wenn der zu Vernehmende die Richtigkeit seiner Aussage unter Berufung auf den ein-für allemal geleisteten Eid versichert.

Diese Wirkung der Beeidigung hört auf, wenn gegen den Beeidigten eine die Unfähigkeit zur Bekleidung öffentlicher Aemter nach sich ziehende Verurtheilung ergeht, oder die in Gemäßheit des §. 23 ertheilte Genehmigung zurückgezogen wird.

§. 26. Die mit dem Forstschutze betrauten Personen erstatten ihre Anzeigen an den Amtsanwalt schriftlich und periodisch. Sie haben zu diesem Zwecke Verzeichnisse zu führen, in welchen die einzelnen Fälle unter fortlaufenden Nummern zusammenzustellen sind. Die Verzeichnisse werden dem Amtsanwalt in zwei Ausfertigungen eingereicht. In diese Verzeichnisse können von dem Amtsanwalt auch die anderwärts eingehenden Anzeigen eingetragen werden.

Die näheren Vorschriften über die Aufstellung und die Einreichung der Verzeichnisse werden von der Justizverwaltung erlassen [38]).

§. 27. Der Amtsanwalt erhebt die öffentliche Klage, indem er bei Ueberreichung einer Ausfertigung des Verzeichnisses (§. 26) den Antrag [39]) auf Erlaß eines richterlichen Strafbefehls stellt [40]) und die beantragten Strafen nebst Werthersatz neben den einzelnen Nummern des Verzeichnisses vermerkt.

Der Erlaß eines Strafbefehls ist für jede Geldstrafe und die dafür im Unvermögensfalle festzusetzende Gefängnißstrafe, sowie für den Werthersatz und die verwirkte Einziehung zulässig.

Der Strafbefehl muß die Eröffnung enthalten, daß er vollstreckbar werde, wenn der Beschuldigte nicht in einem, sogleich in dem Straf-

---

[38]) Vf. JM. 29. Juli 79 (JMB. 221), 19. Febr. u. 11. Sept. 95, 18. April 00 (JM. 403). — Bei Strafanzeigen gegen jugendliche Frevler, welche nicht die §§ 6 und 8 betreffen, haben die Forstschutzbeamten einen Vermerk über das Vorhandensein der zur Erkenntniß der Strafbarkeit erforderlichen Einsicht und über die Thatumstände, aus denen dasselbe zu folgern ist, anzubringen Vf. ML. 19. Febr. 95 (MB. 161).

[39]) Schriftlich StPO. § 447.

[40]) StPO. § 447 bis 452. — Wegen Zuwiderhandlungen gegen § 6 u. 8 ist kein Strafbefehl zulässig § 30.

befehle anzuberaumenden, eintretendenfalls zugleich zur Hauptverhand=
lung bestimmten Termine vor dem Amtsrichter erscheine und Ein=
spruch erhebe.

Die in dem Strafbefehle getroffene Festsetzung ist von dem Amts=
richter neben jeder Nummer des Verzeichnisses einzutragen und dem
Angeklagten mit einem Auszuge aus dem Verzeichnisse zuzustellen.

Die mit dem Forstschutz betrauten Personen, welche nach den An=
zeigen als Beweiszeugen auftreten sollen, sind durch ihre Vorgesetzten
zu veranlassen, in dem anberaumten Termine zu erscheinen. Die sonst
erforderlichen Zeugen sind zu demselben zu laden[41]).

§. 28. Auf den Einspruch kann vor dem Termine verzichtet
werden[14]).

Auf die Wiedereinsetzung in den vorigen Stand gegen die Ver=
säumung des Termins finden die §§. 44, 45 Abs. 1, 46 und 47 der
Strafprozeßordnung entsprechende Anwendung[42]). Wird dem Gesuche
stattgegeben, so ist ein neuer Strafbefehl unter Aufhebung des früheren
zu erlassen.

§. 29. Ueber alle Einsprüche, sowie über alle Anträge, welche der
Amtsrichter unter Ablehnung des Strafbefehls zur Hauptverhandlung
gebracht hat, kann in einer Hauptverhandlung verhandelt und entschieden
werden. Das Protokoll über dieselbe wird nach den Nummern des
Verzeichnisses geführt.

Von einem auf Verwerfung des Einspruchs lautenden Urtheile wird
dem Verurtheilten nur die Urtheilsformel zugestellt.

§. 30. In den Fällen der §§. 6 und 8 findet der Erlaß eines
Strafbefehls nicht statt. Der Amtsanwalt erhebt die öffentliche Klage
durch Einreichung einer Anklageschrift, welcher ein Auszug aus dem
Verzeichnisse (§. 26) beizufügen ist. Die Hauptverhandlung kann ohne
Anwesenheit des Angeklagten erfolgen.

---

[41]) Gestellung der Zeugen ist erst zu veranlassen, wenn das Erscheinen vom Gericht ausdrücklich verfügt wird Vf. ML. JM. 25. Mai u. 17. Juni 81 (MB. 174). Zur Ersparung von Kosten soll die Vertretung der Forstamtsanwälte in den Einspruchsterminen in erster Linie den an dem Gerichtssitze oder in dessen Nähe, d. h. weniger als 2 km entfernt woh= nenden Forstamtsanwälten und erst in Ermangelung eines solchen dem Amtsan= walte zustehen; den auswärtigen Forst= amtsanwälten ist aber die Befugniß gewahrt, in solchen Sachen, in denen eine Beweisaufnahme bevorsteht oder Forstschutzbeamte von ihnen als Zeugen gestellt werden, die Termine persönlich wahrzunehmen Vf. JM. 10. Febr. 91 u. ML. 22. Febr. 91 (MB. 46) u. 31. Dez. 94 (MB. 162).

[42]) Ein Naturereigniß oder ein an= derer unabwendbarer Zufall muß die Wahrnehmung des Termines verhindert haben. — Wiedereinsetzung ist binnen einer Woche nach Beseitigung des Hinder= nisses zu beantragen.

§. **31.**   Wird gegen ein von dem Amtsrichter ohne die Zuziehung von Schöffen erlassenes Urtheil die Berufung[43]) eingelegt, so sind zum Zwecke der Bildung besonderer Akten durch den Gerichtsschreiber beglaubigte Auszüge aus den Akten erster Instanz zu fertigen.

§. **32.**   Die Revision[44]) gegen die in der Berufungsinstanz erlassenen Urtheile findet nur statt, wenn eine der in den §§. 6 und 8 vorgesehenen strafbaren Handlungen den Gegenstand der Untersuchung bildet.

§. **33.**   Die Vollstreckung der Strafbefehle und der Urtheile erfolgt durch den Amtsrichter.

§. **34.**   Eine auf Grund dieses Gesetzes ausgesprochene und eingezogene Geldstrafe fließt dem Beschädigten zu[45]). Diese Bestimmung bezieht sich nicht auf eine im Falle des §. 8 erkannte Zusatzstrafe.

Weist der Beschädigte im Falle der Nichteinziehbarkeit der Geldstrafe Arbeiten, welche den Erfordernissen des §. 14 entsprechen, der Behörde nach, so soll der Verurtheilte zu deren Leistung angehalten werden. Diese Nachweisung ist nicht mehr zu berücksichtigen, sobald mit der anderweiten Vollstreckung der Strafe begonnen ist[46]).

§. **35.**   Der Amtsrichter ist befugt, wenn der Verurtheilte zu der Gemeinde gehört, welcher die erkannte Entschädigung[47]) und Geldstrafe zufällt, die Beitreibung dieser Entschädigung und Geldstrafe nebst den Kosten der Gemeindebehörde in der Art aufzutragen, daß sie die Einziehung auf dieselbe Weise zu bewirken hat, wie die Einziehung der Gemeindegefälle[48]). Es dürfen jedoch dem Verurtheilten keine Mehrkosten erwachsen.

§. **36.**   Steht mit einer Zuwiderhandlung gegen dieses Gesetz ein nach §. 361 Nr. 9 des Strafgesetzbuches[49]) strafbares Nichtabhalten von

---

43) Berufungsinstanz ist die Strafkammer § 19 Abs. 3, die Berufungsfrist beträgt eine Woche seit Verkündung oder Zustellung des Urtheils StPO. § 355.

44) Zuständig ist das Oberlandesgericht in Berlin (Kammergericht) GVG. § 123 und Pr.AG. § 50. Frist eine Woche StPO. § 381.

45) Auch der Werthersatz § 9.

46) In allen Forstkontraventionsfällen, einschließlich der Forstdiebstähle kann der Minister für Landwirthschaft ꝛc. Geldstrafen bis zu 30 M. ganz oder theilweise erlassen AE. 15. Dez. 80 (JMB. 81. S. 31). Zu Freiheitsstrafen verurtheilten Personen, für welche bei längerer guter Führung eine Begnadigung in Aussicht genommen werden kann, darf Aussetzung der Strafvollstreckung bewilligt werden. Dies soll jedoch vornehmlich nur zu Gunsten erstmalig verurtheilter Personen unter 18 Jahren, gegen welche nicht auf eine längere, als sechsmonatliche Strafe erkannt ist, geschehen AE. 23. Okt. 95 (JMB. 348).

47) Werthersatz § 9.

48) Zwangsbeitreibung V. 15. Nov. 99 (GS. 545) erlassen auf Grund des Ausf. G. z. CPO. 99 (GS. 388) § 5 Abs. 2.

49) Nr. 2 d. W.

der Begehung von Forstdiebstählen im Zusammenhange, so findet auch auf diese Uebertretung das in diesem Gesetze vorgeschriebene Verfahren Anwendung.

§. 37.   Für das weitere Verfahren in den am Tage des Inkraft= tretens dieses Gesetzes anhängigen Sachen finden die Vorschriften der §§. 8 und ff. des Einführungsgesetzes zur Strafprozeßordnung entsprechende Anwendung.

§. 38.   Dieses Gesetz tritt mit dem in dem §. 39 bezeichneten Zeitpunkte an die Stelle des Gesetzes vom 2. Juni 1852, den Dieb= stahl an Holz und anderen Waldprodukten betreffend (Gesetz=Samml. 1852 S. 305).

Wo in einem Gesetze auf die bisherigen Bestimmungen über den Holz=(Forst=)Diebstahl verwiesen ist, treten die Vorschriften des gegen= wärtigen Gesetzes an deren Stelle.

§. 39.   Dieses Gesetz tritt gleichzeitig mit dem Gerichtsverfassungs= gesetz in Kraft [50]).

Anlage A (zu Anmerkung 27).

Verfügung des Ministers für Landwirthschaft und des Ministers des Innern vom 23. Juli 1883 und vom 3. Januar 1883 betr. die zu Hülfsbeamten der Staatsanwaltschaft bestellten Königlichen Forstschutzbeamten. (DJ. XV. 120.) (Auszug.[1])

1. Nach §. 153 des Gerichtsverfassungsgesetzes haben die Hülfsbeamten der Staatsanwaltschaft den Anordnungen der Staatsanwälte bei dem Landgerichte ihres Bezirks und der diesen vorgesetzten Beamten Folge zu leisten. Daneben sind sie aber unter Umständen zu selbstständigem Handeln befugt und verpflichtet, insbesondere sind sie nach §§. 98 und 105 der Strafprozeßordnung bei Gefahr im Verzuge zu Beschlagnahmen und zur Anordnung von Durchsuchungen (so= wohl zum Zwecke der Ergreifung der wegen strafbarer Handlungen Verfolgten als zur Aufsuchung von Beweismitteln) ermächtigt.

Die Bestellung der Forstschutzbeamten zu Hülfsbeamten der Staatsanwalt= schaft hat nun, was den sachlichen Umfang der ihnen übertragenen Funktion angeht, zunächst die Zwecke des Forstschutzes im Auge, und soweit es auf selbst= ständiges Handeln in jener Eigenschaft ankommt, haben deshalb jene Beamten ihre Thätigkeit zu beschränken auf die Verfolgung solcher Gesetzwidrigkeiten, welche in dem ihnen im Hauptamte zugewiesenen Schutzbezirke begangen werden und in irgend einer Beziehung zu ihrer hauptamtlichen Thätigkeit stehen, wohin vor= nehmlich die Verletzungen der Forst=, Jagd=, Feld=, Fischerei u. s. w. Gesetze zu

---

[50]) 1. Okt. 79 EG. zum GVG. 27. Jan. 77 (RGB. 77) § 1.

[1]) Eine gleichlautende Vf. ist für die zu Hülfsbeamten der Staatsanwalt= schaft bestellten Gemeindeforstbeamten der Rheinprovinz erlassen Verf. MJ. u. ML. v. 6. Aug. 92

rechnen sind. Auch die Staatsanwälte werden die Thätigkeit der Forstschutzbeamten der Regel nach nur wegen strafbarer Handlungen dieser Art in Anspruch
nehmen, doch bleibt es deren Ermessen überlassen, auch in anderen Fällen, wo
ihnen solches aus besonderen Gründen erwünscht scheint, der Forstschutzbeamten
neben den ihnen sonst zur Verfügung stehenden Hülfsbeamten, oder anstatt dieser,
sich zu bedienen, und auch auf solche Fälle erstreckt sich die Verpflichtung der
Forstschutzbeamten, den Anordnungen der Staatsanwälte Folge zu geben.

2. Anlangend die örtliche Zuständigkeit der Forstschutzbeamten als
Hülfsbeamten der Staatsanwaltschaft, so versteht es sich, daß dieselben durch
einen Auftrag des Staatsanwalts die Befugniß erlangen, auch außerhalb
ihres eigenen Schutzbezirks thätig zu werden. Dagegen beschränkt sich die Befugniß zu selbstständigem Handeln in der Regel auf den Schutzbezirk des
einzelnen Beamten. Eine Ausnahme von dieser Regel ergiebt sich aus dem
Rechte der Nacheile und aus analoger Anwendung des §. 167 des Gerichtsverfassungsgesetzes, wonach ein Gericht Amtshandlungen außerhalb seines Bezirks
ohne Zustimmung des Amtsgerichts des Orts nur vornehmen darf, wenn
Gefahr im Verzuge obwaltet, in welchem Falle dem Amtsgerichte des Orts Anzeige zu machen ist. In entsprechendem Sinne ist anzunehmen, daß die in Rede
stehenden Beamten, sofern es sich um Zuwiderhandlungen gegen die Strafgesetze
handelt, gegen welche sie nach dem zu 1 Gesagten selbstständig einzuschreiten
haben, auch außerhalb ihres Dienstbezirks Beschlagnahmen und Durchsuchungen
selbstständig vornehmen können, jedoch nur dann, wenn sie in der Verfolgung
des Thäters (unmittelbar oder nach seinen Spuren) begriffen sind und wenn
zugleich die bei einer Verzögerung der Maßregel obwaltende Gefahr der Erfolg-
losigkeit so dringlich ist, daß nicht nur ein Antrag bei dem zuständigen Richter,
sondern auch eine vorherige Verständigung mit der Ortspolizeibehörde nicht angängig ist. Auch in einem solchen Falle ist aber, und zwar baldmöglichst, der
Ortspolizeibehörde Anzeige zu machen.

Die Befugniß zur Vornahme von Amtshandlungen im Gebiete eines
anderen Bundesstaats beschränkt sich übrigens auf die nach §. 168 des
Gerichtsverfassungsgesetzes statthafte Verfolgung und Ergreifung Flüchtiger. Insbesondere haben die Forstschutzbeamten durch ihre Bestellung zu Hülfsbeamten
der Staatsanwaltschaft nicht die Befugniß zur Vornahme von Haussuchungen
im Gebiete anderer Bundesstaaten erlangt, müssen hierzu vielmehr nach wie vor
die dort zuständigen Behörden in Anspruch nehmen.

3. Der Herr Justizminister hat sich bereit erklärt, die Staatsanwälte dahin
anzuweisen, daß diese ihre Aufträge an die Forstschutzbeamten der Regel nach
unter der Adresse der betreffenden Oberförster, und nur aus besonderen Gründen,
wie namentlich in solchen Fällen besonderer Dringlichkeit unmittelbar an die
Forstschutzbeamten erlassen, in welchen zu besorgen, daß der Umweg durch die
Hand des Oberförsters den Auftrag an den Forstschutzbeamten wirkungslos
machen könnte. In letzterem Falle hat der Forstschutzbeamte selbst dem Oberförster von dem ihm gewordenen Auftrage so bald als möglich Anzeige zu machen.
Die Oberförster haben die unter ihrer Adresse eingehenden Aufträge der Staatsanwälte den beauftragten Forstschutzbeamten ungesäumt zuzustellen. Glaubt ein
Oberförster, daß durch einen Auftrag des Staatsanwalts an die Forstschutzbeamten das Interesse des Forstdienstes geschädigt werde, so hat er der vorgesetzten Regierung zu berichten. Die Ausführung des vom Staatsanwalt
einmal ertheilten Auftrages darf jedoch aus diesem Grunde in keinem Falle
verweigert oder verzögert werden.

4. Die Forstschutzbeamten haben bei Erledigung von Aufträgen der Staats=
anwälte die Liquidation der etwa zu beanspruchenden Tagegelder und Reisekosten
dem auftraggebenden Staatsanwalt zur Zahlbarmachnng einzureichen. Doch
dürfen bei Ausrichtung solcher Aufträge innerhalb des eigenen Schutz=
bezirkes Tagegelder und Reisekosten in keinem Falle verlangt werden. Soweit
ein Forstschutzbeamter als Hülfsbeamter der Staatsanwaltschaft selbstständig
thätig wird, ist dies als eine Thätigkeit in seinem Hauptamte anzusehen, wofür
Tagegelder u. s. w. grundsätzlich nicht gewährt werden.

4. Feld= und Forstpolizeigesetz. Vom 1. April 1880.
(GS. 230) [1]).

Erster Titel.

Strafbestimmungen.

§. 1. Die in diesem Gesetz mit Strafe bedrohten Handlungen [2])
unterliegen, soweit dasselbe nicht abweichende Vorschriften enthält, den
Bestimmungen des Strafgesetzbuchs.

§. 2. Für die Strafzumessung wegen Zuwiderhandlungen gegen
dieses Gesetz kommen als Schärfungsgründe in Betracht:

---

[1]) Das Gesetz hat die ihm entgegen=
stehenden gesetzlichen Bestimmungen,
insbesondere alle Strafbestimmungen
der Feld= und Forstpolizeigesetze und
Forstordnungen außer Kraft gesetzt und
damit für das ganze Staatsgebiet im
Wesentlichen einheitliche Vorschriften über
den Feld= und Forstschutz eingeführt.
Auch die dem verbesserten Landwirth=
schaftsbetriebe der Neuzeit nicht mehr
genügende Feldpolizeiordnung vom 1.
Nov. 1847 (GS. 376) ist bis auf nicht
entgegenstehende oder nur vorübergehend
in Geltung gelassene Vorschriften (§ 96
Abf. 4) durch das Gesetz beseitigt worden.
Es vereinigt in sich die Vorschriften für
den Feld= und den Forstschutz, für
welche die allgemeinen strafrechtlichen
Bestimmungen, die Ordnung des Ver=
fahrens, des Schadenersatzes, der Pfän=
dung u. s. w. gleichmäßig passen. Das
G. beschränkt sich jedoch auf Regelung
allgemeiner, von den örtlichen Verhält=
nissen unabhängiger Gegenstände und
behält für die § 11, 13, 32, 34, 40 2—3,
41, 43, 46, 96 3 den Erlaß der den
örtlichen Zuständen besonders anzu=
passenden Vorschriften provinziellen Be=
stimmungen vor, welche inzwischen in
den in Anlage A aufgeführten Polizei=
verordnungen erlassen worden sind. Das
G. findet nicht allein auf Forsten und
Feldern im engeren Sinne, sondern auf
alle in dem G. gekenuzeichneten rechts=
widrigen Handlungen ohne Unterschied
des Begehungsaktes Anwendung. —
Ausf.Best. Bf. 12. u. 29. Mai 80. An=
lage B. (fiskalische Forsten) u. Unter=
anlage B. 1. — Quellen. Landt. Verh.
AH. 78/79 Druckf. 212 (Begr.), 78/79
III Druckf. 108. KB., 79/80 I Druckf.
10. — Bearb. von v. Bülow und
Sterneberg (4. Aufl. Berl. 95) und
v. Daude (4. Aufl. Berl. 00).

[2]) Für sämmtliche Uebertretungen
mit Ausnahme der Fälle § 20 u. 21
beträgt die Verjährungsfrist 3 Monate,
im Falle des § 20 3 Jahre, im Falle
des § 21 5 Jahre.

1. wenn die Zuwiderhandlung an einem Sonn= oder Festtage[3]) oder in der Zeit von Sonnenuntergang bis Sonnenaufgang begangen ist;

2. wenn der Zuwiderhandelnde Mittel angewendet hat, um sich unkenntlich zu machen;

3. wenn der Zuwiderhandelnde dem Feld= oder Forsthüter, oder einem anderen zuständigen Beamten[4]), dem Beschädigten oder dem Pfändungsberechtigten seinen Namen oder Wohnort anzugeben sich geweigert oder falsche Angaben über seinen oder seiner Gehülfen Namen[5]) oder Wohnort gemacht, oder auf Anrufen der vorstehend genannten Personen, stehen zu bleiben, die Flucht ergriffen oder fortgesetzt hat;

4. wenn der Thäter die Aushändigung der zu der Zuwiderhandlung bestimmten Werkzeuge oder der mitgeführten Waffen verweigert hat;

5. wenn die Zuwiderhandlung von drei oder mehr Personen in gemeinschaftlicher Ausführung begangen ist;

6. wenn die Zuwiderhandlung im Rückfalle[6]) begangen ist.

§. **3.**   Im Rückfalle (§. 2 Nr. 6) befindet sich, wer, nachdem er auf Grund dieses Gesetzes wegen einer in demselben mit Strafe bedrohten Handlung im Königreiche Preußen vom Gerichte oder durch polizeiliche Strafverfüguug rechtskräftig[7]) verurtheilt worden ist, innerhalb der nächsten zwei Jahre dieselbe oder eine gleichartige strafbare Handlung, sei es mit oder ohne erschwerende Umstände, begeht.

Als gleichartig gelten

1. die in demselben Paragraphen oder, falls ein Paragraph mehrere strafbare Handlungen betrifft, in derselben Paragraphennummer vorgesehenen Handlungen;

2. die Entwendung, der Versuch einer solchen und die Theilnahme (Mitthäterschaft, Anstiftung, Beihülfe), die Begünstigung und die Hehlerei in Beziehung auf eine Entwendung.

---

[3]) Nr. 3 Anm. 10 d. W.

[4]) Jeder zur Verfolgung von Feld= und Forstpolizeifreveln berechtigte Beamte URGer. St. 10. April 80 (I. 566).

[5]) In Verbindung mit einer Zuwiderhandlung gegen d. G. bildet falsche Angabe von Namen und Wohnort nur einen Verschärfungsgrund, keine selbstständige Uebertretung des StGB. § 360 Nr. 8 (unzulässiger Namensgebrauch) UOT. 15. Mai 57 (Goltdammer M. V. 563).

[6]) § 3 u. 21.

[7]) Rechtskraft tritt ein, wenn das gerichtliche Urtheil nicht mehr durch Rechtsmittel angefochten werden kann StPO. § 355 bis 357, 381 bis 383, oder gegen poliz. Strafverfügung nicht binnen einer Woche auf gerichtl. Entscheidung angetragen wird StPO. § 453.

§. **4.** Die im §. 57 Nr. 3 des Strafgesetzbuchs bei der Ver=
urtheilung von Personen, welche zur Zeit der Begehung der That das
zwölfte, aber nicht das achtzehnte Lebensjahr vollendet hatten, vor=
gesehene Strafermäßigung findet bei Zuwiderhandlungen gegen dieses
Gesetz keine Anwendung.

§. **5.** Für die Geldstrafe, den Werthsersatz (§. 68) und die Kosten,
zu denen Personen verurtheilt werden, welche unter der Gewalt, der
Aufsicht oder im Dienste eines Anderen stehen und zu dessen Haus=
genossenschaft gehören, ist letzterer im Falle des Unvermögens der Ver=
urtheilten für haftbar[8]) zu erklären, und zwar unabhängig von der
etwaigen Strafe, zu welcher er selbst auf Grund dieses Gesetzes oder
des §. 361 Nr. 9 des Strafgesetzbuchs[9]) verurtheilt wird. Wird fest=
gestellt, daß die That nicht mit seinem Wissen verübt ist, oder daß er sie
nicht verhindern konnte, so wird die Haftbarkeit nicht ausgesprochen.

Hat der Thäter noch nicht das zwölfte Lebensjahr vollendet[10]), so
wird derjenige, welcher in Gemäßheit der vorstehenden Bestimmung
haftet, zur Zahlung der Geldstrafe, des Werthsersatzes und der Kosten
als unmittelbar haftbar verurtheilt. Dasselbe gilt, wenn der Thäter
zwar das zwölfte, aber noch nicht das achtzehnte Lebensjahr vollendet
hatte und wegen Mangels der zur Erkenntniß der Strafbarkeit seiner
That erforderlichen Einsicht freizusprechen ist[11]), oder wenn derselbe
wegen eines seine freie Willensbestimmung ausschließenden Zustandes[12])
straffrei bleibt.

Gegen die in Gemäßheit der vorstehenden Bestimmungen als haft=
bar Erklärten tritt an die Stelle der Geldstrafe eine Freiheitsstrafe
nicht ein.

§. **6.** Entwendungen[13]), Begünstigung und Hehlerei in Beziehung
auf solche, sowie rechtswidrig und vorsätzlich begangene Beschädigungen
(§. 303 des Strafgesetzbuchs)[14]) und Begünstigung in Beziehung auf
solche unterliegen den Bestimmungen dieses Gesetzes nur dann, wenn

---

[8]) Nr. 3 Anm. 19 d. W.
[9]) Nr. 2 d. W.
[10]) Nr. 3 Anm. 21 d. W.
[11]) Nr. 3 Anm. 22 d. W.
[12]) Nr. 3 Anm. 23 d. W.
[13]) Entwendung steht begrifflich dem
Diebstahl (StGB. § 272) gleich. Auch
im StGB. § 370[5] ist dieser Ausdruck
gebraucht.
[14]) StGB. § 303:
    Wer vorsätzlich und rechtswidrig
eine fremde Sache beschädigt oder
zerstört, wird mit Geldstrafe bis zu
eintausend Mark oder mit Gefäng=
niß bis zu zwei Jahren bestraft.

Der Versuch ist strafbar.

Die Verfolgung tritt nur auf
Antrag ein.

Ist das Vergehen gegen einen
Angehörigen verübt, so ist die
Zurücknahme des Antrages zulässig.

der Werth des Entwendeten oder der angerichtete Schaden zehn Mark[15]) nicht übersteigt.

§. 7. Die Beihülfe[16]) zu einer nach diesem Gesetze strafbaren Entwendung oder vorsätzlichen Beschädigung wird mit vollen Strafe der Zuwiderhandlung bestraft.

§. 8. Der Versuch der Entwendung, die Begünstigung und Hehlerei[17]) in Beziehung auf eine Entwendung, sowie die Begünstigung in Beziehung auf eine nach diesem Gesetze strafbare vorsätzliche Beschädigung werden mit der vollen Strafe der Entwendung beziehungsweise vorsätzlichen Beschädigung bestraft.

Die Bestimmungen des §. 257 Absatz 2 und 3 des Strafgesetzbuchs[18]) finden Anwendung.

§. 9. Mit Geldstrafe bis zu zehn Mark oder mit Haft bis zu drei Tagen wird bestraft, wer, abgesehen von den Fällen des §. 123 des Strafgesetzbuchs[19]), von einem Grundstücke, auf dem er ohne Befugniß[20]) sich befindet, auf die Aufforderung des Berechtigten[21]) sich nicht entfernt. Die Verfolgung tritt nur auf Antrag[22]) ein.

§. 10. Mit Geldstrafe bis zu zehn Mark oder mit Haft bis zu drei Tagen wird bestraft, wer, abgesehen von den Fällen des §. 368 Nr. 9 des Strafgesetzbuchs[23]), unbefugt über Grundstücke reitet, karrt, fährt, Vieh treibt, Holz schleift, den Pflug wendet oder über Aecker,

---

[15]) Nur der Werth des entwendeten Gegenstandes, nicht aber der durch die Entwendung verursachte Schaden ist hierbei entscheidend UKammGer. 26. Ott. 93 (Joh. XIV. 343).

[16]) Beihülfe (StGB. § 49) ist nur in diesem Falle strabar, in allen anderen Fällen des G. straflos.

[17]) Dasselbe gilt für Versuch (StGB. § 43 bis 46), Begünstigung (StGB. § 257) und Hehlerei (StGB. § 258, 259).

[18]) Nr. 3 Anm. 13 d. W.

[19]) StGB. § 123:

Wer in die Wohnung, in die Geschäftsräume oder in das befriedete Besitzthum eines Anderen oder in abgeschlossene Räume, welche zum öffentlichen Dienst bestimmt sind, widerrechtlich eindringt, oder wer, wenn er ohne Befugniß darin weilt, auf die Aufforderung des Berechtigten sich nicht entfernt, wird wegen Hausfriedensbruch bestraft. Die Verfolgung tritt nur auf Antrag ein.

[20]) Das Verweilen eines Beamten auf einem fremden Grundstück bei rechtmäßiger Ausübung des Amtes ist ein befugtes UOVG. 28. Nov. 85 (XII 421). Der Eigenthümer eines Bienenschwarmes darf bei der Verfolgung fremde Grundstücke betreten BGB. § 962.

[21]) Zu den Berechtigten gehört außer dem Eigenthümer auch der Pächter, sowie der mit der Verwaltung oder Bewachung des Grundstücks Beauftragte, z. B. der Oberförster und der Forstschutzbeamte UKGer. St. 1. Nov. 81 (V. 413), UOT. 6. Nov. 73 (XIV 696). Ausf.Vf. Anl. B Nr. 2.

[22]) Antragsfrist 3 Monate StGB. § 61. Anl. B Nr. 2.

[23]) Nr. 2 d. W.

deren Bestellung vorbereitet oder in Angriff genommen ist, geht[24]). Die Verfolgung tritt nur auf Antrag ein.

Der Zuwiderhandelnde bleibt straflos, wenn er durch die schlechte Beschaffenheit eines an dem Grundstücke vorüberführenden und zum gemeinen Gebrauch bestimmten Weges oder durch ein anderes auf dem Wege befindliches Hinderniß zu der Uebertretung genöthigt worden ist.

§. 11. Mit Geldstrafe bis zu zehn Mark oder mit Haft bis zu drei Tagen wird bestraft, wer außerhalb eingefriedigter Grundstücke sein Vieh[25]) ohne gehörige Aufsicht oder ohne genügende Sicherung läßt.

Diese Bestimmung kann durch Polizeiverordnung[1]) abgeändert werden. Eine höhere als die vorstehend festgesetzte Strafe darf jedoch nicht angedroht werden.

Die Bestrafung tritt nicht ein, wenn nach den Umständen die Gefahr einer Beschädigung Dritter nicht anzunehmen ist.

§ 12. Mit Geldstrafe bis zu zehn Mark oder mit Haft bis zu drei Tagen wird der Hirt bestraft, welcher das ihm zur Beaufsichtigung anvertraute Vieh ohne Aufsicht oder unter der Aufsicht einer hierzu untüchtigen Person läßt.

§. 13. Die Ausübung der Nachtweide, des Einzelhütens, sowie der Weide durch Gemeinde= und Genossenschaftsheerden wird durch Polizeiverordnung[1]) geregelt.

§. 14. Mit Geldstrafe bis zu funfzig Mark oder mit Haft bis zu vierzehn Tagen wird bestraft, wer unbefugt auf einem Grundstücke Vieh weidet[26]).

Die Strafe ist verwirkt, sobald das Vieh die Grenzen des Grund=stücks, auf welchem es nicht geweidet werden darf, überschritten hat, so=fern nicht festgestellt wird, daß der Uebertritt von der für die Beauf=sichtigung des Viehes verantwortlichen Person nicht verhindert werden konnte[27]).

Die Bestimmung des Absatzes 2 findet, wo eine Verpflichtung zur Einfriedigung von Grundstücken besteht, oder wo die Einfriedigung landesüblich ist[28]), keine Anwendung.

---

[24]) Das Gehen über Grundstücke, welche nicht zu den im StGB. § 368[9] aufgeführten gehören oder nicht zur Bestellung vorbereitete oder in Angriff genommene Aecker sind, ist straflos. — Unbefugtes Betreten eines fremden Grundstücks zur Ausübung des freien Thierfangs z. B. auf wilde Kaninchen, WildschadenG. 11. Juli 91 (GS. 307) § 15 ist verboten. UKammGer. 22. April 97 (Joh. XVIII. 279.) — Be=treten von Forstkulturen und Schlägen § 364, 5.

[25]) Als Vieh sind anzusehen Pferde, Esel, Rindvieh, Schweine, Ziegen, Schafe, Gänse und anderes Federvieh § 71. 72.

[26]) Außerdem Schadenersatz § 69.

[27]) § 10 Abs. 2.

[28]) Z. B. in Schleswig=Holstein KB. AH. I 79/80 Nr. 68.

§. **15.** Geldstrafe von fünf bis zu einhundertundfunfzig Mark oder Haft tritt ein, wenn der Weidefrevel (§. 14) begangen wird

1. auf Grundstücken, deren Betreten durch Warnungszeichen verboten ist;

2. auf eingefriedigten Grundstücken, sofern nicht eine Verpflichtung zur Einfriedigung der Grundstücke besteht, oder die Einfriedigung der Grundstücke landesüblich ist[28]);

3. auf solchen Dämmen und Deichen, welche von dem Besitzer selbst noch mit der Hütung verschont werden;

4. auf bestellten Aeckern oder auf Wiesen, in Gärten, Baumschulen Weinbergen, auf mit Rohr bewachsenen Flächen, auf Weidenhegern[29]), Dünen, Buhnen, Deckwerken, gedeckten Sandflächen, Graben= oder Kanalböschungen, in Forstkulturen[30]), Schonungen[31]) oder Saatkämpen[32]);

5) auf Forstgrundstücken[33]) mit Pferden oder Ziegen.

§. **16.** Ein wegen Weidefrevels rechtskräftig verurtheilter Hirt kann von der Dienstherrschaft innerhalb vierzehn Tagen, von der rechtskräftigen Verurtheilung an gerechnet, entlassen werden.

§. **17**[34]). Mit Geldstrafe bis zu einhundertundfunfzig Mark oder mit Haft wird bestraft:

1. wer eine rechtmäßige Pfändung (§. 77)[35]) vereitelt oder zu vereiteln versucht;

---

[29]) Weidenheger sind Grundstücke, auf denen die vorhandenen Weidenbestände als Niederwald mit kurzem Umtriebe zur Gewinnung von Korbruthen, Reis= u. Bandstöcken, Faschinenholz u. s. w. bewirthschaftet werden.

[30]) Forstkulturen sind Grundstücke mit neuen Waldanlagen von so jugendlichem Alter, daß schon durch bloßes Betreten Schaden entstehen kann § 36⁴.

[31]) Schonungen sind Grundstücke mit herangewachsenen jungen Holzbeständen, die aber durch Weidevieh noch beschädigt werden können.

[32]) Saatkämpe sind zur Erziehung von Holzpflänzlingen benutzte Grundstücke.

[33]) Nr. 3. § 1 d. W. Forstgrundstücke sind Forsten oder andere hauptsächlich zur Holzzucht bestimmte Grundstücke.

[34]) § 17 bezieht sich nur auf die dem G. unterworfenen Pfändungen Begr.

[35]) EG. z. BGB. Art. 89:

Unberührt bleiben die landesgesetzlichen Vorschriften über die zum Schutze der Grundstücke und der Erzeugnisse von Grundstücken gestattete Pfändung von Sachen, mit Einschluß der Vorschriften über die Entrichtung von Pfandgeld oder Ersatzgeld.

EG. z. BGB. Art. 107:

Unberührt bleiben die landesgesetzlichen Vorschriften über die Verpflichtung zum Ersatze des Schadens, der durch das Zuwiderhandeln gegen ein zum Schutze von Grundstücken erlassenes Strafgesetz verursacht wird.

2. wer, abgesehen von den Fällen der §§. 113 und 117 des Strafgesetzbuchs[36]), dem Pfändenden in der rechtmäßigen Ausübung seines Rechts (§. 77) durch Gewalt oder durch Bedrohung mit Gewalt Widerstand leistet oder den Pfändenden während der rechtmäßigen Ausübung seines Rechts thätlich angreift[37]);

3. wer, abgesehen von den Fällen der §§. 137 und 289 des Strafgesetzbuchs[38]), Sachen, welche rechtmäßig in Pfand genommen sind (§. 77), dem Pfändenden in rechtswidriger Absicht wegnimmt;

4. wer vorsätzlich eine unrechtmäßige Pfändung (§. 77) bewirkt.

§. **18.** Mit Geldstrafe bis zu einhundertundfunfzig Mark oder mit Haft wird bestraft, wer Gartenfrüchte, Feldfrüchte oder andere

---

[36]) Nr. 2 d. W. Die Strafbestimmung des § 17² bezieht sich auf Personen, welche nicht zu den in § 113. 117 StGB. aufgeführten gehören.

[37]) Nr. 2 Anm. 4 d. W.

[38]) StGB. § 137:

Wer Sachen, welche durch die zuständigen Behörden oder Beamten gepfändet oder in Beschlag genommen sind, vorsätzlich bei Seite schafft, zerstört oder in anderer Weise der Verstrickung ganz oder theilweise entzieht, wird mit Gefängniß bis zu einem Jahre bestraft.

§ 289. Wer seine eigene bewegliche Sache, oder eine fremde bewegliche Sache zu Gunsten des Eigenthümers derselben, dem Nutznießer, Pfandgläubiger oder demjenigen, welchem an der Sache ein Gebrauchs- oder Zurückbehaltungsrecht zusteht, in rechtswidriger Absicht wegnimmt, wird mit Gefängniß bis zu drei Jahren oder mit Geldstrafe bis zu neunhundert Mark bestraft.

Neben der Gefängnißstrafe kann auf Verlust der bürgerlichen Ehrenrechte erkannt werden.

Der Versuch ist strafbar.

Die Verfolgung tritt nur auf Antrag ein.

Die Bestimmungen des § 247 Absatz 2 und 3 finden auch hier Anwendung.

§ 247. Wer einen Diebstahl oder eine Unterschlagung gegen Angehörige, Vormünder oder Erzieher begeht, oder wer einer Person, zu der er im Lehrlingsverhältnisse steht, oder in deren häuslichen Gemeinschaft er als Gesinde sich befindet, Sachen von unbedeutendem Werthe stiehlt oder unterschlägt, ist nur auf Antrag zu verfolgen. Die Zurücknahme des Antrages ist zulässig.

Ein Diebstahl oder eine Unterschlagung, welche von Verwandten aufsteigender Linie gegen Verwandte absteigender Linie oder von einem Ehegatten gegen den anderen begangen worden ist, bleibt straflos.

Diese Bestimmungen finden auf Theilnehmer oder Begünstiger, welche nicht in einem der vorbezeichneten persönlichen Verhältnisse stehen, keine Anwendung.

Ueber Verwandte (Abs. 2) Nr. 3 Anm. 13 d. W.

Bodenerzeugnisse³⁹) aus Gartenanlagen⁴⁰) aller Art, Weinbergen, Obst=
anlagen, Baumschulen, Saatkämpen⁴¹), von Aeckern⁴²), Wiesen, Weiden,
Plätzen, Gewässern, Wegen oder Gräben entwendet.

Liegen die Voraussetzungen des §. 370 Nr. 5 des Strafgesetz=
buchs⁴³) vor, so tritt die Verfolgung nur auf Antrag ein.

§. 19. Geldstrafe von fünf bis zu einhundertundfünfzig Mark
oder Haft tritt ein, wenn die nach §. 18 strafbare Entwendung be=
gangen wird

1. unter Anwendung eines zur Fortschaffung größerer Mengen ge=
   eigneten Geräthes, Fahrzeuges oder Lastthieres;

2. unter Benutzung von Aexten, Sägen, Messern, Spaten oder
   ähnlichen Werkzeugen;

3. aus einem umschlossenen⁴⁴) Raume mittelst Einsteigens;

4. gegen die Dienstherrschaft oder den Arbeitgeber;

5. an Kien, Harz, Saft, Wurzeln, Rinde oder Mittel= (Haupt=)
   Trieben stehender Bäume, sofern die Entwendung nicht als
   Forstdiebstahl strafbar ist⁴⁵).

---

³⁹) Zu den Bodenerzeugnissen
gehören auch die aus anderem Boden
übertragenen, eingepflanzten Bodener=
zeugnisse z. B. die auf einem Grab=
hügel eingepflanzten Pflanzen URGer.
St. 26. Okt. 82 (VII 190) u. 1. Nov.
92 (XXIII 269). — Torf gehört nicht
zu den Bodenerzeugnissen, sondern gilt
als Bodenbestandtheil, dessen unbefugte
Wegnahme nach StGB. § 370 Nr. 2
strafbar ist URGer. St. 7. Juli 80
(II 116) u. 27. Juni 90 (XXI. 30).
Entwendung von Holz und anderen
Walderzeugnissen in einem Forst oder
auf einem anderen hauptsächlich zur
Holzzucht bestimmten Grundstücke ist
Forstdiebstahl. Nr. 3 Anm. 2 bis 8
d. W. Es ist unerheblich, ob die Boden=
erzeugnisse bereits vom Boden getrennt
(geerntet) sind oder nicht. Begr.

⁴⁰) Kirchhöfe gehören zu Gartenan=
lagen URGer. St. 27. Okt. 96 (XXIX
138). In Gartenanlagen aufgestellte
Topfpflanzen sind keine Bodenerzeugnisse
URGer. St. 30. Juni 94 (XXVI. 101).

⁴¹) Entwendung von Holzpflanzen
aus einem Saatkampe ist Forstdiebstahl,
wenn die Voraussetzungen des FDG.
zutreffen — Nr. 3 § 1⁴ § 3⁹.

⁴²) Entwendung von Feldfrüchten
aus Miethen, Kuhlen, Schobern u. s. w.
auf Aeckern ist Diebstahl URGer. St.
2. Nov. 83 (VI. 163).

⁴³) StGB. § 370:

Mit Geldstrafe bis zu ein=
hundertundfunfzig Mark oder
mit Haft wird bestraft:

5. wer Nahrungs= oder
Genußmittel von unbedeu=
tendem Werthe und in ge=
ringer Menge zum alsbal=
digen Verbrauch entwendet.

Eine Entwendung, welche
von Verwandten aufsteigen=
der Linie gegen Verwandte
absteigender Linie oder von
einem Ehegatten gegen den
anderen begangen ist, bleibt
straflos.

In den Fällen der Nr. 5
u. 6 tritt die Verfolgung nur
auf Antrag ein. Die Zurück=
nahme des Antrages ist zu=
lässig.

⁴⁴) Auch ein Flußlauf kann als Um=
schließung angesehen werden UOT.
12. Nov. 78 (Goltdammer A. XXVI 520).

⁴⁵) Nr. 3 § 1 u. § 3⁸ d. W.

§. **20.** Gefängnißstrafe bis zu drei Monaten[2]) tritt ein, wenn die nach §. 18 strafbare Entwendung begangen wird

1. unter Mitführung von Waffen;

2. aus einem umschlossenen[44]) Raume mittelst Einbruchs;

3. dadurch, daß zur Eröffnung der Zugänge eines umschlossenen Raumes falsche Schlüssel oder andere zur ordnungsmäßigen Eröffnung nicht bestimmte Werkzeuge angewendet werden;

4. durch Wegnahme stehender Bäume, Frucht= oder Ziersträucher, sofern die Entwendung nicht als Forstdiebstahl strafbar ist[45]);

5. von dem Aufseher in dem seiner Aufsicht unterstellten Grundstücke.

Sind mildernde Umstände vorhanden, so kann auf Geldstrafe von fünf bis zu dreihundert Mark erkannt werden.

§. **21**[2]). Auf Gefängnißstrafe von einer Woche bis zu einem Jahre ist zu erkennen:

1. wenn im Falle einer Entwendung der Schuldige sich im dritten oder ferneren Rückfalle befindet[6]);

2. wenn die Hehlerei[17]) gewerbs= oder gewohnheitsmäßig begangen ist.

§. **22.** Bei Entwendungen (§§. 18 bis 21) finden die Bestimmungen des §. 247 des Strafgesetzbuchs entsprechende Anwendung[38]).

§. **23.** In den Fällen der §§. 18 bis 21 sind neben der Geld= strafe oder der Freiheitsstrafe die Waffen (§. 20), welche der Thäter bei der Zuwiderhandlung bei sich geführt hat, einzuziehen, ohne Unter= schied, ob sie dem Schuldigen gehören oder nicht.

In denselben Fällen können die zur Begehung der strafbaren Zu= widerhandlung geeigneten Werkzeuge, welche der Thäter bei der Zuwider= handlung bei sich geführt hat, eingezogen[46]) werden, ohne Unterschied, ob sie dem Schuldigen gehören oder nicht. Die Thiere und andere zur Wegschaffung des Entwendeten dienenden Gegenstände, welche der Thäter bei sich führt, unterliegen nicht der Einziehung.

§. **24.** Mit Geldstrafe bis zu zehn Mark oder mit Haft bis zu drei Tagen wird bestraft, wer, abgesehen von den Fällen der §§. 18 und 30, unbefugt

1. das auf oder an Grenzrainen, Wegen, Triften oder an oder in Gräben wachsende Gras oder sonstige Viehfutter abschneidet oder abrupft;

---

[46]) Außerdem nur in den Fällen § 33, 36[1] u. 40[1]. Ausführung der Einziehung und Behandlung der ein= gezogenen Gegenstände Nr. 3 Anm. 27 d. W.

2. von Bäumen, Sträuchern oder Hecken Laub abpflückt oder Zweige abbricht, insofern dadurch ein Schaden entsteht[47]).

Die Verfolgung tritt nur auf Antrag ein.

§. 25. Mit Geldstrafe bis zu dreißig Mark oder mit Haft bis zu einer Woche wird bestraft, wer unbefugt

1. Dungstoffe von Aeckern, Wiesen, Weiden, Gärten, Obstanlagen oder Weinbergen aufsammelt[48]);

2. Knochen gräbt oder sammelt[49]);

3. Nachlese hält.

§. 26. Mit Geldstrafe bis zu funfzig Mark oder mit Haft bis zu vierzehn Tagen wird bestraft, wer unbefugt

1. abgesehen von den Fällen des §. 366 Nr. 7 des Strafgesetzbuchs[50]), Steine, Scherben, Schutt oder Unrath auf Grundstücke wirft oder in dieselben bringt;

2. Leinwand, Wäsche oder ähnliche Gegenstände zum Bleichen, Trocknen oder anderen derartigen Zwecken ausbreitet oder niederlegt;

3. todte Thiere liegen läßt, vergräbt oder niederlegt;

4. Bienenstöcke aufstellt.

§. 27. Mit Geldstrafe bis zu funfzig Mark oder mit Haft bis zu vierzehn Tagen wird bestraft, wer unbefugt

1. abgesehen von den Fällen des §. 50 Nr. 7 des Fischereigesetzes vom 30. Mai 1874, Flachs oder Hanf rötet[51]);

---

[47]) Bezieht sich auch auf Forstgrundstücke (Anm. 33) Begr.

[48]) Wegnahme von Düngstoffen in größerer Menge ist als Diebstahl anzusehen URGer. St. 16. Dez. 90 (XXI. 245).

[49]) Abgeworfene Wildstangen fallen nicht hierunter UKammG. 13. Dez. 97 (Joh. XVIII. 282) u. II. 4. Anm. 44.

[50]) StGB. § 366:

Mit Geldstrafe bis zu sechszig Mark oder mit Haft bis zu vierzehn Tagen wird bestraft:

7) wer Steine oder andere harte Körper oder Unrath auf Menschen, auf Pferde oder andere Zug- oder Lastthiere, gegen fremde Häuser, Gebäude oder Einschließungen, oder in Gärten oder in eingeschlossene Räume wirft.

[51]) FischereiG. 30. Mai 74 (GS. 197):

§ 50. Mit Geldstrafe bis zu 150 M. oder mit Haft wird bestraft:

Nr. 7: wer die Vorschriften des § 43 oder den zur Ausführung derselben getroffenen Anordnungen zuwider den Gewässern schädliche, die Fischerei gefährdende Stoffe zuführt oder vorschriftswidrig Hanf und Flachs in nicht geschlossenen Gewässern rötet. (§ 44).

2. in Gewässern Felle aufweicht oder reinigt oder Schafe wäscht;

3. abgesehen von den Fällen des §. 366 Nr. 10 des Strafgesetz=
buchs[52]), Gewässer verunreinigt oder ihre Benutzung in anderer
Weise erschwert oder verhindert.

§. 28.   Mit Geldstrafe bis zu funfzig Mark oder mit Haft bis zu
vierzehn Tagen wird bestraft, wer unbefugt

1. fremde auf dem Felde zurückgelassene Ackergeräthe gebraucht;

2. die zur Sperrung von Wegen oder Eingängen in eingefriedigte
Grundstücke dienenden Vorrichtungen öffnet oder offen stehen läßt;

3. Gruben auf fremden Grundstücken anlegt.

§. 29.   Mit Geldstrafe bis zu einhundertundfünfzig Mark oder
mit Haft wird bestraft, wer, abgesehen von den Fällen des §. 367
Nr. 12 des Strafgesetzbuchs[53]), den Anordnungen der Behörden zuwider
es unterläßt,

1. Steinbrüche, Lehm=, Sand=, Kies=, Mergel=, Kalk= oder Thon=
gruben, Bergwerksschachte, Schürflöcher oder die durch Stock=
roden entstandenen Löcher, zu deren Einfriedigung oder Zu=
werfung er verpflichtet ist, einzufriedigen oder zuzuwerfen;

2. Oeffnungen, welche er in Eisflächen gemacht hat, durch deutliche
Zeichen zur Warnung vor Annäherung zu verwahren.

§. 30.   Mit Geldstrafe bis zu einhundertundfunfzig Mark oder mit
Haft wird bestraft, wer unbefugt

1. abgesehen von den Fällen der §. 305 des Strafgesetzbuchs[54]),

---

[52]) StGB. § 366:
Mit Geldstrafe bis zu sechszig
Mark oder mit Haft bis zu vier=
zehn Tagen wird bestraft:

10) wer die zur Erhaltung der
Sicherheit, Bequemlichkeit,
Reinlichkeit und Ruhe auf
den öffentlichen Wegen,
Straßen, Plätzen oder Wasser=
straßen erlassenen Polizei=
Verordnungen übertritt.

[53]) StGB. § 367:
Mit Geldstrafe bis zu ein=
hundertundfunfzig Mark oder
mit Haft wird bestraft:

12. wer auf öffentlichen
Straßen, Wegen oder
Plätzen, auf Höfen, in
Häusern und überhaupt
an Orten, an welchen

Menschen verkehren,
Brunnen, Keller, Gru=
ben, Oeffnungen oder
Abhänge dergestalt un=
verdeckt oder unverwahrt
läßt, daß daraus Gefahr
für Andere entstehen
kann.

[54]) StGB. § 305:
Wer vorsätzlich und rechts=
widrig ein Gebäude, ein Schiff,
eine Brücke, einen Damm, eine
gebaute Straße, eine Eisen=
bahn od. ein anderes Bauwerk,
welche fremdes Eigenthum sind,
ganz oder theilweise zerstört,
wird mit Gefängniß nicht unter
einem Jahre bestraft.

Der Versuch ist strafbar.

fremde Privatwege oder deren Zubehörungen beschädigt oder verunreinigt oder ihre Benutzung in anderer Weise erschwert;

2. auf ausgebauten öffentlichen oder Privatwegen die Banquette befährt, ohne dazu genöthigt zu sein (§. 10 Abs. 2), oder die zur Bezeichnung der Fahrbahn gelegten Steine, Faschinen oder sonstigen Zeichen entfernt oder in Unordnung bringt;

3. abgesehen von den Fällen des §. 274 Nr. 2 des Strafgesetz=buchs[55]), Steine, Pfähle, Tafeln, Stroh= oder Hegewische, Hügel, Gräben oder ähnliche zur Abgrenzung, Absperrung oder Ver=messung von Grundstücken oder Wegen dienende Merk=[56]) oder Warnungszeichen, desgleichen Merkmale, die zur Bezeichnung eines Wasserstandes bestimmt sind, sowie Wegweiser fortnimmt, vernichtet, umwirft, beschädigt oder unkenntlich macht;

4. Einfriedigungen, Geländer oder die zur Sperrung von Wegen oder Eingängen in eingefriedigte Grundstücke dienenden Vor=richtungen beschädigt oder vernichtet;

5. abgesehen von den Fällen des §. 304 des Strafgesetzbuchs[57]), stehende Bäume, Sträucher, Pflanzen oder Feldfrüchte, die zum Schutze von Bäumen dienenden Pfähle oder sonstigen Vor=richtungen beschädigt. Sind junge stehende Bäume, Frucht= oder Zierbäume oder Ziersträucher beschädigt, so darf die Geldstrafe nicht unter zehn Mark betragen.

---

[55]) StGB. § 374:
Mit Gefängniß, neben welchem auf Geldstrafe bis zu dreitausend Mark erkannt werden kann, wird bestraft, wer
2) einen Grenzstein oder ein anderes zur Bezeichnung einer Grenze oder eines Wasser=standes bestimmtes Merkmal in der Absicht, einem Anderen Nachtheil zuzufügen, weg=nimmt, vernichtet, unkenntlich macht, verrückt oder fälschlich setzt.

[56]) G. 7. Okt. 65 (GS. 1033) u. 7. April 69 (GS. 729) über Errichtung von Marksteinen.

[57]) StGB. § 304:
Wer vorsätzlich und rechtswidrig Gegenstände der Verehrung einer im Staate bestehenden Religions=gesellschaft, oder Sachen, die dem Gottesdienste gewidmet sind, oder Grabmäler, öffentlicher Denkmäler, Gegenstände der Kunst, der Wissen=schaft oder des Gewerbes, welche in öffentlichen Sammlungen auf=bewahrt werden oder öffentlich aus=gestellt sind, oder Gegenstände, welche zum öffentlichen Nutzen oder zur Verschönerung öffentlicher Wege, Plätze oder Anlagen dienen, be=schädigt oder zerstört, wird mit Ge=fängniß bis zu drei Jahren oder mit Geldstrafe bis zu eintausend=fünfhundert Mark bestraft.

Neben der Gefängnißstrafe kann auf Verlust der bürgerlichen Ehren=rechte erkannt werden.

Der Versuch ist strafbar.

§. 31. Mit Geldstrafe bis zu einhundertfunfzig Mark oder mit Haft wird bestraft, wer, abgesehen von den Fällen der §§. 321 und 326 des Strafgesetzbuchs[58]), unbefugt das zur Bewässerung von Grundstücken dienende Wasser ableitet, oder Gräben, Wälle, Rinnen oder andere zur Ab= und Zuleitung des Wassers dienende Anlagen herstellt, verändert, beschädigt oder beseitigt.

§ 32. Mit Geldstrafe bis zu einhundertfunfzig Mark oder mit Haft wird bestraft, wer, abgesehen von den Fällen des §. 308 des Strafgesetzbuchs[59]), eigene Torfmoore, Haidekraut oder Bülten im Freien ohne vorgängige Anzeige bei der Ortspolizeibehörde oder bei dem Orts= vorstande in Brand setzt, oder die bezüglich dieses Brennens polizeilich angeordneten Vorsichtsmaßregeln außer Acht läßt[60]).

§. 33[61]). Mit Geldstrafe bis zu dreißig Mark oder mit Haft

---

[58]) StGB. § 321:

Wer vorsätzlich Wasserleitungen, Schleusen, Wehre, Deiche, Dämme oder andere Wasserbauten, oder Brücken, Fähren, Wege oder Schutz= wehre, oder dem Bergwerksbetriebe dienende Vorrichtungen zur Wasser= haltung, zur Wetterführung oder zum Ein= und Ausfahren der Ar= beiter zerstört oder beschädigt, oder in schiffbaren Strömen, Flüssen oder Kanälen das Fahrwasser stört und durch eine dieser Handlungen Ge= fahr für das Leben oder die Gesund= heit Anderer herbeiführt, wird mit Gefängniß nicht unter drei Monaten bestraft.

Ist durch eine dieser Handlungen eine schwere Körperverletzung ver= ursacht worden, so tritt Zuchthaus= strafe bis zu fünf Jahren und, wenn der Tod eines Menschen ver= ursacht worden ist, Zuchthausstrafe nicht unter fünf Jahren ein.

§ 326. Ist eine der in den §§ 321 bis 324 bezeichneten Hand= lungen aus Fahrlässigkeit begangen worden, so ist, wenn durch die Handlung ein Schaden verursacht worden ist, auf Gefängniß bis zu einem Jahre und, wenn der Tod eines Menschen verursacht worden ist, auf Gefängniß von einem Mo= nat bis zu drei Jahren zu er= kennen.

[59]) Nr. 2 d. W.

[60]) Erweiterung der Bestimmung des StGB. § 368 Nr. 6 (Nr. 2 d. W.) Ab= brennen eigener Torfmoore u. s. w. ohne vorgängige Anzeige u. s. w. ist strafbar, auch wenn die Voraussetzungen des § 368 Nr. 6 nicht zutreffen. Begr. — In Brand gesetzt ist ein Torf= moor u. s. w., wenn das Feuer von dem Zündstoffe dem Torfmoore mit= getheilt ist, so daß es selbst brennt URGer. St. 30. April 94 (XXV 326).

[61]) Erweitert und zum Theil ersetzt durch VogelschutzG. 22. März 88 An= lage C. — In Betreff der Tauben be= stimmt EG. zum BGB. Art. 130:

Unberührt bleiben die lan= desgesetzlichen Vorschriften über das Recht zur Aneignung der einem Anderen gehörenden, im Freien betroffenen Tauben.

Die landesgesetzlichen Vorschriften enthält für seinen Geltungsbereich ALR. I 9:

§ 111. Tauben, welche Je= mand hält, ohne ein wirkliches Recht dazu zu haben, sind, wenn sie im Freien betroffen wer= den, ein Gegenstand des Thier= fanges.

bis zu einer Woche wird bestraft, wer, abgesehen von den Fällen des
§. 368 Nr. 11 des Strafgesetzbuchs [62]), auf fremden Grundstücken un=
befugt nicht jagdbare Vögel fängt, Sprenkel oder ähnliche Vorrichtungen
zum Fangen von Singvögeln aufstellt, Vogelnester zerstört oder Eier
oder Junge von Vögeln ausnimmt.

Die Sprenkel oder ähnliche Vorrichtungen sind einzuziehen.

§. 34. Mit Geldstrafe bis zu einhundertfunfzig Mark oder mit
Haft wird bestraft, wer, abgesehen von den Fällen des §. 368 Nr. 2
des Strafgesetzbuchs [62]), den zum Schutze nützlicher oder zur Vernichtung
schädlicher Thiere oder Pflanzen erlassenen Polizeiverordnungen[1]), zuwider=
handelt.

§. 35 [63]). Mit Geldstrafe bis zu einhundert Mark oder mit Haft
bis zu vier Wochen wird bestraft, wer unbefugt

1. an stehenden Bäumen, an Schlaghölzern, an gefällten Stämmen,
   an aufgeschichteten Stößen von Torf, Holz oder anderen Wald=
   erzeugnissen das Zeichen des Waldhammers oder Rissers, die
   Stamm= oder Stoßnummer oder die Loosnummer [64]) vernichtet,
   unkenntlich macht, nachahmt oder verändert;

2. gefällte Stämme oder aufgeschichtete Stöße von Holz, Torf oder
   Lohrinde beschädigt, umstößt oder der Stützen beraubt.

§. 36. Mit Geldstrafe bis zu funfzig Mark oder mit Haft bis
zu vierzehn Tagen wird bestraft, wer unbefugt auf Forstgrundstücken

---

§ 112. Wer das Recht habe,
Tauben zu halten, ist in den
Provinzialgesetzen bestimmt.

§ 113. Wo diese nichts be=
sonderes festsetzen, sind nur
diejenigen, welche tragbare
Aecker in der Feldflur eigen=
thümlich besitzen, oder die=
selben statt des Eigenthümers
benutzen, nach Verhältniß des
Ackermaßes, Tauben zu halten
berechtigt.

Diese Bestimmungen sind aufrecht
erhalten im Preuß. AG. zu BGB.
20. Sept. 99 (GS. 177) Artikel 89 Ib. —
FPO. 1. Nov. 47 (GS. 376) § 40:
'Durch Gemeindebeschlüsse
kann bestimmt werden, daß auch
die Tauben desjenigen, welcher
ein Recht hat, solche zu halten,
wenn dieselben zur Saat= und

Erntezeit im Freien und be=
sonders auf den Aeckern be=
troffen werden, Gegenstand des
Thierfanges sein sollen. Der=
gleichen Gemeindebeschlüsse be=
dürfen jedoch der Bestätigung.

Auf Militairbrieftauben finden diese
Vorschriften keine Anwendung G.
28. Mai 94 (RGB. 463).

[62]) Nr. 2 d. W.

[63]) Außer auf Forstgrundstücke auch
auf andere Grundstücke z. B. Holzab=
lageplätze anzuwenden Begr.

[64]) Waldhammeranschlag an einem
Baume ist als Urkunde im Sinne StGB.
§ 267 anzusehen UOT. 13. Dez. 72
(Oppenhoff, Rechtspr. OT. VIII 662.)
Der Anschlag mit dem Waldhammer
gilt als Urkunde, wenn dadurch Besitz=
übertragung bezw. Eigenthumsübergang
des angeschlagenen Holzes bekundet
werden soll URGer. St. 12. April 94
(XXV. 244).

1. außerhalb der öffentlichen oder solcher Wege, zu deren Benutzung er berechtigt ist, mit einem Werkzeuge, welches zum Fällen von Holz, oder mit einem Geräthe, welches zum Sammeln oder Wegschaffen von Holz, Gras, Streu oder Harz seiner Beschaffenheit nach bestimmt erscheint, sich aufhält;

2. Holz ablagert[65]), bearbeitet, beschlägt oder bewaldrechtet;

3. Einfriedigungen übersteigt;

4. Forstkulturen[30]) betritt;

5. solche Schläge betritt, in welchen die Holzhauer mit dem Einschlagen oder Aufarbeiten der Hölzer beschäftigt, oder welche zur Entnahme des Abraums[66]) nicht freigegeben sind.

In den Fällen der Nr. 1 können neben der Geldstrafe oder der Haft die Werkzeuge eingezogen[46]) werden, ohne Unterschied, ob sie dem Schuldigen gehören oder nicht.

§. **37.**   Mit Geldstrafe bis zu einhundert Mark oder mit Haft bis zu vier Wochen wird bestraft, wer unbefugt auf Forstgrundstücken

1. zum Wiederausschlagen bestimmte Laubholzstöcke aushaut, abspänt oder zur Verhinderung des Lohdentriebes (Stockausschlages) mit Steinen belegt;

2. Ameisen oder deren Puppen (Ameiseneier) einsammelt oder Ameisenhaufen zerstört oder zerstreut.

§. **38.**   Mit Geldstrafe bis zu funfzig Mark wird bestraft, wer aus einem fremden Walde Holz, welches er erworben hat, oder zu dessen Bezuge in bestimmten Maßen er berechtigt ist, unbefugt ohne Genehmigung des Grundeigenthümers[67]) vor Rückgabe des Verabfolgezettels, oder an anderen als den bestimmten Tagen oder Tageszeiten, oder auf anderen als den bestimmten Wegen fortgeschafft.

Die Verfolgung tritt nur auf Antrag ein.

§. **39.**   Mit Geldstrafe bis zu einhundert Mark oder mit Haft bis zu vier Wochen wird bestraft, wer aus einem fremden Torfmoore oder Walde an Stelle der ihm vom Eigenthümer durch Verabfolgezettel zugewiesenen Posten von Torf, Holz oder anderen Walderzeugnissen aus Fahrlässigkeit andere als die auf dem Verabfolgezettel bezeichneten Posten oder Theile derselben fortschafft.

---

[65]) Nicht anzuwenden auf Holzkäufer, welche gekauftes Holz über den Abfuhrtermin hinaus auf Forstgrundstücken stehen lassen UKammG. 9. Mai 81 (Joh. II 276).

[66]) Nr. 3 Anm. 5 d. W.

[67]) In fiskalischen und Gemeindeforsten des verwaltenden Beamten. — Die Fälschung eines solchen Legitimationsscheines (§ 40 u. 41) fällt, wenn von demselben zur Ausübung einer nicht zustehenden Befugniß Gebrauch gemacht wird, nicht unter den Thatbestand des StGB. § 363, sondern unter den der gewöhnlichen Urkundenfälschung URGer. St. 4. Febr. 90 (XX 229).

Die Verfolgung tritt nur auf Antrag ein.

§. **40.** Mit Geldstrafe bis zu einhundert Mark oder mit Haft bis zu vier Wochen wird bestraft, wer auf Forstgrundstücken oder Torfmooren als Dienstbarkeits- oder Nutzungsberechtigter oder als Pächter

1. unbefugt seine Berechtigung in nicht geöffneten Distrikten oder in einer Jahreszeit, in welcher die Berechtigung auszuüben nicht gestattet ist, oder an anderen als den bestimmten Tagen oder Tageszeiten ausübt, oder sich anderer als der gestatteten Werbungswerkzeuge oder Fortschaffungsgeräthe bedient:

2. den gesetzlichen Vorschriften, oder Polizeiverordnungen[1]), oder dem Herkommen, oder dem Inhalte der Berechtigung zuwider ohne Legitimationsschein, oder ohne Ueberweisung von Seiten der Forstbehörde[67]) oder des Grundeigenthümers die Gegenstände der Berechtigung sich aneignet;

3. die zur Aufrechterhaltung der Ordnung und Sicherheit bei Ausübung von Berechtigungen erlassenen Gesetze oder Polizeiverordnungen[1]) übertritt.

In den Fällen der Nr. 2 können neben der Geldstrafe oder der Haft die Werbungswerkzeuge eingezogen werden, ohne Unterschied, ob sie dem Schuldigen gehören oder nicht[46]).

Die Verfolgung tritt nur auf Antrag ein[22]).

§. **41.** Mit Geldstrafe bis zu 10 Mark oder mit Haft bis zu drei Tagen wird bestraft, wer auf Forstgrundstücken bei Ausübung einer Waldnutzung den Legitimationsschein, den er nach den gesetzlichen Vorschriften oder Polizeiverordnungen, nach dem Herkommen oder nach dem Inhalt der Berechtigung lösen muß, nicht bei sich führt[68]).

Die Verfolgung tritt nur auf Antrag ein[22]).

§. **42.** Mit Geldstrafe bis zu einhundert Mark oder mit Haft bis zu vier Wochen wird bestraft, wer als Dienstbarkeits- oder Nutzungsberechtigter Walderzeugnisse, die er, ohne auf ein bestimmtes Maß beschränkt zu sein, lediglich zum eigenen Bedarf zu entnehmen berechtigt ist, veräußert[69]).

---

[68]) Nicht zu beziehen auf Sammeln von Kräutern, Beeren und Pilzen, worüber besondere polizeiliche Bestimmungen zu treffen sind Nr. 3 § 1 Abs. 2 d. W. Anlage B Nr. 1 vorletzter und letzter Abs. u. Unteranl. B 1 Nr. 2.

[69]) Vorschriften über Verlust oder zeitliche Einschränkung der Berechtigung (z. B. LR. I. 22 § 223) werden, soweit sie civilrechtlicher Art sind, durch diese Strafbestimmung nicht berührt. Begr. Solche landesgesetzlichen Bestimmungen sind durch das BGB. unberührt geblieben EG. z. BGB. Art. 115. — Pr. AusfG. z. BGB. 20. Sept. 99 (GS. 177) Art. 89 1[b].

§. **43.** Mit Geldstrafe bis zu fünfzig Mark oder mit Haft bis zu vierzehn Tagen wird bestraft, wer den Gesetzen oder Polizeiverordnungen[1]) über den Transport von Brennholz oder unverarbeitetem Bau= oder Nutzholz zuwider handelt, oder den Gesetzen oder Polizeiverordnungen zuwider Brennholz oder unverarbeitetes Bau= oder Nutzholz in Ortschaften einbringt[70]). Dies gilt insbesondere auch von Bandstöcken (Reifstäben) jeder Holzart, birkenen Reisern, Korbruthen, Faschinen, und jungen Nadelhölzern.

Das Holz ist einzuziehen, wenn nicht der rechtmäßige Erwerb desselben nachgewiesen wird.

§. **44.** Mit Geldstrafe bis zu fünfzig Mark oder mit Haft bis zu vierzehn Tagen wird bestraft, wer

1. mit unverwahrtem Feuer oder Licht den Wald betritt[71]) oder sich demselben in gefahrbringender Weise nähert;

2. im Walde brennende oder glimmende Gegenstände fallen läßt, fortwirft oder unvorsichtig handhabt;

3. abgesehen von den Fällen des §. 368 Nr. 9 des Strafgesetzbuchs, im Walde oder in gefährlicher Nähe desselben im Freien ohne Erlaubniß des Ortsvorstehers, in dessen Bezirk der Wald liegt, in Königlichen Forsten ohne Erlaubniß des zuständigen Forstbeamten Feuer anzündet[72]) oder das gestattetermaßen angezündete Feuer gehörig zu beaufsichtigen oder auszulöschen unterläßt;

4. abgesehen von den Fällen des §. 360 Nr. 10 des Strafgesetzbuchs[73]), bei Waldbränden, von der Polizeibehörde, dem Ortsvorsteher oder deren Stellvertreter oder dem Forstbesitzer oder Forstbeamten zur Hülfe aufgefordert, keine Folge leistet, obgleich er der Aufforderung ohne erhebliche eigene Nachtheile genügen konnte[74]).

---

[70]) Z. B. V. betr. die Kontrole der Hölzer, welche unverarbeitet fortgeschafft werden 30. Juni 39 Anlage D. — § 96³.

[71]) Ein Betreten des Waldes mit unverwahrtem Feuer oder Licht ist auch anzunehmen, wenn es erst im Walde entzündet wird URGer. St. 4. Mai 97 (XXX. 108).

[72]) StGB. (Nr. 2 d. W.) § 368 Nr. 6 handelt von Feueranzünden an gefährlichen Stellen in Wäldern u. s. w.; hier wird das Anzünden von Feuer im Walde u. s. w. überhaupt, wenn es ohne Erlaubniß erfolgt, unter Strafe gestellt. Begr. Zuständig sind die Forstschutz= und die vorgesetzten Forstbeamten.

[73]) StGB. § 360:
Mit Geldstrafe bis zu einhundertfunfzig Mark oder mit Haft wird bestraft: 10) wer bei Unglücksfällen oder gemeiner Gefahr oder Noth von der Polizeibehörde oder deren Stellvertreter zur Hülfe aufgefordert, keine Folge leistet, obgleich er der Aufforderung ohne erhebliche eigene Gefahr genügen konnte.

[74]) Die Strafbestimmung tritt mit hinein, auch wenn Ortsvorsteher, Forstbesitzer oder Forstbeamte keine Polizeibeamten sind Begr.

§. 45. Mit Geldstrafe bis zu einhundertfünfzig Mark oder mit Haft wird bestraft, wer im Walde oder in gefährlicher Nähe desselben

1. ohne Erlaubniß des Ortsvorstehers, in dessen Bezirk der Wald liegt, in Königlichen Forsten ohne Erlaubniß des zuständigen Forstbeamten[72]) Kohlenmeiler errichtet;

2. Kohlenmeiler anzündet, ohne dem Ortsvorsteher oder in König= lichen Forsten dem Forstbeamten Anzeige gemacht zu haben;

3. brennende Kohlenmeiler zu beaufsichtigen unterläßt;

4. aus Meilern Kohlen auszieht oder abfährt, ohne dieselben ge= löscht zu haben.

§. 46. Mit Geldstrafe von zehn bis zu einhundertundfunfzig Mark oder mit Haft wird bestraft, wer den über das Brennen einer Wald= fläche, das Abbrennen von liegenden oder zusammengebrachten Boden= decken und das Sengen von Rotthecken erlassenen polizeilichen Anord= nungen zuwiderhandelt.

§. 47. Wer in der Umgebung einer Waldung, welche mehr als einhundert Hektare in räumlichem Zusammenhange umfaßt, innerhalb einer Entfernung von fünfundsiebzig Metern eine Feuerstelle errichten will, bedarf einer Genehmigung derjenigen Behörde, welche für die Ertheilung der Genehmigung zur Errichtung von Feuerstellen zuständig ist[75]). Vor der Aushändigung der Genehmigung darf die polizeiliche Bauerlaubniß nicht ertheilt werden.

§. 48. Die Genehmigung der Behörde (§. 47) darf versagt oder an Bedingungen, welche die Verhütung von Feuersgefahr bezwecken, ge= knüpft werden, wenn aus der Errichtung der Feuerstelle eine Feuers= gefahr für die Waldung zu besorgen ist.

Die Genehmigung darf nicht versagt werden, wenn die Feuerstelle innerhalb einer im Zusammenhange gebauten Ortschaft, oder vom Wald= eigenthümer, oder in der Ausführung eines Enteignungsrechts errichtet werden soll; jedoch darf die Genehmigung an Bedingungen geknüpft werden, welche die Verhütung von Feuersgefahr bezwecken.

§. 49. Der Antrag auf Ertheilung der Genehmigung ist dem Waldeigenthümer, falls dieser nicht der Bauherr ist, mit dem Bemerken bekannt zu machen, daß er innerhalb einer Frist von einundzwanzig Tagen bei der Behörde (§. 48) Einspruch erheben könne[76]).

Der erhobene Einspruch ist von der Behörde (§. 47), geeigneten= falls nach Anhörung des Antragstellers und des Waldeigenthümers, sowie nach Aufnahme des Beweises zu prüfen.

---

[75]) Zuständig ist die Ortspolizei= behörde.

[76]) Die Frist ist präklusivisch § 88.

§. **50.** Die Versagung der Genehmigung, die Ertheilung der Genehmigung unter Bedingungen, sowie die Zurückweisung des erhobenen Einspruchs erfolgt durch einen Bescheid der Behörde, welcher mit Gründen zu versehen und dem Antragsteller, sowie dem Waldeigenthümer zu eröffnen ist.

Gegen den Bescheid steht dem Antragsteller, sowie dem Waldeigenthümer innerhalb einer Frist von zwei Wochen[77]) die Klage im Verwaltungsstreitverfahren offen. Zuständig ist

a) der Kreisausschuß, wenn der Bescheid von der Ortspolizeibehörde eines Landkreises, oder in der Provinz Hessen-Nassau von dem Amtmann[78]) ertheilt worden ist;

b) der Bezirksausschuß[79]), wenn der Bescheid vom Landrath (Amtshauptmann[80]), Oberamtmann) oder von der Ortspolizeibehörde eines Stadtkreises, in der Provinz Hannover von der Polizeibehörde einer selbstständigen Stadt[81]) ertheilt worden ist.

§. **51.** Wer vor Ertheilung der vorgeschriebenen Genehmigung mit der Errichtung einer Feuerstelle beginnt, wird mit Geldstrafe bis zu einhundertundfunfzig Mark oder mit Haft bestraft[82]). Auch kann die Behörde (§. 47) die Weiterführung der Anlage verhindern und die Wegschaffung der errichteten Anlage anordnen[83]).

§. **52.** Die Bestimmungen des Gesetzes vom 25. August 1876, betreffend die Vertheilung der öffentlichen Lasten bei Grundstückstheilungen und die Gründung neuer Ansiedelungen u. s. w. (Gesetz=Samml. S. 405), werden durch das gegenwärtige Gesetz nicht berührt[82]).

Ist zu der Errichtung der Feuerstelle (§. 47) eine Ansiedelungsgenehmigung erforderlich, so ist in dem Geltungsbereiche[82]) des vorstehend genannten Gesetzes das Verfahren nach den §§. 48 bis 50 des gegenwärtigen Gesetzes mit dem Verfahren nach den §§. 13 bis 17 des Gesetzes vom 25. August 1876 zu verbinden.

---

[77]) Geändert durch LVG. § 51, 52, früher zehn Tage. Die Frist ist präklusivisch u. beginnt mit der Eröffnung, den Tag der Eröffnung nicht mitgerechnet.

[78]) Fortgefallen Kr.O. für Hessen-Nassau (Anm. 108) § 28.

[79]) LVG. § 153.

[80]) Nr. 3 Anm. 34 d. W.

[81]) Selbstständige Städte sind: Hameln, Nienburg, Peine, Goslar, Einbeck, Northeim, Osterode, Duderstadt, Münden, Ülzen, Stade, Bremervörde, Buxtehude, Verden, Aurich, Norden, Leer, Papenburg und Lingen KrO. f. Hann. (Anw. 108) § 27.

[82]) Entspricht dem AnsiedelungsG. 25. Aug. 76 Anlage E § 20. Dieses G. ist mit nicht wesentlichen Abänderungen eingeführt Prov. Hannover G. 4. Juli 87 (GS. 324) in Schleswig-Holstein G. 13. Juni 83 (GS. 243), in Hessen-Nassau G. 11. Juni 90 (GS. 173).

[83]) LVG. § 132.

Zweiter Titel.
Strafverfahren.

§. 53.   Für die Zuwiderhandlungen gegen dieses Gesetz sind die Schöffengerichte zuständig.

Die gesetzliche Befugniß der Ortspolizeibehörden zur vorläufigen Straffestsetzung beziehungsweise zur Verhängung einer etwa verwirkten Einziehung wird hierdurch nicht berührt[84].

Das Amt des Amtsanwalts kann verwaltenden Forstbeamten über= tragen werden[85].

§. 54.   Die an die Stelle einer nicht beizutreibenden Geldstrafe eintretende Haft[86] kann vollstreckt werden, ohne daß der Versuch der Beitreibung der Geldstrafe gegen den für haftbar Erklärten gemacht worden ist, sofern die Zahlungsunfähigkeit desselben gerichtskundig ist.

§. 55.   Für das gerichtliche Verfahren gelten, soweit nicht in diesem Gesetze abändernde Bestimmungen getroffen sind[87], die Vorschriften der Strafprozeßordnung über das Verfahren in den Schöffengerichten[88].

§. 56.   Mehrere Straffachen können, auch wenn ein Zusammenhang (§§. 3 und 236 der Strafprozeßordnung) nicht vorhanden ist, zum Zwecke gleichzeitiger Verhandlung und Entscheidung verbunden werden.

§. 57.   Die Hauptverhandlung kann auch in den Fällen der §§. 20 und 21 dieses Gesetzes ohne Anwesenheit des Angeklagten erfolgen.

§. 58.   Für die Behandlung und Entscheidung über das Rechts= mittel der Berufung sind die Strafkammern zuständig; dieselben ent= scheiden in der Besetzung mit drei Mitgliedern einschließlich des Vor= sitzenden.

§. 59.   Die Revision gegen die in der Berufungsinstanz erlassenen Urtheile findet nur statt, wenn eine der durch die §§. 20 und 21 dieses Gesetzes vorgesehenen strafbaren Handlungen den Gegenstand der Unter= suchung bildet[89].

§. 60. Auf Zuwiderhandlungen gegen die im Interesse des Feld= und Forstschutzes erlassenen Polizeiverordnungen[1] findet das in diesem Gesetze vorgeschriebene Verfahren Anwendung.

---

[84] G. 23. April 83 (GS. 65) betr. den Erlaß polizeilicher Strafverfügungen wegen Uebertretungen nebst Ausf. Anw. 8. Juni 83 (MB. 152 u. JMB. 223).

[85] Nr. 3 Anm. 29 d. W.

[86] Bei Uebertretungen gilt der Be= trag von Einer bis fünfzehn M. einer eintägigen Freiheitsstrafe gleich. Der Mindestbetrag der letzteren ist Ein Tag, der Höchstbetrag bei Haft sechs Wochen. StGB. § 29.

[87] § 56 bis 59 u. 61.

[88] Nr. 3 Anm. 30 d. W.

[89] Nr. 3 Anm. 44 d. W.

Steht mit einer der vorbezeichneten Zuwiderhandlungen oder mit einer Zuwiderhandlung gegen dieses Gesetz ein nach §. 361 Nr. 9 des Strafgesetzbuches[9]) strafbares Nichtabhalten von der Begehung strafbarer Verletzungen der Gesetze zum Schutze der Feldfrüchte und Forsten im Zusammenhange, so findet auch auf diese Uebertretung das in diesem Gesetze vorgeschriebene Verfahren Anwendung.

§. 61.   In Fällen, wo nach diesem Gesetze die Verfolgung nur auf Antrag eintritt[90]), ist die Zurücknahme des Antrags zulässig.

Dritter Titel.

Feld- und Forsthüter[91]).

§. 62.   Feldhüter (Forsthüter) im Sinne dieses Gesetzes sind die von einer Stadtgemeinde, von einer Landgemeinde oder von einem Grund=besitzer für den Feldschutz (Forstschutz) angestellten Personen.

Die Anstellung der Feldhüter (Forsthüter) bedarf der Bestätigung nach den für Polizeibeamte gegebenen Vorschriften[92]) und, soweit solche nicht bestehen, der Bestätigung des Landraths (Amtshauptmanns[80]), Oberamtsmanns).

§. 63.   Die für den Feldschutz (Forstschutz) im Königlichen Dienst angestellten Personen haben die Befugnisse der Feldhüter (Forsthüter)[93]).

§. 64.   Den Gemeinden steht es frei, aus der Zahl ihrer Mit=glieder Ehrenfeldhüter zu wählen.

Die Wahl bedarf in den Landgemeinden der Bestätigung der Auf=sichtsbehörde.

Die Ehrenfeldhüter sind zu allen dienstlichen Verrichtungen der Feldhüter befugt.

---

[90]) § 9, 10, 18 Abf. 2, 24, 38, 39, 40, 41.

[91]) Nach Vorschrift des G. angestellte Feldhüter (Forsthüter) haben die Eigen=schaft öffentlicher Beamten. Ein Feld=hüter kann auch zugleich Forsthüter sein. Begr. — Feldhüter sind nicht zu Hülfsbeamten der Staatsanwaltschaft bestellt, daher zu selbstständiger Aus=führung von Beschlagnahmen und Durchsuchungen nicht befugt URGer. St. 7. Nov. 98 (XXXI 307). Sie haben sich dazu an den nächsten Hülfsbeamten der Staatsanwaltschaft zu wenden. Ausnahme Nr. 3 Anm. 27 d. W. — Widersetzlichkeit gegen Feldhüter Nr. 2 Anm. 3 d. W. — Feldhüter sind zum Waffengebrauch (Nr. 5 d. W.) nicht

berechtigt. Forsthüter stehen Feldhütern gleich, wenn sie nicht als Forstschutz=beamte zu Hülfsbeamten der Staats=anwaltschaft bestellt und nicht zum Waffengebrauch berechtigt sind.

[92]) Vorschriften bestehen nur für von Gemeinden angestellte Polizeibeamte G. 11. März 50 (GS. 265) § 4 und V. 20. Sept. 67 (GS. 1529). Für Stadtgemeinden ist der Regierungs=präsident, für Landgemeinden (Guts=bezirke) der Landrath (Oberamtmann) zuständig.

[93]) Dadurch erhalten sie, unter allen Umständen die Rechte der Polizeibe=amten (Königl. Dienst Nr. 3 Anm. 33).

[94]) Dienstabzeichen Anl. B Nr. 6.

§. **65.**   Feldhüter, Ehrenfeldhüter oder Forsthüter müssen ein Dienst=
abzeichen bei sich führen und bei Ausübung ihres Amtes auf Verlangen
vorzeigen[94]).

§. **66.**   Feldhüter, Ehrenfeldhüter oder Forsthüter können für sämmt=
liche in einer Gerichtssitzung zu verhandelnden Feld= und Forstpolizei=
sachen, in welchen sie als Zeugen vernommen werden sollen, in dieser
Sitzung durch einmalige Leistung des Zeugeneides im Voraus beeidet
werden.

Vierter Titel.
Schadensersatz und Pfändung[95]).

§. **67.**   Der Anspruch auf Erstattung des durch eine Zuwider=
handlung gegen dieses Gesetz entstandenen Schadens ist im Wege des
Civilprozesses geltend zu machen.

§. **68.**   Erfolgt bei Entwendungen die Entscheidung durch den
Richter auf Grund der Hauptverhandlung, so hat der Richter auf den
Antrag des Beschädigten neben der Strafe die Verpflichtung des
Schuldigen zum Ersatz des nach den örtlichen Preisen abzuschätzenden
Werthes des Entwendeten an den Beschädigten auszusprechen.

Für den Antrag kommen die Vorschriften der Strafprozeßordnung
über den Antrag auf Zuerkennung einer Buße (§§. 443 bis 445) zur
entsprechenden Anwendung.

Durch den Antrag auf Werthsersatz wird der weitergehende Anspruch
auf Schadensersatz nicht ausgeschlossen[96]).

§. **69.**   Bei Weidefreveln (§. 14) und, sofern es sich um Uebertritt
von Thieren handelt, bei Zuwiderhandlung gegen den §. 10 dieses Ge=
setzes und gegen den §. 368 Nr. 9 des Strafgesetzbuchs[23]) hat der Be=
schädigte die Wahl, die Erstattung des nachweisbaren Schadens oder die
Zahlung eines Ersatzgeldes zu fordern[97]).

---

[95]) Anm. 35. — Von dem Grund=
satze (§ 67) sind zur Vermeidung
des Civilprozesses in Anbetracht der
meist geringfügigen Gegenstände (§ 6)
und der Umständlichkeit der Schadens=
ermittelung zwei Ausnahmen zu=
gelassen. Bei Entwendungen (§ 18)
kann der Beschädigte den Werthersatz
des Entwendeten im Strafverfahren
erlangen (§ 68) und bei Weidefreveln
(§ 14), sowie bei Uebertritt von Vieh
(§ 10 und StGB. § 368⁹) an Stelle
des Schadenersatzes ein bestimmtes Er=
satzgeld fordern (§ 69).

[96]) Gilt besonders für Fälle der
§ 19 u. 20.

[97]) Ersatzgeld ist ein für die ver=
schiedenen Fälle im Voraus durch
das G. (§ 71 ff.) festgesetzter Ent=
schädigungssatz. Die Forderung von
Ersatzgeld ist unabhängig von dem Nach=
weise eines Schadens, also schon be=
gründet, wenn die Thiere unbefugt auf
einem Grundstücke gewesen sind. Das
Bedenken, daß die Ersatzgelder nicht in
allen Fällen den richtigen Schadener=
satz darstellen, erledigt sich dadurch, daß
die Ersatzgelder als Mindestbeträge
der Entschädigungssumme aufgefaßt
sind, und daß es dem Beschädigten
überlassen ist, statt des Ersatzgeldes
den Ersatz des wirklich erwachsenen

Der Anspruch auf Ersatzgeld ist unabhängig von dem Nachweis eines Schadens.

Mit der Geltendmachung des Anspruchs auf Ersatzgeld erlischt das Recht auf Schadenserstattung. Ist aber der Anspruch auf Schadenserstattung erhoben, so kann bis zur Verkündung des Endurtheils[98]) erster Instanz statt der Schadenserstattung das Ersatzgeld gefordert werden.

Treten die Thiere in den Fällen der §§. 10 und 14 dieses Gesetzes oder im Falle des §. 368 Nr. 9 des Strafgesetzbuchs[23]) zugleich auf die Grundstücke verschiedener Besitzer über, so wird das Ersatzgeld nur einmal erlegt. Dasselbe gebührt demjenigen Besitzer, welcher den Anspruch zuerst bei der Ortspolizei angebracht hat. Ist die Anbringung von Mehreren gleichzeitig erfolgt, so wird das Ersatzgeld zwischen diesen gleichmäßig vertheilt, den übrigen Besitzern verbleibt das Recht auf Schadensersatz.

§. 70. Der Anspruch auf Ersatzgeld verjährt in vier Wochen.

Die Verjährung beginnt mit dem Tage, an welchem der Uebertritt der Thiere stattgefunden hat[99]).

Die Verjährung wird unterbrochen durch Erhebung der Klage auf Schadensersatz.

§. 71. Das Ersatzgeld beträgt,

1. wenn die Thiere betroffen werden auf bestellten Aeckern vor beendeter Ernte, künstlichen oder auf solchen Wiesen, oder mit Futterkräutern besäeten Weiden, welche der Besitzer selbst noch mit der Hütung verschont, oder die derselbe eingefriedigt hat, in Gärten, Baumschulen, Weinbergen, auf mit Rohr bewachsenen Flächen, auf Weidenhegern[29]), Dünen, Dämmen, Deichen, Buhnen, Deckwerken, gedeckten Sandflächen, Graben- oder Kanalböschungen, in Forstkulturen[30]), Schonungen[31]) oder Saatkämpen[32]):

Schadens im Wege des Civilprozesses geltend zu machen. Da das Ersatzgeld die Rolle des Schadenersatzes vertritt, darf nur das eine oder das andere gefordert werden Begr.

[98]) Also vor Verlesung der Urtheilsformel CPO. § 311.

[99]) Aus BGB. § 188 u. 193:

Sie endigt mit Ablauf desjenigen Tages der letzten Woche, welche dem Tage vorhergeht, der durch seine Benennung oder seine Zahl dem Anfangstage der Frist entspricht.

Fällt der letzte Tag der Frist auf einen Sonntag oder einen am Erklärungs- oder Leistungsorte staatlich anerkannten allgemeinen Feiertag, so tritt an die Stelle des Sonntags oder des Feiertags der nächstfolgende Werktag.

Bei Versäumung der Verjährungsfrist kann der Anspruch auf Schadenersatz nach den allgemeinen gesetzlichen Bestimmungen binnen drei Jahren (BGB. § 194 u. 852) geltend gemacht werden Begr., sowie Anl. B Nr. 3 und Unteranl. B. 1. Nr. 3.

a) für ein Pferd, einen Esel oder ein Stück Rindvieh 2,00 Mark,
b) für ein Schwein, eine Ziege oder ein Schaf . . 1,00 „
c) für eine Gans . . . . 0,30 „
d) für ein Stück anderes Federvieh . . . . 0,20 „

2. in allen anderen Fällen:

a) für ein Pferd, einen Esel oder ein Stück Rindvieh 0,50 „
b) für ein Schwein, eine Ziege oder ein Schaf . . 0,20 „
c) für ein Stück Federvieh . . . . 0,02 „

§. 72. Ist gleichzeitig eine Mehrzahl von Thieren übergetreten, so darf der Gesammtbetrag der nach dem §. 71 zu entrichtenden Ersatzgelder

1. in den Fällen des §. 71 Nr. 1

für Pferde, Esel, Rindvieh, Schweine, Ziegen und
Schafe . . . . 60 Mark
für Federvieh . . . . 15 „

2. in den Fällen des §. 71 Nr. 2

für Pferde, Esel, Rindvieh, Schweine, Ziegen und
Schafe . . . . 15 „
für Federvieh . . . . 2 „

nicht übersteigen.

§. 73. Die Ersatzgeldbeträge der §§. 71 und 72 können für ganze Kreise oder für einzelne Feldmarken auf Antrag der Kreisvertretung, in den Hohenzollernschen Landen auf Antrag der Amtsverwaltung, durch Beschluß des Bezirksausschusses[79]) bis auf das Doppelte erhöht oder bis auf die Hälfte ermäßigt werden.

Der Beschluß des Bezirksausschusses ist endgültig.

§. 74. Der Anspruch auf Ersatzgeld kann in allen Fällen gegen den Besitzer der Thiere unmittelbar geltend gemacht werden.

Mehrere Besitzer von Vieh, welches eine gemeinschaftliche Heerde bildet, haften für das Ersatzgeld dem Beschädigten gegenüber solidarisch.

§. 75. Der Anspruch auf Ersatzgeld ist im Falle des §. 69 Absatz 3 im Civilprozesse zu verfolgen.

In allen anderen Fällen ist der Anspruch bei der Ortspolizeibehörde[100]) anzubringen. Diese ertheilt nach Anhörung der Betheiligten und Anstellung der erforderlichen Ermittelungen einen Bescheid[101]). Werden dem Anspruche auf Ersatzgeld gegenüber Thatsachen glaubbar gemacht, aus welchen ein den Anspruch ausschließendes Recht hervorgeht,

---

[100]) In der Provinz Hannover sind regelmäßig die Gemeindevorsteher zuständig. KrO. (Anm. 108) §. 35[8], in der Provinz Posen im Falle des § 92 der dazu bestimmte Distriktskommissar.

[101]) Vollstreckbar im Verwaltungszwangsverfahren V. 15. Nov. 99 (GS. 545).

so ist dem Beschädigten zu überlassen, seinen Anspruch im Wege des Civilprozesses zu verfolgen.

§. **76.** Der Bescheid der Ortspolizeibehörde (§. 75) ist den Betheiligten zu eröffnen. Innerhalb einer Frist von zwei Wochen[77] nach der Eröffnung steht jedem Theile die Klage bei dem Kreisausschusse, in Stadtkreisen und in den zu einem Landkreise gehörigen Städten mit mehr als zehntausend Einwohnern bei dem Bezirksausschusse zu[79]. Auch hier findet die Vorschrift des letzten Satzes in §. 75 Absatz 2 Anwendung. Die Entscheidungen des Kreisausschusses und des Bezirksausschusses[79] sind endgültig.

§. **77**[102]. Wird Vieh auf einem Grundstücke betroffen, auf welchem es nicht geweidet werden darf[103], so kann dasselbe auf der Stelle oder in unmittelbarer Verfolgung sowohl von dem Feld= und Forsthüter, als auch von dem Beschädigten oder von solchen Personen gepfändet werden, welche die Aufsicht über das Grundstück führen oder zur Familie, zu deu Dienstleuten oder zu den auf dem Grundstück beschäftigten Arbeitsleuten des Beschädigten gehören.

In gleicher Weise ist bei Zuwiderhandlungen gegen den §. 10 dieses Gesetzes und bei Zuwiderhandlungen gegen den §. 368 Nr. 9 des Strafgesetzbuchs[23] die Pfändung der Reit= oder Zugthiere oder des Viehes zulässig.

§. **78.** Die gepfändeten Thiere haften für den entstandenen Schaden oder die Ersatzgelder und für alle durch die Pfändung und die Schadensfeststellung verursachten Kosten.

Die gepfändeten Thiere müssen sofort freigegeben werden, wenn bei dem zuständigen Gemeinde= oder Gutsvorstande ein Geldbetrag oder ein anderer Pfandgegenstand hinterlegt wird, welcher den Forderungen des Beschädigten entspricht.

§. **79.** Die Kosten für die Einstellung, Wartung und Fütterung der gepfändeten Thiere werden von der Ortspolizeibehörde festgesetzt.

Durch Beschluß des Bezirksausschusses[79] können für die Kreise des Bezirks mit Zustimmung der Kreisvertretungen, in den Hohenzollernschen Landen mit Zustimmung der Amtsvertretungen, allgemeine Werthsätze für die Einstellung, Wartung und Fütterung der gepfändeten Thiere festgesetzt werden. Der Beschluß des Bezirksausschusses ist endgültig.

---

[102] Die von dem BGB. unberührt gelassenen landesgesetzlichen Vorschriften über Pfändung von Vieh (Anm. 35) sind in den §§ 79 bis 87 des G. einheitlich für das ganze Staatsgebiet geregelt. — Pfändung anderer Gegenstände § 96² Anm. 111.

[103] § 14.

§. **80.** Der Pfändende hat von der geschehenen Pfändung binnen vierundzwanzig Stunden[76]) dem Gemeinde=, Gutsvorsteher oder der Ortspolizeibehörde, in Städten der Ortspolizeibehörde Anzeige zu machen.

Der Gemeinde= oder Gutsvorsteher oder die Polizeibehörde bestimmt über die vorläufige Verwahrung der gepfändeten Thiere.

Der Gemeinde= oder der Gutsvorsteher hat von der erfolgten Pfändung sofort der Ortspolizeibehörde Anzeige zu machen.

§. **81.** Ist die Anzeige (§. 80 Absatz 1) unterlassen, so kann der Gepfändete die Pfandstücke zurückverlangen. Der Pfändende hat in diesem Falle keinen Anspruch auf den Ersatz der durch die Pfändung entstandenen Kosten.

§. **82.** Wird der Ortspolizeibehörde eine Pfändung angezeigt[104]), so ertheilt dieselbe sogleich oder nach einer schleunigst anzustellenden Ermittelung, unter Berücksichtigung der Höhe des Schadens, des Ersatzgeldes und der Kosten, einen Bescheid darüber, ob die Pfändung ganz oder theilweise aufrecht zu erhalten oder aufzuheben, oder ob ein anderweit angebotenes Pfand anzunehmen ist. In dem Bescheide ist über die Art der ferneren Verwahrung der gepfändeten oder in Pfand gegebenen Gegenstände Bestimmung zu treffen.

Ist die Pfändung nur theilweise aufrecht erhalten, so sind die freigegebenen Pfandstücke dem Gepfändeten auf seine Kosten sofort zurückzugeben[105]).

§. **83.** Macht der Gepfändete Thatsachen glaubhaft, aus welchen die Unrechtmäßigkeit der Pfändung hervorgeht, so ist dem Beschädigten zu überlassen, seinen Anspruch im Wege des Civilprozesses zu verfolgen.

In diesem Falle hat die Polizeibehörde über die Verwahrung der gepfändeten Thiere oder über die Annahme und Verwahrung eines anderen geeigneten Pfandes vorläufige Festsetzung zu treffen. Gegen diese Festsetzung ist ein Rechtsmittel nicht zulässig.

§. **84.** Der Bescheid der Ortspolizeibehörde (§. 82) ist dem Betheiligten zu eröffnen. Innerhalb einer Frist von zwei Wochen[77]) nach der Eröffnung steht jedem Theile die Klage bei dem Kreisausschusse, in Stadtkreisen und in den zu einem Landkreise gehörigen Städten mit mehr als zehntausend Einwohnern bei dem Bezirksausschusse[79]) zu. Auch hier findet die Vorschrift des §. 83 Absatz 1 Anwendung. Die Entscheidungen des Kreisausschusses und des Bezirksausschusses sind endgültig.

---

[104]) Auch der Gepfändete kann zur Beschleunigung des Verfahrens die Anzeige erstatten. Für Posen gilt Anm. 100.

[105]) Anl. B. Nr. 5.

§. **85.**　Ist durch eine rechtskräftige[106]) Entscheidung die Pfändung aufrecht erhalten, so läßt die Ortspolizeibehörde die gepfändeten oder in Pfand gegebenen Gegenstände nach ortsüblicher Bekanntmachung öffentlich versteigern.

Bis zum Zuschlage kann der Gepfändete gegen Zahlung eines von der Ortspolizeibehörde festzusetzenden Geldbetrages, sowie der Versteigerungskosten die gepfändeten oder in Pfand gegebenen Gegenstände einlösen.

§. **86.**　Der Erlös aus der Versteigerung oder die eingezahlte Summe dient zur Deckung aller entstandenen Kosten, sowie der Ersatzgelder.

Zur Deckung des Schadenersatzes dient der Erlös oder die eingezahlte Summe nur, wenn der Anspruch darauf innerhalb dreier Monate nach der Pfändung geltend gemacht ist.

Der nach Deckung der zu zahlenden Beträge sich ergebende Rest wird dem Gepfändeten zurückgegeben. Ist dieser seiner Person oder seinem Aufenthalte nach unbekannt, so wird der Rest der Armenkasse des Ortes, in welchem die Pfändung geschehen ist, ausgezahlt. Innerhalb dreier Monate nach der Auszahlung kann der Gepfändete den Rest zurückverlangen.

§. **87.**　Fordert der Beschädigte im Falle der Pfändung Ersatzgeld, so ist über diese Forderung und die Pfändung in demselben Verfahren zu verhandeln und zu entscheiden.

§. **88.**　Die in §§. 49, 50, 76, 80, 84 erwähnten Fristen sind präklusivisch.

Fünfter Titel.

Uebergangs- und Schlußbestimmungen.

§. **89.**　Das gegenwärtige Gesetz findet auf den Stadtkreis Berlin mit der Maßgabe Anwendung, daß die im gegenwärtigen Gesetze dem Bezirksrathe zugewiesenen Obliegenheiten vom Oberpräsidenten wahrgenommen werden.

§. **90.**　In den Hohenzollernschen Landen werden die dem Kreisausschusse beigelegten Befugnisse vom Amtsausschuß und bis zur Einführung eines Bezirksraths die dem letzteren beigelegten Befugnisse von der Bezirksregierung[107]) wahrgenommen.

---

[106]) Die Rechtskraft tritt ein, wenn die Frist (§ 84) zur Klage verstrichen oder die eingelegte Klage zurückgenommen ist.

[107]) Jetzt der Bezirksausschuß LVG. § 35.

§. **91** [108]).

§. **92** [109]).   So lange in der Provinz Posen die gutsherrliche Polizeigewalt noch besteht, tritt für den Umfang derjenigen Rittergüter, in welchen der Besitzer die Ortspolizei selbst oder durch einen Stell= vertreter verwaltet, in den Fällen der §§. 75, 82 und 83 dieses Gesetzes an die Stelle der Ortspolizeibehörde ein vom Landrath zu bestimmender Polizei=Distriktskommissarius.

§. **93.**   Für das weitere Verfahren in den am Tage des Inkraft= tretens dieses Gesetzes anhängigen Straffachen finden die Vorschriften der §§. 8 ff. des Einführungsgesetzes zur Strafprozeßordnung ent= sprechende Anwendung.

Auf die Erledigung der am Tage des Inkrafttretens dieses Gesetzes anhängigen Sachen finden in Beziehung auf die Zuständigkeit der Be= hörden, auf das Verfahren und auf die Zulässigkeit der Rechtsmittel die bisherigen gesetzlichen Vorschriften Anwendung.

§. **94.**   In der Rheinprovinz kann in den zu erlassenden Polizei= verordnungen [1]) (§§. 11 und 13)

1. vorgeschrieben werden, wie die Einfriedigung, welche das Ein= bringen fremden Viehes zu verhindern geeignet ist und durch welche ein Grundstück von der Stoppelweide ausgeschlossen wird, beschaffen sein muß;
2. die Ausübung der nicht ablösbaren Stoppelweide
   a) auf solchen Grundstücken, welche durch besondere Be= arbeitung des Bodens in Wiesen umgewandelt sind, sowie auf solchen Wiesen, auf welchen zum Zweck ihrer Ver= besserung ein künstlicher Umbau oder künstliche Ent= oder Bewässerungsanlagen ausgeführt oder in der Ausführung begriffen sind, untersagt,
   b) auf natürlichen Wiesen auf bestimmte Jahreszeiten be= schränkt werden.

§. **95.**   Dieses Gesetz tritt mit dem 1. Juli 1880 in Kraft.

§. **96.**   Mit diesem Zeitpunkte treten alle dem gegenwärtigen Ge= setze entgegenstehenden gesetzlichen Bestimmungen außer Kraft.

---

[108]) § 91, der einstweilige Bestimmung bis zur allgemeinen Einführung ProvO. traf, ist nach deren Einführung gemäß LVG. § 155 Abs. 1 fortgefallen durch KrO. in Hannover 6. Mai 84 (GS. 181), Hessen=Nassau 7. Juni 85 (GS. 193), Westfalen 31. Juli 86 (GS. 217), der Rheinprovinz 30. Mai 87 (GS. 209), Schleswig=Holstein 26. Mai 88 (GS. 139), in der Provinz Posen durch G. 19. Mai 89 (GS. 108).

[109]) Die gutsherrliche Polizeigewalt steht zwar den Besitzern von Ritter= gütern noch zu, wird aber thatsächlich nicht von ihnen, sondern vertretungs= weise von Distriktskommissaren ausgeübt Anl. B. Nr. 8.

Im Besonderen treten außer Kraft alle Strafbestimmungen der Feld= und Forstpolizeigesetze.

In Kraft bleiben:

1) die gesetzlichen Bestimmungen über den Bezug der verhängten Geldstrafen[110]);

2. die gesetzlichen Bestimmungen über Pfändungen, soweit sie nicht durch die Vorschriften dieses Gesetzes betroffen werden[111]);

3. alle das Rechtsverhältniß der Nutzungsberechtigten zu den Wald= eigenthümern betreffenden Gesetze, ausschließlich der darin ent= haltenen Strafbestimmungen und Vorschriften über das Straf= verfahren. Die vorläufige Verordnung vom 5. März 1843 über die Ausübung der Waldstreuberechtigung (Gesetz=Samml. S. 105)[112]) behält ihre Wirksamkeit mit der Maßgabe, daß an die Stelle der darin angedrohten Strafen und des Verfahrens die bezüglichen Vorschriften dieses Gesetzes treten; desgleichen bleibt die Verordnung, betreffend die Kontrole der Hölzer, welche unverarbeitet transportirt werden, vom 30. Juni 1839 (Gesetz=Samml. S. 223), mit den im §. 43 dieses Gesetzes ent= haltenen Abänderungen fortbestehen[70]).

Bis zur Verkündigung der nach §. 13 zu erlassenden Polizeiver= ordnungen[113]) behalten die bisherigen Vorschriften über die Ausübung der Nachtweide, des Einzelhütens, sowie der Weide der Gemeinde= und Genossenschaftsheerden Geltung[114]).

§. 97. Der Minister für Landwirthschaft, Domänen und Forsten ist mit der Ausführung dieses Gesetzes beauftragt.

---

[110]) Anl. B. 9 Abf. 2. — Gerichtlich erkannte Geldstrafen fließen zur Staats= kaffe GerichtsKG. 98 (RGB. 659), während die durch polizeiliche Straf= verfügungen festgesetzten demjenigen zufallen, der die sächlichen Kosten der Polizeiverwaltung zu tragen hat G. 23. April 83 (GS. 65) § 7. Hiervon abweichende provinzielle Bestimmungen sind aufrecht erhalten.

[111]) Die Vorschriften des LR. I. Tit. 14 § 413 ff. und des gemeinen Rechtes über Privatpfändung sind durch AG. z. BGB. Art. 89 Nr. 1b u. 3 auf= gehoben, weil ein Bedürfniß für die Beibehaltung der Vorschriften neben den Bestimmungen des BGB. über Selbst= hülfe (§ 226 bis 231) nicht vorhanden

sei, Begr. u. Dickel, das BGB. f. Forstmänner (Berl. 00 S. 163 Anm. 282). Durch AG. z. RG. vom 17. Mai 98, betr. Aenderungen der CPO. Art. 2 ist ferner § 59 der Feldpolizei=O. vom 1. Nov. 47 (GS. 376) über Vergleichs= verfahren in Pfändungssachen beseitigt. Neben dem BGB. (Bestimmungen über Selbsthülfe) gelten nur noch die landes= gesetzlichen Vorschriften über Viehpfän= dung (§ 77) Anm. 102.

[112]) Anlage F.

[113]) Anm. 1. (Anl. A).

[114]) Von dem Rheinischen Bürg. Gesetzb. ist Art. 648, soweit er sich auf das Weiderecht innerhalb der Gemeinde bezieht, aufrecht erhalten AG. z. BGB. Art. 89 Nr. 2.

Anlagen zum Feld- und Forstpolizeigesetz.

Anlage A (zu Anmerkung 1).

Verzeichniß der zum Feld- und Forstpolizeigesetz vom 1. April 1880
(GS. 230) erlassenen Polizeiverordnungen.

Nummer	Die Polizeiverordnung ist erlassen		Datum der Polizei= verordnung	Amtsblatt
	für die Provinz	für den Re= gierungsbezirk		
1	Ostpreußen	—	21. Febr. 1883	Königsberg S. 70. Gumbinnen S. 90.
2	"	—	21. Dezbr. 1897	Königsberg S. 458. Gumbinnen 98 S. 22.
3	"	—	2. April 1898	" S. 123.
4	—	Gumbinnen	26. März 1888	" S. 214.
5	—	"	2. April 1898	" S. 124.
6	Westpreußen	—	23. März 1884	Danzig S. 88. Marienwerder Extra=Beil. zum Amtsblatt Nr. 15.
7	"	—		
8	—	—	9. August 1888	Danzig S. 241. Marienwerder S. 267.
		Marienwerder	2. März 1891	" S. 85.
9	—	Potsdam	9. Novbr. 1885	Potsdam S. 451.
10	—	"	15. Januar 1889	" S. 28.
11	—	"	2. Januar 1893	" S. 2.
12	—	"	9. Juli 1901	" S. 335.
13	—	Frankfurt a. O.	5. Januar 1886	Frankfurt a. O. Außerord. Beilage z. Amtsbl. Nr. 2.
14	—	"	12. April 1889	Frankfurt a. O. Außerord. Beilage z. Amtsbl. S. 18.
15	—	"	13. Januar 1892	Frankfurt a. O. S. 13.
16	—	Stettin	23. Januar 1883	Stettin S. 28.
17	—	"	26. März 1887	" S. 88.
18	—	"	13. März 1896	" S. 67.
19	—	Cöslin	26. März 1885	Cöslin S. 79.
20	—	"	8. August 1893	" S. 283.
21	—	"	5. Juli 1894	" S. 225.
22	—	Stralsund	18. Septb. 1882	Stralsund S. 133.
23	—	Posen	10. Januar 1883	Posen S. 30.
24	—	Bromberg	31. August 1883	Bromberg, Extra=Beil. z. Amtsbl. 35.
25	—	Breslau	17. Juli 1882	Breslau S. 203.
26	—	"	1. Mai 1884	" S. 156.
27	—	"	8. Juli 1889	" S. 223.

Nummer	Die Polizeiverordnung ist erlassen		Datum der Polizei=verordnung	Amtsblatt
	für die Provinz	für den Re=gierungsbezirk		
28	—	Breslau	9. Juni 1890	Breslau S. 180.
29	—	"	29. März 1894	" S. 162.
30	—	"	31. März 1901	" S. 143.
31	—	"	17. Novbr. 1901	" S. 408.
32	—	Liegnitz	22. Novbr. 1882	Liegnitz S. 291.
33	—	"	13. Februar 1892	" S. 46.
34	—	"	26. April 1893	" S. 162.
35	—	"	26. Mai 1900	" Sonder=Beil. zum Ambl. Nr. 21.
36	—	"	16. Novbr. 1901	" S. 335.
37	—	Oppeln	3. April 1882	Oppeln S. 119.
38	—	"	26. März 1887	" Beilage z. Amtsbl. Nr. 13.
39	—	"	7. Mai 1887	" S. 121.
40	—	"	15. Juli 1890	" Beilage z. Amtsbl. Nr. 30.
41	—	Magdeburg	16. Oktbr. 1883	Magdeburg S. 336.
42	—	"	8. Januar 1886	" S. 38.
43	—	"	4. April 1886	" S. 166.
44	—	"	28. Juli 1898	" S. 353.
45	—	Merseburg	31. März 1884	Merseburg S. 191.
46	—	"	4. Dezbr. 1884	" S. 467.
47	—	"	4. Juli 1888	" S. 235.
48	—	Erfurt	6. Oktbr. 1883	Erfurt S. 195.
49	—	"	31. August 1886	" S. 207.
50	—	"	11. August 1899	" S. 161.
51	—	"	12. Dezbr. 1900	" S. 255.
52	—	Schleswig	9. Mai 1888	Schleswig S. 207.
53	—	"	12. Febr. 1889	" S. 65.
54	—	"	17. Septb. 1889	" S. 529.
55	—	"	28. Septb. 1901	" S. 425.
56	—	Hannover	11. April 1882	Hannover S. 467.
57	—	"	13. August 1887	" S. 411.
58	Hannover	—	8. März 1887	" S. 160.
59	—	Hildesheim	4. Oktbr. 1882	" S. 1036.
60	—	a. nebst "	28. Jan. 1873	
61	—	b. " "	7. August 1877	
62	—	c. " "	26. April 1881	
63	—	d. und "	1. Novbr. 1877	
64	—	"	27. Mai 1886	Hildesheim S. 298.

Nummer	Die Polizeiverordnung ist erlassen		Datum der Polizei=verordnungen	Amtsblatt
	für die Provinz	für den Re=gierungsbezirk		
65	—	Lüneburg	20. April 1882	Hannover S. 544.
66	—	„	30. Jan. 1883	„ S. 114.
67	—	„	28. Juni 1890	Lüneburg S. 226.
68	—	Stade	27. Juni 1882	Hannover S. 763.
69	—	Osnabrück	19. Mai 1882	„ S. 676.
70	—	„	1. Septbr. 1882	„ S. 986.
71	—	Aurich	29. Mai 1885	„ S. 1089.
72	—	„	3. April 1886	Aurich S. 104.
73	—	„	28. Oktbr. 1893	„ S. 416.
74	—	„	11. April 1895	„ S. 106.
75	—	Münster	6. Mai 1882	Münster S. 89.
76	—	„	24. Juni 1885	„ S. 125.
77	—	Minden	24. April 1882	Minden S. 75.
78	—	„	1. Juli 1898	„ S. 204.
79	—	„	1. Juni 1901	„ S. 207.
80	—	Arnsberg	20. April 1882	Arnsberg S. 127.
81	—	„	11. August 1886	„ S. 299.
82	—	„	9. Januar 1883	„ S. 22.
83	—	„	12. März 1891	„ S. 216.
84	—	„	27. Juli 1899	„ S. 450.
85	—	„	29. Juli 1899	„ S. 658.
86	—	Cassel	22. April 1892	{ Cassel S. 109. „ 93, S. 171.
87	—	Wiesbaden	6. Mai 1882	Wiesbaden S. 152.
88	—	„	14. Mai 1887	„ S. 278.
89	—	„	4. März 1889	„ S. 79.
90	—	„	15. Juni 1887	„ S. 322.
91	—	„	11. Septb. 1885	„ S. 298.
92	—	„	18. Juni 1892	„ S. 270.
93	Rheinprovinz	—	4. August 1899	Amtsbl. d. Oberpräs. S. 347.
94	—	Coblenz	11. April 1882	Coblenz S. 83.
95	—	„	13. April 1893	„ S. 99.
96	—	„	2. Novbr. 1900	„ S. 321.
97	—	Düsseldorf	11. Mai 1882	Düsseldorf S. 164.
98	—	„	26. Oktbr. 1887	„ S. 440.
99	—	„	14. Septb. 1882	„ S. 358.
100	—	Cöln	19. April 1882	Cöln Nr. 19.
101	—	„	22. Oktbr. 1896	„ S. 423.
102	—	„	17. Febr. 1894	„ S. 52.
103	—	Trier	11. Mai 1882	Trier S. 152.

Nummer	Die Polizeiverordnung ist erlassen		Datum der Polizei- verordnung	Amtsblatt
	für die Provinz	für den Re- gierungsbezirk		
104	—	Trier	11. Mai 1882	Trier S. 154.
105	—	"	2. Mai 1888	" S. 149.
106	—	"	13. Febr. 1901	" S. 66.
107	—	Aachen	18. Juli 1883	Aachen, Extra-Beilage zum Amtsbl. Nr. 32.
108	—	"	10. August 1887	Aachen S. 213.
109	—	"	16. März 1899	" S. 80.
110	—	"	10. Mai 1901	" S. 168.
111	—	Sigmaringen	5. März 1883	
112	—	"	14. Jan. 1887	Sigmaringer Amtsbl. Nr. 3.

Anlage B (zu Anmerkung 1).

Allgemeine Verfügung des Ministers für Landwirthschaft, Domänen und Forsten vom 12. Mai 1880 (MB. 187), betreffend die Ausführung des Feld- und Forstpolizeigesetzes, an die Oberpräsidenten und Regierungen.

Das Feld- und Forstpolizeigesetz vom 1. April 1880 welches in der Nr. 19 der Gesetzsammlung publicirt worden ist, tritt am 1. Juli 1880 in Kraft. Das- selbe wird sowohl in materieller Beziehung, als auch in den Bestimmungen über das Verfahren wesentliche Aenderungen der bisherigen gesetzlichen Vorschriften herbeiführen. Um bei Zeiten eine möglichst gleichmäßige Ausführung des Gesetzes, namentlich auch mit Rücksicht auf den in demselben vorbehaltenen Erlaß von Polizeiverordnungen, zu sichern, sehe ich mich veranlaßt, Ew. pp. (der Kgl. pp.) Aufmerksamkeit schon jetzt auf folgende Punkte zu lenken.

Sowohl bei der Handhabung des Gesetzes wie bei dem Erlaß der vor- behaltenen Polizeiverordnungen wird von dem leitenden Gedanken auszugehen sein, daß der Zweck des Gesetzes unzweideutig dahin gerichtet ist, den Feldern und Forsten einen kräftigen Schutz zu gewähren und der Nichtachtung des Eigen- thumsrechts daran in wirksamerer Weise entgegenzutreten, als solches nach der bisher bestehenden Gesetzgebung möglich war.

Dem Gesetze liegt der Gedanke zum Grunde, daß das Eigenthum an Grund und Boden, soweit nicht nachweislich bestehende Berechtigungen darauf haften, wie jedes andere Eigenthum ein uneingeschränktes ist, und daß in diesem Ver- hältnisse nichts geändert, sondern dasselbe vielmehr noch mit schützenden Straf- bestimmungen hat befestigt werden sollen. Ist solches in einzelnen Fällen im Gesetze nicht mit ausdrücklichen Worten geschehen, so kann daraus nicht gefolgert werden, daß dadurch irgend eine Einschränkung des Eigenthums hat zugelassen werden sollen; vielmehr wird in solchen Fällen durch Polizeiverordnungen der nothwendige Schutz geschaffen werden müssen. In diesem Sinne ist der Gesetz= entwurf aufgestellt und schließlich zum Gesetz erhoben worden. Allerdings hat es bei der Berathung des Gesetzes im Abgeordnetenhause nicht an Aeußerungen einzelner Redner gefehlt, in denen eine solche Anschauung nicht zu Tage getreten ist, aus denen vielmehr gefolgert werden könnte, als ob die rechtliche Natur und die staatliche Bedeutung des Grundeigenthums von den Rednern in einem anderen Sinne aufgefaßt worden sei.

Wenn trotzdem das Gesetz Sr. Majestät dem Könige von der Staats= regierung zur Allerhöchsten Genehmigung und Vollziehung vorgelegt worden ist, so ist dies in der Voraussetzung geschehen, daß jenen Aeußerungen für die Aus= legung des Gesetzes in diesem Sinne Anhaltspunkte nicht entnommen werden können.

Es wird kaum noch der Hervorhebung bedürfen, daß die vorstehend aus= geführten Gesichtspunkte auch bei dem Erlaß und der Ausführung der Polizei= verordnungen maßgebend sein müssen.

Nach diesen allgemeinen Bemerkungen habe ich im Einzelnen noch Folgen= des hervorzuheben:

1. Das Gesetz hat die Gegenstände des Feld= und Forstschutzes nicht vollständig erschöpfen können, vielmehr örtlicher Verschiedenheiten und Bedürf= nisse wegen den Polizeiverordnungen einen weiten Spielraum überlassen müssen. Es ist dies in der Weise geschehen, daß der Erlaß von Polizeiverordnungen entweder stillschweigend oder ausdrücklich vorbehalten ist. Stillschweigend ist solches dadurch geschehen, daß die Befugniß der Polizeibehörden, auf Grund des Gesetzes vom 11. März 1850 (GS. S. 265), der Verordnung vom 20. September 1867 (GS. S. 1529) und des Lauenburg'schen Gesetzes vom 7. Januar 1870 (Offic. Wochenbl. S. 13) im Interesse des Feld= und Forstschutzes Polizeiver= ordnungen zu erlassen, nicht beseitigt, sondern nur insofern beschränkt ist, als die letzteren sich nicht auf die im Feld= und Forstpolizeigesetze bereits vollständig geregelten Gegenstände erstrecken und diesem Gesetze nicht widersprechen dürfen. Mit dieser Beschränkung können aber nicht allein in Zukunft Polizeiverordnungen erlassen werden, sondern es sind auch, wie §. 96 ergiebt, die bereits erlassenen in Kraft geblieben.

Ausdrücklich ist der Erlaß von Polizeiverordnungen in der Art vor= behalten, daß entweder ganze Materien der Regelung durch dieselben überwiesen (§§. 11 und 13), oder daß Handlungen nur für den Fall unter Strafe gestellt sind, wenn sie erlassenen Polizeiverordnungen zuwider begangen werden (§§. 32, 34, 40 Nr. 2 und 3, 41, 43 und 46).

Wenn hiernach den für den Erlaß von Polizeiverordnungen bestellten Be= hörden noch Manches überlassen ist, so erscheint es erforderlich, der hierin liegen= den Gefahr verschiedener Behandlung gleichartiger Gegenstände für solche Fälle entgegen zu treten, wo eine Verschiedenheit durch die örtlichen Verhältnisse nicht bedingt wird. Zu diesem Zwecke empfiehlt es sich, nicht allein die zu erlassenden Polizeiverordnungen für den ganzen Umfang der Provinz (des Bezirks der pp.) zu entwerfen, sondern auch den Entwurf, bevor solcher dem Provinzialrathe vor= gelegt wird (vor der Publikation), mir zur Kenntnißnahme mitzutheilen, damit auch eine thunlichste Uebereinstimmung mit den Verordnungen anderer Provinzen (Bezirke) herbeigeführt werde. Für die praktische Handhabung des Gesetzes und der Polizeiverordnungen wird es sich ferner empfehlen, die sämmt= lichen Bestimmungen, mögen solche neu zu erlassen oder in älteren Verordnungen enthalten sein, nach Möglichkeit in eine einzige Polizeiverordnung zusammen zu fassen.

Selbstverständlich ist durch diese Anordnung nicht ausgeschlossen, daß für einzelne Fälle, welche keinen Aufschub erleiden, alsbald besondere Polizeiverordnungen erlassen werden.

Ew. pp. (die pp.) ersuche ich ergebenst, hiernach das Erforderliche zu veranlassen und den Entwurf der Polizeiverordnung womöglich so zeitig mir vorzulegen, daß die Publikation bald nach dem Inkrafttreten des Feld= und Forstpolizeigesetzes erfolgen kann. Sollte letzteres nicht möglich sein, so verweise ich noch darauf, daß bis zum Erlasse der im §. 13 erwähnten Polizeiverordnungen die bisherigen Vorschriften über die Ausübung der Nachtweide, des Einzelhütens, sowie der Weide durch Gemeinde= und Genossenschaftsheerden Geltung behalten. Diese Vorschriften sind u. a. enthalten in

§§. 21—33, 35—38 der Feldpolizeiordnung v. 1. November 1847 für die sechs östlichen Provinzen und Westfalen, —

Gesetz vom 5. Juli 1844 und Art. 1—20 I 4 Art. 18, 22 II des code rural für die Rheinprovinz, —

§§. 245, 246 des Pol.=Strafgesetzes vom 25. Mai 1847 und §. 59 des Forststrafgesetzes vom selben Tage für Hannover, —

Verordnung vom 18. Oktober 1828 und Nr. 127 ff. des Forststraftarifs vom 30. Dezember 1824 für das vorm. Kurfürstenthum Hessen. —

§§. 14, 23, 24, 25 des Feldfrevelgesetzes vom 19. Februar 1863 für das vorm. Herzogthum Nassau u. s. w.

Einer besonderen Erwähnung bedarf noch das Sammeln von Kräutern, Beeren und Pilzen. Nach dem für die ganze Monarchie geltenden Holzdiebstahlsgesetze vom 2. Juni 1852 war die Entwendung jener Walderzeugnisse als Holzdiebstahl strafbar. Durch das mit dem 1. Oktober 1879 in Kraft getretene Forstdiebstahlgesetz vom 15. April 1878 ist dies geändert, indem dasselbe im letzten Absatz des §. 1 bestimmt, daß das unbefugte Sammeln von Kräutern, Beeren und Pilzen forstpolizeilichen Bestimmungen unterliegen solle. In Ausführung dieser Bestimmung enthielt der Entwurf des vorliegenden Gesetzes eine Vorschrift, wonach derjenige mit Geldstrafe bis zu 10 Mark oder mit Haft bis zu 3 Tagen bestraft werden solle, wer unbefugt auf Forstgrundstücken ohne Erlaubniß des Waldeigenthümers Kräuter, Beeren oder Pilze sammelt, oder, falls er einen Erlaubnißschein erhalten hat, denselben beim Sammeln nicht bei sich führt. Nach eingehenden und lebhaften Verhandlungen wurde jedoch diese Bestimmung, weil nicht für alle Theile passend, gestrichen und damit der durch das Forstdiebstahlgesetz vom 15. April 1878 geschaffene Zustand beibehalten, wonach diese Materie der Regelung durch Polizeiverordnungen überwiesen ist.

Durch die oben erwähnten Polizeiverordnungen kann nur für diejenigen Landestheile, in welchen das Sammeln von Kräutern, Beeren und Pilzen nach der früheren Gesetzgebung und Praxis unzweifelhaft bereits verboten oder doch nur unter gewissen Voraussetzungen gestattet war, dieses Sammeln unbedenklich entsprechend den jetzigen Verhältnissen geregelt werden. Für diejenigen Landestheile aber, in welchen solches nicht der Fall war, werden bezüglich dieser Materien, insbesondere für fiskalische Domänen= und Forstgrundstücke Polizeiverordnungen überhaupt nicht zu erlassen sein, ohne daß vorher über die einschlagenden Verhältnisse bei Einreichung von Entwürfen solcher Verordnungen besonders Bericht erstattet wird.

2. Abweichend von dem bisher geltenden Rechte hat das Gesetz in mehreren Fällen (§§. 9, 10, 18, 24, 38, 40 und 41) die Verfolgung der strafbaren Handlung von dem Antrage des Berechtigten abhängig gemacht. Der Antrag muß binnen einer Frist von 3 Monaten gestellt werden, die mit dem Tage, an welchem der Berechtigte von der Handlung und der Person des Thäters Kenntniß erhalten hat, beginnt (§. 61 StGB.). In den Staatsforsten ist der Forstverwaltungsbeamte (Königl. Oberförster) befugt, den Antrag zu stellen. Der Regel nach wird dies auch in den Kommunal- und Privatforsten der Fall sein; hier wird es aber wesentlich auch auf die Anstellungsurkunden, Dienstinstruktionen u. s. w. ankommen. — Eine besondere Form ist für die Stellung des Antrags nicht vorgeschrieben.

3. Der Anspruch auf Ersatzgeld verjährte nach den bisherigen Gesetzen (§. 46 der Feldpolizeiordnung vom 1. November 1847) ebenso wie die Strafverfolgung der hier in Betracht kommenden Uebertretungen (§. 368 Nr. 10 StGB. und §§. 10, 14, 15 dieses Gesetzes) binnen 3 Monaten (§. 67 StGB.). Diese Verjährungsfrist ist für die Strafverfolgung bestehen geblieben, für den Anspruch auf Ersatzgeld aber nach §. 70 auf 4 Wochen herabgesetzt.

4. Die Zuwiderhandlungen gegen dieses Gesetz sind — mit Ausnahme der nach §§. 20, 21 zu strafenden Delikte — sämmtlich Uebertretungen. — Im ganzen Umfange der Monarchie, — mit alleinigem Ausschlusse des Bezirks des Oberlandesgerichts zu Cöln, — sind die Ortspolizeibehörden befugt, auf Grund des Gesetzes vom 14. Mai 1852 (GS. S. 245), der Verordnung vom 25. Juni 1867 (GS. S. 921)[1]) und der §§. 453 bis 458 StPO. wegen Uebertretungen Geldstrafen bis 30 Mark[2]) oder Haft bis zu 3 Tagen, sowie eine etwa verwirkte Einziehung zu verhängen. Diese Befugniß ist für die Uebertretungen des Feld- und Forstpolizeigesetzes im Abs. 2 des §. 53 ausdrücklich aufrecht erhalten. Bei der Einfachheit der in Rede stehenden Uebertretungen wird es sich zur Abkürzung des Verfahrens empfehlen, die Straffälle, so viel als möglich, im Wege polizeilicher Strafverfügung zu erledigen. Um dieses zu erreichen, sind die Feld- und Forsthüter, sowie die sonstigen Sicherheitsbeamten (Gendarmen, Polizeidiener p. p.) anzuweisen, ihre desfallsigen Anzeigen nicht dem Amtsanwalte, sondern der Ortspolizeibehörde zu machen. Diese hat sodann in der Regel die Strafverfügung zu erlassen und nur ausnahmsweise, z. B. wenn sie eine ihre Zuständigkeit übersteigende Strafe für angemessen hält, eine umfassende Ermittelung des Thatbestandes etwa durch Vernehmung von Zeugen oder sonst erforderlich ist u. s. w., die Akten an den Amtsanwalt zur weiteren Veranlassung abzugeben.

Für den Erlaß der polizeilichen Strafverfügung sind von den Ministern des Innern und der Justiz in dem Reglement vom 30. September 1852 (Min.-Bl. d. i. V. S. 259) und in der Bekanntmachung vom 15. September 1879 (Min.-Bl. d. s. V. S. 261)[3]) spezielle Vorschriften, auch bezüglich der anzuwendenden Formulare gegeben, auf welche hier verwiesen wird.

Die nach Formular I zu führende Strafliste ist bezüglich der Forstpolizeiübertretungen besonders zu führen und nicht mit der über die sonstigen Uebertretungen zu führenden Liste zu vereinigen. Die Feldpolizeiübertretungen können dagegen auch in die Strafliste der Uebertretungen, welche nicht unter dieses Gesetz fallen, aufgenommen werden.

---

[1]) Jetzt ist das G. betr. den Erlaß polizeilicher Strafverfügungen wegen Uebertretungen 23. April 83 (GS. 6) maßgebend.

[2]) Früher 15 M., durch G. 23. April 83 auf 30 M. erhöht.

[3]) Jetzt Anw. zur Ausführung des G. (Anm. 1) 8. Juni nebst Vf. 2. Juli 83 (MB. 152 u. 175).

5. Dieselbe Ortsbehörde, welche die Strafe festzusetzen hat, ist auch zuständig für die Entscheidungen über Ersatzgeld (§. 75) und über Pfändung (§. 82). Erst in den höheren Instanzen unterscheidet sich das Verfahren, indem der gegen die Strafverfügung gerichtete Antrag auf gerichtliche Entscheidung die Sache an die ordentlichen Gerichte', die Klage gegen den Bescheid über Ersatzgeld und Pfändung die Sache an die Verwaltungsgerichte bringt.

Mit Rücksicht auf diese Verschiedenheit sind von vornherein die auf die Straffestsetzung bezüglichen Schriftstücke von denjenigen getrennt zu halten, welche sich auf das Ersatzgeld und die Pfändung beziehen, damit das weitere Verfahren in beiden Richtungen durch die Vereinigung der Akten nicht aufgehalten werde.

Diejenigen Königlichen Oberförster, welche die Ortspolizei verwalten, haben außerdem die Akten über das die Forsten betreffende Verfahren wegen Ersatzgeld und Pfändung von den Akten getrennt zu halten, welche die Forsten nicht betreffen.

6. Nach §. 65 des Gesetzes sollen die Feldhüter, Ehrenfeldhüter und Forsthüter ein Dienstabzeichen bei sich führen und bei Ausübung des Amtes auf Verlangen vorzeigen. Das Dienstabzeichen kann entweder eine Uniform oder ein anderes amtliches Abzeichen und letzteres eine Dienstmütze, Brustschild mit Adler u. s. w. sein.

Haben die betreffenden Beamten als solche im Dienst eine Uniform zu tragen, so ersetzt diese das Dienstabzeichen, und es braucht daneben nicht noch ein besonderes Abzeichen getragen zu werden.

Für die Forstbeamten sind diejenigen Uniformen beziehungsweise Abzeichen, welche nach den bestehenden Vorschriften bei Wahrnehmungen des Forstschutzes zu tragen sind, unverändert beizubehalten.

7 [4]).

8. In der Provinz Posen treten nach §. 92 für die Rittergüter mit gutsherrlicher Polizeigewalt in den Fällen der §§. 78, 82 und 83 an die Stelle der Ortspolizeibehörde die von den Landräthen zu bestimmenden Polizeidistriktskommissarien. Die Regierungen zu Posen und Bromberg haben darauf zu achten, daß die Polizeidistriktskommissarien generell und rechtzeitig bestimmt werden.

9. Der §. 96 setzt im ersten Absatze alle dem Feld- nnd Forstpoligesetze entgegenstehenden Gesetze, im zweiten Absatze alle in Feld- und Forstpolizeigesetzen enthaltenen Strafbestimmungen, mögen solche dem gegenwärtigen Gesetze entgegenstehen oder nicht, außer Kraft. Die dem gegenwärtigen Gesetze nicht entgegenstehenden Vorschriften sind daher mit Ausschluß der Strafbestimmungen in Kraft geblieben.

Was die Polizeiverordnungen betrifft, so sind, wie bereits unter Nr. 1 angedeutet wurde, diejenigen, deren Bestimmungen in dieses Gesetz aufgenommen sind oder dem letzteren entgegenstehen, selbstverständlich aufgehoben. Im Uebrigen sind aber die Polizeiverordnungen, namentlich auch die Strafbestimmungen derselben bestehen geblieben, da der zweite Absatz des §. 96 nur die gesetzlichen, nicht auch die polizeilichen Strafbestimmungen beseitigt hat.

---

[4]) Die in Nr. 7 entsprechend § 91 getroffenen einstweiligen Bestimmungen sind hinfällig geworden Nr. 4, Anm. 108 d. W.

Unteranlage B I.

Verfügung des Ministers für Landwirthschaft, Domänen und Forsten vom 29. Mai 1880.

Mit dem 1. Juli d. Js. tritt das Feld= und Forst=Polizei=Gesetz vom 1. April d. Js. s. GS. S. 230 in Kraft. Mit Bezug hierauf ordne ich in Betreff der fiskalischen Forsten Nachstehendes an:

1 [1]).

2. Da das Feld= und Forstpolizeigesetz vom 1. April 1880 das nach §. 1 des Forstdiebstahlsgesetzes vom 15. April 1878 (GS. S. 222) forstpolizeilichen Bestimmungen unterliegende Sammeln von Kräutern, Beeren und Pilzen einer Regelung nicht unterzogen hat, so ist wegen der in Betreff dieses Gegenstandes event. zu erlassenden Polizei=Verordnungen an die Herren Oberpräsidenten derjenigen Provinzen, in welchen die Kreisordnung vom 13. Dezember 1872 (GS. S. 661) in Geltung steht, und an die Königlichen Regierungen, beziehungsweise Landdrosteien der übrigen Provinzen Verfügung ergangen.

Mit Bezug hierauf bemerke ich, daß es meine Absicht ist, an den Grundsätzen nichts zu ändern, welche in der Cirkularverfügung vom 12. November 1858 (II. 14417) ausgesprochen sind, also insbesondere nach wie vor aus dem für die Ausgabe von Erlaubnißscheinen zum Sammeln von Beeren und Pilzen zu erhebenden Entgelt in den fiskalischen Forsten eine Einnahmequelle nicht zu machen. Die fragliche Abgabe hat vielmehr nur den Zweck, eine Recognitionsgebühr, beziehungsweise eine Entschädigung für die Kosten des Drucks pp. der Erlaubnißscheine darzustellen.

Die Ausgabe der letzteren soll lediglich geschehen, um die Ordnung und die Kontrole im Walde aufrecht zu erhalten, um vorzeitigem Sammeln unreifer Beeren vorzubeugen und um die den Forsten zunächst wohnenden Eingesessenen gegen übermäßigen Zudrang oder Verdrängung durch Einwohner entfernter Ortschaften zu schützen. Ich bestimme deshalb hiermit, daß vom laufenden Jahre einschließlich ab der Preis für einen Erlaubnißschein zum Sammeln von Beeren oder Pilzen, soweit nicht etwa für einzelne Bezirke besondere Umstände zur ganz unentgeltlichen Abgabe veranlassen, durchweg auf nur fünf Pfennige auch dort festgesetzt werde, wo bisher nach der Cirkularverfügung vom 12. November 1858 (II. 14417) der höhere Satz bis zu 25 Pfennigen erhoben worden ist.

Sofern nach Maßgabe der besonderen Verhältnisse Veranlassung vorliegt, von der Erhebung eines Entgeltes oder der Ausgabe von Erlaubnißscheinen und einer Kontrolle der Beeren= und Pilz=Nutzung ganz abzusehen, ist dieserhalb von der Königlichen Regierung Bericht zu erstatten.

Eine Ausnahme von den vorstehenden Bestimmungen findet nur in Betreff der Trüffeln statt. Bei der Verwerthung derselben ist auch fernerhin so zu verfahren, wie bisher.

3. Nach §. 70 des Feld= und Forstpolizeigesetzes verjährt der in Gemäßheit des §. 69 1 c. etwa zu erhebende Anspruch auf Ersatzgeld in vier Wochen. Die

---

[1]) Die Nr. 1 enthält Bestimmungen über Aenderungen der Allgem. Holzversteigerungsbedingungen nach Maßgabe der § 38 u. 39 des G., welche nach erfolgter Neufeststellung dieser Bedingungen auf Grund des BGB. hinfällig geworden sind Nr. II, 4. Anl. E d. W.

Königliche Regierung wolle deshalb Anordnung dahin treffen, daß alle diejenigen
Uebertretungen, bei welchen die Forderung von Erſatzgeld in Frage kommen
kann, alsbald nach Konſtatirung derſelben von den betreffenden Schutzbeamten
zur Kenntniß des Oberförſters gebracht werden, damit es möglich iſt, den An=
ſpruch auf Erſatzgeld event. rechtzeitig geltend zu machen.

Anlage C (zu Anmerkung 61).
Geſetz, betreffend den Schutz von Vögeln. Vom 22. März 1888. (RGB. 111) [1].

§. 1. Das Zerſtören und das Ausheben von Neſtern oder Brut=
ſtätten der Vögel, das Zerſtören und Ausnehmen von Eiern, das Aus=
nehmen und Tödten von Jungen, das Feilbieten und der Verkauf der
gegen dieſes Verbot erlangten Neſter, Eier und Jungen iſt unterſagt.

Dem Eigenthümer und dem Nutzungsberechtigten und deren Be=
auftragten ſteht jedoch frei, Neſter, welche ſich an oder in Gebäuden
oder in Hofräumen befinden, zu beſeitigen.

Auch findet das Verbot keine Anwendung auf das Einſammeln,
Feilbieten und den Verkauf der Eier von Strandvögeln, Seeſchwalben,
Möven und Kiebitzen, jedoch kann durch Landesgeſetz oder durch landes=
polizeiliche Anordnung das Einſammeln der Eier dieſer Vögel für be=
ſtimmte Orte oder für beſtimmte Zeiten unterſagt werden.

§. 2. Verboten iſt ferner:

a) das Fangen und die Erlegung von Vögeln zur Nachtzeit mittelſt
Leimes, Schlingen, Netzen oder Waffen; als Nachtzeit gilt der
Zeitraum, welcher eine Stunde nach Sonnenuntergang beginnt
und eine Stunde vor Sonnenaufgang endet;

b) jede Art des Fangens von Vögeln, ſolange der Boden mit Schnee
bedeckt iſt;

c) das Fangen von Vögeln mit Anwendung von Körnern oder
anderen Futterſtoffen, denen betäubende oder giftige Beſtandtheile
beigemiſcht ſind, oder unter Anwendung geblendeter Lockvögel;

---

[1] Die zwiſchen Deutſchland, Oeſter=
reich=Ungarn nebſt Lichtenſtein, Belgien,
Spanien, Frankreich, Griechenland,
Luxemburg, Monako, Portugal, Schwe=
den und der Schweiz auf unbeſtimmte
Zeit mit einjähriger Kündigungsfriſt
abgeſchloſſene, vom Reichstage geneh=
migte Uebereinkunft zum Schutz der für
die Landwirthſchaft nützlichen Vögel
vom 19. März 02 (Reichstag II Seſſion
00/02 Druckſ. 648 StB. 5423, 5454) be=
wegt ſich zwar im Weſentlichen auf der
Grundlage dieſes G., geht aber nament=
lich durch das Verbot der Ein= und
Durchfuhr, ſowie der Beförderung nütz=
licher Vögel in der Zeit vom 1. März
bis zum 15. Sept. darüber hinaus.
Weitere geſetzliche Vorſchriften ſind daher
zu erwarten.

d) das Fangen von Vögeln mittelst Fallkäfigen und Fallkästen, Reusen, großer Schlag= und Zugnetze, sowie mittelst beweglicher und tragbarer, auf dem Boden oder quer über das Feld, das Niederholz, das Rohr oder den Weg gespannter Netze.

Der Bundesrath ist ermächtigt, auch bestimmte andere Arten des Fangens sowie das Fangen mit Vorkehrungen, welche eine Massenver= tilgung von Vögeln ermöglichen, zu verbieten.

§. 3. In der Zeit vom 1. März bis zum 15. September ist das Fangen und die Erlegung von Vögeln sowie das Feilbieten und der Verkauf todter Vögel überhaupt untersagt.

Der Bundesrath ist ermächtigt, das Fangen und die Erlegung be= stimmter Vogelarten, sowie das Feilbieten und den Verkauf derselben auch außerhalb des im Absatz 1 bestimmten Zeitraums allgemein oder für gewisse Zeiten oder Bezirke zu untersagen.

§. 4. Dem Fangen im Sinne dieses Gesetzes wird jedes Nach= stellen zum Zweck des Fangens oder Tödtens von Vögeln, insbesondere das Aufstellen von Netzen, Schlingen, Leimruthen oder anderen Fang= vorrichtungen gleichgeachtet.

§. 5. Vögel, welche dem jagdbaren Feder= und Haarwilde und dessen Brut und Jungen, sowie Fischen und deren Brut nachstellen, dürfen nach Maßgabe der landesgesetzlichen Bestimmungen über Jagd und Fischerei von den Jagd= oder Fischereiberechtigten und deren Be= auftragten getödtet werden.

Wenn Vögel in Weinbergen, Gärten, bestellten Feldern, Baum= pflanzungen, Saatkämpen und Schonungen Schaden anrichten, können die von den Landesregierungen bezeichneten Behörden den Eigenthümern und Nutzungsberechtigten der Grundstücke und deren Beauftragten oder öffentlichen Schutzbeamten (Forst= und Feldhütern, Flurschützen 2c.), soweit dies zur Abwendung dieses Schadens nothwendig ist, das Tödten solcher Vögel innerhalb der betroffenen Oertlichkeiten auch während der im §. 3 Absatz 1 bezeichneten Frist gestatten.[2]). Das Feilbieten und der Verkauf der auf Grund solcher Erlaubniß erlegten Vögel sind unzu= lässig.

Ebenso können die im Absatz 2 bezeichneten Behörden einzelne Ausnahmen von den Bestimmungen in §§. 1 bis 3 dieses Gesetzes zu wissenschaftlichen oder Lehrzwecken, sowie zum Fang von Stubenvögeln für eine bestimmte Zeit und für bestimmte Oertlichkeiten bewilligen.

---

[2]) In Preußen sind die Landräthe dazu bevollmächtigt worden Vf. ML. u. MJ. 23. Nov. 88 (MB. 218).

Der Bundesrath bestimmt die näheren Voraussetzungen, unter welchen die im Absatz 2 und 3 bezeichneten Ausnahmen statthaft sein sollen.

Von der Vorschrift unter §. 2 b kann der Bundesrath für bestimmte Bezirke eine allgemeine Ausnahme gestatten.

§. 6. Zuwiderhandlungen gegen die Bestimmungen dieses Gesetzes oder gegen die von dem Bundesrath auf Grund derselben erlassenen Anordnungen werden mit Geldstrafe bis zu einhundertundfünfzig Mark oder mit Haft bestraft.

Der gleichen Strafe unterliegt, wer es unterläßt, Kinder oder andere unter seiner Gewalt stehende Personen, welche seiner Aufsicht untergeben sind und zu seiner Hausgenossenschaft gehören, von der Uebertretung dieser Vorschrift abzuhalten.

§. 7. Neben der Geldstrafe oder der Haft kann auf die Einziehung der verbotswidrig in Besitz genommenen, feilgebotenen oder verkauften Vögel, Nester, Eier, sowie auf Einziehung der Werkzeuge erkannt werden, welche zum Fangen oder Tödten der Vögel, zum Zerstören oder Ausheben der Nester, Brutstätten oder Eier gebraucht oder bestimmt waren, ohne Unterschied, ob die einzuziehenden Gegenstände dem Verurtheilten gehören oder nicht.

Ist die Verfolgung oder Verurtheilung einer bestimmten Person nicht ausführbar, so können die im vorstehenden Absatz bezeichneten Maßnahmen selbständig erkannt werden.

§. 8. Die Bestimmungen dieses Gesetzes finden keine Anwendung
a) auf das im Privateigenthum befindliche Federvieh;
b) auf die nach Maßgabe der Landesgesetze jagdbaren Vögel;
c) auf die in nachstehendem Verzeichniß aufgeführten Vogelarten:
    1. Tagraubvögel mit Ausnahme der Thurmfalken,
    2. Uhus,
    3. Würger (Neuntödter),
    4. Kreuzschnäbel,
    5. Sperlinge (Haus- und Feldsperlinge),
    6. Kernbeißer,
    7. Rabenartige Vögel (Kolkraben, Rabenkrähen, Nebelkrähen, Saatkrähen, Dohlen, Elstern, Eichelheher, Nuß- oder Tannenheher),
    8. Wildtauben (Ringeltauben, Hohltauben, Turteltauben),
    9. Wasserhühner (Rohr- und Bleßhühner),
   10. Reiher (eigentliche Reiher, Nachtreiher oder Rohrdommeln),
   11. Säger (Sägetaucher, Tauchergänse),
   12. alle nicht im Binnenlande brütende Möven,
   13. Kormorane,
   14. Taucher (Eistaucher und Haubentaucher).

Auch wird der in der bisher üblichen Weise betriebene Krammets=
vogelfang, jedoch nur in der Zeit vom 21. September bis 31. Dezember
je einschließlich, durch die Vorschriften dieses Gesetzes nicht berührt.

Die Berechtigten, welche in Ausübung des Krammetsvogelfangs
außer den eigentlichen Krammetsvögeln auch andere, nach diesem Gesetze
geschützte Vögel unbeabsichtigt mitfangen, bleiben straflos.

§. 9.   Die landesrechtlichen Bestimmungen, welche zum Schutze
der Vögel weitergehende Verbote enthalten, bleiben unberührt.   Die auf
Grund derselben zu erkennenden Strafen dürfen jedoch den Höchstbetrag
der in diesem Gesetze angedrohten Strafen nicht übersteigen.

§. 10.   Dieses Gesetz tritt am 1. Juli 1888 in Kraft.

Anlage D (zu Anmerkung 70).

**Verordnung, betreffend die Kontrole der Hölzer, welche unverarbeitet
transportirt werden. Vom 30. Juni 1839. (GS. 223).**

§. 1.   Wer Brennholz oder unverarbeitetes Bau= oder Nutzholz
in eine Stadt oder ein Dorf einbringt oder sonst verfährt, muß mit
einer schriftlichen glaubhaften Bescheinigung der Polizeibehörde seines
Wohnorts oder des Eigenthümers oder Aufsehers desjenigen Waldes,
aus welchem, seiner Angabe nach, das Holz gebracht wird, versehen sein,
und solche auf Erfordern den Forstbeamten, Gensdarmen, Polizei= und
Steuerbeamten vorzeigen, widrigenfalls das Holz in Beschlag genommen
und konfiszirt werden soll[1]).

§. 2.   Auch Holzberechtigte müssen, bei Vermeidung gleicher Folgen
(§. 1.), wenn sie das von ihnen aus der verpflichteten Forst geholte Holz
wegschaffen, mit einer Bescheinigung ihres Holzungsrechts versehen sein, in
welcher die Holz=Sortimente, worauf die Berechtigung lautet, und die
Tage, an welchen die Berechtigung, und die Transportmittel, mit wel=
chen sie ausgeübt werden darf, ausgedrückt sein müssen.   Befindet sich
unter dem Holze noch anderes Holz, als worauf die Bescheinigung lautet,
oder transportiren sie solches an anderen als denen zur Ausübung be=
stimmten Tagen, oder mit größeren als den bestimmten Transportmitteln,
ohne den rechtmäßigen Erwerb dieses Holzes besonders auf die §. 1. be=
merkte Art nachweisen zu können, so ist dasselbe gleichergestalt der Kon=
fiskation unterworfen.

----

[1]) An Stelle d. hier angedrohten treten die Strafen d. Feld= u. Forstpolizeig. § 43.

§. **3.** Wird bei der näheren polizeilichen Untersuchung ermittelt, daß das in Beschlag genommene Holz gestohlen worden ist, so tritt noch außer der Konfiskation gegen den Angehaltenen gerichtliche Untersuchung und, nach Bewandtniß der Umstände, entweder die gesetzliche Strafe des Holzdiebstahls, mindestens aber eine dem Taxwerthe des konfiszirten Holzes gleichkommende Geldbusse, oder verhältnissmässige Gefängnissstrafe ein[1]).

§. **4.** Diese Verordnuug soll nicht im ganzen Bereich der Provinzen Sachsen, Westfalen und der Rheinprovinz, sondern nur in denjenigen Gegenden und Kreisen derselben in Kraft treten, wo der Holzdiebstahl überhand genommen hat.

Wir ermächtigen Unser Staatsministerium, diese Verordnung überall da in Anwendung bringen zu lassen, wo die Ueberhandnahme des Holzdiebstahls das Bedürfniß der dagegen erlassenen Bestimmungen zum Schutz der Waldungen hervorruft.

Anlage E (zu Anmerkung 82).

Gesetz, betreffend die Vertheilung der öffentlichen Lasten bei Grundstückstheilungen und die Gründung neuer Ansiedelungen in den Provinzen Preußen, Brandenburg, Pommern, Posen, Schlesien, Sachsen und Westfalen. Vom 25. August 1876. (GS. 405).

(Auszug.)

II. Gründung neuer Ansiedelungen.

§. **13.** Wer außerhalb einer im Zusammenhange gebauten Ortschaft ein Wohnhaus errichten oder ein schon vorhandenes Gebäude zum Wohnhause einrichten will, bedarf einer von der Ortspolizeibehörde zu ertheilenden Ansiedelungsgenehmigung. Vor deren Aushändigung darf die polizeiliche Bauerlaubniß nicht ertheilt werden.

Die Ansiedelungsgenehmigung ist nicht erforderlich für Wohnhäuser, welche in den Grenzen eines nach dem Gesetz vom 2. Juli 1875[1]) festgestellten Bebauungsplans, oder welche auf einem bereits bebauten Grundstücke im Zusammenhange mit bewohnten Gebäuden errichtet oder eingerichtet werden sollen.

§. **14.** Die Ansiedelungsgenehmigung ist zu versagen, wenn nicht nachgewiesen ist, daß der Platz, auf welchem die Ansiedelung gegründet

------

[1]) G. betr. die Anlegung und Veränderung von Straßen und Plätzen in Städten u. ländlichen Ortschaften. Vom 2. Juli 75 (GS. 561).

werden soll, durch einen jederzeit offenen Weg zugänglich, oder daß die Beschaffung eines solchen Weges gesichert ist. Wenn nur der letztere Nachweis erbracht werden kann, so ist bei Ertheilung der Ansiedelungsgenehmigung für die Beschaffung des Weges eine Frist zu bestimmen, nach deren fruchtlosem Ablaufe das polizeiliche Zwangsverfahren[2]) eintritt.

§. 15. Die Ansiedelungsgenehmigung kann versagt werden, wenn gegen die Ansiedelung von dem Eigenthümer, dem Nutzungs= oder Gebrauchsberechtigten oder dem Pächter eines benachbarten Grundstücks oder von dem Vorsteher des Gemeinde= (Guts=) Bezirks, zu welchem das zu besiedelnde Grundstück gehört, oder von einem der Vorsteher derjenigen Gemeinde= (Guts=) Bezirke, an welche dasselbe grenzt, Einspruch erhoben und der Einspruch durch Thatsachen begründet wird, welche die Annahme rechtfertigen, daß die Ansiedelung den Schutz der Nutzungen benachbarter Grundstücke aus dem Feld= oder Gartenbau, aus der Forstwirthschaft, der Jagd oder der Fischerei gefährden werde.

§. 16. Vor Ertheilung der Ansiedelungsgenehmigung sind die betheiligten Gemeinde= (Guts=) Vorsteher (§. 15) von dem Antrage in Kenntniß zu setzen. Diese haben den Antrag innerhalb ihrer Gemeinden (Gutsbezirke) auf ortsübliche Art mit dem Bemerken bekannt zu machen, daß gegen den Antrag von den Eigenthümern, Nutzungs= Gebrauchsberechtigten und Pächtern der benachbarten Grundstücke innerhalb einer Präklusivfrist von einundzwanzig Tagen[3]) bei der Ortspolizeibehörde Einspruch erhoben werden könne, wenn der Einspruch sich durch Thatsachen der in §. 15 bezeichneten Art begründen lasse.

Die erhobenen Einsprüche sind von der Ortspolizeibehörde, geeignetenfalls nach Anhörung des Antragstellers und derjenigen, welche Einspruch erhoben haben, sowie nach Aufnahme des Beweises zu prüfen.

§. 17. Die Versagung der Genehmigung auf Grund des §. 14 oder auf Grund erhobener Einsprüche (§. 15), sowie die Zurückweisung der gegen die Ansiedelungsgenehmigung erhobenen Einsprüche erfolgt durch einen Bescheid der Polizeibehörde, welcher mit Gründen zu versehen und dem Antragsteller, sowie denjenigen, welche Einspruch erhoben haben, zu eröffnen ist.

Gegen den Bescheid steht dem Antragsteller, sowie denjenigen, welche Einspruch erhoben haben, innerhalb einer Präklusivfrist von zwei Wochen[4]) nach Zustellung des Bescheides, den Tag der Zustellung ungerechnet, die Klage im Verwaltungsstreitverfahren offen.

Zuständig ist der Kreisausschuß, in Stadtkreisen der Bezirksausschuß[5]).

---

[2]) LVG. § 127, 132 ff.
[3]) Diese Frist ist durch LVG. nicht geändert.

[4]) Früher zehn Tage LVG. § 51.
[5]) Früher das Bezirksverwaltungsgericht LVG. § 153.

§. 18.   Wer außerhalb einer im Zusammenhange gebauten Ort=
schaft eine Kolonie anlegen will, hat dazu die Genehmigung des Kreis=
ausschußes, in Stadtkreisen der Ortspolizeibehörde, zu beantragen.   Mit
dem Antrage ist ein Plan vorzulegen und darin nachzuweisen, in welcher
Art die Gemeinde=, Kirchen= und Schulverhältnisse der Kolonie geordnet
werden sollen.

§. 19.   Die Genehmigung zur Anlegung einer Kolonie kann ver=
sagt werden, wenn und so lange die Gemeinde=, Kirchen= und Schul=
verhältnisse nicht dem öffentlichen Interesse und den bestehenden gesetz=
lichen und statutarischen Bestimmungen gemäß geordnet sind.   Im
Uebrigen finden die Bestimmungen der §§. 14 bis 17 mit der Maßgabe
Anwendung, daß die in den §§. 16, 17 der Ortspolizeibehörde beige=
legten Befugnisse für Landkreise von dem Kreisausschusse wahrzunehmen
sind und gegen den vom Kreisausschuß ergangenen Bescheid innerhalb
der im §. 17 bestimmten Frist der Einspruch auf mündliche Verhandlung
im Streitverfahren stattfindet.

§. 20.   Wer vor Ertheilung der vorgeschriebenen Genehmigung mit
einer neuen Ansiedelung oder der Anlegung einer Kolonie beginnt, wird
mit Geldstrafe bis Einhundert und funfzig Mark oder Haft bestraft.
Auch kann die Ortspolizeibehörde die Weiterführung der Ansiedelung
oder Kolonie verhindern und die Wegschaffung der errichteten Anlagen
anordnen.

III. Schluß= und Uebergangsbestimmungen.

§. 21.   Das Verfahren nach diesem Gesetze, einschließlich der er=
theilten Genehmigungen ist stempelfrei.

§. 22 und 23[6]).

§. 24.   Das gegenwärtige Gesetz tritt mit dem 1. Januar 1877
in Kraft.   Von diesem Zeitpunkte ab sind aufgehoben:

>   das Gesetz vom 3. Januar 1845, betreffend die Zertheilung von
>   Grundstücken und die Gründung neuer Ansiedelungen (Gesetz=
>   Samml. S. 25), die dasselbe ergänzenden Gesetze vom 24. Febr.
>   1850 (Gesetz=Samml. S. 68) und vom 24. Mai 1853 (Gesetz=
>   Samml. S. 241), das Gesetz vom 26. Mai 1856, betreffend die
>   Zertheilung von Grundstücken und die Gründung neuer An=
>   siedelungen in Neuvorpommern und Rügen (Gesetz=Samml.
>   S. 613), §. 135 Nr. VII und VIII der Kreisordnung vom 13. Dez.
>   1872 und die Verordnung vom 11. Juli 1845, betreffend die

---

[6]) § 22 enthielt Verfahrensvorschriften für Stadtkreise, § 23 Uebergangsbe=stimmungen für die Provinzen Posen und Westfalen. Beide § sind aufgehoben ZustG. § 147.

neuen Ansiedelungen in der Provinz Westfalen (Gesetz=Samml. S. 496).

Diejenigen anderweiten Bestimmungen, welche die Errichtung von Gebäuden in der Nähe von Forsten, Eisenbahnen, Chausseen, öffentlichen Gewässern, Strömen, Kanälen, Deichen, Bergwerken, Pulvermagazinen und anderen Anlagen polizeilichen Beschränkungen unterwerfen, werden von dem gegenwärtigen Gesetze nicht berührt.

§. 25[7]).

§. 26. Der Finanzminister, der Minister des Innern, der Minister der geistlichen, Unterrichts= und Medizinal=Angelegenheiten und der Minister für die landwirthschaftlichen Angelegenheiten sind mit der Ausführung dieses Gesetzes beauftragt und erlassen die erforderlichen Anordnungen und Instruktionen[8]).

Anlage F (zu Anmerkung 112).

Vorläufige Verordnung über die Ausübung der Waldstreu-Berechtigung. Vom 5. März 1843. (GS. 105.)

Wir, u. s. w. finden Uns bewogen, zur Verhütung der Nachtheile, welche eine ungeregelte Ausübung der Waldstreu=Berechtigung auf die Holzkultur ausübt, und um sowohl den Waldbesitzern die angemessene Bewirthschaftung ihrer Waldungen, als auch den Servitut=Berechtigten selbst die nachhaltige Ausübung dieser Berechtigung zu sichern, für die Provinzen Preußen, Brandenburg, Pommern, Schlesien, Posen und Sachsen, vorläufig bis zur Publikation einer neuen allgemeinen Forst= und Jagdpolizei=Ordnung, nach Anhörung Unserer getreuen Stände und auf den Antrag Unseres Staatsministeriums zu verordnen, wie folgt:

§. 1. Die Waldstreu=Berechtigung besteht in der Befugniß, abgefallenes Laub und Nadeln, so wie dürres Moos zum Unterstreuen unter das Vieh, Behufs der Bereitung des Düngers, in dem Walde eines Andern einzusammeln.

§. 2. Wo der Umfang und die Art der Ausübung dieser Berechtigung durch Verleihung, Vertrag, richterliche Entscheidung oder bereits vollendete Verjährung bestimmt festgestellt worden ist, behält es hiebei sein Bewenden. In Ermangelung solcher auf besonderen Rechtstiteln

---

[7]) § 25 bezieht sich auf den hier nicht mit aufgenommenen Abschnitt I des G.

[8]) Ausf.Anw. 10. März 77 (MB. 103).

beruhender Verhältnisse dienen die nachstehenden Vorschriften lediglich zur Richtschnur.

§. 3. Die Berechtigten müssen sich, wenn sie die Waldstreunutzung in der nächsten Periode (§. 4. b.) ausüben wollen, spätestens bis zum 15. August eines jeden Jahres bei dem Waldbesitzer oder dessen verwaltenden Beamten melden, worauf ihnen ein kostenfrei ausgefertigter Zettel zu ihrer Legitimation ertheilt wird. Dieser Zettel ist nur für den Zeitraum, für das Revier, und für die Personen gültig, auf welche derselbe lautet.

Die Streu-Berechtigten oder die von ihnen mit Einsammlung der Waldstreu beauftragten Leute müssen diese Zettel, wenn sie Streu im Walde einsammeln, bei Vermeidung einer für jeden einzelnen Kontraventionsfall an den Wald-Eigenthümer zu erlegenden Strafe von Fünf bis Zehn Silbergroschen[1]), stets bei sich führen und beim Ablauf der zur Streusammlung bestimmten Zeit, bei gleicher Strafe wieder abliefern.

§. 4. Die Berechtigung darf nur:

a) in den vom Wald-Eigenthümer nach Maaßgabe einer zweckmäßigen Bewirthschaftung des Forstes geöffneten Distrikten,

b) in den sechs Winter-Monaten vom 1. Oktober bis zum 1. April,

c) an bestimmten vom Wald-Eigenthümer mit Rücksicht auf die Observanz festzusetzenden, jedoch auf höchstens zwei Tage in der Woche zu beschränkenden und von den Raff- und Leseholz-Tagen verschiedenen Wochentagen

ausgeübt werden. Besteht aber nach dem Herkommen der Gebrauch, daß die Einsammlung der Streu gleich beim Beginn des Oktobers an mehreren nach einander folgenden Tagen, von allen Berechtigten gleichzeitig unter Aufsicht des Wald-Eigenthümers geschieht, und hiemit das Einsammeln für das ganze Jahr geschlossen ist, so behält es hiebei sein Bewenden.

Die Berechtigung darf auch nur

d) mit den in den Zetteln bezeichneten, nach der bisherigen Observanz zu bestimmenden Transportmitteln, und

e) nicht mit eisernen, sondern nur mit hölzernen unbeschlagenen Rechen oder Harken, deren Zinken ebenfalls nur von Holz seyn dürfen und mindestens $2\frac{1}{2}$ Zoll von einander abstehen müssen,

ausgeübt werden.

§. 5. Entstehen über die Frage:
welche Distrikte zum Streusammeln zu öffnen sind,

---

[1]) An Stelle dies. Strafbestimmung ist die des Feld- u. ForstpolG. § 41 getreten.

zwischen dem Wald=Eigenthümer und den Berechtigten Streitigkeiten, so werden solche von dem Kreisausschuß [2]) unter Zuziehung eines von diesem zu wählenden hiebei unbetheiligten Forstbeamten und eines Oekonomieverständigen, unter Vorbehalt des Rekurses an den Bezirks=ausschuß [2]), entschieden. Ueber Streitigkeiten in Betreff der Transport=mittel, so wie über die mit Berücksichtigung der bisherigen Observanz zum Streuholen zu bestimmende Zahl der Tage (§. 4. litt. c.) findet dagegen das ordentliche Rechtsverfahren Statt.

§. 6.   Die Waldstreu kann zwar vorübergehend auch zu andern wirthschaftlichen Zwecken (§. 1.), z. B. zur Versetzung der Wände der Wohngebäude, zur Bedeckung der Kartoffelgruben u. s. w., benutzt, darf aber in ihrer Endbestimmung nur zum Unterstreuen unter das Vieh verbraucht, auch weder verkauft, noch sonst an Andere überlassen werden.

§. 7.   Wer die Waldstreu=Berechtigung

a) in anderen als den dazu geöffneten Distrikten (§. 4. litt. a.),

b) nach dem Schluß der Streulings=Periode (§. 4. litt. b.),

c) an andern als den im Zettel bestimmten Tagen (§. 4. litt. c.)

ausübt, soll bestraft werden,

> mit einer Geldbusse von Zehn Silbergroschen, wenn die Streu getragen oder auf Radwern (Schiebkarren) geholt wird,
>
> mit einer Geldbusse von Einem Thaler, wenn die Streu mit einer ein- oder zweispännigen Fuhre, und
>
> mit einer Geldbusse von Zwei Thalern, wenn die Streu mit einer drei- oder vierspännigen Fuhre [3])

geholt wird.

Der Gebrauch der in §. 4. litt. e. verbotenen Harken wird, neben Konfiskation derselben, mit einer Strafe von Einem Thaler [3]), und die Ausübung der Berechtigung mit größeren, als den im Zettel bezeichneten Transportmitteln mit einer gleich hohen Strafe [3]) geahndet.

Werden diese Kontraventionen bei Nacht, d. h. in der Zeit von Sonnenuntergang bis Sonnenaufgang, oder an Sonn= und Festtagen verübt, so tritt der doppelte Betrag dieser Strafe [4]) ein.

Der Verbrauch der Waldstreu zu anderen Zwecken, als zum Unter=streuen unter das Vieh (§. 6), wird mit einer Strafe von Zwei Thalern, und der Verkauf oder die sonstige Ueberlassung der Waldstreu an Andere,

---

[2]) Früher Landrath und Rekurs an das Plenum der vorgesetzten Regierung, jetzt Kreisausschuß und Bezirksausschuß LVG.

[3]) An Stelle dieser Strafvorschriften sind die des Feld= u. FPG. § 40 getreten.

[4]) Für Strafverschärfung gilt jetzt Feld= u. FPG. § 2^1.

für eine Karre oder Traglast mit Einem Thaler,

für eine ein- oder zweispännige Fuhre mit Zwei Thalern,

für eine drei- oder vierspännige Fuhre mit Vier Thalern,

neben dem Verluste der Berechtigung auf ein Jahr geahndet.

In Wiederholungsfällen nach vorgängiger rechtskräftiger Verurtheilung zahlt der Kontravenient die doppelte Geldstrafe, ausserdem verliert er, wenn er nach zweimaliger Verurtheilung wegen Streu-Veräusserung sich dieses Vergehens von Neuem schuldig macht, die Waldstreu-Berechtigung auf die ganze Dauer seiner Besitzzeit [5]).

Die Geldstrafen fallen dem Wald-Eigenthümer anheim.

§. 8.   Bei Betretung des Freblers auf eine der in den §§. 3. und 4. bezeichneten Kontraventionen tritt Pfändung ein, und der Wald-Eigenthümer ist das abgenommene Pfand nur gegen Erlegung der auf die Kontravention gesetzten Strafe auszuantworten verpflichtet.

(§. 9—12) [6]).

---

5. Gesetz über den Waffengebrauch der Forst- und Jagdbeamten [1]). Vom 31. März 1837 (GS. 65).

§. 1 [2]).   Unsere Forst- und Jagdbeamten [3]), sowie die im Kommunal- oder Privatdienste stehenden, wenn sie auf Lebenszeit angestellt sind,

---

[5]) An Stelle dieser Strafvorschriften sind die des Feld- u. FPG. § 2⁶ u. 42 getreten.

[6]) Die das Strafverfahren betreffenden Vorschriften der § 9, 10, 11 und 12 sind ersetzt durch Feld- und FPG. § 53 bis 61.

[1]) Das G. verleiht den Forst- u. Jagdbeamten die Befugniß, im Dienste gegen Forst- und Jagdfrebler zur Ueberwindung eines thätlichen Widerstandes od. zur Abwehr eines Angriffs auf ihre Person über die Grenzen der Nothwehr und des Nothstandes (StGB. §§ 53 u. 54) hinaus von ihren Waffen Gebrauch zu machen. — Inhalt: Das G. handelt von den Voraussetzungen, für den Waffengebrauch § 1 u. 2 u. von dem Verhalten des Beamten, sowie dem Verfahren nach erfolgtem Waffengebrauch § 3 bis 5.   In die 1866 erworbenen Landestheile ist das G. durch V. 25. Juni 67 (GS. 921) Art. II F. und in den

Kreis Lauenburg durch V. 24. Dez. 69 (Wochenbl. 27. Dez. 69) eingeführt worden. — Ausf.-Best. Min.-Instr. für Königl. Forst- u. Jagdbeamte 17. April 37 u. Vf. 14. Juli 97 (MB. 175) Anlage A; Min.-Instr. für Kommunal- u. Privat-Forst- u. Jagdbeamte 21. Nov. 37 u. Vf. 1. Sept. 97 (MB. 193) Anlage B. — Bearb. Wagner d. Preuß. Jagdgesetzgebung. (2. Aufl. Berl. 89).

[2]) Anl. A. Art. 6 bis 8, Anl. B. § 5 bis 9.

[3]) Zum Waffengebrauch sind auch berechtigt:

a. Die zum 20jähr. Militärdienst verpflichteten Korpsjäger, welche, nachdem sie zur Reserve oder als halbinvalide beurlaubt, interimistisch eine Anstellung als Forstschutzbeamte erhalten haben und als solche vorschriftsmäßig vereidigt worden sind AE. 6. Okt. 37 u. 19. April 38 (GS. 257. 258);

oder die Rechte der auf Lebenszeit Angestellten haben[4]), nach Vorschrift des Gesetzes vom 15. April 1878 §§. 23 und 24[5]) vereidigt und mit ihrem Diensteinkommen nicht auf Pfandgelder, Denunziantenantheil oder Strafgelder angewiesen sind, haben die Befugniß, in ihrem Dienste zum Schutze der Forsten und Jagden gegen Holz- und Wilddiebe, gegen Forst- und Jagdkontravenienten, von ihren Waffen Gebrauch zu machen:

1. wenn ein Angriff auf ihre Person erfolgt, oder wenn sie mit einem solchen Angriffe bedrohet werden[6]);

2. wenn diejenigen, welche bei einem Holz- oder Wilddiebstahl, bei einer Forst- oder Jagdkontravention auf der That betroffen, oder als der Verübung oder der Absicht zur Verübung eines solchen Vergehens verdächtig in dem Forste oder dem Jagdreviere gefunden werden, sich der Anhaltung, Pfändung oder Abführung zu der Forst- oder Polizei-Behörde, oder der Ergreifung bei versuchter Flucht thätlich oder durch gefährliche Drohungen widersetzen[7]).

Der Gebrauch der Waffen darf aber nicht weiter ausgedehnt werden, als es zur Abwehrung des Angriffes und zur Ueberwindung des Widerstandes nothwendig ist.

Der Gebrauch des Schießgewehrs als Schußwaffe ist nur dann erlaubt, wenn der Angriff oder die Widersetzlichkeit mit Waffen, Aexten, Knitteln oder andern gefährlichen Werkzeugen, oder von einer Mehr-

---

b. diejenigen Korpsjäger, die im Kommunal- und Privatdienst zwar nicht auf Lebenszeit angestellt, aber vorschriftsmäßig vereidet sind u. bei ihrer Beurlaubung von dem Kommandeur der betr. Jägerabtheilung das Qualifikationsattest über die Befugnisse zum Waffengebrauche im Forst- und Jagddienst erhalten haben AE. 21. Mai 40 (GS. 129);

c. die von Königl. Forstbeamten zu ihrer Unterstützung u. zur Verstärkung des Forst- und Jagdschutzes angenommenen und vorschriftsmäßig vereidigten Korpsjäger AE. 19. Febr. 42 (GS. 111);

d. diejenigen auf Forstversorgung dienenden Jäger, welche nach dreijähriger Dienstzeit während der sechs Wintermonate oder zur Disposition ihres Truppentheils beurlaubt werden und von dem Kommandeur des betr. Jägerbataillons das Qualifikationszeugniß zum Waffengebrauch im Forstdienst erlangt haben AE. 11. Aug. 55 (GS. 633).

Ein Königl. Forstschutzbeamter, welcher mit Genehmigung der vorgesetzten Behörde neben seinem Posten noch den Schutz einer anderen (Gemeinde-) Waldung, wenn auch nur interimistisch übernommt, hat in diesem letzteren Dienste die Berechtigung zum Waffengebrauch, falls er sie im fiskalischen Dienste besitzt Vf. 17. Juni 45 (MB. 193).

[4]) Der Zwischensatz: „wenn sie auf Lebenszeit angestellt sind, oder die Rechte der auf Lebenszeit angestellten haben" bezieht sich auf Kommunal- und Privat-, Forst- und Jagdbeamte Vf. 29. Juni 67.

[5]) Diese Bestimmungen sind an Stelle des G. 7. Juni 21 § 20 getreten Nr. 3 d. W.

[6]) Nr. 2. Anm. 4 u. 7 d. W.

[7]) Auch dann, wenn der thätliche Widerstand gegen die Abführung außerhalb der Forst versucht wird U. Gerichtshof für Kompetenzkonflikte 22. Nov. 51 (MB. 53 S. 253).

heit, welche stärker ist, als die Zahl der zur Stelle anwesenden Forst- oder Jagdbeamten, unternommen oder angedrohet wird. Der Androhung eines solches Angriffes wird es gleich geachtet, wenn der Betroffene die Waffen oder Werkzeuge nach erfolgter Aufforderung nicht sofort ablegt, oder sie wieder aufnimmt.

§. 2[8]). Die Beamten müssen, um sich der Waffen bedienen zu dürfen, in Uniform oder mit einem amtlichen Abzeichen versehen sein[9]).

§. 3[10]). Der Forst- oder Jagdbeamte, der hiernach von seinen Waffen Gebrauch gemacht und Jemand dadurch verletzt hat, ist verpflichtet, soweit es ohne Gefahr für seine Person geschehen kann, dem Verletzten Beistand zu leisten, und wenn er auf Jemand geschossen hat, nachzuforschen, ob derselbe dadurch verletzt sei. Ist es erforderlich, so muß der Beamte dafür sorgen, daß der Verletzte zum nächsten Orte gebracht werde, wo die Polizeibehörde für die ärztliche Hülfe und für die nöthige Bewachung Sorge zu tragen hat.

Die Kurkosten sind erforderlichen Falls, und zwar hinsichtlich Unserer Forsten und Jagden von der Forst- und Jagdverwaltung, hinsichtlich der andern Forsten und Jagden aber von den Forst- und Jagdberechtigten vorzuschießen, welche den Ersatz von dem Verletzten und den Theilnehmern des Frevels, oder von den Beamten, je nachdem die Anwendung der Waffen gerechtfertigt befunden worden ist, oder nicht, verlangen können.

§. 4[11]). Auf die Anzeige, daß Jemand von einem Unserer Forst- oder Jagdbeamten (§. 1) im Dienste durch Anwendung der Waffen verletzt worden, hat das Gericht des Orts, wo die Verletzung vorgefallen ist, mit Zuziehung eines Ober-Forstbeamten den Thatbestand festzustellen und zu ermitteln: ob ein Mißbrauch der Waffen stattgefunden habe. Das Gericht ist schuldig, hierbei auf die Anträge Rücksicht zu nehmen, welche der Ober-Forstbeamte zur Aufklärung der Sache zu machen für nothwendig erachtet.

§. 5. Werden in Ansehung eines Forst- und Jagdbeamten, der nicht zu Unseren Beamten gehört, die im §. 4 vorgeschriebenen Ermittelungen erforderlich, so ist hinsichtlich der standesherrlichen Forstbeamten statt des im §. 4 erwähnten Ober-Forstbeamten, der standes-

---

[8]) Anl. A. Art. 9; Anl. B. § 10 u. 11.

[9]) Uniform-Reglement für die Kön. Preuß. Forstbeamten 29. Dez. 68. Nr. II. 5. Anl. A. d. W. — AE. 11. Okt. 99 über Dienstkleidung der Forstbeamten der Kommunalverbände u. öffentl. Anstalten. Nr. III. 4. Anl. B. d. W. Forst-schutzbeamte sind auch ohnedem zum Waffengebrauch berechtigt, sofern der Beamte dem Frevler persönlich bekannt ist UKammGer. 9. Juni 66 (MB. 255).

[10]) Anl. A. Art. 10 u. 11; Anl. B. § 12 u. 13.

[11]) Anl. A. Art. 12.

herrliche Oberbeamte für die Polizei, oder in Ermangelung eines solchen, der Kreis=Landrath. hinsichtlich aller andern Forstbeamten aber in jedem Falle der Kreis=Landrath bei der Ermittelung zuzuziehen.

§§. 6 bis 11[12]).

§. 12[13]).

Anlagen zum Gesetz über den Waffengebrauch vom 31. März 1837.

Anlage A (zu Anmerkung 1).

Ministerial-Jnstruktion über den Waffengebrauch der Königlichen Forst- und Jagd-Beamten vom 17. April 1837.

Damit die in dem obigen Gesetze enthaltenen Bestimmungen, dem beabsichtigten Zwecke gemäß, zur Ausführung gebracht, und etwaigen Exzessen beim Gebrauch der Waffen vorgebeugt werde, werden für die Königlichen Forsten und Jagden nachstehende Anweisungen ertheilt, welche gleich den in dem Gesetze selbst enthaltenen Bestimmungen ein jeder Königlicher Forst= und Jagdbeamter sich genau einzuprägen, stets zu vergegenwärtigen und streng zu befolgen hat.

Allgemeine Bestimmungen.

Art. 1.   Unter den Forst= und Jagdbeamten versteht das Gesetz nicht bloß die zur Verwaltung und zum Schutz der Forsten und Jagden angestellten Oberförster und Förster, sondern auch die zur Verstärkung des Forst= und Jagdschutzes angenommenen Hülfs-Aufseher und Corps=Jäger, sobald sie mit den im §. 1 des Gesetzes bestimmten Erfordernissen versehen, und namentlich gehörig vereidigt sind.

Art. 2.   Die vorbemerkten Forst= und Jagdbeamten sind überhaupt nur dann, wenn sie sich in den ihnen zur Verwaltung und zum Schutz überwiesenen Forst= und Jagdbezirken befinden, sich der Waffen zu bedienen, befugt[1]).

---

[12]) § 6 bis 11, die das weitere gerichtliche Verfahren und den Fall des Konfliktes behandeln, sind durch die Vorschriften der StPO. und durch G. 13. Feb. 54 (GS. 89) über Konflikte bei gerichtlicher Verfolgung von Amtshandlungen hinfällig geworden.   Liegt nach Ansicht der vorgesetzten Behörde eine Ueberschreitung der Amtsbefugnisse im Falle eines Waffengebrauches nicht vor, so kann darüber vor Einleitung, sowie im Laufe des gerichtlichen Verfahrens vor erfolgter rechtskräftiger Entscheidung Konflikt erhoben und ist alsdann auf Vorentscheidung durch das Ober=Verwaltungsgericht anzutragen G. 13. Feb. 54 § 1², EG. z. GVG. 27. Jan. 77 (RGB. 77) § 11.

[13]) § 12, wonach die Vorschriften über Selbsthülfe u. Nothwehr für nicht zum Waffengebrauch berechtigte Personen durch das G. keine Aenderung erfahren, ist bedeutungslos.

[1]) Entgegen dieser Vorschrift ist durch UOT. 11. Juni 58 (XXXIX. 66) u. 11. Sept. 61 (Oppenhoff Rechtspr. I. 526) anerkannt, daß das Waffengebrauchsrecht des Forstbeamten nicht unbedingt durch die Grenze der Forst räumlich beschränkt sei, u. auch da Platz greife, wo ein innerhalb der Forst betroffener Holzdieb außerhalb derselben verfolgt werde. Damit stimmt überein URGerSt. 1. Okt. 80 (II. 307.) Verb. Nr. 5 Anm. 7.

Art. 3.   An Waffen dürfen sie nur den Hirschfänger, die Flinte oder Büchse führen. Die Schusswaffe ist nur mit Schrot oder der Kugel zu laden. Wer sich anderer Waffen bedient, oder diejenigen Schusswaffen, welche geführt werden dürfen, anders, als vorgeschrieben, ladet, hat jedenfalls Disziplinarstrafe verwirkt, und bleibt ausserdem für allen Nachtheil, der daraus entsteht, verantwortlich[2]).

Art. 4.   Beim Gebrauch der Waffen müssen die Forst- und Jagdbeamten sich stets vergegenwärtigen, daß solcher nur soweit stattfinden darf, als die Erfüllung des bestimmten Zwecks, die Holz- oder Wilddiebe, oder die Forst- und Jagdkontravenienten bei thätlichem Widerstande oder gefährlichen Drohungen unschädlich zu machen, es unerläßlich erfordert. In der Regel sind daher die Waffen nicht gegen fliehende Frevler zu gebrauchen. Legt indessen ein auf der Flucht befindlicher Frevler auf erfolgte Aufforderung die Schußwaffe nicht sofort ab, oder nimmt er dieselbe wieder auf, und ist außerdem nach den besonderen Umständen des einzelnen Falls in dem Nichtablegen oder Wiederaufnehmen der Schußwaffe eine gegenwärtige, drohende Gefahr für Leib oder Leben des Forst- oder Jagdbeamten zu erblicken, so ist Letzterer auch gegen den Fliehenden zum Gebrauch seiner Waffen berechtigt. In jedem Falle sind die Waffen nur so zu gebrauchen, daß lebensgefährliche Verwundungen soviel als möglich vermieden werden. Deshalb ist beim Gebrauch der Schußwaffe der Schuß möglichst nach den Beinen zu richten, und beim Gebrauch des Hirschfängers der Hieb nach den Armen des Gegners zu führen. Uebrigens muß beim Gebrauch der Schußwaffe die größte Vorsicht angewendet werden, damit durch das Schießen nicht dritte Personen verletzt werden, welche ohne Theilnahme an einer Kontravention sich zufällig in der Schußlinie oder in deren Nähe befinden. In dieser Hinsicht ist besonders dann Aufmerksamkeit nöthig, wenn nach einer Richtung geschossen wird, in der sich eine Landstraße, oder ein bewohntes Gebäude befindet. Auch ist der Gebrauch der Schußwaffe überhaupt in der Nähe von Gebäuden zur Verhütung von Feuersgefahr möglichst zu vermeiden[3]).

Art. 5.   Der pflichtmäßigen Erwägung und Entscheidung der Regierungen bleibt es überlassen, denjenigen Forst- und Jagdbeamten, von deren Persönlichkeit ein Mißbrauch der Waffen zu besorgen ist, den Gebrauch der Waffen überhaupt, oder der Schußwaffen, nach ihrem Ermessen zu untersagen. Eine gleiche Befugniß wird den Oberförstern, in Betreff der ihnen untergebenen Forstschutz- und Jagdbeamten ertheilt. Sie müssen aber gleichzeitig der betreffenden Regierung hiervon Anzeige machen, ihr Verfahren gehörig begründen und deren weitere Bestimmung über die Dauer dieser Maßregel einholen.

---

[2]) Durch Vf. ML. 14. Juli 97 (MB. 175) ist Art. 3 aufgehoben und dadurch die Einschränkung hinsichtlich der Art der anzuwendenden Waffen beseitigt, so daß jetzt z. B. auch von dem Revolver Gebrauch gemacht werden kann.

[3]) Durch dieselbe Vf. ist der bis dahin untersagte Waffengebrauch gegen fliehende Frevler unter den im Art. 4 angegebenen Voraussetzungen zugelassen.

Besondere Bestimmungen zum §. 1 des Gesetzes.

Art. 6.   Zum Zweck der Abwehrung eines Angriffs und der Ueberwindung eines thätlichen Widerstandes findet der Gebrauch der Waffen statt, ohne Unterschied, ob der Vorfall bei Tage oder zur Nachtzeit sich ereignet.

Art. 7.   Wenn, wegen Bedrohung mit einem Angriff, von den Waffen Gebrauch gemacht werden soll, so muß die Bedrohung von der Art und von solchen Umständen begleitet sein, daß an ihrer Ausführung zu zweifeln kein besonderer Grund obwaltet, und von der Schußwaffe darf überhaupt nur dann Gebrauch gemacht werden, wenn der Angriff oder die Widersetzlichkeit mit Waffen, Aexten, Knitteln oder andern gefährlichen Werkzeugen, oder aber von einer Mehrheit welche stärker ist, als die Zahl der zur Stelle anwesenden Forst= oder Jagdbeamten, unternommen oder angedroht wird.

Art. 8.   Beleidigungen ohne thätliche Widersetzlichkeit oder ohne gefährliche Drohungen berechtigen nicht zum Waffengebrauch.   Beamte, welche durch ungebührliches Betragen zu Widersetzlichkeiten selbst Anlaß gegeben, und in Folge hiervon sich der Waffen bedienen, haben nach Maßgabe des Grades ihrer Verschuldung und ihrer Folgen gesetzliche Ahndung nach Maßgabe der betreffenden Bestimmungen des Strafgesetzbuches für die Preußischen Staaten zu gewärtigen.

Zum §. 2 des Gesetzes.

Art. 9.   Die Forst= und Jagdbeamten müssen, um sich der Waffen bedienen zu können, entweder in Uniform, wenigstens in dem Uniforms=Oberrock mit Dienstknöpfen, gekleidet, oder doch mit dem Hirschfänger an dem vorgeschriebenen Koppel versehen sein [4]).

Zum §. 3 des Gesetzes.

Art. 10.   Die Forst= und Jagdbeamten haben, so oft sie von den Waffen Gebrauch gemacht haben, selbst dann, wenn eine Verletzung unzweifelhaft nicht erfolgt ist, dies ihrem unmittelbaren Vorgesetzten, und zwar der Oberförster dem betreffenden Forst=Inspektor oder dessen Stellvertreter, die Unterbeamten dagegen dem betreffenden Oberförster sofort schriftlich oder zu Protokoll anzuzeigen, damit dieser in den Stand gesetzt werde, geeigneten Falls zu untersuchen, ob Veranlassung zum Gebrauch der Waffen vorhanden gewesen, und die Vorschriften der gegenwärtigen Instruktion gehörig beachtet worden sind.

Art. 11.   Die Verbindlichkeit der Forst= und Jagdbeamten, dem Verletzten Beistand zu leisten, erstreckt sich auf alle Fälle ohne Unterschied, ob die Verletzung durch Anwendung der Schußwaffe oder auf andere Art zugefügt worden ist.   Bis dahin, daß die sogleich zu benachrichtigende Polizeibehörde die Sorge für den Verletzten übernommen hat, müssen die Forst= und Jagdbeamten denselben verpflegen und bewachen.

Hat ein einzelner Forst= oder Jagdbeamter Gebrauch von den Waffen machen müssen und dabei den Gegner verwundet, so muß er den letzteren, so weit es ohne Gefahr für seine Person geschehen kann, dahin geleiten, wo er Pflege und Bewachung findet, oder hiezu Hülfe herbeiholen: die Polizeibehörde aber, sobald für den Verwundeten gesorgt ist, demnächst ohne den geringsten Verzug von dem Vorfalle benachrichtigen, und seiner vorgesetzten Behörde die durch den Art. 10 vorgeschriebene Meldung machen.

---

[4]) Uniform=Reglement f. die Kgl. Preuß. Forstbeamten Nr. II, 5. Anl. A. d. W.

Zum §. 4 des Gesetzes.

Art. 12.   Unter den im §. 4 des Gesetzes beregten Ober-Forstbeamten ist der nächste Vorgesetzte des betreffenden Forst- und Jagdbeamten zu verstehen, und es hat sich daher, sofern die Verwundung durch einen Schutzbeamten geschehen, der Oberförster, wenn es durch den Oberförster geschehen, der Forst-Inspektor, und sofern etwa dieser in die Nothwendigkeit gekommen sein sollte, von seinen Waffen Gebrauch zu machen, der Ober-Forstbeamte der Regierung der Theilnahme an Feststellung des Thatbestandes zu unterziehen.

Art. 13.   Findet der betreffende Vorgesetzte bei der nach Art. 10 dieser Instruktion zu veranlassenden Untersuchung, daß von den Waffen zur Ungebühr Gebrauch gemacht worden, so hat er nach Befinden der Umstände den Thäter zu verhaften, und an die nächste Gerichtsbehörde abzuliefern.

Art. 14.   Die Forst- und Jagdbeamten müssen bei Anwendung der Waffen eben so sehr mit Besonnenheit und Umsicht, als mit Kraft und Unerschrockenheit handeln. — Diejenigen, welche hierdurch in schwierigen Fällen das in sie gesetzte Vertrauen rechtfertigen, können auf den Schutz der Gesetze und der Fürsorge ihrer Vorgesetzten rechnen, dagegen werden diejenigen, welche beim Waffengebrauch ihre Befugnisse überschreiten, ohne Nachsicht zur Untersuchung gezogen, und bestraft werden.

Diese Instruktion, so wie das Gesetz, sind sorgfältig aufzubewahren und zu inventarisiren.

Anlage B (zu Anmerkung 1).

Ministerial-Instruktion über den Waffengebrauch der Kommunal- und Privat-Forst- und Jagdbeamten vom 21. November 1837.

Damit die in dem Gesetze vom 31. März d. J. über den Waffengebrauch der Forst- und Jagdbeamten enthaltenen Vorschriften auch zum Schutze der Kommunal- und Privat-Forsten und Jagden richtig angewendet und Mißbräuche möglichst verhütet werden, ertheile ich über die Ausführung dieses Gesetzes, sowohl zur Instruktion der Polizeibehörden, als zur Belehrung der Forst- und Jagdbesitzer und des betreffenden Dienst-Personals derselben nachstehende nähere Anweisung:

§. 1.   Die Bestimmungen des §. 1 des Gesetzes finden auch auf die zu Verstärkung des Forstschutzpersonals angenommenen Hülfsaufseher Anwendung, wenn die im Eingange des angeführten Paragraphen festgesetzten Erfordernisse bei ihnen vorhanden, und sie bei Ausübung ihrer Funktionen mit Dienstkleidung oder einem Abzeichen vorhanden sind.

§. 2.   Die Kommunal- und Privat-Forst- und Jagd-Offizianten dürfen sich ihrer Waffen nur bedienen, wenn sie sich innerhalb des ihnen zur Verwaltung oder zum Schutz überwiesenen Forst- oder Jagd-Reviers befinden[1]).

§. 3.   An Waffen dürfen sie nur den Hirschfänger, die Flinte oder Büchse führen, Flinten und Büchsen dürfen nur mit der Kugel oder mit

---

[1]) Anl. A. Anm. 1.

Schrot geladen sein. Wer sich anderer Waffen oder einer andern Ladung bedient, hat dadurch eine nach Maassgabe des ihm zur Last fallenden Missbrauchs zu arbitrirende Polizeistrafe verwirkt, und bleibt ausserdem für den etwa dadurch herbeigeführten Schaden verantwortlich [2]).

§. 4. Beim Gebrauch der Waffen müssen die Forst= und Jagdbeamten sich stets vergegenwärtigen, daß solcher nur soweit stattfinden darf, als die Erfüllung des bestimmten Zwecks, die Holz= oder Wilddiebe, oder die Forst= und Jagdkontravenienten bei thätlichem Widerstande oder gefährlichen Drohungen unschäd= lich zu machen, es unerläßlich erfordert. In der Regel sind daher die Waffen nicht gegen fliehende Frevler zu gebrauchen. Legt in= dessen ein auf der Flucht befindlicher Frevler auf erfolgte Auf= forderung die Schußwaffe nicht sofort ab, oder nimmt er dieselbe wieder auf, und ist außerdem nach den besonderen Umständen des einzelnen Falls in dem Nichtablegen oder Wiederaufnehmen der Schußwaffe eine gegenwärtige, drohende Gefahr für Leib oder Leben des Forst= oder Jagdbeamten zu erblicken, so ist Letzterer auch gegen den Fliehenden zum Gebrauch seiner Waffen berechtigt. In jedem Falle sind die Waffen nur so zu gebrauchen, daß lebens= gefährliche Verwundungen soviel als möglich vermieden werden. Deshalb ist beim Gebrauch der Schußwaffe der Schuß möglichst nach den Beinen zu richten, und beim Gebrauch des Hirschfängers der Hieb nach den Armen des Gegners zu führen. Uebrigens muß beim Gebrauch der Schußwaffe die größte Vorsicht angewendet werden, damit durch das Schießen nicht dritte Personen verletzt werden, welche ohne Theilnahme an einer Kontravention sich zu= fällig in der Schußlinie oder in deren Nähe befinden. In dieser Hinsicht ist besonders dann Aufmerksamkeit nöthig, wenn nach einer Richtung geschossen wird, in der sich eine Landstraße, oder ein bewohntes Gebäude befindet. Auch ist der Gebrauch der Schuß= waffe überhaupt in der Nähe von Gebäuden zur Verhütung von Feuersgefahr möglichst zu vermeiden [3]).

§. 5. Es begründet keinen Unterschied, ob der Vorfall, der zum Gebrauch der Waffen Veranlassung giebt, sich bei Tage oder zur Nachtzeit ereignet.

§. 6. Da nach dem Gesetze von der Schußwaffe nur dann Gebrauch ge= macht werden darf, wenn der Angriff mit Waffen, Aexten, Knitteln, oder andern gefährlichen Werkzeugen, oder von einer Mehrzahl, welche stärker ist, als die zur Stelle anwesenden Forst= und Jagd=Offizianten, unternommen wird: so be= rechtigen Drohungen, welche nicht von der Art sind, daß sie sofort ausgeführt werden können, und bloß wörtliche Beleidigungen, zum Waffengebrauche nicht.

§. 7. Da es für die Polizeiverwaltung von Interesse ist, wem die durch den §. 1 des Gesetzes zugestandene wichtige Befugniß anvertraut wird, und da überdies der §. 3 des Gesetzes den Waldbesitzern und Jagdberechtigten selbst Kostenvertretung auferlegt, so haben diejenigen Kommunen und Privatpersonen, welche ihren Forst= und Jagd=Offizianten die Befugniß, sich in betreffenden Fällen der Waffen zu bedienen, beigelegt wissen und sie zu dem Ende mit einer

---

[2]) Durch Vf. MJ. 1. Sept. 97 (MB. 193) ist § 3 aufgehoben u. dadurch die bei Anl. A Anm. 2 angegebene Ein= schränkung in gleicher Weise beseitigt.

[3]) Durch dieselbe Vf. wie in Anl. A. geändert.

Dienstkleidung oder einem Abzeichen versehen wollen, hiervon zuvor der kompetenten Polizeibehörde Anzeige zu machen.

§. 8.   Mit dieser Erklärung ist zugleich die Benennung der Personen, welchen die Verwaltung oder der Schutz der gleichfalls genau zu bezeichnenden Forst= oder Jagdreviere übertragen ist, und ebenso die Beschreibung der gewählten Dienstbekleidung oder Abzeichen zu verbinden.

§. 9.   Sofern gegen die in dieser Art benannten Personen sich in irgend einer Art erhebliche Bedenken herausstellen, ist die Polizeibehörde befugt, denselben den Gebrauch der Waffen zu untersagen.

§. 10.   Die Kommunal=[4]) und Privat=Forst= und Jagd=Offizianten müssen in dem Augenblick, wo sie sich der Waffe bedienen, entweder mit einer Dienstkleidung, die ihre Bestimmung hinlänglich erkennen läßt, oder mit einem Abzeichen versehen sein, welches letztere nur in einem metallenen Schilde von wenigstens 3 Zoll Breite und Höhe mit einer in oben erwähnter Art der Polizeibehörde namhaft zu machenden Bezeichnung bestehen, und entweder an der Kopfbedeckung, auf der Brust, oder dem Oberarm, oder auch an dem Koppel des Hirschfängers getragen werden kann.

§. 11.   Erinnerungen der Polizeibehörde gegen die Zulässigkeit oder Zweckmäßigkeit der gewählten Dienstkleidungen oder Abzeichen haben die Waldeigenthümer und Jagdberechtigten zu berücksichtigen.   Findet sich bei derselben nichts zu erinnern, so ist deren Beschreibung in denjenigen Polizeibezirken, wo die betreffenden Forst= oder Jagdreviere belegen, von der Orts=Polizeibehörde öffentlich bekannt zu machen.

§. 12.   So oft ein Forst= oder Jagd=Offiziant von den Waffen Gebrauch gemacht hat, auch wenn eine Verletzung unzweifelhaft nicht erfolgte, ist derselbe verpflichtet, unverzüglich der Orts=Polizeibehörde und demnächst seiner Dienstherrschaft, sofern aber der Sitz der erstern von dem Orte, wo der Vorfall sich ereignet, entfernter sein sollte, als die Wohnung der letztern, zuerst dieser davon Anzeige zu machen.   Die Orts=Polizeibehörde hat hierauf sofort dem Landrath des Kreises Bericht zu erstatten, damit derselbe dasjenige, was ihm nach §§. 4 und 5 des Gesetzes obliegt, wahrnehmen kann.

§. 13.   Wenn eine Verletzung vorgefallen ist, so sind die Forst= oder Jagd=Offizianten, es mögen nun ihrer mehrere oder ein einzelner zur Stelle sein, schuldig, den Verwundeten dahin zu geleiten, wo er ärztliche Hülfe, Pflege und Bewachung findet, und, wenn sie hierzu allein nicht im Stande sind oder solches für sie mit Gefahr verknüpft sein würde, dazu Hülfe herbeizuholen, demnächst aber ohne allen Verzug der Orts=Polizei=Behörde davon Anzeige zu machen. Bis dahin, daß die Orts=Polizei=Behörde die Sorge für den Verwundeten übernommen hat, liegt dieselbe dem betreffenden Forst= oder Jagd=Offizianten, und beziehungsweise dessen Dienstherrschaft ob.

---

[4]) Dienstkleidung der Forstbeamten der Kommunalverbände u. öffentlichen | Anstalten Nr. III. 4 Anl. B.

II. Staatsforsten.

1. Einleitung.

Die Staatsforsten bilden einen wesentlichen Theil des Staatsvermögens[1].

Ihre rechtliche Eigenschaft als Domainengüter[2] und ihre Veräußerlichkeit sind auf Grund des Ediktes und Hausgesetzes vom 6. November 1809 (Nr. 2) geregelt.

Die Verwaltung der Staatsforsten wird unmittelbar vom Staate ausgeübt[3]. Sie ist dem Minister für Landwirthschaft, Domainen und Forsten übertragen[4]. Ihm liegt bei Handhabung der landwirthschaftlichen Polizei auch die Ausübung der Forstaufsicht des Staates über andere als fiskalische Forsten und der Jagdpolizei ob[5]. — Für die durch G. 20. Sept. und 24. Dezbr. 1866 (GS. 555. 875 und 876) mit der Monarchie vereinigten Landestheile ist die Zuständigkeit des Ministers im gleichen Sinne geregelt[6].

Zur Bearbeitung der Staatsforstangelegenheiten im Ministerium ist die Abtheilung für Forsten mit dem Oberlandforstmeister als Direktor und technischen Chef der Staatsforstverwaltung und vier forsttechnischen, vortragenden Räthen — Landforstmeistern, bezw. Oberforstmeistern eingerichtet[7].

---

[1] Nach Nr. I 1 Anlage A d. W., Spalte 14, beträgt der Staatsforstbesitz 2 820 065 ha, d. h. rund 30 Hundertstel d. Gesammtwaldfläche des Staates. Die Einnahmen sind in dem Staatshaushalt-Voranschlage für 1902 auf 81 129 000 M. (28,77 M. je ha), die dauernden Ausgaben auf 40 675 000 M., die Reineinnahme, von den einmaligen und außerordentlichen Ausgaben von 2 650 000 M. abgesehen, auf 40 454 000 M. (14,34 M. je ha) angenommen.

[2] LR. II, 14, § 11:

Einzelne Grundstücke, Gefälle u. Rechte, deren besonderes Eigenthum dem Staate und die ausschließende Benutzung dem Oberhaupte zukommt, werden Domainengüter genannt.

[3] Die dem Könige, der Königlichen Familie oder einzelnen ihrer Mitglieder gehörenden Forsten sind als Privatbesitzungen von den Staatsgütern und deren Verwaltung völlig gesondert, doch gilt der Dienst in den, dem Minister des Königl. Hauses unterstellten Forsten im Sinne des ForstdiebstahlsG. (Nr. I 3 § 23 Anm. 33 d. W.) und des Feld- u. ForstpolizeiG. (Nr. I 4 § 63 Anm. 93 d. W.) dem Staatsdienste gleich.

[4] AE. 7. Aug. 78 (GS. 79 S. 25).

[5] AE. 25. Juni 48 (GS. 159).

[6] V. betr. die Organisation d. Forstverwaltung in den neu erworbenen Gebietstheilen 4. Juli 67 (GS. 1129) Anlage A.

[7] Uniform des Oberlandforstmeisters, der Landforstmeister und Oberforstmeister im Ministerium Nr. 5 Anl. A d. W.

Dem Minister sind auch die Forstakademien Eberswalde und Münden[8]), deren Kurator der Oberlandforstmeister ist, und die mit der Akademie Eberswalde verbundene Hauptstation des forstlichen Versuchswesens, sowie die Forst-Ober-Examinations-Kommission (Nr. 7 d. W. § 28) unmittelbar unterstellt.

Nach Maßgabe der Regierungsinstruktion vom 23. Okt. 1817 (Nr. 3) und den besonderen Anweisungen des Ministers leiten und beaufsichtigen die Regierungen in ihren Bezirken den nach Oberförstereien[9]) als selbstständigen Verwaltungsbezirken mit gesonderter Natural- und Geldverwaltung gegliederten Betrieb in den Staatsforsten.

Die Naturalverwaltung in den einzelnen Revieren führen die Oberförster nach der für sie ertheilten Geschäftsanweisung (Nr. 4). — Ihnen sind Forstschutzbeamte für den Forst- und Jagdschutz, sowie für die Ausführung der Betriebsgeschäfte in den einzelnen Schutzbezirken[10]), in welche die Oberförsterei getheilt ist, unterstellt. Für die Forstschutzbeamten gilt die Dienstinstruktion vom 23. Oktober 1868 (Nr. 5).

Die Geldverwaltung ist für eine oder mehrere Oberförstereien besonderen Forstkassen übertragen, die von voll- oder nebenamtlich beschäftigten Forstkassenrendanten[11]) nach der ihnen ertheilten Geschäftsanweisung (Nr. 6) verwaltet werden.

Die technische Ausbildung und Prüfung der Anwärter für den Forstverwaltungsdienst erfolgt nach den Bestimmungen vom 1. Juni 1899 (Nr. 7) und die der Anwärter für den Forstschutzdienst nach den Bestimmungen vom 1. Oktober 1897 (Nr. 8).

Anlage A (zu Anmerkung 6).

Verordnung, betreffend die Organisation der Forstverwaltung in den neuerworbenen Gebietstheilen. Vom 4. Juli 1867. (GS. 1129.)

Wir, u. s. w., verordnen für den Umfang der durch die Gesetze vom 20. September und 24. Dezember v. J. mit Unserer Monarchie vereinigten Landestheile, was folgt:

§. 1. Für die durch Gesetze vom 20. September und 24. Dezember 1866 (Gesetz-Samml. S. 555. 875. und 876.) mit Unserer Monarchie vereinigten Landestheile sind die Ressortminister ermächtigt:

über Verwaltung und Nutzbarmachung der dem Staate gehörenden Forsten und Jagden, über Ausbildung, Prüfung, Anstellung, Besoldung, Funktionen und sonstige Dienstverhält-

----

[8]) Einrichtung 2c. der Forstakademien Nr. 7, Unteranlage A 1 d. W.

[9]) Zur Zeit bestehen 751 Oberförstereien, von denen in den Prov. Hannover und Hessen-Nassau eine größere Zahl aus Staats- u. Gemeinde-2c.-Forsten zusammengesetzt ist. Die 4 Stellen in Hohenzollern enthalten nur Gemeinde- u. s. w.-Forsten. Dasselbe ist auch für 8 Stellen in Hessen-Nassau der Fall.

[10]) Zur Zeit bestehen im Ganzen 3868 Schutzbezirke.

[11]) Vollbeschäftigt sind 119.

niffe sämmtlicher Forstbeamten, sowie über Angrenzung der
Inspektions=, Verwaltungs= und Schutzbezirke für die Staats=,
Gemeinde= und Institutenforsten
in demselben Maaße Anordnungen zu treffen, wie ihnen solches in den
älteren Provinzen der Monarchie hinsichtlich der Staatsforsten und der
Staats=Forstbeamten ressortmäßig zusteht.

§. 2. Bei den gesetzlichen Bestimmungen, welche die Rechte und
Pflichten der Gemeinden und öffentlichen Anstalten bezüglich der Wahl
und Besoldung der Forstbeamten betreffen[1]), behält es für jetzt sein Be=
wenden.

Die hinsichtlich der Anstellung von Anwärtern des Jägerkorps
im Forstschutzdienste für die älteren Provinzen maaßgebenden Vor=
schriften[2]) sollen jedoch auch in den neuen Landestheilen für sämmtliche
Staats=, Gemeinde= und Institutenforsten zur Anwendung kommen.

§. 3. Die in den Eingangs gedachten Landestheilen geltenden
bezüglichen Gesetze und Verordnungen treten insoweit außer Kraft, als
sie mit den nach §. 1. zu treffenden Anordnungen im Widerspruche stehen.

------

2. Edikt und Hausgesetz über die Veräußerlichkeit der Königlichen Domainen. Vom 6. November 1809. (GS. 604.)

Auszug.[1])

Durch das Edikt vom 13. August 1713 ist von Unsers in Gott
ruhenden Herrn Aeltervaters, des Königs Friedrich Wilhelm I. Majestät,
die Unveräußerlichkeit aller Fürstenthümer, Graf= und Herrschaften, auch
einzelner Güter und Einkünfte, welche die Preußische Monarchie bilden,
auf den Grund eines in Unserm Königlichen Hause durch Verfassung
und Fundamentalgesetze hergebrachten Familienfideikommisses, für immer=
während Zeiten festgesetzt. Obwohl Wir, Kraft der uns zustehenden
landesherrlichen und souverainen Gewalt, befugt sein würden, diese Un=
veräußerlichkeit, soweit sie auf die Domainengüter des Staats erstreckt
wird, durch ein Edikt um so mehr aufzuheben, als die Nothwendigkeit
einer Unveräußerlichkeit der Domainen weder durch das Fideikommiß=
und Primogeniturgesetz Unsers Königlichen Hauses (als welches nur die

------

[1]) Nr. III d. W.
[2]) Nr. 8 d. W. § 1, 29 bis 32.
[1]) Durch V., betreff die rechtliche
Natur der Domainen in den neuen u.
wiedererworbenen Provinzen, 9. März
19 (GS. 73) in diese Landestheile ein=
geführt und durch V., betr. die recht=
liche Natur, Veräußerlichkeit und Ver=
waltung der Domainen und Regalien
in den neu erworbenen Gebietstheilen
5. Juli 67 (GS. 1182) Anlage **A**
auch für die Domainen in den 1866 er=
worbenen Landestheilen grundsätzlich in
Geltung gebracht.

Theilung und Veräußerung der Souveränetätsrechte zu verhindern be=
stimmt ist), noch durch das Interesse des Staats geboten wird; so haben
Wir Uns dennoch bewogen gefunden, ein Hausgesetz hierüber abzuschließen
und die Stände in den Provinzen Unserer Monarchie dabei zuzuziehen.

§. **2.** Was die Domainen unseres Staats betrifft, deren Ertrag
zu den öffentlichen Ausgaben bestimmt ist, so können jederzeit nur die
Bedürfnisse des Staats und die Anwendung einer verständigen Staats=
wirthschaft darüber entscheiden, ob ihre Veräußerung, es sei mittelst
Verkaufs an Privateigenthümer, oder Erbverpachtung, oder mittelst eines
anderen Titels, für das gemeinsame Wohl und für Unser und Unsers
Königlichen Hauses Interesse, nothwendig oder vortheilhaft sei.

§. **3.** Indem wir daher die Vorschriften Unseres Landrechts
Theil 2, Titel 14, §§ 16 und folgende [2]), nach welchen Domanialgüter
nur in soweit an einen Privatbesitzer gültig gelangen können, als der
Staat dagegen auf andere Art schadlos gehalten wird, hierdurch
deklariren, setzen Wir fest:

a) daß eine Verschenkung der Domainen nicht statt finde, vielmehr
zu jeder Zeit, sowohl von dem Geschenkgeber selbst, als von
seinem Nachfolger widerrufen werden könne;

b) daß der jedesmalige Souverain befugt sei, die zu den Domainen
gehörenden Bauergüter, Mühlen, Krüge und andere einzelne
Pertinenzien gegen Entgelt, es sei mittelst Uebertragung des
vollen Eigenthums oder Erbverpachtung oder zinspflichtiger
Verleihung zum erblichen Besitz [3]), oder mittelst eines anderen
nicht unentgeltlichen Titels, zu veräußern [4]), sobald er solches
den Grundsätzen einer staatswirthschaftlichen Verwaltung gemäß
findet; auch erstreckt sich diese Befugniss auf die Uebertragung des vollen Eigenthums an bäuerlichen Besitzungen
ohne Bezahlung eines Kaufgeldes, wie solche in Ostpreussen,
Litthauen und Westpreussen durch die Verordnung vom
27. Julius 1808 geschehen ist, und in den übrigen Provinzen
noch geschehen soll [5]);

---

[2]) Anlage A Anm. 1.

[3]) Erbverpachtung und zinspflichtige
Verleihung zum erblichen Besitz sind
durch Reallasten=AblösungsG. 2. März
50 (GS. 77) § 91 ausgeschlossen.

[4]) Freihändige Veräußerung von
Domainen= und Forstgrundstücken ist
nur in bestimmten Ausnahmefällen zu=
lässig AE. 16. Jan. 38, Vf. FM. 12.
Febr. 38 Anlage B. — Grundstücke
der Domainen= und Forstverwaltung bis
zum Taxwerth von 30 000 M. kann
jedoch der Minister zum dienstlichen
Gebrauche einer Reichsverwaltung an
das deutsche Reich aus freier Hand
selbstständig veräußern AE. 28. Jan. 74.

[5]) Diese Befugniß ist durch die nach
dem Reallasten=AblösungsG. (Anm. 3)
erfolgte Regulirung der gutsherrlich=
bäuerlichen Verhältnisse hinfällig ge=
worden.

c) daß dem Souverain auch in Absicht der übrigen Domanial=
grundstücke, Gefälle und Rechte die Veräußerung gegen Entgelt,
jedoch nur mittelst Erbverpachtung ³), die Veräußerung des
vollständigen Eigenthums aber ⁶), so wie die Verpfändung
und Belastung der Domainen aller Art mit hypothekarischen
und anderen dinglichen Verbindlichkeiten ⁷) nur in dem Falle
gestattet sein soll, wenn das wahre Bedürfniß des Staats ein=
tritt und mit dem Kaufgelde oder dem erliehenen Kapital
Schulden des Staats bezahlt werden müssen, die in der Er=
haltung desselben entstanden sind; als solche erklären Wir
zugleich alle jetzt schon vorhandene Schulden und diejenigen,
die zur Bezahlung der an Frankreich abzutragenden Kriegs=
kontribution verwendet werden. ⁸)

§. 4. Der Erwerber eines solchen nach §. 3 Lit. b. c. veräußerten
Domanialgrundstücks oder eines dinglichen Rechts soll gegen jeden fis=
kalischen Anspruch, der auf Vernichtung des über die Veräußerung oder
Verpfändung abgeschlossenen Kontrakts unter dem Vorwande der be=
haupteten Unveräußerlichkeit gerichtet werden wollte, geschützt sein.

§. 6. Den Hypothekenbehörden untersagen Wir hiermit ernstlich,
Urkunden, wodurch von Seiten des Souverains oder in Seinem Namen
Eigenthums=, hypothekarische oder andere dingliche Rechte auf Domainen
übertragen werden sollen, in die Hypothekenbücher einzutragen, wenn sie
dem gegenwärtigen Hausgesetz nicht gemäß sind.

§. 7. Unter diesen Bestimmungen wollen und verordnen Wir, daß
das Edikt unseres Herrn Aeltervaters Majestät vom 13. August 1713,
welches die Allienation aller der Krone und Chur inkorporirten Güter,

---

⁶) Wegen Abveräußerung einzelner
für sich bestehender kleiner Domainen=
und Forstgrundstücke bis zum Ertrage
von 15 M. Nr. 3 Anl. **A.** Anm. 6
d. W.

⁷) Ablösbare Reallasten mit Ausnahme
fester Geldrenten dürfen einem Grund=
stücke nicht mehr auferlegt werden G.
2. März 50 (GS. 77) §91 Abs. 2. Ab=
lösbare Gemeinheiten (Gerechtsame)
können nur nach den Bestimmungen
der Gemeinheitstheilungs = Ordnung
7. Juni 21 (GS. 53) § 164 u. Er=
gänzungsG. 2. März 50 (GS. 139)
Art. 12 neu errichtet werden.

⁸) Diese Beschränkung und die bei
Regelung des Staatsschuldenwesens
durch V. 17. Jan. 20 (GS. 9) er=
folgte Verpfändung der Domainen u.
Forsten im damaligen Staatsgebiete an
die Staatsgläubiger, sowie die Be=
stimmung der Domainen= und Forst=
einnahmen, (mit Ausschluß eines für
den Unterhalt der Königl. Familie be=
stimmten Jahresbeitrages von, nach
jetzigem Gelde, 7 719 296 M.), u. des
Erlöses aus dem Verkaufe v. Staats=
gütern ꝛc. od. die Ablösung v. Domainen=
renten zur Verzinsung und Tilgung
der auf rund 180 Millionen Thaler fest=
gesetzten Staatsschulden ist nach deren
Tilgung vom 1. Okt. 1900 ab in Weg=
fall gekommen. Die Verpflichtung
zur Zahlung des angegebenen Jahres=
betrages für den Unterhalt d. Königl.
Familie ist jedoch bestehen geblieben.

bei Strafe der Nullität, untersagt, auf den Verkauf und die Verpfändung oder sonstige Belastung der Domainengüter mit dinglichen Rechten, nicht angewendet werden soll.

Anlagen zu dem Edikt und Hausgesetz vom 6. Nov. 1809.
(GS. 604.)

Anlage A (zu Anmerkung 1).
Verordnung, betreffend die rechtliche Natur, Veräußerlichkeit und Verwaltung der Domainen und Regalien in den neuerworbenen Gebietstheilen.
Vom 5. Juli 1867.   (GS. 1182.)

Wir, u. s. w. verordnen für die durch das Gesetz vom 20. September 1866 und die beiden Gesetze vom 24. Dezember desselben Jahres (Gesetz-Samml. S. 555. 875. 876.) mit Unserer Monarchie vereinigten Gebietstheile, auf den Antrag Unseres Staatsministeriums, was folgt:

§. 1.   In Ansehung der rechtlichen Eigenschaft und der Veräußerlichkeit der zu den Domainen und Regalien gehörigen Gegenstände gelten keine anderen Grundsätze, als diejenigen, welche die sonstigen allgemeinen staatsrechtlichen Bestimmungen Unserer Monarchie, wie solche in Unserem Allgemeinen Landrechte Theil II. Titel 14. §§. 16. bis 20[1]). ausgesprochen sind, mit sich bringen.   Demgemäß beruht in Absicht der Zulässigkeit der Veräußerung, insbesondere des Verkaufs dieses wie anderen Staatseigenthums und der Ablösung von Domanialrenten, Erbpachtgeldern und anderen Grundabgaben, Zinsen, Zehnten und Diensten alles darauf, daß

----

[1]) LR. II. 14:

§ 16. Domainengüter können nur in so weit an einen Privatbesitzer gültig gelangen, als der Staat dagegen auf andere Art schadlos gehalten worden.

§ 17. Insonderheit können sie gegen andere Güter vertauscht, in Erbschaft ausgethan, oder gegen fortwährende Zinsen den Unterthanen zum erblichen Besitze vertheilt werden.

§ 18. Uebrigens gilt, wenn ein Domainengut einer Privatperson gegen Entschädigung überlassen worden, die Vermuthung, daß die Schadloshaltung verhältnißmäßig gewesen sei.

§ 19. Wer aber wissentlich den Besitz eines Domaineguts ohne dergleichen Schadloshaltung an sich gebracht hat, der ist als ein unredlicher Besitzer anzusehen. (Th. 1. Tit. 7. § 10. sqq. § 40. 41. 42.)

§ 20. Lehne, welche dem Oberhaupte des Staats von seinen Vasallen heimfallen, ingleichen Erbzinsgüter kann derselbe zu allen Zeiten wieder verleihen.

sie nicht anders geschehen, als unter genügender Schadloshaltung des Staats.

Eingehende Aktivkapitalien und die Erlöse aus Veräußerungen von Domainen und Regalien, sowie aus Ablösungen von Domainengefällen unterliegen, sofern sie nicht zur Tilgung vorhandener Schulden zu verwenden sind, den Bestimmungen der Allerhöchsten Kabinetsorders vom 17. Januar 1820 §. I. und vom 26. Juni 1826. §. III. und des Gesetzes vom 28. September 1866. §. 2. (Gesetz=Samml. S. 21. 57. resp. 607.)[2].

§. 2. Die Verwaltung der Domainen und Regalien wird nach den von dem Minister für Landwirthschaft, Domainen und Forsten[3]) und dem Minister für Handel, Gewerbe und öffentliche Arbeiten ressortmäßig zu treffenden Anordnungen geführt.

§. 3. Urkunden über Ablösung domanialer Lasten und Abgaben, über bäuerliche Regulirungen, Separationen und Servitutabfindungen werden im Namen des Fiskus rechtsverbindlich von der Provinzial=Verwaltungsbehörde vollzogen; Urkunden über andere Veräußerungen von Domainenstücken erfordern zur Gültigkeit außerdem die Beifügung der Ermächtigungsverfügung des Ministeriums, wozu ein beglaubigter Auszug derselben genügt.

§. 4. Alle dieser Verordnung entgegenstehenden Bestimmungen werden aufgehoben.

Anlage B (zu Anmerkung 4).
Verfügung des Finanzministers vom 12. Februar 1838.

Des Königs Majestät haben mittelst Allerhöchster Kabinets=Ordre vom 16. v. M. zu bestimmen geruhet, daß fortan, abgesehen von denjenigen Ausnahmen, welche Sie Allerhöchst Selbst zu genehmigen geruhen, Veräußerungen von Domainen= und Forst=Grundstücken ohne Licitation nur in folgenden Fällen zulässig sein sollen:

1. wenn die Licitation vorher schon vergeblich versucht ist,
2. wenn durch die Veräußerung aus freier Hand andere, der Domainen- und Forst-Verwaltung wichtige Vortheile, welche bei der Licitation verloren gehen würden, erreicht, z. B. Grenzstreitigkeiten verglichen, Prozesse abgewendet, Gemeinheiten von Domainen= oder Forst=Grundstücken mit Privat=Grundstücken leicht aufgehoben oder lästige Servitute auf kurzem Wege abgefunden werden können,

---

[2]) Diese Bestimmungen beziehen sich auf den Staatshaushalt u. den Staats=schatz.

[3]) Früher der Finanz=Minister AE. 7. Aug. 78 (GS. 79 S. 25).

3. wenn dadurch andere staatswirthschaftliche Vortheile erreicht oder ge=
meinnützige Zwecke befördert werden können, als z. B. wenn disponible Grund=
stücke, welche im Wege der Licitation wahrscheinlich zu größern Besitzungen
würden vereinigt werden, in Gegenden, welche noch des vermehrten Anbaues
bedürfen, zur Bildung neuer Bauerhöfe oder anderer kleiner nützlicher Etablissements
ausgethan werden können, oder wenn die Wiederausthuung von Ländereien,
welche im Wege der Regulirung der gutsherrlichen und bäuerlichen Verhältnisse
eingezogen sind, und die Anlegung neuer ländlicher Etablissements auf denselben,
im Wege der Unterhandlung aus freier Hand schneller und sicherer, als im Wege
der Licitation, erreicht werden kann, oder wenn durch die Ueberlassung aus
freier Hand dem dringenden, sonst nicht wohl zu befriedigenden, Bedürfnisse
eines nützlichen Instituts oder einer Kommune zu öffentlichen Zwecken, als zur
Anlegung von Begräbnißplätzen, zur bessern Dotirung von Schullehrerstellen ab=
geholfen werden kann, oder wenn dadurch der zweckmäßige Auseinanderbau,
namentlich bei Retablissements nach vorgewesenen Bränden in Städten oder
Dörfern befördert wird oder die Ausführung einer Kunststraße durch Privat=
Unternehmer von der Ueberlassung ohne Licitation abhängig ist, und

4. wenn Domainen= und Forst=Grundstücke sich schon im vieljährigen Pacht=
besitze von Guts=Einsassen befinden, welche solche mit ihren Stellen zusammen
bewirthschaftet haben und sie von den letztern ohne Störung in den Wirthschaften
und in dem Nahrungsstande der bisherigen Pächter nicht getrennt werden können,
oder wenn überhaupt die Veräußerung einzelner Grundstücke, wie z. B. der
Laßzinswiesen in der Provinz Brandenburg, durch die Ueberlassung aus freier
Hand an die bisherigen Pachtinhaber wesentlich erleichtert werden kann.

Die Königliche Regierung wird daher hiervon mit der Anweisung in Kenntniß
gesetzt, sich nicht nur bei Ihren Anträgen auf Genehmigung von Veräußerungen,
zu deren Abschlusse die höhere Genehmigung erforderlich ist, sondern insbesondere
auch bei Ausführung von Veräußerungen isolirter Parzelen von nicht mehr als
5 Thaler Rente, welche Sie, wenn es an sich bereits genehmigt ist, daß die
Parzele veräußert werden kann, selbständig abschließen darf[1]) und wozu Sie nur
nachträglich, Behufs der Berichtigung des Besitztitels, formelle diesseitige Ge=
nehmigung nachzusuchen hat, auf das genaueste hiernach zu achten, und wenn
Sie bei Veräußerungen letztgedachter Art von der Regel der Licitation abweicht,
in den Genehmigungsverfügungen und bei Nachsuchung der formellen Genehmigung
des Kontrakts jedesmal nachzuweisen, daß einer der vorgedachten Fälle diese
Abweichung rechtfertigt.

---

[1]) Nr. 3 Anl. **A.** Anm. 6 d. W.

3. Instruktion zur Geschäftsführung der Regierungen in den Königl. Preußischen Staaten. Vom 23. Oktober 1817.

(GS. 248.)[1]

(Auszug.)

Erster Abschnitt.

Von dem Geschäftskreise der Regierungen und ihrer Abtheilungen.

Allgemeine Bestimmung.

§. 1.   Der Geschäftskreis der Regierungen erstreckt sich auf alle Gegenstände der innern Landes=Verwaltung, welche von unserm Staats= kanzler, den Ministern der auswärtigen Angelegenheiten, des Innern, der geistlichen Angelegenheiten und des öffentlichen Unterrichts, des Krieges, der Polizei, der Finanzen und des Handels[2] abhängen, in soweit diese Gegenstände

a) überhaupt von einer Territorialbehörde verwaltet werden können, und

b) für selbige nicht besondere Verwaltungsbehörden angeordnet, oder sie andern Behörden ausdrücklich übertragen sind.

§. 2[3]).

Verhältniß zu den Regierungs= und Bezirks=Beamten.

§. 12.   Jede Abtheilung der Regierung hat, unter den §. 5. Nr. 6. und 7. festgesetzten Modifikationen[4]), die Anstellung, Disziplin, Be= förderung, Entlassung und Pensionirung von den zu ihrem Ressort gehörigen Staatsbeamten, und unter nachfolgenden Beschränkungen:

1. die Anstellung steht der betreffenden Abtheilung in Ansehung aller übrigen Beamten ihres Ressorts zu, mit Ausnahme:

g) der Rendanten bei den Hauptkassen der Regierungen[5]);

h) der Oberförster;

---

[1] Eingeführt in Hohenzollern G. 7. Jan. 52 (GS. 35) § 6 bis 8, in Schleswig=Holstein AE. 20. Juni 68 (GS. 620), in Hessen=Nassau V. 22. Febr. 67 (GS. 273), in Hannover KrO. 6. Mai 84 (GS. 181) § 120.

[2] Seit 1. April 79 auch des Mi= nisters für Landwirthschaft, Domainen u. Forsten Nr. 1 Abs. 3 d. W.

[3] Der über die Eintheilung der Regierungen in zwei Abtheilungen handelnde § 2 ist geändert und ersetzt durch KO. v. 31. Dez. 25 Anlage A.

[4] Für diese, die Amtssuspension, die unfreiwillige Entlassung, die Anstellung und Beförderung von Beamten be= treffenden Fälle ist Verhandlung im Plenum vorgeschrieben.

[5] Die Anstellung von Forstkassen= rendanten (Nr. 6 d. W.) erfolgt jetzt durch den Minister. AE. 14. Juli 95 (MB. 236).

Bei Besetzung von Forstbedienungen[6]) müssen sie auf Feldjäger Rücksicht nehmen.

C. Für die Abtheilung der direkten Steuern, Domainen und Forsten[7]).

Allgemeine Vorschriften für dieselbe.

§. **20.** Bei der ihr übertragenen Verwaltung der Staatseinkünfte hat die zweite[7]) Abtheilung nicht nur für deren Erhaltung, sondern auch für ihre Vermehrung zu sorgen. Letzteres muß indessen nicht in kleinliche rücksichtslose Berechnung ausarten und das Wohl der Unterthanen niemals finanziellen Zwecken aufgeopfert werden.

Es ist die Pflicht der Abtheilung, über die gehörige Erhaltung, Bewirthschaftung und Verbesserung unserer Domainen, Forsten und übrigen landesherrlichen Intraden, die zu ihrer Verwaltung gehören, und über die gehörige Behandlung der Domainen-Einsassen zu wachen[8]).

Sie ist gehalten, alle sechs, mindestens alle zwölf Jahre eine Revision der baaren Gefälle und Naturalien, Renten und Prästationen aller Art vorzunehmen, und hierbei die Verwandlung der sehr verschiedenartigen und vielnamigen Gefälle in eine Rubrik von Domainenzins vorzüglich zu beachten; sowie für Anfertigung richtiger, vollständiger und übersichtlicher Lagerbücher und Urbarien von allen Domainenämtern und Renteien zu sorgen, welche das Vermögen derselben in allen seinen Theilen, alle Rechte, Verbindlichkeiten und Lasten, mit sämmtlichen Beweisthümern, Karten u. s. w. enthalten und nachweisen.

Die Abtheilung muß nicht minder dafür sorgen, daß sämmtliche Einnahmen und Steuern zur Verfallzeit richtig eingehen, keine Reste geduldet werden, die der Regel nach dem Zahlenden ebenso nachtheilig zu werden pflegen, als der Staatskasse, daß die Etats überhaupt vollständig erfüllt, die außerordentlichen oder die Etats übersteigenden Einnahmen gleichfalls überall gehörig berechnet, und die etatsmäßigen und außerordentlichen Ueberschüsse zur bestimmten Zeit an die General-Staatskasse abgetragen werden.

Innerhalb der Grenzen der bestätigten Etats kann die Abtheilung zwar über die etatsmäßigen Summen, ihrer Bestimmung gemäß, ohne weitere Anfrage verfügen; sie muß dabei aber haushälterisch zu Werke gehen, alle überflüssigen und unnöthigen Ausgaben vermeiden, und auf angemessene Ersparungen, besonders bei den öffentlichen Bauten und

---

[6]) Neugeregelt durch die Bestimmungen 1. Okt. 97 Nr. 8 d. W.

[7]) An Stelle der früheren zweiten Abtheilung getreten Anl. A.

[8]) Die näheren Anweisungen hierzu sind in der Geschäftsinstruktion vom 31. Dez. 25 Anlage B. getroffen.

Anlagen, bedacht sein. Niemals darf sie sich Etatsüberschreitungen oder Verwendungen etatsmäßiger Summen zu andern, als den im Etat ausgedrückten Zwecken ohne höhere Genehmigungen erlauben.

Ihr liegt ferner ob, darauf zu sehen, daß die Unterthanen die ihnen gebührenden Unterstützungen, Vergütungen und Remissionen prompt und vorschriftsmäßig, spätestens vor Ablauf des Jahres ausgezahlt erhalten.

Die Departements- und Kassenräthe, imgleichen der Direktor der Abtheilung und der Präsident bleiben Uns für dies alles besonders verantwortlich, sowie überhaupt für die ordnungsmäßige und treue Verwaltung der Regierungs-Hauptkasse, welche regelmäßig alle Monat, und außerdem zuweilen noch besonders zu revidiren ist.

(Absatz 8 und 9)[9]).

Besondere Fälle, wo Berichtserstattung nöthig ist.

§. 21. Außer den im vorigen §. und in dem ersten Theil dieses Abschnitts unter A. enthaltenen, ferner außer denjenigen, bei der ersten Abtheilung der Regierungen unter B. bestimmten Fällen, wo der Analogie nach auch bei dem Ressort der dritten[7]) Abtheilung ebenso wie bei der ersten, Berichtserstattung nöthig ist, hat letztere annoch in folgenden Fällen vorher höhere Genehmigung einzuholen:

1. sobald es auf eine Endbestimmung über die Substanz von Domainen und Forstgrundstücken, Pertinenzien, Amtsinventarien, Regalien und Gerechtsamen, deren Verpfändung, Belastung, Veräußerung, oder erbliche Austhuung ankommt, und über die Bedingungen und Anschläge, nach welchen solches ausgeführt werden soll[10]);

(2. und 3)[11]).

4. über die jährlichen Schonungs- und Forst-Verbesserungs-anlagen, sowie die jährlichen Abholzungsetats von den Forsten[12]);

5. über Holzverkäufe, welche die Summe von 1000 Rthlr. übersteigen, oder, in sofern sie mehr als 50 Rthlr. betragen, ohne Lizitation vorgenommen werden sollen[13]).

---

[9]) Abf. 8 betrifft die Chausseeverwaltung, Abf. 9 die Gewerbepolizei, die beide nicht mehr von der Abtheilung bearbeitet werden Anl. A.

[10]) Ausnahmevorschriften enthält Anl. B. im Abschnitt: Endbestimmungen üb. die Substanz der Domainen und Forsten.

[11]) Betraf die Verpachtung von Domainen und ist durch Vf. FM. 3. Juni 77 Anlage C ersetzt.

[12]) Nach Feststellung von Betriebsplänen und Abnutzungssätzen für die einzelnen Oberförstereien fortgefallen.

[13]) Die Bestimmungen über den Holzverkauf sind anderweit geregelt durch die Gesch.Anw. für Oberförster Nr. 4 d. W. § 21 bis 28 u. über Versteigerungsbedingungen, Verzugszinsen usw. Nr. 4 Anl. D. — Die Regierungen können freihändig Holz bis zum

Jedoch kann die Abtheilung solchen bäuerlichen Domainen=
einsassen, deren Gebäude abbrennen, oder bei Ueberschwemmungen
fortgerissen werden, und nicht so hoch versichert sind, daß die
Einsassen mit dem Assekuranzquantum sich aus benachbarten
Privatwaldungen das benöthigte Bauholz ankaufen können,
selbiges ohne Lizitation aus Königlichen Forsten, für den bei
der letzten vorherigen Bauholz=Lizitation in der nächsten Forst
herausgekommenen Preis, ohne Anfrage überlassen;

6. über Abfindungen von Servituten, welche auf Forsten und
andern Domainengrundstücken ruhen, sobald die Abfindungs=
summe 500 Rthlr. übersteigt, desgleichen über Anerkenntnisse
und Bewilligung von Freiholz und andern Servituten und
nutzbaren Gerechtsamen auf Forsten und andern Domainen=
grundstücken, insofern sie nicht schon feststehen;

7. über Freiholzbewilligungen, wozu die Berechtigungen zwar fest=
stehen, durch welche aber das jährliche Abschätzungs= und Durch=
schnittsquantum überschritten wird;

8. über Erlasse und Remissionen von Steuern, Domainen und
andern öffentlichen Gefällen, wozu auch Pachtgelder gehören,
ferner bei Erlassung oder Milderung von Strafen, bei Steuer=
und Finanzvergehungen, wenn sie durch rechtskräftige Erkennt=
nisse festgesetzt sind, und in anderen Fällen, sobald die Sache
bei diesen Gegenständen die Summe von 50 Rthlr. übersteigt;

(9) [14].

10. Bei Kassen=Defekten;

11. Bei Vorschüssen, welche den der Abtheilung von dem Finanz=
Ministerio bei der General=Staats=Kasse eröffneten Kredit über=
steigen.

Die Abtheilung muß aber für die baldige Wiedereinziehung
oder Verrechnung der Vorschüsse sorgen.

12. Bei allen extraordinären, nicht etatsmäßigen Zahlungen, bei
allen Etats=Ueberschreitungen, bei allen Verwendungen zu andern
Zwecken, als der Etat bestimmt hat, und bei den durch die
jetzige Instruktion nicht ausdrücklich überlassenen Dispositionen
über Ersparungen bei etatsmäßigen Ausgaben.

(13) [15].

Werthe von 10 000 M., nöthigenfalls auch bis zu 20 Hundertstel unter der Taxe, anbrüchiges Holz zu jedem angemessen erscheinenden Preise ver= kaufen Vf. ML. 15. Oktober 01 (DJ. XXXIV. 15) u. 8. Jan. 02 (DFZ. Neudamm XVII. 221).

[14] Die hier behandelten Bausachen sind neu geregelt Anl. B. Anm. 23.

[15] Betrifft Fabrikanlagen Anm. 9.

14. wegen Einreichung der Etats und Rechnungen von den Staats-
Kassen zur Prüfung, Bestätigung und Decharge, sowie ferner
wegen Einreichung der geordneten Kassen-Extrakte und Abschlüsse
und der Kassen-Revisions-Protokolle, bei den bisherigen Vorschriften auch weiterhin sein Bewenden [16]).

e. Der Oberforstmeister insonderheit.

§. **43.** Die Verhältnisse der Oberforstmeister [17]) außer dem Kollegium,
und als erste technische Forst-Beamte des Regierungs-Bezirks, bestimmt
eine besondere Dienst-Instruktion, worauf sie hier verwiesen werden [18]).

Beim Kollegium nehmen sie als Mitglieder an den Geschäften,
Berathungen und Verfügungen Antheil, die in ihr Fach einschlagen,
bearbeiten die ihnen darin zugetheilten Sachen und zeichnen alle in
technischen Forst-Sachen gemachte Angaben im Konzepte.

Sie sind in Rücksicht ihrer gesammten Amtsführung der Aufsicht und
Kontrolle des Präsidiums, gleich den übrigen Mitgliedern, untergeordnet.

Uebrigens gehört zu ihrer Wirksamkeit die Leitung des ganzen technischen Theils der Forst-Verwaltung; die Disziplin über die Forst-Beamten
ihres Bezirks, und die Vollziehung der forstlichen Lokal-Revisionen.

---

[16]) Die Prüfung und Feststellung der
Forst-Natural- und Spezial-Geldetats
ist den Regierungen übertragen AE.
30. März 74.

[17]) Persönliche Stellung Anl. **A.**
Anm. 8.

[18]) Die Geschäftsvertheilung zwischen
dem Oberforstmeister und den Forstinspektionsbeamten (Anl. A Anm. 6)
ist durch Vf. FM. 4. Juli 64 und
3. Juli 68 (MB. 321) neu geregelt. Den
Forstinspektionsbeamten, deren Geschäfte
in den Reg.-Bez. Stralsund, Liegnitz,
Stade, Osnabrück, Düsseldorf u. Cöln
mit geringem Staatsforstbesitz vom Oberforstmeister mitversehen werden, ist eine
ihrer Verantwortlichkeit entsprechende
Mitwirkung für den gesammten Forsthaushalt und den technischen Betrieb
in ihren Bezirken zugetheilt. Bei
Meinungsverschiedenheit ist zwar die
Entscheidung des Oberforstmeisters maßgebend, der Inspektionsbeamte kann
jedoch auf Entscheidung durch einen
Ministerialkommissar antragen. Die
obere Leitung der technischen Forstan-
gelegenheiten, welche der Mitwirkung
der Regierungsabtheilung entzogen
sind, (Anl. B. II. D) steht dem
Präsidenten zu. — Die unter dessen
Leitung vom Oberforstmeister (unter Mitwirkung der Forstinspektionsbeamten)
bearbeiteten, von dem Präsidenten im
Entwurfe gezeichneten Sachen sind in
der Ausfertgung durch zweifache Unterschrift zu zeichnen: Königl. Regierung:
(Name des Präsidenten u. Name des
Oberforstmeisters (Vf. ML., MJ. u.
FM. 4. Mai 89 (MB. 89). — Bei
Meinungsverschiedenheiten zwischen dem
Präsidenten und dem Oberforstmeister
oder bei Beschlüssen des Regierungskollegiums in Forst-, Jagd- u. Forst-
personalsachen, welchen der Oberforstmeister nicht beizustimmen vermag, muß
er auf Berichterstattung antragen und
sein Votum dem Bericht beifügen. AE.
31. Jan. 20 u. Vf. FM. 4. Juli 64.
— In den ohne Betheiligung der Regierungsabtheilung zu bearbeitenden
technischen Angelegenheiten kann der
Regierungspräsident Geschäftssachen
ohne eigene Schlußprüfung von dem
Oberforstmeister zeichnen und in der
Ausfertigung mit Bezeichnung des Amts-
charakters desselben vollziehen lassen
Vf. MJ. und FM. 30. April und
19. Juni 26 (v. Kamptz Annal. XXVI
Heft 2. 286) u. Vf. ML., FM. u. MJ.
31. Okt. 88 (DJ. XXI. 1).

Anlagen zur Instruktion zur Geschäftsführung der Regierungen vom 23. Oktober 1817.

Anlage A (zu Anmerkung 3).

Allerhöchste Kabinetsordre vom 31. Dezember 1825, betreffend eine Abänderung in der bisherigen Organisation der Provinzial-Verwaltungsbehörden.

(GS. 26 S. 5.)

(Auszug.)

Nachdem Ich bereits die allgemeinen Grundsätze genehmigt habe, nach welchen in der bisherigen Organisation der Provinzial-Verwaltungs-Behörden für die Folge eine Abänderung eintreten soll; will Ich darüber Folgendes nunmehr näher festsetzen:

D. Hinsichts der Regierungen setze Ich Folgendes fest:

I. An der Spitze jeder Regierung steht ein Präsident, zu dessen Wirkungskreise im Allgemeinen alles das gehört, was in der Instruktion vom 23. Oktober 1817. §§. 39. und 40. für das Präsidium und den Chef-Präsidenten angeordnet ist.

II. Statt der bisherigen Geschäfts-Bearbeitung in zwei Regierungs-Abtheilungen können, zumal bei Regierungen von größerem Umfange zur schnelleren Förderung der Geschäfte, diese mehr abgesondert bearbeitet und gebildet werden:

1. Eine Abtheilung des Innern[1]).

Bei dieser sollen die Gegenstände bearbeitet werden, die nach der Instruktion von 1817 der ersten Regierungs-Abtheilung zugetheilt waren[2]), in der Regel mit Ausnahme der geistlichen und Schul-Angelegenheiten; auch in Rücksicht der ständigen Angelegenheiten und der Censur der Schriften, liegt derselben nur ob, die Aufträge des Oberpräsidenten auszurichten.

Dieser Abtheilung werden nun beigelegt die gesammten Gewerbe und baupolizeilichen Angelegenheiten, welche in der Instruktion von 1817 §. 3. Nr. 2. Litt. a. b. c. und Nr. 4. benannt sind, imgleichen die Verwaltung der Einkünfte von den Kunststraßen.

3. Eine Abtheilung für die Verwaltung der direkten Steuern und der Domainen und Forsten[3]).

---

[1]) Diese Abtheilung ist aufgehoben. Ihre Geschäfte verwaltet der Regierungspräsident LVG. § 18.

[2]) Dazu gehört die landwirthschaftliche Polizei, mithin auch die Staats-forstaufsicht über nicht fiskalische Forsten und die Jagdpolizei.

[3]) Hierdurch ist Reg.-Instr. § 3 ersetzt.

Zu ihrem Geschäftskreise gehören sämmtliche Angelegenheiten, welche sich auf das Staats-Einkommen aus den Grund- und Personal-Steuern beziehen, oder auf die Verwaltung der Domainen und Forsten und solcher Regalien, die bisher mit der Domainen- und Forst-Verwaltung verbunden waren, insbesondere auch die landesherrliche Jagd- und Forst-Polizei[4].

Da, wo ein Oberforstmeister anzustellen gut gefunden wird[5], gehört dieser neben den Vorgesetzten der Abtheilung mit zu deren Vorstande. Der Oberforstmeister rangirt nach der Anziennität mit den Dirigenten der Abtheilungen, und hiernach bestimmt sich, wem von beiden Beamten bei der Unterschrift der Vorrang gebührt. Der Regierungsrath und Forstmeister[6] im Kollegio rangirt nach der Anziennität mit den Regierungsräthen.

III. Die einzelnen Abtheilungen erhalten mit Anwendung der Bestimmung des §. 41. der Instruktion vom 23. Oktober 1817 besondere Dirigenten mit dem Charakter „Ober-Regierungsrath".

V. Die Plenarversammlungen der Regierungen bestehen unter dem Vorsitz des Präsidenten, aus:

a) den Ober-Regierungsräthen mit Einschluß des Oberforstmeisters, als Mit-Dirigenten der Abtheilung für Domainen und Forsten;

b) den Regierungsräthen;

c) den technischen Mitgliedern der Regierung, und

d) den Assessoren.

---

[4] Insoweit diese nicht inzwischen nach ZustG. § 3, den Gemeindegesetzen und den Kreisordnungen für die einzelnen Landestheile auf die Landräthe oder auf die Ortspolizeibehörde übergegangen ist.

[5] Bei sämmtlichen Regierungen mit Ausnahme von Aurich, deren Forstverwaltung mit der von Osnabrück vereinigt ist AE. 15. Juni 85 und Sigmaringen. Für Münster besorgt der Oberforstmeister in Minden die Geschäfte. In Cassel und Wiesbaden sind je zwei Oberforstmeister angestellt. — Vorschläge zur Ernennung der Oberforstmeister sind dem Staatsministerium durch den zuständigen Minister vorzulegen AE. 3. Nov. 17 (GS. 289) VIII⁹. — Die Oberforstmeister rangiren vor den Regierungsräthen zwischen der III. u. IV. Rangklasse V. 7. Febr. 17 (GS. 61). — In den neuen Landestheilen gehört der Oberforstmeister zu den Beamten, welche durch AE. einstweilig mit Wartegeld in den Ruhestand versetzt werden können V. 23. Sept. 67 (GS. 1613) Art. VI. — Uniform Nr. 5 Anl. A d. W.

[6] An Stelle des Regierungsrathes und Forstmeisters sind jetzt den Regierungen ein oder mehrere Forstinspektionsbeamte als Mitglieder mit dem Titel Regierungs- und Forstrath und dem Range der Regierungsräthe zugetheilt AE. 18. Sept. 50 (GS. 489) u. 14. Okt. 1891 (MB. 216) — Stimmrecht Anm. 7, Verhältniß zum Oberforstmeister Nr. 3 Anm. 18 d. W. Uniform Nr. 5 Anl. A. d. W. — Der Regierungs- u. Forstrath ist der Vorgesetzte der Oberförster seines Inspektionsbezirkes Nr. 4 Anm 3 d. W.

Die ad a. und b. gedachten Beamten haben dabei ein volles Votum; die technischen Mitglieder, nämlich die Geistlichen, Schul=, Medizinal= und Bau=Räthe, auch die technischen Forstbeamten, haben nur in den Angelegenheiten, welche zu ihrem Geschäftskreise gehören[7]), ein volles Votum; und die Assessoren allein in den von ihnen selbst bearbeiteten Sachen[8]).

VII. Die Beschlüsse erfolgen zwar auch in den Abtheilungen nach der Stimmenmehrheit der Mitglieder, mit Einschluß des Vorgesetzten der Abtheilung, dem aber nicht bloß im Falle der Stimmengleichheit die Entscheidung gebührt, sondern welcher auch berechtigt ist, den wider seine Ansicht gefaßten Beschluß der Majorität durch Provokation auf den Präsidenten zu suspendiren, von welchem es dann abhängt, durch seinen Beitritt zu bestimmen: ob nach der Ansicht des Vorgesetzten oder der Stimmenmehrheit der Mitglieder der Abtheilung verfahren, oder ob die Sache zur Entscheidung an das Plenum verwiesen werden soll.

VIII. Die Reinschriften der auf Plenar=Beschlüssen beruhenden Verfügungen und Ausfertigungen werden von dem Präsidenten allein, die der einzelnen Abtheilungen aber von dem Vorsitzenden derselben vollzogen.

Bei Verträgen und andern Urkunden, deren Ausfertigung bei einer Abtheilung erfolgt, ist nicht nur des Präsidenten, sondern auch eines Justitiarius Mitunterschrift, sowohl des Entwurfs, als der Ausfertigung, erforderlich[9]).

Sämmtliche Verträge, wozu die Regierungen höhere Genehmigung einholen müssen, und welche nach §. 5. Nr. 13. der Ober=Präsidal=Instruktion vom 23. Oktober 1817 von dem Ober=Präsidenten bestätigt werden mußten, sind künftig von den Regierungen allein auszufertigen[10]);

---

[7]) Das sind alle die Forst= u. Jagd=verwaltung betreffenden Sachen. In den Abtheilungen haben diese Beamten in allen Sachen volles Stimmrecht Vf. MJ. u. FM. 24. Febr. 51 (MB. 72).

[8]) Dies gilt auch für die bei den Regierungen beschäftigten Forstassessoren Nr. 7 Anm. 14 d. W.

[9]) Die Mitunterschrift des Justitiars ist nur noch im Entwurfe (Konzept) erforderlich Vf. MJ. u. FM. 9. Febr. 84 (MB. 15) III. Abs. 5

[10]) G. betr. den Staatshaushalt 11. Mai 98 (GS. 77) § 37 Abs. 2 u. 3: Mit Beamten, welche die Verwaltung selbst führen oder an derselben betheiligt sind, dürfen in Bezug auf diese Ver= waltung Verträge nicht abge= schlossen werden. Ausnahmen dürfen nur durch den Minister zugelassen werden.

Die von den Behörden rechts= gültig abgeschlossenen Ver= träge dürfen zum Nachtheil des Staates nachträglich weder aufgehoben noch abgeändert werden. Ausnahmen sind nur mit Königlicher Genehmigung zulässig und bedürfen, wenn der abgeschlossene Vertrag der Genehmigung des Landtages unterlegen hat, auch der Zu= stimmung des letzteren.

jedoch muß in den Fällen, wo zur Regulirung des Geschäfts selbst Ministerial-Genehmigung nothwendig ist, diesen Verträgen .die Genehmigungs-Verfügung wenigstens extraktweise in beglaubter Abschrift beigefügt werden.

(XI)[11].

Anlage B (zu Anmerkung 8).

Geschäftsanweisung für die Regierungen. Vom 31. Dezember 1825 (v. Kamptz. Annal. IX 821, Jahrb. XXVII. 241).
(Auszug.)

II. D. Für die Verwaltung der Domainen und Forsten.

Die technischen Angelegenheiten der Forst- und Jagdwirthschaft bearbeitet der oberste technische Forst-Bediente der Regierung, unter der obern Leitung des Präsidenten, selbständig[1].

Zu diesem technischen Theile der Forstwirthschaft gehört alles, was die Regulirung der speciellen Hauungs- und Bewirthschaftspläne, die Kontrole der Ausführung derselben, die Bestimmungen in Rücksicht der vorzunehmenden, sowie die Kontrole in Hinsicht der ausgeführten Kulturen und speziellen Anordnungen, wegen des Beschusses der Königlichen Jagden[2], betrifft.

Außerdem steht dem obersten technischen Forst-Beamten die Disziplin über die Forst-Bedienten mit der unten bei 4 bezeichneten Modifikation und unter Mittheilung des Verfügten an den Präsidenten, sowie unter Beistimmung des Letztern die Anstellung derselben zu[1].

Der vereinigten Abtheilung gebühren dagegen insbesondere:

1. in finanzieller Hinsicht alle Bestimmungen über die Verwerthung des Holzes, der Jagden und der übrigen Forst-Gegenstände, das ganze Etats- und Rechnungswesen, alle auf die Forst-Grundstücke haftende Servituten an Holz-, Hütungs- u. s. w. Berechtigungen, sowie die Gerechtsame, welche dem Forst-Fiskus, auf andere Grundstücke zustehen, die Bauangelegenheiten der Forst-Dienst-Gebäude, Brücken und Wege, alle Veräußerungs- und Pachtungs-Angelegenheiten von Forst-Grundstücken;

---

[11]) Die hier bestimmten Befugnisse der Regierung zur selbstständigen Ausführung von Auseinandersetzungssachen rücksichtlich ihrer Güterverwaltungen sind durch V. 30. Juni 34 (GS. 1542) § 39 u. G. 21. April 52 (GS. 258) dahin geregelt, daß die Regierungen zur Bestätigung von Rezessen sowohl in den selbstverhandelten, als auch in den bei den Auseinandersetzungsbehörden anhängigen Fällen befugt sind, sofern diese ohne Dazwischenkunft von Entscheidungen der genannten Behörden lediglich im Vergleichswege zu Stande gebracht werden. — Die Bestätigung der Rezesse ist jedoch den Auseinander-

setzungsbehörden zu überlassen, wenn diese bereits eine interimistische Entscheidung (V. 30. Juni 34. § 36) getroffen haben Vf. FM. 29. April 75 (MB. 135).

[1]) Jetzt unter Mitwirkung der Forstinspektionsbeamten. Geschäftvertheilung zwischen diesen und dem Oberforstmeister Nr. 3 § 43 und Anm. 18 d. W.

[2]) Für die Königlichen Hofjagdreviere bestehen besondere Allerh. Bestimmungen über die Geschäftsvertheilung zwischen dem Hofjagdamte und dem Oberforstmeister als Vertreter der Forstverwaltung.

2. in polizeilicher Hinsicht, alle Angelegenheiten wegen Vertilgung wilder Thiere, Schutz gegen Insekten, Tabakrauchen in den Forsten, Forstbrände, Schonzeit des Wildes [3]);
3. bei neuen Anstellungen der Forst-Bedienten, die Verhandlungen wegen Uebergabe der Dienstgrundstücke und sonstigen Forst-Inventarien von abgehenden Forst-Bedienten oder deren Erben an die den Dienst neu antretenden Forst-Beamten [4]);
4. Die Disziplinar-Angelegenheiten der Forst-Bedienten, sobald solche nach der Bestimmung des Präsidenten kollegialisch bearbeitet werden müssen [5]).

Mit Bezug auf die Bestimmung, nach welcher unter den näher bezeichneten Modalitäten der Oberforstmeister mit zu dem Forstamte der Abtheilung gehören soll, wird hier noch näher festgesetzt:

1. Die Leitung der Geschäfte der Abtheilung und ihrer Bureaus wird allein von dem vorsitzenden Ober-Regierungsrathe geführt, welcher dafür verantwortlich ist;
2. Dem Oberforstmeister oder dem statt dessen angestellten Forstmeister [6]), müssen, in sofern er beim Kollegium anwesend ist, sämmtliche Sachen, welche Forst-Angelegenheiten betreffen, überall und also auch dann, wenn sie nach der von dem Präsidenten bestimmten Geschäfts-Ordnung nicht speziell durch ihn bearbeitet werden, bei deren Eingang zur Einsicht vorgelegt werden, auch müssen die darauf erlassenen Dekrete, Verfügungen und Berichte sämmtlich von ihm, sowohl im Konzepte, als in der Ausfertigung mit vollzogen werden.

Endbestimmung über die Substanz der Domainen und Forsten.

Im §. 21 zu 1 der Instruktion vom 23. Oktober 1817 ist festgesetzt, daß zu den dort erwähnten Bestimmungen höhere Genehmigung erforderlich sei.

In nachstehenden Fällen finden davon Ausnahmen statt:

a [7]) Einzelne für sich bestehende kleine Domainen- und Forst-Grundstücke bis zum Ertrage von 5 Thalern, der nach dem bei der Grundsteuer-Veranlagung ermittelten Reinertrage, event. nach dem bisher aufgekommenen Pachtzinse resp. nach einem speziell aufzustellenden Anschlage zu bestimmen ist, kann die Abtheilung ohne vorherige Anfrage veräußern. Die Veräußerung erfolgt nur zum freien Eigenthum. Der Verkauf im Wege der Licitation bildet die Regel; ein Verkauf aus freier Hand ist nur in den durch die Kabinets-Ordre vom 16. Januar 1838 [8]) nachgelassenen Ausnahmefällen gestattet.

Der Minister für Landwirthschaft, der Domainen und Forsten [9]) kann zur Vereinfachung des Geschäfts auch im Voraus Er-

---

[3]) Verlängerung, Verkürzung oder Aufhebung der gesetzlichen Schonzeit G. 26. Febr. 70 (GS. 120); soweit darüber im Verwaltungswege Bestimmung getroffen werden kann, beschließt der Bezirksausschuß endgültig ZustG. § 107. — Durch WildschadenG. 11. Juli 91 (GS. 307) § 12 und 16 sind der Aufsichtsbehörde (Landrath, in Stadtkreisen der Ortspolizeibehörde, in Hohenzollern dem Oberamtmann) Befugnisse über zeitweise Aufhebung der Schonzeiten für gewisse Wildarten beigelegt.

[4]) Nr. 5 Anl. C d. W.

[5]) Nr. 3 Anm. 4 d. W.

[6]) Nr. 3 Anl. A Anm. 6 d. W.

[7]) AE. 5. März 70 (MB. 147).

[8]) Nr. 2 Anm. 4 Anl. B d. W.

[9]) Früher Finanzminister Nr. 1 Abs. 3 d. W.

mächtigungen zur Veräußerung isolirt für sich bestehender Domainen= und Forst=Grundstücke von größerem Umfange bis zum Ertrage von 15 Thalern ertheilen.

b) der im Laufe der gewöhnlichen Verwaltung vorkommende Verkauf entbehrlicher Inventarienstücke, Geräthe und Materialien kann ohne Anfrage stattfinden.

Wenn bei Veräußerungen bestimmt worden ist, daß das zu dem Grundstücke gehörende Inventarium dem Erwerber gegen die Taxe überlassen werden soll, so hat die Abtheilung auf den Grund der von Sachverständigen vorschriftsmäßig angefertigten Taxen die Genehmigung selbstständig zu ertheilen;

c) die Abtheilung regulirt alle Verwandlungen in Renten und Ablösungen von Dominial=Gefällen einschließlich der Uebertragung des Obereigenthums bei bisherigen Erbpacht= oder Erbzinsgütern in soweit selbstständig, als die dabei in Anwendung zu bringenden Normen nach den allgemeinen gesetzlichen Bestimmungen feststehen.

d) da wo Regulirungen der bäuerlichen Verhältnisse einschließlich der Dienstverhältnisse, eigentliche Separationen, Servitut=Abfindungen und Aufhebungen der Renten, Verwandlungen von Zehnten und Diensten durch die General=Kommission unter vollständiger Anwendung der gesetzlichen Vorschriften erfolgt, bedarf es der Vorlegung der Verhandlungen beim Ministerium für Landwirthschaft, Domainen und Forsten[9]) zur Genehmigung nur in den Fällen, wo

1. bei Diensten und Zehnten eine Entschädigung durch Grundstücke statt in Rente,

2. und bei Aufhebung von Servituten, eine Entschädigung in Rente statt in Grundstücken beabsichtigt wird.

Wo dem Fiskus durch Provokation bei der General=Kommission nach den gesetzlichen Bestimmungen die Wahl der Entschädigungsart verloren geht [10]), dürfen dergleichen Provokationen nicht ohne höhere Genehmigung angebracht werden. Da wo dergleichen Regulirungen durch freiwilliges Abkommen, es sei mit oder ohne Zuthun der General=Kommission von der Abtheilung geleitet werden, treten die vorstehenden Bestimmungen in Rücksicht der Genehmigungs=Nachsuchung beim Einleiten des Geschäfts gleichfalls ein. Die Zustimmung des getroffenen Abkommens durch das Ministerium für Landwirthschaft, Domänen und Forsten[9]) ist jedoch nur dann erforderlich, wenn die Abfindung in der Entschädigung eine jährliche Rente von 50 Rhtlr. in Geld oder in Land übersteigt;

e) Ablösung bei den mit Dominial=Abgaben und Leistungen belasteten Grundstücken, welche auf den Grund der allgemein gesetzlichen Bestimmungen in Antrag gebracht und nach denselben nicht verweigert werden können, sind ohne Anfrage zu reguliren.

In den ad a und b bemerkten Fällen muß, wenn eine Veräußerung ohne Licitation, stattgefunden, oder im Fall der Licitation, wenn ein Gebot unter der Taxe angenommen worden, in der Verfügung an die rechnungsführende Behörde

---

[10]) Bei den auf Forsten haftenden, ablösbaren Dienstbarkeiten hat der Besitzer des belasteten Waldes, wenn der Berechtigte die Ablösung beantragt, die Wahl der Entschädigungsart GemThO. 7. Juni 21 (GS. 650) § 2, ErgänzungsG. 2. März 50 (GS. 139) Art. 1 u. 9.

stets der Grund des abweichenden Verfahrens bemerkt werden. Ueber die vor= gekommenen neuen Veräußerungen, Ablösungen und Regulirungen, sind dem Ministerium für Landwirthschaft, Domänen und Forsten[9]), ohne Unter= schied, ob sie mit spezieller Genehmigung desselben, oder ohne solche zu Stande ge= bracht sind, in dem von ihm bestimmten Termin vollständige Nachweisungen einzureichen. Bei allen Veräußerungen, Austauschungen[11]), Ablösungen und Abfindungen von Grundstücken und Real=Gerechtsamen, ist die Zustimmung des Präsidenten stets erforderlich.

Neue Anlagen.

Bei neuen Anlagen in den Domainen und Forsten zur Vermehrung und Verbesserung der Nutzungen, wohin z. B. die Anlage neuer Vorwerke, Mühlen, Flößereien, Ziegeleien und anderer Etablissements gehören, muß Genehmigung stets eingeholt werden.

Verpachtungen.[12])

Administration.

Wegen Verwaltung der nicht verpachteten Nutzungs=Gegenstände.

a) Bei Selbstbewirthschaftung derjenigen Pertinenzien, als Mahlmühlen, Schneidemühlen, Ziegeleien, Flößereien und anderen Objekten, welche außer der Regel und mit höherer Genehmigung von der Verpachtung ausgeschlossen und zur Administration bestimmt sind, insbesondere auch von den Torfgräbereien, darf die Abtheilung von den Betriebsplanen, sowie von Etats, ohne höhere Genehmigung niemals abweichen, jedoch bleibt die Verwerthung solcher Produkte und Fabrikate aus freier Hand oder im Wege des Meistgebots derselben überlassen und ist sie auch be= fugt, während des Laufes des Etats, wenn die Debits=Verhältnisse solches unumgänglich erfordern, die etatsmäßigen Preissätze, selbst für den Fall des Debits aus freier Hand, zu ermäßigen, auch ist, wenn die etatsmäßigen Betriebskosten im Ganzen überschritten werden, die höhere Genehmigung dazu nicht erforderlich, sobald die Ueberschreitung des Debits veranlaßt wird, welche sie durch die erhöhte Einnahme deckt.

---

[11]) Die Regierungen sind ermächtigt, Vertauschungen von Domainen= und Forstgrundstücken selbstständig zu ge= nehmigen, wenn 1. gleiche Flächen aus= getauscht werden oder dem Fiskus eine größere Fläche tauschweise übereignet wird, 2. der Werth der dem Fiskus übereigneten Fläche, einschließlich des Werthes etwaiger Holzbestände, nicht geringer ist, als der Werth einschließ= lich des Holzbestandes der abzutretenden Fläche, 3. die an eine einzelne Person vom Fiskus abzutretende Fläche 10 ha Größe nicht übersteigt, 4. von keiner Seite eine Ausgleichszahlung zu leisten ist Vf. FM. 22. April 65 (MB. 143), ML. 19. Aug. 81 (DJ. XIII. 251). —

Die diese Befugnisse einschränkende Vf. ML. v. 24. Dez. 90 (DJ. XXIII. 84) über Vertauschung besonders werth= voller, zu Baustellen, Lagerplätzen, Wein= bergen geeigneten Domainengrundstücke bezieht sich auf Domainenstücke im engeren Sinne. — Da die Grund= u. Gebäudesteuer gegenüber der Staats= kasse außer Hebung gesetzt ist (G. 14. Juli 93 GS. 119 § 1) so sind diese Steuerbeträge von dem Kaufgelde oder dem Tauschwerthe nicht mehr in Abzug zu bringen Vf. ML. 23. Sept. 93 (DJ. XXV. 212).

[12]) Dieser Absatz ist ersetzt durch AE. v. 11. Mai 77 und Vf. FM. 3. Juni 77 Unteranlage B 1.

b) Den Holzverkauf besorgt die Abtheilung nach der näheren Anweisung des Ministers für Landwirthschaft, Domänen und Forsten[9]); erfolgt der Verkauf im Wege der Licitation, so sind die vorgeschriebenen Förmlichkeiten unter Zugrundelegung der Holztaxe zu beachten[13]). Der Minister für Landwirthschaft, Domänen und Forsten[9]) kann der Regierung auch noch besondere Befugnisse für die Fälle zu ertheilen, wo die Gebote hinter der Holztaxe[14]) zurückbleiben.

Freiholz, oder Holz gegen geringere als taxenmäßige Bezahlung kann die Abtheilung, wenn darauf Anspruch gemacht wird, in soweit ohne Anfrage verabfolgen lassen, als die Berechtigung zum Empfang aus dem über dergleichen Berechtigungen besonders aufzustellenden Haupt-Nachweisungen hervorgeht, oder doch bei den Rechnungen durch unzweifelhafte Dokumente nachgewiesen werden kann;

c) der Wildpretsverkauf bei den zum Beschuß stehenden Jagden kann überall, ohne höhere Genehmigung, mit oder ohne Licitation, stattfinden. Abweichungen von der Wildpretstaxe kann die Abtheilung selbstständig genehmigen, jedoch muß der Geld-Etat erfüllt werden[15]).

Bau-Angelegenheiten[16]).

Unteranlage B I (zu Anmerkung 12).
Verpachtungen.

Verfügung des Finanzministers vom 3. Juni 1877. (MB. 178).

Durch Allerhöchste Ordre vom 11. Mai d. J. haben des Königs Majestät eine Erweiterung der den Regierungen ertheilten Befugniß zur freihändigen Verpachtung von Domainen- und Forstobjekten zu genehmigen geruht.

---

[13]) Nr. 3 Anm. 13 und Nr. 4 § 21 bis 38 d. W.

[14]) Nr. 3 Anm. 13 d. W.

[15]) Nr. 4 § 68 bis 70 d. W.

[16]) Für die Forstbauten neu geregelt durch AE. 9. Jan. 79 u. Vf. FM. 30. Januar 79 (DJ. XI. 47). — Nach dem vom Regierungspräsidenten zu genehmigenden Forstbauplane sind aus dem Forstbaufonds der Regierung zu bestreiten: 1. die Neubau- und Unterhaltungskosten vorhandener Bauwerke und der Ankauf superinventarischer Baugegenstände bis zum Werthe von 300 M., 2. außergewöhnliche, durch Brand- u. s. w. Schaden verursachte Bauten, Errichtung neuer Gebäude und Erweiterungsbauten je bis zum Betrage von 500 M. Vf. ML. 19. Jan. 82 (MB. 38). — Ministerialgenehmigung ist erforderlich für Bauten zu 2. über 500 Mk. und für den Ankauf superinventarischer Gegenstände von 300 Mk. und darüber. Kostenanschläge sind zur Genehmigung einzureichen für Bauten zu 1 von 3000 M., für Bauten zu 2 von 500 M. Kosten an. — Mitwirkung der Baubeamten bei Veranschlagung, Revision und Abnahme ist nur bei Bauten von 500 M. an erforderlich Vf. M. der öffentl. Arb. 20. Juni 80 u. Vf. ML. 28. Febr. 81 (DJ. XII. 308 u. XIII. 143). — Bauliche Revisionen der Forstdienstgebäude sind regelmäßig in 4 Jahren zu wiederholen und genaue Gebäudeinventarien aufzustellen und fortzuführen. — Für Beschaffung von Waldarbeiterwohnungen sind besondere Geldmittel in den Etat eingestellt und Vorschriften ertheilt Vf. ML. 10. März 99 (DJ. XXXI. 128).

Demgemäß bestimme ich (der Ressortminister), unter Aufhebung der Cirkular-Verfügungen vom 8. August 1865 und 9. Dezember 1869 auf Grund der Aller-höchsten Ordres vom 18. Juli 1865, 15. November 1869 und 11. Mai 1877 Folgendes:

I. Die Verwaltung der zu den Staatsdomainen und Forsten gehörenden Nutzungs-Objekte ist nach Maaßgabe der darüber vom Ressort-Minister er-theilten oder noch zu ertheilenden generellen oder speziellen Anweisung zu bewirken.

Wenn von bisheriger Administration zu Verpachtung, beziehungsweise Vermiethung, oder umgekehrt von bisheriger Verpachtung, resp. Vermiethung zur Selbstbewirthschaftung übergegangen werden soll, so bedarf es hierzu für jeden einzelnen Fall der Ministerial-Genehmigung[1]).

II. Als allgemeine Norm für Verpachtungen oder Vermiethungen gelten folgende Vorschriften:

1. Es sind zu unterscheiden:

A. Objekte, deren Jahresertrag 4500 M. und darüber,

B. Objekte, deren Jahresertrag unter 4500 M. aber über 600 M. ist,

C. Objekte, deren Jahresertrag 600 M. nicht übersteigt.

Für diese Unterscheidung ist der Jahresertrag zu bemessen:

a) bei bisher nicht verpachteten Gegenständen nach einem Er-tragsanschlage, welchen die Regierung festzustellen nnd bei allen nicht zur Genehmigung des Ministerii gelangenden neuen Verpachtungen den Rechnungsbelägen beifügen zu lassen hat,

b) bei bisher verpachteten Gegenständen, nach dem letzten jähr-lichen Pachtvertrage jedes einzelnen Pachtlooses, wie solches bei der neuen Verpachtung gebildet werden soll.

Wenn aber eine Zerschlagung der bisher bestandenen Pacht-loose beabsichtigt wird, so ist der Ertrag jedes einzelnen bis-herigen Pachtlooses maaßgebend.

2. In Betreff der Objekte ad A von 4500 M. und darüber Jahresertrag sind zu jeder neuen Verpachtung die erforderlichen speziellen Vorschläge[2])

---

[1]) AE. 12. Aug. 81 u. Vf. ML. 15. Sept. 81 (MB. 222):

Auf Grund des AE. vom 12. Aug. d. J. ermächtige ich die K. Regierung, selbstständig in den Königl. Oberförstereien

1. die Anlegung von Stein-brüchen, Lehm-, Kies-, Mer-gelgruben und Torfstichen innerhalb forst- beziehungs-weise landwirthschaftlich be-nutzter Flächen anzuordnen.

2. Die Umwandlung zur Holz-zucht bestimmten Flächen bis zur Größe von drei Hektaren in landwirthschaft-lich benutzte zu veranlassen und umgekehrt, letzteres jedoch nur, sofern der etats-mäßige Durchschnittsbrutto-ertrag der betreffenden Oberförsterei pro ha den Durchschnittserlös der letz-ten sechs Jahre für die be-theiligten Flächen übersteigt. Jener etatsmäßige Durch-schnittsbruttoertrag kann so ermittelt werden, daß die etatsmäßige Solleinnahme der bezüglich. Oberförsterei für Holz durch die etats-mäßige Fläche des Holz-bodens getheilt wird.

dem Ressort-Minister rechtzeitig einzureichen, welcher der Regierung weitere Anweisung ertheilt.

3. In Betreff der Objekte ad B von unter 4500 Mk., aber über 600 Mk. Jahresertrag können die Regierungen ohne Ministerial-Genehmigung die Verpachtung oder Vermiethung bewirken, jedoch nur

a) licitando,

b) auf längstens 18 Jahre, und

c) auch nur, wenn das neue Pachtgeld mindestens 90% des bisherigen Pachtgeldes, beziehungsweise Ertragsanschlages erreicht.

Wird eine dieser Bedingungen nicht erfüllt, so ist Ministerial-Genehmigung erforderlich.

4. In Betreff der Objekte ad C bis incl. 600 Mk. Jahresertrag können die Regierungen auf längstens 18 Jahre selbstständig die Verpachtung bewirken.

a) licitando, für jedes nach ihrem Ermessen annehmbare Gebot,

b) aus freier Hand in folgenden Fällen:

α) wenn nach vorheriger Licitation, auf welche der Zuschlag nicht ertheilt ist, ein Pacht- oder Miethsgeld erlangt wird, welches höher ist, als das in der letzten Licitation abgegebene Meist-gebot,

β) wenn es Objekte betrifft, welche nur für eine bestimmte Person oder den Besitzer eines bestimmten Grundstücks besonderen Nutzungs- oder Gebrauchswerth haben und daher zum Ausgebot in der Licitation nicht geeignet, sondern nur freihändig zu verpachten oder zu vermiethen sind. Unter dieser stets zu beachtenden Voraussetzung können als Fälle dieser Art behandelt werden diejenigen, in denen es sich darum handelt:

a) die Benutzung oder Mitbenutzung eines schon vorhandenen oder erst neu anzulegenden Weges oder Wasserlaufs oder einer nicht Mineralwasser enthaltenden Quelle zu gestatten,

b) die zu Bergwerks- oder Steinbruchshalden erforderlichen Flächen, sei es auf Grund gesetzlicher Verpflichtung[3]), oder auch ohne solche, einzuräumen,

c) zur Lagerung von Materialien aller Art Plätze zu vermiethen, welche nicht zu den der allgemeinen Benutzung offen zu haltenden Holz- oder Verschiffungs-Ablagen gehören,

d) zu Ruhe-, Spiel- und Turnplätzen, zur Abhaltung von Märkten, Festlichkeiten und sonstigen Versammlungen, zur Anlage von Spaziergängen, zum Betriebe von Gewerben ohne Errichtung von Gebäuden, zu Baracken oder Schankbuden für Wald- und sonstige Arbeiter Plätze zu überlassen,

---

[2]) Diese sollen sich auch auf etwa als rathsam zu erachtende Aenderungen in der Abgrenzung zwischen dem Domainen- und Forstbesitz oder Ueberweisung von Parzellen oder Enklaven der einen Verwaltung an die andere beziehen Vf. FM. 17. Sept. 57.

[3]) BergG. 24. Juni 65 (GS. 705) § 54. 135.

> *e)* zu Tränke=, Trocknen=, Bleich=, Bade= und Schwimm=
> plätzen für die Adjacenten, sowie zu anderweiter Benutzung
> durch dieselben Plätze zu vermiethen,
> *f)* die Entnahme von Steinen, Erde, Sand und sonsti=
> gen Materialien, ausgenommen Holz, für Wegean=
> lagen und Bauten zu gestatten, jedoch mit Ausschluß
> kunstmäßig zu betreibender Steinbrüche,
> *g)* an Waldarbeiter, welche sich verpflichten, der Forstver=
> waltung zu deren Arbeiten jederzeit für das gewöhnliche
> Lohn sich zu stellen, in den dazu bestimmten Gebäuden der
> Forstverwaltung Wohnungen zu vermiethen [4]) oder kleine
> Flächen zur landwirthschaftlichen Benutzung zu verpachten.

In der Regel wird es sich empfehlen, die Kontraktsdauer für die Objekte bis zu 600 M. Jahresertrag auf 6 Jahre zu beschränken und eine längere Dauer nur zu wählen, wo besondere Verhältnisse im Interesse der Verwaltung dazu Anlaß geben [5]).

Die Befugniß zur freihändigen Verpachtung in den vorstehend, unter *a* bis *f* bezeichneten Fällen ist übrigens auch von Erfüllung der Bedingung ab= hängig, daß ein Pacht= resp. Miethszins erreicht wird, welcher nach dem Ermessen der Regierung dem Werthe der gestatteten Nutzung, resp. des eingeräumten Ge= brauchs völlig entspricht und mindestens den dadurch der Domainen= und Forst= verwaltung erwachsenden Ertragsverlust nebst allen indirekten Nachtheilen voll= ständig aufwiegt.

Die gehörige Wahrnehmung der fiskalischen Interessen und die Feststellung angemessener Bedingungen hat die Regierung zu vertreten. Insbesondere ist nicht außer Acht zu lassen, daß außer dem Aequivalent für die Benutzung des Grund und Bodens auch die gehörige Herstellung und Unterhaltung der betreffenden Wege u. s. w. in einer den Verhältnissen völlig entsprechenden und im Kontrakte speziell vorzuschreibenden Weise, bei Vermeidung der Aus= führung auf Kosten des Pächters ausbedungen wird.

Bezüglich der Vermiethungen und Verpachtungen sub *g* an Waldarbeiter, wird noch besonders bestimmt, daß in den Miethsverträgen jederzeit vierteljährige Kündigung vorzubehalten, die Miethe nach den orts= üblichen Miethspreisen zu bemessen, und das Pachtgeld für Landnutzung mindestens auf den Grundsteuer=Reinertrag festzustellen ist, welcher, wenn die Einschätzung der betreffenden Fläche als Holzung, Weide oder Oedland erfolgt ist, nach Maaß= gabe des Grundsteuerklassifikationstarifs für Acker= oder Wiesenland gleicher Bonität bestimmt werden muß [6]).

Zu Wiederverpachtungen oder Vermiethungen, bei denen das bisherige Pacht= oder Miethsgeld nicht erreicht wird, bedarf es aber der Ministerial=Genehmigung. Desgleichen zu Verpachtungen oder Ver= miethungen auf unbestimmte Zeit, welche möglichst ganz zu vermeiden sind, und zu Kontraktsbestimmungen, welche eine stillschweigende Prolongation stipuliren.

---

[4]) Ueber Benutzung und bauliche Unterhaltung dieser Wohnungen gelten die Vorschriften für Forstdienstgebäude Nr. 5 Anl. B. d. W. u. Vf. ML. 5. Februar 02 (DF. Z. Neudamm Nr. XVII. 292.)

[5]) Für Fischereien ist eine längere Pachtzeit zulässig Vf. ML. v. 24 Feb. 97 (DF. XXIX. 105).

[6]) Zur Erlangung eines tüchtigen Ar= beiterstammes kann die Pachtzeit ver= längert und das Pachtgeld selbst unter den Grundsteuerreinertrag herabgesetzt werden Vf. ML. 31. Okt. 89 (MB. 227).

III. **Prolongationen** bestehender Pacht= resp. Miethsverträge sind ganz nach denselben Grundsätzen zu behandeln, wie neue Verpachtungen resp. Vermiethungen.

Bei Gegenständen der vorstehend unter II 4 *a* bis *f* bezeichneten Art ist jedoch im Falle der Prolongation thunlichst darauf Bedacht zu nehmen, daß eine, wenn auch nur geringe Erhöhung des Entgeltes erlangt wird, um die Natur des Pacht= resp. Miethsverhältnisses deutlicher erkennbar zu machen, und der Meinung, daß ein Servitut=Verhältniß obwalte, vorzubeugen.

IV. Zur Holzzucht bestimmte Flächen können die Regierungen behufs Erleichterung des Holzanbaues auf längstens drei Jahre zu vorübergehender Ackernutzung auch aus freier Hand selbstständig verpachten, wenn eine solche Benutzung nicht schon vorangegangen ist. Auf leichteren Boden ist jedoch diese Vorkultur auf zwei Jahre zu beschränken, soweit sie überhaupt als statthaft erachtet werden kann.

Zu einer längeren als dreijährigen Vorkulturzeit bedarf es, auch wenn die Verpachtung licitando erfolgen soll, der Ministerial=Genehmigung.

Ueber die vorstehend bestimmten Zeiträume hinaus kann die Regierung den Zwischenbau von Hackfrüchten gegen entsprechendes Entgelt so lange gestatten, wie sie es im Interesse der Forstkultur für nützlich erachtet.

V. Die Verwerthung der Mastnutzung und die Feststellung der Bedingungen und Zahlungssätze für die jährliche Haideeinmiethe zu Raff= und Leseholz=, Streu=, Gräserei= und Waldweidenutzung bleibt den Regierungen selbstständig überlassen[7]).

Bei ausnahmsweiser Verpachtung solcher Nutzungen auf länger als Ein Jahr ist nach den Bestimmungen sub II zu verfahren.

VI. Rücksichtlich der Jagdverpachtung sind bis auf Weiteres die Vorschriften des Cirkular=Reskripts vom 21. November 1859 (II. 14143) maaßgebend[8]).

VII. Fischerei und sonstige Nutzungen in Gewässern, welche in den Königlichen Forsten liegen oder dieselben begrenzen, kann die Regierung an Forstbeamte auf längstens 6 Jahre, eventl. die kürzere Dauer der Dienstzeit auf der betreffenden Stelle, freihändig verpachten, wenn das bisherige Pachtgeld, oder, sofern die Nutzung bisher noch nicht verpachtet war, der Ertragsanschlag 15 M. pro Jahr nicht übersteigt, und durch die neue Verpachtung erreicht oder übertroffen wird.

VIII. Abgesehen von den nach VI und VII zulässigen freihändigen Verpachtungen an Forstbeamte ist zu allen freihändigen Verpachtungen an Be-

---

[7]) Die Regierungen können Riedgräser, Schilf u. Binsen von unnützbaren Brüchern und Fennen, Pfühlen und Teichen, sowie Torferde zur Selbstwerbung gegen Zahlung des Taxpreises; Nadel= Laub= und Moosstreu, sowie Heide und Beerkraut, von Gestellen und Wegen, Farrenkraut uud Sandrohr (*Arundo Epijegos*) letzteres auch von Kulturen, gegen Zahlung d. Taxpreises u. d. Werbungskosten, an Oberförster bis zu 40, an Revierförster und Förster bis zu 20 u. an Waldwärter u. Forstaufseher bis zu 10 cbm jährlich zum Streubedarf selbstständig verkaufen, auch Sand=, Lehm=, Mergel= u. Moorerde zur Verbesserung der Forstdienstländereien unentgeltlich verabfolgen lassen Vf. FM. 7. Juli 68 (DF. I. 201).

[8]) Unteranlage B. 2.

amte oder Domainen-Pächter in jedem Falle Ministerial-Genehmigung erforderlich[9]).

Auch in den Licitationen dürfen zum Ressort der Forst-Verwaltung gehörende Beamte nie mitbieten, noch durch andere Personen für sich mitbieten lassen, und überhaupt bei Anpachtung von Forstgrundstücken oder Forstnutzungen weder selbst noch mittelbar durch andere Personen ohne Ministerial-Genehmigung sich betheiligen.

IX. Ob die Regierung in den oben ad II 3 und 4 erwähnten Fällen bei einem ungünstigen Ausfalle der ersten Licitation eine Wiederholung derselben vornehmen will oder nicht, wird Ihrem (der Regierung) Ermessen nach den obwaltenden Umständen anheimgestellt.

X. Was vorstehend bezüglich der Verpachtung bestimmt ist, gilt gleichmäßig auch für die Vermiethung.

XI. Wenn für einzelne Fälle oder im Allgemeinen Verpachtungsbedingungen vom Ressort-Minister festgestellt sind, oder noch vorgeschrieben werden, so ist zu jeder Abweichung davon Ministerial-Genehmigung erforderlich.

Unteranlage B II (zu Anlage B Anmerkung 12 und Unterlage B I Anmerkung 9).
Verfügung des Finanzministers vom 21. November 1859.

Bei der freihändigen Verpachtung von Jagd-Nutzungen auf den Königlichen Domainen- und Forstgrundstücken ist bisher rücksichtlich der Einholung diesseitiger Genehmigung und Feststellung des Pachtgeldes sehr verschieden verfahren. Um eine gleichmäßige Behandlung dieser Angelegenheiten herbeizuführen, und die desfallsigen Berichtserstattungen zu vermindern, bestimme ich Folgendes:

1. und 2. Es liegt in der Absicht, dem Domainenpächter auch in Zukunft regelmäßig eine Jagdnutzung zu überlassen, über deren Umfang und Art im besonderen Vertrage Bestimmung zu treffen ist. Hierbei werden zu unterscheiden sein:

1. solche Domainen, die keinen örtlichen Zusammenhang mit Staatsforsten haben, und

2. solche Domainen, bei welchen dies der Fall ist.

Bei den Domainen zu 1 wird dem Domainenpächter regelmäßig die gesammte Jagdnutzung und zwar wie bisher gegen Entrichtung eines besonderen Jagdpachtgeldes, welches vor der Verpachtung durch einen Ertragsanschlag zu ermitteln und zu bestimmen ist, für die Dauer der Domainenpachtzeit mitzuverpachten sein.

---

[9]) Diese ist für Verpachtungen zu VII, zu welcher die Regierungen nicht selbstständig befugt sind, alljährlich nur einmal zum 1. Febr. einzuholen Vf. ML. 12. Nov. 01 (DJ. XXXIV. 32.) — Dasselbe gilt für nothwendig werdende Veränderungen in dem Bestande der den Forstbeamten überwiesenen Dienstländereien bis zur Größe von 5 ha u. für Pachtgrundstücke der Forstbeamten. Zur Verbesserung von Dienstlandsflächen auf Staatskosten ist jedoch zuvor Genehmigung erforderlich Vf. ML. 13. Nov. 01 (DJ. XXXIV. 9).

Bei den Domainen zu 2 ist dem Pächter nur die niedere Jagd, ausschließlich der Rehjagd, sowie die Jagd auf Schwarzwild in der zu 1 angegebenen Art zu verpachten. Außerdem würde ich auch nicht abgeneigt sein, dem Pächter, sofern dies von der Königlichen Regierung in geeigneten Fällen beantragt wird, den Abschuß von Roth=, Dam=, und Rehwild nach einem von ihr unter Mitwirkung der Forstverwaltung alljährlich festzustellenden Beschußplane zu gestatten.

Wegen Verwerthung dieses Wildes und Verrechnung der Werthbeträge wird seiner Zeit besondere Anweisung ergehen.

Bezüglich der Ausübung der Jagdnutzung vergl. die im §. 11 der allgemeinen Pachtbedingungen gegebenen Bestimmungen.

Aus den allgemeinen Bedingungen für die Verpachtung forst=fiskalischer Jagden sind diejenigen Vorschriften hierher über=nommen worden, deren Anwendung auch auf die domainenfis=kalischen Jagden fernerhin zweckentsprechend erscheint. Abgesehen von einigen minder erheblichen Abänderungen und Ergänzungen wird besonders darauf hingewiesen, daß der Anstand auf Hasen gänzlich untersagt ist, während die Entfernung von der König=lichen Forstgrenze, innerhalb welcher der Pächter den Anstand auf die seinem Verwaltungsbeschusse unterliegenden Wildarten aus=üben darf, auf 50 m bemessen ist. Von einer Bezugnahme auf die eingangs erwähnten allgemeinen Jagdverpachtungsbedingungen im besonderen Vertrage ist fernerhin abzusehen[1]).

3. An Oberförster resp. Revierverwalter kann die Königliche Regierung beim Ablaufe der mit denselben bestehenden Jagdpachtkontrakte, diejenigen Jagd=nutzungen[2]), welche bereits an dieselben verpachtet sind, wenn zu einer Aenderung des Pachtobjekts keine Veranlassung ist, selbstständig ferner aus freier Hand ver=pachten, sofern der Revierverwalter bereit ist, das durch einen neuen Ertrags=Anschlag zu ermittelnde Pachtgeld zu zahlen, und dieses höher ist als das bisherige Pachtgeld[3]).

Werden diesen Voraussetzungen nicht erfüllt, so ist zu jeder neuen Ver=pachtung einer Jagdnutzung an einen Oberförster die Genehmigung des Ministerii ebenso erforderlich, wie solche überhaupt zu jeder Jagdverpachtung an einen anderen Forstbeamten als an den Revierverwalter nachzusuchen bleibt.

---

[1]) Die ursprünglichen Bestimmungen dieser Vf. zu 1 u. 2 über Jagdnutzungen auf Domainen sind ersetzt durch die Allgem. Domainen=Verpachtungs=Be=dingungen §. 2 A. u. 11 Vf. ML. 1. März 00. — Die Festsetzung des Jagdpacht=geldes erfolgt durch den Minister § 16 dieser Bedingungen. — Ob die Fasanen=jagd mit zu verpachten, ist von Fall zu Fall zu prüfen Vf. ML. 15. Febr. 93. (DJ. XXV. 137.) — Bestimmungen für die Verwaltung der Roth=, Dam= und Rehwildjagd auf Domainen enthält Vf. ML. 8. Sept. 00, die allgemeinen Jagdverpachtungsbedingungen Nr. 4 Anl. E. d. W.

[2]) Die Jagd auf Fasanen kann dem Oberförster mit der niederen Jagd ver=pachtet werden Vf. ML. 8. Aug. 98 (D. J. XXX. 337).

[3]) Beim Hinzutreten neu erworbener Flächen kann die Regierung die niedere Jagd auf ihnen selbstständig den Ober=förstern unter verhältnißmäßiger Er=höhung des Pachtgeldes mitverpachten. Bei Verminderung der Jagdbezirks=fläche ist hinsichtlich des Pachtgeldes ähnlich zu verfahren Vf. ML. 3. April 97 (MB. 88).

Die Pachtverträge mit den Oberförstern sind unter den allgemeinen Jagd=
verpachtungsbedingungen, jedesmal auf sechs Jahre, jedoch mit der Maßgabe
abzuschließen, daß bei eintretendem Personalwechsel der Dienstnachfolger, wenn er
es wünscht, ohne Weiteres, und ohne daß es einer Zustimmung oder besonderen
Cession von Seiten des abgehenden Revierverwalters, oder einer neuen Ver=
anschlagung und neuen Kontrakts=Ausfertigung, wenn die Königliche Regierung
solche anzuordnen nicht Veranlassung findet, bedarf, in das Pacht=Verhältniß
eintritt.

Uebrigens ist in den mit den Oberförstern abzuschließenden Jagdpacht=
kontrakten ausdrücklich darauf aufmerksam zu machen, daß der Oberförster da=
durch zwar innerhalb der Schranken der pfleglichen Behandlung der Jagd und
der Pachtbedingungen, die freie Benutzung der verpachteten Jagd erlangt, jedoch
nur unbeschadet der den Forstschutzbeamten rücksichtlich der Jagdausübung
regulativmäßig zustehenden Befugnisse und nur in den Grenzen, welche die
Pflege und Conservation der etwa nicht mit verpachteten hohen oder Mittel=
Jagd vorzeichnet, überhaupt aber ohne dadurch seine Vorgesetzten von der Aus=
übung der Jagd auszuschließen, indem er in dieser Beziehung verpflichtet ist,
den Wünschen seiner Vorgesetzten, sowohl rücksichtlich der Ausübung der Jagd
für ihre Person, als auch insoweit nachzukommen, daß er dieselben von den zu
veranstaltenden Treibjagden auf Verlangen benachrichtigt.

4. Die den freihändigen Jagdverpachtungen zu Grunde zu legenden Er=
tragsanschläge sind vom Oberförster, in Betreff der zur Verpachtung an den
Oberförster bestimmten Jagden aber vom Regierungs= und Forstrath[4]),
aufzustellen, und in jenem Falle vom Regierungs= und Forstrath[4]), in
diesem vom Oberforstbeamten zu revidiren und festzustellen.

Dabei sind die geschätzten[5]) Naturalerträge nach den vollen Lokalpreisen
der gültigen Wildprets=Taxe, also ohne Abzug von Schußgeld oder Administrations=
kosten, und nur rücksichtlich der an Revierverwalter zu verpachtenden Jagden,
bloß nach den Nettotaxpreisen, also mit Abzug des Schußgeldes und der
Administrationskosten, zu Gelde zu berechnen.

5. Schließlich mache ich noch darauf aufmerksam, daß bei neuen Jagd=
verpachtungen, gleichviel ob sie freihändig oder im Wege der Licitation erfolgen,
und ohne Unterschied des Pächters, die Lieferung von Raubvögelklauen oder
anderen Raubthierzeichen nicht mehr zur Bedingung zu machen ist.

---

[4]) Früher Forstinspektor.
[5]) Von Fall zu Fall ist zu prüfen, inwieweit hierbei von dem thatsäch= lichen Jagdertrage auszugehen ist Vf. MBl. 4. Dez. 01. (DFZ. Neudamm XVII. 355).

4. Geschäfts=Anweisung für die Oberförster der Königlich Preußischen Staatsforsten vom 4. Juni 1870. (MB. 71 S. 69.)[1]

§. 1. [Geschäftskreis und Dienstpflichten im Allgemeinen.] Der Oberförster ist der verantwortliche Verwalter des Staatsvermögens, welches die ihm überwiesene Oberförsterei umfaßt. Er hat nach Maßgabe der allgemeinen gesetzlichen und administrativen Vorschriften und der besonderen Forstverwaltungs= normen, nach den genehmigten Etats und periodischen Wirthschaftsplänen die Verwaltung und Bewirthschaftung seines Reviers zu führen, dabei der ihm untergebenen Forstschutzbeamten in vorgeschriebener Weise sich zu bedienen und alle seine Verwaltung betreffenden Gelderhebungen und Geldzahlungen durch den Forstrendanten besorgen zu lassen.

In seiner Amtsverwaltung und Dienstführung ist der Oberförster der Leitung und Kontrole des Regierungs= und Forstraths[9] als seines nächsten Vorgesetzten, sowie des Oberforstmeisters und der Regierung, in höherer Instanz aber dem Ministerio für Landwirthschaft, Domänen und Forsten[2] unterstellt.

Mit den aus dieser Stellung und dem geleisteten Diensteide für ihn folgenden allgemeinen Amtspflichten hat der Oberförster sich gehörig bekannt zu machen. Er übernimmt mit der Annahme des Amtes zugleich die volle Verantwortlichkeit für treue und pünktliche Erfüllung aller Pflichten, die ihm sein Amt auferlegt, und muß sich durch sein Verhalten in und außer dem Amte der Achtung, des Ansehens und des Vertrauens, die sein Beruf erfordert, stets würdig zeigen.

Die Vorschriften des I. Theils der Dienstinstruktion für die Förster[3] sind für die Oberförster ebenfalls maßgebend und deren Befolgung gehört zu ihren Dienstpflichten. Sie haben aber auch im Uebrigen nach dem Inhalte der er= wähnten Instruktion sich zu achten und auf deren pünktliche Befolgung Seitens ihrer Untergebenen zu halten.

§. 2. Der Geschäftskreis des Oberförsters besteht hauptsächlich in der Für= sorge für die Substanz (Erhaltung der Grenzen, Arrondirung des fiskalischen Forstbesitzes, Befreiung desselben von Servituten und Lasten, Leitung und Kon= trollirung des Forstschutzes, Handhabung der Forstpolizei)[4] und für möglichst gute nachhaltige Nutzbarmachung seines Administrationsobjekts (Mitwirkung bei der Forsteinrichtung, Aufstellung der jährlichen Betriebsvorschläge, Hauungsplan, Kulturplan, Wegebauplan, Nebennutzungspläne, Ausführung der genehmigten Pläne mit Hülfe des ihm untergebenen Personals, Verwerthung aller Forst=

---

[1] Hierdurch ist die Dienstinstruktion für Revierförster und Oberförster vom 21. April 17 außer Geltung gesetzt worden. — Die Kompetenzverhältnisse zwischen der Provinzialbehörde (Re= gierung) und dem Ministerium haben durch die Gesch.=Anw. keine Aenderung erfahren Vf. FM. 4. Juni 70. (DJ. III. 2).

[2] Früher dem Finanzministerium Nr. 3 Anm. 2 d. W. —

[3] Nr. 5 d. W. Die Oberförster, zur V. Rangklasse der höheren Beamten der Provinzialbehörden gehörend V.

17. Febr. 17 (GS. 61) und AE. 21. Okt. 78, erhalten etwa vom 12. Dienstjahre ab den Titel Forstmeister mit dem Range der Räthe IV. Klasse, verbleiben aber unbeschadet dessen in ihrem Verhältnisse als Untergebene der mit ihnen im gleichen Range stehen= den Regierungs= und Forsträthe AE. 14. Okt. 91 (MB. 216) u. Nr. 3 Anl. A. Anm. 6 d. W. — Uniform; Nr. 5 Anl. A. d. W.

[4] Insoweit sie nicht auf die Orts= polizeibehörde übergegangen ist KrO. vom 13. Dez. 72 (GS. 81. S. 180).

produkte und Forstnutzungen), sowie in Buchführung und Rechnungslegung über seine gesammte Verwaltung.

Es ist daher die erste Pflicht des Oberförsters, die genaueste Kenntniß des ihm anvertrauten Forstreviers, nicht allein nach seiner Begrenzung, Eintheilung und seinen wirthschaftlichen Verhältnissen, sondern auch nach seinen rechtlichen Beziehungen sich zu verschaffen, und den häufigen, womöglich täglichen Besuch des Waldes nicht zu verabsäumen.

Erster Theil.
Von der Vereinnahmung, Verausgabung und Verrechnung der Forstnutzungen.

§. 3. [Im Allgemeinen. Etats-Flächenregister, Kontrol- und Taxations-Notizbuch.] Ueber die zu erwartenden Nutzungen seines Verwaltungsbezirks hat der Oberförster aus den von der Regierung in Abschrift ihm mitzutheilenden Natural- und Geldetats sich genau zu unterrichten.

Er hat alle gegen die Etatsangaben eintretenden Veränderungen, und zwar rücksichtlich des Flächeninhaltes im Flächenregister[5], nach den darüber bestehenden besonderen Vorschriften, rücksichtlich der Soll-Einnahmen an Geld und der Naturalausgaben, soweit solche für mehrere Jahre im Voraus unveränderlich festgestellt werden, zur Seite der ihm zugefertigten und von ihm eventuell mit leeren Blättern zu durchschießenden Abschrift des Natural- resp. Geldetats pünktlich zu notiren, und überhaupt auf alle Verhältnisse sorgfältig zu achten, welche etwa für die nächste Etatsperiode Abänderungen im Natural- oder Geldetat rathsam und nothwendig machen. Die jährlichen Ergebnisse der Hauungen sind im Kontrolbuche[6], und die sonst über die Ertragsverhältnisse des Waldes gesammelten Erfahrungen, oder auf diese bezüglichen Veränderungen und Vorschläge im Hauptmerkbuch[7] den betreffenden Vorschriften entsprechend sorgfältig einzutragen.

§. 4. [Solleinnahmebuch.] Der Oberförster hat sich unmittelbar nur mit der Erhebung, Feststellung und Verrechnung der Natural-Einnahme und der Verrechnung der Natural-Ausgabe zu befassen, und rücksichtlich der letzteren, der den Forstschutzbeamten ausschließlich obliegenden unmittelbaren Ueberweisung von Waldprodukten an die Empfänger zu enthalten. Die Erhebung der Forstgefälle und die Leistung der Geldausgaben liegt dagegen und ausschließlich der Forstkasse ob. Die Betheiligung des Oberförsters bei der Geldverwaltung beschränkt sich daher auf die Anweisung der Forstkasse zur Erhebung der Geld-Einnahmen und zur Zahlung der Ausgaben, sowie auf die Notirung aller der Kasse überwiesenen Geld-Einnahmen und Ausgaben, und auf die Buchführung und Rechnungslegung, wie solche nachstehend angeordnet ist.

Zur Kontrole über alle durch die Forstkasse zu erhebenden Geldeinnahmen hat der Oberförster das Soll-Einnahmebuch nach dem Formular A.[8] unter

---

5) Vf. FM. 12. Juni 57, Anlage A.
6) Vf. ML. 20. März 95. Anlage B.
7) Vf. ML. 30. April 00, Anlage C. — Das frühere Taxations-Notizenbuch hat die Bezeichnung Hauptmerkbuch erhalten.
8) Die in der Gesch.-Anw. angeführten Formulare werden dem Oberförster geliefert. — Bei Einnahmen, welche den Forsthülfskassen (Unterrezepturen) vom Oberförster direkt zur Einziehung überwiesen werden, ist im Soll-Einnahmebuche die Unterrezeptur zu bezeichnen Vf. ML. 2. Febr. 88 (MB. 87).

besonderer Verantwortlichkeit zu führen. In demselben sind alle von der Forstkasse zu erhebenden Einnahmen chronologisch zu buchen, und zwar die auf Grund
von Erhebungsurkunden zu vereinnahmenden Gelder bei Absendung dieser Erhebungsurkunden an die Forstkasse, alle übrigen Soll-Einnahmen in Uebereinstimmung mit dem Geldetat oder mit den nach dessen Aufstellung eingetretenen
Aenderungen, sobald die Zahlung fällig ist.

Das Soll-Einnahmebuch, welches vom Regierungs- und Forstrath[9]
hinsichtlich der Seitenzahlen bescheinigt und mit einer angesiegelten Schnur durchzogen wird, darf nur den Vorgesetzten oder dem mit Revision der Forstkasse beauftragten besonderen Beamten ausgehändigt werden.

§. 5. [Rechnungs- und Wirthschaftsjahr.] Das Rechnungsjahr
läuft vom 1. April bis 31. März.

Um die einem jeden Rechnungsjahre angehörenden Einnahmen und Ausgaben thunlichst auch in der betreffenden Jahresrechnung definitiv nachzuweisen
und Reste zu vermeiden, besteht jedoch die Einrichtung, daß die Forstkassen erst
Ende April ihre Bücher für das abgelaufene Rechnungsjahr schließen. Für die
Holznutzung und das Forstkulturwesen beginnt aber das Wirthschaftsjahr mit
dem 1. Oktober des vorhergehenden und endet rücksichtlich der Holz-Einnahme
und der Kulturgelder-Ausgabe mit dem 30. September des laufenden Rechnungsjahres. Es sind daher alle Einnahmen an Holz bis zum 30. September für
das laufende, und vom 1. Oktober ab für das nächstfolgende Rechnungsjahr
zu verrechnen. Um jedoch das Verbleiben von Natural-Beständen für die
Jahresrechnung möglichst zu vermeiden, sind die Natural-Ausgaben, welche an
Material des abgelaufenen Wirthschaftsjahres erfolgen, und die dafür zu erhebenden Geld-Einnahmen noch bis zum nächsten 31. März in den Büchern des abgelaufenen
Wirthschaftsjahres zu verrechnen, und in der Rechnung des abgelaufenen Rechnungsjahres nachzuweisen. Demgemäß giebt es für die Natural-Einnahme
z. B. des Rechnungsjahres 1. April 1878/ult. März 1879 vier Quartale:

1 u. 2) die beiden Vorquartale 1. Oktober 1877 bis 31. März 1878, umfassend
alle Natural-Einnahmen an Holz vom 1. Oktober 1877 bis 31. März 1878,

3) das III. Quartal, die Zeit vom 1. April bis ult. Juni 1878,

4) das IV. Quartal, die Zeit vom 1. Juli bis ult. September 1878
und für die Natural-Ausgabe sechs Quartale, indem hierfür noch
hinzutreten:

5 u. 6) das V. und VI. Quartal (Nachquartale), umfassend die Ausgaben in
der Zeit vom 1. Oktober 1878 bis zum 31. März 1879, jedoch nur
rücksichtlich solchen Holzmaterials, welches vor dem 1. Oktober 1878
zur Vereinnahmung gelangt ist, also noch dem Wirthschaftsjahre
1. Oktober 1877/78 angehört.

Die Natural-Ausgabe und Geld-Einnahme für Holz, welches am
1. Oktober 1878 und später vereinnahmt ist, muß, auch wenn sie schon vor dem
1. April 1879 erfolgt, doch schon zur Rechnung pro 1. April 1879/80 gebucht
werden. Es folgt hieraus, daß der Oberförster seine sämmtlichen Rechnungsbücher vom 1. Oktober jeden Jahres ab neu anzulegen hat, daß er aber neben
diesen neuen Büchern auch noch die Bücher des abgelaufenen Wirthschaftsjahres
bis zum Schlusse des Rechnungsjahres, 31. März, fortzuführen hat, und zwar:

a) für die bis zum 31. März erfolgende Ausgabe desjenigen Holzes, welches
noch im abgelaufenen Wirthschaftsjahre, also bis Schluß September des

---

[9] Früher Forstmeister Nr. 3 Anl. A. Anm. 6 d. W.

vorhergegangenen Jahres vereinnahmt war und für die hierfür zu erhebende Geld-Einnahme, sowie

b) für alle sonstigen außer für Holz bis ult. März zum Soll zu stellenden Geld-Einnahmen [10]).

Erster Abschnitt.
Von der Holznutzung.
Erstes Kapitel.
Von der Holzeinnahme.

§. 6. [Aufstellung des jährlichen Hauungsplans.] Die vorzunehmenden Holzfällungen werden durch den jährlichen Hauungsplan vorgeschrieben, welcher nach Formular B. angefertigt wird.

Der Entwurf zum Hauungsplan für das nächste Wirthschaftsjahr ist vom Oberförster nach Maßgabe der Vorschriften des Betriebsregulirungswerks unter sorgfältiger Berücksichtigung des wirthschaftlichen Bedürfnisses alljährlich so zeitig aufzustellen, daß die örtliche Prüfung und vorläufige Feststellung durch den Regierungs- und Forstrath [9]) rechtzeitig erfolgen kann.

Gleich nach dieser Prüfung hat der Oberförster eine Reinschrift des Hauungsplans, unter Beifügung des bei der örtlichen Prüfung benutzten und mit den Notizen des Regierungs- und Forstraths resp. Oberforstmeisters versehenen Entwurfs an den Regierungs- und Forstrath [9]) einzureichen.

In dem Hauungsplan ist

I. in dem Eingange das zulässige Abnutzungs-Soll zu berechnen und das vom Oberforstmeister zu bestimmende Einschlags-Soll zunächst mit Bleistift vorzuschlagen.

Darauf sind:

II. die projektirten Hiebspositionen in der Weise aufzuführen, daß zunächst die ordentlichen Schläge und regelmäßigen Durchforstungen, und zwar eine jede im Kontrolbuche für sich besonders zu behandelnde Betriebs- resp. Kontrolfläche auch als besondere Hiebsposition auf besonderer Linie, nach der Folge der Schutzbezirke event. Betriebsarten, der Jagen oder Distrikte, der Schläge und Abtheilungen eingerückt werden, und als letzte Position für jeden Schutzbezirk ein den Verhältnissen entsprechendes „Dispositions-Quantum für nicht vorherzusehende Einnahmen an Trockniß-, Windbruch- und Diebstahls-Hölzern ꝛc." (Totalitäts-Hieb) ausgeworfen wird [11]).

Wenn der Oberförster bei einzelnen Hiebspositionen die Gewährung von Rückerlohn neben dem nach der Hauerlohnstaxe (§. 9) zulässigen Hauerlohne für unabweisbar erachtet, so hat er bei der betreffenden Hiebsposition die erforderlichen Rückerlohnsätze zur Prüfung und Feststellung in Vorschlag zu bringen.

Nach erfolgter Feststellung resp. Bestätigung durch den Regierungs- und Forstrath [9]) resp. Oberforstmeister wird der Hauungsplan bis spätestens zum

---

[10]) Der ursprüngliche Text ist in Folge Verlegung des Rechnungsjahres geändert Vf. FM. 26. März 77 (DJ. IX. 407).

[11]) Am Schlusse des Hauungsplanes ist die in den Hochwaldbeständen zur Durchforstung bestimmte Gesammtfläche mit der Mindest-Durchforstungsfläche zu vergleichen, welche sich aus dem Durchforstungsplane ergiebt Vf. ML. 17. Mai 92 (DJ. XXIV 206).

15. Oktober von der Regierung, bei welcher zu deren Akten eine Abschrift gefertigt wird, dem Oberförster zur Ausführung und als Belag zur Naturalrechnung zurückgegeben.

§. 7. [Genaue Befolgung des Hauungsplans.] Von dem festgestellten Hauungsplane darf der Oberförster ohne vorgängige schriftliche Genehmigung des Regierungs- und Forstraths[9]) nicht abweichen.

Wird durch unvorhergesehene dringende Umstände eine Abweichung vom Plane nothwendig, und vom Regierungs- und Forstrath[9]) gestattet, so ist dessen schriftliche Genehmigung bei Einreichung der Naturalrechnung dem Regierungs- und Forstrath[9]) mit vorzulegen, damit von ihm und dem Oberforstmeister die zur Rechnungs-Justifikation erforderlichen Genehmigungsvermerke resp. Bescheinigungen ertheilt werden können.

Als Abweichungen vom Hauungsplane, für welche vorher Genehmigung eingeholt werden muß, sind jedoch kleine Differenzen in den Ergebnissen der einzelnen Schläge ebensowenig anzusehen, wie der Einschlag von Windbruch-, Trockniß-, Borkenkäfer- und Diebstahls-Hölzern oder von einzelnen kleinen Nutzholzsortimenten an geringen Durchforstungsstangen, oder von verdämmenden Weichhölzern, deren Aushieb im Interesse der Holzzucht nothwendig ist.

Der Oberförster ist aber dafür verantwortlich, daß der Isteinschlag im Ganzen durch sein Verschulden keinenfalls das genehmigte Einschlagssoll überschreitet.

§. 8. [Anweisung und Auszeichnung der Schläge.] Von dem genehmigten Hauungsplan hat der Oberförster rechtzeitig vor Beginn des Hiebes jedem Förster einen Auszug für seinen Schutzbezirk zu übergeben, und die zu führenden Schläge dem Förster an Ort und Stelle unter Ertheilung sachgemäßer Instruktion anzuweisen.

Die Auszeichnung der in den Vorbereitungs-, Besamungs- und Auslichtungs- und in den schwierigen Durchforstungs-Schlägen der Hochwaldungen, sowie der in den Mittelwalds-Schlägen vom Oberbaume zu fällenden Stämme, beziehungsweise die Auszeichnung der Samenbäume in Nadelholz-Samenschlägen und der in den Kahl- und Abtriebsschlägen als Waldrecht oder sonst zweckmäßig noch überzuhaltenden Stämme, muß der Oberförster als eines seiner wichtigsten Dienstgeschäfte rechtzeitig unter Zuhülfenahme der Förster selbst besorgen, unbeschadet der dem Regierungs- und Forstrath[9]) zustehenden Befugniß selbstthätiger Theilnahme an der Schlagauszeichnung.

Steht dem Oberförster ein Revierförster zur Seite, so kann er diesem die Schlagauszeichnungen übertragen; er bleibt jedoch für die Ausführung verantwortlich, wenn er dem Revierförster nicht an Ort und Stelle die erforderliche Anweisung ertheilt hat.

Nur für die gewöhnlichen Durchforstungen und Läuterungen, sowie für den Überhalt an Laßreideln im Mittel- und Niederwalde kann der Oberförster die Auszeichnung dem Förster übertragen; er bleibt jedoch für die sachgemäße Ausführung verantwortlich, wenn er nicht eine größere, besonders zu bezeichnende Probefläche vorgezeichnet hat. Sind Auszeichnungen dieser Art dem Revierförster übertragen, so hat dieser die volle Verantwortlichkeit, auch wenn ihm der Oberförster eine Probefläche nicht vorgezeichnet hat.

§. 9. [Hauerlohnstarif.] Die Vorschläge zu den Hauerlohnstarifen sind in der Regel nur alle sechs Jahre vom Oberförster vollständig neu aufzustellen, und jedesmal im fünften Jahre der Etatsperiode, gleichzeitig mit den Vorschlägen zu den Holztaxen, der Regierung bis zum 1. Juli einzureichen (§. 21).

Wenn im Laufe einer solchen sechsjährigen Periode Aenderungen nothwendig werden, sind solche vom Oberförster bei der Regierung zu beantragen.

Die Hauerlohntarifsätze sind so zu bemessen, daß sie dem Arbeiter bei gehörigem Fleiße einen dem ortsüblichen Tagelohn für schwere Arbeit entsprechenden Verdienst gewähren. Sie sollen die Vergütung für sämmtliche Arbeiten enthalten, welche vom Anhiebe bis zur Abnahme des Schlages auszuführen sind, mit Ausschluß nur der event. außerdem zu bewilligenden Vergütung für ein etwa nothwendig werdendes Rücken des Holzes[12]).

§. 10. [Rückerlohn.] Neben dem Hauerlohn darf ein besonderes Rückerlohn, wo es erforderlich ist, nur dann gewährt werden, wenn das Holz auf eine weitere Entfernung als durchschnittlich circa 50 Schritt gerückt werden muß.

Die durch den Hauungsplan (§. 6) genehmigten Rückerlohnsätze sind als Maximal=Sätze zu betrachten, welche der Oberförster keinenfalls überschreiten darf. Ob das Rücken freihändig oder licitando zu verdingen, hat der Oberförster, wenn hierüber im Hauungsplane nicht besondere Anordnung getroffen ist, nach den Umständen, mit Rücksicht auf thunlichste Kostenersparniß, zu bemessen.

§. 11. [Annahme der Holzhauer. Hauordnung.] Ob zur Ausführung der Hauungen Entreprise=Kontrakte mit einzelnen Holzhauermeistern, oder schriftliche Verträge mit sämmtlichen Holzhauern abschließen, oder ob die Holzhauer nur mündlich mit Vorbehalt jederzeitiger Entlassung zu dingen sind, bestimmt die Regierung, welche, wenn schriftliche Verträge abgeschlossen werden sollen, die dazu zu verwendenden Druckformulare dem Oberförster zufertigt und durch eine Hauordnung den Holzhauerbetrieb ordnet.

Die Hauer= und Rückerlohnsätze bestimmt der Oberförster auf Grund des Hauerlohntarifs und des Hauungsplans. Er darf die hierin gestatteten Sätze ohne Genehmigung der Regierung nicht überschreiten, ist aber verpflichtet, jede, unbeschadet des Zwecks, zulässige Einsparung sorgfältig wahrzunehmen.

§. 12. [Beaufsichtigung der Schläge.] Die Anlegung der Holzhauer und die spezielle Beaufsichtigung der Schläge liegt zwar zunächst dem Förster ob, doch hat der Oberförster die Arbeit der Holzhauer bei möglichst häufiger Anwesenheit in den Schlägen gehörig zu kontroliren und darüber zu wachen, daß den Vorschriften über den Holzhauereibetrieb (Hauordnung) gehörig nachgekommen wird. Insbesondere liegt dem Oberförster ob, wegen sachgemäßer, den Absatzverhältnissen entsprechender, Aushaltung des Nutzholzes in jedem Schlage das Nöthige speziell anzuordnen.

§. 13. [Verlohnung des Holzes.] Die vom Förster nach den Formularen C. und C¹. aufzustellenden Holzwerbungslohnzettel hat der Oberförster zu prüfen, event. rücksichtlich der zu berechnenden Lohnbeträge zu vervollständigen und festzustellen und diese auf die Forstkasse zur Auszahlung anzuweisen. In der Regel ist der verdiente Lohn allwöchentlich anzuweisen.

Der Oberförster ist für die Richtigkeit aller Berechnungen auf dem Lohnzettel verantwortlich und hat darüber zu wachen, daß nicht mehr Holz verlohnt wird, als bereits aufgearbeitet ist. In den Lohnzetteln ist das neben dem Hauerlohn etwa zu gewährende Rückerlohn in der Regel nur mit seinen Einheitssätzen anzugeben, in den Summen aber beides zusammenzufassen. Wird Rücker-

---

[12]) Bei Aufstellung neuer Holztaxen sind die durchschnittlichen Werbungskosten lediglich in Uebereinstimmung mit dem von der Regierung gleichzeitig zu genehmigenden Hauerlohntarife festzustellen. Die durchschnittlichen Rückerlöhne finden mithin bei den der Holztaxe vorzutragenden Werbungskosten keine Berücksichtigung mehr Vf. 6. Nov. 80 (DJ. VIII. 70).

lohn nur für einen Theil des aus einem Schlage erfolgenden Holzes gezahlt, oder ist dasselbe von anderen Personen als denen, welche das Hauerlohn erhalten, verdient, so ist das Rückerlohn getrennt vom Hauerlohne (cfr. Beispiel auf C¹.) event. durch besondere Lohnzettel festzustellen und anzuweisen.

§. 14. Für jede Position des Hauungsplans müssen die Lohnzettel gesondert aufgestellt werden. In Lohnzetteln über Holzeinschlag aus der Totalität, welche Material aus verschiedenen Bestands-Abtheilungen (Kontrolflächen) enthalten, ist das Material nach diesen Abtheilungen gesondert aufzuführen.

Die Lohnzettel über Holz in den regelmäßigen Schlägen sind so lange als Abschlags-Lohnzettel zu behandeln und zu bezeichnen, bis der Schlag beendet ist, und der Schlußlohnzettel, d. h. der Lohnzettel über das gesammte Material des beendeten Schlages, einschließlich des noch nicht verlohnten Restes, auf= gestellt wird.

Dieser Schlußlohnzettel darf erst ausgestellt werden, nachdem der Oberförster die Abnahme des Schlages (§. 18) bewirkt hat. In dem Schlußlohnzettel ist das gesammte Material des beendeten Schlages zu verlohnen und die darauf noch zu leistende Zahlung dadurch zu berechnen, daß von der Gesammtsumme des für den ganzen Schlag verdienten Lohnes die angewiesenen Abschlagszahlungen, unter Angabe des Datums der Abschlagslohnzettel, abgerechnet werden.

Die Quittung des Empfängers muß über den gesammten Lohnbetrag für den ganzen Schlag lauten.

Der Schlußlohnzettel dient zum Rechnungsbelage, die Abschlagslohnzettel werden, nachdem sie vom Rendanten mit dem Kassationsvermerke versehen sind, dem Geldempfänger bei Bezahlung des Schlußzettels zurückgegeben und von ihm dem Oberförster zur Vernichtung ausgehändigt.

Die festgestellten Lohnzettel hat der Oberförster in das mit Beginn des Wirthschaftsjahres anzulegende Holzwerbungskosten-Manual (§. 15) einzutragen und dem Holzhauermeister oder dem sonst von den Arbeitern dazu bevollmächtigten Holzhauer zu übergeben, welcher darauf bei der Forstkasse den Lohnbetrag erhebt.

§. 15. [Holzwerbungskosten=Manual (Holzeinnahme=Manual).] Das Holzwerbungskosten=Manual, welches zugleich als Holzeinnahme=Manual dient, soll alle aufgewendeten Werbungskosten und zugleich alles aufgekommene Holzmaterial nachweisen. Es wird beim Beginne des Wirthschaftsjahres nach dem Schema D. angelegt, indem, für jeden Schutzbezirk mit einem neuen folio beginnend, jede Position des Hauungsplans dergestalt verzeichnet wird, daß für sie ein angemessener Raum zu den im Laufe des Jahres zu erwartenden Ein= tragungen bleibt und am Schlusse jedes Schutzbezirks ein Konto für dessen Totalitäts=Hiebe bestimmt wird. Auf diese schutzbezirksweise geordneten einzelnen Kontos werden dann die einzelnen Lohnzettel 2c. nach der Reihenfolge ihres Eingehens mit dem angewiesenen Lohnbetrage und die Schluß=Hauerlohnzettel auch mit ihrem Materiale verzeichnet. Von Lohnzetteln, welche nur Rückerlohn enthalten, wird das Material nicht in das Manual eingetragen, da es bereits von dem entsprechenden Hauerlohnzettel in das Manual übernommen ist.

Rücksichtlich des Materials erfolgt die Eintragung unter Zusammenfassung der verschiedenen Holzgattungen nach folgenden vier Rubriken:

1. für Eichen;
2. gemeinschaftlich für Buchen, Rüstern, Eschen, Ahorn, Weißbuchen und Obstbäume;
3. gemeinschaftlich für sonstige Laubhölzer — Birken, Erlen, Linden, Pappeln, Weiden und alle Strauchgattungen;

4. für Nadelholz.

Sofern auf dem Lohnzettel wegen verschiedener Lohnsätze noch mehr Holzgattungen gesondert werden müssen, sind sie auch im Holzwerbungskosten-Manuale dergestalt getrennt einzutragen, daß sie innerhalb derjenigen der vorstehend bestimmten vier Rubriken, zu welcher sie gehören, eine jede auf besonderer Linie, unter einander verzeichnet werden.

Alles Holzmaterial, welches ohne Aufwendung von Werbungskosten zur Vereinnahmung kommt, muß gleichfalls, jedoch mit rother Tinte, in das Holzwerbungskosten-Manual auf das betreffende Konto gleich nach der Abnahme oder rücksichtlich der Einnahme aus der Totalität wenigstens monatlich summarisch eingetragen werden.

Am Schlusse des Wirthschaftsjahres wird jeder Schutzbezirk für sich nach dem durch die Holzhauer aufgearbeiteten Materiale und den darauf verwendeten Werbungskosten auf besonderer Linie mit schwarzer Tinte und nach dem ohne Aufwendung von Werbungskosten vereinnahmten Materiale wieder auf besonderer Linie mit rother Tinte abgeschlossen[13]).

Diese für die einzelnen Schutzbezirke gezogenen Summen werden mit gleicher Sonderung des mit und des ohne Werbungskosten erfolgten Materials schwarz resp. roth rekapitulirt und aufsummirt und schließlich in eine Hauptsumme vereinigt, welche die Einnahme der Natural-Rechnung unter Titel III (§. 42) bildet.

§. 16. [Holzwerbungskosten-Rechnung.] Das so abgeschlossene Manual ist nunmehr, unter Weglassung aller nur auf Abschlagszahlungen bezüglichen Eintragungen, das Konzept der Holzwerbungskosten-Rechnung, welcher die Schlußlohnzettel und event. die Verhandlungen über Verdingung der Schläge an Akkordanten als Beläge beizufügen sind.

Die Lohnzettel hat der Oberförster von der Forstkasse gegen Quittung sich zurückgeben zu lassen.

Das Mundum der Holzwerbungskosten-Rechnung ist vom Oberförster unter Beifügung des Konzepts (Manuals) und aller Beläge bis spätestens den 1. November[10]) durch den Regierungs- und Forstrath[9]) an die Regierung einzureichen.

Die Holzwerbungskosten-Rechnung wird dann mit der Bescheinigung des Regierungs- und Forstraths[9]) und dem Atteste der Regierungs-Forstkalkulatur versehen, nebst den Belägen der Forstkasse als Ausgabebelag für die Geldrechnung zugestellt, während das in gleicher Weise bescheinigte Konzept (das Manual) dem Oberförster zur Aufbewahrung zurückgegeben wird.

§. 17. [Holztransportkosten.] Wenn außer den gewöhnlichen Holzwerbungskosten (worunter alle Aufwendungen verstanden werden, welche für das Fällen und Aufarbeiten, sowie für das Rücken und Aufsetzen an einer dem Wirthschafts- und Verjüngungsbetriebe nicht hinderlichen und für die Abfuhr geeigneten Stelle erforderlich sind, und bis zur Abnahme des Holzes durch den Oberförster

---

[13]) Auch alle für Läuterungs- und Durchforstungshiebe, sowie durch das Ausästen von Stämmen behufs der Bestandpflege entstandenen Kosten sind, selbst wenn der Erlös für das gewonnene Material diese Kosten nicht deckt, mit ihrem ganzen Betrage in der Holzwerbungskosten-Rechnung zu berechnen, sobald es sich um überhaupt verwerthbares Material handelt. Die Kosten für die Ausläuterung nicht verwerthbaren Materials dagegen sind aus dem Forstenkulturfond zu bestreiten Vf. FM. 9. Jan. u. 23. März 75 (DJ. VIII. 288. 291).

(§. 18) erwachsen) noch besondere Transportkosten an Fuhr- und Flösserlöhnen aufgewendet werden, um den Absatz zu erleichtern, so wird wegen Verdingung und Verrechnung dieser dem Taxwerthe zutretenden Transportkosten von der Regierung besondere Anordnung getroffen. In der Regel ist über solche Kosten eine besondere Holztransportkosten-Rechnung, in analoger Weise wie die Holzwerbungskosten-Rechnung zu führen resp. zu legen.

§. 18. [Abnahme der Schläge und Aufstellung der Holzabzählungs-Tabellen.] Ist der Hieb in einem Schlage oder einem zu besonderer Abnahme bestimmten Theile resp. Sortimente desselben beendigt, und das eingeschlagene Holz von dem Förster aufgemessen, nummerirt und in das Nummer- und Anweisebuch eingetragen, so erfolgt die Abnahme durch den Oberförster nach Maßgabe der Dienst-Instruktion für die Förster, wobei der Oberförster jeden einzelnen Posten nachzuzählen, soweit es erforderlich ist, um die Vertretung der Richtigkeit der Maße übernehmen zu können, nachzumessen, mit den Eintragungen im Nummerbuche zu vergleichen, und mit dem Revierhammer neben der Nummer anschlagen zu lassen hat.

Nach dem auf Grund dieser Abnahme vorschriftsmäßig abgeschlossenen und bescheinigten Nummerbuche fertigt der Oberförster unter Anwendung eines den Beispielen E. und E¹. ähnlichen Druckformulars, welches dem Nummerbuche des Försters konform sein muß, „die Holzabzählungs-Tabelle".

Diese ist in derselben Weise wie jenes Nummerbuch abzuschließen und mit demselben Abnahme-Vermerke, unter schriftlicher Vollziehung des Oberförsters und Försters, zu versehen.

Der Oberförster ist für die Richtigkeit der Abzählungstabelle, insbesondere auch für die Richtigkeit der in derselben nach der amtlichen Kubiktabelle angegebenen Kubikmasse jedes Nutzholzstammes verantwortlich.

Für jeden Fehler, welcher bei Revision der Abzählungstabellen rücksichtlich der Kubikzahlen gefunden wird, hat der Oberförster eine von der Regierung zu bestimmende Ordnungsstrafe zu gewärtigen.

Der Oberförster hat mit Sorgfalt darauf zu achten, daß die Jagen resp. Distrikte und Abtheilungen, aus denen das Holz erfolgt ist, richtig verzeichnet werden, damit das Kontrolbuch nach den Abzählungstabellen richtig geführt werden kann.

Neben der Holzeinnahme ist in der Abzählungstabelle auch die Ausgabe nachzuweisen und zwar:

a) für das aus freier Hand verkaufte, oder sonst abgegebene Holz durch Eintragung des Namens und Wohnortes des Holzempfängers und der Ordnungsnummer des Holzverabfolgezettels und

b) für alles im Wege der Versteigerung verkaufte Holz durch Angabe des Datums der Versteigerungsverhandlung, wodurch jedoch nicht ausgeschlossen wird, daß von den für die Ausgabe bestimmten Spalten nach Bedürfniß auch bei Versteigerungen durch Eintragung der Namen der Käufer und des Meistgebotes statt eines Duplikats der Versteigerungsverhandlung Gebrauch gemacht wird.

Auf der letzten Seite jeder für eine Bestandes-Abtheilung resp. Kontrolfläche geführten Abzählungstabelle ist eine vollständige Rekapitulation zu fertigen, nach welcher die Eintragung des erfolgten Materials in das Kontrolbuch bewirkt wird. Ebenso ist am Schlusse der über die kleineren außerordentlichen Holzeinnahmen gemeinschaftlich für jeden Schutzbezirk zu führenden Abzählungstabelle das vereinnahmte Material für die Eintragung in das Kontrolbuch nach Jagen resp. Distrikten und Kontrol-Abtheilungen zusammengefaßt zu rekapituliren.

§. 19. [**Aufnahme der ohne Werbekosten zur Vereinnahmung gelangenden Hölzer in die Holzabzählungs-Tabelle.**] Sollte ausnahmsweise der Verkauf oder die Abgabe stehenden Holzes und der Einschlag desselben durch die Empfänger genehmigt werden, so wird über das hierbei zu beobachtende Verfahren und die Einrichtung der über eine derartige Holzeinnahme zu führenden Abzählungstabelle Seitens der Regierung besondere Anweisung ergehen.

Bei dem durch die Holzempfänger selbst gewonnenen Stockholze oder manchen kleinen Nutzholzsortimenten, deren Aufarbeitung zuweilen zweckmäßig dem Empfänger überlassen wird, ist die Abnahme des gehörig aufgesetzten, nummerirten und in das Nummerbuch des Försters eingetragenen Materials und die Verzeichnung desselben in die Abzählungstabelle nach den Vorschriften des §. 18 zu bewirken.

Einzelne geringe Windfälle, Wind-, Schnee- und Eisbrüche und Frevelhölzer, welche etwa in kleineren Quantitäten als ein Raumkubikmeter im Walde zerstreut umherliegen, darf der Oberförster, wenn deren Aufarbeitung durch Holzhauer wegen unverhältnißmäßigen Zeit-, Mühe- und Kostenaufwandes nicht rathsam, die schleunige Verwerthung aber, um der Entwendung vorzubeugen, nothwendig ist, auch unaufgearbeitet verkaufen.

Die Vereinnahmung dieses Materials in der Abzählungstabelle erfolgt auf Grund der vom Förster zu bewirkenden Aufnahme im Nummerbuche, und der vom Oberförster, soweit es thunlich ist, auch selbst vorzunehmenden örtlichen Besichtigung und Abnahme.

§. 20. [**Buchung im Holzvorrathsbuche.**] Nach jeder Holzabnahme vergleicht der Oberförster das abgenommene Material mit dem eingehenden Schlußlohnzettel und bewirkt dessen Buchung im Holzeinnahme- und Werbungskosten-Manuale (§. 15).

Wo die Regierung es für angemessen erachtet, die Führung eines Holzvorrathsbuchs, Formular F., anzuordnen, ist nach jeder Holzabnahme das abgenommene Material auch in dieses einzutragen.

Das Vorrathsbuch hat den Zweck, zu jeder Zeit summarisch bei jeder Hiebsposition den Stand des Ist-Einschlages gegen das Einschlags-Soll des Hauungsplanes und den Sollvorrath an Material in jeder Hiebsposition nachzuweisen.

Zu diesem Behufe ist dasselbe so einzurichten, daß für jede Position des Hauungsplans, sowie für die Erträge aus der Totalität ein besonderes Konto bestimmt wird.

Die Einnahmen sind auf Grund der Abzählungstabellen auf einer Zeile für jede Abnahme sofort, nachdem diese bewirkt ist, und zwar für das mit Aufwendung von Werbungskosten gewonnene Material mit schwarzer Tinte, für das übrige Material mit rother Tinte einzutragen. Am Jahresschlusse verbliebene unverwerthete Materialbestände werden in gleicher Weise, wie eine neue Abzählung in das neue Vorrathsbuch, jedoch in einem besonderen Abschnitte I. als „Bestände aus dem vorigen Wirthschaftsjahre" übertragen.

Die Ausgaben werden für meistbietend verkauftes Holz nach dem Licitationsprotokolle, vor dessen Abgabe an die Kasse, für freihändige Holzabgaben nach dem Holzverabfolgezettel, vor dessen Weggabe, auf einer Linie für jedes Ausgabe-Dokument eingetragen.

Jedes Konto des Vorrathsbuches wird in Einnahme am Schlusse des Wirthschaftsjahres (ultimo September), in Ausgabe am Schlusse des Rechnungsjahres aufsummirt und so abgeschlossen, daß der etwa verbliebene Bestand sich ergiebt.

Eine Rekapitulation der Summen aller Einnahmekontos am Schlusse des Wirthschaftsjahres muß in ihrer Totalsumme mit der Schlußsumme des Holzwerbungs-Manuals genau übereinstimmen.

Zweites Kapitel.
Von der Holzverwerthung.

§. 21.   [Ueber die Holzverwerthung im Allgemeinen.]   Die Holzverwerthung liegt dem Oberförster ob. Die dabei zum Anhalt zu nehmenden Holztaxen werden nach den desfallsigen besonderen Bestimmungen in der Regel von 6 zu 6 Jahren aufgestellt (§. 9). Er ist dafür verantwortlich, daß dieselbe sachgemäß, rechtzeitig und stets so erfolgt, wie es erforderlich ist, um bei thunlichster Berücksichtigung der Bedürfnisse und Wünsche der Konsumenten und Holzkäufer, eine möglichst hohe Geldeinnahme zu erlangen.

Die Holzverwerthung ist thunlichst zu beschleunigen, darf aber erst beginnen, nachdem in dem betreffenden Schlage oder in einem abgesonderten Theile desselben, oder wenigstens für ein und dasselbe Sortiment der Einschlag vollständig beendigt und das Material abgenommen ist.

§. 22.   Zu jeder Holzabgabe muß ausgestellt werden:

1. ein Holzverabfolgezettel, welcher

    a) die Forstkasse zur Quittungsleistung über den Geldempfang und bei freihändigen Holzabgaben auch als vorläufige Gelderhebungs-Anweisung,

    b) dem Holzempfänger als Legitimation zum Holzempfange,

    c) dem Forstschutzbeamten als unbedingt nothwendige und allein vollgültige Autorisation zur Anweisung und Verabfolgung des darauf bezeichneten Holzes dient, und

2. eine Gelderhebungs-Urkunde oder Liste, welche die von der Forstkasse für das Holz zu erhebende Solleinnahme nachweist, und (§. 24) je nach der Art der Holzabgabe in verschiedener Form ausgefertigt wird.

Diese Erhebungs-Urkunde wird nach bewirkter Einziehung des Geldes von der Forstkasse dem Oberförster zurückgegeben und dient als Ausgabebelag für die Naturalrechnung.

Jede Erhebungs-Urkunde ist am Schlusse mit der Formel:

Festgestellt auf die zu erhebende Summe von
(in Zahlen und Buchstaben)
Datum und Unterschrift des Oberförsters

zu versehen.

Nur wenn etwa eine Holzabgabe zu leisten wäre, für welche gar keine Zahlung zu fordern ist, bedarf es der Ausfertigung einer Erhebungs-Urkunde nicht, und genügt in solchem Falle ein Holzverabfolgezettel mit der demselben vom Oberförster zu gebenden Unterschrift:

„ohne alle Bezahlung".

§. 23.   [Holzausgabe-Manual.]   Alle Holzausgaben müssen unmittelbar nach Ausfertigung der vorstehend sub 2. gedachten Urkunde, bevor der Oberförster dieselbe abgiebt, mit deren Schlußsumme im Holz-Manual auf einer Linie gebucht werden.

Das Holz-Manual wird nur für die Natural-Ausgabe und Soll-Einnahme an Geld geführt, indem das Holzwerbungskosten-Manual zugleich als Holz-Einnahme-Manual dient.

Das Holz-Manual ist, da es das Konzept der Naturalrechnung bilden soll, unter Anwendung des Formulars G. genau nach den Abtheilungen und Positionen des Natural-Etats anzulegen.

Die Eintragungen erfolgen bei den betreffenden Positionen im Laufe des Jahres in chronologischer Ordnung auf Grund der Erhebungs-Urkunde, oder für ohne alle Bezahlung zu leistende Holzabgaben der Abfuhrzettel, sowie der Licitations-Protokolle summarisch auf einer Linie, wobei die Holzarten nach den im §. 15 gedachten vier Rubriken zusammenzufassen sind.

Der Abschluß der einzelnen Positionen, sofern eine mehrmalige Abgabe bei ihnen erfolgt ist, und der einzelnen Abtheilungen und Titel wird erst am Jahresschlusse dergestalt bewirkt, wie es für die Rechnungslegung (§. 43) nothwendig ist.

§. 24. [Die verschiedenen Arten der Holzabgaben.] Die Holzabgaben erfolgen entweder:

> aus freier Hand oder
> im Wege der öffentlichen Versteigerung.

Die letzte Art der Holzabgabe gilt als Regel, und es bedarf zu derselben für den Oberförster keiner besonderen Anweisung oder Autorisation. Zu Holzabgaben aus freier Hand ist dagegen eine besondere Veranlassung resp. Ermächtigung erforderlich.

§. 25. [Die Holzabgabe aus freier Hand.] Die Holzabgaben aus freier Hand erfolgen entweder:

A. ganz frei resp. gegen geringere als taxmäßige Bezahlung, oder
B. gegen Bezahlung des Taxpreises resp. eines anderweitig festgesetzten Verkaufspreises.

Ermächtigt wird der Oberförster zur Holzabgabe aus freier Hand:

a) rücksichtlich der „bestimmten Holzabgaben unter der Taxe" durch den Etat Abtheilung A. I. oder denselben abändernde Regierungs-Verfügungen;

b) rücksichtlich der im Etat unter Abtheilung A. II. verzeichneten „unbestimmten Holzabgaben unter der Taxe" durch specielle Anweisung der Regierung für jeden einzelnen Fall, soweit nicht wegen gewisser Holzabgaben dieser Art, wie z. B. wegen des Freibrennholzes der Forstbeamten, generelle Anweisung ertheilt ist [14]);

c) rücksichtlich der Holzabgaben für die Taxe oder sonstige Verkaufspreise, theils durch specielle Anweisung, theils durch generelle Verfügung der Regierung, welche die den Oberförstern nach den Lokalverhältnissen beizulegende Befugniß in Betreff des Holzverkaufs aus freier Hand bestimmt.

---

[14]) Die Zulässigkeit der Verwendung der f. Kulturzwecke erforderlichen Hölzer ist seitens der Regierung nicht von ihrer vorherigen speciellen Anweisung für jeden einzelnen Fall abhängig zu machen, sondern durch generelle Verfügung auszusprechen und die Genehmigung solcher Holzabgaben nachträglich zu ertheilen, wenn bei Aufstellung des Kulturplanes die Nothwendigkeit des Bedarfs an diesem Material nicht hat vorgesehen werden können Vf. FM. 18. Januar 75 (DJ. VIII 395).

Für alle Holzabgaben aus freier Hand hat der Oberförster die Holzverabfolgezettel auszustellen. Jedem Zettel ist eine besondere Ordnungs=Nummer zu geben, und zwar in zwei gesonderten, je mit 1 zu Beginn des Wirthschaftsjahres anfangenden und durch das ganze zugehörige Wirthschaftsjahr fortlaufenden Nummerfolgen, und zwar:

A. für alle zur Abtheilung A. des Etats gehörenden Holzabgaben, wozu die Zettel (Anlage H.) auf röthlichem Papiere,

B. für alle übrigen freihändigen Holzabgaben, wozu die Zettel (Anlage J.) auf grünlichem Papiere gedruckt werden.

Nachdem die Holzabgabe in der Abzählungstabelle unter Verzeichniß des Empfängers und der Zettelnummer bei den betreffenden Holznummern, sowie im Holzvorrathsbuche, wo solches geführt wird, notirt und in die entsprechende Gelderhebungs=Urkunde eingetragen worden, ist dem Holzempfänger der Holzverabfolgezettel zuzustellen, um ihn bei der Forstkasse als vorläufige Anweisung zur Erhebung des Geldbetrages zu präsentiren, ihn nach Bezahlung des Geldes quittirt zurückzuerhalten und ihn schließlich dem Förster gegen Ueberweisung des Holzes abzuliefern.

§. 26. Der Oberförster hat über freihändige Holzabgaben folgende Hebelisten aufzustellen:

1. Für jede ganz frei oder gegen geringere als taxmäßige Bezahlung zu leistende Holzabgabe ist eine Werthsberechnung zu fertigen, in welcher

a) der Taxwerth des abzugebenden Holzes,

b) der Betrag der dafür zu leistenden Zahlung (Solleinnahme) anzugeben und hieraus

c) der Verlust gegen die Taxe zu berechnen ist.

Jede Etatsposition wird hierbei genau wie im Etat und in der Natural=Rechnung besonders behandelt.

Um die Zahl der Beläge zur Natural=Rechnung nicht unnöthig zu vermehren, sind diese Werthsberechnungen thunlichst auf einem Blatte mit der zu den Belägen für die Holzabgaben dieser Art erforderlichen Quittung der Holzempfänger über den Empfang des Holzes aufzustellen, oder sie sind, soweit für unbestimmte Holzabgaben besondere Anweisungen — Assignationen — Seitens der Regierung ertheilt werden, unter diese zu setzen, auf welchen auch die Holzempfänger zugleich ihre Quittung über den Empfang des Holzes ausstellen können.

Nur wo diese Vereinfachung, wie z. B. bei sehr großen Bauholzabgaben, nicht ausführbar ist, oder wo überhaupt eine besondere Quittung des Holzempfängers zur Rechnung nicht gefordert wird, ist die Werthsberechnung in einer besonderen Nachweisung aufzustellen.

Diese als Erhebungsliste für die Forstkasse dienende Werthsberechnung, worauf die zur Soll=Einnahme zu stellende und zu erhebende Summe vom Oberförster mit der (§. 22) vorgeschriebenen Formel: „Festgestellt 2c." zu verzeichnen ist, hat der Oberförster nach erfolgter Notirung im Soll=Einnahmebuche und im Holzmanuale und Beisetzung der Nummern, unter welchen diese Buchung erfolgt ist, zugleich mit dem Holzverabfolgezettel, oder spätestens bis zum 25. des Monats, in welchem der Zettel ausgestellt ist, an die Forstkasse zu befördern.

Sofern die auf eine Etatsposition zu leistenden Holzabgaben nicht mit einem Male, sondern nach und nach bewirkt werden, können die einzelnen Erhebungslisten auch ohne Beifügung der Werthsberechnung, eventuell monatlich, ausgefertigt und der Kasse zugestellt werden. Die Werthsberechnung ist dann erst nach Beendigung der gesammten Holzabgaben aufzustellen.

Wenn für eine Holzabgabe gar keine Zahlung zu leisten ist, muß zwar die Werthsberechnung auch gerechtfertigt und als Rechnungsbeleg verwendet werden, es bedarf aber in diesem Falle der Uebersendung an die Forstkasse nicht.

Für die Beschaffung der erforderlichen Quittung des Holzempfängers hat der Oberförster zu sorgen. Es ist möglichst dahin zu streben, daß die Quittungs-leistung Zug um Zug mit der Uebergabe des Holzverabfolgezettels erfolgt, jedenfalls aber darauf zu halten, daß die Abfuhre des Holzes nur nach erfolgter Ausstellung der vorschriftsmäßigen und ohne Vorbehalt geleisteten Quittung über den Empfang des Holzes gestattet wird.

§. 27. 2. Ueber die zu Abtheilung B. des Etats gehörenden freihändigen kleinen Holzverkäufe, zu denen der Oberförster generell ermächtigt ist, hat er zwei Verkaufs-Nachweisungen nach dem Formular K. zu führen und zwar:

a) eine über etwaige Holzverkäufe für die Taxe,
b) die andere über Verkäufe für den Durchschnittspreis oder andere höher als die Taxe festgestellte Verkaufspreise.

Diese Nachweisungen sind, so oft es angemessen ist, längstens aber am 25. jeden Monats abzuschließen und als Erhebungsliste nach vorheriger Buchung im Holzausgabe-Manuale und Soll-Einnahmebuche an die Kasse zu befördern. Wenn aber auf Grund besonderer Anweisung der Regierung zu den eigenen Bauten der Forstverwaltung, oder an andere Königliche Verwaltungen, oder auch in größeren Quantitäten an Privaten eine Holzabgabe geleistet wird, so ist darüber jedesmal eine besondere Erhebungsliste, welche zur Rechnungslegung mit der betreffenden Anweisung der Regierung justificirt werden muß, nach dem Formular K. aufzustellen und nach erfolgter Notirung im Soll-Einnahmebuche und Holzmanuale an die Forstkasse zur Einziehung des Geldbetrages abzugeben.

§. 28. Der Oberförster ist ermächtigt, ausnahmsweise:

a) in dringenden, durch Feuer-, Wasser-, Wind- und andere Schäden herbeigeführten, nicht vorher zu sehenden Bedarfsfällen einzelne Nutz-holzstämme,
b) an unbemittelte Personen, zum Brennbedarf derselben, Stock- und Reiser-Brennholz,
c) an die Holzhauer das zu Keilen, Aexten, Schlägeln, Sägen und sonstigen Arbeitsgeräthe erforderliche Holz,
d) wo es im Interesse des Absatzes und Forstschutzes angemessen ist, Stangen- und Reiser-Nutzholz, überhaupt die sogenannten „kleinen Nutzholz-Sortimente",
e) zur rechtzeitigen sicheren Verwerthung einzelne vom Winde oder Schnee geworfene oder gebrochene, oder Holzdieben abgenommene Stämme,
f) solche Hölzer, welche bereits zweimal in der Licitation ausgeboten sind, aber ein annehmbares Gebot nicht erlangt haben,

aus freier Hand zu verkaufen. In den Fällen sub f. müssen in der betreffenden Erhebungsliste die Licitationen, in denen das Holz vergeblich ausgeboten ist, nach ihrem Datum bezeichnet werden.

Ein solcher freihändiger Verkauf ist in der Regel nach einem Durchschnitts-preise zu bewirken, welchen, wenn die Regierung nicht anderweite Anweisung ertheilt, der Oberförster nach pflichtmäßigem Ermessen für jeden einzelnen Fall, nach dem jedesmaligen Stande der Holzpreise, wie solcher in den Holzver-steigerungen sich darstellt, und nach den sonstigen Verhältnissen, namentlich nach Lage und Beschaffenheit des Holzes, zu bestimmen hat. Der Durchschnittspreis muß aber so gewählt werden, daß er mindestens 10 Procent über der Taxe steht und mit Zehnteilen einer Mark abschließt. Es soll jedoch dem Ermessen des Oberförsters überlassen bleiben, in den vorstehend unter b. bis f. erwähnten Fällen auch den Verkauf für die Taxe zu bewirken.

Freihändiger Verkauf von Holz unter der Taxe ist ohne höhere Genehmigung nicht statthaft.

In den Fällen sub a. bis e. darf der Oberförster an einen Käufer im Laufe eines Jahres keinesfalls mehr als für ein Kaufgeld von höchstens 100 Mk.[15] freihändig überlassen. Für den Fall sub f. tritt diese Beschränkung nicht ein.

§. 29. [Bauholzabgabe an Berechtigte.] In Betreff der an Berechtigte zu leistenden unbestimmten Bauholzabgaben ist folgendes Verfahren zu beobachten:

Nachdem die Anschläge über den Bauholzbedarf dem Oberförster zur vorläufigen Kenntnißnahme und zur Bescheinigung: ob die veranschlagten Hölzer aus den Schlägen des nächsten Wirthschaftsjahres abgegeben werden können, vorgelegen haben, müssen die Holzanweisungen der Regierung in der Regel, und wenn auf deren Realisirung mit Bestimmtheit gerechnet werden soll, bis spätestens zum 1. November in die Hände des Oberförsters gelangt sein.

Der Oberförster fertigt alsdann für die betreffenden Förster specielle Auszüge aus der Holzassignation, nach welchen die abzugebenden Stämme schon während des Hiebes mit möglichst geringen Opfern für die Forstverwaltung und namentlich dergestalt auszuhalten sind, daß es später nicht etwa nöthig wird, werthvolle Stücke in zwei oder mehrere weniger werthvolle Stücke zu zerschneiden, und daß die Hölzer möglichst genau in den assignirten Dimensionen abgegeben werden. Wenn die Stärke-Dimensionen sich nicht ganz genau nach der Assignation innehalten lassen, so muß der Oberförster die Abweichungen als unvermeidlich und als dem fiskalischen Interesse nicht nachtheilig vertreten, jedenfalls aber die Summe der assignirten Kubikmasse für die einzelnen Sortimente und im Ganzen bei der Holzabgabe möglichst genau einhalten. Unter allen Umständen müssen, bei Vermeidung der nach Befinden eintretenden Strafe der Rechnungsfälschung, in den Werthsberechnungen, und selbstverständlich auch in allen Natural-Rechnungsbüchern, die Dimensionen genau so verzeichnet werden, wie sie bei den abgegebenen Hölzern in Wirklichkeit sich gefunden haben. Sollten sich in einzelnen besonders schwierigen und ungünstigen Fällen erheblichere Differenzen zwischen den assignirten und dem wirklich abgegebenen Holzquantum nicht vermeiden lassen, so muß die Genehmigung der Regierung hierzu eingeholt, und diese der Natural-Rechnung als Beleg beigefügt werden.

Die Bauholzabgaben an Berechtigte werden in der Natural-Rechnung belegt:

a) mit dem Holzanschlage;
b) mit der Holzassignation,
    mit welcher
c) die Quittung des Holzempfängers und
d) die Werthsberechnung resp. Erhebungsanweisung zu verbinden sind, und endlich
e) mit der Holzverwendungsbescheinigung, welche der betreffende Baubeamte nach Abnahme des Baues zu ertheilen und dem Oberförster zuzustellen hat.

---

[15] Vf. ML. 16. August 81 (DJ. XIII. 249); früher 45 M.

Gehen die Holzverwendungs-Atteste nicht rechtzeitig bis zur Absendung der Rechnung ein, so ist eine besondere Nachweisung über die noch fehlenden Verwendungs-Atteste unter Angabe der Ordnungs-Nummern der Rechnung, bei welchen sie fehlen, der Natural-Rechnung anzuheften, auf Grund welcher die Beibringung derselben zur nächsten Natural-Rechnung kontrolirt und in einer derselben anzuheftenden gleichen Nachweisung dargethan wird.

Bleiben die Verwendungs-Atteste länger, als in den Forstpolizeiverordnungen bestimmt ist, oder, wo solche Bestimmungen fehlen, länger als zwei Jahre aus, so hat der Oberförster der Regierung deshalb besondere Anzeige zu machen.

§. 30. [Abgabe von Brennholz und Nutzholz zum Bedarf für die Forstbeamten.] Der Oberförster hat mit Strenge darauf zu halten, daß in Betreff der Abgabe und Entnahme des freien Brennholzbedarfs der Forstbeamten die ertheilten Vorschriften pünktlich befolgt werden, und daß sowohl in seiner eigenen Wirthschaft, als auch bei seinen Untergebenen die gehörige Sparsamkeit im Brennholzverbrauche wahrgenommen und namentlich das Holz erst nach gehörigem Spalten und Austrocknen zum Brennen verwendet wird. In Beziehung auf die zulässigen Maximalquanta für das freie Brennholz der Forstbeamten ist Eichen-, Buchen-, Hainbuchen-, Rüstern-, Ahorn-, Eschen-, Obstbaum- und auch Birken-Holz[16]) zum harten Holze zu rechnen. Ueber jede Brennholzabgabe an einen Forstbeamten muß vom Oberförster ein Holzverabfolgezettel ausgestellt werden. Derselbe wird an die Forstkasse geschickt und der zu zahlende Geldbetrag wird dem Beamten, wenn er es nicht vorzieht, ihn sofort zu berichtigen, bei der nächsten Gehaltserhebung gegen Uebergabe des Zettels in Abzug gebracht. Jeder Zettel über Forstbeamtenbrennholz dient zugleich als Erhebungsanweisung für die Forstkasse, bei welcher dessen Geldbetrag ebenso zum Soll gestellt wird, wie er vom Oberförster in das Soll-Einnahmebuch einzutragen ist. Der Oberförster hat daher auf diesen Zetteln auch die Nummer des Soll-Einnahmebuchs zu notiren. Bei Anlegung des Holz-Manuals (§. 23) richtet der Oberförster für jeden Schutzbeamten ein besonderes Konto ein, bei welchem jeder Zettel gleich nach der Ausstellung einzutragen ist.

Am Jahresschlusse[10]) wird im Holz-Manuale[17]) die Summe des jedem einzelnen Beamten verabfolgten Materials und der dafür zu leistenden Zahlung gezogen und danach eine nur diese Summen enthaltende Nachweisung als Rechnungsbeleg gefertigt, welche bei der Rechnungsabnahme vom Regierungs- und Forstrath[9]) mit seinem Vidi oder seinen Bemerkungen zu versehen ist. In Uebereinstimmung mit dieser Nachweisung erfolgt die Verrechnung in der Natural-Rechnung für jeden einzelnen Beamten in einer Position.

§. 31. Dem Oberforstmeister, dem Regierungs- und Forstrath[9]) und den Forstkassenbeamten hat der Oberförster auf Erfordern ihren Brennbedarf gegen Zahlung der Taxe freihändig zu gewähren. Die Verausgabung erfolgt durch die monatlichen Verkaufs- und Erhebungslisten.

Dem Oberförster und den Forstschutzbeamten ist der freihändige Ankauf der für den eigenen Wirthschaftsbedarf erforderlichen Nutz- und Schirrhölzer ebenfalls gegen Zahlung der Taxe gestattet. Ueberschreitet jedoch der Taxwerth des von einem Beamten in einem Einzelfalle gewünschten Holzes für sich allein oder nach Hinzurechnung des in demselben Rechnungsjahre bereits angekauften Holzes den Betrag von 30 Mark, so darf in diesem Einzelfalle die beantragte Ueber-

---

[16]) Birkenholz ist jetzt zum weichen Holz zu rechnen Vf. ML. 3. April 01 (DJ. XXXIII. 180).

[17]) In dem Holz-Manual, welches mit dem 31. März in Ausgabe abschließt Anm. 10.

laffung des Holzes nur mit Genehmigung der Regierung und gegen Zahlung des von dieser zu bestimmenden Durchschnittspreises für das ganze neu beantragte Quantum stattfinden, während für das vorher etwa schon zur Taxe bezogene Quantum eine Abänderung nicht eintritt. Ueber sämmtliche Holzverkäufe an Nutz= und Schirrholz für die Forstbeamten des Reviers wird eine zu Ende des Jahres abzuschließende besondere Verkaufs= und Erhebungsliste geführt, welche nebst den etwaigen Regierungs=Verfügungen der Natural=Rechnung als Beleg beizufügen und mit ihren Schlußergebnissen auf einer Linie in der Rechnung nachzuweisen ist. In der Verkaufs= und Erhebungsliste erhält jeder Forst= beamte ein für sich abgeschlossenes Konto. — Bei der Forstkasse erfolgt die Buchung der Soll=Einnahme und die Erhebung der Kaufgelder auf Grund der Holzverabfolgezettel[18]).

§. 32. [Holzverkauf im Wege öffentlicher Versteigerung.] Alles Holz, welches nicht auf Grund des Natural=Etats oder besonderer Anweisung der Regierung oder ertheilter genereller Ermächtigung aus freier Hand abgegeben wird, ist zur öffentlichen Versteigerung zu stellen. Die Versteigerungen sind entweder

a) mit beschränkter Konkurrenz, oder
b) mit freier Konkurrenz

anzusetzen und abzuhalten.

Die Versteigerungen sub a. haben den Zweck, die Befriedigung des häus= lichen Bedarfs der Selbstkonsumenten, insbesondere der unbemittelten Einwohner, dadurch zu erleichtern, daß Holzhändler, Personen, welche Holz zum Gewerbe= betriebe kaufen wollen und notorisch wohlhabende Personen, vom Mitbieten aus= geschlossen werden.

Es sind in diesen Licitationen besonders die für den Lokaldebit geeignetsten Hölzer, namentlich auch Knüppel=, Reiser= und Stockholz in kleinen Loosen bis zu 1 Kubikmeter herab zum Verkauf zu stellen.

Zu Lizitationen dieser Art sind in der Regel während des Winters zwei Termine in jedem Monate und während des Sommers auch einige Termine zu bestimmen, und es sind diese Termine womöglich schon im Voraus auf mehrere Monate festzustellen und zu publiziren.

Die Versteigerungen mit freier Konkurrenz sind den Verhältnissen ent= sprechend anzuberaumen, und es ist bei ihnen, sofern sie nicht ausschließlich Handelshölzer zum Gegenstande haben, zuerst auch vorzugsweise die Befriedigung der Selbstkonsumenten bei Bildung der Loose zu berücksichtigen, bevor zum Ausgebot größerer Posten für Händler 2c. geschritten wird.

Es ist eine besonders wichtige Obliegenheit des Oberförsters, sich über die Bedürfnisse und Wünsche des Publikums in Beziehung auf den Holzverkauf gehörig zu informiren, um die Holzlicitation in einer diesen Bedürfnissen und Wünschen entsprechenden Weise anzuberaumen und einzurichten.

§. 33. Die Bekanntmachung der Versteigerungstermine ist, je nachdem eine beschränkte oder weitere Konkurrenz erzielt werden soll, in zweckmäßiger Weise,

---

[18]) Vf. FM. 31. Jan. 79 (DJ. XI. 38). Der ursprüngliche Text ist ge= ändert. — Auch an Forstunterer= heber kann Brennholz zum Hausge= brauch gegen Zahlung des Taxpreises freihändig verabfolgt werden. Sofern aber ein Untererheber etwa durch den Betrieb einer Gast= oder Landwirth= schaft u. s. w. einen über das gewöhnliche Maß hinausgehenden Bedarf an Brenn= holz hat, ist dafür der Licitations= Durchschnittspreis zu zahlen Vf. ML. 13. März 01 (DJ. XXXIII. 111).

den Verhältnissen entsprechend, durch den Oberförster zu bewirken. Für den Lokaldebit durch Cirkulare resp. Anschlag in öffentlichen Lokalen, Ausruf, Insertion in geeignete Lokalblätter, event. auch in das Amtsblatt; für Handelshölzer, zu denen Konkurrenz weiterer Kreise herangezogen werden kann, auch durch Insertion in geeignete größere öffentliche Blätter [19]), rücksichtlich der Lohrinden-Versteigerungen insbesondere auch in die Gerberzeitung.

Der Oberförster hat bei der Wahl der Publikationsmittel event. nach näherer Anweisung der Regierung aber auch zu beachten, daß die Kosten hierfür unbeschadet der Erreichung des Zwecks, thunlichst beschränkt und namentlich die Insertionskosten durch möglichst präcise Fassung der Inserate nicht unnöthig erhöht werden.

Die Publikationsdokumente und Bescheinigungen müssen zur Darlegung der gehörigen Bekanntmachung dem Versteigerungsprotokolle zu den Natural-Rechnungsbelägen vorgeheftet werden.

§. 34.   Die Versteigerungstermine selbst hält in der Regel der Oberförster, oder bei Handels-Holzverkäufen, welche mehrere Oberförstereien zugleich betreffen, event. der Regierungs- und Forstrath [9]), aber stets im Beisein des Oberförsters ab. Es ist jedoch der Regierung unbenommen, unter Umständen auch einen anderen Kommissarius für die Abhaltung eines Holzversteigerungstermins zu ernennen.

Der Oberförster hat dem Kassenbeamten [20]) und den betreffenden Förstern behufs Wahrnehmung der ihnen bei der Versteigerung obliegenden Funktionen rechtzeitig von den anberaumten Terminen Nachricht zu geben. Die Förster dürfen von der Anwesenheit bei der Versteigerung in der Regel nur für solche Termine entbunden werden, welche ausnahmsweise in größerer Entfernung außerhalb des Waldes abgehalten werden oder zum Verkaufe größerer Holzquantitäten aus mehreren Schutzbezirken für den Handel bestimmt sind.

Den bei der Versteigerung fungirenden vorstehend erwähnten Beamten ist es unbedingt verboten, sich bei derselben persönlich oder durch Andere als Bieter für sich selbst oder für andere Personen zu betheiligen. Der Beamte, welcher die Versteigerung leitet, macht sich ebenfalls strafbar, wenn er eine Betheiligung dieser Beamten oder seines Privatschreibers duldet.

Je nach den Umständen ist die Versteigerung im Freien, am Lagerungsorte des Holzes oder in einem angemessenen Lokale in möglichst geringer Entfernung von dem Lagerungsorte vorzunehmen.

Im Allgemeinen hat der Oberförster, ohne von Rücksichten auf Abkürzung und Erleichterung des Geschäfts sich leiten zu lassen, nach den Lokalverhältnissen, nach den Wünschen und Gewohnheiten der Holzkäufer und nach dem Interesse einer möglichst günstigen Verwerthung zu ermessen, ob es den Vorzug verdient, die Versteigerung am Lagerungsorte oder an anderer Stelle abzuhalten und danach den Versteigerungsort zu wählen.

Die Versteigerung am Lagerungsorte im Walde gilt aber, soweit die Lokalverhältnisse es gestatten und die Witterung nicht hinderlich ist, als Regel

---

[19]) Besonders im Allg. Holzverkaufs-anzeiger zu Hannover an Stelle des Reichs- und Staatsanzeigers Vf. ML. 27. Jan. 87 (DJ. XIX. 100). — Auch sollen Ueberfichten über den zum Verkauf in Aussicht genommenen Holzeinschlag für den größeren Holzhandel alljährlich für den ganzen Regbez. veröffentlicht werden Vf. ML. v. 8. Aug. 84 (DJ. XVI. 139) u. 8. Jan. 02 (DFZ. Neudamm XVII. 221).

[20]) Dem Forstkassenrendanten. Verpflichtung zur Wahrnehmung der Termine Nr. 6 § 5³ d. W.

für den Verkauf des Bau- und Nutzholzes zum Lokaldebit, insbesondere auch zum Verkauf seltener Hölzer von besonderem Gebrauchswerthe.

Das zur Versteigerung zu stellende Holz muß, wenn nicht ausnahmsweise eine größere Beschleunigung nothwendig wird, mindestens 8 Tage vor dem Termine fertig aufgearbeitet und nummerirt sein, damit die Käufer das Holz vorher gehörig besichtigen können. Die Förster sind vom Oberförster wegen Vorzeigung des Holzes, wobei sie bereitwilligst die von den Käufern gewünschte Auskunft zu ertheilen haben, mit Anweisung zu versehen.

§. 35. Die Holzversteigerungsverhandlung ist nach Formular L.[21] einzurichten und kann vom Oberförster auch schon vor dem Termine durch Eintragung der zu verkaufenden Hölzer vorbereitet werden.

Der Eintragung der Dimensionen der in Stücken meistbietend verkauften Nutzhölzer in das Versteigerungsprotokoll bedarf es nicht. Es können daher sämmtliche zu einem Loose gehörende Stücke mit ihren Nummern, Stückzahl und Kubikinhaltssummen auf einer Zeile aufgeführt werden.

In der Regel sind aber nur Stücke einer und derselben Taxklasse zu einem Loose zu vereinigen.

Für die richtige Angabe der Kubikmasse ist der Oberförster verantwortlich. Werden bei der Revision Fehler gefunden, so hat der Oberförster dafür eine von der Regierung festzustellende Ordnungsstrafe zu gewärtigen[22].

Die Holzversteigerung muß mit der Vorlesung der Licitationsbedingungen beginnen, welche den Verhältnissen und den deshalb ergangenen generellen Verfügungen entsprechend von der Regierung allgemein festzustellen und für etwaige besondere Fälle vom Oberförster mit Genehmigung der Regierung durch Hinzufügung specieller Bedingungen zu vervollständigen sind.

Das Ausgebot, welches sich stets auf individuell bestimmte, durch Angabe der Holznummern genau zu bezeichnende Stücke resp. Holzstöße beziehen muß, ist mit dem Taxpreise zu bewirken. Wenn jedoch das Holz seiner Lage oder Beschaffenheit nach entschieden einen geringeren, als den nach der Taxe sich berechnenden Werth hat, so kann der Oberförster auch mit einem bis 20 Procent unter der Taxe bleibenden Preise, bei vorzugsweise guter Beschaffenheit, guter Lage, oder nach Maßgabe der obwaltenden Conjunkturen auch bis zu 20 Procent über der Taxe[23] ausbieten.

Ob die Gebote pro Einheit oder für das ganze Quantum jedes Verkaufslooses abzugeben sind, hat der die Licitation abhaltende Beamte vor Beginn der Versteigerung zu bestimmen und danach die Licitationsbedingungen festzustellen.

Das Ausrufen der einzelnen Loose und Gebote haben, soweit solches der Oberförster nicht sich selbst vorbehält, die im Termin anwesenden Forstschutz-

---

[21] Das Formular L ist in das Muster der Anlage D umgeändert Vf. ML. 12. Juni 99 (DJ. XXXI. 110).

[22] Besonderer Erhebungs-Dokumente für Nutz- und für Brennholz bedarf es nicht. Es ist vielmehr stets nur ein Erhebungsdokument aufzustellen, am Schlusse desselben aber der Erlös für Nutz- u. für Brennholz getrennt ersichtlich zu machen, und insbesondere in der summarischen Berechnung 2c. auf der letzten Seite der Versteigerungs-Protokolle eine Trennung nach Nutz- und Brennholz in der Weise vorzunehmen, daß unter der Ueberschrift: „A. Für Nutzholz“ zunächst die Eintragungen für alle Nutzholz-Sortimente stattfinden, worauf die Summirung erfolgt, wonächst unter der weiteren Ueberschrift: „B. Für Brennholz“ die bezüglichen Eintragungen für dieses stattfinden Vf. MB. 7. Febr. 83 (DJ. XV. 104.)

[23] Vf. FM. 23. Nov. 72 (DJ. V. 107).

beamten zu besorgen. Nur bei Versteigerungen, welche an einem vom Reviere weit entfernten Orte abgehalten werden, oder bei Krankheit oder sonstiger Behinderung des Schutzbeamten, darf, wenn nicht ein geeigneter Holzhauermeister unentgeltlich dazu verwendet werden kann, ausnahmsweise ein besonders zu bezahlender Ausrufer angenommen werden. In solchem Falle ist aber auf dem betreffenden Lohnzettel die Nothwendigkeit der Annahme eines besonderen Ausrufers unter kurzer Angabe der Gründe vom Oberförster zu bescheinigen.

Der Zuschlag auf das Gebot der Taxe ist nur dann zu ertheilen, wenn der die Versteigerung leitende Beamte das Gebot für das specielle Loos nach seinem Ermessen für annehmbar erachtet[23]). Der Oberförster kann aber auch auf unter der Taxe bleibende Gebote, sofern die Regierung nicht andere Bestimmung trifft, sogleich im Termin den Zuschlag ertheilen, wenn das Meistgebot nach seinem pflichtmäßigen Ermessen dem Werthe des Kaufslooses entspricht[24] [25]).

§. 36. In allen Fällen, auch wenn der Regierungs= und Forstrath[9]) oder ein anderer von der Regierung bestellter Kommissarius den Versteigerungstermin abhält, führt der Oberförster selbst oder durch seinen Schreiber das Versteigerungsprotokoll. In dasselbe sind sofort nach ertheiltem Zuschlage für jedes Loos der Name des Käufers und der Betrag des Meistgebotes einzutragen.

Bei Geboten, für welche die Unterschrift des Käufers oder eines Bürgen[26]) erforderlich wird, sind diese Unterschriften in der dazu bestimmten Spalte, und zwar thunlichst sogleich bei Ertheilung des Zuschlags auf das betreffende Loos zu fordern. Die Handzeichen der Schreibensunkundigen sind stets durch einen Schreibezeugen[27]) zu attestiren. Wird die Unterschrift verweigert, so ist der Verkauf nicht perfekt, das Loos sofort anderweit auszubieten und derjenige, welcher die Unterschrift verweigert hat, von weiterem Mitbieten auszuschließen.

Zur Vermeidung von Irrthümern hat auch der Forstkassenbeamte entweder auf besonders dazu vorgerichtetem Formulare oder, bei Holzauktionen im Walde, allenfalls auch nur in seinem Notizbuche von jedem Verkaufsloose wenigstens den Namen des Käufers und den Betrag der zu leistenden Zahlung zu notieren[28]). Auch empfiehlt es sich, daß der bei der Versteigerung anwesende Forstschutzbeamte, soweit es irgend thunlich, in seinem Nummer= und Anweisebuche die

---

[24]) Gilt auch für den Holzverkauf im Wege der Submission Vf. ML. 25. März 81 (DJ. XIII. 207). — Die endgültige Entscheidung über Ertheilung oder Versagung des Zuschlages sofort im Termin soll die Regel bilden Vf. ML. 8. Jan. 02 (DFZ. Neudamm XVII. 221).

[25]) Ist irriger Weise Holz von anderer Gattung, anderem Sortiment, anderem Quantum und anderem Taxpreise, als thatsächlich im Walde unter der betreffenden Nummer vorhanden, zum Ausgebote gelangt, so kann unter Zustimmung des Ansteigerers ein solches Versehen dadurch ausgeglichen werden, daß das betreffende Loos aus dem versteigerten Material ausscheidet. Hierüber ist sodann vom Oberförster unter Mitunterschrift des Rendanten, des betheiligten Försters und des höchstbietend

Gebliebenen eine Verhandlung aufzunehmen. Ist der Ansteigerer damit nicht einverstanden, so ist der Beschluß der Königlichen Regierung nachzusuchen Vf. ML. 18. Aug. 82. (DJ. XIV. 210).

[26]) Die Unterschrift des Käufers ist rechtlich nicht mehr erforderlich BGB. § 145 bis 157. Die Regierung hat jedoch zu bestimmen, in welchen Fällen die Unterschrift zu verlangen ist. — Von der Unterschrift eines Bürgen kann nur abgesehen werden, wenn bereits eine schriftliche selbstschuldnerische Bürgschaftserklärung gemäß BGB. § 765. 766. 126 vorliegt Anl. D. 6.

[27]) Handzeichen müssen gerichtlich od. notariell beglaubigt werden, wenn schriftliche Form für den Vertrag vorgeschrieben ist BGB. § 126.

[28]) Nr. 6 § 19⁵ d. W.

Namen der Käufer und womöglich auch das Meistgebot aufzeichnet, damit im Ganzen eine dreifache Notirung der Käufer und der zu leistenden Zahlung vorhanden ist, und hiernach jede etwa obwaltende Differenz beseitigt werden kann.

Nach Beendigung der Versteigerung wird das Holzversteigerungs-Protokoll mit den Notizen des Kassen- und des Forstschutzbeamten verglichen, sodann vollständig abgeschlossen und, nachdem der Betrag der darauf fälligen Solleinnahme darunter in Buchstaben ausgedrückt ist, vom Oberförster und vom Forstkassenbeamten, sowie von den gegenwärtigen Forstschutzbeamten unterschriftlich vollzogen [29]).

Daß in das Versteigerungs-Protokoll anderes als nur das in dem betreffenden Termine wirklich zum Ausgebot gestellte und im Wege des Meistgebots verkaufte Holz nicht aufgenommen werden darf, ohne eine Fälschung zu begehen, darauf wird hier ausdrücklich aufmerksam gemacht.

§. 37. Das abgeschlossene Protokoll hat der Oberförster, nachdem er zuvor die dadurch verkauften Hölzer in den betreffenden Abzählungstabellen, im Holzvorrathsbuche und im Manuale als verkauft bezeichnet resp. eingetragen, auch die Schlußsumme des Geldes im Manuale und im Solleinnahmebuch notirt und die Nummern, unter denen diese Notirung erfolgt ist, auf dem Protokolle vermerkt hat, so bald als möglich, spätestens aber am 2. Tage nach der Versteigerung an den Kassenbeamten abzugeben. Ueber alles im Wege der Versteigerung verkaufte Holz sind die Holzverabfolgungszettel, wozu die Formulare nach dem Beispiele der Anlage M. auf weißem oder grauem Papier gedruckt werden, vom Kassenbeamten und Oberförster, und zwar, soweit die Bezahlung im Versteigerungstermine erfolgt, sogleich im Termine auszustellen und den Holzkäufern, niemals aber direkt an die Forstschutzbeamten, auszuhändigen [30]).

§. 38. [Kalkulatorische Prüfung der Natural-Ausgabebeläge.] Alle Natural-Ausgabebeläge werden nach bewirkter Gelderhebung, und jedenfalls binnen 4 Wochen nach Ablauf des Fälligkeits-Termins, von der Kasse an den Oberförster remittirt. Der Oberförster hat dieselben, nachdem er den Licitations-Protokollen die Publikations-Dokumente vorgeheftet, in einer für die Aufbewahrung der Natural-Rechnungsbeläge einzurichtenden Mappe zu sammeln. Damit jedoch etwa vorkommende Rechenfehler und sonstige Irrthümer möglichst bald entdeckt und berichtigt werden, so sind am Schlusse eines jeden Monats die im Laufe desselben gesammelten Natural-Ausgabebeläge der Regierung zur kalkulatorischen Prüfung einzureichen und eventuell nach den hierbei etwa gezogenen Notaten zu berichtigen.

---

[29]) Die Versteigerungsverhandlungen sind stempelfrei; desgl. die zweiseitigen Verträge bei Verkauf von Holz auf dem Stamm in Staatsforsten, sowie Schreiben der Käufer, mit welchen zur Sicherheit für den Kaufpreis Werthpapiere übersendet werden Vf. FM. 5. März 97 (DF. XXIX. 34). Nach Abschluß der Verhandlung über den Holzverkauf vor dem Einschlage hat der Oberförster sofort im Soll-Einnahmebuch (§ 4) anzumerken, wie viel Angeld der Käufer zu zahlen oder zu hinterlegen hat Vf. ML. 2. Febr. 02 über Revision der Forstkassen (DFZ. Neudamm XVII. 248). — Auch die Kaufgelder für einzelne Ueberweisungen aus solchen Verkäufen sind sofort zum Soll zu stellen Vf. MB. 22. Jan. 95 (MB. 37). — Bei Verkäufen von Holz im Wege schriftlichen Preisangebots (Submission) sind die Namen sämmtlicher Bieter den im Termine zur Eröffnung der Gebote Anwesenden bekannt zu geben Vf. ML. 10. März 98 (MB. 56).

[30]) Für die Richtigkeit der von dem Oberförster unterschriebenen Holzverabfolgezettel bleibt dieser verantwortlich, auch wenn er den Zettel nicht selbst ausgefüllt haben sollte Nr. 5 § 19[5]. Anm. 6 d. W.

Drittes Kapitel.
Von der Kontrole und von der Rechnungslegung über die Holznutzung.

§. 39. [Revision der eingeschlagenen Holzbestände.]   Der Ober=
förster ist verpflichtet:

1. sich auch im Laufe des Wirthschaftsjahres, je nach den Verhältnissen und
seinem pflichtmäßigen Dafürhalten ein oder mehrere Mal von der Richtig=
keit der Materialbestände zu überzeugen, und daß dies geschehen, in den
Nummerbüchern der Forstschutzbeamten zu bescheinigen;

2. die am Jahresschlusse verbliebenen Holzbestände in einer Nachweisung
(Schema N.) zusammenzustellen und solche, event. eine Vakatbescheinigung,
dem Regierungs= und Forstrath[9]) bis spätestens zum 30. April[10])
einzureichen.

Die verbliebenen Bestände müssen vollständig nachgezählt werden.

Nur durch gehörige Ausführung dieser Revisionen kann sich der Ober=
förster vor der Verantwortlichkeit und vor der Regreßnahme sichern,
welche ihn im Unterlassungsfalle bei vorkommenden Defekten treffen würde.

§. 40.   [Revision der Natural=Rechnungsbücher.]   Der Oberförster
ist verantwortlich nicht allein für die Richtigkeit aller Eintragungen in seinen
Rechnungsbüchern, sondern auch für die ordnungsmäßige Führung der Nummer=
und Anweisebücher der Forstschutzbeamten.

Er ist deshalb verpflichtet:

1. seine eigenen Rechnungsbücher stets in Uebereinstimmung zu halten, so=
wohl unter einander, als auch mit den Nummerbüchern der Forstschutz=
beamten und mit den Ausgabe=Dokumenten, und jedenfalls am Schlusse
jedes Quartals entweder seine Bücher abzuschließen, wenn die Regierung
es für nothwendig erachtet, die Einreichung von Quartal=Extrakten zu
fordern, oder doch eine sorgfältige vergleichende Revision seiner Bücher
vorzunehmen;

2. die Nummer= und Anweisebücher der Forstschutzbeamten in deren Gegen=
wart bei Gelegenheit seiner Lokal=Revisionen von Zeit zu Zeit bezüglich
der richtigen Eintragung der Holzverabfolgezettel und der gehörigen
Aufbewahrung und übersichtlichen Ordnung der letzteren zu revidiren.

§. 41.   [Legung der Forst=Naturalrechnung im Allgemeinen.]
Die Forst=Naturalrechnung wird vom Oberförster gelegt und dem Regierungs=
und Forstrath[9]) zur Ertheilung der vorgeschriebenen Rechnungs=Atteste bis
zum 15. Mai[10]) eingereicht.

Es kann aber, wenn die Holzbestände schon vor dem Jahresschlusse auf=
geräumt und die Natural=Rechnungsbeläge revidirt und festgestellt sind, von der
Regierung auch ein früherer Einreichungstermin bestimmt werden.

Bei der Rechnungslegung selbst hat der Oberförster die von der Königlichen
Ober=Rechnungskammer ertheilten Vorschriften und die über frühere Rechnungen
gezogenen Monita und Notaten pünktlich zu beachten.   Da das zur Rechnung
anzuwendende Formular mit dem Formulare des Holzmanuals genau übereinstimmen
muß, so bedarf es der Aufstellung einer besonderen Konzept=Rechnung nicht,
indem das Manual event. nach Ziehung der zu einer Rechnungsposition
gehörenden Summen aus den einzelnen Buchungen, durch Beisetzung der
laufenden Nummern und der betreffenden Nummern der Beläge als Konzept der
Rechnung eingerichtet werden kann.

§. 42.   [Die Natural=Einnahme.]   In der Einnahme wird das Holz=
manual, in welchem unter Titel I. der nach dem Schlusse der letzten Rechnung

etwa verbliebene Bestand auf einer Linie nachgewiesen und unter Titel II. die Einnahme auf Defekte, welche durch Rechnungs-Monita oder Abnahme-Notaten, oder sonst durch die Rechnungs-Atteste des Regierungs- und Forstraths etwa gegen frühere Rechnungen festgestellt wurden, nach den einzelnen Erinnerungen speciell angegeben sein muß, zum Konzept der Naturalrechnung dadurch hergestellt, daß unter Titel III. der Einschlag aus dem laufenden Wirthschaftsjahre nach der Summe sämmtlicher im Laufe des Wirthschaftsjahres im Holzwerbungskosten-Manuale bewirkten Eintragungen, summarisch auf einer Linie verzeichnet wird. Diese Schlußsumme muß genau übereinstimmen mit der Rekapitulations-Summe des Holzvorrathsbuches, wo ein solches geführt wird.

Als Beleg 1. für die Einnahme des laufenden Wirthschaftsjahres ist der Hauungsplan beizufügen.

Bei Titel III. ist die Summe der eingeschlagenen, zur Balance im Abschnitt C. des Kontrollbuches zu ziehenden Fest-Kubikmeter[31]) gegen das im Hauungsplan nachgewiesene zulässige Abnutzungssoll zu balanciren und das Plus oder Minus in Procenten des zulässigen Abnutzungssolls zu berechnen, da eine etwaige Ueberschreitung um mehr als 10 Procent durch Ministerial-Genehmigung justifiziert werden muß[32]).

Die Berechnung der zu balancirenden Fest-Kubikmetersumme[31]) ist in einer besonderen, der Rechnung als Beleg 2. beizufügenden Zusammenstellung nach dem Schema O. auszuführen. Ergiebt die auf dieser Zusammenstellung zu bewirkende Vergleichung des Ist-Einschlags an balancefähigem Derbholze gegen das Einschlagssoll des Hauungsplans eine Differenz von mehr als 5 Procent[33]), so muß dem Regierungs- und Forstrath[9]) die hierzu ertheilte Genehmigung (§. 7) nachgewiesen werden, damit dieser die Abweichung als gerechtfertigt unter der Nachweisung bescheinigen kann.

§. 43. [Die Natural-Ausgabe.] In der Ausgabe wird das Holz-Manual zum Konzepte der Natural-Rechnung dadurch hergestellt, daß die einzelnen Titel und Abtheilungen im Material und den Geldbeträgen aufsummirt, rekapitulirt und abgeschlossen werden.

Die Natural-Ausgabe zerfällt in zwei Titel.

Im Titel I. werden die Rechnungsvergütungen in derselben speciellen Weise, wie nach §. 42 für die Einnahme der Rechnungsdefekte angeordnet ist, verausgabt.

Der Titel II. weist dagegen die Ausgabe aus den Vorräthen und aus dem Einschlage des laufenden Wirthschaftsjahres in der Reihenfolge des Etats nach, nämlich die Ausgaben:

A. Unter der Taxe.

B. Zur Taxe und nach dem Meistgebote.

C. An verloren gegangenen und entwendeten Hölzern.

Alle Abweichungen und Veränderungen gegen den Etat bei den Holzabgaben ad A. müssen speciell erörtert und begründet werden.

Die Ausgaben sind nach den Abschnitten

a) in früheren Jahren rückständig gebliebene Abgaben,

b) etatsmäßige Abgaben für das laufende Jahr

---

[31]) Vf. 1. Okt. 75 (DJ. VIII. 340); früher Raumkubikmeter.

[32]) Solche Genehmigung ist nur erforderlich zur Ueberschreitung des zulässigen Abnutzungssoll's für die Hauptnutzung, nicht auch für die Vornutzung Vf. FM. 15. Mai 75 (DJ. VIII. 325).

[33]) Gilt sowohl für Haupt-, als für Vornutzung Vf. wie vor.

und endlich

c) außeretatsmäßige neu hinzugetretene Abgaben
zu sondern und genau in der Reihenfolge des Etats zu verzeichnen.

Die etwa durch die Empfänger nicht erhobenen oder gänzlich resp. auch theilweise fortgefallenen etatsmäßigen Abgaben müssen an der Stelle, wohin sie in der Rechnung in der Reihenfolge des Etats gehören, vor der Linie aufgeführt und im ersteren Falle durch Angabe der Gründe, im zweiten Falle durch Beibringung der anordnenden Verfügung resp. durch Verweisung auf die frühere Rechnung, zu welcher etwa jene Verfügung schon beigebracht worden, justificirt werden.

Die Ausgaben ad C. an aufgearbeiteten und vereinnahmten Hölzern, welche entwendet oder verloren gegangen sind, müssen durch die Niederschlagungs-Ordre der Königlichen Regierung, auf welcher die Werthsberechnung über den dadurch herbeigeführten Verlust an Soll-Einnahme zu verzeichnen ist, belegt werden.

§. 44. [Schluß der Rechnung.] Nachdem die Summe der Natural-Ausgabe und der Soll-Einnahme an Geld gezogen ist, wird die Summe der Natural-Einnahme darunter gesetzt und der etwa verbleibende Naturalbestand ermittelt.

Die Richtigkeit dieses Bestandes und daß derselbe wirklich im Revier vorhanden ist, wird speciell auf Grund der im §. 39 erwähnten Bestandesnachweisung und der speciellen Nachzählung Seitens des Regierungs- und Forstraths[9]) von diesem unter der Rechnung bescheinigt.

Unter dem Abschlusse wird die Rechnung mit dem Vermerke:

„Festgestellt auf die Soll-Einnahme für Holz von buchstäblich ꝛc. mit Ort, Datum und Unterschrift des Oberförsters"
versehen.

§. 45. [Einreichung der Natural-Rechnung.] Nachdem die Natural-Rechnung mundirt ist und auch die Beläge gehörig nummerirt, geordnet zusammengeheftet und auf dem Umschlage mit entsprechender Aufschrift versehen sind, reicht der Oberförster die Rechnung nebst Belägen dem Regierungs- und Forstrath[9]) ein.   Die Belägehefte sollen nicht stärker als 7 bis 10 Centimeter sein.

Mit der Rechnung hat der Oberförster zugleich:

1. das Holzvorrathsbuch, wo solches geführt wird,

2. das Konzept der Holzwerbungskosten-Rechnung,

3. das Holzmanual,

4. das Soll-Einnahmebuch und

5. die Abzählungstabellen,

und außerdem beizufügen, die ihm von den Förstern zugestellten

6. Nummer- und Anweisebücher und die Holzverabfolgezettel,

7. Verabfolgezettel über Waldnebennutzungen und

8. Weidebücher.

Nach gemachtem Gebrauche giebt der Regierungs- und Forstrath[9]) sämmtliche Rechnungsbücher des Oberförsters und der Förster zurück und übersendet mit der Rechnung und den Belägen die Verabfolgezettel an die Regierung, letztere zur Sammlung für die jedesmal nach Ablauf von 3 Jahren seit Eingang der Rechnungsdecharge zu veranlassende Verwerthung derselben als Makulatur.

Die erforderliche Abschrift der Natural-Rechnung wird bei der Regierung gefertigt.

§. 46. [Aufbewahrung der Natural-Rechnungsbücher und der Natural-Rechnungsbeläge.] Die Werbungskosten- und das Holzmanual, sowie das Soll-Einnahmebuch sind demnächst in dazu bestimmte Aktenstücke der Oberförsterei-Registratur zu heften. Alle übrigen Natural-Rechnungsbücher, einschließlich der Nummerbücher der Förster, sind mindestens 10 Jahre lang aufzubewahren und dann der Regierung zur Verwerthung als Makulatur einzusenden.

§. 47. [Eintragung in das Kontrolbuch und Abnutzungs-Uebersicht.] Die Eintragung des jährlichen Holzeinschlags in das Kontrolbuch hat der Oberförster nach der darüber bestehenden besonderen Anweisung[6]) sogleich nach Aufstellung der Natural-Rechnung zu bewirken.

Zu statistischen Zwecken ist alljährlich bis zum 1. Juni[10]) eine summarische Uebersicht der Ergebnisse dieser Eintragung aus Abschnitt C.[34]) des Kontrolbuches nach dem anliegenden Schema P. der Regierung einzureichen.

Zweiter Abschnitt.

Von den Forst-Nebennutzungen.

§. 48. [Ausübung der Forst-Nebennutzungen im Allgemeinen.] Der Oberförster hat für eine angemessene Verwerthung und Ausübung der Forstnebennutzungen zu sorgen. Soweit diese Nutzungen Servitutberechtigten zustehen, ist darüber zu wachen, daß letztere bei Ausübung ihres Rechts die gesetzlichen und privatrechtlichen Schranken nicht überschreiten, daß sie aber auch in den ihnen zustehenden Nutzungen nicht beeinträchtigt werden. Im Allgemeinen gilt für die Gestattung und Verwerthung der Nebennutzungen der Grundsatz, daß sie die in der Holzerzeugung bestehende Hauptnutzung nicht wesentlich beeinträchtigen sollen, zugleich Befriedigung der Bedürfnisse, namentlich der ärmeren Bevölkerung in der Nähe der Forsten, und die Abwendung unrechtmäßiger Aneignung dieser Nutzungen, ins Auge zu fassen ist. Ermächtigt wird der Oberförster zur Gestattung und Verwerthung von Forst-Nebennutzungen:

a) rücksichtlich der Servitut-Berechtigten durch den Etat resp. die Servitut-Nachweisung;

b) rücksichtlich aller nicht berechtigten Personen durch etwa bestehende Kontrakte resp. den Etat, der durch generelle oder spezielle Genehmigung der Regierung. Behufs dieser Genehmigung hat der Oberförster

1. alljährlich durch einen bis zum 1. Juni an die Regierung zu erstattenden Bericht unter gehöriger Berücksichtigung der Servitutenverhältnisse die geeigneten Vorschläge in tabellarischer Form abzugeben:

a) für die fernere Verwerthung von Nutzungen, die auf mehrere Jahre verpachtet sind, aber in der Zeit vom nächsten 1. Oktober bis zum folgenden letzten September pachtlos werden;

b) für die Verwerthung von Nutzungen, welche noch nicht auf mehrere Jahre verpachtet sind, aber zweckmäßig auf einen längeren Zeitraum als ein Jahr zu verpachten sein werden;

---

[34]) Früher aus Abschnitt B u. C. Abschnitt B. ist fortgefallen. Anl. B. Anm. 6.

    2. alle sechs Jahre, und zwar im fünften Jahre jeder Etatsperiode zu=
gleich und in gleicher Form Vorschläge abzugeben:

        c) für die Art der Verwerthung aller übrigen Nebennutzungen;

        d) für die Feststellung der Nebennutzungstaxen. Werden im Laufe
einer Taxperiode Aenderungen rathsam, so hat der Oberförster
diese bei der Regierung zu beantragen.

Die abzugebenden Vorschläge über das Pachtgelderminimum sind, soweit
es sich um Objekte von voraussichtlich mehr als 150 Mk.[35]) Jahresertrag für
ein einzelnes Pachtloos handelt, durch vom Regierungs= und Forstrath[9]) zu
prüfende und zu bescheinigende Anschläge zu belegen. Für die Verpachtung von
Flächen zur Vorkultur bedarf es der Aufstellung solcher Anschläge nicht.

Für Forst=Nebennutzungen, deren Werbung etwa für Rechnung der Forst=
verwaltung (§. 59), wie z. B. in der Regel bei der Torfnutzung oder unter Um=
ständen bei der Waldstreunutzung 2c. erfolgen soll, sind zugleich die erforderlichen
Oekonomie= und Wirthschaftspläne und zwar, wenn dieselben der Genehmigung
des Ministerii unterliegen, jedesmal nur im fünften Jahre der Etatsperiode auf
einen sechsjährigen Zeitraum zu entwerfen und zur Feststellung vorzulegen.

Der Oberförster ist dafür verantwortlich, daß nicht nur die im Geldetat
unter den Nebennutzungen verzeichneten Objekte vor Ablauf der etwaigen Pacht=
kontrakte rechtzeitig anderweit nutzbar gemacht, sondern auch überhaupt die Neben=
nutzungen gehörig verwerthet, und insbesondere von holzleeren Forstgrundstücken
bis zu deren Wiederaufforstung, wenn sie zu einstweiliger anderweiten Benutzung
geeignet sind, der Forstkasse entsprechende Beträge zugeführt werden.

§. 49. [**Allgemeine formelle Vorschriften.**] In formeller Beziehung
ist im Allgemeinen rücksichtlich der Verstattung sowohl berechtigter als nicht be=
rechtigter Personen zur Ausübung von Forst=Nebennutzungen ähnlich, wie für
die Holzabgaben vorgeschrieben, zu verfahren. Es muß demgemäß

    1. jedesmal, soweit nicht für Servitutberechtigte oder durch spezielle Pacht=
kontrakte eine andere Bestimmung getroffen wird, ein Legitimationsschein
resp. Verabfolgezettel vom Oberförster ausgefertigt werden, welcher event.
gleichzeitig zur Quittungsleistung der Forstkasse über die darauf etwa zu
erhebende Geldzahlung und für den Forstschutzbeamten als Autorisation
zur Anweisung resp. Gestattung der betreffenden Forst=Nebennutzung
dient, und

    2. soweit es sich nicht um Gefälle handelt, welche dem zu erhebenden Be=
trage nach fixirt sind, oder für bestimmte Zeiträume unveränderlich fest=
stehen oder auf Grund des Etats oder einer denselben abändernden
Verfügung von der Forstkasse einzuziehen sind, eine Erhebungsliste vom
Oberförster über die von der Forstkasse zu erhebenden Geldbeträge auf=
gestellt werden. Diese dient gleichzeitig als Einnahme=Beleg für die von
der Forstkasse zu legende Geld=Rechnung oder wenn über die für Rech=
nung der Forst=Verwaltung geworbenen Forst=Nebenprodukte, wie z. B.
über den Torf, eine selbstständige Natural=Rechnung durch den Ober=
förster gelegt wird, als Ausgabebeleg zu dieser.

Die Formulare zu den Legitimationsscheinen resp. Verabfolgezetteln werden
den verschiedenen Zwecken entsprechend in verschiedener Fassung von der Regierung

---

35) Früher 60 Mk. — Für bereits
verpachtet gewesene Gegenstände bedarf
es eines Anschlages überhaupt nicht,
wenn die Regierung seine Anfertigung
nicht besonders anordnet. Das Pacht=
gelder=Minimum soll in der Regel dem
bisherigen Pachterlöse gleichgestellt
werden Vf. ML. 18. Aug. 81 (DJ.
XIII. 250).

vorgeschrieben und geliefert. Ebenso die Formulare zu den Erhebungs= resp. Verkaufslisten, welche im Allgemeinen nach dem Schema Q. einzurichten sind.

Für die Einnahmen von Berechtigten und von Nichtberechtigten sind gesonderte Erhebungslisten aufzustellen.

Wenn in einer Erhebungsliste Einnahmen aus verschiedenen Abtheilungen und Positionen des Geld=Etats Tit. II. vorkommen, so ist am Schlusse der Erhebungsliste zu verzeichnen, wie sich der Gesammtbetrag der Solleinnahme auf die einzelnen Abtheilungen und Positionen des Etats vertheilt, damit hiernach die Buchung bei den betreffenden Abtheilungen und Positionen im Manuale der Kasse bewirkt wird.

§. 50. [Ausübung der Forst=Nebennutzungen durch Servitutberechtigte.] Der Umfang und die zulässige Art und Weise der Ausübung von Forst=Nebennutzungen durch Servitut=Berechtigte, die Namen der letzteren resp. die Bezeichnung der berechtigten Grundstücke, sowie auch die Höhe der in Geld, Naturalien oder Diensten zu prästirenden Gegenleistungen und deren Fälligkeitstermine müssen in der ·Berechtigungs=Nachweisung und, soweit es erforderlich, im Etat unzweifelhaft deutlich ersichtlich gemacht werden. Von den hierin getroffenen Festsetzungen darf der Oberförster ohne besondere Autorisation der Regierung nicht abweichen und namentlich weder Ueberschreitungen der Berechtigten dulden, noch auch Wirthschaftsmaßregeln treffen, durch welche unhaltbare Einschränkungen derselben herbeigeführt werden.

Die Ausübung der Nutzungen darf der Oberförster in der Regel erst gestatten, nachdem die Seitens der Berechtigten etwa zu prästirende Gegenleistung berichtigt ist.

Er muß deshalb rechtzeitig vor dem für den Beginn der Ausübung der Forst=Nebennutzung festgesetzten Termin

1. die vorgeschriebenen Legitimationsscheine und
2. die Erhebungslisten über die von der Forstkasse zu vereinnahmenden Geldbeträge, soweit dieselben nicht fixirt und schon auf Grund des Etats von der Kasse zu erheben sind,

ausstellen und mit den etwaigen Justifikatorien versehen an die Forstkasse befördern, nachdem er zuvor die fälligen Einnahmen auch im Soll=Einnahmebuch notirt und die Nummer des letzteren auf der Erhebungsliste vermerkt hat. Nach erfolgter Einziehung des Geldes hat die Forstkasse auf den Legitimationsscheinen darüber zu quittiren und diese den Berechtigten auszuhändigen. Nur wenn gar keine Gegenleistung stattfindet, oder der Fälligkeitstermin später eintritt, als der Termin für den Beginn der Ausübung und Forstnebennutzung, hat der Oberförster die Legitimationsscheine direkt an die Berechtigten auszuhändigen, im letzteren Falle aber den Betrag der zur Forstkasse fließenden Gegenleistung pünktlich am Fälligkeitstermine im Soll=Einnahmebuch einzutragen und die etwa erforderliche Erhebungsliste der Forstkasse zuzufertigen.

Zu den Legitimationsscheinen für die Berechtigten werden von der Regierung entsprechende, auf der Rückseite mit den wichtigsten forstpolizeilichen Bestimmungen versehene Formulare auf röthlichem Papier, geliefert, welche der Oberförster auszufüllen und mit einer Ordnungsnummer zu versehen hat.

Für die Ausübung der Waldweide und der Mastnutzung Seitens der Servitut=Berechtigten vertritt eines Theils das vom Oberförster anzulegende und regelmäßig fortzuführende Weidebuch der Förster, anderen Theils die Quittung des Forstkassenbeamten über die erfolgte Berichtigung der Gegenleistung die Stelle des Legitimationsscheins.

§. 51. [Ausübung der Forst-Nebennutzungen durch nicht servitul-berechtigte Personen im Allgemeinen.] Die Verstattung nicht servitul-berechtigter Personen zur Ausübung von Forst-Nebennutzungen erfolgt nach Maßgabe des Etats resp. bestehender Kontrakte und spezieller Genehmigung der Regierung, oder auf Grund des von derselben bestätigten Forst-Nebennutzungs-planes und der Forst-Nebennutzungstaxe entweder:

a) im Wege der öffentlichen Versteigerung durch Verkauf resp. Verpachtung, oder

b) aus freier Hand durch Verkauf, resp. durch die sog. Einmiethe.

Der Verkauf resp. die Verpachtung im Wege des Meistgebotes gilt als Regel und tritt, soweit die Absatzverhältnisse es zulassen, bei der Verwerthung aller Forst-Nebennutzungen ein, deren Ausübung unbeschadet der Holznutzung, vorzugsweise des Gelderträges wegen erfolgen kann (z. B. bei der Mast-, Acker-, Wiesennutzung, der Grasnutzung auf Blößen, der Torfnutzung, der Fischerei-nutzung, der Verpachtung ganzer Weidereviere, der Verpachtung von Stein-brüchen 2c.).

Die Verwerthung aus freier Hand durch Verkauf resp. durch die sog. Ein-miethe ist dagegen für diejenigen Forst-Nebennutzungen angemessen, für welche wegen mangelnder Konkurrenz oder aus anderen Gründen die Versteigerung nicht anwendbar oder nicht rathsam ist, namentlich wenn deren Ausübung weniger des Geldgewinnes wegen, als vielmehr vorzugsweise im Interesse und zur Sicherstellung der Holznutzung oder zur Unterstützung der ärmeren Volks-klassen oder zur Befriedigung eines dringenden Bedürfnisses und zur Vermeidung des Diebstahls gestattet wird (wie z. B. bei der Erlaubniß zum Grasrupfen aus Kulturen, zum Sammeln von Waldfrüchten, bei der Einmiethe zum Raff- und Leseholz oder zur Waldweide, beim Verkaufe von Sand, Lehm, Mergel, Steinen 2c.).

§. 52. [Verwerthung der Forst-Nebennutzungen im Wege der öffentlichen Versteigerung.] Für das Verfahren bei der Verwerthung der Forst-Nebennutzungen im Wege der öffentlichen Versteigerung gelten im Allgemeinen dieselben Regeln, welche für die Holzversteigerungen §. 32 angeordnet sind.

Die Termine werden nach vorher rechtzeitig zu bewirkender Bekanntmachung, in der Regel in Gegenwart des betreffenden Försters, und wenn Geldzahlungen im Termine selbst stattfinden sollen, auch des Forstkassenbeamten, abgehalten.

Soweit die Versteigerung sich auf gewisse Flächen bezieht, hat der Ober-förster dafür zu sorgen, daß diese Flächen resp. die einzelnen Loose schon einige Zeit vor dem Termine örtlich gehörig abgegrenzt und ihren Grenzen nach deut-lich erkennbar gemacht werden. Auch sind die Forstschutzbeamten vorher anzuweisen, daß sie die Versteigerungsobjekte auf Verlangen den Bewerbern vorzeigen.

Der Termin selbst muß mit der Vorlesung der der Versteigerung zu Grunde zu legenden Bedingungen eröffnet werden. Diese werden in der Regel von der Regierung generell festgestellt und den für die häufiger vorkommenden Fälle ent-sprechend einzurichtenden Druckformularen zu den Licitationsverhandlungen vor-gedruckt.

§. 53. [Verpachtung auf mehrere Jahre.] Das weiter hierbei zu beobachtende Verfahren ist im Einzelnen verschieden, je nachdem es sich:

a) um die Verpachtung von Forstgrundstücken oder Nutzungen auf längere Zeit als 1 Jahr oder

b) um die Verpachtung von Forstgrundstücken oder Nutzungen nur auf 1 Jahr oder um den Verkauf von Forst-Nebenprodukten handelt.

ad a. Im ersten Falle gilt als Ausgebot das von der Regierung fest-gesetzte Pachtgelder-Minimum.

Die Licitationsverhandlung wird von dem Bestbietenden, oder wenn die Auswahl unter den drei Bestbietenden vorbehalten ist, von diesen zum Anerkenntnisse des abgegebenen Gebotes und außerdem vom Oberförster und Förster und wenn der Forstkassenbeamte zugegen ist, auch von diesem vollzogen und nach dem Termin sofort mit den Publikations-Dokumenten und dem etwa gefertigten Ertragsanschlage der Regierung Behufs Ertheilung des Zuschlages und Vollziehung resp. Ausfertigung des Kontraktes eingereicht. Wenn bei geringfügigen Pachtobjekten und kurzer Pachtzeit dem Oberförster die Befugniß zur Ertheilung des Zuschlages beigelegt und demgemäß von ihm der Zuschlag ertheilt wird, so hat er die gleichzeitig als Kontrakt dienende Licitationsverhandlung der Regierung zur Bestätigung einzureichen. Der von der Regierung vollzogene Vertrag nebst Zubehör wird dem Oberförster zurückgegeben und ist von diesem als Erhebungsanweisung und Einnahmebelag der Forstkasse zuzustellen. Zuvor hat jedoch der Oberförster die etwaigen besonderen Pachtbedingungen zu seinen Akten zu vermerken und die nöthigen Notizen über das Pachtobjekt, die Dauer der Pachtzeit, die Höhe des Pachtgeldes und die Fälligkeitstermine zum Forstgeld-Etat zu machen, um danach, auch pro futuro, die Soll-Einnahme im Kap. II. des Soll-Einnahmebuches rechtzeitig eintragen und die künftige weitere Verpachtung zu rechter Zeit herbeiführen zu können.

Als Legitimation für die Ausübung der Nutzung dient dem Pächter, dem Forstschutzbeamten gegenüber, die Quittung der Forstkasse über das bezahlte Pachtgeld.

§. 54. [Verwerthung auf ein Jahr.] ad. b. Der meistbietenden Ueberlassung von Nebennutzungen auf nur ein Jahr oder dem meistbietenden Verkaufe von Waldnebenprodukten ist, wenn dieselben für Rechnung der Forstkasse bereits geworben sind (cfr. §. 60), die Forst-Nebennutzungstaxe;

wenn dieselben durch die Käufer selbst geworben werden sollen, insbesondere also bei dem Verkaufe der einjährigen Krescenz von Wiesen 2c. oder der Verpachtung gewisser Nutzungen von Forstgrundstücken auf nur ein Jahr eine Abschätzung zu Grund zu legen, welche der Oberförster in Gemeinschaft mit dem Förster, unter Berücksichtigung des bisherigen Ertrags, über den Werth des Objektes aufzustellen hat.

Das Ergebniß dieser Abschätzung ist in besonderen Spalten der demnächst aufzunehmenden Licitationsverhandlung einzutragen und am Schlusse ist unter diesen Spalten zu bescheinigen:

> „Vorstehende Abschätzung ist von uns nach deutlicher Abgrenzung
> und Bezeichnung der einzelnen Loose vollzogen am . . . ten . . .
> . . . . . . 18 . . .

Der Oberförster.   Der Förster.“

Die Druckformulare zu den Versteigerungsverhandlungen dieser Art müssen auf der Vorderseite die dem Verkauf zu Grunde zu legenden Bedingungen, im Innern aber folgende Rubriken enthalten:

1. Ordnungsnummer des Looses;
2. Bezeichnung des Schutzbezirks, Jagens resp. Distriktes und der Abtheilung, in welcher die Nutzung stattfindet;
3. Größe der Fläche, auf welcher die Nutzung erfolgen soll;
4. Bezeichnung der Nutzung und des abgeschätzten Werthes resp. des für Rechnung der Forstkasse geworbenen Maßes derselben;
5. den Taxpreis für die Maßeinheit und im Ganzen;
6. Namen und Wohnort der Käufer;

7. Angabe des Meistgebotes;

8. Ordnungsnummer des Legitimationsscheins resp. des Verabfolgezettels;

9. Bemerkungen und Unterschrift des Käufers, wo solche erforderlich ist;

10. Nummer des Kassenjournals.

Uebrigens gelten für das Verfahren bei der Licitation, insbesondere für die Ertheilung resp. den Vorbehalt des Zuschlages auf untertaxmäßige Gebote, für die Feststellung der Soll-Einnahme im Termine selbst, für die unterschriftliche Vollziehung der Versteigerungsverhandlung, für die Ausstellung der Verabfolgezettel resp. der Legitimationsscheine, für die Eintragung der Soll-Einnahme in das Soll-Einnahmebuch, die im § 32 für die Holzversteigerungen gegebenen Vorschriften.

Zu den Verabfolgezetteln resp. Legitimationsscheinen werden von der Regierung entsprechende Formulare geliefert, welche auf der Rückseite die wichtigsten Versteigerungs-Bedingungen enthalten können.

Nach dem Termin wird die Versteigerungsverhandlung nebst Publikations-Dokumenten, wenn nicht etwa wegen Vorbehalt der Zuschlagsertheilung noch zuvörderst an die Regierung berichtet werden muß, sofort an die Forstkasse zur Erhebung 2c. abgegeben und von dieser entweder als Einnahme-Belag zur Geldrechnung aufbewahrt, oder, wenn über die von der Forstverwaltung für eigene Rechnung selbst geworbenen Forstnebenprodukte (cfr. §. 60) eine selbständige Naturalrechnung durch den Oberförster gelegt wird, an diesen als Ausgabebelag zu derselben zurückgestellt.

§. 55.   [Verwerthung der Forstnebennutzungen aus freier Hand.] Welche Nebennutzungen und in welchem Umfange der Oberförster aus freier Hand selbständig verwerthen darf, bestimmt die Nebennutzungstaxe[36]).

Die Verwerthung aus freier Hand erfolgt entweder

A. durch Verkauf derselben nach einem bestimmten Maaße, d. h. nach einer bestimmten Anzahl von Kubikmetern, von 1-, 2- 2c. spännigen Fudern, von Karren oder Traglasten 2c., in welchen die Forstnebenprodukte von den Käufern selbst gewonnen werden sollen, resp. bereits für Rechnung der Forstverwaltung zuvor geworben worden sind (§. 60), oder

B. durch Einmiethe, d. h. durch die Ertheilung von Erlaubnißscheinen zur Gewinnung gewisser Forstnebenprodukte resp. zur Ausübung gewisser Forstnebennutzungen auf einem bestimmten Forsttheile, zu bestimmten Zeiten und Tagen, in bestimmter Art und Weise und in einem gewöhnlich nach den Transportmitteln resp. nach der Zahl und Gattung des einzutreibenden Weideviehes begrenzten Umfange, jedoch ohne Feststellung oder Gewährleistung für das Maaß der überhaupt darauf zu gewinnenden Nutzungen.

In der Regel soll sich die Einmiethe nur auf das Einsammeln von Raff- und Leseholz und Waldfrüchten, auf das Eintreiben von Vieh zur Waldweide und auf die Bienenweide beziehen, und darf nur ausnahmsweise mit besonderer Genehmigung der Regierung auch auf Gras- und Streunutzungen noch Anwendung finden.

---

[36]) Der Oberförster darf einem Käufer im Laufe eines Jahres an Nebennutzungsgegenständen derselb. Art nicht mehr als für den Taxbetrag von 100 M. freihändig zur Selbstwerbung überlassen Vf. ML. 16. Aug. 81 (DJ. XIII. 249). Unverschulte und verschulte zu den Kulturen in den fiskalischen Forsten nicht verwendbare Pflanzen ohne höhere Genehmigung auch zu einem Taxpreise von mehr als 100 Mk. während eines Jahres an einen Käufer freihändig verkaufen zu dürfen, kann dem Oberförster gestattet werden Vf. FM. 2. Juli 73 (DJ. VI. 32).

§. 56.   Die Raff= und Leseholz=Einmiethe ist, soweit nicht besondere Ver=
hältnisse eine Ausnahme erheischen, auf Gestattung des Transports mit Hand=
karren, Handschlitten oder Tragelasten zu beschränken.

Die Laub= und Nadelstreunutzung, welche nur in möglichst beschränktem
Maße zu dulden ist, soll, soweit freihändige Ueberlassung genehmigt wird, in
der Regel nur noch durch den Verkauf nach einzelnen Karren oder Traglasten,
oder nach in bestimmten Maßen vom Käufer selbst oder für Rechnung der Forst=
verwaltung zusammenzubringenden Haufen, welche vor der Abfuhr vom Ober=
förster oder wenigstens dem Schutzbeamten abgenommen werden müssen, stattfinden.

Der zu zahlende Geldbetrag wird sowohl für freihändigen Verkauf wie
für Einmiethe durch die Forst=Nebennutzungstaxe bestimmt.

Die Ausübung von Forst=Nebennutzungen gegen geringere als taxmäßige
Bezahlung darf der Oberförster nur auf Anweisung der Regierung und nach Bei=
bringung der von dieser als dazu erforderlich bezeichneten Justifikatorien, z. B.
der Seitens der betreffenden Polizei=Behörden auszustellenden Armuthsatteste,
gestatten [37]).

§. 57.   [Formelles Verfahren bei freihändigem Verkaufe.]   ad. A.
Der Verkauf nach bestimmtem Maaße erfolgt entweder

    a) nachdem das Nebenprodukt für Rechnung der Forstkasse geworben ist
       (§. 60), oder

    b) zur Selbstwerbung Seitens des Käufers.

Im ersten Falle (ad a) ist nach Analogie der für den Holzverkauf aus
freier Hand in den §§. 25—28 gegebenen Vorschriften zu verfahren.   Der Ober=
förster hat demgemäß für jeden einzelnen Käufer einen Verabfolgezettel aus=
zustellen, diesen unter Notirung der in fortlaufender Folge dem Zettel zu gebenden
Nummer in die über den Verkauf solcher für Rechnung der Forstkasse geworbener
Nebenprodukte besonders zu führende und monatlich abzuschließende Verkaufsliste,
und in die Abzählungstabelle (§. 60) einzutragen und den Zettel sofort dem
Käufer auszuhändigen, die abgeschlossene Verkaufsliste aber, nachdem der Abschluß
in das Forst=Nebennutzungs=Manual (§. 60) und Soll=Einnahme=Buch eingetragen,
als Erhebungsliste bis zum 25. des Monats an die Forstkasse gelangen zu lassen.
Die Formulare zu den Verabfolgezetteln werden von der Königlichen Regierung
in entsprechender Form entworfen und nach Bedürfniß geliefert.

Die Forstkasse giebt die Verkaufslisten nach gemachtem Gebrauche an den
Oberförster als Ausgabebeläge für die von ihm über die betreffende Nebennutzung
zu legende Natural=Rechnung zurück.

§. 58.   Bei dem Verkaufe der durch die Käufer selbst zu werbenden Neben=
produkte (ad b.) stellt der Oberförster ebenfalls einen Verabfolgezettel für jeden
Käufer aus und trägt diesen, unter Angabe der Zettelnummer, in eine Nach=
weisung ein, welche für alle nicht durch die Forstverwaltung zu werbenden
Nutzungen als Konzept der monatlichen Verkaufslisten über vom Käufer selbst
zu werbende Forst=Nebennutzungen zu führen ist.   Die nach diesem Konzepte zu
fertigende Erhebungsliste ist am 25. des Monats, nachdem der Geldbetrag im
Solleinnahmebuche notirt ist, an die Forstkasse zu senden.

§. 59.   [Formelles Verfahren bei der Einmiethe.]   ad B.   Bei der
Einmiethe zur Entnahme von Wald=Nebenprodukten, z. B. von Raff= und Lese=

---

[37]) Zur Sicherheit der Königlichen
Forsten ist durch AE. 21. März 37
gestattet, Freizettel zum Sammeln von
Raff= u. Leseholz an benachbarte arme,
hülfsbedürftige Personen, unvermögende
Wittwen u. s. w. auszugeben Vf. FM.
15. April 37 u. 31. März 43.

holz 2c., ist, wie im vorigen Paragraphen angegeben, zu verfahren. Es ist jedoch zweckmäßig, für diese Einnahmen, nach den verschiedenen Arten der Ein-miethe getrennt, besondere Erhebungslisten zu führen und den für jede Art der Einmiethe in besonderer Fassung von der Regierung zu liefernden Legitimations-scheinen eine besondere Nummerfolge zu geben.

Bei der Einmiethe zur Waldweide vertritt die Quittung der Forstkasse über das eingezahlte Weidegeld, und das vom Oberförster für den Förster einzurichtende Weidebuch die Stelle des Legitimationsscheins.

Die Konzepte aller Verkaufs- resp. Erhebungslisten über Forstnebennutzungen sind am Jahresschlusse einem besonderen hierzu bestimmten Aktenstücke einzuverleiben.

§. 60.   [Buch- und Rechnungsführung über die auf Kosten der Forstverwaltung geworbenen Wald-Nebenprodukte.]   Werden Forst-Nebenprodukte, z. B. Torf, Waldstreu 2c., ohne daß dafür ein besonderer Etat besteht, für Rechnung der Forstverwaltung zum Verkaufe geworben, so hat der Oberförster über die Werbung und deren Kosten, sowie über die Vereinnahmung und Verausgabung des Materials, zwar auch besondere Rechnung zu legen, diese wird aber, nebst den sie justifizirenden Belägen, am Jahresschlusse, nach vorschriftsmäßiger Bescheinigung durch den Regierungs- und Forstrath[9]) an die Forstkasse zu den Belägen der Forstgeldrechnung abgegeben.

Auch in diesem Falle hat in ähnlicher Weise wie für die Holznutzung

1. der Förster über die Werbungskosten Lohnzettel auszustellen, und wenn die Werbung ganz oder theilweise beendigt, ein Nummer- und Anweise-buch anzufertigen, welches zur Abzählung des Materials durch den Oberförster, und später zur Eintragung der Verabfolgezettel dient, und

2. der Oberförster
   a) über das abgezählte Material eine Abzählungs-Tabelle aufzustellen;
   b) ein Forst-Nebennutzungs-Manual zu führen, welches, und zwar unter besonderem Konto für jede hierbei vorkommende verschiedene Art von Nebennutzungen, in Einnahme die vom Förster aufgestellten und vom Oberförster zur Auszahlung der Werbungskosten auf die Forstkasse angewiesenen Lohnzettel, sowohl nach dem vereinnahmten Materiale, als auch nach den dafür verausgabten Werbungskosten in chrono-logischer Ordnung, und in Ausgabe die einzelnen Verkaufslisten resp. die Versteigerungsverhandlungen in chronologischer Ordnung nach dem verausgabten Materiale und der dafür fälligen Soll-Einnahme an Geld nachweist.

Dieses Forst-Nebennutzungs-Manual wird am 31. März[10]) in Einnahme und Ausgabe resp. nach dem verbliebenen Materialbestande abgeschlossen und bildet dann das Konzept der über die betreffende Nebennutzung zu legenden Natural-Rechnung, welche in Natural-Einnahme und Werbungskosten-Soll-Ausgabe mit den Lohnzetteln über die Werbungskosten, in Natural-Ausgabe und Geld-Soll-Einnahme mit den Verkaufslisten resp. Versteigerungsverhandlungen belegt, bis spätestens zum 15. April[10]) an die Forstkasse zu den Geld-Rechnungsbelägen abzugeben ist.

Da der Regierungs- und Forstrath[9]) jedoch zuvor, sowohl die Material-Einnahme auf Grund der geprüften Nummerbücher bescheinigen, als auch die Ausgabebeläge nach den Verabfolgezetteln revidiren, und endlich auch die Richtigkeit des etwa verbliebenen Material-Bestandes attestiren muß, so hat der Oberförster, wenn diese Revisionen nicht etwa schon früher erfolgt sind, dem Regierungs- und Forstrath[9]) zu diesem Zwecke rechtzeitig die Rechnung nebst Belägen und damit zugleich die Abzählungstabelle und das Forst-Nebennutzungs-Manual, sowie die Nummerbücher der Förster und die Verabfolgezettel einzureichen.

Ueber die Aufbewahrung des Nebennutzungs-Manuals, der Abzählungstabellen, Nummerbücher und Verabfolgezettel gelten die §. 46 gegebenen Vorschriften.

Werden Forst-Nebenprodukte gegen einen gewissen Antheil, z. B. wie Gras aus den Schonungen um den 2., 3. oder 4. Haufen geworfen, so muß über den dem Fiskus zustehenden Antheil ein Nummerbuch und eine Abzählungstabelle aufgestellt und auf Grund derselben unter der betreffenden Versteigerungsverhandlung resp. Verkaufsliste die Uebereinstimmung der Material-Einnahme mit dem Nummerbuche vom Regierungs- und Forstrath[9]) bescheinigt werden.

§. 61. [Torfverwaltungen mit besonderen Etats.] Ist mit einer Oberförsterei eine Torfverwaltung oder andere Neben-Betriebsanstalt verbunden, für welche ein eigener Etat besteht und daher eine besondere Natural- und Geldrechnung zu legen ist, so gelten hinsichtlich der Verlohnung, Verwerthung und Verrechnung des zur Nutzung gelangenden Materials, soweit nicht die Verschiedenartigkeit der letzteren formelle Abänderungen bedingt, dieselben Vorschriften wie für die Holznutzung.

Dritter Abschnitt.

Von der Jagdnutzung.

§ 62. [Von der Jagdnutzung im Allgemeinen.] Der Oberförster hat für die zweckmäßigste Nutzbarmachung der Jagden, welche zu der ihm anvertrauten Oberförsterei gehören, unter Leitung und nach Anweisung des Regierungs- und Forstrathes[9]) und des Oberforstmeisters resp. der Regierung zu sorgen, und die daraus erwachsenden Geldeinnahmen der Forstkasse zur Erhebung zu überweisen.

Die Verwerthung der Jagdnutzung erfolgt nach den darüber durch den Etat oder besondere Verfügungen der Regierung getroffenen Bestimmungen entweder:

1. durch Verpachtung oder
2. durch Administration.

Für alle Forst- und Domänen-Grundstücke, welche nach den gesetzlichen Bestimmungen mit anderen Grundstücken zu einem gemeinschaftlichen Jagdbezirk zu vereinigen sind, ist der Oberförster verpflichtet, die gehörige Befolgung der gesetzlichen Vorschriften zu überwachen und dafür zu sorgen, daß der antheilige Jagdertrag der Forstkasse gehörig justifizirt zur Erhebung überwiesen wird.

§. 63. [Verpachtung der Jagd im Allgemeinen.] Die Verpachtung der Jagdnutzungen auf fiskalischen Grundstücken, welches ein selbstständiges Jagdrevier bilden, erfolgt nach Anweisung der Regierung entweder:

A. im Wege des öffentlichen Ausgebotes oder
B. aus freier Hand.

Ertragsanschläge sind ad A. nur auf besondere Anordnung der Regierung, ad B. in jedem Falle anzufertigen. Dieselben werden vom Oberförster, in Betreff der zur Verpachtung an den Oberförster bestimmten Jagden aber vom Regierungs- und Forstrath[9]) aufgestellt und vom Regierungs- und Forstrath[9]) resp. Oberforstmeister revidirt.

Die Aufsicht über die Befolgung der kontraktlichen Bedingungen Seitens der Jagdpächter liegt in Betreff aller an dritte Personen verpachteten Jagden dem Oberförster unter Mitwirkung der Schutzbeamten, in Betreff der an den Oberförster verpachteten Jagden dem Regierungs= und Forstrath[9]) ob.

§. 64. [Verpachtung der Jagd im Wege des öffentlichen Aus=gebots.] Für die Verpachtung der Jagd im Wege des öffentlichen Ausgebots. gelten im Allgemeinen die für die öffentliche Verpachtung von Forst=Nebennutzungen im §. 52. 2c. gegebenen Vorschriften.

Es werden dabei die allgemeinen und die etwa von der Regierung noch besonders vorgeschriebenen speziellen Jagdverpachtungs=Bedingungen zu Grunde gelegt.[38])

Die Verpachtungsverhandlung ist in duplo aufzunehmen, und beide Exem=plare sind sofort nach dem Termine mit gutachtlichem Berichte über die Ertheilung des Zuschlages der Regierung zur Ausfertigung als Pachtkontrakt einzureichen.

Von der durch die Regierung als Pachtkontrakt ausgefertigten Verpachtungs=verhandlung hat der Oberförster das Hauptexemplar dem Pächter, das Neben=exemplar nebst dem etwa gefertigten Jagd=Ertragsanschlage und den Publikations=Dokumenten der Forstkasse zuzustellen, nachdem er zuvor die erforderlichen Notizen zum Geldetat gebracht hat, um danach die Soll=Einnahme an Geld und den Ablauf des Pachtkontraktes kontrolliren zu können.

§. 65. [Jagdverpachtung aus freier Hand.] Die Verpachtung aus freier Hand erfolgt direkt durch die Regierung und hat der Oberförster dabei nur nach specieller Anweisung derselben zu verfahren und später nach Inhalt der ihm mitzutheilenden Kontrakte die Soll=Einnahme an Geld und den Ablauf der Pachtkontrakte zu kontrolliren.

Wenn dem Oberförster eine fiskalische Jagdnutzung verpachtet wird, so er=langt er dadurch zwar innerhalb der Schranken der pfleglichen Behandlung und der Pachtbedingungen die freie Benutzung derselben, jedoch einerseits unbeschadet der in der Dienstinstruktion für die Förster den Forstbeamten rücksichtlich der Jagdnutzung zugestandenen Befugnisse[39]) und andererseits nur in den Grenzen, welche die Pflege und Konservation der etwa nicht mit verpachteten Hohen= oder Mitteljagd vorzeichnet, und überhaupt ohne dadurch seine Vorgesetzten von der Ausübung der Jagd auszuschließen. In letzterer Beziehung ist er vielmehr ver=pflichtet, den Wünschen seiner Vorgesetzten, sowohl rücksichtlich der Ausübung der Jagd für ihre Person, als auch insoweit nachzukommen, daß er dieselben von den durch ihn zu veranstaltenden Jagden auf Verlangen benachrichtigt.

Jeder mit einem Oberförster abgeschlossene Jagdpachtkontrakt erlischt, auch wenn solches im Kontrakte nicht ausdrücklich stipulirt ist, ohne weiteres mit dem Tage seines Ausscheidens aus der Verwaltung des Reviers.

§ 66. [Die Administration der Jagd im Allgemeinen.] Wo die Administration der Jagd angeordnet wird, hat der Oberförster dieselbe nach den Anweisungen seiner Vorgesetzten zu bewirken.

Die Grundlage für den Administrationsbeschluß bildet im Allgemeinen der jedesmal für die Etatsaufstellung anzufertigende Beschuß=Etat und insbesondere der nach Maßgabe des letzteren und unter Berücksichtigung der obwaltenden Verhältnisse alljährlich bis zum 1. März[10]) nach dem Formulare R. vom Ober=förster einzureichende jährliche Beschußplan.

Der Beschuß=Etat, sowie der jährliche Beschußplan sind vom Regierungs= und Forstrath[9]) zu revidiren und vom Oberforstmeister festzustellen.

---

[38]) Allg. Bedingungen für die Ver=pachtung forstfiskalischer Jagden vom 14. Sept. 96 Anlage E.

[39]) Nr. 5 § 65 u. Anm. 27 u. 2 d. W.

Den genehmigten jährlichen Beschußplan darf der Oberförster ohne, durch Vermittelung des Regierungs- und Forstraths[9]) nachzusuchende Genehmigung des Oberforstmeisters nicht überschreiten. Er hat aber die Erfüllung des Beschußplans sich nach Möglichkeit angelegen sein zu lassen.

§. 67. [Ausführung des jährlichen Beschußplanes.] Den Abschuß des nach dem genehmigten Beschußplane zu erlegenden Wildes hat der Oberförster, als Administrator der Jagd, zu besorgen. Die Vorgesetzten desselben sind jedoch, ohne den Abschuß für sich ausschließlich reserviren zu dürfen, befugt, in dem administrirten Reviere selbst zu jagen oder Jagden anzuordnen und ist der Oberförster verpflichtet, die deshalb erhaltenen Anweisungen zu befolgen.

Der Oberförster kann mit dem Abschusse die Forstschutzbeamten beauftragen, oder auch dazu mit Genehmigung des Regierungs- und Forstraths[9]) einen Pirschjäger halten. Wenn aber der Regierungs- und Forstrath[9]) oder der Oberforstmeister die Entlassung des Pirschjägers oder die Ausschließung eines oder des anderen der Forstschutzbeamten von der Theilnahme am Administrations-Beschusse im Interesse des Dienstes anordnet, ist der Oberförster verpflichtet, dem Folge zu geben.

Anderen Personen, welche nicht zum Forstpersonale gehören, darf der Oberförster die Ausübung der Jagd nur in seiner, oder in Gegenwart eines zuverlässigen Forstschutzbeamten, und zwar nur insoweit gestatten, als seine Vorgesetzten nicht etwa deren Zulassung ausdrücklich untersagen.

Bei der Ausübung der Jagd sollen nur solche Methoden angewendet werden, durch welche das Wild am sichersten und mit der möglichst geringsten Beunruhigung der Wildbahn erlegt wird. Namentlich soll alles Elch-, Roth-, Dam- und Rehwild in der Regel nur beim Ansitzen, beim Pirschen und etwa auch beim Buschiren mit wenigen Treibleuten, und zwar nur mit der Kugel erlegt werden. Ausnahmsweise kann der Oberförster im Winter auf der Treibjagd die Erlegung von Rehböcken mit Schroten gestatten.

Der Oberförster ist verpflichtet, die zur waidmännischen Ausübung der Jagd erforderlichen Hunde, so wie der Zustand der Jagd es erheischt, und namentlich einen guten Schweißhund zu halten, wo solches nach dem Stande der Wildbahn für angemessen zu erachten ist.

§. 68. [Die Wildtaxe.] Die Verwerthung des im Administrationsbeschusse erlegten Wildes für die Forstkasse erfolgt unter Zugrundelegung der Wildtaxe. Dieselbe soll enthalten:

1. den jedesmaligen Lokalpreis des Wildes,
2. das für die Erlegung desselben zu zahlende Schießgeld,
3. das Aversum für „Jagdadministrationskosten",
4. den nach Abzug der Kosten ad 2 und 3 von dem Werthe ad 1 verbleibenden Nettowerth.

Das Schießgeld ist nach Maßgabe der Instruktion für die Förster vom Oberförster den zum Empfange berechtigten Forstschutzbeamten, und zwar längstens am Schlusse jeden Quartals, auszuzahlen.

Die Jagdadministrationskosten gebühren dem Oberförster als Vergütung für alle mit der Administration der Jagd verbundenen und von ihm zu bestreitenden Kosten von Treiberlöhnen, für Anschaffung und Unterhaltung der Jagdhunde, für Transport des erlegten Wildes und die sonstigen von ihm zu machenden Aufwendungen zu Jagdzwecken.[40])

---

[40]) Dazu gehören in der Regel auch die Kosten der Ankirrung des Schwarz- wildes Vf. ML. v. 21. Febr. 84 (DJ. XVI. 91). —

Der Nettowerth fließt als Jagdeinnahmen zur Forstkasse.

§. 69. [Verwerthung des Wildes.] Das auf administrirten Jagden erlegte Wild wird entweder:

a) nach Maßgabe des Etats oder der desfallsigen besonderen Verfügungen der Regierung in natura abgeliefert, oder

b) dem Oberförster, gegen Bezahlung des taxmäßigen Nettowerthes und Schießgeldes, zur Verwerthung für seine Rechnung überlassen,[41]) wobei auf die Befriedigung des Bedarfs benachbarter Konsumenten thunlichst Rücksicht zu nehmen ist, oder steht

c) rücksichtlich gewisser Wildarten (Füchse, Marder, Fischottern und sonstiges kleines Raubzeug, Dachse, Kaninchen, Wasserhühner, Gänse, Enten, Wachteln, Schnepfen, Bekassinen, kleine Brachvögel), dem Oberförster un= entgeltlich zu, soweit solches nicht nach Maßgabe der Dienst=Instruktion für die Förster den Forstschutzbeamten gebührt.[39])

Der Oberförster ist verpflichtet, seinen forsttechnischen Vorgesetzten von der Administrationsjagd Wildpret zu ihrem eigenen häuslichen Bedarfe gegen Zahlung des Wildhändlerpreises, mindestens des in der Wildtaxe vorgetragenen Lokal= preises, sowie die Geweihe selbst erlegter Hirsche und Rehböcke gegen Zahlung einer Taxe von 12 Sgr. pro Pfund auf Verlangen zu überlassen.

§ 70. [Berechnung des Wildes und Bezahlung zur Forstkasse.] Alles erlegte Wild, soweit es nicht nach Vorstehendem den Forstbeamten unent= geltlich zukommt, hat der Oberförster an demselben Tage, an welchem es erlegt ist, oder spätestens am folgenden Tage, nach den in der Wildtaxe aufgeführten Kategorien in die nach Anleitung des Schemas S. zu führende Beschuß=Nach= weisung einzutragen. Gleichzeitig hat er dafür zu sorgen, daß der betreffende Förster, falls er bei der Erlegung nicht zugegen war, mit der erforderlichen Nachricht für die Eintragung in das von ihm nach dem Formular T. zu führende Schießbuch, jedenfalls binnen 6 Tagen, versehen wird.

Die Beschuß=Nachweisung ist am 25. jeden Monats oder des letzten Monats im Quartale, je nach der Bestimmung der Regierung, abzuschließen. Eine Ab= schrift der seit dem letzten Abschlusse in den Rubriken 1—9 erfolgten Eintragungen und ihrer Summe ist, nachdem die Geldsumme im Soll=Einnahmebuch notirt worden, als Erhebungsliste unverzüglich an die Forstkasse zu übersenden und der Geldbetrag an dieselbe zu berichtigen.

§. 71. [Verkümmertes und Fallwild.] Das aufgefundene Fallwild, d. h. solches Wild, welches entweder in Folge eines alten Schusses oder aus einer anderen Ursache (Kälte, Hochwasser 2c.) eingegangen ist, hat der Oberförster, wenn es überhaupt noch verwerthet werden kann, so gut als möglich licitando oder freihändig zu versilbern und über den Verkauf eine kurze Verhandlung mit dem Käufer aufzunehmen, welche der Beschuß=Nachweisung als Belag beizu= fügen ist.

Von dem erlangten Kaufgelde hat der Oberförster 20 Procent für sich als Administrations=, Transport=, Verkaufs= 2c. Kosten zurückzubehalten, 10 Procent an den Schutzbeamten des Bezirkes, in welchem das Wild gefunden ist, statt des Schußgeldes zu zahlen und den Rest als Jagdeinnahme an die Forstkasse ab=

---

[41]) Das gilt auch für das in der Schonzeit zur Nutzung gelangende Wild, wenn der Oberförster es für sich be= halten will. Anderenfalls ist es an eine von der Regierung zu bezeichnende wohlthätige Anstalt unentgeltlich abzu= geben Wildschong. 26. Febr. 70 (GS. 127) u. Vf. FM. 15. Juli 70 (DF. III. 172).

zuführen. Diese für den Oberförster und den Forstschutzbeamten von dem Er= löse in Abrechnung zu bringenden Beträge von 20 Procent und 10 Procent des Kaufgeldes dürfen jedoch niemals die in der Wildprettaxe ausgebrachten bezüg= lichen Sätze übersteigen und sind daher, wenn dies der Fall sein sollte, auf die letzteren zu ermäßigen.

Die Administrationskosten, das Schußgeld und die Jagdeinnahme für die Forstkasse hat der Oberförster nach der vorstehenden Bestimmung unter der Ver= kaufsverhandlung zu berechnen und die Jagdeinnahme in die Beschuß=Nach= weisung einzutragen.

In gleicher Weise ist auch zu verfahren, wenn verkümmertes Wild erlegt wird, welches zu den in der Wildprettaxe ausgebrachten Lokalpreisen nicht zu verwerthen ist, jedoch mit dem Unterschiede, daß über das 10 Procent des Er= löses betragende[42]) Schußgeld nach Maßgabe der Dienstinstruktion für die Förster zu verfügen, und daß unter der Verkaufsverhandlung das Gewicht des Kümmerers anzugeben ist. Wird Fallwild, welches gar nicht mehr verwerthbar ist, auf= gefunden, so hat der Oberförster darüber mit dem Förster eine kurze Ver= handlung, in welcher die Werthlosigkeit zu bescheinigen ist, aufzunehmen und zu den Akten zu bringen.

Dasjenige Fallwild, für welches eine Jagdeinnahme in die Beschußrechnung aufzunehmen ist, muß in der Beschußrechnung ebenso aufgeführt und aufgerechnet werden, wie dies bezüglich des übrigen zum Abschuß gelangten Wildes vor= geschrieben ist. Das gar nicht verwerthbare Fallwild ist im Texte der Beschuß= rechnung nicht aufzuführen. Es ist aber unter der Summe des abgeschossenen Wildes nachrichtlich auf besonderer Linie diese Kategorie von Fallwild nach Gattung, Geschlecht, Stärke und Stückzahl besonders summarisch ersichtlich zu machen oder event. zu bemerken, daß solches in dem betr. Jahre nicht auf= gefunden ist[43]).

Geweihe vom Fallwild und verkümmerten Wild, sowie gefundene Gehörne oder Stangen gebühren dem Oberförster, ohne daß er dafür an die Forstkasse etwas zu zahlen hat. Er muß aber das etwa zu gewährende Finderlohn be= richtigen[44]).

§. 72. [**Schwarzwild insbesondere.**] Wenn Schwarzwild, gleichviel, ob es gesund oder als Kümmerer erlegt oder als Fallwild aufgefunden wird, zur vollen Taxe nicht absetzbar ist, so soll rücksichtlich dieser Wildgattung der Oberförster ermächtigt sein, das Stück so gut als möglich licitando oder freihändig zu verkaufen, aus dem Erlöse die vollen taxmäßigen Administrations= kosten und das Schußgeld oder, wenn der Erlös zur vollen Deckung dieser beiden Kompetenzen nicht ausreicht, diese pro rata vorweg zu decken und nur den eventuellen Ueberschuß zur Forstkasse zu verrechnen, den Ausfall gegen die Taxe aber durch die mit dem Käufer aufzunehmende Verhandlung und die darunter zu setzende Berechnung zu belegen.

---

[42]) Ergänzt Vf. FM. 19. Nov. 77 (DJ. IX. 480).

[43]) Abs. 4 hinzugefügt Vf. FM. 22. Nov. 79 (DJ. XII. 96).

[44]) Die Aneignung abgeworfener Hirschstangen durch den Finder ist straffällig, sofern die Aneignung gesetz= lich verboten ist oder wenn durch die Besitzergreifung das Aneignungsrecht eines Anderen verletzt wird, z. B. im Bereiche der Kur= und Neumärkischen Holz=, Mast= und Jagdordnung vom 20. Mai 1720 UKammGer. 23. Dez. 97 (DJ. XXXI. 295), BGB. § 958, EG. z. BGB. Art. 69. — Die Finder abgeworfener Rehgehörne erwer= ben deren Eigenthum. (Wagner Preuß. Jagdgesetzgebung Berlin 89 S. 139[5]).

§. 73. [Beschußrechnung.]   Am 31. März[10]) jeden Jahres hat der Oberförster die Beschuß-Nachweisung abzuschließen, die Jahressumme des abgeschossenen Wildes und der Soll-Einnahme an Geld festzustellen und eine Abschrift der so abgeschlossenen Beschuß-Nachweisung als Beschußrechnung unter Beifügung der Beläge, nämlich des jährlichen Beschußplans, der etwaigen Verkaufsverhandlungen über Fallwild, etwaiger Quittungen über Naturallieferung, bis spätestens zum 15. April[10]) dem Regierungs- und Forstrath[9]) unter Beifügung der Schießbücher der Förster einzureichen.

Die Beschußrechnung wird, nachdem sie vom Regierungs- und Forstrath[9]) revidirt und bescheinigt und von ihm, sowie vom Oberforstmeister bezüglich etwaiger Abweichungen vom Beschußplane mit den erforderlichen Bemerkungen resp. vidi versehen und bei der Regierung in calculo festgestellt ist, von dieser der Forstkasse als Einnahmebelag zur Geldrechnung zugefertigt, während der Oberförster die Beschuß-Nachweisung zu seinen Akten und die Schießbücher der Förster zur Rückgabe an diese zurückerhält.

Zweiter Theil.
Von den Forst-Kulturen und Verbesserungen.

§. 74.   [Aufstellung des Forstkulturplans.]   Für die im nächstfolgenden Wirthschaftsjahre auszuführenden Forstkulturen und Verbesserungen hat der Oberförster den Entwurf zum Plane und Kostenanschlage nach Maßgabe der Vorschriften des Abschätzungswerkes und des generellen Kulturplanes, jedoch unter gehöriger Berücksichtigung der inzwischen etwa eingetretenen Veränderungen und gemachten Erfahrungen, alljährlich so zeitig aufzustellen, daß die örtliche Prüfung und vorläufige Feststellung durch den Regierungs- und Forstrath[9]) resp. Oberforstmeister bei deren Bereisung des Reviers erfolgen kann. Es ist hierzu das Formular U.[45]) anzuwenden, dem Entwurfe aber, da er als Konzept des Kulturplanes dienen soll, eine so räumliche Einrichtung zu geben, daß die bei der örtlichen Prüfung durch die Vorgesetzten etwa nothwendig werdenden Aenderungen eingetragen werden können.

Zur Aufstellung dieses Kulturplan-Konzepts sind zunächst alle in den vorjährigen und älteren Kulturen und natürlichen Verjüngungen nothwendigen Nachbesserungen und etwa sonst noch erforderlichen Verbesserungsarbeiten möglichst genau zu ermitteln und zu veranschlagen, da die disponiblen Kulturmittel in der Regel erst dann auf neue Anlagen verwendet werden dürfen, wenn dem Bedürfnisse der nothwendigen Nachbesserung schon vorhandener Anlagen genügt ist.

Demnächst sind alle nothwendigen und nützlichen neuen Anlagen, und wenn die disponiblen Mittel und Arbeitskräfte für alle nicht ausreichen, diejenigen,

---

[45]) Formular U hat Aenderungen erfahren. Kap. IX des Kulturplanes ist jetzt zu Verbesserungsvorschlägen für Fischereizwecke Vf. ML. v. 24. April 01 (DF. XXXIII. 199) u. Kap. X zu Vorschlägen für Verbesserung der Forstgrundstücke bestimmt, wobei außer den Ausgaben für Wiesen- und Moorkulturen auch die aus der Staatskasse zu bestreitenden Kosten für Verbesserung von Dienstlandflächen zu veranschlagen und zu verrechnen sind. Das Kap.: Insgemein (früher IX) ist jetzt Kap. XI Vf. ML. 1. März 02 (DFZ. Neudamm XVII. 273).

deren Ausführung im nächsten Jahre vorzugsweise dringend ist, in Vorschlag zu bringen.

Bei den Arbeiten zur Ermittelung des Umfanges der Nachbesserungen in älteren Anlagen, sowie zur Absteckung und Vermessung neuer Anlagen kann der Oberförster sich zwar der Hülfe der Forstschutzbeamten bedienen, bleibt aber für die Ausführung und die Richtigkeit der Resultate dieser Arbeiten verantwortlich. Bei Veranschlagung der Kosten sind für die projektirten Arbeiten die ortsüblichen Lohnsätze, für die anzukaufenden Sämereien vorläufig die üblichen resp. die vorjährigen Preise in Ansatz zu bringen.

Nachdem der Entwurf revidirt und vorläufig festgestellt ist, hat der Oberförster die Reinschrift zu besorgen, und diese, unter Beifügung des bei der örtlichen Prüfung benutzten Entwurfs dem Regierungs= und Forstrath[9]) längstens bis zum 15. September einzureichen.

§. 75. Bei Aufstellung des Kulturplans ist in formeller Hinsicht vorzugsweise Folgendes zu beachten:

1. Für jede im Abschätzungswerke und Taxations=Notizenbuche verzeichnete Kontrolfigur, in welcher eine Kultur oder Verbesserung ausgeführt werden soll, ist in der Regel eine besondere Position im Kulturplane zu bestimmen. Die einzelnen Kulturen sind schutzbezirksweise nach der Nummerfolge der Jagen resp. Distrikte in die vorgeschriebenen und genau inne zu haltenden Kapitel und Abtheilungen einzutragen.

2. In die Rubrik: „Größe der zu kultivirenden Fläche“ sind bei Kap. I. die durch Messung oder durch Schätzung zu ermittelnden Flächen der wirklich zu bepflanzenden oder zu besäenden Lücken zu verzeichnen, während später bei der Rechnungslegung die Fläche der wirklich bepflanzten Lücken am besten nach der Zahl der verwendeten Pflanzen resp. deren Verbande zu berechnen und anzusetzen ist.

Bei denjenigen Positionen, welche Nachbesserungen betreffen, ist im Texte des Kulturplanes die Größe der ganzen der Nachbesserung bedürftigen Fläche anzugeben.

Die Art und Weise der Ausführung der Kultur ist ganz speciell und vollständig anzugeben. Bei Saaten ist die Art der Bodenbearbeitung, der Unterbringung des Samens, die Entfernung der Reihen oder Plätze, bei Pflanzungen das Alter oder die Größe der Pflanzen, Verband, Ort und Entfernung, woher sie zu entnehmen, bei Gräben sind die Dimensionen und überhaupt ist für jede Kultur anzugeben, was für deren Ausführung und für Beurtheilung der Kostenansätze von wesentlichem Einflusse und Interesse ist.

Die durch Dienstpflichtige auf Grund einer Reallast oder als Gegenleistung einer Servitut etwa noch zu leistenden Arbeiten und Lieferungen werden unter Anwendung derselben Geldansätze, nach denen der Werth dieser Leistungen dem Kulturfonds zugesetzt ist, bei den betreffenden Kulturpositionen in der Geldrubrik ausgeworfen, da diese Arbeiten demnächst mit denselben Sätzen aus dem Forst=Kulturfonds der Forstkasse zu Tit. II. der Geldeinnahme vergütet werden müssen.

Um das Soll an dergleichen Leistungen für das nächste Jahr festzustellen und die Verwendung zu kontroliren, ist dem Kulturplane eine demnächst für die Rechnungslegung weiter auszufüllende und der Rechnung zu annektirende Nachweisung beizufügen, welche, getrennt nach Resten aus Vorjahren und nach Solleinnahmen des betreffenden Wirthschaftsjahres, die Dienste und Lieferungen angiebt, welche geleistet

10*

werden sollen. Diese Nachweisung muß die erforderlichen Spalten ent=
halten, um neben der Solleinnahme im Laufe des Jahres die erfolgende
Isteinnahme in natura mit den der Forstkasse dafür zu vergütenden
Geldbeträgen, oder, wenn von den Verpflichteten statt der Natural=
leistung Geld zur Forstkasse gezahlt wird, mit dieser der Forstkasse vom
Oberförster zu überweisenden Geldzahlung der Verpflichteten und
schließlich die etwaigen Reste eintragen zu können.

4. Die durch Strafarbeiter oder durch Pächter von Kulturflächen oder Mit=
eigenthümer gemeinschaftlicher Waldungen unentgeltlich zu leistenden
Arbeiten sind, soweit sich dies vorher beurtheilen läßt, mit den dadurch
zu ersparenden Geldbeträgen in fortlaufender Nummer mit den übrigen
Kulturvorschlägen, oder wenn sie mit anderen Kulturvorschlägen zu=
sammenhängen, bei den betreffenden Kulturpositionen zu vermerken; es
ist aber der Geldwerth nur vor der Linie und nicht in der Rubrik
für die Kulturkosten auszuwerfen.

5. Da das Formular U. zugleich für den Kulturplan und die Kultur=
rechnung bestimmt ist, so muß schon bei Aufstellung des ersteren darauf
Rücksicht genommen werden, daß auf der gegenüberstehenden Seite für
die Rechnung und am Schlusse jedes Kapitels resp. Abschnittes auch für
die Eintragung etwa außer dem Anschlage ausgeführter Kulturarbeiten
der erforderliche Raum vorhanden ist.

Nach erfolgter Feststellung resp. Bestätigung durch den Regie=
rungs= und Forstrath[9]) resp. Oberforstmeister wird der Kulturplan
bis spätestens den 15. Oktober dem Oberförster von der Regierung zur
Ausführung zurückgegeben, und ihm bei der Forstkasse die bewilligte
Kulturgeldersumme zur Disposition gestellt.

§. 76.   [Genaue Befolgung des Kulturplans.]   Von dem fest=
gestellten Kulturplan darf der Oberförster ohne vorgängige Genehmigung des
Regierungs= und Forstraths[9]) nicht abweichen, und namentlich eigenmächtig
weder Kulturen aussetzen, noch auf anderen Flächen oder auf andere Weise als
vorgeschrieben, ausführen und noch weniger den disponibel gestellten Kultur=
gelderbetrag im Ganzen überschreiten.

Werden durch unvorhergesehene Umstände Abweichungen nothwendig, so
muß der Oberförster zuvor rechtzeitig deshalb an den Regierungs= und
Forstrath[9]) berichten.

Als Abweichungen vom Kulturanschlage, zu welchen vorherige Genehmigung
eingeholt werden muß, sind jedoch kleinere und häufig unvermeidliche Differenzen
gegen die für die einzelnen Positionen veranschlagten Kostenbeträge nicht anzu=
sehen, sobald dadurch bei den einzelnen Kapiteln wenigstens nicht bedeutende
Abweichungen und im Ganzen keine Ueberschreitung der zur Disposition gestellten
Kulturgelder=Summen herbeigeführt werden.

§. 77.   [Ertheilung der für die Forstschutzbeamten erforder=
lichen Anweisung zur Ausführung der Kulturen.]   Aus dem genehmigten
Kulturplane hat der Oberförster jedem Förster einen Auszug für seinen Schutz=
bezirk mitzutheilen und rechtzeitig die auszuführenden Kultur= und Verbesserungs=
arbeiten an Ort und Stelle, unter Ertheilung specieller sachgemäßer Anleitung,
zu überweisen.

§. 78.   [Verdingung der Kultur= und Verbesserungsarbeiten.]
Kulturarbeiten, welche ohne Gefahr für die gute Ausführung im Ganzen ver=
dungen werden können, wie z. B. Graben=, Pflug= und Gespannarbeiten, Hacken,
Umgraben, Rajolen bestimmter Flächen 2c., sind in der Regel, und zwar je nach

den Umständen entweder öffentlich an den Mindestfordernden unter Aufnahme einer die Stelle des Vertrages vertretenden, demnächst den Rechnungsbelägen beizufügenden Verhandlung, oder aus freier Hand an zuverlässige Arbeiter, in der Regel nur mündlich, vom Oberförster zu verdingen. Ist im Kulturplane die Verdingung im Wege der Licitation vorgeschrieben, so ist der Oberförster, ohne Genehmigung des Regierungs- und Forstraths[9]), nicht befugt, aus freier Hand zu verdingen. Ebenso darf der Oberförster Arbeiten, für welche generell oder durch specielle Bestimmung des Kulturplans die Verdinggabe angeordnet ist, nicht ohne Genehmigung des Regierungs- und Forstraths[9]) in Tagelohn ausführen lassen. Eine Ueberschreitung des Anschlages bei Verdingung aus freier Hand ist dem Oberförster nöthigenfalls bis zu 10 Procent, bei Verdingung an den Mindestfordernden aber bis zu 20 Procent nachgelassen, sofern Ersparnisse bei anderen Positionen des betreffenden Planes hierzu die Mittel bieten[46]).

Uebersteigt die Mindestforderung bei der Licitation den Anschlag und findet der Oberförster einen zuverlässigen Unternehmer, welcher zur Ausführung für den Anschlagsbetrag oder unter demselben bereit ist, so kann er, auch wenn Minus-Licitation vorgeschrieben war, aus freier Hand verdingen, muß dann aber das Licitations-Protokoll zur Rechtfertigung der Abweichung den Rechnungsbelägen beifügen.

Kulturarbeiten, welche, wie namentlich das Pflanzen und Säen, besondere Sorgfalt und specielle Leitung erfordern, und bezüglich der Güte der Arbeit nach der Vollendung nicht gehörig sich beurtheilen resp. verbessern lassen, sind in der Regel für Tagelohn auszuführen.

§. 79. [Annahme der Kulturarbeiter, Beaufsichtigung der Arbeiten.] Die Annahme, Anstellung und specielle Beaufsichtigung der Kulturarbeiter liegt nach Anweisung des Oberförsters dem Förster ob. Der Oberförster hat aber die zweckmäßige Wahl der Kulturarbeiter zu überwachen und dafür zu sorgen, daß zu den Arbeiten des Säens und Pflanzens und der Kulturpflege so viel als möglich schon eingeübte Arbeiter verwendet werden, und daß eine gehörige Arbeitstheilung in Beziehung auf die einzelnen Arbeiten und die Verwendung von Männern, Frauen und Kindern wahrgenommen wird.

Die Tagelohnsätze sind vom Oberförster nach den obwaltenden Verhältnissen zu bestimmen.

In der Regel wird es genügen, die Kulturarbeiter mündlich zu dingen, wobei sie, mit Vorbehalt jederzeitiger Entlassung, zu fleißiger und guter Ausführung der ihnen anzuweisenden Arbeiten für die ihnen genau bekannt zu machenden Lohnsätze anzunehmen und insbesondere zu verpflichten sind, daß sie, wie den Forstbeamten, so auch dem etwa zu bestellenden Kulturvorarbeiter pünktlich Gehorsam leisten.

Den Kulturvorarbeiter, wo die Annahme eines solchen zweckmäßig ist, bestellt der Oberförster. Er kann demselben ein Tagelohn bewilligen, welches nöthigenfalls bis zu 30 Procent höher ist, als das ortsübliche Mannstagelohn anderer Kulturarbeiter.

Für dieses dem Kulturvorarbeiter bei den Tagelohnsarbeiten zugebilligte höhere Lohn ist derselbe zu verpflichten:

den Forstbeamten diejenigen Hülfeleistungen unentgeltlich zu gewähren, welche sie von ihm bei Absteckung, Abgrenzung und Aufmessung von Kulturflächen — soweit solches nicht bei der Ausführung der Tage-

---

[46]) Zusatz zu Abs. 1 Vf. MR. 17. Aug. 81 (DF. XIII. 343).

lohnskulturarbeiten selbst erfolgt —, sowie der in Verding zu gebenden oder gegebenen Kultur-, Graben- und Wegearbeiten, resp. bei Abnahme desfallsiger Arbeiten fordern.

§. 80. Der Oberförster ist dafür verantwortlich, daß die Kulturarbeiten zur rechten Zeit gut, unbeschadet des Zweckes möglichst billig und den Vorschriften des Kulturplans entsprechend ausgeführt werden.

Er ist deshalb verpflichtet, die Arbeiten, soweit es erforderlich, persönlich zu leiten und zu beaufsichtigen, jedenfalls aber die Kulturplätze so oft als möglich zu besuchen, die Arbeiten sorgfältig zu revidiren und jede Nachlässigkeit der Forstschutzbeamten, je nach den Umständen mündlich oder zu Protokoll zu rügen, event. der Regierung zur Bestrafung anzuzeigen. Bei jeder Anwesenheit auf der Kulturstelle hat er das Arbeiter-Notizbuch des Försters einzusehen, dessen Richtigkeit zu prüfen und mit seinem vidi oder etwaigen Bemerkungen unter Angabe des Datums zu versehen.

§. 81. [Holzsämereien.] Die zu den Kulturen nach Maßgabe zu beschaffenden Holzsämereien, für deren sorgfältige Einsammlung und Aufbewahrung der Oberförster besonders zu sorgen und deren Güte er durch zweckmäßige Keimproben, bezüglich der Nadelhölzer nach den darüber besonders erlassenen Vorschriften[47], festzustellen hat, muß der Oberförster dem Förster speciell und für jede einzelne Kultur besonders nach dem üblichen Maße übergeben und seine ganz besondere Aufmerksamkeit auf deren richtige und zweckmäßige Verwendung richten.

§. 82. [Verlohnung der Kultur- und Verbesserungsarbeiten.] Zu den nach Maßgabe der Instruktion für die Förster von diesen auszustellenden Kulturlohnzetteln werden die Formulare nach dem Schema V. oder V¹ für Tagelohnsarbeiten und V². für Verdingsarbeiten von der Regierung dem Oberförster geliefert und von diesem dem Förster nach Bedürfniß ausgehändigt.

Um bei längere Zeit erfordernden Verdingsarbeiten die Zahl der zu den Rechnungsbelägen zu bringenden Lohnzettel zu beschränken, können nach Anleitung des Formulars V². Abschlagszahlungen vom Förster verlohnt und vom Oberförster angewiesen werden. Die Lohnzettel über Abschlagszahlungen sind stets mit der Ueberschrift „Abschlagszahlung" zu versehen. Da der Oberförster für die gute, billige und anschlagsmäßige Ausführung der Arbeiten, sowie für die Richtigkeit der Flächen- und sonstigen Maßangaben in den Lohnzetteln vorzugsweise persönlich verantwortlich ist, so darf er bei Verdingsarbeiten die Lohnzettel erst dann rücksichtlich des Lohnbetrages feststellen und auf die Forstkasse anweisen, nachdem er sich von der guten und anschlagsmäßigen Ausführung und von der Richtigkeit der sonstigen Angaben gehörig überzeugt hat. Es ist daher bei Verdingsarbeiten im Voraus die Auszahlung des Lohnes von dem Befunde bei der Revision durch den Oberförster abhängig zu machen.

Bei Tagelohnarbeiten kann zwar die Lohnanweisung nicht immer von vorheriger Revision der beendeten Arbeiten abhängig gemacht werden, der Oberförster hat aber, abgesehen von der um so mehr nothwendigen Revision im Laufe der Arbeit, die Verpflichtung, die Endrevision so bald als möglich vorzunehmen, um bei einer nicht sachgemäßen oder zu theueren Ausführung das Verschulden des Försters festzustellen. Er kann die eigene Verantwortlichkeit auf diesen nur durch den Nachweis übertragen, daß derselbe die ihm in vollständig ausreichender Weise ertheilte Anweisung über die Arbeitsausführung nicht gehörig beachtet hat.

---

[47] Vf. FM. 8. Juli 64.

§. 83. Vor Abgabe des festgestellten Lohnzettels an den zur Erhebung des Lohns Berechtigten hat der Oberförster den Geldbetrag in das von ihm zu führende „Journal über Ausgabe-Anweisungen auf eröffnete Kredite" einzutragen.

Dieses nach Formular W. rein chronologisch zu führende Journal soll dem Oberförster dazu dienen, jederzeit den Stand der Ist-Ausgabe auf einen zur Disposition gestellten Kredit zu übersehen und sich gegen eine, ohne vorherige Genehmigung der Regierung unbedingt unstatthafte Ueberschreitung zu sichern. Es müssen daher auch alle sonstigen Rechnungen über für Kulturzwecke verausgabte Gelder in dasselbe eingetragen werden. Außerdem sind die Kulturlohnzettel und sonstigen Rechnungen über Kulturgelder gleichzeitig auch im Konzepte der als Kulturgeldermanual anzusehenden Kulturrechnung bei der betreffenden Position zu notiren.

§. 84. [Verwendung der Forstdienst- und Lieferungspflichtigen.] Die durch Dienstpflichtige auf Grund einer Reallast oder als Gegenleistung einer Servitut zu leistenden Hand- und Spanndienste und Lieferungen müssen gewissenhaft und, soweit sich dazu Gelegenheit darbietet, regelmäßig alljährlich benutzt werden.

In Uebereinstimmung mit den im Kulturplan genehmigten desfallsigen Vorschlägen hat der Oberförster dem Förster behufs Verwendung der Forstdienstpflichtigen ein Verzeichniß zu übergeben, in welchem dieselben unter Angabe der von ihnen zu leistenden Arbeiten und des Maßes derselben resp. der Zahl der Arbeitstage speciell benannt sein müssen.

Dieses Verzeichniß bescheinigt der Förster demnächst in der hierfür zu bestimmenden Spalte rücksichtlich der geschehenen Ableistung der Arbeit und giebt dasselbe dem Oberförster zurück, welcher es zu seinen Akten bringt, zuvor aber die Ist-Einnahme der Leistungen in der im §. 75 sub 3 erwähnten Nachweisung einträgt, die den Pflichtigen etwa gebührende theilweise Bezahlung mittelst Lohnzettels auf den Forstkulturfonds anweist, den Freiwerth der Leistungen nach den bestimmten Sätzen in Gelde berechnet und hierüber eine Erhebungsliste fertigt, die er nach Buchung des Geldbetrages im Tit. II. des Soll-Einnahmebuchs, sowie im Kulturgelder-Journal und Manual, der Forstkasse zufertigt, um den Betrag aus dem Kulturfonds zu den Forstrevenüen zu berichtigen.

Wenn Leistungspflichtige es vorziehen, statt der Naturalleistung eine Geldvergütung zu zahlen, so hat der Oberförster, sofern nicht für solchen Fall fixirte Lohnsätze bestehen, den Geldbetrag nach den zur Zeit ortsüblichen Lohnsätzen, für welche die Leistung anderweit zu erlangen ist, festzustellen, darüber eine Erhebungsliste der Kasse zuzufertigen und die Arbeit resp. Leistung dann für Rechnung des Kulturfonds zu beschaffen.

§. 85. [Verwendung der Forst-Strafarbeiter.] Die Verwendung der Forst-Strafarbeiter, deren Ueberweisung voraussichtlich im Laufe des nächsten Wirthschaftsjahres zu erwarten steht, hat der Oberförster schon bei Aufstellung des Kulturplans mit in Betracht zu ziehen. Strafarbeiter sind hauptsächlich nur zu solchen Arbeiten zu verwenden, welche keine besondere Geschicklichkeit, Sorgfalt oder Körperkraft verlangen und leicht zu kontroliren sind, wie z. B. Wegebesserungen, Grabenarbeiten, Reinigung der Gestelle von Gesträuch und feuerfangender Bodendecke 2c. Die Mühwaltung und Unannehmlichkeit, welche durch die Heranziehung und Beaufsichtigung der Forst-Strafarbeiter erwachsen, dürfen nicht abhalten, die für die Forstverwaltung bei gehöriger Anwendung immerhin nützliche und aus anderen Gründen ebenso wünschenswerthe, als nothwendige

Verwendung der Strafarbeiter, soweit irgend thunlich, gewissenhaft eintreten zu lassen.

Das hierbei zu beobachtende Verfahren wird durch die für die einzelnen Bezirke hierüber erlassenen Reglements vorgeschrieben.

Sobald die Bestellung der Strafarbeiter veranlaßt ist, hat der Oberförster dem Förster, in dessen Schutzbezirk die Verwendung erfolgen soll, ein Verzeichniß nach dem Formular X. zu übergeben.

Die Anstellung und Beaufsichtigung der Strafarbeiter liegt dem Förster, die Kontrole über die richtige Verwendung derselben aber in gleichem Maße wie bei allen übrigen Arbeitern dem Oberförster ob.

Nach Ableistung der Arbeitszeit, resp. nach Vollendung der aufgegebenen Tagewerke hat der Förster die in jenem Verzeichnisse für die Bescheinigung über die Arbeitsleistung vorgesehene Spalte auszufüllen.

Auf Grund dieser Verzeichnisse, welche ebenso wie die Bestellungslisten noch zwei Jahre lang nach Ertheilung der Decharge über die betreffende Natural- und Kulturrechnung aufzubewahren sind, fertigt der Oberförster nach dem anliegenden Schema Y. die von ihm und den Schutzbeamten gemeinschaftlich zu bescheinigende, der Kulturrechnung zu annektirende Zusammenstellung der verwendeten Strafarbeitstage, welche letzteren im Einzelnen in der Kulturrechnung oder in den sonstigen Rechnungen, z. B. den Rechnungen über Kommunikationswegebauten, bei den betreffenden Positionen, für welche die Verwendung stattgefunden hat, verzeichnet und mit ihrem Geldwerthe ante lineam notirt werden müssen.

Um den jährlichen Sollbetrag, welcher in der Kulturrechnung an Strafarbeitstagen als verwendet nachgewiesen werden muß, feststellen und belegen zu können, hat der Oberförster ein besonderes Strafarbeits-Kontobuch, Schema Z., zu führen, in welches er jede ihm im Laufe des Wirthschaftsjahres zugehende und aus dem vorigen Wirthschaftsjahre etwa noch unerledigt übernommene Liste über zur Strafarbeitsvollstreckung überwiesene Forstfrevler einzeln nach dem Datum und Präsentatum und nach der Zahl der überwiesenen Strafarbeitstage summarisch auf einer Linie einzutragen und demnächst dahinter die wirklich abgeleisteten Tage, nachdem die letzteren auf der Liste selbst vom Oberförster speziell für die einzelnen Forstfrevler als verbüßt bescheinigt worden sind, summarisch zu verzeichnen hat. Nachdem dieses Kontobuch vor Ende des Wirtschaftsjahres im Laufe des Monats September abgeschlossen ist, läßt der Oberförster eine Abschrift desselben fertigen und übersendet dieselbe an die zuständige Behörde, von welcher sie nach den dort vorhandenen und vom Oberförster speziell bescheinigten desfallsigen Listen geprüft und nachdem sie dahin bescheinigt worden:

> „Im Laufe des Jahres vom 1. Oktober 18 . . bis 1. Oktober 18 . . sollen in der Oberförsterei N. N., nach Inhalt der Bescheinigungen des Oberförsters in den einzelnen Ueberweisungslisten, zusammen die umstehend nachgewiesene x. x. Strafarbeitszeit abgeleistet sein",

dem Oberförster als Beleg für die Kulturrechnung zurückgegeben wird. Gehört die Oberförsterei zu mehreren Gerichts- resp. Steuerbezirken, so muß für jeden derselben ein besonderes Strafarbeitskonto geführt werden.

§. 86. [Verwendung von Leistungen zu Kulturzwecken Seitens der Pächter von Forstkulturflächen.] Wo auf Grund von Verträgen Seitens der Pächter von Forstflächen, welche auf kurze Zeit Behufs der Wiederkultur zur Nutzung verpachtet worden oder wo von Miteigenthümern gemeinschaftlicher Waldungen unentgeltliche Naturalleistungen zu Forstkulturzwecken zu fordern sind, ist die gehörige Erfüllung dieser Leistungen in der Kulturrechnung vom Oberförster nachzuweisen. Derselbe hat über das Soll der Leistungen dem Förster eine Nachweisung zuzustellen, welche dieser, nachdem er darauf über die ausgeführten Leistungen Bescheinigung ertheilt hat, dem Oberförster zurückgiebt.

§. 87. [Die Kulturrechnung.] Die Kulturrechnung, welche für jedes vom 1. Oktober bis ultimo September laufende Kulturjahr zu legen ist, wird nach dem im Laufe des Jahres in dem Konzept-Exemplare des Kulturplans als Kulturmanual gemachten Eintragungen vom Oberförster gefertigt. Zu diesem Behufe fertigt die Forstkasse eine Nachweisung der einzelnen Lohnzettel und ihrer Geldbeträge, unter welcher der Oberförster, wenn er sie nach Vergleichung mit seinem Ausgabe-Journale als richtig anerkannt, den Empfang von x Lohn= zetteln im Betrage von x Mark 2c. quittirt, und darauf die Lohnzettel zur Ver= wendung als Rechnungsbeläge erhält.

Der Kulturrechnung sind folgende Nachweisungen zu annektiren:

1. eine Nachweisung der etwa von Dienstpflichtigen zu leisten gewesenen, wirklich geleisteten resp. bezahlten oder rückständig gebliebenen Dienste oder Lieferungen und ihrer Verwendung (cfr. §§. 75 und 84), oder statt dieser Nachweisung eine Bescheinigung, daß dergleichen Dienste oder Lieferungen nicht zu fordern gewesen sind.

Diese Nachweisung ist von dem betreffenden Schutzbeamten mit der Bescheinigung zu versehen, daß die darin als geleistet verzeichneten Dienste oder Lieferungen wirklich geleistet worden sind;

2. die im § 85 Schema X. vorgeschriebene Zusammenstellung der als ver= büßt nachzuweisenden und als verwendet nachgewiesenen Strafarbeitstage.

Sind Strafarbeiter oder Dienstpflichtige 2c. zu Arbeiten verwendet, welche, wie z. B. auf Kommunikationswegen, nicht in der Kulturrechnung nachgewiesen werden, so sind diese Leistungen dennoch in die Nach= weisungen sub 2 und 3 aufzunehmen, um den Zweck einer vollständigen Uebersicht über das Soll und Ist aller solchen Leistungen in der Ober= försterei zu erfüllen.

§. 88. Nachdem im Konzept des Kulturplans auf der für die Rechnung bestimmten Seite die Rechnung vollständig aufgestellt ist, wird dieselbe in das Hauptexemplar des Kulturplans und der Kulturrechnung als Reinschrift übertragen.

Als Beläge werden derselben, gehörig geordnet und geheftet, beigegeben:

1. die Verhandlungen resp. Bekanntmachung über etwaige Verdingung von Arbeiten;

2. die Lohnzettel und sonstigen Quittungen über für Kulturzwecke aus= gegebene Geldbeträge;

3. die Quittungen über etwa nach auswärts abgegebene Sämereien;

4. die Atteste über das Strafarbeitssoll (§. 85);

5. die etwaigen Beläge zur Feststellung des Solls an Diensten oder Lieferungen von dazu verpflichteten Personen.

Das zur Rechnung ergänzte Hauptexemplar des Kulturplans nebst Be= lägen ist bis spätestens zum 1. November[10]) an den Regierungs= und Forst= rath[9]) einzusenden, welcher nach deren Durchsicht die vorgeschriebenen Rech= nungsatteste beifügt und sodann die Vorlegung bei der Regierung bewirkt.

Nachdem bei dieser die kalkulatorische Prüfung erfolgt und die Ausgabe= summe festgestellt und unter der Rechnung bescheinigt ist, erhält der Oberförster die Kulturrechnung nebst Belägen zurück, um sie der Naturalrechnung anzuheften.

Die erforderliche Abschrift des Kulturplans und der Rechnung wird bei der Regierung gefertigt und der Abschrift der Naturalrechnung (§. 45 Schluß) annektirt. Die Konzeptexemplare des Kulturplans und der Rechnung, sowie das Ausgabe-Anweisungs-Journal (§. 83) sind demnächst in ein dazu bestimmtes besonderes Aktenstück der Oberförsterei-Registratur einzuheften.

§. 89. [Wegebauten 2c.] Auf Herstellung und Unterhaltung guter Wege resp. Brücken im Walde hat der Oberförster stets sein Augenmerk zu richten. Die Kosten für die ausschließlich zur Holzabfuhr dienenden Wege sind aus dem Kulturfonds zu bestreiten und in den Kulturplan resp. Rechnung zu übernehmen. Die Kosten für Kommunikationswege sind dagegen, soweit sie von der Forstverwaltung zu bestreiten sind, in einem besonderen Wegebauplane zu veranschlagen, welcher vom Regierungs- und Forstrath[9]) bei der Bereisung zu prüfen und jährlich zum 15. Januar der Regierung einzureichen ist. Ueber diese Kosten für Kommunikationswege wird demnächst auch besondere Wegebau-Rechnung, und zwar diese für das Rechnungsjahr vom 1. April bis 31. März, gelegt und der Regierung bis zum 10. April eingereicht[10]).

Welche Wege zu den Kommunikationswegen gehören und ob resp. welche besonderen Verpflichtungen bezüglich der Unterhaltung einzelner Wege oder Wegestrecken bestehen[48]), darüber ist aus dem auf jeder Oberförsterei vorhandenen und sorgfältig fortzuführenden Kommunikationswege - Register Auskunft zu erlangen.

§. 90. [Beaufsichtigung der Dienstgebäude und der Bauten an denselben.] Es gehört zu den Obliegenheiten des Oberförsters, den baulichen Zustand der zu seinem Verwaltungsbezirke gehörigen Königlichen Dienstgebäude dauernd zu überwachen und für deren tüchtige Instandhaltung Sorge zu tragen. Zu diesem Zwecke hat er:

a) darauf zu halten, daß die Nutznießer der Dienstgebäude ihren durch das desfallsige Regulativ[49]) vorgeschriebenen Verpflichtungen pünktlich nachkommen;

b) spätestens zum 1. Mai[10]) jeden Jahres eine Nachweisung der an den Dienstgebäuden erforderlichen, auf Königliche Rechnung zu bewirkenden Bauausführungen, deren Form und Anordnung die Königliche Regierung vorschreiben wird, dem Regierungs- und Forstrath[9]) vorzulegen,

c) von den außerdem im Laufe des Jahres sich als nöthig ergebenden dringenden Reparaturen der Königlichen Regierung rechtzeitig Anzeige zu machen.

Der Oberförster hat ferner nicht allein bei den ihm zur Ausführung auf Rechnung übertragenen Forstbauten für die gute und, unbeschadet des Zwecks, möglichst billige Ausführung zu sorgen, sondern auch bei allen an Bauunternehmer in Entreprise gegebenen Forstbauten die Verwendung guter Materialien, sowie die tüchtige und zweckentsprechende Ausführung zu überwachen und für Abstellung der dabei etwa wahrgenommenen Mängel zu sorgen.

Rücksichtlich der Ausführung und Verlohnung von Arbeiten, welche aus dem Wegebau- oder anderen außer dem Kulturfonds noch vorkommenden Fonds

---

[48]) In der Provinz Westfalen u. d. Rheinprovinz sind Sonderbestimmungen über Unterhaltung der öffentlichen Wege innerhalb der Staatsforsten durch Regulativ vom 17. Nov. 41 (GS. 405) getroffen.

[49]) Jetzt Vorschriften über Benutzung der Dienstgehöfte 31. Jan. 93. (Nr. 5 Anlage B. d. W.)

zu bestreiten sind, gelten im Wesentlichen dieselben formellen Vorschriften wie für die Kulturarbeiten und wird event. für die einzelnen Fälle von der Regierung specielle Anordnung getroffen.

Dritter Theil.

Vom Forst- und Jagdschutz.

§. 91. [Vom Forst- und Jagdschutz im Allgemeinen.] Der Oberförster ist verpflichtet, dafür zu sorgen, daß die Maßregeln, welche innerhalb der gesetzlichen Schranken zur Beschützung und Pflege der Königlichen Forsten und Jagden und der Nutzungen aus denselben, sowohl gegen die Menschen, als auch gegen Naturereignisse zu ergreifen sind, pünktlich und sachgemäß ausgeführt werden.

Der erste Angriff, d. h. die Entdeckung der bereits bestandenen, oder der zu befürchtenden Schäden und Nachtheile liegt zwar vorzugsweise und zunächst den Forstschutzbeamten ob. Aber auch der Oberförster hat die Verpflichtung, nicht allein die gehörige Ausführung jener Vorschriften sachgemäß zu leiten und streng zu überwachen, sondern auch, soweit es für diesen Zweck und die Sicherheit der Verwaltung erforderlich ist, sich selbst bei der Ausübung des Forst- und Jagdschutzes persönlich zu betheiligen.

In diesem Falle sind die für die Forstschutzbeamten gegebenen Vorschriften auch für den Oberförster zutreffend, und ist deshalb auch die Vereidigung desselben auf das Forstdiebstahlsgesetz erforderlich.

§. 92. Die weitere Verfolgung der durch die Forstschutzbeamten oder durch den Oberförster selbst entdeckten Beschädigungen und Gefahren und die zur Abwehr derselben zu ergreifenden Maßregeln hat dagegen vorzugsweise der Oberförster zunächst zu veranlassen.

Seine Thätigkeit ist in dieser Beziehung eine dreifache:

a) bei allen Uebertretungen von Forst-, Straf- oder Polizeigesetzen [50]) ist er von Amtswegen verpflichtet, die Einleitung des zuständigen Strafverfahrens ohne Weiteres zu veranlassen;

b) bei allen Ueberschreitungen privatrechtlicher Befugnisse, oder bei der Nichterfüllung der für die Forstverwaltung übernommenen Verbindlichkeiten Seitens dritter Personen, welchen nur im Wege des Civilprozesses entgegen getreten werden kann, ist der Oberförster jedesmal zunächst zur Berichterstattung an die Regierung verpflichtet, indem die Anstrengung eines Civilprozesses ohne vorhergängige Autorisation und Vollmacht der letzteren außerhalb seiner amtlichen Befugnisse liegen würde.

Wird ihm jedoch die Führung eines Civilprozesses von der Regierung übertragen, so hat er dabei ausschließlich der ihm deshalb zu ertheilenden speciellen Information Folge zu leisten.

c) bei dem Eintritt widriger Naturereignisse endlich hat der Oberförster je nach den Umständen entweder die sachgemäß erforderlichen Maßregeln sofort zur Anwendung zu bringen und der Regierung sogleich nachträglich davon Anzeige zu machen, oder, wenn keine Gefahr im Ver-

------

[50]) Nr. I. 2, 3 u. 4 d. W.

zuge iſt, zuvor an die Regierung zu berichten und ſich zur Ausführung jener Maßregeln die erforderliche Autoriſation reſp. die nöthigen Geld= mittel zu erbitten.

§. 93. [Leitung und Beauffichtigung der Forſtſchutzbeamten= rückſichtlich der Handhabung des Forſt= und Jagdſchutzes.] Der Ober= förſter iſt verpflichtet, die Forſtſchutzbeamten mit allen geſetzlichen Beſtimmungen und mit den beſonderen Rechtsverhältniſſen des Reviers ſo weit bekannt zu machen, als beide für die Ausübung des Forſt= und Jagdſchutzes von Bedeutung ſind. Insbeſondere muß er die Forſtſchutzbeamten auch über die Art und Weiſe der Ausübung des Forſtſchutzes, wie ſich dieſelben dabei gegenſeitig zu unter= ſtützen und zu vertreten haben, welche Forſtorte vorzugsweiſe ins Auge gefaßt, und welche beſonderen Maßregeln etwa innerhalb oder auch außerhalb des Reviers getroffen werden ſollen, und über Alles, was die Sicherheit des Reviers ſonſt etwa noch erfordert, mit entſprechender Anleitung verſehen.

Für die ſpecielle Organiſation und fortgeſetzte Leitung des Forſtſchutzes iſt der Oberförſter ebenſo verantwortlich, wie auch dafür, daß jeder Forſtſchutzbeamte, ſobald er ſeine Schuldigkeit nicht thut und die ihm zunächſt zu Protokoll zu ertheilenden Verweiſe ohne Erfolg bleiben, alsbald und bevor erheblicherer Schaden durch ſeine Nachläſſigkeit erwachſen iſt, der Regierung zur Beſtrafung angezeigt wird.

Sollten die vorhandenen Schutzkräfte in einem oder dem anderen Falle zur Sicherſtellung des Reviers nicht ausreichen, ſo liegt es dem Oberförſter ob, wegen angemeſſener Verſtärkung an die Regierung zu berichten.

Um dieſe ſpecielle Beauffichtigung der Forſtſchutzbeamten gehörig durch= zuführen und das Revier vor Schaden, ſich ſelbſt aber vor der ihn anderen Falls treffenden Verantwortlichkeit zu bewahren, muß der Oberförſter ſo oft wie möglich das Revier beſuchen und hierbei mit beſonderer Sorgfalt die am meiſten gefährdeten Orte ſpeciell und vollſtändig in Gegenwart des Forſtſchutzbeamten und unter Zurhandnahme des Forſt=Rügenbuches deſſelben revidiren.

Ueber das Reſultat dieſer Reviſion, und namentlich über das Verhältniß zwiſchen den vorgefundenen Spuren von Diebſtählen oder anderen Beſchädigungen und den desfallſigen Anzeigen im Forſt=Rügenbuche iſt in das letztere ſelbſt, wenn dazu Veranlaſſung iſt, ein kurzer Vermerk vom Oberförſter einzutragen.

§. 94. [Reviſion und Erhaltung der Grenzen.] Die Beauffichtigung der äußeren und inneren Grenzen des geſamten zur Oberförſterei gehörigen Areals liegt zwar zunächſt den Schutzbeamten ob, es bleibt aber der Oberförſter für jede Beeinträchtigung des fiskaliſchen Grundbeſitzes perſönlich verantwortlich.

Der Oberförſter hat deshalb überall, wo es noch nicht geſchehen ſein ſollte, für die Herſtellung einer kenntlichen und dauerhaften Grenzbezeichnung, ſowie für Herſtellung und Unterhaltung der Grenz= und Vorfluthgräben des Reviers, ſoweit nöthig, unter Zuziehung der Adjazenten, zu ſorgen und darauf zu achten, daß Grenzwälle und Knicks, wo ſolche vorhanden ſind, von dem Verpflichteten ſtets in ordnungsmäßigem, wehrhaftem Zuſtande erhalten werden.

Ferner iſt der Oberförſter verpflichtet, jeder Grenzverdunkelung durch ſofortige Erneuerung der beſchädigten oder unkenntlich gewordenen Grenzzeichen in Gemeinſchaft mit den Adjazenten vorzubeugen, jeder Ueberſchreitung der Grenzen Seitens der Grenznachbarn, ſowie jeder Beſchädigung oder Vernichtung von Grenzzeichen durch Beantragung der Beſtrafung des Schuldigen entgegen zu treten und bei allen neuen Anlagen oder Veränderungen, welche von den Grenznachbarn an den Grenzen vorgenommen werden, den fiskaliſchen Grund= beſitz vor Beeinträchtigung zu ſchützen.

§. 95. Zu diesem Zwecke, und namentlich auch um die Förster rücksichtlich der sorgfältigen und gewissenhaften Ausführung der ihnen obliegenden periodischen Grenzrevisionen zu kontroliren, hat der Oberförster außer den gelegentlich und so oft als möglich vorzunehmenden Besichtigungen einzelner Grenzstrecken, regelmäßig alljährlich oder in großen Revieren mit sehr schwierigen Grenzen unter Genehmigung der Regierung innerhalb zwei Jahren ein Mal in den Monaten Juni bis Oktober sämmtliche äußere und innere Grenzen der Oberförsterei unter Zuziehung der betreffenden Förster und unter Vergleichung des örtlichen Grenzbefundes mit den ihm übergebenen Grenzvermessungs=Registern und Karten speciell zu revidiren. Er hat hierbei jede Grenzlinie von Grenzpunkt zu Grenzpunkt abzugehen, und sich durch Augenschein persönlich davon zu überzeugen, ob alle Grenzzeichen überhaupt noch vorhanden sind, und in welchem Zustande sich dieselben befinden, ob die Grenzlinien noch gehörig offen sind, und ob nicht etwa Grenzüberschreitungen, oder andere Beeinträchtigungen Seitens der Angrenzer durch Ueberackern, Abgraben[51]), Ueberwerfen von Erde, Steinen ꝛc., Auflagern von Holz, Steinen oder anderen Materialien auf Forstgrund, Errichtung von Baulichkeiten, Hecken, Zäunen ꝛc. in geringerer als gesetzmäßiger Entfernung von der Grenze ꝛc. ꝛc. stattgefunden haben.

Ueber dieses Geschäft wird für jeden Schutzbezirk eine Verhandlung aufgenommen, in welcher alle vorgefundenen Mängel aufgeführt werden müssen.

Auch ist in der Verhandlung anzugeben, ob der Förster die periodischen Grenzrapporte pünktlich abgestattet hat, und in wie weit dieselben mit dem Befunde übereingestimmt haben. Die Verhandlung ist von dem Förster mit zu vollziehen, und der Regierung bis zum 1. Dezember einzureichen.

Soweit es sich um Erneuerung verfallener, resp. beschädigter Grenzzeichen handelt, hat der Oberförster sich zu bemühen, die Angrenzer zur Betheiligung dazu zu bewegen, und sie zu veranlassen, daß sie zur Vermeidung von Weiterungen und größeren Kosten durch Leistung von Handdiensten und Fuhren oder baaren Beitrag zu den nothwendigen Herstellungskosten beisteuern.

Sind die erforderlichen Arbeiten und die dafür aufzuwendenden Kosten von Erheblichkeit, so ist über die getroffenen Verabredungen eine von den Interessenten zu vollziehende Verhandlung aufzunehmen, und diese nebst dem Kostenanschlage über die betreffenden Arbeiten der Regierung zur Genehmigung der Ausführung einzureichen.

Die hierbei und bei Feststellung der Dienstländereigrenzen auszuführenden geometrischen Arbeiten gehören, wie überhaupt alle im gewöhnlichen Laufe der Oberförsterei=Verwaltung vorkommenden Vermessungsarbeiten, zu den Dienstgeschäften des Oberförsters, soweit sie nicht gesetzlich von anderen Personen zu besorgen sind.

---

[51]) **BGB. § 909:**
Ein Grundstück darf nicht in der Weise vertieft werden, daß der Boden des Nachbargrundstückes die erforderliche Stütze verliert, es sei denn, daß für eine genügende anderweite Befestigung gesorgt ist.

Der Regierungs= und Forstrath hat von 10 zu 10 Jahren ebenfalls die Grenzen jeder Oberförsterei zu revidiren und dabei die Erfüllung der den Oberförstern und Förstern — Nr. 5 § 48 d. W. — obliegenden Verpflichtungen zu kontroliren Vf. ML. 7. April 82 (DJ. XVII. 221).

§. 96. [Das Forstbußwesen.] Die dem Oberförster obliegende Thätigkeit bei der Verfolgung der durch die Forstschutzbeamten, oder ihn selbst entdeckten Vergehen und Uebertretungen ist im Allgemeinen und nach den Grundzügen der desfallsigen Gesetzgebung eine dreifach verschiedene, je nachdem der der Oberförster hierbei entweder:

a) als Revierverwalter, oder

b) in der ihm etwa übertragenen Funktion als Amts-Anwalt[52]), oder

c) als Polizeiverwalter des Oberförstereibezirks, resp. Amtsvorsteher[53]) aufzutreten veranlaßt ist.

Die Befugnisse und Verpflichtungen des Oberförsters in diesen Beziehungen, sowie der dabei zu beobachtende Geschäftsgang werden durch besondere Gesetze, Verordnungen und Verfügungen festgestellt, auf welche hier verwiesen wird. Es ist daher hier nur Folgendes zu erwähnen:

Der Oberförster ist dafür verantwortlich, daß die Forststraffälle, soweit er dazu beitragen kann, möglichst bald nach der That zur Anzeige, Aburtheilung und Strafvollstreckung gelangen. Er hat insbesondere dafür zu sorgen, daß keine Verjährung eintritt[54]).

Das Forstbuß-Register des Oberförsters wird jedesmal mit dem 1. Dezember begonnen und mit dem letzten November des folgenden Jahres geschlossen. Gehört die Oberförsterei zu mehr als einem Gerichtssprengel, so ist für jeden derselben ein besonderes Forstbuß-Register zu führen.

Die Erledigung der Frevelfälle hat der Oberförster sorgfältig zu kontroliren.

Soweit für die durch das Gesetz vom 15. April 1878[55]) vorgesehenen strafbaren Handlungen im Rückfalle ein höheres Strafmaß, resp. auch ein anderes Strafverfahren vorgeschrieben ist, muß über alle auf Grund dieses Gesetzes verurtheilten Personen, zur Feststellung des etwa eintretenden Rückfalles, eine besondere Kontrole geführt werden.

Hierzu ist das Strafkontrolbuch[56]) bestimmt, zu welchem die nöthigen Formulare von der Regierung geliefert werden.

Der Oberförster hat dafür zu sorgen, daß während der Forstgerichtstage die gehörige Beschützung des Reviers sicher gestellt wird.

§. 97. [Schutz gegen Naturereignisse.] Die Thätigkeit des Oberförsters, widrigen Naturereignissen gegenüber, soll zunächst und vorzugsweise dahin gerichtet sein, durch sachgemäße Wirthschaftsführung, stete Aufmerksamkeit, und rechtzeitige Anordnung, sowie sorgfältige Ausführung zweckentsprechender Vorbeugungs-Maßregeln entweder das Eintreten derselben zu verhindern, oder doch fortdauernd dahin zu wirken, daß dieselben und deren nachtheilige Folgen thunlichst beschränkt werden.

Zu diesem Zwecke hat der Oberförster die ihm untergebenen Forstschutzbeamten mit sachgemäßen Anweisungen zu versehen, ihre Thätigkeit gehörig zu überwachen, und übrigens nach § 92 sub c zu verfahren.

§. 98. [Insektenschäden.] In den Kiefern-Revieren sind alljährlich, sobald die Witterung darauf schließen läßt, daß die schädlichen Waldinsekten, besonders die große Kiefernraupe, ihr Winterlager bezogen haben, also in der Regel vom November ab, fortgesetzt bis in den Januar hinein Probesammlungen anzustellen. Die Resultate sind der Regierung anzuzeigen, wobei zugleich die

---

[52]) Nr. I. 3 Anm. 29 d. W.
[53]) KrO. 13. Dez. 72 (GS. 81 S. 180).
[54]) StGB. § 66 bis 72 u. Nr. I. 3.

Anmerk. 28 und Nr. I. 4 Anm. 2 d. W.
[55]) Nr. I. 3. § 7 u. 8 d. W.
[56]) Nr. I. 3 § 7 Anm 15 d. W.

darauf verwendeten Kosten, welche die Forstkasse gegen ordnungsmäßige Lohn=
zettel auf Grund des dazu von der Regierung eröffneten Kredits vorzuschießen
hat, zur Erstattung aus der Regierungs=Hauptkasse liquidirt werden müssen.

Die Auswahl der probeweise abzusammelnden Flächen liegt dem Oberförster
ob und darf von diesem niemals dem Förster allein überlassen werden.

Wenn auf Anweisung der Regierung oder in besonders dringenden Fällen,
z. B. wenn ein Insekt innerhalb enger örtlicher Begrenzung sich plötzlich in Be=
sorgniß erregender Menge zeigen sollte, auch ohne vorhergängige Anweisung,
Vertilgungsmaßregeln gegen schädliche Waldinsekten auszuführen sind, so muß
der Oberförster die nöthigen Anordnungen an Ort und Stelle selbst treffen, die
Schutzbeamten, welche das Geschäft leiten sollen, gehörig instruiren und sich durch
häufig wiederkehrende Revision von der Zahl der verwendeten Arbeiter, dem
Fortgange und dem Erfolge der angewendeten Maßregeln Ueberzeugung ver=
schaffen.

Diese Arbeiten sollen in der Regel und soweit thunlich im Stücklohn, und
nur wenn der gewünschte Erfolg dadurch beeinträchtigt oder verfehlt werden
würde, im Tagelohn ausgeführt werden.

Die Aufstellung der Lohnzettel auf, von der Regierung zu liefernden,
Formularen erfolgt durch die Forstschutzbeamten. Der Oberförster hat aber die
Lohnzettel in jeder Beziehung sorgfältig zu prüfen, den darauf fälligen Lohn=
betrag festzustellen und auf die Forstkasse zur Auszahlung anzuweisen, dabei auch
die Richtigkeit der Quantität der gesammelten Insekten 2c. und daß dieselben
wirklich, und zwar in seiner Gegenwart, vernichtet worden sind, unter derselben
zu bescheinigen.

Hat er bei der Abnahme und Vernichtung nicht zugegen sein können, so
ist diese Bescheinigung von dem hiermit beauftragten Förster auszustellen und
vom Oberförster zu bescheinigen, daß er nach den von ihm vorgenommenen
Lokalrevisionen von der Richtigkeit der Bescheinigung des Försters sich über=
zeugt halte.

Die für Insektenvertilgung angewiesenen Beträge sind vor Abgabe der
Anweisung in das Ausgabe=Journal (§ 83) einzutragen.

§. 99. [Feuer= und Wasserschäden.] Die in der Instruktion für die
Förster gegebenen Andeutungen über die Handhabung der polizeilichen Maßregeln
zur Verhütung des Entstehens und der weiteren Verbreitung von Wald= oder
Moorbränden hat der Oberförster ebenfalls gehörig zu beachten[57]). Wenn ein
Wald= oder Moorbrand entsteht, muß er sich so schleunig als möglich an Ort
und Stelle begeben und die erforderlichen Löschanstalten und sonstigen Ver=
fügungen treffen, namentlich auch Alles thun, was zur Entdeckung des Urhebers
des Feuers führen kann.

Die Behufs der Löschung etwa entstandenen Kosten für Botenlöhne, für
Beschaffung des zur Erquickung der Löschmannschaften nach längeren Anstrengungen
nothwendigen Getränkes, oder Tagelöhne bei der Bewachung und Aufräumung

---

[57]) Nr. 5 § 43 d. W. — Auch StGB.
§ 360:

Mit Geldstrafe bis zu ein=
hundertfünfzig Mark oder mit
Haft wird bestraft:

10. wer bei Unglücksfällen
oder gemeiner Gefahr oder Noth von der Polizeibehörde
oder deren Stellvertreter zur
Hülfe aufgefordert, keine Folge
leistet, obgleich er der Auf=
forderung ohne erhebliche
eigene Gefahr genügen konnte
ist zu beachten.

der Brandstelle hat der Oberförster sofort auf die Forstkasse zur vorschußweisen Zahlung anzuweisen und demnächst bei der Regierung zu liquidiren.

Dagegen müssen aber alle sonstigen Belohnungen für die Löschmannschaften immer erst bei der Regierung beantragt und von dieser genehmigt und angewiesen werden.

Wenn eingeschlagene Hölzer verbrannt oder durch Hochwasser oder sonstige Unglücksfälle verloren gegangen sind, hat der Oberförster, soweit irgend thunlich, namentlich durch Aufsuchen und Nachmessen der Brandspuren 2c., sich davon zu überzeugen, ob die nach dem Nummer- und Anweisebuche des Försters noch im Bestande sein sollenden Hölzer auch wirklich vor dem Feuer 2c. noch richtig vorhanden waren und hierüber, sowie über Feststellung des Bestandsolls, der fehlenden und der noch vorhandenen Quantitäten eingeschlagenen Holzes mit dem betr. Förster ein Protokoll aufzunehmen. Dieses ist mit einem Erläuterungsberichte alsbald an die Regierung einzureichen. In der Regel soll die Brandstätte sofort in Schonung gelegt und auch selbst dann, wenn der Wiederanbau nicht sogleich erfolgen kann, der Weide verschlossen bleiben.

§. 100. [Wind- 2c. Bruch.] Tritt Wind-, Schnee- oder Duftbruch ein, bei welchem ein größeres Holzquantum, als im Dispositionsquanto des Hauungsplans hierfür vorgesehen, gebrochen wird, so muß zunächst der etwa in den regelmäßigen Schlägen noch zu führende Hieb, je nach der Ausdehnung des Bruches, ganz oder theilweise eingestellt, das gebrochene Holzquantum möglichst genau abgeschätzt und der Regierung sowohl über den angerichteten Schaden, als auch über die Aufarbeitung und Verwerthung des Holzes berichtet werden[58]). Bei Aufarbeitung der Bruchhölzer ist besonders auch die Abwendung der Vermehrung der Borkenkäfer 2c. ins Auge zu fassen.

Vierter Theil.

Von den Büreaugeschäften.

§. 101. [Von den Büreaugeschäften im Allgemeinen.] Die Büreaugeschäfte des Oberförster umfassen neben der Buch- und Rechnungsführung und dem Forstbußwesen, welche bereits vorstehend behandelt sind, vorzugsweise die Dienstkorrespondenz und die Registraturgeschäfte.

Die gute und pünktliche Ausführung der gesammten Büreaugeschäfte ist von der größten Wichtigkeit. Dennoch darf der Oberförster über dieselben niemals die ihm vorzugsweise zunächst obliegende spezielle Leitung und Ueberwachung des technischen Betriebs — die eigentlichen Waldgeschäfte — vernachlässigen. Er ist deshalb verpflichtet, sich für die Büreaugeschäfte aus der ihm gewährten Dienstaufwands-Entschädigung die nöthige Schreib- und Rechenhülfe zu beschaffen und der dieserhalb von seinen Vorgesetzten etwa besonders ihm zugehenden Anweisung pünktlich Folge zu leisten.

---

[58]) Diese Berichte sollen sich erstrecken auf: Witterungserscheinungen vor, während u. nach der Kalamität, Größe u. Art des Schadens, Terrainverhältnisse, Bodenverhältnisse, Widerstandsfähigkeit der Holzarten, Verhalten der Bestände nach Betriebsarten, Bestandsalter, Gesundheit u. s. w. Vf. FM. 14. Febr. 72 (DJ. IV. 135).

Wenn der von ihm angenommene Schreibgehülfe aus irgend welchem Grunde nicht geeignet erscheint, kann der Oberförster zu dessen Entlassung und zur Annahme einer geeigneteren Persönlichkeit angehalten werden.

Er hat dem Regierungs- und Forstrath[9] jedesmal die Annahme, resp. einen etwa eintretenden Wechsel in der Person seines Schreibgehülfen anzuzeigen. Gleichwohl bleibt der Oberförster unter allen Umständen und in jeder Beziehung für die in seinem Namen oder für ihn ausgeführten Handlungen des Schreibgehülfen und die der Verwaltung daraus etwa erwachsenden Nachtheile verantwortlich. Die Verwendung eines aus Königlicher Kasse besoldeten Schutzbeamten oder Forstschutzgehülfen zu Registratur-, Schreib- und Rechnengeschäften des Oberförsters ist demselben ohne vorherige spezielle Genehmigung der Regierung unbedingt untersagt[59].

Der Oberförster darf aber ohne höhere Genehmigung auch seinem Privatgehülfen nicht Geschäfte übertragen, für welche letzterem aus Staatsfonds eine Bezahlung geleistet werden soll.

§. 102. [Geschäftsbedürfnisse und Büreau-Utensilien.] Die Büreau-Utensilien und Geschäftsbedürfnisse, mit Ausnahme der erforderlichen Aktenrepositorien, der Dienstsiegel, Waldhammer, der zum Aufmessen der Hölzer nöthigen geeichten Maßstäbe und der Kluppen, sowie der Formulare zur Buch- und Rechnungsführung 2c., welche die Regierung unentgeltlich liefert, hat der Oberförster aus der ihm gewährten Dienstaufwands-Entschädigung zu beschaffen. Alle sonst zur Ausübung seines Dienstes erforderlichen Utensilien, Werkzeuge und übrigen Gegenstände, wohin auch die Zeichnen- und Meßinstrumente gehören, welche zu den im Laufe der Verwaltung gewöhnlich vorkommenden geometrischen Arbeiten nothwendig sind, hat der Oberförster aus eigenen Mitteln sich zu besorgen.

Auch hat er das Einbinden der pro inventario ihm zu liefernden Gesetzsammlung und des Amtsblatts, sowie der Rechnungen und Rechnungsbücher aus der Dienstaufwands-Entschädigung zu bestreiten.

§. 103. Die Kosten der Bekanntmachung von Licitationsterminen über Verkauf von Holz und anderen Forstprodukten, also namentlich Insertionsgebühren und Botenlöhne für Herumtragen der Bekanntmachungszettel, kann der Oberförster an die Empfänger direkt gegen Quittungsempfang bezahlen und sich den Vorschuß, so oft er es wünscht, am besten quartaliter, jedenfalls aber rechtzeitig vor dem Jahresabschlusse von der Forstkasse gegen Einsendung seiner gehörig belegten Liquidation erstatten lassen.

§. 104. [Dienstkorrespondenz[60].] Der dienstliche Schriftwechsel des Oberförsters soll möglichst beschränkt und niemals auf Geschäfte ausgedehnt werden, welche eben so gut und dann jedenfalls zweckmäßiger mündlich abgemacht werden können. Besonders hat der Oberförster den Schriftwechsel mit seinen Untergebenen bis auf das unvermeidlich Nothwendigste zu vermeiden und denselben die nöthigen Eröffnungen und Befehle in der Regel mündlich, in wichtigeren Fällen aber zu Protokoll mitzutheilen.

Ebenso muß darauf Bedacht genommen werden, die Korrespondenz mit den Vorgesetzten resp. mit der Regierung durch zweckmäßige Rücksprache mit den Ersteren bei deren Anwesenheit auf dem Reviere und eine nöthigenfalls darüber aufzunehmende kurze Registratur, möglichst zu beschränken.

---

[59] Nr. 8 § 18 d. W.

[60] Vf. MJ., FM. u. ML. 16. Juli 97 [MB. 144] betr. die Verminderung des Schreibwerks im amtlichen Verkehr.

Bei der wirklich nothwendigen Dienstkorrespondenz hat der Oberförster der größten Pünktlichkeit und eines kurzen und bündigen Geschäftsstyles sich zu befleißigen und unbeschadet der Gründlichkeit in der Behandlung der Gegenstände jede unnöthige Weitschweifigkeit zu vermeiden.

Als erste Bedingung eines geordneten Geschäftsverkehrs und einer geordneten Dienstregistratur darf die gehörige Trennung und abgesonderte Behandlung an sich verschiedenartiger Gegenstände bei dem Schriftwechsel nicht übersehen werden. Mit Ausnahme allgemeiner Verwaltungsberichte darf daher in einem Dienstschreiben nie mehr als ein Gegenstand abgehandelt werden. Von jedem abgehenden Dienstschreiben ist ein vollständiges Konzept oder wenigstens eine ausreichende Notiz zu den Akten der Oberförsterei zurückzubehalten.

Der Oberförster muß für den dienstlichen Schriftwechsel stets die üblichen Formen beobachten und sich des gewöhnlichen Schreibpapier=Formates bedienen. Alle Berichte an vorgesetzte Behörden und Beamte sind unter Allegirung des Datums und der Journalnummer der veranlassenden Verfügung und Angabe der eigenen Journalnummer auf gebrochenem Bogen, die sonstigen Kommunikationen mit anderen Behörden, oder Beamten und mit Privaten, sowie die Verfügungen an seine Untergebenen unter Beachtung der üblichen Höflichkeitsbezeigungen auf ganzem Bogen zu schreiben.

Bei periodisch oder auf besondere Veranlassung einzureichenden tabellarischen Schriftstücken, zu denen weitere Bemerkungen, Erläuterungen oder Anfragen nicht zu machen sind, bedarf es besonderen Ueberreichungsberichts oder Uebersendungsschreibens nicht, indem in solchen Fällen es genügt, wenn auf dem Schriftstücke selbst oder auf einem in Quart umgeschlagenen halben Bogen, event. unter Allegirung des Datums und Journalnummer der veranlassenden Verfügung bemerkt wird:

Vorgelegt den ... ten ....
Journal Nr......
Der Oberförster N.

§. 105.   In der Regel hat der Oberförster über die Vorkommnisse in seinem Reviere von Amtswegen nur an die Regierung, resp. den Regierungs= und Forstrath[9]) oder Oberforstmeister zu berichten, und wird dann die etwa weiter nothwendige Berichtserstattung an die Centralbehörde durch die Regierung bewirkt.

Der Oberförster ist jedoch verpflichtet, von allen außerordentlichen Ereignissen, welche von besonderem Einflusse auf die Forstverwaltung sind, oder überhaupt ein außergewöhnliches Interesse für die Forstdirektion haben und durch das Publikum oder durch öffentliche Blätter schnell eine weitere Verbreitung und zwar oft in entstellter Form zu finden pflegen, wie z. B. bedeutende Waldbrände, Windbrüche, erhebliche Exzesse von Holz= und Wilddieben, namentlich wenn dabei Verwundungen oder Tödtungen vorgekommen sind 2c., der Centralbehörde schleunigst direkt Bericht zu erstatten und der Regierung unter Beifügung einer Abschrift davon Anzeige zu machen.

Die Berichte an die Regierung resp. an den Oberforstmeister hat der Oberförster per Kouvert an den Regierungs= und Forstrath[9]) und nur wenn in sehr eiligen Fällen dadurch ein Zeitverlust erwachsen würde, direkt einzusenden, dann aber jedesmal dem Letzteren, wenn er nicht Mitglied der Regierung ist, Abschrift davon einzureichen.

§. 106.   [Geschäftsjournal.]   Ueber die gesammte Dienstkorrespondenz führt der Oberförster ein Geschäfts=Journal nach dem Schema A. A.   Dasselbe wird jedesmal mit dem 1. Januar begonnen und mit dem letzten Dezember geschlossen und weist alle im Laufe des Jahres eingehenden und abgehenden Dienstschreiben in fortlaufender Nummerfolge und zwar dergestalt nach, daß die letzteren neben und unter derselben Ordnungsnummer des veranlassenden Schreibens, oder wenn ein solches nicht vorhanden, unter besonderer Ordnungs= nummer eingetragen werden. Dem entsprechend werden alle eingegangenen Schreiben neben dem Datum des Eingangs und ebenso die zu den Akten zurück= zubehaltenden Konzepte der abgehenden Schreiben jedesmal mit der Ordnungs= nummer bezeichnet, unter welcher dieselben im Geschäftsjournale eingetragen sind.

Das Geschäftsjournal giebt sonach jederzeit Auskunft über den Stand des schriftlichen Geschäftsganges, hat aber auch noch die weitere dauernde Bedeutung, daß nach demselben, und zwar aus dem dort jedesmal einzutragenden Vermerk über den Verbleib der einzelnen Piecen, namentlich des Zeichens der Akten, zu welchen dieselben gebracht worden sind, deren Wiederauffindung erfolgen kann. Aus diesem Grunde ist das Geschäftsjournal nach dem Jahresschlusse und, sobald sämmtliche eingetragenen Sachen erledigt sind, der Registratur zu einem be= sonderen Aktenstücke einzuverleiben.

§. 107. [Registraturgeschäfte.] Sind die eingegangenen Dienst= schreiben, sei es durch Beantwortung oder anderweitig, erledigt und die Konzepte der abgehenden Schreiben expedirt und gleich den ersteren in das Geschäfts= journal eingetragen, so werden die zurückbleibenden Schriftstücke und sonstigen Gegenstände, je nach ihrer Bestimmung, entweder zu den Rechnungsbelägen ge= nommen, oder zu den Inventarienstücken gebracht, oder endlich als Registratur= gegenstände gesammelt und binnen längstens vier Wochen durch Einheften in die entsprechenden Aktenstücke der Registratur einverleibt.

Die Grundlage der Registratur bildet das Akten=Repertorium. Dasselbe muß in tabellarischer Form die nach den einzelnen Verwaltungszweigen ge= bildeten Titel und die zu jedem Titel gehörenden General= und Special=Akten= stücke einzeln nachweisen.

Die Aktenstücke selbst werden, dem Akten=Repertorium genau entsprechend, auf dem Deckel bezeichnet und in einem Akten=Repositorium aufbewahrt, dessen Fächer mit den entsprechenden Titeln des Aktenrepertorii zu versehen sind.

Beim Einheften in die einzelnen Aktenstücke sind die Sachen nach der Zeit= folge der Erledigung und so zu ordnen, daß die Anlagen, sowie die Konzepte und Alles was zu einer Sache gehört, unmittelbar dieser und hinter einander folgen. Die Aktenstücke dürfen keine größere Stärke als höchstens 10 Centimeter erhalten, und müssen, sobald sie dieselbe erlangt haben, geschlossen werden, was am zweckmäßigsten am Jahresschlusse geschieht. Auf dem Aktendeckel, zu welchem starkes Aktendeckelpapier zu nehmen ist, muß das Jahr, mit welchem das Akten= stück beginnt und mit welchem es schließt, angegeben werden. Jedes neu an= gelegte Aktenvolumen ist sofort in das Akten=Repertorium einzutragen.

Da es wünschenswerth ist, daß die Oberförsterei=Registraturen gleichmäßig in völlig entsprechender Weise geordnet werden, so wird die Regierung wegen der Einrichtung und etwa nöthigen Umarbeitung derselben, unter Feststellung eines geeigneten Registraturplans, zu welchem ein Beispiel in der Anlage B. B. enthalten ist, das Erforderliche anordnen, dabei auch wegen etwaiger Aus= sonderung alter, für das kurrente Geschäftsbedürfniß nicht mehr benutzbarer Akten Bestimmung treffen.

Ohne specielle Genehmigung der Regierung darf der Oberförster kein Akten= stück weder seiner kurrenten, noch seiner reponirten Registratur ganz oder theil=

weise vernichten, auch nicht an irgend Jemand, außer an seine Vorgesetzten, verabfolgen.

Der Oberförster ist für die sichere Aufbewahrung der Akten, sowie auch dafür, daß von denselben zu Privatzwecken nicht Mißbrauch gemacht wird, verantwortlich. Ueber etwa vorhandene reponirte Registraturen sind die Akten=Repertorien sorgfältigst aufzubewahren, oder wenn dieselben noch fehlen sollten, alsbald aufzustellen.

§. 108. [Inventarienstücke.] Ueber alle Inventarienstücke, welche für den Oberförstereibezirk, sei es in den Händen des Oberförsters oder der Förster, vorhanden sind, muß ein Verzeichniß, das Inventarien=Verzeichniß, vom Oberförster geführt werden, auf Grund dessen der Regierungs= und Forstrath[9] alljährlich mindestens einmal das gesammte Inventarium revidirt.

Im Allgemeinen sollen in dem Inventarien=Verzeichnisse der Oberförsterei, getrennt nach den verschiedenen Dienststellen: Oberförsterstelle, Försterstelle A., Försterstelle B. 2c. unter entsprechenden, von der Regierung näher vorzuschreibenden Kapiteln und in jedem Kapitel unter fortlaufender Ordnungs=Nummer alle vorhandenen Inventarienstücke, jedes einzeln für sich, speziell aufgeführt werden. Eine Mehrheit zugleich beschaffter Stücke derselben Art kann jedoch unter einer Nummer verzeichnet werden.

Alle Inventarienstücke, welche nicht bleibend und zum dauernden Gebrauche für die einzelnen Försterstellen bestimmt sind, müssen für die Oberförsterstelle aufgeführt werden.

Für die Nachtragung der Veränderungen ist der erforderliche Raum, und zwar für die Abgänge neben jeder Nummer in der dafür besonders vorzusehenden Spalte, für die Zugänge aber hinter jedem Kapitel offen zu lassen.

Für jede Försterstelle muß ein Auszug aus dem Inventarien=Verzeichniß, welcher die für dieselben inventarisirten Gegenstände nachweist, bei dem Stelleninhaber sich befinden.

Ist das Inventarien=Verzeichniß durch Nachträge undeutlich geworden, so muß dasselbe, jedoch ohne Veränderung der Inventarien=Nummern, umgeschrieben werden.

Die Inventarienstücke selbst sind, soweit es thunlich, mit den Nummern, unter welchen dieselben im Inventarium eingetragen, zu bezeichnen.

Alle Zugänge an Inventarienstücken hat der Oberförster sofort gehörigen Ortes nachzutragen, und daß resp. unter welcher Nummer dies geschehen, zu den über die Beschaffung derselben etwa zu legenden Rechnungen zu bescheinigen.

Die Abgänge an Inventarienstücken müssen dagegen stets besonders belegt und nachgewiesen werden. Die Absetzung im Inventarien=Verzeichnisse darf nur unter Angabe der Veranlassung dazu, und ob der Gegenstand verkauft, vernichtet, wohin abgeliefert 2c. ist, bei durch den gewöhnlichen Gebrauch sich abnutzenden Gegenständen, namentlich Kulturgeräthen, nur mit Genehmigung des **Regierungs= und Forstraths**[9], bei anderen Gegenständen nur auf specielle Verfügung der Regierung erfolgen[61].

§. 109. Für die den einzelnen Försterstellen dauernd überwiesenen und für dieselben noch besonders inventarisirten Gegenstände haften zunächst die be-

---

[61] Dienststücke, Bauabfälle u. Packmaterialien kann der Oberförster selbstständig veräußern, wenn sie für die Forstverwaltung nicht mehr von Nutzen sind. Werthlos gewordene Kulturgewächse usw. kann der Oberförster ohne vorgängige Genehmigung vom Inventar absetzen Vf. ML. 13. März 02 (DFZ. Neudamm XVII. 311).

treffenden Förster, doch ist der Oberförster verpflichtet, dieselben jährlich wenigstens ein Mal speciell zu revidiren, und fortdauernd darüber zu wachen, daß sie gut aufbewahrt und von den Inhabern nicht zu Privatzwecken gebraucht werden.

Für die bei der Oberförsterstelle insbesondere nachgewiesenen Inventarienstücke ist dagegen der Oberförster verantwortlich. Er muß dieselben nicht allein gut und sicher, sondern auch so aufbewahren, daß jede mißbräuchliche Anwendung verhindert wird.

Dies Letztere gilt namentlich vom Dienstsiegel und vom Revierhammer, für deren mißbräuchliche Benutzung der Oberförster stets persönlich verantwortlich ist. Sollte eins dieser beiden Inventarienstücke unbrauchbar werden oder verloren gehen, so muß der Oberförster der Regierung sofort davon Anzeige machen, und darf unter keinen Umständen, auch nicht für seine eigene Kosten, ohne vorherige Autorisation der ersteren, einen neuen Revierhammer oder ein neues Dienstsiegel anfertigen lassen.

Jede zeitweise Ausgabe von Inventarienstücken, namentlich auch von Kulturgeräthen, sowie die Versendung von Karten 2c., ist auf einem dem Inventarien-Verzeichnisse vorzuheftenden Bogen zu notiren, und beim Rückempfange ist die Notiz zu durchstreichen.

Verzeichniß der der Geschäftsanweisung beigefügten Formulare.

Schema A.	Soll-Einnahmebuch.	Schema P.	Abnutzungs-Übersicht.
„ B.	Hauungsplan.		
„ C. u. C¹.	Holzwerbungslohnzettel.	„ Q.	Verkaufs- und Erhebungsliste über Forstnebennutzungs-Gegenstände
„ D.	Holzwerbungskosten-Manual.		
„ E. u. E¹.	Holzabzählungs-Tabellen.	„ R.	Beschußplan.
„ F.	Holzvorrathsbuch.	„ S.	Beschußnachweisung.
„ G.	Holzabgabe-Manual.	„ T.	Schießbuch.
„ H. J.	Holzverabfolgezettel.	„ U.	Kulturplan.
		„ V. V¹. V².	Kulturlohnzettel.
„ K.	Verkaufs-Nachweisung über freihändige Holzverkäufe.	„ W.	Journal über Ausgabe-Anweisung.
„ L.	Holzversteigerungsverhandlung — Anm. 21 — Anl. D.	„ X.	Strafarbeiter-Verzeichniß.
„ M.	Holzverabfolgezettel über versteigertes Holz.	„ Y.	Zusammenstellung der verwendeten Strafarbeitstage.
„ N.	Nachweisung der Holzbestände.	„ Z.	Strafarbeits-Kontobuch.
		„ AA.	Geschäftsjournal.
„ O.	Vergleichung des Ist-Einschlages mit dem Solleinschlage.	„ BB.	Plan zur Einrichtung einer Oberförsterei-Registratur.

Anlagen zu der Geschäftsanweisung für die Oberförster.

Anlage A (zu §. 3, Abs. 2, Anmerkung 5).
Verfügung des Finanzministers vom 12. Juni 1857, Anweisung zur Führung des Flächenregisters.

Um das für jede Oberförsterei zu führende Flächen-Register thunlichst zu vereinfachen, erachte ich es für zweckmäßig, demselben diejenige Einrichtung zu geben, welche das beifolgende Schema ersichtlich macht.

Die Königliche Regierung hat daher die Oberförster und Regierungs- und Forsträthe[2]) unter Beifügung eines Abdrucks dieser Verfügung und deren Anlage dieserhalb mit der weiteren Anweisung zu versehen. Zur Beachtung bei Anlegung und Fortführung des neuen Flächenregisters wird neben Hinweisung auf die auf dem Titelblatte des Schemas enthaltenen Andeutungen[1]), folgendes bemerkt:

1. das Flächenregister ist in zwei Exemplaren zu führen und zwar:
   a) vom Oberförster für die von ihm verwaltete Oberförsterei,
   b) von der Forst-Kalkulatur der Königlichen Regierung für jede Oberförsterei des Bezirks,

2. der Abschnitt A, das Kartenverzeichniß, hat den Zweck, von jeder Oberförsterei alle überhaupt irgendwo vorhandenen Karten, Vermessungs- und Abschätzungsschriften, gleichviel, bei welcher Verwaltungsstelle sie sich befinden, nachzuweisen, und damit sie sofort aufgefunden werden können, ersichtlich zu machen, wo und wie sie inventarisirt sind.

Deshalb wird von allen dergleichen zur Aufbewahrung und Inventarisirung bei der Ministerial-Plankammer gelangenden Gegenständen der Königlichen Regierung die Bezeichnung im hiesigen Inventario mitgetheilt und von allen bei Ihr und den Unterbehörden zur Aufbewahrung und Inventarisirung gelangenden dergleichen Sachen die Anzeige der Inventarien-Nummer hierher gefordert, damit das Karten-Verzeichniß sowohl bei der Königlichen Regierung und dem Oberförster, als auch beim Forst-Einrichtungs-Bureau des Finanz-Ministeriums fortlaufend ergänzt und berichtigt und bei allen drei Stationen in völliger Uebereinstimmung erhalten wird.

Demgemäß hat also die Königliche Regierung, wenn ein in das Karten-Verzeichniß aufzunehmender Gegenstand dem Oberförster zur dauernden Aufbewahrung übergeben wird, denselben anzuweisen, daß er ihn in das Oberförsterei-Inventarium einträgt, in welchem auch die den Schutzbeamten übergebenen Schutzbezirks-Karten zu verzeichnen sind, die Inventarien-Bezeichnung auf dem Gegenstande vermerkt, denselben im Kartenverzeichnisse nachträgt und der Königlichen Regierung dessen Inventarien-Nummer anzeigt, damit in gleicher Weise auch das Exemplar des Kartenverzeichnisses in Ihrer Kalkulatur ergänzt wird. Ebenso ist, wenn ein solcher Gegenstand bei dem Regierungs- und Forstrath[2]) oder bei der Königlichen Regierung selbst zur dauernden Aufbewahrung gelangt, nicht nur dessen Inventarisirung, sondern auch die Eintragung in Ihr Kartenverzeichniß an-

---

[1]) Für noch bestehende ungetheilte oder Macken-Waldungen ist ein besonderes Flächenregister zu führen.

[2]) Nr. 3 Anm. 9 d. W.

zuordnen, und der Oberförster, unter Mittheilung der Inventarien-Nummer anzuweisen, daß er auch in seinem Kartenverzeichnisse denselben Gegenstand nachträgt. In allen diesen Fällen ist aber auch wie bisher dem Ministerium die Inventarien-Nummer anzuzeigen, damit das hiesige Kartenverzeichniß ebenfalls ergänzt wird. Wenn etwa bei einer Stelle aus besonderer Veranlassung ein neues Inventarium angelegt wird und darin die im Kartenverzeichnisse enthaltenen Gegenstände andere Nummern enthalten, als mit denen sie im Kartenverzeichnisse und dem alten Inventario eingetragen sind, so darf, um die Auffindung nicht zu erschweren und Irrungen zu vermeiden, nicht verabsäumt werden, in dem neuen Inventario auch die Nummer und Bezeichnung, welche der Gegenstand im alten Inventario hatte und welche im Karten-Verzeichnisse angegeben ist, nachrichtlich zu vermerken.

Bei den Karten ist deren vollständiger Titel, nebst der Jahreszahl ihrer Anfertigung, der Maßstab und ihre Beschaffenheit, namentlich ob sie auf Leinewand gezogen oder nicht, im Kartenverzeichnisse anzugeben.

Einstweilige Versendungen von Karten und Vermessungs- und Abschätzungssachen dürfen nicht als Abgang eingetragen werden, vielmehr ist durch Führung eines besonderen Journals über Ausgabe und Rücknahme solcher Gegenstände deren jederzeitiger Verbleib sorgfältig zu kontroliren. Bei der jetzt zu bewirkenden neuen Anlegung des Flächenregisters ist das Kartenverzeichniß so anzulegen, daß dasselbe den gegenwärtigen Zustand genau und richtig angiebt.

3. Der Abschnitt B hat den Zweck, durch Führung eines Verzeichnisses über eingeleitete Flächen-Veränderungen, einerseits deren rechtzeitige Eintragung in die Abschnitte C und D über ausgeführte Veränderungen zu kontroliren und sicher zu stellen, und andererseits bei der Etats-Revision zur Vermeidung von Monitis und Rückfragen darüber Auskunft zu geben, weshalb Flächenveränderungen, welche Seitens des Ministerii bereits genehmigt und hier notirt, aber wegen irgend welcher Umstände noch nicht zur Ausführung gelangt sind, im Abschnitt C und D sich noch nicht eingetragen und bei der Etatsfertigung noch nicht berücksichtigt finden.

Für den zuerst erwähnten Zweck ist es rathsam und daher von der Königlichen Regierung anzuordnen, daß auch jeder Regierungs- und Forstrath[2]) für sich den Abschnitt B des Flächenregisters anlegt und fortführt, wogegen die Fortführung des Flächenregisters im Uebrigen Seitens des Regierungs- und Forstraths[2]) nicht weiter erforderlich ist.

Einzutragen ist in den Abschnitt B nach Anleitung der Beispiele im Schema in chronologischer Folge jede projektirte Veränderung im Besitzstande, sowie in der Benutzungsweise des Forstareals, sobald das desfallsige Projekt, oder die desfallsige vorläufige Vereinbarung soweit gediehen ist, daß die Ausführung wahrscheinlich erfolgen wird. Alle in den Abschnitten C und D erscheinenden Veränderungen müssen daher zuvörderst auch in Abschnitt B eingetragen sein.

Sobald eine eingeleitete Flächenveränderung wirklich zur Ausführung gelangt ist, ist dieselbe nach dem Abschnitt C oder D zu übertragen, und hierüber in der Rubrik „Bemerkungen" des Abschnitts B eine Notiz zu machen. Wegen etwa noch mangelnder Justifikatorien zu einer Flächen-Veränderung, z. B. wenn die Ausfertigung und Vollziehung der betreffenden Rezesse oder Vergleiche noch rückständig ist, darf die Uebertragung einer Veränderung, sobald letztere durch definitive Uebergabe faktisch eingetreten ist, nicht verschoben werden, es ist in solchen Fällen an der betreffenden Stelle aber zu notiren, daß die Beibringung der Justifikatorien noch erfolgen muß, und demnächst, wenn solches geschehen, daß sie erfolgt ist.

Hat sich das Projekt einer im Abschnitt B notirten Flächenveränderung zerschlagen, so ist dies ebenfalls in der Rubrik „Bemerkungen" zu verzeichnen und sowohl in diesem Falle, als auch bei Uebertragung nach Abschnitt C und D die laufende Nummer der Notiz im Abschnitt B mit rother Tinte zu durchstreichen.

Bei denjenigen Notizen dieses Abschnittes, rücksichtlich deren zur Zeit des Abschlusses des Flächenregisters für die Etatsfertigung, die Ausführung noch nicht erfolgt, aber doch noch zu erwarten ist, ist über die Lage der Sache eine kurze Bemerkung mit Bleischrift beizusetzen, damit desfallsige Rückfragen bei der Etats-Revision vermieden werden.

Bei der jetzt zu bewirkenden ersten Anlegung des Abschnitts B sind in denselben alle eingeleiteten und vor dem Abschlusse zum letzten Etat noch nicht durch definitive Uebergabe bereits ausgeführten Flächen-Veränderungen einzutragen.

Der Regierungs- und Forstrath[2]) hat jährlich einmal, gleichzeitig mit der ihm obliegenden Revision und Bescheinigung des Kontrol- und Taxations-Notizenbuchs den von ihm geführten Abschnitt B des Flächenregisters mit demjenigen des Oberförsters zu vergleichen. Die richtige Uebertragung nach Abschnitt C und D resp. die Löschung im Abschnitt B zu kontroliren, etwaige Differenzen und Mängel zu beseitigen, und seinen Revisionsvermerk beizufügen.

4. Der Abschnitt C hat den Zweck, die Data zu liefern, um durch Abschluß derselben jederzeit den gegenwärtigen Flächeninhalt des Reviers genau feststellen zu können.

Es sind darin alle Veränderungen einzutragen, welche den Besitzstand des Königlichen Forst-Eigenthums, mithin den Gesammtflächeninhalt des Reviers betreffen. Die Eintragung muß so im Einzelnen und mit so speziellen Angaben erfolgen, daß jede stattgefundene Veränderung ersichtlich ist und alle dabei in Betracht kommenden Data nach Anleitung der im Schema enthaltenen Beispiele angeführt werden. Es darf also auch die Eintragung in dem Falle nicht unterbleiben, wo ein Tausch gleicher Flächengrößen erfolgt, wenn auch der Gesammt-Flächeninhalt des Reviers dadurch nicht geändert wird.

5. Der Abschnitt D endlich soll die Uebergänge von zur Holzzucht bestimmtem Boden zu dem nicht zur Holzzucht bestimmten Areale und umgekehrt, mithin Flächen-Veränderungen, welche auf den Gesammt-Flächeninhalt des Reviers ohne Einfluß bleiben, nachweisen.

Nur vorübergehende Veränderungen in der Benutzungsweise, wie beim Austhun von zur Holzzucht bestimmten Flächen zur landwirthschaftlichen Benutzung behufs der Vorkultur für den Holzanbau, sind dabei nicht zu berücksichtigen. Daß die Eintragung in Abschnitt C und D zu bewirken ist, sobald eine Flächen-veränderung durch definitive Uebergabe faktisch ausgeführt wird, damit das Flächen-Register zu jeder Zeit den faktischen Arealzustand nachweist, ist bereits vorstehend erwähnt und sorgfältig zu beachten.

6. Wie bei der jetzt zu bewirkenden neuen Anlegung des Flächen-Registers zu verfahren und mit welcher Flächenangabe der Abschnitt C zu begründen ist, wird besonders bestimmt werden.

7. Künftig ist das Flächen-Register im Abschnitte C und D abzuschließen:
  a) wenn eine neue Betriebs-Regulirung oder Vermessung mit Aufstellung einer neuen General-Vermessungstabelle Statt findet. In diesem Falle ist, nach Anleitung des Schemas, der Abschluß des Flächenregisters bei Aufnahme der Schlußverhandlung dergestalt zu bewirken, daß der Abschluß alle diejenigen Flächen-Veränderungen umfaßt, welche bis zu dem Zeit-

punkte, von welchem der neue Betriebsplan anhebt, oder für welchen die neue General-Vermessungs-Tabelle den Arealzustand des Reviers darstellt, ausgeführt sind, und zugleich diejenigen Flächen-Zu- und Abgänge nachweist, welche sich durch geometrische Berichtigung bei der neuen Vermessung resp. bei Aufstellung der neuen General-Vermessungs-Tabelle ergeben haben, so daß also der Abschluß im Abschnitt C des Flächenregisters mit der Schlußsumme der neuen General-Vermessungs-Tabelle genau übereinstimmen muß.

Ferner ist ein Abschluß zu machen:

b) wenn eine Taxations-Revision stattfindet, in welchem Falle wie sub a zu verfahren, und nach genauer Revision und Vergleichung des Flächen-registers mit dem Taxations-Notizenbuche und den betreffenden Akten, und eventl. nach Aufklärung der sich findenden Differenzen und Berichtigung des Flächenregisters aus diesem unmittelbar der Flächeninhalt für das Taxations-Revisions-Protokoll festzustellen ist, ohne daß es für diesen Zweck der Anfertigung besonderer Areal-Veränderungs-Nachweisungen bedarf. Endlich ist das Flächenregister jedesmal abzuschließen:

c) bei Aufstellung neuer Etats, um daraus nach den für die Etatsfertigung ergehenden weiteren Vorschriften den in den Etat zu übernehmenden Flächeninhalt herzuleiten.

7 L). In allen Fällen ist der Abschluß des Flächenregisters gleichzeitig in dem Exemplare des Oberförsters und dem der Regierung mit gleichen Positionen der Abschnitte C und D zu bewirken, so daß der Abschluß beider Exemplare genau übereinstimmt. Das abgeschlossene Exemplar der Regierung ist, nachdem dessen Uebereinstimmung mit dem Exemplare des Oberförsters durch die Kalkulatur geprüft resp. hergestellt und bescheinigt worden, sowohl bei Einreichung eines neuen Vermessungs- und Abschätzungswerks 2c., als auch mit den Taxations-Revisionsarbeiten, sowie mit den Etatsentwürfen[3]) dem Ministerio vorzulegen.

8. Die ordnungsmäßige Führung der Flächenregister ist von dem Herrn Oberforstbeamten sorgfältig zu kontoliren und insbesondere ist von demselben darauf zu achten, daß in den von der Regierung zu erlassenden Verfügungen, welche Flächen-Veränderungen im Besitzstande oder in der Benutzungsweise des Forstareals betreffen, wegen Berichtigung des Flächenregisters das Erforderliche mit angeordnet wird, daß solche Verfügungen stets durch die Hand des Regierungs- und Forstrathes[2]) gehen, und daß ad marginem der Konzepte die nöthige Anweisung für die Forstkalkulatur wegen der Eintragungen in das bei der König-lichen Regierung zu führende Exemplar des Flächenregisters ertheilt wird.

Anlage B. (zu §. 3 Abs. 2, Anmerkung 6).

Verfügung des Ministers für Landwirthschaft, Domainen und Forsten vom 20. März 1895, Anweisung zur Anlegung und Führung des Kontrolbuches.

Das Kontrolbuch hat den Zweck, die Ergebnisse der Material-Abnutzung fortlaufend mit der Schätzung, auf welche sich der Abnutzungssatz gründet, zu vergleichen, um den Einschlag, entsprechend der Abschätzung und der seitdem stattgefundenen Abnutzung, regeln zu können.

---

[3]) Etatsentwürfe sind nicht mehr vorzulegen Nr. 3 Anm. 16 d. W.

Die Kontrole bezieht sich im Wesentlichen nur auf das Derbholz der Hauptnutzung. Wo nachstehend die Berücksichtigung der Vornutzung, des Niederwaldes und des Stock= und Reisigholzes angeordnet oder zugelassen ist, erfolgt die Angabe der betreffenden Holzmassen nur nachrichtlich.

Das Kontrolbuch besteht aus den Abschnitten A, A I und C.

Der Abschnitt A hat den Zweck, nachzuweisen, welche Holzmassen an Hauptnutzungen vom Beginn der Gültigkeit des vom Ministerium bestätigten Abnutzungssatzes ab in jeder Bestandsabtheilung (Kontrolfigur) aufkommen, und nach bewirktem Endhiebe den daselbst erfolgten gesammten Istertrag mit dem Sollertrag nach dem Abschätzungswerke zu vergleichen.

Der Abschnitt A I enthält die Zusammenstellung der Ergebnisse des Abschnitts A bezüglich der zum Endhiebe gelangten Abtheilungen.

Der Abschnitt C weist nach, wie die Gesammt=Abnutzung jeden Jahres sich zu der zulässigen Abnutzung verhält. Letztere wird aus dem Abnutzungssatze unter Berücksichtigung der Mehr= und Minder=Einschläge, sowie der im Abschnitte A I nachgewiesenen Mehr= und Minder=Erträge der zum Endhiebe gelangten Bestandsabtheilungen berechnet. Aus dem Ergebniß jener Vergleichung für das vorhergehende Jahr ist die zulässige Abnutzung für das folgende Jahr herzuleiten.

Demgemäß ist bei der ersten Einrichtung und Anlegung des Kontrolbuches in folgender Weise zu verfahren.

Die Abschnitte A, A I, C werden in drei verschiedenen Heften angelegt, welche zusammen in einer Mappe mit der Aufschrift „Kontrolbuch der Oberförsterei N." mit einem Exemplare dieser Anweisung aufzubewahren sind.

Für jede Bestandesabtheilung, welche in der „speziellen Bestands=Beschreibung u. s. w." für sich geschätzt ist und eine selbstständige Kontrolfigur bildet, wird im Abschnitt A eine ganze oder halbe Seite bestimmt. Zuerst sind die Kontos für alle Hochwaldbestände in der Reihenfolge der Jagen bezw. der Distrikte und der Abtheilungen anzulegen, dann folgen die Kontos für die Mittel= und Niederwaldschläge in der Reihenfolge der Blöcke und Schläge. Hierbei ist für jeden Schlag eine ganze Seite zu bestimmen. Wenn zwei oder mehrere nebeneinander liegende Hochwald=Abtheilungen eines Jagens oder Distrikts für dieselbe Periode bestimmt sind, und keine Veranlassung ist, sie als verschiedene Kontrolfiguren zu sondern, so sind dieselben zu einem gemeinschaftlichen Konto zusammenzufassen.

Abschnitt A I und C sind nach dem muthmaßlichen Bedürfnisse für 10 Jahre anzulegen. Für längere Dauer werden dann weitere Formulare angeheftet. Abschnitt C erhält, wenn Hoch= und Mittelwaldbetrieb vorkommt, drei Abtheilungen, nämlich für Hochwald, für Mittelwald und für Hoch= und Mittelwald zusammen. (Für A I sind also 2 Bogen, für C, zum Hochwald 3 Bogen, zum Mittelwald 1 Bogen und zum Hoch= und Mittelwalde zusammen 3 Bogen zunächst erforderlich.)

Für die Führung des Kontrolbuches gelten folgende Vorschriften:

1. Die Eintragungen in das Kontrolbuch sind jährlich, sobald die Natural=Rechnung gelegt ist, für das verflossene Wirthschaftsjahr vom Oberförster zu bewirken und bis zum 1. Mai jeden Jahres vom Regierungs= und Forstrath unter Vergleichung mit den Abzählungstabellen und der Natural=Rechnung zu prüfen, bezw. zu berichtigen. Im Abschnitt C ist von demselben folgende Bescheinigung anzubringen:

„Die Uebereinstimmung des Isteinschlages mit der Natural=Rechnung und den Abzählungstabellen, soweit nicht durch die vorgeschriebene Ab=

rundung geringe Aenderungen erfolgt sind, ferner die Richtigkeit der Sonderung nach Haupt= und Vornutzung und die Vollständigkeit und Richtigkeit der Eintragungen im Abschnitt **A** bescheinige ich hiermit.

. . . . den . . . ten

Der Regierungs= und Forstrath

. . . ."

2. Es werden nur 4 Haupt=Holzarten gesondert: 1. Eichen, 2. Buchen, denen Rüstern, Ahorne, Eschen, Obstbäume hinzutreten, 3. anderes Laubholz, 4. Nadelholz. Der Plänterwald ist überall dem Hochwalde zuzurechnen. Bei allen zu bewirkenden Abrundungen sind Brüche von 0,5 und mehr gleich 1, Brüche unter 0,5 gleich 0 zu rechnen. Alle Eintragungen finden nur nach ganzen Zahlen statt.

Haupt= und Vornutzungen sind nach folgenden Grundsätzen zu unterscheiden:

a) Zur Hauptnutzung gehören diejenigen den Hauptbestand treffenden Holznutzungen, welche entweder die gänzliche Beseitigung des Bestandes, oder eine solche Durchlichtung desselben bewirken, daß diese die Erneuerung oder Ergänzung des Bestandes, oder eine in's Gewicht fallende Verminderung des bei der Taxation vorausgesetzten Hauptnutzungs=Ertrages zur Folge hat.

Demgemäß sind zur Hauptnutzung zu rechnen:

α) flächenweise Bestandesabtriebe (Kahlhiebe behufs der Verjüngung oder außerforstlicher Benutzung oder Veräußerung);

β) stammweise (plänterweise) Verjüngungshiebe, Vorbereitungsschläge, Besamungsschläge, Lichtschläge, Räumungsschläge, Schirmschläge zum Unterbau, Löcherschläge behufs horstweiser Verjüngung);

γ) diejenigen stamm= und horstweisen Durchhauungen des Hauptbestandes in haubaren und nicht haubaren Orten, welche eine Bestandes=Ergänzung erfordern, oder die bei der Abschätzung vorausgesetzte Hauptnutzung um mehr als 5 Prozent schmälern werden. Hiernach gehören zur Hauptnutzung: Lichtungshiebe behufs Unterbaus, wobei jedoch die den Lichtungshieb vorbereitenden Durchforstungen zur Vornutzung gehören, ferner horstweise Weichholzaushiebe und Aushiebe in Folge von Insektenfraß, Wind, Schneebruch u. s. w., die eine Bestandes=Ergänzung nothwendig machen oder die vorausgesetzte Hauptnutzung um mehr als 5 Prozent schmälern werden.

δ) Aushiebe von Waldrechtern, d. h. von Stämmen, welche aus dem Vorbestande in den gegenwärtigen Bestand mit übernommen sind, um sie in einer späteren Periode zu nutzen;

ε) alle Holznutzungen in Beständen, welche der laufenden Wirthschaftsperiode des Hochwaldes angehören;

ζ) die Oberholznutzung im Mittelwalde;

η) die gesammte Holznutzung im Plenterwalde.

b) Zur Vornutzung gehören diejenigen Holznutzungen, welche sich nur auf den Nebenbestand (zurückbleibende und unterdrückte Stämme) erstrecken, oder den Hauptbestand nur in solchem Maße treffen, daß sie weder eine Ergänzung desselben, noch eine mehr als 5 Prozent betragende Schmälerung der bei der Abschätzung vorausgesetzten Hauptnutzung zur Folge haben.

Demgemäß sind zur Vornutzung zu rechnen:

α) die Durchforstungen, welche den Nebenbestand betreffen,

β) die stamm- und gruppenweisen Hauungen der Bestandespflege im Haupt-
bestande, welche keine Bestandesergänzung oder über 5 Prozent betragende Verminderung des vorausgesetzten Hauptnutzungs-Ertrages
begründen (Läuterungshiebe, Auszugshiebe);

γ) die Holznutzungen, welche in Folge von Waldbeschädigungen eingehen,
ohne jedoch zu einer Bestandesergänzung zu nöthigen und ohne die
vorausgesetzte Hauptnutzung um mehr als 5 Prozent zu schmälern
(Einzeltrockniß, Einzelbruch durch Wind, Schnee, Duft, Eis 2c.).

Soweit die Nutzungen unter α—γ in Beständen der laufenden Wirthschaftsperiode eingehen, sind sie als Hauptnutzung zu behandeln.

Ob ein unfreiwilliger Holzeinschlag die vorausgesetzte Hauptnutzung um
mehr als 5 Prozent schmälern wird, und in wie weit demgemäß eine solche
Nutzung als Hauptnutzung (Vorgriff) oder als Vornutzung zu behandeln ist, muß
nach den Verhältnissen des einzelnen Falles in Beziehung auf die ganze betreffende Bestandesabtheilung ermessen werden.

Es wird dabei der Hauptnutzungsertrag, welcher bei der Abschätzung vorausgesetzt und in der Ertragsermittelung direkt angegeben, oder aus den Angaben
der speziellen Beschreibung über Bodenklasse und Vollbestandsfaktor zu ersehen
ist, in Vergleich zu stellen sein mit demjenigen Hauptnutzungsertrage, den die
Bestandesabtheilung nach dem Zustande, in welchen sie durch den fraglichen
Holzeinschlag versetzt ist, unter Berücksichtigung der aus dem lichteren Stande
etwa folgenden Zuwachssteigerung, in der bestimmten Abtriebsperiode noch erwarten läßt.

Holznutzungen, von denen es zweifelhaft ist, ob sie nach den vorstehenden
Begriffsbestimmungen zur Haupt- oder zur Vornutzung gehören, sind zur Hauptnutzung zu zählen.

Für die Beurtheilung, ob eine Haupt- oder eine Vornutzung vorliegt, ist
es nicht maßgebend, in welcher Weise gewisse Holznutzungen im Abschätzungswerke behandelt sind. Wenn z. B. in diesem Aushiebe von Waldrechtern oder
größeren Weichholzhorsten, oder Lichtungshiebe zum Unterbau als Vornutzung
gebucht sein sollten, so würde gleichwohl der Istertrag als Hauptnutzung zu behandeln sein. Solche im Abschätzungswerke als Hauptnutzung nicht vorgesehenen
Erträge würden dann als Mehrertrag erscheinen und in den Abschnitt A I des
Kontrollbuchs übergehen.

3. Eintragungen im Abschnitt A.

In Uebereinstimmung mit dem Abschluß der Abzählungstabellen für die
Hauptnutzung des Hochwaldes wird die Masse des Derbholzes, welches in einer
Bestandsabtheilung oder einer aus mehreren Abtheilungen bestehenden Kontrolfigur erfolgt ist, an der für dieselbe im Abschnitte A vorgesehenen Stelle nach
abgerundeten Fest- und Raummetern eingetragen. Beim Mittelwalde sind auch
die Massen des Reisigs und der Lohrinde vom Schlagholze, sowie des Stock-
holzes und Reisigs vom Oberholze in den Abschnitt A zu übernehmen.

Mit Ministerial-Genehmigung können zu wissenschaftlichen Zwecken auch die
Vornutzungen des Hochwaldes für einzelne Bestandesabtheilungen im Abschnitt A
gebucht werden. Die betreffenden Eintragungen sind dann mit rother Dinte zu
bewirken. Aus gleichem Anlaß können ausnahmsweise auch die Stockholz- und
Reisigerträge des Hochwaldes und die Erträge des Niederwaldes in den Abschnitt A übernommen werden.

Bei der Uebernahme des Abschlusses der Abzählungstabellen ist Nachfolgen-
des zu beachten:

Für Rinde aller Holzarten sind folgende Sätze in Anwendung zu bringen:
Altrinde (Borke): 1 rm = 0,3 fm
$\qquad$ 1 Ctr. (50 kg) = $^2/_9$ rm = $^1/_{15}$ fm.
Jungrinde: 1 rm = 0,2 fm
$\qquad$ 1 Ctr. (50 kg) = $^1/_3$ rm = $^1/_{15}$ fm.

Die unter der Ueberschrift „Schlagholz, Stockholz, Reisig" enthaltenen Spalten sind nach Bedürfniß zu bezeichnen und zu benutzen, soweit solches vorgeschrieben oder zugelassen ist. Dabei ist:

Nutzreisig auf Raummeter umzurechnen und in der Reisigspalte in Raummetern besonders zu notiren,

Brennreisig, welches in Wellen aufbereitet ist, auf Raummeter umzurechnen und in Raummetern einzutragen.

Ist in einer Kontrolfigur des Hochwaldes der Endhieb geführt, so ist dies im Abschnitt A zu vermerken und es ist dann die Summe der aus derselben erfolgten Erträge zu ziehen. Dieser Summe sind die etwa als Waldrechter übergehaltenen, gleich nach dem Endhiebe durch genaue Schätzung nach Derbholz-Festmetern zu ermittelnden Holzmassen hinzuzurechnen, und die so sich ergebende Summe des ganzen Ertrages ist mit der im Abschätzungswerke ausgeworfenen, auf die Mitte der Periode berechneten geschätzten Festmeter-Summe, einschließlich des im Abschätzungswerke etwa ausgeworfenen Soll-Ueberhaltes, als Soll-Ertrag zu vergleichen, um den Mehr- oder Minder-Ertrag zu berechnen.

Was den Zeitpunkt betrifft, wann eine nicht vollständig kahl abzutreibende Kontrolfigur im Hochwalde, auf welcher mehrere Stämme noch längere Zeit oder den ganzen Umtrieb hindurch übergehalten werden sollen, als zum Endhiebe gebracht anzusehen und im Abschnitt A abzuschließen ist, so muß durch Beurtheilung an Ort und Stelle bestimmt werden, ob der Hieb als beendet anzunehmen ist. Diese Bestimmung hat der Regierungs- und Forstrath zu treffen und dabei anzuordnen, wie der Abschluß im Abschnitt A nach Maßgabe des Abschätzungswerkes unter Berücksichtigung der übergehaltenen Holzmassen erfolgen soll.

Sofern eine für eine spätere Periode bestimmte Bestandes-Abtheilung vorgriffsweise zum Hiebe kommt, so ist, wenn der Endhieb erfolgt ist, nur die Summe der Erträge zu ziehen, eine Vergleichung aber nicht auszuführen und, um auf den Vorgriff aufmerksam zu machen, nur zu vermerken, für welche spätere Periode der Bestand nach dem gültigen Betriebsplane bestimmt war.

Rücksichtlich der Erträge aus Beständen, für welche der Plenterbetrieb vorgeschrieben ist, findet die Vergleichung mit den Soll-Erträgen der Schätzung und die Verfügung wegen der aufgekommenen Mehr- oder Minder-Erträge erst bei der Taxations-Revision statt.

Beim Mittel- und Niederwalde ist nach Beendigung des Schlages, und, wenn etwa im folgenden Jahre noch ein Nachhieb beabsichtigt wird, nach dessen Ausführung, die Summe des geschlagenen Materials mit dem im Abschätzungswerke ausgeworfenen Soll-Einschlage zu vergleichen. Dieser Vergleichung folgt die Eintragung der übergehaltenen Oberholzmasse nach Festmetern, welche im ersten Sommer nach der Beendigung des Hiebes durch genaue Auszählung beziehungsweise Aufmessung nach den darüber gegebenen Falles zu ertheilenden besonderen Bestimmungen ermittelt werden muß. Dieser Ist-Ueberhalt ist mit dem aus dem Abschätzungswerke zu entnehmenden Soll-Ueberhalt zu vergleichen, und schließlich ist aus den beiden Vergleichungen des Ist-Einschlages gegen den Soll-Einschlag und des Ist-Ueberhaltes gegen den Soll-Ueberhalt das Gesammt-Ergebniß an Mehr- oder Minder-Ertrag zu berechnen.

Wenn Derbholz=Erträge erfolgen, welche nicht Gegenstand der Schätzung gewesen, sondern bei der Abschätzung aus irgend einem Grunde außer Acht geblieben sind, wie solches zuweilen rücksichtlich einzelner alter Bäume in jungen Schonungen oder aus irgend einem Versehen vorkommt, so müssen solche Erträge auch nach Abschnitt A übertragen und, sofern sie einer bestimmten Abtheilung, welche ihr Konto im Kontrolbuche hat, angehören, bei dieser Abtheilung, sonst aber am Schlusse des Abschnitts A als besondere Kontos verzeichnet werden.

Solche außer der Schätzung liegende Derbholz=Erträge sind demnächst mit dem Null betragenden Schätzungs=Soll im Abschnitt A zu vergleichen und kommen also durch Uebernahme dieser Vergleichung nach A I als Mehr=Erträge zur Berechnung.

4. Eintragungen im Abschnitt A I.

Sobald im Abschnitt A für eine Kontrolfigur des Hochwaldes die Vergleichung des Ist=Ertrages mit dem geschätzten Ertrag bewirkt worden ist, muß das Ergebniß nach A I übertragen werden.

Für den Mittelwald findet die Uebertragung nach A I nicht statt, da bei dieser Betriebsart der gefundene Mehr= oder Minder=Ertrag eines einzelnen Schlages noch nicht ohne Weiteres einen nachzunehmenden Vorrath oder einzusparenden Vorgriff bildet, sondern die aus den Mehr= und Minder=Erträgen zu ziehenden Folgerungen für die Regulirung der ferneren Abnutzung erst noch weitere örtliche Ermittelungen, nach Umständen bei der nächsten Taxations=Revision erheischen.

Der Abschnitt A I ist alle 3 Jahre regelmäßig für jede Oberförsterei, behufs Uebertragung des Mehr= oder Minder=Ertrages nach Abschnitt C abzuschließen. Erfolgt der Abschluß bei Gelegenheit einer Taxations=Revision, so ist der nächste Abschluß, wenn nicht eine andere Anordnung bei der Taxations=Revision getroffen wird, zu bewirken, sobald wieder 3 Jahre verflossen sind. Wird ein neuer Abnutzungssatz festgestellt, so ist der Abschnitt A I abzuschließen, sobald 3 Wirthschaftsjahre seit begonnener Geltung des neuen Abnutzungssatzes abgelaufen sind, und dann nach weiteren 3 Jahren abermals.

5. Eintragungen im Abschnitt C.

Der hier vorzutragende Isteinschlag für die einzelnen Wirthschafts=Jahre ist aus dem Abschlusse des Holzwerbungskosten= (Holzeinnahme=) Manuals nach abgerundeten Festmetern Derbholz zu übernehmen. Die Resultate jedes Abschlusses von A I sind im Abschnitt C bei der Eintragung für das auf die drei Jahre, welche der Abschluß umfaßt, folgende Jahr unverändert und vollständig in Rechnung zu stellen, wenn nicht Bedenken dagegen obwalten. Ist letzteres der Fall, so ist darüber an das Ministerium zu berichten und dessen Entscheidung einzuholen.

Für diejenigen Oberförstereien, welche Hoch= und Mittelwald=Betrieb enthalten, ist der Abschnitt C in drei Abtheilungen zu führen:

1. für den Hochwald und zwar
    a) für die Hauptnutzung mit Einschluß des vorhandenen Plenterwaldes,
    b) für die Vornutzung,
    c) im Ganzen;
2. für den Mittelwald,
3. für die Hauptnutzung des Hochwaldes und Mittelwaldes zusammen.

Behufs der Kontrole über etwa angeordnete Einsparungen gegen den Ab=
nutzungssatz oder ausnahmsweise für bestimmte Zeit etwa gestattete jährliche
Ueberschreitung desselben, ist, wenn eine solche Abweichung genehmigt ist, im Ab=
schnitt C des Kontrolbuchs hinter jedem Jahre zu vermerken:

„Nach Ministerial=Verfügung vom . . . . sollen
jährlich eingespart (können jährlich mehr geschlagen) werden . . . . Fest=
meter, mithin auf . . . Jahre . . . . . Festmeter.“

Anlage C (zu § 3 Abs. 2 Anmerkung 7).

**Verfügung des Ministers für Landwirthschaft, Domainen und Forsten vom
30. April 1900, Anleitung zur Führung des Hauptmerkbuches (Taxations=
Notizenbuch).**

Das Hauptmerkbuch hat den Zweck, in Gemeinschaft mit dem Kontrolbuche
und dem Flächenregister die Grundlagen zur Ueberwachung, Prüfung und Be=
richtigung des Forstbetriebes zu liefern.

Während das Kontrolbuch die Massenergebnisse der Hauungen im Einzelnen
verzeichnet, und das Flächenregister alle den Besitzstand oder die Benutzungsweise
betreffenden Flächenveränderungen ersichtlich macht, soll das Hauptmerkbuch alle
Bestandesveränderungen nachweisen und die Aufzeichnungen über alle diejenigen
Ereignisse und Beobachtungen aufnehmen, welche auf die Wirthschaftsführung und
Betriebsregulirung von Einfluß sind.

Das Hauptmerkbuch soll eine Reviergeschichte bilden, welche die Entwicke=
lung und Veränderung der Verhältnisse sowohl der ganzen Oberförsterei wie der
einzelnen Theile derselben ersehen läßt und die Kenntniß der für den Betrieb
maßgebend gewesenen Begebnisse, der getroffenen wirthschaftlichen Maßregeln der
ausgeführten Arbeiten, der gemachten Beobachtungen und Erfahrungen 2c. den
nachfolgenden Beamten überliefert, welche zugleich den Stand des Betriebes
jederzeit übersehen läßt, und somit auch für eine neue Betriebsregelung die
erforderlichen Grundlagen liefert.

Diesen Zwecken entsprechend zerfällt das Hauptmerkbuch in zwei Theile,
von denen

A. Der allgemeine Theil nach Gegenständen geordnet, in zeitlicher Folge
diejenigen bemerkenswerthen Veränderungen, Erscheinungen und Ereignisse,
welche, die ganze Oberförsterei oder größere Theile derselben betreffend,
mehr allgemeiner Natur sind, enthalten und die im Laufe der Wirthschaft
gemachten bemerkenswerthen Beobachtungen sowie die etwa abzugebenden
Vorschläge über Verbesserungen in dem Wirthschafts= und Geschäftsbetriebe
aufnehmen soll, während

B. Der besondere Theil dazu bestimmt ist, die bei den einzelnen Jagen
oder Distrikten und Abtheilungen eingetretenen Vorkommnisse und Ver=
änderungen nachzuweisen.

Als Zubehör zu dem Hauptmerkbuch und zu dem Flächenregister dienen die
zum Gebrauche des Oberförsters bestimmte Abzeichnung der Spezial=Karte, welche
fortlaufend, in genauer Uebereinstimmung mit den Eintragungen in den be=
sonderen Theil des Hauptmerkbuches und in das Flächenregister, zu berichtigen ist

und, wenn für das Revier ein Wegenetz entworfen und eine Wegenetzkarte vor=
handen ist, diese Wegenetzkarte und eine Blanketkarte im Maßstabe von 1 : 25 000.

Für die Berichtigung der Karten und für die Einrichtung und Führung
des Hauptmerkbuches gelten folgende Vorschriften.

I. Berichtigung der Karten.

A. Die dem Oberförster zu übergebende Abzeichnung der Spezial=Karte
(1 : 5000), welche des leichteren Gebrauchs wegen in der Regel in Halbblättern
angefertigt und in einer Mappe aufbewahrt werden soll, ist vom Oberförster all=
jährlich, den Veränderungen des Revierzustandes entsprechend, zu berichtigen, um
zu jeder Zeit aus ihr den gegenwärtigen Revierzustand ersehen, und danach die
nur bei Gelegenheit einer neuen Betriebsregulirung vorzunehmende Berichtigung
der übrigen Ausfertigungen der Spezial=Karte bewirken zu können.

Die einzelnen Blätter der Karte sind zu numeriren, und es ist ein Inhalts=
verzeichniß zu fertigen, welches die auf jedem Blatte enthaltenen Jagen oder
Distrikte zur leichteren Auffindung übersichtlich angiebt.

Die Berichtigungen der Karte, welche mit demselben Grade geometrischen
Genauigkeit, den die Karte besitzt, erfolgen müssen, haben sich auf folgende Gegen=
stände zu erstrecken.

1. Die Veränderungen der Reviergrenzen.

Hierher gehören:
a) alle Veränderungen im Verlaufe der Grenzlinien, welche durch Kauf oder
   Verkauf, Tausch, Servitutabfindung oder aus irgend einer anderen Ver=
   anlassung eingetreten sind;
b) die Veränderungen in der Vermalung der Grenze, wie solche beispiels=
   weise in der Aufrichtung von Zwischen=Steinen oder Hügeln auf langen
   geraden Grenzlinien, von Aftergrenzmalen an unregelmäßig verlaufenen
   Grenzen bestehen können.

Diese Veränderungen sind mit karminrother Farbe in der Karte zu ver=
zeichnen.

2. Die Veränderungen in der Benutzungsweise des Bodens,

wie solche hervorgerufen werden durch die Aufforstung bisher dauernd land=
wirthschaftlich benutzter Flächen, oder durch Umwandlung von zur Holzzucht be=
stimmten Flächen in Acker oder Wiesen mit der Absicht, dieselben dauernd land=
wirthschaftlich zu benutzen, ferner durch Anlegung von Lehm= und Kiesgruben,
Steinbrüchen, durch Entwässerung und Nutzbarmachung von Seen, Pfühlen und
unnutzbaren Fennen, durch Anlegung neuer, Einziehung oder Verlegung alter
Kommunikations= oder Holzabfuhr=Wege, Anlegung neuer, Verlegung oder Ein=
ziehung alter Hauptabzugs= und Entwässerungs=Gräben, Regulirung von Bach=
und Flußläufen, Durchlegung neuer Gestelle und durch andere Maßnahmen.

Es sind diese Berichtigungen der Karte auf alle diejenigen Veränderungen
auszudehnen, aber auch zu beschränken, welche bei der Berichtigung der Spezial=
Karten in ganzen Blättern zur Zeit einer neuen Betriebsregulirung berücksichtigt
werden müssen. Beispielsweise sind daher auszuschließen: die Einzeichnung der
nur vorübergehend, Behufs der Vorkultur landwirthschaftlich benutzten Flächen,
der in die Spezial=Karte nicht einzutragenden nur vorübergehend benutzten Holz=
fuhrabwege und der gewöhnlichen, kleinen Entwässerungs=Gräben.

Die bezüglichen Berichtigungen erfolgen mit grüner Farbe.

Die Kartenberichtigungen unter 1 und 2 sind zu bewirken, sobald die Ver=
änderung thatsächlich und endgültig ausgeführt ist, folglich, soweit eine Ein=

tragung in die Abschnitte C und D des Flächenregisters erforderlich ist, gleichzeitig mit dieser Eintragung. In dem Flächenregister ist stets genau zu verzeichnen, mit welchen Flächen die einzelnen Bestandesabtheilungen oder Jagen an den Flächen=Ab= und Zugängen betheiligt sind. Soweit über dergleichen Veränderungen dem Oberförster noch besondere Karten und Zeichnungen zugestellt oder von ihm angefertigt werden, sind diese in der Kartenmappe sorgfältig aufzubewahren.

3. Die Bestandes=Veränderungen durch Hauungen und Kulturen.

Bei der jährlichen Einzeichnung der Hiebs= und Kulturflächen sind nur diejenigen Hauungen und Kulturen zu berücksichtigen, welche, wenn zur Zeit der Eintragung eine neue Betriebsregulirung erfolgte, die Bildung neuer oder ververänderter Bestandesabtheilungen nöthig machen würden.

Bei der großen Mannigfaltigkeit der verschiedenen Hiebs= und Kulturarten ist es nicht thunlich, alle die Fälle aufzuführen, in denen, nach Maßgabe des vorstehenden Grundsatzes, die Grenzen der Hiebsflächen und der Kulturen in die Karte einzuzeichnen sind. Es dürfen jedoch unbedingt nicht — (oder nur in Blei) — eingezeichnet werden: die Grenzen der Durchforstungen, Reinigungshiebe, Vorbereitungsschläge, Aushiebe, sowie die Grenzen von Nachbesserungen in Kulturen oder Naturschonungen.

Es sind andererseits stets zu verzeichnen die Grenzen der Kahlschläge, der in Besamungsschlag gestellten Flächen, der zum Behufe einer Kultur hergestellten Schutzschläge und der regelmäßigen Schlagflächen in den Mittel= und Niederwaldungen, soweit die Grenzen derselben nicht etwa mit den auf der Karte schon verzeichneten Grenzen der Abtheilungen oder Schläge zusammenfallen; rücksichtlich der Kulturflächen ferner die Grenzen der Kulturen auf Blößen und Kahlschlägen, der Neukulturen in Schutzschlägen — (z. B. Buchenkulturen unter dem Schutze von Kiefern) —, sowie derjenigen Kulturen in Mittel= und Niederwaldungen, welche — (z. B. durch Einbau von Nadelholz) — eine Umwandlung der Betriebsart zur Folge haben. Die Grenzen von Neukulturen auf unbesamt gebliebenen Stellen der Besamungsschläge sind nur insoweit einzuzeichnen, als dieselben in dem Anbaue einer anderen, wie der durch die natürliche Besamung zu erziehenden Holzart auf größeren, zusammenhängenden Flächen bestehen, und dadurch die Bildung besonderer Bestandesabtheilungen gerechtfertigt wird.

Die Hiebsgrenzen sind mit einer blaßgrün punktirten, die Kulturgrenzen mit einer blaßgrün gestrichelten Linie, und, soweit die Grenzen der Hiebs= und Kulturfläche zusammenfallen, die gemeinsamen Grenzen mit einer abwechselnd blaßgrün punktirten und gestrichelten Linie in die Karte einzuzeichnen.

Das Wirthschaftsjahr, in welchem Hieb und Kultur erfolgt sind, ist in die bezügliche Fläche mit grüner Farbe einzutragen (z. B. H. 1900, K. 1901, H. u. K. 1900). Die nachstehende, rücksichtlich der Farbe jedoch nicht maßgebende Zeichnung wird dies näher erläutern. Bei der Betriebsregelung werden von diesen Linien diejenigen mit vollen, dunkler grünen Linien ausgezogen werden, welche in die bei der Regierung beruhende Spezial=Karte alsdann als Bestandes=Abtheilungs= Grenzen übertragen werden sollen.

Wenn die Grenze der Hiebs= oder Kultur=Fläche eines Jahres mit der Grenze einer Bestandes=Abtheilung oder eines Mittel= oder Niederwald=Schlages, welche auf der Spezial=Karte verzeichnet und mit einem besonderen Buchstaben oder einer Nummer versehen sind, völlig zusammenfällt, so ist nur das Jahr des Hiebes oder der Kultur mit grünen Zahlen in die betreffende Abtheilung oder den Schlag einzutragen.

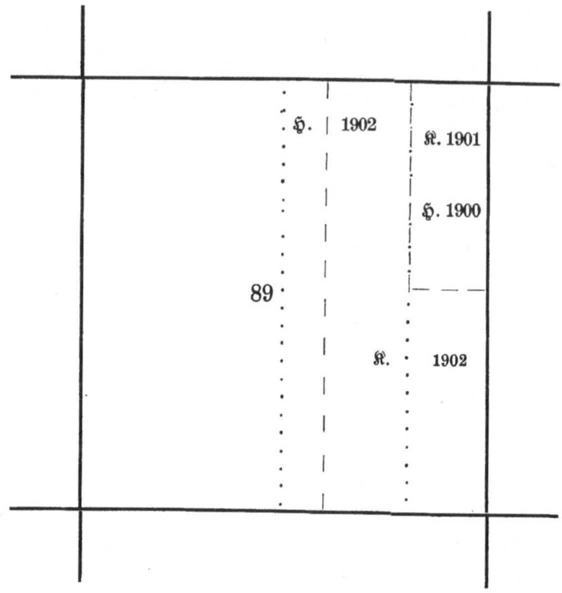

B. Auf der Blanketkarte (1 : 25 000), die neben der Wegenetzkarte dem Hauptmerkbuche als Anlage beigefügt ist, sind die vorhandenen beizubehaltenden Wege mit gleichen Farben wie auf der Wegenetzkarte zu bezeichnen, und die ferner ausgebauten Wege des Wegenetzes sind vom Oberförster alljährlich mit den für die geplanten Wege auf der Wegenetzkarte angewendeten Farben nachzutragen, damit jederzeit leicht ersehen werden kann, wie weit der Ausbau des Wegenetzes vorgeschritten ist.

II. Der besondere Theil des Hauptmerkbuches

soll nach anliegendem Muster X in Zahlen und Worten die auf der Karte dargestellten Bestandesveränderungen erläutern, und ist zugleich zur fortlaufenden Eintragung der in den einzelnen Bestandes-Abtheilungen vorgenommenen wirthschaftlichen Maßnahmen — soweit solche nicht schon rücksichtlich des Hiebes aus dem Kontrolbuche zu entnehmen sind — sowie der auf den Holzanbau alljährlich in den einzelnen Bestandes-Abtheilungen verwendeten Kosten bestimmt.

Die erforderlichen gedruckten Formulare, welche der Königl. Regierung auf Anzeige des Bedarfes aus dem Forsteinrichtungsbureau des Ministeriums übersandt werden, sind in ein Heft zu vereinigen mit der Aufschrift: „Hauptmerkbuch für die Oberförsterei N. Besonderer Theil. Beginnt mit dem Wirthschaftsjahre 19 . . . . .“

Für jede in der General-Vermessungs-Tabelle mit einem besonderen Buchstaben bezeichnete, zur Holzzucht bestimmte Abtheilung ist ein besonderer, für die in den nächsten 20 Jahren voraussichtlich zu bewirkenden Eintragungen ausreichender Raum des Formulars zu bestimmen. Zur Verwendung für etwa neu hinzutretende Flächen sind jedoch noch einige Bogen hinzuzufügen. Wenn zwei oder mehrere nebeneinander liegende Hochwaldabtheilungen eines Jagens oder Distrikts für dieselbe Periode bestimmt und im Kontrolbuche Abschnitt A zur gemeinschaftlichen Abrechnung zusammengefaßt sind, können sie auch im

Hauptmerkbuche zu einer gemeinschaftlichen Kontrolfigur vereinigt werden. Neben dem oder den Abtheilungsbuchstaben ist in der Spalte „Flächeninhalt" der aus der General=Vermessungs=Tabelle zu entnehmende Flächeninhalt zu verzeichnen und zwar:

des Holzbodens mit schwarzen und darunter:

des Nichtholzbodens mit rothen Zahlen.

Auf einer und derselben Seite des Formulars dürfen nur Abtheilungen eines Jagens oder eines Distrikts verzeichnet werden, dessen Nummer über der betreffenden Seite zu vermerken ist. Die Reihenfolge der Jagen oder Distrikte und Abtheilungen ist nach ihrer Nummer= und Buchstabenfolge zu ordnen.

Die weiteren Eintragungen in den Spalten Hauungen und Kulturen sind alljährlich spätestens bis zum 1. August für das vorhergegangene Wirthschafts= jahr nach folgenden Andeutungen zu bewirken.

1. Hauungen.

Es sind unter Angabe des betreffenden Wirthschaftsjahres nur diejenigen Hiebsflächen zu verzeichnen, welche bei der Berichtigung der Karte (siehe I 3) Berücksichtigung gefunden haben, namentlich also die Größe der Kahlschläge, der in Besamungsschlag oder Schutzschlag gestellten Flächen und der Schläge in den Mittel= und Niederwaldungen.

Sollte es in einzelnen Fällen, bei natürlicher Verjüngung, oder bei der Wirthschaft in Schutzschlägen von Wichtigkeit sein, auch den Fortschritt der Räumungs=Schläge der Fläche nach verfolgen zu können, so ist es zulässig, auch deren Größe neben Angabe des Jahres, in welchem dieselben geführt sind, jedoch beides mit rothen Zahlen, in die bezüglichen Spalten einzutragen. Auf der Karte genügt in solchen Fällen die Einzeichnung der Grenzen der Räumungs= Schläge mit Blei.

2. Kulturen.

In dieser Hauptspalte finden alle wirthschaftlichen Maßnahmen, welche sich auf den eigentlichen Holzanbau und die Pflege der Kulturen und jungen Schonungen beziehen, Berücksichtigung.

Auszunehmen sind jedoch die Anlegung von Saat= und Pflanzkämpen und der Betrieb in denselben, Einzäunung oder Grabenziehung längs der Triften und Wege, die Anlage ausgedehnterer, zur Entwässerung größerer Flächen des Reviers dienender Gräben und die Maßregeln zur Vertilgung schädlicher Insekten und anderer Thiere.

Die Eintragungen sollen ersehen lassen, wann, wie und mit welchem Kosten= aufwande der Holzanbau, die Kultur und die Bestandes= 2c. Pflege jeder einzelnen Kontrolfigur bewirkt worden sind.

Es sind also in die Spalte „Art der Kultur" einzutragen:

a) Die Arbeiten des eigentlichen Holzanbaues. Dabei ist anzugeben: der Zweck der Kultur, ob dieselbe zur Nachbesserung einer schon vorhandenen Kultur, oder zur Ergänzung natürlichen Aufschlages, Anfluges oder von Stockausschlägen ausgeführt ist, oder in einer Neukultur besteht, ferner die Kulturart und das Verfahren in abgekürzter Bezeichnung, ab Saat oder Pflanzung, ob Plätzesaat, Streifensaat oder Vollsaat, ob auf ge= hackten oder gepflügten, gegrabenen oder rajolten Streifen 2c., die Ent= fernung der Streifen oder Plätze von einander, das Alter oder die Stärke der eingesetzten Pflanzen, ob Wildlinge oder in Kämpen erzogene Pflanzen, Sämlinge oder verschulte Pflanzen verwendet, ob die Pflanzen einzeln oder in Büscheln, mit oder ohne Ballen, ganz oder gestümmelt und in welchem Verbande sie eingesetzt sind. Wenn die Pflanzen aus einer anderen Oberförsterei bezogen oder angekauft sind, so ist dies besonders zu vermerken.

b) Etwaige Grabenarbeiten (Schonungsgräben und zur Trockenlegung auf der Kulturfläche selbst angelegte Gräben).

c) Die zur Pflege und Förderung der Kulturen und jungen Schonungen ausgeführten Arbeiten, soweit dadurch Kosten entstanden sind, welche den Kulturgeldern zur Last fallen, in möglichst kurzer Bezeichnung.

Beispielsweise gehören dahin: Aushieb, Ausschneiden von Weichhölzern, Schneidelung junger Laubhölzer, Aesten, Köpfen, Aushieb verdämmernder Nadelhölzer und Vorwüchse, Aestung der Schutzbäume und des Oberbaumes im Mittelwalde, Ausschneiden von Gras, Besenpfrieme, Farnkraut 2c.

In der Spalte „Kultivirte Fläche" ist nur die Größe derjenigen Kulturflächen anzugeben, welche auf der Karte verzeichnet sind. Die Flächengröße von Nachbesserungen ist nur dann und zwar mit rothen Zahlen einzutragen, wenn es sich um die Wiederholung von mißrathenen Kulturen auf größeren zusammenhängenden Flächen handelt.

Die Eintragungen sind so zu bewirken, daß in der Kostenspalte gesondert ersichtlich werden die Kosten der verschiedenen vorstehend unter a, b, c bezeichneten Arbeiten und daß außerdem gesondert erscheinen die Kosten für Saat und Pflanzung, für neue Kulturen und für Nachbesserungen.

Bei der Berechnung der in die Spalte „Kostenbetrag" einzutragenden Beträge sind unberücksichtigt zu lassen:

a) Die Ankaufs- oder Sammlungskosten des Samens, sowie die Kosten für den Transport desselben, soweit solche unter Kap. IV. der Kulturrechnung verrechnet werden.

b) Die Kosten der Erziehung der Pflanzen in Saat- und Pflanzkämpen. Sind die verwendeten Pflanzen jedoch etwa angekauft worden, so müssen auch die Ankaufskosten in die Kostensumme eingerechnet werden.

3. Die Spalte „Bemerkungen" ist zur Aufnahme von Vermerken über solche zur Vorbereitung, Pflege und Förderung oder zum Schutze der Kulturen dienliche Arbeiten und Maßregeln bestimmt, durch deren Ausführung keine den Kulturgeldern zur Last fallenden Kosten oder sogar Einnahmen erzielt sind; ferner über etwaige Beschädigungen der Kulturen und sonstige bemerkenswerthe Ereignisse oder Maßregeln, welche auf die Wahl des Kulturverfahrens, die Kosten der Kultur und das Gedeihen derselben von Einfluß gewesen sind.

Derart sind z. B. der Aushieb des Weichholzes, oder Ausschnitt des Grases, Farnkrautes, Ginsters gegen Hergabe des Materials, vorübergehende Beackerung zur Vorkultur, Zwischenbau von Hackfrüchten oder Verpachtung der Grasnutzung zwischen Saatstreifen oder Pflanzreihen, stärkere Beschädigungen durch Frost oder Dürre, durch Rüsselkäfer, Maikäfer, Schütte, Feuer 2c.

Diese Vermerke sind jedoch möglichst kurz zu fassen. Wo eine ausführlichere Beschreibung der Ereignisse oder Maßregeln nöthig oder angemessen erscheint, ist eine solche in den betreffenden Akten niederzulegen und an dieser Stelle nur auf die Akten oder auf die bezüglichen Aufzeichnungen im allgemeinen Theile des Hauptmerkbuches hinzuweisen. Durch einen kurzen Hinweis auf diese sowie auf die betreffenden Nummern des Flächenregisters ist in der Spalte „Bemerkungen" auch auf die eingetretene Veränderung der Flächengröße, in der Benutzungsweise und in der Grenzvermalung, sowie auf etwa bewirkte Gradelegung und Verbreiterung von Wegen, Entwässerungsanlagen 2c. aufmerksam zu machen.

III. Der allgemeine Theil des Hauptmerkbuches

soll eine fortlaufende Geschichte jeder Oberförsterei bilden, welche ohne Unter=
brechung fortzuführen und bei einer neuen Betriebsregelung nicht neu anzulegen
ist. Demgemäß ist zu diesem allgemeinen Theile des Hauptmerkbuches aus den
Forst=Vermessungsgeldern ein dauerhaft einzubindender Band weißen Papiers
von gewöhnlichem Aktenformat in solcher Stärke anzuschaffen, daß er für eine
längere Reihe von Jahren ausreichenden Raum zu den Eintragungen bietet.
Er ist dergestalt in Abschnitte und Unterabschnitte zu theilen, daß für jeden
Unterabschnitt unter seiner Ueberschrift und der Ueberschrift des Hauptabschnitts
eine voraussichtlich auf längere Zeit für die einzutragenden Bemerkungen aus=
reichende Anzahl von Blättern bestimmt wird. Hierbei sind in der Regel folgende
Abschnitte und Unterabschnitte zu bilden.

Erster Abschnitt.
Vermessung und Abschätzung.

1. [Grenzen]. Hierunter ist zu vermerken, wann eine genaue Prüfung
der Grenzen durch den Oberförster, Forst=Inspektionsbeamten, oder einen Land=
messer, bei einer Betriebsregelung, oder bei Gelegenheit von Verkoppelungen 2c.
stattgefunden hat, und wie dabei der Grenzzustand im Allgemeinen befunden
worden ist. Die über die Grenzbesichtigungen des Forst=Inspektionsbeamten
von diesem unter Zuziehung des Oberförsters und der Schutzbeamten aufzunehmenden
Verhandlungen sind einzeln ihrem Datum nach zu verzeichnen. Ferner ist hier
einzutragen, was zur Verbesserung der Grenzvermalung durch Aufrichtung von
Grenzzeichen, Ziehung von Gräben 2c. geschehen, und was etwa zur Sicher=
stellung der Grenzen durch eine Vermessung, Kartirung oder Anerkennung der=
selben ausgeführt ist. Etwaiger Grenzstreitigkeiten und deren Erledigung, sowie
etwa sonstiger Grenzregulirungen und Grenzveränderungen ist, unter Angabe
der betreffenden Schriftstücke und des Ortes, wo sie aufbewahrt werden, kurz
Erwähnung zu thun.

2. [Vermessung.] Hierhin gehört die Anführung etwa im Laufe der
Wirthschaft entdeckter Fehler des Vermessungswerkes, die Angabe, daß, wann
und durch wen eine neue Vermessung des Revieres, oder einzelner Reviertheile,
sei es zu Betriebs=Regulirungszwecken oder Behufs Servitut=Abfindungen oder
Grundsteuerregulirung 2c. stattgefunden hat.

3. [Betriebsregulirung.] Unter diesem in drei Abtheilungen zerfallenden
Unterabschnitte sind, wie sich dazu im Laufe der Zeit Veranlassung findet, Vor=
schläge über etwa wünschenswerthe Ergänzungen und Abänderungen abzugeben,
und bewirkte Aenderungen kurz zu vermerken, in Beziehung auf

    a) Eintheilung,
    b) Betriebsart, Umtrieb, Wahl der Holzart,
    c) Periodische Vertheilung der Bestandsflächen,

wobei auch die eingetretenen Abweichungen gegen den Betriebsplan aufzuführen
und durch Angabe der betreffenden Genehmigung des Ministeriums zu recht=
fertigen sind.

4. [Ertragsberechnung.] Zerfällt in zwei Abtheilungen, und zwar:
    a) Abnutzungssatz.

Unter dieser Ueberschrift ist zuerst der jetzt gültige Abnutzungssatz in seinen
Theilen und im Ganzen zu verzeichnen, und später, so oft ein neuer Abnutzungs=
satz durch Ministerial=Verfügung festgesetzt wird, dieser einzutragen. Auch sind
hier die vom Ministerium etwa getroffenen Anordnungen über Einsparungen
oder Mehrhiebe gegen den Abnutzungssatz anzuführen.

Sodann ist jährlich der Gesammteinschlag in folgender Weise anzugeben.
Im Jahre x sind geschlagen:

im Hochwalde: 000 Festmeter Eichen und Buchen 2c.

000 „ Birken und Weichholz,

000 „ Nadelholz.

Sa. 000 „ Derbholz

wovon erfolgt sind . . . .

000 Festmeter Reisholz,

000 „ Stockholz,

im Mittelwalde

000 Festmeter Baumholz,

wovon erfolgt sind

000 Festmeter Reisholz,

000 „ Stockholz,

und an Schlagholz

000 Festmeter Derbholz und

000 „ Reisholz.

Sofern hierdurch eine Ueberschreitung des zulässigen Abnutzungssolls oder
erhebliche Minderhiebe stattgefunden, sind die Veranlassungen dazu kurz anzuführen.

Ferner ist hier die durch das neueste Abschätzungswerk festgesetzte Durch=
forstungsfläche einzutragen und eine Vergleichung anzulegen, welche jährlich fort=
geführt wird und ersehen läßt, ob die Durchforstungsfläche im Ganzen nach
Maßgabe des Durchforstungsplanes vom Beginne des Abschätzungszeitraumes
ab eingehalten worden ist, oder welche Abweichungen stattgefunden haben.

b) Ertragsverhältnisse.

Die etwa vom Revierverwalter angestellten Untersuchungen und Beobachtungen
über Massenertrag der verschiedenen Bodenklassen, Zuwachsverhältnisse, Formzahl,
Richthöhe, Alter der Bestände 2c. gehören hierher, soweit dieselben nicht bei
Gelegenheit einer neuen Abschätzung bewirkt sind, und dann in den Abschätzungs=
schriften niedergelegt werden, oder, wie in einigen Mittelwaldrevieren, ausdrücklich
angeordnet sind, und dann in einem besonderen Aktenstücke, auf vorgeschriebenen
Formularen vereinigt werden.

Zweiter Abschnitt.

Betrieb der Hauungen und Kulturen.

1. [Hauungen.] Das Verfahren bei dem Hiebe, und die Anordnung
desselben, insbesondere Behufs natürlicher Verjüngung in den Samenschlägen,
die Art der Hauungen im Mittelwalde, bei Durchforstungen 2c.; sowie der Erfolg
der getroffenen Maßnahmen, bilden den Gegenstand der hier Platz findenden
Bemerkungen, Erörterungen und Vorschläge.

2. [Kulturen.] Hierunter ist gesondert nach 5 Abtheilungen mit den
Ueberschriften:

a) Gedeihen der Holzsämereien,

b) Samenpreise, Aufbewahrung der Sämereien,

c) Ausführung und Gedeihen der Kulturen,

d) Kulturgelderaufwand,

e) Entwässerungen und Wegebauten,

Nachstehendes aufzuzeichnen:

Zu a. Ob und in welchem Maße in jedem Jahre die Samen der Haupt=
forsthölzer gediehen sind, insbesondere, ob in Buchen und Eichen eine volle, halbe

oder Sprangmast eingetreten ist, welche Mengen Zapfen gewonnen und in den Samendarren abgedarrt sind, und welche Ausbeute an Samen sie ergeben haben.

Zu b. Bemerkungen über Aufbewahrung des Samens, über Erhaltung der Keimfähigkeit, Angabe der Preise des Samens einschließlich Transport=Kosten, soweit diese unter Kap. IV. der Kulturrechnung zu verrechnen sind.

Zu c. Bemerkungen über das Gerathen der Kulturen und die darauf einwirkenden Ursachen, über das am zweckmäßigsten befundene Kulturverfahren und über Kultur=Werkzeuge, sowie über die Kosten der einzelnen Kulturarten, ferner Bemerkungen über Kulturpflege durch Läuterungshiebe, namentlich in Betreff der Erziehung der Eiche, sowie über Art und Erfolg des Anbaus von Bodenschutzholz 2c.

Hier ist auch eine Uebersicht über den Fortgang der Aufforstung auf an= gekauften Oedländereien zu geben.

Zu d. Angabe der auf die Kulturen im Ganzen verwendeten Geldmittel
    1. für den eigentlichen Holzanbau,
    2. für die übrigen Forstverbesserungs=Arbeiten mit besonderer Angabe der auf die Verbesserung von Wiesen und die Herstellung von solchen verwendeten Kosten.

Zu e. Bemerkungen über Entwässerungen und deren Folgen, über Bau und Unterhaltung von Holzabfuhr= und Kommunikationswegen und Forstchausseen und Angabe der für jedes Jahr
    1. aus den Kulturgeldern,
    2. aus den Forstwegebaugeldern,
    3. zur Unterstützung von Wegebauten außerhalb der Forsten,
auf Wegebauten verwendeten Geldmittel und der Einnahmen von Chausseegeld.

Wenn für das Revier ein Wegenetz entworfen und eine Wegenetzkarte vor= handen ist, so wird hier kurz vermerkt, welche Theile dieses Wegenetzes im Laufe des Jahres ausgebaut worden sind.

Schließlich ist in diesem Abschnitte zu vermerken, welche Verbesserungen der Holzabfuhrwege noch erwünscht erscheinen, insbesondere auch durch den Aus= bau solcher außerhalb der Oberförstereigrenzen belegenen Wege, welche die Ver= bindung mit benachbarten Kunststraßen, Eisenbahnhaltepunkten oder Ablagen vermitteln.

3. [Forst=Arbeiter=Verhältnisse.] Hierhin gehören Bemerkungen über die zur Heranbildung eines tüchtigen Holzhauer= und Kultur=Arbeiterpersonals zu treffenden, oder getroffenen Maßregeln und deren Erfolge, über die Ursache etwaigen Arbeiter=Mangels und deren Abhülfe, z. B. Erbauung von Arbeiter= Wohnhäusern, Verpachtung von Land gegen mäßigen Pachtzins, über die Be= theiligung der Waldarbeiter an Krankenversicherungen, über Veränderungen in den üblichen Lohnsätzen 2c.

Dritter Abschnitt.

Forstschutz.

1. [Witterung.] Was in diesem Abschnitte aufzuzeichnen ist, geht aus den Ueberschriften der Unterabschnitte und der einfachen Anführung der Gegen= stände genügend hervor.

Wärme und Kälte, Frostschaden und Dürre, unter Hinweisung auf die hierüber unter Abschnitt 2, Nr. 2 etwa bereits gemachten Bemerkungen.

Windrichtung und Windbruch. Atmosphärische Niederschläge: Regen, Schnee, Schneebruch, Duftbruch; Ueberschwemmung.

2. [Waldbrände.]

3. [Schaden durch Thiere.] Wild, Mäuse, Vögel, Insekten rc.

4. [Schaden durch Menschen.] Diebstahl an Holz und Walderzeugnissen, Waldfrevel, Verhütung und Bestrafung derselben.

Vierter Abschnitt.

Rechtliche Verhältnisse.

1. [Grunddienstbarkeiten.] Unter diesem Abschnitte sind die eingetretenen Ablösungen, unter Bezeichnung der betreffenden Rezesse, mit besonderer Angabe der gewährten Abfindungsflächen, Kapitalien, Renten oder sonstigen Entschädigungen anzuführen, und auch alle sonstigen Veränderungen in den Grunddienstbarkeitverhältnissen durch ergangene Erkenntnisse, Einschränkungen der seitherigen Ausübung rc. zu bemerken.

2. [Aktivberechtigungen der Forsten.] Wie bei 1.

3. [Sonstige rechtliche Verhältnisse.] Hierhin gehören die Kreis- und Gemeinde-Verhältnisse, Lasten und Abgaben, Gerichts- und Polizei-Verhältnisse, die Marken-Verhältnisse rc.

Fünfter Abschnitt.

Sonstige bemerkenswerthe Gegenstände.

1. [Absatz-Verhältnisse.] Die Verbesserung des Absatzes und der Beförderungsmittel, die Nutzholz- und Stockholz-Ausnutzung, unter Angabe, wie viel vom Hundert des Derbholzeinschlages von den Hauptholzarten als Nutzholz verwerthet sind, Aenderungen in den Holztaxen, die Holzpreise, Kohlenpreise rc. bilden den Gegenstand der Aufzeichnungen dieses Unterabschnittes. Wo Flößereien betrieben werden, kann für diese ein besonderer Unterabschnitt gebildet werden.

2. [Nebennutzungen.] Etwaige Aenderungen in dem Umfange oder in der Art und Weise der Verwerthung der einzelnen Nebennutzungen sind hierunter zu vermerken, ohne daß erforderlich ist, z. B. bei Verpachtungen von Forstländereien Genaueres über die Dauer der Pachtperiode, das Pachtgeld und die Pachtbedingungen rc. anzuführen. Die Entwickelung der Fischerei und die Verwerthung von Flächen durch Anlage von Fischteichen sind hier zu erwähnen. Wegen der Veränderungen in den Forstdienstländereien, wegen Umwandlung von bisher zur Holzzucht bestimmten Flächen zu dauernder Acker- oder Wiesennutzung und umgekehrt genügt kurze Hinweisung auf die betreffenden Nummern im Abschnitt D. des Flächenregisters.

3. [Jagd-Verhältnisse.] Veränderungen in den Jagd-, Pacht- und Jagdverwaltungs-Verhältnissen sind hier aufzuzeichnen.

4. [Gesammt-Gelderdrag des Reviers.] In diesen Unterabschnitt sind einzutragen: die Schlußzahlen der einzelnen Kapitel der jährlichen Geldrechnung in Einnahme und Ausgabe, der Ueberschuß der Einnahme über die Ausgabe und der Roh- und Rein-Gelderdrag vom Hektar. Auch Bemerkungen über Aenderungen in der Einrichtung des Forstkassenwesens, Untererhebestellen rc. finden hier ihren Platz.

5. [Personal-Verhältnisse.] Versetzungen der Revierbeamten, Vermehrung oder Einschränkung der Beamtenzahl, Bau neuer, Abbruch oder Verlegung alter Dienstgehöfte sind hierunter anzuführen.

Uebrigens ist nicht ausgeschlossen, einerseits noch andere Unterabschnitte zu bilden und andererseits einzelne Unterabschnitte zusammenzuziehen, wenn die besonderen Verhältnisse einer Oberförsterei hierzu begründete Veranlassung geben.

Da es von den besonderen Verhältnissen der einzelnen Oberförstereien und von der Vorliebe des Revierverwalters für den einen oder den andern Gegenstand, sowie von seiner Beobachtungsgabe und von seinem Fleiße abhängen wird, ob er mehr oder weniger Stoff zur Eintragung in das Hauptmerkbuch findet, so lassen sich weiter eingehende Vorschriften hierüber nicht ertheilen. Darauf ist aber zu halten, daß jedenfalls in das Hauptmerkbuch jährlich eingetragen wird:

Abschnitt 1. zu 1. und 2. was in Betreff der oben unter diesen Nummern angeführten Gegenstände vorgekommen ist, zu 3. die Abänderungen der Eintheilung und die Abweichungen vom genehmigten Betriebsplane, sowie was unter 4. a. vorgeschrieben ist;

Abschnitt 2., was unter 2. a., d. und e. bezeichnet ist;

Abschnitt 3. Die besonderen Unbilden und Schäden zu 1., 2., 3. und 4., eine Gesammtübersicht der jährlich zur Anzeige gebrachten, verurtheilten, resp. freigesprochenen Fälle;

Abschnitt 4. Die Veränderungen in den Verhältnissen zu 1. bis 3.;

Abschnitt 5. zu 1. Die jährliche Nutzholzausbeute in den verschiedenen Hauptholzarten und die jährlichen Versteigerungs-Durchschnittspreise für den Raummeter Scheitholz der Hauptholzarten zu 2., 3., 4. und 5., was oben unter diesen Namen erwähnt worden ist.

Diese Angaben sind, wie sich dazu im Laufe der Zeit Veranlassung findet, unter Vorsetzung des Jahres, für welches die Angabe gemacht wird, durch den Oberförster einzutragen oder bei einer alljährlich bis zum 1. August vorzunehmenden genauen Durchsicht des Hauptmerkbuches für das vergangene Jahr zu ergänzen.

Die Aufzeichnung der im Vorstehenden nicht ausdrücklich verlangten Angaben ist dem Fleiße und dem Eifer der Oberförster zu überlassen, der Forst-Inspektions- und der Oberforstbeamte haben aber darauf zu sehen, daß die Bemerkungen nur kurz abgefaßt werden, da das Hauptmerkbuch lediglich dazu bestimmt ist, „Vermerke" aufzunehmen und nicht den Zweck hat, längeren Abhandlungen Platz zu gewähren. Etwaige derartige Abhandlungen würden den betreffenden Akten einzuverleiben, und unter dem betreffenden Abschnitte im Hauptmerkbuche nur nach ihrem Inhalte und dem Orte ihrer Aufbewahrung kurz anzuführen sein.

Der Forst-Inspektionsbeamte hat die von ihm alljährlich vorzunehmende Prüfung des besonderen Theils des Hauptmerkbuches auch auf die ordnungsmäßige Eintragung der vorstehend einzeln aufgeführten Angaben in den allgemeinen Theil zu erstrecken, deren Ergänzung zu veranlassen, oder seine Bemerkungen hinzuzufügen, und auf dem Titelblatte beider Theile zu vermerken, daß und wann die Prüfung erfolgt ist.

———————

Anlage D. (zu Anmerkung 21).

Verfügung des Ministers für Landwirthschaft, Domainen und Forsten vom 12. Juni 1899, über Holzversteigerungsverhandlungen (Formular L) und allgemeine Holzversteigerungs-Bedingungen.

Der Verhandlung über die Versteigerung eingeschlagenen Holzes (Anlage L zur Geschäftsanweisung für die Oberförster der Königlich Preußischen Staatsforsten vom 4. Juni 1870) ist vom Inkrafttreten des Bürgerlichen Gesetzbuches ab das anliegende Muster[1]) zu Grunde zu legen.

Das in der genannten Anlage gegebene Muster für die Nachweisung des versteigerten Holzes bleibt unverändert.

Wenn die Königliche Regierung mit Rücksicht auf die im dortigen Bezirke obwaltenden Verhältnisse eine Ergänzung der allgemeinen Verkaufsbedingungen für nothwendig oder zweckmäßig erachtet, so bleibt Ihr überlassen, die dieserhalb erforderlichen Festsetzungen in den besonderen Verkaufsbedingungen zu treffen.

Ich bemerke indessen hierzu Folgendes:

1. Die von einzelnen Regierungen in Vorschlag gebrachte Aufnahme einer Bedingung, daß unsichere oder nicht gehörig bekannte Personen vom Mitbieten ausgeschlossen oder zu demselben nur gegen Sicherheitsleistung zugelassen werden können, und daß der Zuschlag versagt werden kann, wenn Bedenken gegen die Person des Bietenden obwalten, empfiehlt sich nicht, da dadurch die Gefahr persönlicher Konflikte zwischen dem versteigernden Beamten und den Bietern herbeigeführt wird. Die Nr. 3 der allgemeinen Verkaufsbedingungen bietet dem versteigernden Beamten eine ausreichende Handhabe, um Meistgebote auch dann als nicht annehmbar zurückzuweisen, wenn die Persönlichkeit oder die Vermögensverhältnisse des Bietenden keine genügende Sicherheit für die Erfüllung seiner Verbindlichkeiten gewähren, oder wenn die Vertretungsmacht desjenigen, welcher für einen Dritten ein Gebot abgegeben hat, nicht nachgewiesen ist.

2. Die Vertragsstrafen und die zu erstattenden Rückerlöhne (Nr. 11 der allgemeinen Bedingungen) unterliegen nicht der Einziehung im Verwaltungszwangsverfahren; die von einzelnen Regierungen in Vorschlag gebrachte Aufnahme einer Bedingung, welche die Einziehung auf diesem Wege zuläßt, ist daher nicht angängig.

3. Es erscheint nicht angemessen, die Käufer über die im Bürgerlichen Gesetzbuche gezogenen Grenzen hinaus für Beschädigungen haftbar zu machen, welche durch deren Arbeiter und Fuhrleute bei Herrichtung und Abfuhr des Holzes verursacht werden.

4. Es ist von der in Anregung gebrachten Aufnahme einer Bedingung Abstand zu nehmen, inhalts deren die Haftung des Fiskus für Betriebsunfälle bei der Abfuhr des Holzes auf die Käufer übertragen wird.

5. Nicht erforderlich erscheint es, für die Nichterfüllung der in Nr. 13 der allgemeinen Bedingungen erwähnten Anzeigepflicht des Käufers noch eine besondere Vertragsstrafe festzusetzen.

6. Was die in den besonderen Bedingungen aufzunehmenden Festsetzungen über die Kreditirung des Kaufpreises und die vor Bezahlung desselben gegen Sicherheitsleistung zuzulassende Aushändigung der Holzverab-

---

[1]) S. 188.

folgezettel anlangt, so verweise ich die Königliche Regierung dieserhalb
auf meine Verfügung vom 7. Januar 1896 — III. 17705/95[1]) — in
welcher ausgesprochen ist, daß es keinem Bedenken begegnet, die in
meiner Verfügung vom 22. Dezember 1894 — III. 16467[2]) — unter
II. 1—5 für den Verkauf von Holz vor dem Einschlage ausgesprochenen
Grundsätze in sachgemäßer Weise auch auf den Verkauf von Holz nach
dem Einschlage in Anwendung zu bringen.   Die in der letztgenannten
Verfügung unter II. 14 und 17 getroffenen Bestimmungen werden hierbei ebenfalls zu beachten sein.   Endlich sind auch die daselbst unter
II. 15 und 16 aufgestellten Grundsätze für den Verkauf eingeschlagenen
Holzes maßgebend.

In welchen Fällen die unterschriftliche Vollziehung der Versteigerungsverhandlung durch die Meistbietenden zu verlangen ist, und ob und
inwieweit Vermerke über die Zuschlagsertheilung und über die Zurückweisung von Geboten in die Versteigerungsverhandlung aufzunehmen
sind, hat die Königliche Regierung Ihrerseits zu bestimmen und den
danach etwa erforderlichen Vordruck für das Verhandlungsformular
festzusetzen.   Von der Unterzeichnung der Versteigerungsverhandlung
durch die Bürgen mittelst eigenhändiger Namensunterschrift darf nur
dann Abstand genommen werden, wenn bereits eine der Vorschriften
der §§. 765, 766, 126 des Bürgerlichen Gesetzbuches entsprechende schriftliche selbstschuldnerische Bürgschaftserklärung derselben vorliegt.

Die Königliche Regierung hat hiernach das Weitere zu veranlassen.

Gleichzeitig beauftrage ich Dieselbe, unter Zuziehung Ihres Justitiars
zu prüfen, ob die von Ihr für den dortigen Bezirk festgesetzten allgemeinen Bedingungen für den Verkauf von Holz vor dem Einschlage
mit Rücksicht auf die Vorschriften des Bürgerlichen Gesetzbuches und
der sonstigen, gleichzeitig mit diesem in Kraft tretenden und das bürgerliche Recht berührenden Gesetze einer Abänderung oder Ergänzung bedürfen.   Der bisherige materielle Inhalt dieser Bedingungen ist hierbei
thunlichst beizubehalten.   Ueber die erforderlichen Abänderungen und
Ergänzungen hat die Königliche Regierung selbstständig Entscheidung
zu treffen.

Einer gleichen Prüfung und eventuellen Abänderung und Ergänzung
sind die von der Königlichen Regierung für den dortigen Bezirk festgesetzten allgemeinen Bedingungen für den Verkauf von Holz im Wege
des schriftlichen Angebotes[3]), sowie für den Verkauf, die Vermiethung
und die Verpachtung von Forstnebennutzungen zu unterziehen.

---

[1]) (DJ. XXVIII. 40.)
[2]) (DJ. XXVII. 6.)
[3]) Zur Vermeidung der Abgabe von gleichen Geboten ist die Zulassung von Pfenniggeboten zu empfehlen. Sind die Bieter mit gleichen Geboten bei Eröffnung der Gebote sämmtlich anwesend, so ist eine weitere meistbietende Steigerung unter den Höchstbietenden gleich im Termine zuzulassen erwünscht, anderenfalls wird eine Entscheidung durch das Loos vorzusehen sein Vf. ML. 8. Jan. 02 Nr. 2 Abs. 4 (DFZ. Neudamm XVII. 2211).

Forstkasse zu ———————————————   Belag Nr. ——

Zahlungstermin bis zum ——————— 19 ——   Wirthschafts-

Oberförsterei ———————————————   jahr 19 ——

Schutzbezirk ———————————————

Verhandlung über die Versteigerung eingeschlagenen Holzes.

Aufgenommen ————————————— den ———————— 19 ——

von dem Königlichen Oberförster ————————————————

in Gegenwart des Königlichen ————————————————

Nach vorheriger Bekanntmachung der heute vorzunehmenden Versteigerung von Holz aus der Oberförsterei ——————————————— wurde den Bietungslustigen bekannt gemacht, daß der Verkauf unter nachstehenden, in zwei Abdrücken zur Einsicht ausgelegten Bedingungen erfolgt.

Allgemeine Bedingungen.

1. Personen, welche nicht Angehörige eines Deutschen Bundesstaates sind oder welche innerhalb des Deutschen Reiches keinen Wohnsitz haben, kann der versteigernde Beamte vom Mitbieten ausschließen, so lange sie nicht eine ausreichende Sicherheit in baarem Gelde oder in zur Sicherheitsleistung geeigneten Werthpapieren geleistet haben, oder einen tauglichen, innerhalb des Deutschen Reiches wohnenden Bürgen stellen.

2. Die Gebote sind nicht für die Einheit, sondern für jedes Verkaufsloos im Ganzen abzugeben.

3. Der Zuschlag geschieht an den Meistbietenden durch den versteigernden Beamten, wenn nach seinem Ermessen das Gebot annehmbar ist. Andernfalls hat der versteigernde Beamte die Wahl, das Gebot gänzlich zurückzuweisen oder den Zuschlag unter Vorbehalt höherer Genehmigung zu ertheilen. Im letzteren Falle bleibt der Meistbietende zwei Wochen lang an sein Gebot gebunden.

   Ueber Zweifel und Streitigkeiten hinsichtlich des Meistgebotes entscheidet ausschließlich und endgültig der versteigernde Beamte. Er kann in solchen Fällen ein nochmaliges Ausgebot veranstalten.

Notirt

im Holzmanual und unter Nr. ——— des Solleinnahmebuchs und zur Erhebung an die Kasse abgegeben.

———————————

den ——————— 19 ——

Der Oberförster.

Erhalten am

———————————— 19 ——

Eingetragen unter

———————————

der Solleinnahme des Manuals.

An den Oberförster zurückgegeben am

———————————— 19 ——

Der Rendant.

4. Durch den Zuschlag geht die Gefahr des Verlustes, des Unterganges und der Verschlechterung des verkauften Holzes auf den Käufer über.

5. Für die bei den einzelnen Verkaufsloosen angegebenen Mengen und Maaße und für den mangelfreien Zustand des verkauften Holzes leistet der Fiskus keine Gewähr.

Auch ist Käufer nicht berechtigt, den Vertrag wegen Irrthums über die Mengen, die Maaße oder die Eigenschaften des verkauften Holzes anzufechten.

6. Die Zahlung des Kaufpreises muß, falls sie nicht schon im Versteigerungstermin an den Forstkassenrendanten bewirkt wird, spätestens bis zum .... an ....
zu .... erfolgen. Bei nicht pünktlicher Zahlung des Kaufpreises hat der Käufer vom dreißigsten Tage nach der Fälligkeit Verzugszinsen zu entrichten, sofern der Kaufpreis für das Verkaufsloos zweihundert Mark übersteigt.

Außerdem ist der Fiskus bei nicht pünktlicher Zahlung des Kaufpreises[1]), ohne daß es einer weiteren Aufforderung, Androhung, Benachrichtigung oder Anzeige an den Käufer bedarf, nach seiner, ihm zu jeder Zeit zustehenden Wahl befugt, entweder vom Vertrage zurückzutreten und über das verkaufte Holz anderweit beliebig zu verfügen, oder den rückständigen Kaufpreis nebst Verzugszinsen[2]) vom Tage der Fälligkeit ab von dem Käufer im Verwaltungszwangsverfahren oder im ordentlichen Prozeßverfahren einzuziehen, oder endlich das verkaufte Holz jeder Zeit auf Gefahr und Kosten des Käufers für dessen Rechnung durch den Revierverwalter anderweit öffentlich versteigern zu lassen und sich wegen seiner Forderungen aus dem Erlöse dieser Versteigerung zu befriedigen. Reicht dieser Erlös zur Deckung der fiskalischen Forderungen und der Kosten der anderweiten Versteigerung nicht aus, so ist der entstehende Ausfall von dem ursprünglichen Käufer zu ersetzen und binnen zwei

---

[1]) Ergänzt und geändert durch Vf. ML. 8. Dez. 99 (DJ. XXXII, 91).

[2]) 4% BGB. § 288. Bei der Berechnung von Verzugszinsen für rückständig bleibende Forstgefälle sind einzelne Rest- oder Theilbeträge unter 100 Mk. (statt bisher 30 Mk.) unberücksichtigt zu lassen. Vf. ML. 31. Jan. 02 (DFZ. Neudamm XVII, 224).

Wochen nach erfolgter Zahlungsaufforderung an

_____________________________ zu ___________________________

zu zahlen, widrigenfalls die Beitreibung desselben im Verwaltungszwangsverfahren oder im ordentlichen Prozeßverfahren erfolgt.

7. Nach Zahlung des Kaufpreises erhält der Käufer von dem Forstkassenrendanten oder =Untererheber einen Holzverabfolgezettel über das bezahlte Holz.

8. Eine besondere Uebergabe des verkauften Holzes an den Käufer findet nicht statt. Dieselbe wird durch Aushändigung des Holzverabfolgezettels an den Käufer als bewirkt angesehen. Käufer darf erst nach Aushändigung des Holzverabfolgezettels das verkaufte Holz in Besitz nehmen. Wünscht ein Käufer die örtliche Vorzeigung des verkauften Holzes, so muß er dieses sofort im Versteigerungs=termin erklären, sobald ihm von dem versteigernden Beamten der Zuschlag — sei es mit oder ohne Vorbehalt — ertheilt ist. Die örtliche Vorzeigung

erfolgt alsdann binnen_______________________________

nach Ertheilung des vorbehaltlosen Zuschlages, beziehungsweise nach Absendung der Benachrichtigung an den Käufer über die höhere Genehmigung des mit Vorbehalt ertheilten Zuschlages. Meldet Käufer sich innerhalb dieser Frist hierzu bei dem betreffenden Förster nicht, so verzichtet er damit auf die örtliche Vorzeigung des Holzes.

9. Das Eigenthum an dem verkauften Holze erwirbt Käufer in jedem Falle erst mit dem Zeitpunkte, in welchem der Kaufpreis bezahlt und ihm der Holz=verabfolgezettel ausgehändigt ist.

10. Das Aufladen und die Abfuhr des verkauften Holzes darf nur nach Rückgabe des Holzverabfolge=zettels an den betreffenden Förster bewirkt werden. Die Abfuhr darf nur auf den dazu angewiesenen

Wegen und nur an den Wochentagen_____________

und niemals vor Aufgang oder nach Untergang der Sonne erfolgen. Zuwiderhandlungen werden nach §. 38 des Feld= und Forstpolizeigesetzes vom 1. April 1880 bestraft.

Nimmt Käufer das verkaufte Holz eigenmächtig in Besitz, bevor ihm der Holzverabfolgezettel aus=gehändigt ist, so tritt außerdem die sofortige Fälligkeit des Kaufpreises ein.

11. Die Abfuhr des verkauften Holzes muß bis zum

____

bewirkt sein. Die Abfuhrfrist kann aus erheblichen

Gründen vom Revierverwalter verlängert werden. Erfolgt die Abfuhr nicht binnen der festgesetzten Frist, so kann, sofern nicht dieserhalb auf Grund bestehender Polizeiverordnungen eine Bestrafung des Käufers eintritt, Fiskus von letzterem eine Vertragsstrafe von .... für jede .... nicht rechtzeitig oder gar nicht abgefahrene .... verlangen. Diese Strafe kann nach jedesmaligem Ablauf von weiteren .... Wochen aufs Neue verlangt werden, sofern die Abfuhr nicht inzwischen erfolgt ist. Außerdem steht dem Fiskus nach Ablauf der Abfuhrfrist das Recht zu, das nicht abgefahrene Holz auf Kosten des Käufers an die Gestelle und Wege oder an sonstige Orte rücken zu lassen, wo es ohne Nachtheil für den Forstbetrieb lagern kann.

Ist die Abfuhrfrist verlängert worden, so ist Fiskus befugt, auch vor Ablauf der bewilligten Nachfrist das Rücken des Holzes auf Kosten des Käufers zu bewirken.

Die verwirkten Vertragsstrafen und die von dem Käufer zu erstattenden Rückerlöhne werden von dem Revierverwalter festgesetzt und sind binnen zwei Wochen nach erfolgter Zahlungsaufforderung an .... zu .... zahlen.

Ist die Abfuhr des Holzes nicht innerhalb .... Jahre ... nach Ablauf der Abfuhrfrist erfolgt, so kann Fiskus, ohne daß es einer weiteren Aufforderung, Androhung, Benachrichtigung oder Anzeige an den Käufer bedarf, das nicht abgefahrene Holz auf Gefahr und Kosten des Käufers für dessen Rechnung jeder Zeit durch den Revierverwalter anderweit öffentlich versteigern lassen.

12. Wenn der Käufer oder dessen Fuhrleute an Stelle der durch Holzverabfolgezettel zugewiesenen Posten von Holz aus Fahrlässigkeit andere als die auf dem Holzverabfolgezettel bezeichneten Posten oder Theile derselben fortschaffen, so tritt Bestrafung nach §. 39 des Feld= und Forstpolizeigesetzes vom 1. April 1880 ein.

13. Hat Käufer das von ihm verkaufte Holz an Andere abgetreten, so muß er dieses vor der Abfuhr des Holzes dem Revierverwalter anzeigen. Eine solche Abtretung befreit den Käufer jedoch nicht von der Erfüllung der von ihm dem Fiskus übernommenen Verbindlichkeiten.

14. Der Bürge des Käufers übernimmt die Verpflichtung, für die Erfüllung der Verbindlichkeiten
desselben selbstschuldnerisch einzustehen. An der
von dem Käufer in baarem Gelde oder in Werthpapieren geleisteten Sicherheit, welche für alle
Forderungen des Fiskus haftet, steht dem letzteren
das Pfandrecht zu.

15. Kosten fallen dem Käufer nicht zur Last.

16. Käufer erkennen durch Abgabe ihrer Gebote die
Verkaufsbedingungen als bindend an. Auf Erfordern des versteigernden Beamten haben die
Meistbietenden außerdem zur Anerkennung der
Verkaufsbedingungen und ihrer Gebote diese Verhandlung bei den betreffenden, in der Nachweisung
des versteigerten Holzes aufgeführten Loosen eigenhändig durch Namensunterschrift oder, falls sie
schreibunkundig sind, durch ein ihre Unterschrift
ersetzendes und von einem Schreibzeugen zu be-
glaubigendes Handzeichen zu unterzeichnen. Die
Bürgen haben zur Anerkennung der Uebernahme
der selbstschuldnerischen Bürgschaft diese Verhandlung bei den betreffenden Verkaufsloosen durch
eigenhändige Namensunterschrift zu unterzeichnen,
sofern nicht bereits eine schriftliche, selbstschuldnerische Bürgschaftserklärung derselben vorliegt,
welche von ihnen eigenhändig durch Namensunterschrift oder mittelst gerichtlich oder notariell beglaubigten Handzeichens unterzeichnet ist.

Verweigerung der Unterzeichnung dieser Verhandlung Seitens des Meistbietenden oder des
Bürgen hat die Ungültigkeit des abgegebenen Gebotes und die Ausschließung vom weiteren Mitbieten zur Folge.

Besondere Bedingungen.

Nach Verlesung der vorstehenden Verkaufsbedingungen
wurden die in der folgenden Nachweisung aufgeführten
einzelnen Loose zu den beigesetzten Meistgeboten an die
daneben genannten Personen versteigert:

Anlage E (zu Anmerkung 38).

Verfügung des Ministers für Landwirthschaft, Domainen und Forsten vom 14. Sept. 1896 (MB. 203), betreffend Allgemeine Bedingungen für die Verpachtung forstfiskalischer Jagden.

§. 1. Die Jagd in dem verpachteten Reviere muß einerseits pfleglich und waidmännisch behandelt und daher mäßig benutzt werden, andererseits darf das Wild nicht übermäßig gehegt werden. Geschieht dieses, so ist die Forstverwaltung berechtigt, sofern der Jagdpächter der Aufforderung zur Verstärkung des Abschusses nicht hinlänglich nachkommt, durch ihre Beamten den Wildstand entsprechend verringern und das erlegte Wild für Rechnung des Pächters verwerthen zu lassen. Darüber, ob zu dieser Maßregel ein Anlaß vorliegt, entscheidet allein die Regierung.

Schwarzwild darf überhaupt nicht gehegt werden, ist vielmehr zu vertilgen.

§. 2. Das Erlegen der nützlichen oder für die Jagd nicht überwiegend nachtheiligen Säugethiere und Raubvögel und im Besonderen der Igel, Fledermäuse, Eulen (mit Ausnahme des Uhu), der Bussarde wird dem Pächter untersagt. Ferner steht der Königlichen Regierung das Recht zu, behufs Verhütung und Verminderung von Insekten- und Mäusefraß, dem Pächter das Schießen und Wegfangen der Dachse, auch außerhalb der gesetzlichen Schonzeit, und der Füchse zeitweise zu untersagen.

§. 3. Mit Windhunden, sowie mit lautjagenden Jagdhunden oder Bracken darf die Jagd nur mit ausdrücklicher Genehmigung der Regierung benutzt werden.

Alles Roth- und Damwild darf nur mit der Kugel und daher weder mit Posten noch mit Schrot geschossen werden.

Es sind überhaupt nur waidmännische Jagdarten gestattet und ist insbesondere das Schießen der Hasen auf der Kirre, das Fangen der Rebhühner in Laufdohnen oder Stocknetzen, das Legen von Selbstgeschossen, Schlingen und Schleifen auf Feder- und anderes Wildpret, sowie auch das Anlegen von Vogelheerden verboten.

§. 4. Die Jagd darf bei Vermeidung der gesetzlichen Strafe nicht auf andere, als die im Vertrag bezeichneten Wildgattungen ausgedehnt werden.

Wenn angeschossenes Hoch-, Dam-, Schwarz- oder Rehwild in einen angrenzenden, für diese Wildarten dem Verwaltungsbeschusse unterliegenden Königlichen Jagdbezirk übergeht, so ist Pächter verpflichtet, sobald solches zu seiner Kenntniß gelangt, davon dem nächsten Königlichen Forstbeamten, sobald als möglich, spätestens aber binnen zwölf Stunden, Anzeige zukommen zu lassen.

Der Anstand darf an der Grenze des verpachteten Jagdreviers innerhalb 200 Meter von der nächsten Königlichen Forst nicht ausgeübt werden.

§. 5. Pächter darf die Jagd nur in eigener Person, oder durch einen gelernten Jäger oder einen geübten Schützen ausüben, und nur in seiner, oder des Jägers oder Schützen Gegenwart andere Personen zur Jagd zulassen.

Als Jäger oder Schütze des Pächters, ferner als Wildwächter oder zu anderen Dienstleistungen darf keine Person angenommen werden, welche schon wegen Forst- oder Jagdvergehens bezw. Uebertretung bestraft ist. Der Jäger oder Schütze des Pächters, zu dessen Annahme bei dem betreffenden Oberförster die Genehmigung schriftlich einzuholen ist, muß bei Ausübung der Jagd stets einen auf seine Person lautenden und vom Oberförster beglaubigten Ausweis bei sich führen. Auch haftet Pächter für alle Verletzungen des Pachtvertrages durch seine Jäger, Schützen oder Jagdgenossen.

§. 6. Ohne besondere Genehmigung der Königlichen Regierung darf der Pächter sein Jagdrecht weder ganz noch theilweise einem Anderen überlassen, auch keine Jagderlaubnißscheine gegen Entgelt ausgeben.

§. 7. Alle Beschädigungen der Grundstücke, der Holzbestände, der Forstkulturen, der Früchte und der Bewehrungen bei Ausübung der Jagd, sowie die Verletzung der Rechte etwaiger anderer Jagdberechtigten hat Pächter zu vermeiden und allein zu vertreten.

Auch hat er, wenn sich die Pacht auf das Jagdrecht in Forsten erstreckt, die Kosten zu tragen, welche durch die nach der Entscheidung der Regierung etwa nothwendig werdenden Vergatterungen der Kulturen, Forstdienst- und anderer Kulturländereien entstehen. Doch ist es dem Pächter gestattet, binnen vier Wochen, nachdem er die Aufforderung zur Uebernahme der Kosten erhalten hat, den Pachtvertrag mit dreimonatlicher Frist aufzukündigen. In diesem Falle bleibt der Pächter von der Uebernahme der Vergatterungskosten frei[1]).

Wenn nach dem Ermessen der Königlichen Regierung zur Vertilgung des vorhandenen Schwarzwildes die Abhaltung von Jagden und die Verwendung von Jägern angeordnet wird, ist der Jagdpächter verpflichtet, solche Jagden zu gestatten.

§. 8. Besondere Jagd-Anstalten und Einrichtungen, als Salzlecken, Wildschneisen, Eingatterungen und dergleichen kann Pächter weder verlangen, noch darf er dergleichen ohne Genehmigung der Königlichen Regierung anlegen. Zur Anlegung von Salzlecken genügt die Genehmigung des Oberförsters.

Auch muß der Pächter sich jede land- und forstwirthschaftliche Veränderung mit den in seinem Jagdbezirke belegenen Grundstücken, sowie Eintheilungen und Befriedigungen ohne alle Entschädigungen wegen angeblicher Nachtheile derselben für den Wildstand gefallen lassen, doch bleibt ihm die Ausübung des Jagdrechtes auf diesen befriedigten Grundstücken unbenommen, sofern nicht besondere Verhältnisse es mit sich bringen, dergleichen Grundstücke der Jagd gänzlich zu entziehen und event. so zu verfahren, wie es im §. 15 bestimmt ist.

§. 9. Verletzungen der dem Pächter überlassenen Jagdgerechtigkeit durch Andere hat derselbe als Pächter in seinem Namen gerichtlich zu verfolgen. Sofern aber hierbei ein Anspruch auf die Jagdgerechtigkeit selbst erhoben werden sollte, hat er der Regierung davon sofort Anzeige zu machen, in welchem Falle dieselbe den Rechtsstreit selbst auszuführen sich vorbehält.

§. 10. Pächter kann die zur Ausübung der der Königlichen Forstverwaltung etwa vorbehaltenen Jagd, sowie zur Wahrnehmung des Forst- und Jagdschutzes verpflichteten Königlichen Forstbeamten nicht hindern, den ihm verpachteten Jagdbezirk mit Schießgewehr und mit Hunden, welche letztere jedoch, wenn sie nicht zur Ausübung der etwa vorbehaltenen Jagd erforderlich sind, gekoppelt werden müssen, zu begehen.

Auch hat er dem Oberförster und den höheren Forstbeamten, sowie den etatsmäßigen Schutzbeamten des Jagdreviers die Ausübung der Jagd auf Raubzeug, Dachse und kleine Wildarten nach Maßgabe der diesen Bedingungen am Schlusse angehängten Vorschriften zu gestatten[2]). Der Pächter hat aber, wenn

---

[1]) Von der Bestimmung über Tragung der Vergatterungskosten durch den Jagdpächter soll nur in dringenden Fällen Gebrauch gemacht werden Vf. ML. 14. Sept. 96 (MB. 203).

[2]) Ist der Pächter ausnahmsweise zum Krammetsvogelfang berechtigt, so darf der Fang nicht über den 31. Dez. hinaus ausgedehnt werden. Auch sind nach dieser Zeit entweder die Dohnen abzunehmen oder die Schlingen auszuziehen Vf. 13. Juli 98 (MB. 205).

wider Erwarten dabei von den Forstbeamten irgend eine Verletzung des Pacht=
verhältnisses stattfinden sollte, auf gehörige Anzeige und Untersuchung, die ange=
messene Bestrafung des Schuldigen und Schadensersatz zu gewärtigen.

§. 11. Für die Richtigkeit der angegebenen Größe und Grenzen des ver=
pachteten Reviers und für den Ertrag der Jagd wird keine Gewähr geleistet.

Pächter haftet für die richtige Bezahlung des Pachtgeldes mit seinem ge=
sammten Vermögen, entsagt auch jedem Erlasse am Pachtgelde, aus welchem
Grunde solcher auch gefordert werden möchte, sowie der Befugniß zur Kündigung
des Vertrages, wenn während der Dauer der Pachtzeit ein Krieg entstehen sollte.

§. 12. Sollte der Umfang des verpachteten Jagdreviers durch Veräußerung
oder Abtretung eines Theils der Grundfläche des verpachteten Reviers eine
Schmälerung erleiden, so erlischt der Pachtvertrag bezüglich des abgehenden
Theiles, und vermindert sich das Pachtgeld nach dem Verhältnisse der Größe
des ganzen Reviers zu der des übrig bleibenden Theiles. Eine sonstige Ent=
schädigung steht dem Pächter nicht zu. Demgemäß erlischt auch der ganze Pacht=
vertrag ohne Entschädigung, falls der Umfang des verpachteten Jagdreviers sich
soweit verringert, daß der übrig bleibende Theil desselben eine zusammenhängende
Fläche von der nach den gesetzlichen Bestimmungen zur selbstständigen Jagd=
ausübung erforderlichen Größe nicht mehr bildet.

Erwirbt die Forstverwaltung solche Flächen, welche im Zusammenhange
mit dem verpachteten Reviere stehen, und aus denen ein selbstständiger Jagd=
bezirk nicht gebildet werden kann, oder erwirbt sie die Befugniß zur Jagdaus=
übung auf den in dem verpachteten Revier gelegenen Enklaven, so ist der Pächter
verpflichtet, auf Verlangen der Königlichen Regierung die Jagd auf diesen Orten
gegen eine nach dem Verhältniß der Fläche zu bemessende Erhöhung des Pacht=
geldes mit zu übernehmen.

§. 13. Das gebotene jährliche Pachtgeld muß zum 1. April jeden Jahres
an die betreffende Forstkasse oder wohin die Zahlung sonst gewiesen wird, un=
erinnert und kostenfrei vorausbezahlt werden, widrigenfalls dasselbe nebst den
gesetzlichen Verzugszinsen durch Verwaltungszwangsverfahren eingezogen wird.

§. 14. Bleibt Pächter drei Monate mit der Pachtzahlung rückständig, oder
wird er, oder werden die im §. 5 gedachten Jäger, Schützen oder Jagdgenossen
oder seine Leute wegen Forst= oder Jagdvergehens bezw. =Uebertretung rechts=
kräftig verurtheilt, oder macht Pächter sich einer Zuwiderhandlung gegen diesen
Vertrag schuldig, so steht es der Königlichen Regierung frei, den Pachtvertrag
ohne Kündigungsfrist aufzuheben und nach Umständen die Jagd auf die noch
übrige Dauer des Vertrages auf Kosten des Pächters unter Zugrundelegung der
für den Pächter gültig gewesenen Bedingungen anderweit öffentlich zu verpachten.
Entsteht im letzteren Fall ein Ausfall gegen das bisherige Pachtgeld, so muß der
bisherige Pächter für solchen aufkommen.

§. 15. Der Königlichen Regierung steht es jederzeit frei, das Pachtver=
hältniß entweder ganz oder theilweise nach vorgängiger dreimonatlicher Auf=
kündigung aufzulösen, wofür dem Pächter außer dem Erlasse oder der Zurück=
zahlung des etwa für längere Zeit vorausgezahlten Pachtgeldes keine weitere
Entschädigung zusteht. Bei einer solchergestalt eintretenden theilweisen Zurück=
nahme des verpachteten Jagdreviers wird das verhältnißmäßig abzusetzende Pacht=
geld von dem betreffenden Königlichen Oberförster in einem besonderen Anschlage
ermittelt und von der Regierung festgestellt. Hält der Pächter diese festgestellte
Ermäßigung des Pachtgeldes nicht für genügend, so steht ihm frei, auch den

übrigen Theil des Jagdbezirks gleichzeitig mit zurückzugeben, und aus der Pacht ganz auszutreten.

§. 16. Falls Pächter eine Uebergabe der Jagd wünscht, so ist spätestens vier Wochen nach dem Vertragsabschluß ein bezüglicher Antrag schriftlich bei dem Oberförster zu stellen. Sollte Pächter während der Pachtzeit sterben, so sind seine Erben verbunden, die Pacht bis zum Ablaufe der Pachtperiode, indessen nie länger als ein Jahr nach Ablauf des Pachtjahrs, in welchem der Todesfall eingetreten ist, fortzusetzen.

Nach dem Ermessen der Königlichen Regierung kann jedoch der Vertrag auch mit dem Ablaufe des Quartals, in welchem der Pächter stirbt, aufgehoben werden.

Ist der Pächter ein Staatsforstbeamter, so erlischt der Vertrag für ihn mit dem Tage seines Ausscheidens aus seiner bisherigen Stellung, und tritt für ihn sein Dienstnachfolger, wenn er es wünscht und die vorgesetzte Behörde es genehmigt, mit diesem Zeitpunkt in den Vertrag ein, ohne daß es der Zustimmung oder einer besonderen Cession seitens des Abgehenden bedarf.

§. 17. Der Pächter trägt alle Kosten der Bekanntmachung des Ausbietungstermins und der Ausfertigung und Vollziehung des Vertrags, mit Einschluß der gesetzlichen Stempelgebühren, sowie die durch das Pachtgeschäft entstandenen Postportos.

———

Vorschriften
über die Befugnisse der Forstbeamten zur Nutzung des Raubzeuges und der kleinen Wildarten bei Verpachtung forstfiskalischer Jagden (zu Anl. E Nr. 10 Abf. 2).

§. 1. Die Forstbeamten dürfen das Raubzeug einschließlich der Raubvögel, sowie Dachse, Kaninchen, Wasserhühner, Reiher, Kormorane, Enten, Gänse, Wachteln, Schnepfen, Bekassinen, kleine Brachvögel und Drosseln erlegen und ohne Bezahlung an sich behalten. Diese Befugniß erstreckt sich auf den Oberförster, die höheren Forstbeamten und auf die etatsmäßigen Schutzbeamten des betreffenden Verwaltungs- beziehungsweise Schutzbezirks.

§. 2. Die Erlegung der im §. 1 genannten Wildarten darf auch nur unter nachstehenden Bedingungen stattfinden:

a) Füchse darf der betreffende Forstbeamte, soweit nicht deren Schonung zur Verhütung von Mäusefraß an den jungen Laubholz-Schonungen zeitweise von der Regierung oder dem vorgesetzten Forstbeamten angeordnet ist, zu jeder Zeit innerhalb seines Verwaltungs- oder Schutzbezirks schießen oder fangen, und mit Erlaubniß des Oberförsters auch graben. Treibjagden auf Füchse darf er jedoch nur mit ausdrücklicher Erlaubniß des Pächters unternehmen. Die Verfügung über die Füchse, welche auf den vom Pächter auf dessen Kosten veranstalteten Treibjagden geschossen sind, steht dem Pächter allein zu.

b) Dachse darf der Forstbeamte innerhalb seines Verwaltungs- oder Schutzbezirks fangen. Dem Oberförster oder den höheren Vorgesetzten steht es jedoch frei, das Fangen oder Erlegen der Dachse zeitweise ganz zu untersagen. Das Graben derselben darf nur in der Art stattfinden, daß das Zerstören der Hauptbaue vermieden wird, und es ist daher dazu jedesmal die besondere Erlaubniß des Oberförsters erforderlich.

Das nächtliche Hetzen des Dachses ist gänzlich untersagt. Ebenso ist das Schießen der Dachse auf dem Anstande am Baue verboten.

c) Enten darf der Forstbeamte in seinem Verwaltungs- oder Schutzbezirke auf dem Zuge schießen. Das Suchen und die Jagd auf junge Enten, sowie auf Mäuser-Enten ist demselben jedoch nur mit ausdrücklich dazu vorher eingeholter Genehmigung des Pächters gestattet.

d) Waldschnepfen auf dem Zuge zu schießen, ist dem Forstbeamten in seinem Verwaltungs- oder Schützbezirke gestattet. Das Suchen nach Waldschnepfen darf jedoch nur da, wo es ohne nachtheilige Beunruhigung des Wildstandes geschehen kann, und also jedesmal nur nach vorher von dem Pächter eingeholter Erlaubniß und an den von demselben gestatteten Orten stattfinden.

e) Kleine Schnepfen und Bekassinen darf der Forstbeamte innerhalb seines Verwaltungs- oder Schutzbezirks suchen und erlegen. Es steht indessen dem Pächter frei, diejenigen Orte, in welchen er diese Jagd für sich vorbehalten will, von der Mitbenutzung der Forstbeamten auszuschließen, wobei jedoch darauf zu achten ist, daß dadurch den letzteren nicht jede Gelegenheit zur Ausübung dieser Jagd entzogen werde. Entsteht über die Frage, in welchem Umfange diese Jagd den Forstbeamten zu belassen ist, Streit, so entscheidet hierüber die Regierung.

f) Den Fang der Drosseln darf der Forstbeamte, sofern solcher nicht durch Gesetz oder Polizeiverordnung untersagt ist, unter Beobachtung der gehörigen Schonung der jungen Holzbestände bei Anlegung des Dohnenstrichs, in seinem Verwaltungs- oder Schutzbezirke ausüben. Der Dohnenstrich darf jedoch nur in der von der betreffenden Königlichen Regierung hierzu freigegebenen Zeit ausgeübt werden. — Vogelheerde dürfen die Forstbeamten nicht stellen[3]).

§. 3. Die Regierung hat das Recht, in den an Forstbeamte verpachteten Jagdbezirken die im §. 1 und 2 erwähnten Befugnisse auch auf diejenigen Forsthülfsaufseher, welche dienstlich auf dem Pachtrevier beschäftigt sind, auf Widerruf auszudehnen.

---

5. Dienst-Instruktion für die Königlich Preußischen Förster vom 23. Oktober 1868 (MB. 79, S. 95)[1]).

I. Allgemeine Verpflichtungen.

§. 1. [Dienstpflicht im Allgemeinen.] Jeder Forstbeamte hat sich mit den Pflichten, welche ihm sein Amt auferlegt, genau bekannt zu machen. Mit dem Eintritte in das Amt übernimmt er zugleich die volle Verantwortlichkeit

---

[3]) Förster-Dienst-Instr. Nr. 5 Anm. 28 d. W. § 65[5].

[1]) Die Instruktion gilt nicht nur für Förster, sondern für alle Forstschutzbeamten. Auf Revierverwalter (Oberförster, Forstmeister) finden die allgemeinen Verpflichtungen (§ 1—39) ebenfalls Anwendung Nr. 4, § 1 d. W., ingleichen auf Beamte der Nebenbetriebsanstalten. Auf diese sind auch die übrigen Vorschriften sinngemäß anzuwenden Vf. FM. 23. Okt. 68 (MB. 79, S. 95). — Den Förstern ist der Rang der Subalternbeamten II. Klasse der Lokalbe-

für die pünktliche und vollständige Erfüllung aller seiner Amtspflichten. Die Angabe, daß ihm irgend eine dieser Pflichten nicht bekannt gewesen, kann die Folgen der Vernachläſſigung oder Verletzung derselben nicht abwenden. Insbesondere wird aber die genaue Befolgung der nachstehenden Instruktion zur Dienstpflicht gemacht[2]).

§. 2. [Treue gegen Se. Majestät den König und den Staat.] Die obersten Pflichten des Forstbeamten sind Treue und Gehorsam gegen Se. Majestät den König, Gehorsam gegen die Gesetze und Verordnungen, gewissenhafte Beobachtung der Verfassung und genaue Erfüllung aller Obliegenheiten seines Amtes mit Bethätigung des Muthes, den sein Beruf erfordert. Er soll den Nutzen Sr. Majestät des Königs und des Staats in allen Stücken fördern, Schaden und Nachtheil aber, soweit in seinen Kräften steht, verhindern[3]).

§. 3. [Gehorsam gegen Vorgesetzte.] Seinen Vorgesetzten hat der Forstbeamte stets mit gebührender Achtung zu begegnen und deren Verfügungen und Anordnungen pünktlich Folge zu leisten.

§. 4. [Verhalten gegen das Publikum.] Im dienstlichen Verkehr mit dem Publikum hat der Forstbeamte mit dem Ernste und der Strenge, welche der Dienst erheischt, stets ein ruhiges und gefälliges Benehmen zu verbinden. Er darf sich durch Nichts von der Erfüllung seiner Dienstpflichten abhalten lassen. Weder Eigennutz, Freundschaft, Feindschaft, Haß, Furcht und Rache, noch irgend welche andere Leidenschaft darf seine dienstlichen Handlungen beeinflussen. In Bezug auf seine Dienstobliegenheiten darf er Geschenke, Vergütungen oder irgend welche Vortheile, auch für an sich nicht pflichtwidrige Handlungen oder Unterlassungen, weder selbst fordern oder annehmen, noch durch seine Angehörigen fordern oder annehmen lassen, unter welchem Vorwande, und auf welche Art man ihm, oder seinen Angehörigen, solche auch anbieten möge. Werden ihm zum

---

hörden verliehen AE. 28. Mai und Vf. ML. 11. Juni 97 (MB. 133). Aelteren Förstern wird für gute Dienstführung der Titel Hegemeister als Auszeichnung ertheilt Vf. ML. 13. März und 3. Juli 02 (DFZ. Neudamm XVII. 261 und 557), Uniform Anm. 9.

[2]) Verletzung der Amtspflicht einem Dritten gegenüber verpflichtet den Beamten zum Schadenersatz, bei Fahrlässigkeit jedoch nur, wenn der Verletzte nicht auf andere Weise Ersatz zu erlangen vermag BGB. § 839. — Ueber Regreßpflicht dem Staate gegenüber und disziplinarische Bestrafung wegen Dienstvergehen, insorn nicht die Strafgesetze Anwendung zu finden haben, handeln Instr. § 72 u. Disz.G. 21. Juli 52 (GS. 465). — Die vorgesetzte Provinzial- oder die Zentralbehörde hat bei Konflikterhebung die Vorentscheidung des Oberverwaltungsgerichtes darüber einzuholen, ob der Beamte sich einer Ueberschreitung der Amtsbefugnisse oder der Unterlassung einer Amtspflicht schuldig gemacht und deshalb seine straf-

oder zivilrechtliche Verfolgung einzutreten hat EG. z. GVG. 27. Jan. 77 (RGB. 77) § 11, LVG. § 114, G. 8. April 47 (GS. 170) u. 13. Feb. 54 (GS. 86). — Durch den Antrag auf Vorentscheidung wird die Verjährung unterbrochen BGB. § 210. — Ueber den Umfang der Dienstpflichten hat die vorgesetzte Behörde zu entscheiden; der Rechtsweg ist ausgeschlossen UKomp. GerH. 9. März 77 (JMB. 342).

[3]) Fernhaltung von jeder Agitation gegen die Regierung des Königs seitens aller Beamten geboten. Unterzeichnung von Petitionen gegen Regierungsvorlagen an parlamentarische Körperschaften ist mit den Pflichten eines Staatsbeamten unvereinbar AE. 4. Jan. 82 (Staatsanz. Nr. 6). — Die Theilnahme an geheimen oder solchen Verbindungen, welche die Maßregeln der Verwaltung oder die Vollziehung von Gesetzen durch ungesetzliche Mittel zu hindern oder zu entkräften bezwecken, ist strafbar StGB. § 128, 129.

Zwecke der Bestechung Geschenke angeboten, so ist er verpflichtet, die Personen, welche dies wagen sollten, sofort zur Anzeige zu bringen.

Belohnungen oder Vergütungen für nicht zu seinen Dienst=Obliegenheiten gehörende, aber seinem Verhältnisse als Forst=Beamter entspringende Dienstleistungen für dritte Personen (§. 15), darf er nur mit Genehmigung der Regierung annehmen[4]). Diese Genehmigung ist jedoch nicht erforderlich zur Annahme von Gebühren, welche von einer Gerichts= oder Gemeinheitstheilungs=Behörde angewiesen werden.

§. 5. [Amtsverschwiegenheit.] Der Forstbeamte ist zu strenger Amtsverschwiegenheit verpflichtet[5]). Er darf insbesondere anderen als durch ihre amtliche Stellung dazu berufenen Personen ohne besondere Ermächtigung seines Vorgesetzten die Einsicht von Akten oder Dienstpapieren nicht gestatten.

§. 6. [Anständiger Lebenswandel.] Der Forstbeamte muß stets einen anständigen, sittlichen und nüchternen Lebenswandel führen, sich besonders auch vor dem Laster des Spieles und Trunkes hüten und überhaupt durch sein Verhalten in und außer dem Amte der Achtung, des Ansehens und des Vertrauens, die sein Beruf erfordert, sich würdig zeigen.

Wird einem Forstbeamten nachgewiesen, daß er wiederholt im Zustande der Trunkenheit sich befunden, so muß ihm die Befugniß zum Waffengebrauche entzogen und das Verfahren auf Dienstentlassung gegen ihn eingeleitet werden.

§. 7. [Schuldenmachen und sonstige Geldesverbindungen.] Der Forstbeamte hat sich einer seinen Verhältnissen und seinem Diensteinkommen entsprechenden einfachen wirthschaftlichen Einrichtung zu befleißigen. Vor leichtsinnigem Schuldenmachen und Mißbrauch des Kredits muß er sich sorgfältig hüten, insbesondere aber die Ausstellung von Wechseln oder überhaupt die Uebernahme irgend einer Wechselverpflichtung vermeiden.

Mit Personen, welche ihm untergeben sind, oder zu der Verwaltung seines Reviers in der Beziehung eines Rendanten, eines gewerbsmäßigen Holzkäufers, Unternehmers oder Arbeiters stehen, darf der Forstbeamte in Bürgschafts=, Darlehns= oder sonstige Geldesverbindungen sich nicht einlassen.

---

[4]) Zur Annahme von Belohnungen des Deutschen Jagdschutzvereines ist Genehmigung der Regierung erforderlich Vf. FM. 17. Dez. 75. — Der Verein hat sich mit der Regierung in's Einvernehmen zu setzen, ob die Zuwendung eines Ehrengeschenkes oder einer Geldprämie (nicht unter 20 M.) angezeigt ist. Die Uebermittelung hat durch den Oberförster zu erfolgen Vf. ML. 11. März 02 (DFZ. Neudamm XVII. 311).

[5]) StPO. 1. Febr. 77 (RGB. 253) § 53 und CPO. 17. Mai 98 (RGB. 256. 410) § 376:

Oeffentliche Beamte, auch wenn sie nicht mehr im Dienste sind, dürfen über Umstände, auf welche sich ihre Pflicht zur Amtsverschwiegenheit bezieht, als Zeugen nur mit Genehmigung ihrer vorgesetzten Dienstbehörde oder der ihnen zuletzt vorgesetzt gewesenen Dienstbehörde vernommen werden.

CPO. § 408 Abs. 2:

Die Vernehmung eines öffentlichen Beamten als Sachverständigen findet nicht statt, wenn die vorgesetzte Behörde des Beamten erklärt, daß die Vernehmung den dienstlichen Interessen Nachtheile verursachen würde.

Die Gerichtsbehörden haben deshalb gleichzeitig mit der Ladung eines Beamten als Zeugen oder Sachverständigen die vorgesetzte Behörde zu benachrichtigen, wenn Amtsverschwiegenheit in Erwägung kommt Staats-Minist.-Erlaß 6. April 83 (MB. 80).

§. 8. [Versetzung.] Der Forstbeamte muß sich einer von der vorgesetzten Behörde im Interesse des Dienstes für erforderlich erachteten und angeordneten Versetzung unweigerlich fügen⁶).

§. 9. [Veränderung des Wohnorts.] Der Forstbeamte darf den ihm angewiesenen Wohnort nur mit Bewilligung des Oberforstmeisters verändern.

§. 10. [Urlaub.] Ohne Urlaub darf der Forstbeamte seinen Dienstbezirk in der Regel nicht verlassen. Wird er ausnahmsweise durch nicht vorherzusehende Umstände genöthigt, seinen Dienstbezirk zu verlassen, so hat er noch vor der Entfernung aus demselben seinem Vorgesetzten die unvermeidliche Abwesenheit schriftlich anzuzeigen und die Rückkehr thunlichst zu beschleunigen.

Den etwa direkt ihm zugehenden Aufforderungen der Gerichts- oder sonstigen Behörden zum Erscheinen zu auswärtigen Terminen hat der Förster zwar Folge zu leisten, er muß aber sogleich nach Empfang der Vorladung seinem Vorgesetzten davon Anzeige machen⁷).

Urlaub bis zu 3 Tagen kann den Untergebenen der Oberförster, bis zu 5 Tagen der Regierungs-Forstrath⁸), für längere Zeit nur die Regierung ertheilen.

§. 11. [Dienstkleidung.] Vor seinen Vorgesetzten, zu dienstlichen Gerichtsterminen, bei öffentlichen Diensthandlungen und bei feierlichen Dienstgelegenheiten muß der Forstbeamte in der vorgeschriebenen Dienstkleidung erscheinen, welche bei Ausübung des Dienstes im Walde immer getragen werden muß⁹).

§. 12. [Verheirathung und sonstige Verwandtschafts-Beziehungen.] Wenn der Forstbeamte sich verheirathen will, so hat er sowohl hiervon, als von der demnächst erfolgten Verheirathung der Regierung durch seinen Vorgesetzten Anzeige zu erstatten¹⁰).

Auch hat er diesem Anzeige zu machen, wenn er zu einem seiner Untergebenen oder Vorgesetzten, zu dem Forstrendanten oder zu sonst einer mit der Verwaltung seines Reviers in dauernder Berührung stehenden Person in ein nahes verwandt- oder schwägerschaftliches Verhältniß tritt, oder wenn eine in solchem Verhältnisse zu ihm bereits stehende Person in dauernde Berührung mit seiner Verwaltung gelangt.

§. 13. [Einkauf in die Wittwenkasse¹¹).]

---

⁶) Bei Versetzung ist Kündigung des Wohnungs-Miethsverhältnisses unter Einhaltung der gesetzlichen Frist (Schluß des Kalendervierteljahres) spätestens am dritten Werktage des Vierteljahres zulässig BGB. § 565 u. 570.

⁷) Beamte bedürfen keines Urlaubs zum Eintritt in den Reichstag oder Landtag als Abgeordnete oder bei Einberufung zum Schwurgericht RVerf. 16. April 71 (RGB. 63) Art. 21, VU. 31. Jan. 50 (GS. 17) Art. 78, Vf. FM. 24. Aug. 49 (MB. 189). — Zu Forstamtsanwälten bestellte Forstbeamte haben die Urlaubsgesuche mit Briefumschlag durch den Ersten Staatsanwalt an die Regierung einzusenden Vf. JM. 17. Feb. 81, ML. 4. März 81 (DJ. XIII. 124).

⁸) Früher Forstmeister Nr. 3 Anl. A, Anm. 6.

⁹) Uniform-Reglement 29. Dez. 68. Anlage A.

¹⁰) Die früher vorgeschriebene Genehmigung zur Eingehung der Ehe ist nicht mehr erforderlich AusfG. z. BGB. 20. Sept. 99 (GS. 177) Art. 42. — Für die Staatsbeamten ist nur noch die Anzeigepflicht vorgeschrieben und diese auch den noch nicht festangestellten Forstbeamten auferlegt StMB. u. Vf. ML. 27. März 96 (DJ. XXVIII. 124) u. 9. Dez. 96 (DJ. XXIX. 2).

¹¹) Fortgefallen G. 20. Mai 82 (GS. 298) u. 28. März 88 (GS. 88) über Versorgung der Wittwen und Waisen.

§. 14. [**Erkrankungen und Todesfall.**] Wird der Beamte durch Erkrankung oder sonstige Abhaltung verhindert, seinen Dienst gehörig wahrzunehmen, so hat er davon seinem Vorgesetzten sofort Anzeige zu machen, oder durch seine Angehörigen machen zu lassen. Unterläßt er die rechtzeitige Anzeige, so ist er für allen daraus erwachsenden Schaden verantwortlich, und hat überdies disziplinarische Strafe zu gewärtigen. Er hat auch Vorsorge zu treffen, daß für den Fall seines Todes dem nächsten Vorgesetzten sogleich Anzeige gemacht wird.

§. 15. [**Privataufträge und Nebenämter.**] Aufträge von anderen Behörden, Kommunen, Justituten oder Privatpersonen, insbesondere zur Abgabe forstlicher Gutachten, oder Erledigung einzelner Geschäfte als Sachverständiger, darf der Forstbeamte, sofern er nicht gesetzlich dazu verpflichtet ist, nur mit Genehmigung seines nächsten Vorgesetzten (cfr. §. 10) übernehmen. Zur Annahme von Nebenämtern jeder Art, namentlich der Mitbeaufsichtigung von Privat-, Kommunal- 2c. Forsten oder Jagden ist Genehmigung der Regierung erforderlich [12]). Hat der Forstbeamte ein solches Nebenamt übernommen, oder ist ihm von Amtswegen zugleich der Schutz oder die Verwaltung von Kommunal-, Instituten- und Privatforsten übertragen, so hat er für diese alle Obliegenheiten mit gleichem Eifer und gleicher Treue zu erfüllen wie für die Staatsforsten. Zur Uebernahme einer Vormundschaft, zu welcher der Beamte nicht gesetzlich verpflichtet ist, bedarf es der Genehmigung der Regierung. Von Uebernahme einer Vormundschaft oder eines Auftrages, zu welcher er gesetzlich verpflichtet ist, hat er dem nächsten Vorgesetzten sofort schriftlich Anzeige zu machen [13]).

§. 16. [**Nebengewerbe, namentlich Holzhandel, sind verboten.**] Der Forstbeamte muß sich ganz dem Dienste widmen und darf ohne Genehmigung der Regierung kein Nebengewerbe betreiben oder in irgend einer Art daran Theil nehmen. Insbesondere aber ist der Betrieb von Gast- oder Schankwirthschaft und überhaupt jeder Handelsbetrieb den Forstbeamten, sowie deren Ehefrauen, Kindern, Gesinde oder anderen in ihrer Wohnung sich aufhaltenden Personen ohne Erlaubniß der Regierung untersagt.

Unbedingt verboten sind alle diejenigen Gewerbe, welche mit dem Walde oder dessen Produkten in naher Verbindung stehen, oder auf die Erfüllung der Dienstpflicht unmittelbar nachtheilig einwirken können, wie namentlich der Handel mit Holz und irgend welchen anderen Waldprodukten, oder auch nur eine mittelbare Betheiligung daran, sowie überhaupt jeder nicht zu den Dienstgeschäften

---

[12]) AE. 13. Juli 39 (GS. 235):

Kein Staatsbeamter darf ein Nebenamt oder eine Nebenbeschäftigung, mit welcher eine fortlaufende Remuneration verbunden ist, ohne vorgängige ausdrückliche Genehmigung derjenigen Centralbehörden übernehmen, welchen das Haupt- und das Nebenamt untergeben sind. Die Uebertragung von Nebenämtern oder **Nebenbeschäftigungen darf in der Regel nur auf Widerruf stattfinden.**

Den unmittelbaren Staatsbeamten ist die Betheiligung bei der Gründung und Verwaltung von Aktien-, Kommandit- u. Bergwerksgesellschaften untersagt G. 10. Juni 74 (GS. 244).

[13]) Zur Uebernahme od. Fortführung einer Vormundschaft, des Amtes eines Gegenvormundes, Pflegers oder Beistandes ist Erlaubniß der vorgesetzten Behörde erforderlich AusfG. z. BGB. Art. 72, BGB. § 1784 u. 1888.

gehörende Verkauf von Holz oder anderen Waldprodukten für eigene oder fremde Rechnung, mit Ausnahme der Gegenstände einer gestatteten Jagdnutzung.

§. 17. [**Verbot der Betheiligung bei Licitationen von Holz 2c.**] Bei der Versteigerung von Holz oder anderen Waldprodukten oder Forstnutzungen in den Königlichen Forsten dürfen die Forstbeamten in keiner Weise als Bieter auftreten, weder im Auftrage anderer Personen, noch für sich selbst. Ebensowenig dürfen sie sich mittelbar durch ihre Angehörigen oder dritte Personen dabei betheiligen, noch ein von anderen Personen angesteigertes Loos ganz oder theilweise sich oder ihren Angehörigen abtreten lassen. (cfr. §. 22)[14]).

§. 18. [**Verbot der Annahme oder Auszahlung von Kassengeldern.**] Den Forstbeamten ist bei Strafe bis zur Dienstentlassung unbedingt untersagt, Gelder, welche für Holz oder andere Waldprodukte oder Nutzungen an die Staatskasse einzuzahlen sind, zur Beförderung an die Kasse selbst in Empfang zu nehmen oder durch ihre Angehörige in Empfang nehmen zu lassen. Unter keinen Umständen dürfen sie weder selbst noch durch ihre Angehörigen mit der Auszahlung von Löhnen an Waldarbeiter, oder überhaupt von Geldern, welche die Forstkasse zu zahlen hat, in solcher Weise sich befassen, daß das Geld durch ihre Hände geht.

§. 19. [**Verbot der Betheiligung bei Holzanfuhren.**] Die Uebernahme des Transports von Holz und anderen Waldprodukten für Andere, oder die Theilnahme daran, insbesondere auch das Verleihen oder Vermiethen des eigenen Gespannes zu solchem Behufe, sei es unentgeltlich oder gegen Engelt, ist den Forstbeamten untersagt, sofern nicht ausnahmsweise zu einer desfallsigen unentgeltlichen Dienstleistung vorherige schriftliche Genehmigung des nächsten Vorgesetzten ertheilt worden ist. Jede Theilnahme an einer Entreprise der Holzanfuhre oder des Ausrückens von Holz aus den Schlägen ist den Forstbeamten unbedingt verboten. Auch dürfen sie nicht dulden, daß ihre Leute oder Angehörigen sich dabei betheiligen. Sollte in besonderen Fällen, z. B. bei drohender Wasser- oder Feuersgefahr eine Ausnahme hiervon im Interesse des Dienstes nothwendig werden, so hat der Forstbeamte jedoch nach bestem Wissen und Gewissen mit eigener Verantwortlichkeit zu handeln, und davon dem nächsten Vorgesetzten unverzüglich Anzeige zu machen.

§. 20. [**Verbot der Uebernahme von Waldarbeiten und Bauten.**] Den Forstbeamten ist verboten, die Ausführung von Kultur-, Wegebau- und sonstigen Arbeiten in den Königlichen Forsten, sei es gegen Tagelohn oder in Verding, für ihre Rechnung zu übernehmen. Eben so wenig dürfen sie ihren Angehörigen oder Dienstleuten die Theilnahme an solchen Arbeiten gegen Entgelt gestatten.

Ohne Genehmigung der Regierung darf der Forstbeamte weder die Ausführung von Bauten an Forstgebäuden oder anderen Gebäuden übernehmen, noch sich dabei durch Materialienlieferung oder Anfuhren gegen Entgelt irgendwie betheiligen.

Bei in Entreprise ausgegebenen Bauten an seinem eigenen Dienstetablissement kann dem Forstbeamten jedoch der nächste Vorgesetzte gestatten, daß er wegen Leistung von Baufuhren auch gegen Entgelt mit dem Entrepreneur sich einigt.

§. 21. [**Verbot der Betheiligung bei Pachtungen.**] Jede Betheiligung bei Pachtung von Grundstücken, Schäfereien, Mast-, Waldweide-, Acker-, Garten-,

---

[14]) Nr. 4 § 34 Abs. 3 d. W.

Wiesen=, Gras=, Streu= und allen sonstigen Nutzungen, namentlich auch bei Benutzung von Forstgrundstücken zur Vorkultur, ist den Forstbeamten sowohl für sich als auch für ihre Ehefrauen und für ihre noch unter väterlicher Gewalt stehenden Kinder, gleichviel ob das Pachtobjekt der Königlichen Forstverwaltung oder einer anderen Verwaltung oder Privaten gehört, ohne vorherige Genehmigung der Regierung, untersagt. Die Anpachtung von Garten=, Acker= oder Wiesenland bis zu einem Umfange von zusammen höchstens 4 Morgen, oder die einjährige Anpachtung einer auch noch größeren Wiesenfläche, oder der Ankauf der einjährigen Crescens von Acker= oder Wiesenland kann jedoch, wenn die Flächen weder zum Königlichen Forstareale gehören, noch an dasselbe angrenzen, von dem nächsten Vorgesetzten insoweit gestattet werden, als die Befriedigung des eigenen wirthschaftlichen Bedürfnisses des Forstbeamten es erheischt.

§. 22. [Ankauf von Holz 2c. durch Forstbeamte.] Den Forstbeamten können die für den eigenen Wirthschaftsbedarf erforderlichen Nutz= und Schirrhölzer, so wie Lehm, Sand und Steine aus den Königlichen Forsten freihändig gegen Bezahlung des Taxpreises überlassen werden, wozu es der Genehmigung der Regierung nur bedarf, wenn im Laufe eines Jahres an einen Beamten für mehr als 10 Thlr. an Holz oder für mehr als 5 Thlr. an Lehm, Sand oder Steinen abgegeben werden soll. Der Wiederverkauf von Holz oder anderen Gegenständen, welche den Forstbeamten aus Königlichen Forsten überlassen sind, ist unbedingt verboten.

Der Ankauf von Holz, Streu und anderen Waldprodukten (außer Waldbeeren, Waldfrüchten und Pilzen) von dritten Personen ist sowohl aus Königlichen, als auch nicht Königlichen Forsten dem Forstbeamten, auch zum eigenen Bedarfe, nur unter der Bedingung gestattet, daß er hiervon in jedem Falle sofort unter Angabe des angekauften Quanti und dafür bezahlten Preises seinem nächsten Vorgesetzten schriftlich Anzeige macht. Dasselbe gilt bezüglich solcher Waldprodukte, die er in der Eigenschaft als Gemeindemitglied oder auf Grund einer Realberechtigung erhält.

§. 23. [Privat=Jagden.] Den Forstbeamten ist es ohne Genehmigung der Regierung nicht gestattet, irgend eine Jagd in Pacht zu nehmen, zu administriren, oder für deren Inhaber zu beschießen.

Die Theilnahme an der Jagdausübung auf einem an Königliches administrirtes Jagdterrain angrenzenden Privat= oder Gemeindejagdbezirke kann dem Förster vom Vorgesetzten untersagt werden.

§. 24. [Erwerbung von Grundbesitz.] Ohne vorherige Genehmigung der Regierung darf der Forstbeamte ein Grundstück oder irgend ein Nutzungsrecht an einem Grundstücke, welches in den seiner Aufsicht und Verwaltung anvertrauten Forsten oder Revieren eine Berechtigung hat oder mit denselben grenzt, weder für sich, noch für seine Frau oder Kinder kauf= oder tauschweise oder sonst durch lästigen Vertrag erwerben. Gelangen solche Grundstücke oder Nutzungsrechte in anderer Weise in seinen Besitz, oder kommen dergleichen in den Besitz seiner Ehefrau, Kinder oder anderer Verwandten, so ist er verpflichtet, der Regierung davon sofort Anzeige zu machen.

Grundstücke oder Nutzungsrechte an Grundstücken, welche in der vorbezeichneten Beziehung zu Königlichem Forstareale nicht stehen, kann der Forstbeamte erwerben, er muß aber von jeder solchen Erwerbung, auch wenn sie durch seine Ehefrau oder Kinder geschieht, der Regierung sofort Anzeige machen, sofern das Grundstück innerhalb eines zweimaligen Umkreises von der Grenze seines Reviers belegen ist.

In allen diesen Fällen hat der Forstbeamte sich den Anordnungen der Regierung wegen etwaiger Selbstbewirthschaftung zu fügen, oder seine Versetzung zu gewärtigen.

Concessionen zur Gewinnung von Fossilien in Königlichen Forsten oder einen Antheil an solchen Concessionen darf der Forstbeamte nur mit Genehmigung der Regierung erwerben.

§. 25. [Besoldung und Emolumente.] a) Im Allgemeinen. Außer den dem Forstbeamten neben seiner baaren Besoldung durch schriftliche Genehmigung etwa zugestandenen Emolumenten und Forstnutzungen darf derselbe kein anderes Accidenz und keine andere Nutzung, namentlich an Forstländereien, Holz, Mast, Gras, Weide, Streu, Erde, Steinen oder sonstigen Waldnutzungsgegenständen, sei der Werth auch noch so geringfügig, beziehen oder zu seinem Vortheile durch einen Anderen verwenden lassen, noch eine ihm als Forstbeamten gestattete derartige Waldnutzung ganz oder theilweise, weder unentgeltlich noch tauschweise oder gegen Entgelt abtreten. Die Ueberschreitung der vorgeschriebenen Grenzen bei Ausübung gestatteter Nutzungen wird unbefugter Aneignung gleich geachtet.

Eine blos mündliche Genehmigung eines Vorgesetzten in Beziehung auf die Gestattung von dergleichen Nutzungen kann den Forstbeamten von der Strafe unbefugter Aneignung nicht befreien.

Waldbeeren, Pilze, Schwämme und nicht zu Viehfutter oder Streu bestimmte Kräuter kann der Forstbeamte, soweit ihm solches von der Regierung nicht etwa ausdrücklich untersagt wird, zum eigenen Wirthschaftsbedarfe unentgeltlich sammeln lassen.

§. 26. b) Freies Feuerungsmaterial. Die Forstbeamten erhalten in der Regel zur Befriedigung ihres eigenen Bedürfnisses Brennmaterial gegen Erstattung der darauf verwendeten Werbungskosten unentgeltlich. Soweit Holz gewährt wird, darf das bestimmte Maximalquantum an Knüppelholz nicht überschritten, und im Uebrigen nur Reiser- und Stockholz abgegeben werden.

Es gehört zu den Dienstpflichten des Forstbeamten, beim Brennmaterialien-Verbrauche die gehörige Sparsamkeit zu beobachten.

Nach dem Ermessen der vorgesetzten Behörde kann jederzeit an die Stelle der Brennmaterialien-Abgabe ganz oder theilweise eine Geldvergütung treten, deren Feststellung dem Finanzminister zusteht[15]).

§. 27. Der Forstbeamte hat sich jedes Selbsteinschlages von Holz zu seinem Feuerungsbedarfe durch eigene Leute gänzlich zu enthalten. Er darf aber auch von dem für Rechnung der Forstkasse vorschriftsmäßig aufgearbeiteten Brennmaterial seinen Bedarf nicht eigenmächtig, sondern nur auf Grund des vom Oberförster vorher auszufertigenden Verabfolgezettels oder einer speciellen vorschriftsmäßigen Interims-Anweisung des Oberförsters, nachdem das Material vorher gehörig nummerirt, verlohnt, vom Oberförster abgenommen und in dem Nummerbuche des Försters und der Abzählungstabelle des Oberförsters eingetragen worden ist, entnehmen.

------

[15]) Die Regierung ist jetzt zur Gewährung der Geldentschädigung ermächtigt. Neben der Geldentschädigung können geringes Reisig v. der II. Klasse abwärts an und Stockholz zum Backen und Anzünden der Kohlen — an Oberförster bis zu 30, an Revierförster und Förster bis zu 20, an Waldwärter und Forsthülfsaufseher bis zu 10 rm — oder entsprechende Reisig-Wellen gegen Erstattung der Werthungskosten verabfolgt werden. Dagegen ist es unzulässig, neben einer Geldvergütung einen Theil des Derbbrennholzes in natura abzugeben Vf, ML. 28. Sept. 01 (DFZ. Neudamm XVII. 331).

Die Verabfolgung von unaufgearbeitetem Material zum Brennbedarf der Forstbeamten ist ausnahmsweise nur zulässig, wenn es dem Interesse der Verwaltung entspricht, dadurch einzelne umherliegende, die Aufklafterung nicht lohnende geringe Brennhölzer der Entwendung zu entziehen. Solche Fälle können beispielsweise bei abgehauenen Frevelstämmen oder Wipfeln von denselben, bei den Holzdieben abgenommenen geringen Hölzern, und bei vereinzelten Windbrüchen vorkommen. Auch derartiges Material darf der Forstbeamte erst zu seinem Brennbedarfe entnehmen und verwenden, nachdem solches vom Oberförster der Quantität nach geschätzt, im Nummerbuche und der Abzählungstabelle gehörig gebucht, auch darüber ein Abfuhrzettel oder eine Interims=Anweisung ausgestellt ist.

§. 28. Den Forstbeamten ist unbedingt verboten, von dem ihnen verabreichten freien Brennmateriale, gleichviel ob das zu verabfolgende Quantum fixirt ist oder nicht, etwas zu verkaufen, oder an Andere schenkungs= oder tauschweise zu überlassen[16]).

Ebensowenig ist es gestattet, das frei verabreichte Brennmaterial zu anderen Zwecken, als zur Feuerung für den eigenen Wirthschaftsbedarf, zu verwenden. Es darf daher auch für den eigenen Bedarf daraus kein Nutzholz entnommen werden. Nur eine zeitweise Verwendung des innerhalb des zulässigen Maximums zum Brennbedarfe abgegebenen Materials zu vorübergehender Bewährung von Dienstländereien, oder zu Erbsen= und Bohnenreisig auf dem Dienstlande, oder zu kleinen, weniger als einen Hektoliter enthaltenden Schirrhölzern für die eigene Wirthschaft, ist mit Genehmigung des nächsten Vorgesetzten statthaft.

Für Zuwiderhandlungen seiner Angehörigen oder Dienstleute gegen die vorstehenden Bestimmungen ist der Forstbeamte ebenso verhaftet, als wenn sie von ihm selbst begangen wären.

§. 29. c) Dienstgebäude. Ueber die Benutzung und Unterhaltung der Forstdienstgebäude enthält das Regulativ[17]), welches sich bei jeder Forstbeamtenstelle befindet, die näheren Bestimmungen. Die genaue Befolgung dieser Vorschriften und die größte Vorsicht zur Verhütung von Feuerschäden wird zur besonderen Dienstpflicht gemacht.

Die zur Aufbewahrung von Sämereien, Inventarien, Kulturgeräthen und Pfandstücken erforderlichen Räume in den Dienstgebäuden hat der Forstbeamte, wenn es verlangt wird, unentgeltlich zu überlassen. Ingleichen ist er auf Verlangen verpflichtet, bei Dienstreisen der Vorgesetzten denselben ein Zimmer zur Benutzung zu stellen, und wenn eine Stellvertretung für ihn angeordnet wird, dem Stellvertreter den nöthigen Wohnraum zu gewähren.

Der Inhaber eines Forstdienstgebäudes ist verpflichtet, dasselbe jederzeit gegen Gewährung einer vom Minister für Landwirthschaft, Domainen und Forsten[18]) zu bestimmenden Vergütung ganz oder theilweise zu räumen. Den Forstbeamten wird empfohlen, ihr Mobiliar, sowie ihr gesammtes lebendes und todtes Wirthschafts=Inventarium nebst Wirthschafts=Vorräthen gegen Feuersgefahr zu versichern, da sie im Falle eines Brandunglücks auf Unterstützung aus der Staatskasse nicht rechnen dürfen.

§. 30. d) Dienstländereinutzung[19]). Auf Dienstländereien hat

---

[16]) Zuwiderhandlung ist als Unterschlagung straffällig URGer. St. 8. Mai 80 (Oppenhoff StGB. § 246 Anm. 17).

[17]) Jetzt Vorschriften über die Benutzung und bauliche Unterhaltung der Dienstgehöfte 31. Jan. 93. Anlage B.

[18]) Früher Finanzminister Nr. 3. Anm. 2 d. W.

[19]) Geändert Vf. ML. 11. März 01 (DJ. XXXIII. 93).

kein Forstbeamter Anspruch. Wo sie bewilligt werden, geschieht dies lediglich in Rücksicht auf den Dienst.

Dienstgrundstücke werden daher mit der Maßgabe überwiesen, daß dem Beamten daran kein Pachtrecht, sondern nur ein jederzeit widerrufliches Nutzungsrecht zum eigenen Bedarfe eingeräumt wird, und daß dieses Nutzungsrecht keinen Bestandtheil des Diensteinkommens bildet, auf dessen Gewährung irgend Anspruch gemacht werden kann.

Eine anderweite Verfügung über die Dienstländereien, sei es deren gänzliche Entziehung oder anderweite Regulirung, sei es eine Aenderung des dafür zu entrichtenden Nutzungsgeldes, sowie die Versetzung des Beamten auf eine andere Stelle, mit welcher entweder gar keine, oder doch nur Dienstländereien von geringerem Umfange und Ertrage verbunden sind, bleibt der Verwaltung zu jeder Zeit vorbehalten, ohne daß dem betreffenden Beamten deshalb irgend eine Entschädigung zusteht.

Mit Rücksicht auf den Zweck der Bewilligung von Dienstländereien sollen die Forstbeamten sie in der Regel selbst bewirthschaften. Eine Verpachtung des Dienstlandes ist deshalb nur ausnahmsweise mit Genehmigung der Regierung zulässig.

§. 31[19]). Für die wirthschaftliche Auseinandersetzung über die Dienstländerei-Nutzungen zwischen dem abziehenden Beamten oder seinen Erben und dem neu anziehenden Beamten oder dem Fiskus sind die Vorschriften vom 11. März 1901[20]) und deren spätere Abänderungen und Ergänzungen maßgebend. Eine gütliche Einigung ohne Vermittelung des Leiters der Dienstübergabe steht zwar den Betheiligten frei, sie hat aber auf die künftige Auseinandersetzung zwischen dem anziehenden Beamten oder seinen Erben und seinem dereinstigen Dienstnachfolger keinen Einfluß.

Wenn mit Genehmigung der Regierung Dienstgrundstücke verpachtet sind, so ist beim Eintritt eines Beamtenwechsels während der Vertragszeit der Dienstnachfolger verbunden, in den bestehenden Vertrag einzutreten, aber berechtigt, das Pachtverhältniß vom nächsten Pachtjahre[21]) ab aufzulösen. Ein Kündigungsrecht für diesen Fall ist in jedem Vertrage über Verpachtung von Dienstländereien ausdrücklich vorzubehalten.

§. 32. Alle Dienstgrundstücke müssen in Uebereinstimmung mit den Karten und Nutzungs-Anschlägen, nach welchen solche den Forstbeamten bei der Uebernahme durch den Vorgesetzten speciell mit Begehung der Grenzen zu überweisen sind, durch Hügel, Steine oder Pfähle 2c. dauerhaft abgegrenzt werden, insoweit sie nicht durch Gräben, Wege, Wälle oder Knicks 2c. unzweifelhaft dauernd begrenzt sind. Die Forstbeamten sind verpflichtet, diese Begrenzungen, soweit sie nicht zugleich die fiskalische Eigenthumsgrenze bezeichnen, aus eigenen Mitteln durch Hügel, unbehauene Steine oder Pfähle, zu denen das Holz unentgeltlich verabfolgt wird, oder durch Gräben, Erdwälle und Knicks, zu denen die Pflanzen unentgeltlich abgegeben werden, so herzustellen und zu unterhalten, wie die Regierung es anordnet. Im Falle Grenzmale verloren gegangen, oder die

---

[20]) Vorschriften über die Auseinandersetzung u. s. w. bei Dienstübergaben 11. März 01. Anlage C.

[21]) Früher Wirthschaftsjahr Vf. ML. 1. Aug. 01 (DJ. XXXIII. 220).

Grenzen sonst verdunkelt sein sollten, ist davon dem Vorgesetzten sofort Anzeige zu machen. Verdunkelungen oder Unkenntniß der Grenzen oder die Ausrede, daß die Dienstländereien und deren Grenzen nicht speciell überwiesen seien, können niemals als Entschuldigung für Ueberschreitung der Dienstländereigrenzen gelten, und die Einziehung der von der Regierung festzustellenden Nachzahlung des Nutzungsgeldes für das Uebermaßland, sowie die außerdem zu verhängende Disciplinarstrafe abwenden.

§. 33[19]). Der Forstbeamte darf die ihm überwiesenen Lände=reien nur wirthschaftlich und unbeschadet ihrer Bestandtheile be=nutzen. Die darauf vorhandenen Obst= oder wilden Bäume sind Eigenthum der Forstverwaltung, auch wenn sie vom Stelleninhaber gepflanzt sind. Er darf sie deshalb nur mit Genehmigung seines nächsten Vorgesetzten fortschaffen und ist verpflichtet, soweit der Vorgesetzte es verlangt, die weggenommenen Obstbäume durch neue zu ersetzen.

An dem gewonnenen Holze steht ihm kein Eigenthumsrecht zu, es ist vielmehr wie alles Holz aus dem Einschlage der Staats=waldungen für den Fiskus zu verrechnen und zu verwerthen.

Auch die bei Rodung oder Verbesserung von Dienstland ge=wonnenen Hölzer, Stöcke, Wurzeln, Steine ꝛc. darf der Forstbeamte für eigene Rechnung nicht verkaufen oder sonst verwerthen. Das dabei gewonnene Holz ist, wie im Absatz 2 vorstehend angegeben, zu verwenden. Eignet es sich zur Aufarbeitung nicht, so kann mit Zustimmung des Regierungs= und Forstrathes sinngemäß nach §. 27 Absatz 2 verfahren werden.

§. 34[19]). Der Forstbeamte ist verpflichtet, die ihm überwiesenen Ländereien ordnungsmäßig zu bestellen; insbesondere sind bei ein=tretendem Dienstwechsel er oder seine Erben verbunden, sie der Jahreszeit entsprechend gehörig bestellt zu übergeben, widrigen=falls Entschädigung zu leisten ist. Ueber die Kosten der Bewirth=schaftung und über die Erträge des Dienstlandes hat der Forst=beamte ordnungsmäßig Buch zu führen.

Verkauf oder Vertauschung von auf dem Dienstlande gewonne=nem Stroh oder Dünger ist nur ausnahmsweise mit schriftlicher Genehmigung der Regierung, die in jedem einzelnen Falle beson=ders nachzusuchen ist, zulässig. Diese Genehmigung darf nur für die am Ende eines Wirthschaftsjahres unverwendet gebliebenen Vorräthe und unter der Bedingung ertheilt werden, daß für den ganzen Erlös künstlicher Dünger angeschafft wird, dessen Verwen=dung auf dem Dienstlande nachzuweisen ist.

Verkauf oder Vertauschung von Gras oder Heu ist nur insoweit nach Genehmigung durch den nächsten Vorgesetzten gestattet, als der Ertrag der Dienstländereien an Futtermitteln einen Ueberschuß über das eigene wirthschatliche Bedürfnis der Stelle gewährt.

§. 35. Wer sich zu wirthschaftlichen Verrichtungen der Dienstleistungen anderer als der zu seinem Hausstande gehörenden Personen bedient, hat solche, mögen die Dienstleistenden als Eingeforstete, Servitutberechtigte, Holzschläger oder Kulturarbeiter zu dem Beamten in Beziehung stehen oder nicht, nach den vollen ortsüblichen Lohnsätzen zu entschädigen. Die unentgeltliche Benutzung oder geringere als volle ortsübliche Löhnung solcher Arbeiter bei Verwendung zu Privatzwecken, insbesondere auch zu Arbeiten auf den Dienstländereien, zum Heranschaffen oder Kleinmachen von Brennmaterial, zum Viehhüten, zum Treiben oder sonstigen Dienstleistungen bei der Jagd zc. (außer bei polizeilich angeordneten Jagden auf Schwarzwild und Wölfe) wird auf das Strengste untersagt.

An den Tagen, für welche bestimmte Arbeiter schon zu Tagelohnsarbeiten für die Forstverwaltung angenommen sind, dürfen diese nämlichen Arbeiter von dem Forstbeamten zu Arbeiten in seinem eigenen Interesse überhaupt nicht, auch nicht in den Freistunden, verwendet werden.

§. 36. e) Waldweide. Ist dem Forstbeamten die Benutzung der Wald= weide für sein Vieh gegen Entrichtung eines Weidegeldes gestattet, so darf er dieselbe nur mit ihm eigenthümlich gehörendem Viehe, und nur mit der für das betreffende Jahr schriftlich genehmigten Zahl der gestatteten Viehgattungen, inner= halb der ihm zur Weide eingeräumten Forstdistrikte, und zwar unter genauer Beobachtung aller forstpolizeilichen Vorschriften ausüben.

Kann er sein Vieh nicht mit anderem berechtigten oder eingemietheten Viehe zu einer gemeinschaftlichen Heerde vereinigen, so muß er dasselbe durch einen eigenen tüchtigen Hirten hüten lassen, für dessen Kontraventionen er der Forstverwaltung persönlich verantwortlich ist.

Wiederholung von Kontraventionen zieht neben den übrigen Folgen und neben der Disziplinarstrafe den Verlust der Waldweidenutzung nach sich.

II. Besondere Verpflichtungen rücksichtlich der Geschäftsführung.

§. 37. [1. Geschäftskreis im Allgemeinen.] Der Förster hat den ihm anvertrauten Schutzbezirk vor unrechtmäßiger Benutzung und gegen Entwendungen und Beschädigungen zu beschützen, in demselben die Befolgung der Forst= und Jagdpolizeigesetze zu überwachen, die Hauungen, Kulturen und sonstigen Wald= geschäfte nach Anweisung des Oberförsters auszuführen, und ausschließlich alle abzugebenden Waldprodukte, jedoch nur auf schriftliche Anweisung, an die Em= pfänger zu verabfolgen. „Den Forst= und Jagdschutz hat er auch in anderen Königlichen, nicht zu seinem Schutzbezirke gehörenden Waldungen nach Maßgabe der Bestimmungen im §. 40, 3. Absatz aus= zuüben. Von den zu seiner Wahrnehmung oder Kenntniß gelangen= den Zuwiderhandlungen gegen die Forst= und Jagdpolizei=Gesetze in nicht Königlichen Forst= und Jagdbezirken hat er seinem Vor= gesetzten Anzeige zu erstatten[22].“

§. 38. [2. Dienstverhältniß zum Revierverwalter.] Der unmittel= bare Vorgesetzte des Försters ist der Oberförster. Von diesem erhält er zunächst Anweisungen und Befehle, an ihn muß er sich in allen Dienstangelegenheiten zuerst wenden, auch alle Gesuche an höhere Vorgesetzte oder Behörden an ihn zur Weiterbeförderung abgeben. Nur wenn der Oberförster seine Anzeigen oder Eingaben unberücksichtigt lassen, oder wenn der Förster über ihn selbst Beschwerde zu führen haben sollte, ist es ihm gestattet, sich direkt an den höheren Vorge= setzten oder die höhere Behörde zu wenden. Er ist hierzu verpflichtet, wenn das Interesse des Dienstes zur Abwendung von Nachtheilen für die Verwaltung es erheischt oder er dazu von einem höheren Vorgesetzten aufgefordet wird.

Wo zur Vertretung des Oberförsters für einzelne Funktionen ein „Forst= assessor oder Forstreferendar“[23] als Assistent fungirt oder ein Revierförster oder Hegemeister bestellt ist, haben die untergebenen Forstbeamten den Anord=

---

[22] Geändert Vf. ML. 12. Jan. 00 (MB. 128).

[23] Früher Oberförsterkandidat oder Forstkandidat Nr. 7 § 15 u. 30 d. W.

nungen dieser ebenfalls zu ihren Vorgesetzten gehörenden Beamten gleiche Folge zu leisten, als wenn sie vom Oberförster selbst ertheilt wären.

§. 39. [3. Bekanntmachung mit seinem Schutz=Bezirke.] Mit dem ihm überwiesenen Schutzbezirke hat der Beamte sich genau bekannt zu machen. Er muß sich bemühen, die zu demselben gehörenden einzelnen Theile und Parzellen nach Namen, Lage und Begrenzung, sowie nach den auf den Holzdiebstahl und andere Forstfrevel mehr oder minder einwirkenden örtlichen Verhältnissen möglichst bald und vollständig kennen zu lernen. Insbesondere muß er auch über die obwaltenden Berechtigungen und Servituten, sowie alle sonstigen auf den Forstschutz und die Waldarbeiten sich beziehenden Lokal= und Personal=Verhältnisse sich gründlich informieren.

§. 40. [4. Forstschutz.] a) Ausübung des Forst= und Jagd= schutzes im Allgemeinen. Die wirksame Ausübung des Forst= und Jagd= schutzes ist eine der wichtigsten Pflichten des Försters. Er darf die äußersten Anstrengungen nicht scheuen, und muß die größte Aufmerksamkeit und eigenes Nachdenken aufbieten, um Entwendungen und Kontraventionen von den Forsten abzuwenden, oder, wenn sie vorkommen, die Thäter zu ermitteln und zur Be= strafung zu bringen.

Treten Verhältnisse ein, wo der Förster ungeachtet der Aufbietung aller seiner Kräfte den gehörigen Erfolg nicht zu erzielen vermag, so hat er hiervon dem Oberförster unverzüglich Anzeige zu machen, da er für Herstellung und Er= haltung eines befriedigenden Schutzzustandes unbedingt verantwortlich ist. Mit den über den Forst= und Jagdschutz bestehenden und ergehenden Gesetzen und Verordnungen hat der Förster sich auf das Genaueste bekannt zu machen. Bei Ausübung des Forstschutzes muß er der Vorschriften der gedachten Gesetze und Anordnungen, sowie der ihm etwa ertheilten besonderen Anweisungen seiner Vorgesetzten und des geleisteten Eides stets eingedenk sein und sich genau nach denselben richten. Dabei muß er sich stets ruhig, besonnen und frei von jeder Leidenschaftlichkeit benehmen, und darf sich weder durch Bitten, Versprechungen oder Geschenke, noch durch Drohungen abhalten lassen, unparteiisch jede in seinem Schutzbezirke vorkommende unrechtmäßige Benutzung oder Entwendung oder in den Strafgesetzen, Polizei=Verordnungen und durch sonstige Bestimmungen unter= sagte Handlung streng der Wahrheit gemäß zur Anzeige zu bringen.

Die Verpflichtung zur Ausübung des Forst= und Jagdschutzes erstreckt sich übrigens nicht allein auf den speziell überwiesenen Geschäfts= und Schutzbezirk, sondern auch auf sämmtliche angrenzende Schutzbezirke und alle diejenigen König= lichen Forsten, welche er auf dem Wege von seiner Wohnung nach seinem be= sonderen Geschäftsbezirke, oder auf dem Wege zum Oberförster oder zum Forst= gerichte berührt. Er hat alle diese Forsten als seinem Schutze überwiesen zu be= trachten, und ist außerdem verpflichtet, seinen Amtsgenossen aus angrenzenden Schutzbezirken mit Rath und That beizustehen, und auch deren zeitweise Ver= tretung auf Anweisung seines Vorgesetzten zu übernehmen, sowie bei den vom Oberförster angeordneten gemeinschaftlichen Forst= und Jagdschutz=Patrouillen in anderen Schutzbezirken mitzuwirken.

§. 41. b) Führung des Forst=Rügenbuchs. Der Förster hat den Thatbestand jedes von ihm entdeckten Forst= und Jagdvergehens, indem er den Thäter, welchen er trifft, sogleich darüber zur Rede stellt, den nicht mehr an= wesenden Thäter aber verfolgt, und nöthigenfalls durch Haussuchung mit Beob= achtung der dazu vorgeschriebenen Formen zu ermitteln sich bemüht, genau fest= zustellen, und sogleich in dem stets bei sich zu führenden Notizbuche zu verzeichnen.

Dabei sind alle für das Forst=Rügenbuch behufs der zu machenden Anzeige erforderlichen Data genau zu notiren, insbesondere Vor- und Zunamen, Alter, Gewerbe, Wohn- und Aufenthaltsort der Frevler oder der haftbaren Personen (Eltern, Ehemann, Dienstherr), Bezeichnung des Frevels oder entwendeten Gegenstandes nach Quantität, Qualität und Geldwerth, Zeit, Ort und sonstige näheren Umstände, Zeugen und Beweismittel, abgepfändete und in Beschlag genommene Sachen. Der Förster ist verpflichtet, die zur Begehung eines Diebstahls an Holz oder anderen Waldprodukten gebrauchten Werkzeuge, da diese der Konfiskation verfallen sind, sobald er den Frevler bei der That oder gleich nach derselben trifft, in Beschlag zu nehmen.

Die Abnahme der Werkzeuge darf nur unterbleiben, wenn derselben ein aktiver Widerstand entgegengesetzt und zur strafrechtlichen Verfolgung amtlich angezeigt wird. Die abgenommenen Gegenstände sind mit dem Namen dessen, dem sie abgenommen, und dem Datum der Beschlagnahme deutlich und dauerhaft zu bezeichnen, und zur weiteren Verfügung des Oberförsters aufzubewahren.

Die zur Wegschaffung des Entwendeten gebrauchten Wagen, Karren oder andere Transportmittel, nöthigenfalls auch die dazu gebrauchten Tiere, sind, so weit es zur Sicherung des Beweises oder der Strafzahlung angemessen ist, zu pfänden. Mit den gepfändeten Transportmitteln ist nach Vorschrift des Gesetzes (Holzdiebstahlsgesetz §. 23) zu verfahren[24].

Bei Pfändungen und Beschlagnahmen, welche gegen Forstfrevler erfolgen, wider die auf Grund specieller Lokalgesetze zu verfahren ist, hat sich der Beamte nach den Vorschriften dieser Specialgesetze zu richten, bezüglich deren er beim Dienstantritte sich durch den Oberförster informiren lassen muß.

Die selbst entdeckten Fälle hat der Förster binnen 24 Stunden in sein Forstrügenbuch, welches ihm vom Oberförster eingerichtet, d. h. mit einer mit dem Dienstsiegel angesiegelten Schnur durchzogen und rücksichtlich der Seitenzahl bescheinigt, übergeben wird, einzutragen.

Eben so hat er darin die ihm angezeigten Fälle sofort einzutragen, oder soweit solches durch Spezialgesetze vorgeschrieben, eintragen zu lassen.

Im Forstrügenbuche sind ferner innerhalb 24 Stunden alle von dem Beamten wahrgenommenen erheblichen Entwendungen und Frevel, deren Thäter nicht sogleich ermittelt worden, mit der Bezeichnung „Thäter nicht ermittelt" unter Angabe des Sachverhalts zu vermerken.

Die Stöcke (Stubben, Stucken) entwendeter Stämme sind mit dem im Walde stets mitzuführenden Reißhaken zu bezeichnen, und wird in Ermangelung solcher Bezeichnung angenommen, daß die Entwendung unbemerkt geblieben ist.

Von allen wichtigeren Frevelfällen, namentlich aber von allen Diebstählen an aufgearbeitetem Holze, so wie auch von den etwa entdeckten Wilddiebstählen und Jagdkontraventionen und in den Fällen, wo gepfändete Transportmittel dem nächsten Ortsvorstande überliefert sind, oder wo gefreveltes Holz von beträchtlicherem Werthe abgenommen und baldigst zu verwerthen ist, hat der Förster, neben der Eintragung in das Forstrügenbuch, dem Oberförster unverzüglich entweder schriftlich oder mündlich Anzeige zu machen.

Den zur Aburteilung der angezeigten Frevelfälle angesetzten Forstgerichtsterminen hat der Förster auf Anweisung des Oberförsters unter Mitnahme seines Rügenbuchs pünktlich beizuwohnen, die dadurch nothwendig werdende Abwesenheit aus seinem Schutzbezirke aber nach Möglichkeit abzukürzen.

---

[24] Das im HolzdiebstahlsG. 2. Juni 52 gewährte besondere Recht zur Pfändung von Transportmitteln ist durch das ForstdiebstahlsG. 15. April 78 nicht wieder ertheilt worden Nr. I 3. Anm. 27 u. Nr. I 4. Anm. 102 u. 111 d. W.

§. **42.** c) **Verhütung von Insektenschäden.** Der Förster muß die Schonung und Pflege nützlicher Thiere, wie namentlich der Eulen, Bussarde, Rüttelweihen, Spechte, Staare, Kukuk, Wiedehopf, Meisen und anderer Insekten fressenden Vögel[25], sowie der Igel, Wiesel, Dachse, Maulwürfe, Ameisen 2c. sich nach Möglichkeit angelegen sein lassen, und auf die schädlichen Thiere, insbesondere auf Mäuse und schädliche Forstinsekten, und auf die ihr Vorhandensein andeutenden Kennzeichen, nicht allein innerhalb seines Schutzbezirks, sondern auch für die angrenzenden Privat=, Kommunal= 2c. Waldungen gehörige Aufmerksamkeit verwenden.

Bemerkt er, daß eine oder die andere Gattung von schädlichen Forstinsekten häufiger als nur in ganz vereinzelten Exemplaren vorkommt, so hat er dem Oberförster davon sofort Anzeige zu machen. Die Probesammlungen nach schädlichen Forst=Insekten sind durch den Förster nach der speciellen Anordnung des Oberförsters mit der größten und der Wichtigkeit des Zweckes entsprechenden Gewissenhaftigkeit auszuführen. Werden Vertilgungsmaßregeln gegen schädliche Waldinsekten nothwendig, so werden dieselben vom Oberförster speciell angeordnet und unter Aufsicht des Försters ausgeführt.

Der Letztere muß die ihm zu diesem Zwecke überwiesenen Arbeiter nicht allein rücksichtlich ihres Fleißes gehörig überwachen, sondern auch mit aller Strenge zur pünktlichen und vollständigen Ausführung der angeordneten Maßregeln anhalten. Namentlich muß er, wenn die Arbeit in Stücklohn verdungen ist, besonders sorgfältig darauf achten, daß Unterschleife Seitens der Arbeiter durch Ablieferung außerhalb der bestimmten Forstorte oder gar außerhalb der Königlichen Forst gesammelter Insekten nicht vorkommen. Er darf deshalb die Arbeiter niemals ohne stellvertretende Aufsicht verlassen.

Die Aufstellung der Lohnzettel über die zur Vertilgung schädlicher Forstinsekten erforderlich gewordenen Arbeiten erfolgt durch den Förster auf Grund des von ihm zu führenden Arbeiter=Notizbuchs, wozu ihm die Formulare geliefert werden.

Für die Richtigkeit aller darin enthaltenen Aufzeichnungen ist er verantwortlich.

In diesem Notizbuche hat der Förster an Ort und Stelle täglich Morgens die Namen sämmtlicher verschiedenen Arbeiter zu verzeichnen, und nach der in der Regel allabendlich zu bewirkenden Abnahme der den Tag über unter Aufsicht gesammelten Insekten, Raupen, Puppen 2c. das von jedem Arbeiter abgelieferte Quantum nach der bestimmten Maßeinheit zu notiren, um danach die Lohnzettel auf den dazu zu liefernden Formularen aufstellen und auf Pflicht und Gewissen dahin bescheinigen zu können, daß die verzeichneten Quantitäten wirklich in den zu bezeichnenden Forstorten gesammelt worden sind.

Die Abnahme ist nach der dazu vorgeschriebenen Maßeinheit (Stückzahl, Maß, Gewicht 2c.) mit der größten Sorgfalt in Gegenwart der Arbeiter nach näherer Anweisung des Oberförsters zu bewirken.

Die Vernichtung der abgenommenen Insekten darf nur in Gegenwart des Oberförsters oder des von ihm zu seiner Stellvertretung bestimmten Beamten, oder aber in Gegenwart der versammelten Arbeiter so erfolgen, wie der Oberförster es anordnet, und es ist in der Bescheinigung auf dem Lohnzettel vom Förster anzugeben, in wessen Gegenwart und wie die Vernichtung bewirkt ist.

§. **43.** d) **Verhütung von Waldbränden.** Der Förster hat mit den zum Schutze des Waldes und der Moore gegen Feuersgefahr ergangenen gesetz-

---

[25]) Nr. I 4. Anm. 61 d. W.

14*

lichen und polizeilichen Bestimmungen sich gehörig bekannt zu machen, und mit Strenge darauf zu sehen, daß dieselben überall, ganz besonders streng aber in den Nadelholzwaldungen und auf den Mooren genau befolgt werden. Vor Allem ist das Feueranmachen ohne Erlaubniß, sowie das Tabackrauchen im Walde, soweit es polizeilich verboten ist, nicht zu dulden, vielmehr stets zur Bestrafung anzuzeigen.

Insbesondere ist auch darauf zu sehen, daß die Holzhauer= und Kultur= arbeiter und sonstigen Arbeiter, namentlich wenn ihnen etwa zur Speisebereitung das Anmachen von Feuer gestattet werden mußte, und ebenso die etwa im Walde beschäftigten Köhler stets die gehörige Vorsicht beobachten, ferner, daß in der trockenen Jahreszeit nicht mit Flachs= oder Werg=Pfropfen geschossen wird, daß die Gestelle resp. Distrikts=Linien und Grenz=Linien stets gehörig offen, und wo Eisenbahnen den Wald durchschneiden, die gegen dieselben angelegten Sicherheits= streifen stets wund und frei von allen brennbaren Stoffen erhalten werden.

Entsteht ein Wald= oder Moorbrand, so muß der Förster sich sofort an Ort und Stelle begeben, und sich bemühen, mit Heranziehung der zu erlangenden Waldarbeiter oder anderer Leute das Feuer zu löschen.

Hat dasselbe aber bereits um sich gegriffen und droht gefährlich zu werden, so muß der Förster sofort durch expresse Boten den Oberförster benachrichtigen, und die Ortsbehörde der nächsten Ortschaften auffordern lassen, Sturm zu läuten und die erforderlichen Mannschaften mit den nöthigen Werkzeugen herbei zu beordern.

Bis zum Eintreffen des Oberförsters hat der Förster ohne Aufschub die wirksamsten Löschungsmaßregeln in Anwendung zu bringen.

Nach Bewältigung des Feuers muß die Brandstelle so lange bewacht werden, bis man sich überzeugt hat, daß das Feuer gänzlich getilgt worden ist. Hiernächst hat der Förster dem Oberförster, wenn dieser nicht selbst zugegen ge= wesen sein sollte, über den Vorfall eine vollständige Anzeige zu machen, und die erforderlichen Nachforschungen über die Art der Entstehung des Feuers, und namentlich zur Entdeckung desjenigen, welcher das Feuer angelegt oder verursacht hat, anzustellen.

§. 44. e) Verhütung von Wasserschäden. Zur Verhütung der Wasser= schäden müssen die Förster die ihren Bezirk berührenden Deiche und Dämme, die Schleusen und dergleichen, besonders bei hohem Wasserstande fleißig nach= sehen und die bemerkten Mängel oder Beschädigungen ihrem Vorgesetzten, oder wenn Gefahr beim Verzuge ist, der nächsten Obrigkeit zur Abhülfe sogleich an= zeigen, inzwischen auch die zur Abwendung der Gefahr etwa dienlichen Vor= kehrungen sofort treffen. Die durch das Wasser verursachten Beschädigungen an Kulturen, Schonungs= und Abzugsgräben, Brücken, Wegen, Stegen 2c. müssen sie ebenfalls ihrem Vorgesetzten sogleich melden (cfr. §. 46).

§. 45. f) Wind=, Schnee=, Duft= und Eisbruch. Wenn Wind=, Schnee= oder Duft= oder Eisbruch erfolgt, so hat der Förster dem Oberförster davon sogleich Anzeige zu machen, und dessen weitere Anordnungen abzuwarten.

Sollte jedoch auf einem öffentlichen Wege die Kommunikation mit Fuhr= werk gehemmt sein, so ist der Förster verpflichtet, die Aufräumung derselben so= fort bewirken zu lassen.

Ist das gebrochene Holzquantum bedeutend, und zu einer Zeit erfolgt, wo der Holzeinschlag im Gange ist, so muß der Förster bis zum Eingange der un= verzüglich einzuholenden Bestimmungen des Oberförsters die Holzfällungen in den Schlägen sofort sistiren und nur die bereits gefällten Stämme noch auf= arbeiten lassen.

§. 46. g) **Verhütung von Gefahr auf den Wegen.** Der Förster hat fortdauernd seine Aufmerksamkeit darauf zu richten, daß auf den Wegen und Brücken keine Gefahr und Stockung für den Straßenverkehr eintritt. Er hat, sobald ein Hinderniß für die gefahrlose Benutzung eines Weges bemerkbar wird, dasselbe thunlichst im Entstehen sofort zu beseitigen, und wenn dazu die Annahme von Werkleuten oder mehrtägige Verwendung von Handarbeitern erforderlich wird, schleunigst die Weisung des Oberförsters einzuholen, inzwischen aber die erforderliche Vorkehrung zur Abwendung von Gefahr zu treffen, nöthigenfalls auch die Sperrung des Weges zu bewirken.

§. 47. h) **Einhegung der Schonungen.** Im Frühjahre vor Beginn der Weidezeit, und nachdem der Oberförster darüber bestimmt hat, welche Forstorte von Neuem in Schonung gelegt, und welche der älteren Schonungen nunmehr der Weide geöffnet werden sollen, muß der Förster alle in Hege zu haltenden Forstorte mit den vom Oberförster zu bestimmenden Hegezeichen kenntlich versehen lassen, und die Weideberechtigten, wie die Weidemiether, resp. deren Hirten von den Grenzen derselben, soweit es nöthig, durch örtliche Anweisung in Kenntniß setzen. Die zur Weide neu aufgegebenen Schonungen muß der Förster von Zeit zu Zeit genau besichtigen, und sobald sich an ihnen Schaden durch das Weidevieh bemerklich macht, hiervon dem Oberförster sofort Anzeige erstatten.

§. 48. i) **Revision der Grenzen.** Auf die Erhaltung der Grenzzeichen hat der Förster stete Aufmerksamkeit zu richten, und von jedem beschädigten Grenzmale dem Oberförster zur unverweilten Wiederherstellung, ebenso von Grenzveränderungen und Grenzüberschreitungen Seitens der Angrenzer, sobald er sie wahrnimmt, unverzüglich Anzeige zu machen. Bemerkt er, daß eine Grenzmarke von ihrer Stelle entfernt ist, so hat er, wenn der Grenzpunkt noch deutlich zu erkennen ist, diesen sofort durch einen einzuschlagenden Pfahl zu markiren. Außerdem hat der Förster regelmäßig in den Monaten Mai oder Juni und Oktober, die äußeren und inneren Grenzen des Schutzbezirks von Grenzmal zu Grenzmal zu begehen, sich dabei davon zu überzeugen, ob alle Grenzzeichen noch vorhanden sind, und sich zu notiren, welche Grenzzeichen der Auffrischung oder Erneuerung und welche Grenzlinien etwa einer Aufräumung bedürfen, oder wo etwa Grenzüberschreitungen Seitens der Angrenzer stattgefunden haben.

Der über den Grenzbefund zu erstattende schriftliche Rapport ist dem Oberförster regelmäßig bis spätestens Ende Juni und Mitte November jeden Jahres zu übergeben.

Um den Förster in den Stand zu setzen, diese Grenz-Revisionen ordnungsmäßig ausführen, die Zahl der Grenzzeichen stets kontroliren, und den Ort, wo von ihm Mängel bemerkt worden sind resp. die schadhaften Grenzzeichen selbst einzeln nach ihrer Nummer bezeichnen zu können, soll, wo solches nicht schon geschehen ist, darauf Bedacht genommen werden, ihm ein spezielles Verzeichniß aller in seinem Schutzbezirke vorhandenen Grenzmale oder eine Handzeichnung von den Grenzen zuzustellen.

Wo die Forsten durch Erdwälle und Knicks begrenzt sind, hat der Förster zugleich darauf zu achten, daß sowohl die Erdwälle, als auch die auf ihnen vorhandenen Knicks stets ordnungsmäßig unterhalten werden. Er hat solche Grenzen jährlich einmal speciell zu begehen, sich davon zu überzeugen, ob die angrenzenden Verpflichteten die erforderlichen Reparaturen ausgeführt haben, und hierüber bis Mitte November j. J. dem Oberförster schriftlich Anzeige zu machen.

§. 49. [**5. Hauungen und Holzabgabe.**] a) **Anweisung der Schläge durch den Oberförster und Auszeichnung.** Vor dem Beginn der Hauungen wird dem Förster ein Auszug aus dem genehmigten Hauungsplane vom Oberförster übergeben. Die zu führenden Schläge werden ihm an Ort und Stelle von dem Oberförster überwiesen und nach ihren Grenzen, soweit sich diese nicht schon durch die Lokalität unzweifelhaft darstellen oder aus der bereits erfolgten Auszeichnung sich ergeben, an stehen zu lassenden Bäumen kenntlich und dauerhaft bezeichnet.

Dabei wird dem Förster genaue Anweisung über die Art und Weise der Ausführung der Hauung ertheilt, welche er pünktlich zu befolgen hat.

Soweit der Oberförster die weitere Auszeichnung eines Schlages nach einer von ihm bewirkten Probe-Auszeichnung dem Förster überträgt, hat dieser sie mit größter Sorgfalt selbst zu besorgen und darf sie nie dem Holzhauermeister oder den Holzhauern überlassen, noch weniger aber diese zum Hiebe einlegen, bevor die Auszeichnung gehörig bewirkt ist.

Wo eine specielle Auszeichnung, wie bei Reiserdurchforstungen oder Schlagholzhieben, nicht thunlich ist, muß der Förster nach der ihm vom Oberförster ertheilten Anweisung den Holzhauern genaue örtliche Anleitung geben, was sie überzuhalten resp. was und wie sie zu hauen haben, indem er dafür verantwortlich ist, daß die Holzhauer keine Mißgriffe begehen.

§. 50. b) Ausführung und Beaufsichtigung der Schläge. Die Aufsicht über die Schläge hat der Forstschutzbeamte in seinem Bezirke unter Leitung des Oberförsters zu führen. Er muß deshalb die nach Maßgabe der Hau-Ordnung anzunehmenden Holzhauer in jedem Schlage persönlich anlegen und bei eigener Verantwortlichkeit strenge darauf halten, daß die Aufarbeitung und das Setzen des Nutz- und Brennholzes, und überhaupt die Handhabung der Ordnung in den Schlägen genau nach den Vorschriften der Hau-Ordnung und den speziellen Anordnungen des Oberförsters erfolgt. Zu diesem Zwecke muß der Förster täglich so oft und so lange in jedem Schlage sich aufhalten, als es nothwendig ist, um eine gute Aufarbeitung und namentlich eine sorgfältige Aushaltung des Nutzholzes zu sichern.

§. 51. c) Aufstellung der Hauerlohnzettel. Ueber alles von den Holzhauern aufgearbeitete Holz hat der Förster Lohnzettel auf den ihm zugehenden Druckformularen nach der näheren Anweisung des Oberförsters aufzustellen, und diesem durch den Holzhauermeister oder Rottenführer zu übersenden.

Der Förster ist für die Richtigkeit der in den Lohnzetteln als aufgearbeitet angegebenen Holzquantitäten, und namentlich dafür verantwortlich, daß keinesfalls mehr verlohnt wird, als wirklich bereits aufgearbeitet ist. Der Förster hat die richtige Auszahlung der Löhne Seitens des mit der Erhebung des Geldes bei der Kasse beauftragten Holzhauers an die einzelnen Holzhauer zu überwachen, und darauf zu achten, daß jener für seine Mühewaltungen keine höhere als die ihm gebührende Vergütung von dem Lohne für sich entnimmt, soweit nicht etwa kontraktlich die Festsetzung und Zahlung der Löhne an die einzelnen Arbeiter lediglich einem Holzhauermeister als Unternehmer zusteht.

§. 52. d) Vermessung der Bau- und Nutzhölzer. Das in Stämmen und Abschnitten auszuhaltende und kubisch zu berechnende Bau- und Nutzholz hat der Förster unter Beihülfe der Holzhauer resp. des Holzhauermeisters nach Länge und mittlerem Durchmesser incl. Rinde, wenn solche nicht abgeborkt worden, und nicht auf Grund von Berechtigungen ein anderes Verfahren stattfinden muß, aufzumessen. Die Länge ist, abgesehen von starken Klötzen, Mühlwellen und anderen dergleichen starken und werthvollen Stücken, in der Regel so auszuhalten, daß sie mit einem vollen Fünftel-Stab abschließt, und vom Sägeschnitt ab nach Stäben (Metern) und vollen Fünftel-Stäben zu messen. Für das Langnutz-

holz darf nach näherer Bestimmung der Regierung eine Längen-
zugabe bis zu fünf Centimeter als Uebermaaß gegeben werden.
Die Messung des Langnutzholzes hat vom oberen Rande des Fall-
kerbes ab zu erfolgen. Der Anfangs- und der Endpunkt sind durch
Sägeschnitte deutlich zu bezeichnen [26]).

Der Durchmesser ist auf der örtlich zu bezeichnenden halben Länge des
Stammes, mit der Kluppe (Schiebemaaß) nach Neuzoll (Centimetern) zu messen.
Ein überschießender Bruchtheil eines Neuzolles (der angefangene aber nicht volle
letzte Neuzoll) bleibt unberücksichtigt. Bei breit gewachsenen Stämmen ist der
Durchmesser kreuzweise zu messen, und aus beiden Messungen das Mittel zu
nehmen. Befindet sich auf der halben Länge des zu messenden Stücks ein her-
vorragender Ast oder Wulst, so ist der Durchmesser gleichweit ober- und unterhalb desselben zu messen und aus beiden Messungen das Mittel zu nehmen. Für
das Messen von Kniehölzern, Stangen und Gerten gelten die Vorschriften der
Holztaxe.

Bei den Rundhölzern ist das Aufmaß auf dem Stammendenschnitte unter
der Nummer des Stücks (§. 53) deutlich und dauerhaft dergestalt zu verzeichnen,
daß links die Längen- und rechts die Durchmesserzahl geschrieben wird. Reicht
der Raum hierzu nicht aus, so kann das Aufmaß auf einer Platte über dem
Stammende verzeichnet werden.

§. 53. e) Nummerirung des Holzes. Ist der ganze Schlag, oder
ein vom Oberförster zur Abnahme bestimmter Theil desselben beendigt, so muß
der Förster unter Beihülfe des Holzhauermeisters, oder in dessen Ermangelung
eines anderen geeigneten Holzhauers, alles eingeschlagene Holz deutlich und dauerhaft nummeriren.

Die Nummer ist bei Bau- und Nutzholzstämmen auf dem Schnitte am
Stammende, bei Kloben-, Knüppel- und Stockholzklaftern auf ein in der Mitte
der Vorderseite der Klafter um 10 Neuzoll vorzuschiebendes Klafterstück, bei
Reiserholz oder Nutzholzstangenhaufen auf die rechte Seitenstütze oder auf einen
in oder neben dem Haufen anzubringenden Pfahl aufzuschreiben. Wie im Uebrigen
bei der Nummerirung zu verfahren ist, darüber wird von der Regierung den
Lokalverhältnissen entsprechend specielle Vorschrift ertheilt, welche der Förster genau
zu befolgen hat.

§. 54. f) Einrichtung des Nummer- und Anweisebuchs. Das
nummerirte Holz trägt der Förster, vor der Abnahme desselben durch den Oberförster, in das von ihm zu führende Nummerbuch ein, welches demnächst zugleich
als Anweisebuch dient. Die Formulare dazu erhält er vom Oberförster. Jeder
mit einer besonderen Nummer versehene Holzposten, mithin jeder Bau- oder
Nutzholzstamm, jeder Nutzholz-Sortiments-Haufen, und jeder selbstständig auf-
gesetzte Klafterstoß, ist im Nummerbuche einzeln auf einer besonderen Linie der
Nummerfolge nach einzutragen.

§. 55. g) Abnahme des Schlages durch den Oberförster. Unter
Zugrundelegung des von dem Forstschutzbeamten aufgestellten Nummerbuches
zählt der Oberförster in Gegenwart des Försters und in der Regel auch des
Holzhauermeisters oder eines anderen Holzhauers den Schlag ab, und läßt als
Zeichen der erfolgten Abnahme jeden einzelnen Holzposten neben der Holznummer,
soweit es irgend thunlich ist, mit dem Revierhammer anschlagen.

Ist das Nummerbuch bei der Abnahme des Schlages richtig befunden,

---

[26]) Geändert Vf. ML. 8. Jan. 02 (DFZ. Neudamm XVII. 221).

resp. nach dem Befunde im Schlage berichtigt worden, so wird der Abschluß in den Summenzahlen für die einzelnen Holzgattungen festgestellt und mit dem Bemerken:

„Abgenommen den ... ten .... 18 ...“

vom Oberförster und Förster unterschriftlich vollzogen.

Sind Correcturen in den Schlußzahlen, nachdem dieselben mit Dinte geschrieben unvermeidlich, so ist in dem Abnahme-Vermerke die Stück-, Schock- und Klafterzahl in Worten auszudrücken.

Die über jede Abzählung auf Grund des geprüften und festgestellten Nummerbuches aufzustellende Abzählungs-Tabelle des Oberförsters hat der Förster gleichfalls durch seine Namens-Unterschrift als richtig anzuerkennen.

Die bis zur Abnahme des Schlages ausgesetzte letzte Verlohnung der Holzschläger hat der Förster nunmehr durch Aufstellung des Schlußhauerlohnzettels zu veranlassen.

Wegen der Anwesenheit in den Holzverkaufs-Terminen und der dabei von ihm zu besorgenden Geschäfte, namentlich des Ausrufens der Gebote, wird der Förster vom Oberförster mit Anweisung versehen.

§. 56. h) Holzabgabe. Vor Beendigung der Hauungen in einem Schlage, und Abzählung des gesammten angeschlagenen Materials durch den Oberförster, darf aus demselben kein Holz abgegeben werden.

Sollten die Verhältnisse vor vollständiger Beendigung des Schlages eine Holzabgabe aus demselben dennoch ausnahmsweise unumgänglich nothwendig machen, so muß das in demselben aufgearbeitete Holz zuvor durch den Oberförster vollständig abgezählt, der Hieb aber, so lange die Abfuhre dauert, durchaus eingestellt werden. Von der Bestimmung, daß Hieb und Abfuhre niemals zu gleicher Zeit in ein und demselben Schlage stattfinden dürfen, ist nur dann eine Ausnahme zulässig, wenn bei größeren Schlägen, deren Flächenausdehnung es zuläßt, die Holzhauer, nachdem ein Theil des Schlages aufgearbeitet ist, in einem anderen, durch den stehenden Ort, oder sonst gänzlich von ersterem getrennten Theile anderweitig angelegt werden, oder wenn die besonderen Absatzverhältnisse eines Reviers eine Abweichung unabweisbar machen, zu deren Gestattung der Förster vom Oberförster schriftlich ermächtigt wird. Auch in diesem Falle darf aber vor vollständiger Beendigung und Abnahme des Schlages Einschlag und Abfuhre desselben Sortiments zu gleicher Zeit nicht gestattet werden.

Ebenso müssen die Schläge, wo Berechtigte auf Raff- und Leseholz, Abraum 2c. oder Heidemiether vorhanden sind, für diese bis zur völligen Beendigung des Einschlags geschlossen bleiben.

§. 57. i) Holzverabfolge-Zettel. Zu jeder Holzabgabe erhält der Förster durch den Holzempfänger auf gedrucktem Formulare einen Holzverabfolge-Zettel, welcher mit einer Ordnungs-Nummer versehen ist, und die genaue Bezeichnung des Wirthschaftsjahres, des Schutzbezirks, des Jagens, Distrikts oder Schlages, ferner des Holzempfängers, der Holznummern, sowie der Qualität und Quantität der zu verabfolgenden Hölzer, und endlich der dafür zu leistenden Geldzahlung enthält, und bis auf die nachstehend gestatteten Ausnahmefälle stets mit der Quittung des Forstkassen-Rendanten, resp. des Forstgelderhebers über den Empfang jener Geldzahlung, sowie in der Regel auch mit der Unterschrift des Oberförsters oder Revierförsters versehen sein muß.

Die Unterschrift des Oberförsters oder Revierförsters darf ohne Beeinträchtigung der Gültigkeit des Zettels für den Forstschutzbeamten nur fehlen auf Verabfolgezetteln über Holz, welches im Wege der Licitation verkauft ist, sofern die Regierung die Anordnung getroffen hat, dass der Oberförster die Zettel über Licitationshölzer nicht mit zu vollziehen braucht[27]).

Die Quittung des Forstgelderhebers darf ohne Beeinträchtigung der Gültigkeit des Zettels für den Forstschutzbeamten nur fehlen, wenn für das Holz gar keine Zahlung zu leisten ist, und der Oberförster dies auf dem Zettel ausdrücklich bescheinigt hat, oder wenn vom Rendanten oder dem Oberförster auf dem Zettel bescheinigt worden, daß mit Genehmigung der Regierung die Verabfolgung des Holzes vor erfolgter Bezahlung zulässig ist. Holzverabfolgezettel, auf denen Zahlen durchstrichen oder Rasuren vorgenommen sind, sind ungültig und dürfen nicht angenommen werden.

Der Förster hat jeden Holzverabfolgezettel rücksichtlich seiner Gültigkeit zu prüfen, sowie auch rücksichtlich der Richtigkeit der darauf verzeichneten Holznummern, Quantitäten, Sortimente und Geldbeträge mit den von ihm in der Licitation gemachten Notizen oder sonst ihm zugegangenen Mittheilungen über die Holzempfänger zu vergleichen, um, wenn bei der Zettelausstellung ein Versehen untergelaufen sein sollte, dessen Berichtigung durch Anzeige an den Oberförster, rechtzeitig herbeizuführen.

§. 58. k) Holzanweisung. Die Holzanweisung an die Empfänger hat ausschließlich der Förster zu besorgen. Er darf nur gegen Empfangnahme des vorschriftsmäßig ausgestellten Zettels (§. 57) und bei Abgaben an Berechtigte, auch der Quittung der Empfänger über den Empfang des Materials, Holz verabfolgen und dessen Abfuhre gestatten. Eine Ausnahme ist nur auf Grund schriftlicher Anweisung des Oberförsters, welche zur Begründung der Abweichung sorgfältig aufzubewahren ist, zulässig; der Förster hat aber in solchem Falle auf baldmöglichste Herbeischaffung des vorschriftsmäßigen Abfolgezettels zu halten.

Verliert ein Holzempfänger seinen Holzverabfolgezettel, so darf ihm das Holz nur gegen Beibringung eines vom Rendanten auszustellenden Duplikats, auf welchem ausdrücklich zu vermerken ist, daß dadurch das Unikat außer Kraft gesetzt wird, verabfolgt werden. Zur Holzanweisung werden in der Regel bestimmte Anweisetage vom Oberförster festgesetzt werden.

Als Zeichen der geschehenen Ueberweisung bleibt es dem Förster überlassen, die überwiesenen Holzposten an geeigneter Stelle mit seinem Namenszuge in farbiger Kreide oder auf andere Weise zu bezeichnen.

Die Führung so genannter Anweise=Hämmer Seitens der Forstschutzbeamten ist dagegen ohne specielle Genehmigung der Regierung untersagt.

§. 59. l) Verausgabung im Anweisebuche. Nach erfolgter Ueberweisung des Holzes, oder wenn solche für in der Licitation verkaufte Hölzer nicht erforderlich ist, nach Empfangnahme des Holzverabfolgezettels, sind sofort die betreffenden Nummern im Anweisebuche zu durchstreichen, und ist bei denselben die Nummer des Holzverabfolgezettels, der Name und Wohnort des Empfängers, soweit solches nicht bereits bei der Licitation notirt ist, und der Tag der Anweisung einzutragen.

Der Förster ist aber verpflichtet, auch das verkaufte und überwiesene Holz, so lange es noch im Walde sich befindet, vor Entwendung zu schützen.

Durch häufige Revision der eingeschlagenen Hölzer nach seinem Nummer- und Anweisebuche hat der Förster sich davon zu überzeugen, ob die Hölzer, welche danach vorhanden sein sollen, auch richtig vorhanden sind. Findet er, daß Holz fehlt, über welches der Verabfolgezettel ihm noch nicht behändigt ist, so hat er

---

[27]) Auch über alles im Wege der Licitation verkaufte Holz hat der Oberförster die Holzverabfolgezettel mit zu vollziehen Gesch.=Anw. für Oberförster Nr. 4. § 37 d. W. u. Vf. ML. 17. März 83 (DJ. XV. 96) auch Nr. 6: Anm. 6 d. W.

davon dem Oberförster sofort Anzeige zu machen, inzwischen aber mit Umsicht zu ermitteln, wohin das Holz gebracht ist und event. dasselbe so lange mit Beschlag zu belegen, bis weitere Entscheidung des Oberförsters erfolgt.

§. 60. m) **Aufbewahrung und Ablieferung der Holzverabfolgezettel.** Die eingegangenen Holzverabfolgezettel und Abgabe-Anweisungen hat der Förster als Beläge zu seinem Nummer- und Anweisebuche, gehörig geordnet, sorgfältig aufzubewahren, um sich durch dieselben jederzeit bei Revisionen der Schläge über die abgegebenen Hölzer gegen jeden seiner Vorgesetzten ausweisen zu können. Es muß entweder der Holzverabfolgezettel oder die Abgabe-Anweisung in den Händen des Försters, oder das Holz noch im Walde vorhanden sein. Für etwa fehlendes Holz hat der Förster Ersatz zu leisten, resp. Strafe zu gewärtigen, wenn das Fehlen von ihm nicht rechtzeitig entdeckt und dem revidirenden Vorgesetzten bereits vor der Revision angezeigt worden ist, oder wenn ihn in Beziehung auf die Entwendung der Vorwurf einer Vernachlässigung des gehörigen Forstschutzes trifft. Die Holzverabfolgezettel und Abgabe-Anweisungen darf der Förster nur dem Regierungs- und Forstrath[8]) oder Oberforstmeister aushändigen, oder versiegelt übersenden, muß sie aber auch dem Oberförster auf Erfordern jederzeit zur Einsicht vorzeigen. Am Jahresschlusse hat der Förster seine sämmtlichen Nummer- und Anweisebücher nebst den gehörig geordneten Abfolgezetteln in ein Packet zusammenzupacken und dieses, mit seinem Privatsiegel verschlossen, dem Oberförster zur Einsendung an den Regierungs- und Forstrath[8]) zu übergeben. Für jeden durch seine Schuld verloren gegangenen Holzverabfolgezettel hat der Forstschutzbeamte eine Ordnungsstrafe von 50 Pfg. zu gewärtigen.

§. 61. n) **Holzabgabe von nicht aufgearbeitetem Materiale.** Sollte ausnahmsweise der Verkauf oder die Abgabe von Holz auf dem Stamme genehmigt werden, so ist das Material vom Oberförster in Gemeinschaft mit dem Förster vorher speciell einzuschätzen, worüber ein von beiden Beamten zu vollziehendes Einschätzungsregister aufgestellt wird. Das Ergebniß der Einschätzung hat der Förster, gleich dem eingeschlagenen Materiale, in sein Nummer- und Anweisebuch einzutragen. Ueber das Verfahren beim Einschlage und der Abfuhre wird für solche Fälle besondere Anweisung ertheilt werden. Wenn Stockholz zum Selbstroden verkauft wird, treten die Empfänger resp. Roder rücksichtlich ihrer Kontrole durch den Förster über die Aufarbeitung ganz in die Stelle der Holzhauer, und es muß das durch sie gehörig aufzusetzende Material, wie alles übrige Holz nummerirt, in das Nummerbuch eingetragen und vom Oberförster abgenommen werden, auch die Ueberweisung an die Empfänger zur Abfuhre nur gegen Empfangnahme des Holzverabfolgezettels geschehen.

Einzelne unbedeutende Bruch- oder Frevelhölzer 2c., welche ihrer Geringfügigkeit halber nicht aufzuarbeiten sind, deren schleunige Verwerthung aber, um der Entwendung vorzubeugen, nothwendig ist, oder geringes zum Selbstroden überlassenes Wurzelholz sind auf Grund genauer Messung und Schätzung in das Nummerbuch einzutragen, und nach der darüber vom Oberförster zu erbittenden schriftlichen Anweisung dem von demselben bestimmten Empfänger, welcher zur baldigsten Beibringung des Holzverabfolgezettels anzuhalten ist, zu überweisen.

§. 62. b) **Abgabe von Wald-Nebenprodukten.** a) im Allgemeinen. Gras, Waldstreu, Pflänzlinge, Lehm, Sand, Steine, Torf und andere Waldprodukte, welche nach einem bestimmten Maße im Wege des Meistgebots, oder aus freier Hand verkauft werden, darf der Förster nur gegen Ablieferung der vom Oberförster ausgestellten und vom Forstkassen-Rendanten, resp. dem Forstgelderheber quittirten Verabfolgezettel überweisen, resp. deren Entnahme gestatten.

Sofern die Empfänger für dergleichen Nutzung zugleich Waldarbeit zu leisten haben, wird dem Förster dieserhalb die specielle Anweisung durch den Oberförster ertheilt.

Die Abgaben von dergleichen Waldprodukten hat der Förster in ein dazu anzulegendes Anweisebuch für Waldnebenprodukte in chronologischer Reihenfolge einzutragen.

Die dazu gehörigen Zettel sind sorgfältig zu sammeln, nach ihrer Nummerfolge zu ordnen und am Jahresschlusse gleichzeitig mit den Holzverabfolgezetteln dem Regierungs= und Forstrath[8]) zur Revision der Rechnungsbeläge zuzustellen.

§. 63. b) Heidemiethe 2c. Das Einsammeln von Raff= und Leseholz, beziehungsweise von Abraum, Lagerholz 2c. darf der Förster den Einmiethern nur gegen Vorzeigung des vom Oberförster, und wenn die Nutzung nicht unentgeltlich überlassen ist, auch vom Forstgelderheber vollzogenen Legitimationsscheins, resp. Heidemiethezettels unter genauer Beachtung der ihm vom Oberförster bekannt zu machenden forstpolizeilichen Beschränkungen gestatten.

Dasselbe gilt, wenn andere Wald=Nebenprodukte, z. B. Streu, Heide, Gras, Waldfrüchte 2c. in ähnlicher Weise durch Ausgabe von Erlaubnißscheinen zur Gewinnung derselben verwerthet werden.

Ueber die Vorschriften, welche für die, zu Raff= und Leseholz und zu sonstigen Holz=, Streu=, Gras= 2c. Nutzungen Berechtigten rücksichtlich der Ausübung ihrer Berechtigung bestehen, hat der Förster sich genau zu unterrichten, und gehörig darüber zu wachen, daß jenen Vorschriften nicht zuwider gehandelt wird, und daß unberechtigte Personen sich nicht dergleichen Nutzungen anmaaßen.

§. 64. c) Waldweide. Der Eintrieb des berechtigten, wie des eingemietheten Weideviehes, wird von dem Förster auf Grund des ihm vom Oberförster alljährlich im Frühjahre zuzustellenden und im Laufe des Jahres nach den etwa eintretenden Aenderungen zu berichtigenden Weidebuchs und der für die Hirten etwa ausgefertigten Weidescheine kontrolirt. In dem Weidebuche sind sowohl die Weideeinmiether und Pächter, einschließlich der etwa zur Waldweidenutzung verstatteten Forstbeamten, mit der eingemietheten Viehgattung und Anzahl, als auch die Weideberechtigten, mit der Angabe, ob und mit welchen Viehgattungen sie die Weide ausüben dürfen, ob und auf welche Viehzahl sie fixirt sind, und welche außergewöhnliche Beschränkungen in der Zeit oder in sonstiger Beziehung für die Weidenutzung etwa stattfinden, zu verzeichnen. Sämmtliche Vieheerden der fixirten und unbestimmten Berechtigten sind von dem Förster zu verschiedenen Malen während der Weidezeit nachzuzählen, und die Resultate der Zählung unter Angabe des Datums in das Weidebuch einzutragen, und unterschriftlich zu vollziehen, um danach kontroliren zu können, ob und wie viel Vieh von den Berechtigten wirklich eingetrieben wird. Dasselbe gilt von dem Vieh der Weidemiether. Das Weidebuch ist am Jahresschluß dem Regierungs= und Forstrath[8]) gleichfalls zur Kontrolirung der Jahres=Rechnung einzureichen.

§. 65. [7. Ausübung der Jagd. Schießbuch. Für die administrirten Jagden hat der Förster den Abschuß nur insoweit er ihm vom Oberförster übertragen wird, und nach dessen specieller Anweisung auszuüben. Er hat ein Schießbuch zu führen, in welches er alles in seinem Schutzbezirke, sei es von ihm selbst oder einem Anderen erlegte, zur administrirten Jagd gehörende Wild, und auch das Fallwild nach Gattung, Geschlecht und Stärke, unter Angabe des Datums und Ortes der Erlegung, unverzüglich einzutragen hat. Für zur hohen und Mittel=Jagd gehörendes Wild ist auch der Name des Erlegers zu verzeichnen. Zu diesem Behufe wird ihm der Oberförster, wenn der Förster bei der Erlegung oder Auffindung nicht zugegen gewesen ist, jedesmal spätestens innerhalb 6 Tagen die nöthigen Notizen zustellen.

Dem Förster gebührt für alles auf seinem Schutzbezirke erlegte Wild, welches zu der für Rechnung der Forstkasse administrirten Jagd gehört, das taxmäßige Schießgeld, und zwar, soweit für einzelne Reviere wegen der Vertheilung desselben unter die Schutzbeamten nicht anderweitige Bestimmungen Seitens des Ministerii angeordnet sind oder werden, dergestalt, daß er für alles von ihm selbst oder vom Oberförster, oder etwa einer dritten nicht zum Forstschutzpersonale der Oberförsterei gehörigen Person erlegte Wild den vollen taxmäßigen Betrag, dagegen für alles von einem andern Forstschutzbeamten der Oberförsterei, oder von dem etwa vom Oberförster, besonders für den Abschuß gehaltenen gelernten Jäger auf seinem Schutzbezirke erlegte Wild, nur die Hälfte des taxmäßigen Schießgeldes, der Erleger aber die andere Hälfte desselben vom Oberförster zu erhalten hat. Soweit ausnahmsweise die Administration auch auf die niedere Jagd sich erstreckt, ist für kleines Wild, welches auf vom Oberförster mit eigener Aufwendung von Treiberlöhnen veranstalteten Treibjagden erlegt wird, nur die Hälfte des Schußgeldes, und zwar an den Förster des betreffenden Schutzbezirks vom Oberförster zu zahlen.

Das Schießbuch ist am Jahresschlusse dem Regierungs- und Forstrath[8]) Behufs Prüfung der Abschuß-Nachweisung einzureichen.

Der Förster ist verbunden, den Oberförster bei Ausübung der Jagd in seinem Schutzbezirke, auch wenn sie an den Oberförster verpachtet ist, nach dessen specieller Anweisung zu unterstützen, und zur Erhaltung und Verbesserung der Wildbahn nach Kräften mitzuwirken.

Es gehört zu den Dienstpflichten der Förster, bei dem Betriebe der administrirten Jagd auch außerhalb des ihnen speciell überwiesenen Schutzbezirkes, in andern benachbarten Schutzbezirken derselben Oberförsterei auf Anordnung und nach Anweisung ihres Vorgesetzten Hülfe zu leisten[28]).

Außer der Verhinderung der Jagdfrevel hat er daher, wenn es nöthig, das Austreten und das Abschießen des Wildes an fremden Grenzen durch häufige Patrouillen auf den gefährdeten Strecken zu verhindern, die Vertilgung des Raubzeuges sich angelegen sein zu lassen, die angeordneten Spurgänge auszuführen, die Wildfütterungen nach Anweisung des Oberförsters zu besorgen, und bei Herstellung der Salzlecken behülflich zu sein. Auch für die verpachteten Jagden steht dem Forstschutzbeamten die Ausübung der Jagdpolizei zu, und ist er auch hier zur Verhinderung der Jagdfrevel verpflichtet.

Auf den administrirten oder dem Oberförster verpachteten Jagdrevieren soll es dem Förster, wenn ihm die Führung der Schußwaffen oder die Ausübung der Jagd nicht etwa überhaupt untersagt ist, für seinen Schutzbezirk, und unbeschadet der gleichen Befugniß des Oberförsters und anderer Forstbeamten, gestattet sein[29]), Füchse, Marder, Fischottern und sonstiges kleines Raubzeug, so wie Dachse, Kaninchen, Wasserhühner, Gänse, Enten, Wachteln, Schnepfen, Bekassiene und kleine Brachvögel zu erlegen, und nach Eintragung desselben in sein Schießbuch, ohne dafür etwas zu zahlen, in seinen Nutzen zu verwenden.

Diese Befugniß des Försters unterliegt jedoch folgenden Einschränkungen:
1. Ueber alles vorstehend bezeichnete Wild, welches auf vom Oberförster veranstalteten Treibjagen erlegt wird, steht die Disposition dem Oberförster allein zu. Der Förster darf Treibjagen nur mit specieller schriftlicher Genehmigung des Oberförsters anstellen.

---

[28]) Zusatz Vf. 27. Okt. 74 (D.J. VII. 148).

[29]) Die Befugnisse der Forstbeamten sind in den neuerdings vorgeschriebenen „Allgemeinen Bedingungen für die Verpachtung forstfiskalischer Jagden" etwas abweichend hiervon geregelt Nr. 4 Anl. E d. W.

2. Füchse darf der Förster, so weit nicht deren Schonung zeitweise angeordnet wird und dann das Schießen, Graben und Fangen derselben ganz unterbleiben muß, zu jeder Zeit schießen und fangen, und mit Erlaubniß des Oberförsters auch graben.

3. Dachse darf der Förster so lange nicht fangen oder erlegen, als es ihm vom Oberförster etwa untersagt wird. Das Dachsgraben ist nur mit jedesmaliger specieller Genehmigung des Oberförsters zulässig. Das nächtliche Hetzen des Dachses und das Schießen auf dem Anstande am Baue ist gänzlich untersagt.

4. Enten, Gänse und Waldschnepfen 2c. darf der Förster nur auf dem Zuge, Einfalle, Striche schießen. Die Suchjagd ist ihm nur mit specieller Genehmigung des Oberförsters an den von diesem dazu bezeichneten Orten gestattet.

5. Der Drosselfang ist nur in der hierzu frei gegebenen Zeit[30]) und an den vom Oberförster zur Anlegung eines Dohnenstrichs gestatteten Orten zulässig, kann aber von der Regierung auch ganz untersagt werden. So weit durch gesetzliche Bestimmung oder polizeiliche Verordnung der Fang der Krammetsvögel verboten ist, haben sich selbstverständlich auch die Forstbeamten hiernach zu achten. Vogelheerde dürfen nicht gestellt werden.

6. Der Oberförster ist befugt, für einzelne Reviertheile, in denen die Jagd ihm verpachtet ist oder administrirt wird, zeitweise das Schießen ganz zu untersagen. Für alle übrigen verpachteten Jagden entscheiden seine Vorgesetzten darüber, welche Befugnisse dem Förster in Betreff der Jagdausübung nach Maßgabe des Pacht-Kontraktes zugestanden werden können.

In keinem Falle darf der Förster zu irgend einer Art Jagd andere Theilnehmer ohne Erlaubniß des Oberförsters zuziehen.

§. 66. [8. Kulturen.] a) Ausführung und Beaufsichtigung der Kulturen, Wegebauten 2c. Bei den Vorarbeiten zum Kultur- und Wegebauplane, z. B. der Vermessung der Kulturflächen, der Ermittelung des Umfangs der in älteren Kulturen erforderlichen Nachbesserungen, dem Vermessen und Abstecken neu anzulegender Wege und Gräben 2c. hat der Förster den Oberförster nach Kräften zu unterstützen. Der Förster erhält vom Oberförster einen Auszug aus dem genehmigten Kulturplane für seinen Schutzbezirk, und genaue örtliche Anweisung über die Art und Weise der Ausführung jeder einzelnen Kultur, insbesondere auch über die Höhe der zu gewährenden Tagelöhne.

Er hat nach dieser Anweisung die Kultur-, Wegebau- und sonstigen Verbesserungsarbeiten auszuführen.

Er muß deshalb für die einzelnen Kultur-Arbeiten, soweit sich der Oberförster die Auswahl der Kultur-Arbeiter nicht persönlich vorbehält, vorzugsweise nur solche Arbeiter auswählen, resp. durch den Kulturmeister oder Vorarbeiter bestellen lassen, welche durch Uebung schon einige Fertigkeit gerade für die vorliegende Arbeit erlangt haben, auch dafür sorgen, daß zu Arbeiten, welche durch Frauen und Kinder eberso gut und oft besser als durch Männer verrichtet werden können, z. B. das Umlegen und Einsetzen kleiner Pflänzchen, Aussäen des Samens, Reinigen der Saatkämpe 2c. vorzugsweise nur Frauen und Kinder, welche mit einem geringeren Lohnsatze sich begnügen, verwendet werden.

Die Anstellung der Arbeiter muß der Förster für jede einzelne ihm zur

---

[30]) Nr. I 4 Anm. 61, Anl C, § 8 Abs. 2 d. W. Die in den einzelnen Landestheilen geltenden Polizeiverordnungen Nr. I 4 Anl. A, enthalten zum Theil einschränkende Vorschriften. —

Die Dohnen dürfen nur während der Fangzeit fängisch gehalten werden; später sind sie abzunehmen oder die Schlingen sind auszuziehen Vf. ML. 13. Juli 98 (MB. 205).

Ausführung übertragene Kulturarbeit selbst besorgen, und bei allen Arbeiten möglichst viel, bei den wichtigeren und den Tagelohn=Arbeiten, soweit es irgend thunlich, stets zugegen und in der Regel jeden Tag der Erste und der Letzte auf dem Kulturplatze sein.

Die zu den Kulturen zu verwendenden Sämereien erhält der Förster durch den Oberförster. Für deren richtige unverkürzte Verwendung ist er verantwortlich.

Die gute Ausführung der Kulturen, Wegebauten und sonstigen Verbesserungen, das Gedeihen der Pflanzungen und Saaten zu fördern, ist Pflicht und Ehrensache für den Förster. Dabei begangene Versehen und Nachlässigkeiten hat er voll zu vertreten und nach Umständen die hierdurch nutzlos verwendeten Kosten der Staatskasse zu ersetzen.

§. 67. b) Aufstellung der Kultur=Lohnzettel. Der Förster hat sämmtliche Kultur=, Wegebau= und sonstige Verbesserungsarbeiten in seinem Arbeiternotizbuche (§. 42) zu verzeichnen und auf Grund dieser Notizen die Lohnzettel auszustellen, wozu ihm die Formulare vom Oberförster geliefert werden.

Auf einem Lohnzettel dürfen mehrere Positionen des Kulturplans nicht zusammengefaßt werden.

Sind Arbeiten oder Lieferungen in Verdung gegeben, so hat der Förster, sobald sie ganz oder, wenn mehrere Auslohnungen resp. Abschlagszahlungen bedungen, zu dem bestimmten Theile ausgeführt sind, nachdem er sich von der guten und verdungmäßigen Ausführung gewissenhaft überzeugt hat, den Lohnzettel für den Arbeiter oder Lieferanten, mit genauer Angabe dessen Namens und Wohnorts auszustellen und dem Oberförster zu übermitteln. Bei Tagelohn=Arbeiten, welche von mehreren Arbeitern gemeinschaftlich ausgeführt sind, ist der Lohnzettel, unter Angabe der Zahl der betheiligten Arbeiter auf den Namen desjenigen Arbeiters auszustellen, und diesem zur Beförderung an den Oberförster zu übergeben, welcher zur Erhebung des Lohnes bei der Forstkasse und zur Vertheilung des Geldes an die einzelnen Lohnempfänger von seinen Mitarbeitern bestimmt wird. Vorher hat aber der Förster auf der Rückseite des Lohnzettels den Namen eines jeden Arbeiters und den von ihm verdienten Lohnbetrag einzutragen uud jeden Arbeiter hinter seinem Namen durch eigenhändige Unterzeichnung die Richtigkeit des für ihn berechneten Lohnes anerkennen zu lassen.

§. 68. c) Verwendung von Forst=Strafarbeitern. Werden dem Förster zur Verwendung bei den Forst=, Kultur= und Verbesserungs=Arbeiten Forst=Strafarbeiter[31]) überwiesen, so geschieht dies seitens des Oberförsters mittelst eines Verzeichnisses, in welchem die Namen der Strafarbeiter, die Zahl der von einem jeden derselben zu leistenden Arbeitstage, die Arbeit, zu welcher dieselben verwendet werden, resp. die Tagewerke angegeben sein müssen, welche dieselben leisten sollen. Der Förster muß die zur Ableistung der Strafarbeit erschienenen Arbeiter gehörig anstellen, ihnen die etwa zu leistenden Tagewerke überweisen, und während der Ausführung der Arbeiten dieselben angemessen überwachen.

Nach Ableistung der Arbeitszeit, oder nach Vollendung und gehörig geschehener Abnahme der aufgegebenen Tagewerke, hat der Förster die in vorgedachtem Verzeichnisse für die Bescheinigung, über die Verbüßung der Strafe offen gelassene Spalte gehörig und dergestalt auszufüllen, daß dadurch genau ersichtlich wird, welche Zahl von Strafarbeitstagen wirklich abgeleistet ist.

Die bescheinigte Nachweisung ist dem Oberförster zurückzugeben.

Ein gleiches Verfahren findet rücksichtlich der Forstdienstpflichtigen statt.

§. 69. [9. Waldpflege.] Es gehört zu den Dienstobliegenheiten des Försters auch nach Ausführung der Kulturen, deren Gedeihen nach Kräften zu fördern, und insbesondere die Waldpflege auch selbstthätig wahrzunehmen. Zu

---

[31]) Nr. I 3 § 14 u. Nr. 3 § 85 d. W.

diesem Behufe hat der Beamte bei manchen Arbeiten in den Saat= und Pflanz=Kämpen auch selbst mit Hand anzulegen, und zur Förderung des Wuchses edler Holzarten, z. B. der Eiche, Messer und Hirschfänger, besonders wo es zur Beseitigung verdämmender Wüchse erforderlich ist, fleißig zu gebrauchen.

Bei den Gängen im Reviere muß der Förster seine Aufmerksamkeit stets mit darauf richten, was in diesen Beziehungen zu thun ist, und kleine Uebelstände sofort selbst abstellen. Dies gilt namentlich auch in Beziehung auf die Waldwege, auf Ableitung des Wassers zur Verhinderung von Wasserrissen, Offenhaltung der Abzugsgräben und dergleichen mehr.

Das lebendige Interesse, welches jeder Forstbeamte für die Verbesserung des Zustandes seines Reviers und für die Ordnung in demselben zu beweisen hat, wird ihm an die Hand geben, in welcher Weise er für diese Zwecke eine nützliche Selbstthätigkeit üben kann.

§. 70. [**Dienstpapiere und Inventarienstücke.**] Sämmtliche Verordnungen, Regulative und Instruktionen, welche dem Förster übergeben werden, hat derselbe in ein Aktenstück zu heften, und mit seinen Nummerbüchern, Verabfolgezetteln und sonstigen Dienstpapieren in einem wohl verschlossenen Schranke aufzubewahren, auch für die Erhaltung und Aufbewahrung aller ihm sonst noch übergebenen Inventarienstücke, namentlich der Kultur=Instrumente, gehörig Sorge zu tragen.

III. Allgemeine Bestimmungen.

§. 71. [**1. Anwendung der Instruktion auf die Forstschutzbeamten überhaupt.**] Die Bestimmungen vorstehender Dienst=Instruktion sind maßgebend auch für Revierförster[32]), Hegemeister, Forstaufseher, Hülfsjäger, Waldwärter, und überhaupt für alle Forstschutzbeamte in Beziehung auf ihr Dienstverhältniß im Allgemeinen, so wie in Beziehung auf die ihnen obliegenden Funktionen für den Forstschutz und die ihnen übertragenen sonstigen Förstergeschäfte.

Die im §. 65 erwähnten Befugnisse bezüglich der Jagd stehen jedoch nur den etatsmäßig angestellten Forstschutzbeamten zu. Ob und in wie weit sie auch den Forstaufsehern und Hülfsjägern einzuräumen, hat der Oberförster im einzelnen Falle zu bestimmen.

§. 72. [**2. Bestrafung der Dienstvergehen und Regreßpflicht.**] Der Forstbeamte, welcher vorstehender Instruktion zuwiderhandelt und seine Amtspflicht versäumt oder verletzt, hat außer den ihn nach den allgemeinen Strafgesetzen oder Verordnungen etwa treffenden Strafen, disciplinarische Bestrafung zu gewärtigen, welche nach Umständen, insbesondere auch schon bei der ersten Zuwiderhandlung gegen die §§. 2, 16—20, 27, 28, 35 dieser Instruktion, in Dienstentlassung bestehen kann.

Außerdem hat der Beamte, jedes bei der Führung seines Amts begangene Versehen, welches bei gehöriger Aufmerksamkeit und nach den Kenntnissen, die für die Verwaltung des Amtes erfordert werden, hätte vermieden werden können und sollen, zu vertreten und den durch sein Verschulden dem Staate erwachsenen Schaden zu ersetzen.

Vorgesetzte, welche durch vorschriftsmäßige Aufmerksamkeit die Amtsvergehungen ihrer Untergebenen hätten hindern können, sind für den aus Vernachlässigung dessen entstehenden Schaden subsidiarisch mit verhaftet.

---

[32]) Revierförster sind Forstschutzbeamte, welche mit der Unterstützung oder Stellvertretung des Oberförsters bei Leitung und Beaufsichtigung von Betriebsgeschäften in einem oder mehreren Schutzbezirken beauftragt sind. Sie werden aus den Förstern ausgewählt und haben auch deren Rang. Anm. 1. — Uniform Anl. **A.**

Uniform=Reglement für die Königlich Preußischen Forstbeamten

Anlagen zu der **Uniform=Reglement für die Königlich Preußischen Forstbeamten ergangenen**

Anlage A (zu Anmerkung 9).

A. Wald-

	Uniformrock.	Achsel=Abzeichen.
I. Waldwärter und Forstschutz=Gehülfen, welche den Jäger=Lehrbrief nicht besitzen.	Ueberrock von grau und grün melirtem Tuche (hechtgrau) mit zwei Brustklappen, zwei Reihen je sechs grünbroncirter Wappenknöpfe, hinten mit juppenartigem Schnitt. Länge bis zu 6—8 Centimeter, oberhalb des Knies. Stehkragen von jagdgrünem Tuche, gegen 5 Centimeter breit, vorn abgerundet. Brustklappen im Innern von gleichem Tuche wie der Rock, Aermelaufschläge 18 Centimeter breit, von gleichem Tuche wie der Rock, mit jagdgrünem Vorstoß. Die Taschenklappen hinten mit einer Schnebbe, ebenfalls grün passepoilirt, mit je drei grünbroncirten Wappenknöpfen. Der Gurt hinten von dem Tuche des Rocks mit grünem Vorstoß zum Anknöpfen auf den obersten Knöpfen. Auf der linken Seite Hirschfängertasche.	Keine.
II. Waldwärter, welche den Jäger=Lehrbrief besitzen, Hülfsjäger und Forstaufseher.	Wie bei I.	Zwei Streifen gerade neben einander von 6 Millimeter breiter jagdgrüner wollener Plattschnur, unten am Aermeleinsatz eingelassen, oben unter dem Kragen an einem kleinen grünen Wappenknopf befestigt.
III. Förster, Hegemeister, Forstreferendare.	Wie bei I. Der Forstreferendar mit einem Kragen von jagdgrünem Sammet.	Drei Streifen gerade neben einander von vorbezeichneter Schnur. Der Hegemeister mit einem goldenen Sterne von 1 Centimeter □, auf der Mitte des Achselstücks.
IV. Revierförster.	Wie bei I., aber mit grünem Sammetkragen.	Vier Streifen gerade neben einander von vorbezeichneter Schnur.

¹) AE. 22. März 02.

Förster-Dienstinstruktion.

vom 29. Dezember 1868 (DJ. II. 3) unter Berücksichtigung der Abänderungen.

Uniform.

Anlage A (zu Anmerkung 9).

Hirschfänger.	Kopfbedeckung.	Beinkleider.
Hirschfänger mit Messer, Griff von Hirschhorn ohne Bügel mit gelbem Beschlage, schwarzer Scheide, gelber Zwinge, durch den Rock gesteckt, so daß nur der Griff über dem Rocke bleibt, an beliebigem unter dem Rocke befindlichen Koppel. Ohne Troddel oder Portepee. Statt des Hirschfängers kann ein Kulturmesser getragen werden.	Grün=grauer Filzhut von der Farbe des Rocks, mit 7 Centimeter breiter Krempe und 11 Centimeter hohem, länglich runden Kopfstücke, garnirt mit einem 2 Centimeter breiten Bande von jagdgrünem Tuch, die Krämpe eingefaßt mit demselben grünen Tuch. Auf der linken Seite, um die Kokarde ein Gemsbart von Gems= oder Rehhaar mit 8 Centimeter Durchmesser. Vorn der Königliche Adler von Messing oder Tombak mit 5 Centimeter Flügelspannung und 3 Centimeter Höhe. Während der 6 Wintermonate Oktober bis einschließlich März ist an Stelle des grün=grauen Filzhutes das Tragen der nachstehend beschriebenen Kopfbedeckung gestattet: Cylinderförmige, im Deckel etwas ovale, grün passepoilirte, nach Belieben zu fütternde Mütze von grüngrauem Uniformstuche, 10 Centimeter hoch, oben und unten von gleichem Umfange, mit einem in die Höhe zu klappenden, in der	Beinkleider von demselben Tuche wie der Rock mit jagdgrünen Biesen. Fußbekleidung der Oertlichkeit entsprechend. Zu den Hofjagden haben die Forst= und Jagdbeamten in Kniestiefeln über den Beinkleidern zu erscheinen. Beim Dienst zu Pferde beliebige Sporen.
Wie vor. Goldenes Portepee mit grüner Seide und dünnen Kantillen[1]).		
Wie bei V. auf Seite 227.		

	Uniformrock.	Achsel=Abzeichen.
V. Forstassessoren.	Wie bei IV., aber die Brustklappen im Innern von jagdgrünem Tuche.	Fünf Streifen gerade neben einander von vorbezeichneter Schnur.
VI. Oberförster.	Wie bei V.	Fünf Streifen, die drei mittleren geflochten, von vorbezeichneter Schnur.
VII. Forstmeister.	Wie bei V.	Sieben Streifen von vorbezeichneter Schnur, sämmtlich in ein Geflecht vereinigt, mit einem goldenen Sterne, 1 Centimeter □, auf der Mitte des Geflechts.
VIII. Regierungs= und Forsträthe.	Wie bei V.	Wie bei VII., aber mit zwei goldenen Sternen über einander.
IX. Oberforstmeister.	Wie bei V.	Wie bei VII., aber mit drei goldenen Sternen über einander.
X. Oberforstmeister mit dem Range der Räthe dritter Klasse.	Wie bei V.	Wie bei VII., aber mit einer kleinen silbernen Eichel auf der Mitte des Geflechts.
XI. Landforstmeister mit dem Range der Räthe zweiter Klasse.	Wie bei V.	Wie bei VII., aber mit zwei kleinen silbernen Eicheln über einander.
XII. Landforst= meister mit dem Range der Räthe erster Klasse[2]).		Wie bei VII., aber mit zwei kleinen goldenen Eicheln über einander.
XIII. Oberlandforst= meister u. Ministerial= direktor.	Wie bei V.	Wie bei VII., aber mit drei kleinen silbernen Eicheln über einander.

Als Ueberzieher dient ein Rock von gleichem Tuche und Schnitte wie der Wald= Uniformrock, nur von größerer Länge und Weite, und ohne Achselabzeichen. Es bleibt aber auch gestattet, einen gewöhnlichen Militair=Mantel oder Paletot von dunkelgrauem Tuche, mit Kragen von jagdgrünem Tuche und glatten gewölbten gelben Metallknöpfen zu tragen.

[2]) AE. 18. Jan. 99.

Hirschfänger.	Kopfbedeckung.	Beinkleider.
Hirschfänger mit Messer, mit weißem Griff, mit vergoldetem Bügel, der wie die Parirstange in einem Hirsch= lauf endigt, vergoldeten Kuppen auf Griff und Messer, schwarzer Scheide mit vergoldeten Beschlägen und Zwinge. Durch den Rock ge= steckt. Goldenes Portepee mit jagd= grüner Seide und dünnen Kantillen. Beim gewöhnlichen Dienst im Walde kann jedoch ein beliebiger anderer Hirschfänger oder ein Kulturmesser ohne Portepee getragen werden. Wie bei V., jedoch das Portepee mit starken Kantillen.	Mitte 5 ½ Centimeter hohen, oben mit grün= grauem, unten mit grünem Tuche über= zogenen Schirme von weichem Leder, nebst einem kapuzenartigen, nur das Gesicht frei= lassenden, 17 Centimeter langen, von den Schirm= ecken ab hinten mit der Mütze fest verbundenen Anhange von demselben grün=grauen Tuche, dessen 2, bis auf 5 ½ Centimeter sich ver= jüngende vordere Aus= läufer unter dem Kinn mit zwei kleinen grünen Wappenköpfen zusam= men gehalten werden. Dieser Anhang kann hinten und an den Seiten einmal zusam= mengefaltet und so um die Mütze gelegt wer= den, daß er dieselbe in Form eines Aufschlages umgiebt, welcher sich von den Schirmecken ab nach vorne, wo er durch die 2 Wappenknöpfe zu= sammengehalten wird, allmälig von 8 ½ bis 5 ½ Centimeter ver= schmälert und für die über den Knöpfen, an der Mütze anzu= bringende Kokarde und den Dienstadler einen 4 ½ Centimeter hohen Platz freiläßt. Bei Hofjagden darf nur der grün=graue Filz= hut getragen werden. Für alle Beamte gleich.	Wie bei I. Für alle Beamte gleich.

Rücksichtlich der Befugniß zum Tragen der Ehrentroddel und des Offiziers= portepees für frühere Militairs, sind die Allerhöchsten Bestimmungen auch ferner für die Forstbeamten maßgebend.

B. Interims-

Den Forstbeamten ist gestattet, als Interims-Uniform zu tragen:

Waffenrock: von jagdgrünem Tuche ohne Vorstoß mit Aermelaufschlägen, welche oben in einer Schnebbe auslaufen, von demselben Tuche, die Aermel geschlitzt, mit je zwei Tuchknöpfen am Schlitz. (Auf den Aermelaufschlägen keine Knöpfe.) Vorn eine Reihe von 8 vergoldeten Wappenknöpfen, hinten an jeder Seite drei dergleichen Wappenknöpfe. Kragen von jagdgrünem Tuche oder Sammet, wie bei der Wald-Uniform vorgeschrieben ist.

C. Staats-

	Uniformrock.	Achsel-Abzeichen.
I. Forstassessoren.	Waffenrock ohne Vorstoß von jagdgrünem Tuche, welcher bei 12 — 15 Centimeter oberhalb des Knies endigt. Kragen und Aufschläge von demselben Tuche, mit einer Eichenguirlande in Gold gestickt. Vorn in einer Reihe 8, hinten an jeder Seite 3 vergoldete Wappenknöpfe.	Fünf Streifen gerade neben einander von goldener 6 Millimeter breiter Plattschnur, unten am Aermelansatz eingelassen, oben unter dem Kragen an einem kleinen vergoldeten Wappenknopfe befestigt.
II. Oberförster.		Fünf Streifen der bei I. bezeichneten Plattschnur, aber die drei mittleren Streifen geflochten.
III. Forstmeister.	Wie vor.	Vier Streifen goldener Rundschnur, von 2 Centimeter Umfang, die beiden mittleren gedreht, mit doppeltem Geflecht am unteren Ende, über dem Aermelansatz aufgenäht, oben unter dem Kragen an einem kleinen vergoldeten Wappenknopfe befestigt. Mit einem goldenen Stern auf dem Geflecht.
IV. Regierungs- und Forsträthe.		Wie bei III., aber um den rechten Arm mit Achselschnüren und mit zwei goldenen Sternen auf dem Achselgeflecht.

Uniform.

Achselabzeichen: wie bei der Wald-Uniform, jedoch von goldener Plattschnur.
Hirschfänger: wie bei der Wald-Uniform.
Kopfbedeckung: Tuchmütze von der Farbe des Rocks und der Form der Militairmützen
mit Schirm, ohne Passepoil, oder Hut wie bei der Wald-, resp.
Staats-Uniform.
Beinkleider: von militairgrauem Tuche mit grünen Biesen.

Uniform.

Hirschfänger.	Kopfbedeckung.	Beinkleider.
Hirschfänger mit Messer, mit weißem Griff, vergoldetem Bügel, der wie die Parirstange mit einem Hirsch-laufe endigt, vergoldeten Kuppen auf Griff und Messer, schwarzer Scheide mit vergoldeten Beschlägen und Zwinge. Goldenes Portepee mit jagdgrüner Seide und dünnen Kantillen. An einem Koppel von goldener 5 Centimeter breiten Tresse, mit vergoldetem Schlosse, auf welchem ein silberner Adler mit der Krone befindlich. Das Koppel wird über den letzten Knopf des Rocks um den Leib gelegt. Wie bei I. Hirschfänger wie bei I., aber an einem 5 Centimeter breiten goldenen Bandelier, auf grünem Sammet über die Schulter. Auf dem Ban-delier vorn auf der Brust ein ovales goldenes Schild mit silbernem Adler und Krone. Goldenes Portepee mit jagdgrüner Seide und starken Kantillen.	Schwarzer Filzhut mit 7 Centimeter breiter Krämpe und länglich rundem Kopf-stücke von 11 Centimeter Höhe, garnirt mit doppelter goldener Rundschnur, an deren Enden zwei goldene Eicheln sind, mit einer Agraffe von goldener Schnur an ver-goldetem Wappenknopfe über der Kokarde. Dazu bei kleinen Gelegen-heiten ein sogen. Gemsbart von Gems- oder Rehhaar mit 8 Centimeter Durch-messer, bei großer Gala ein schwarzer herabfallender Roßschweif. Vorn der König-liche Adler, vergoldet, wie bei der Wald-Uniform.	Bei kleinen Gelegen-heiten (halber Gala) grüne, an jeder Außenseite mit einer 2,62 Centimeter breiten goldenen Eichenlaub-tresse besetzte Tuch-Beinkleider von der Farbe des Rocks, bei großer Gala weiße, in gleicher Weise be-setzte Casimir-Bein-kleider, über die Stiefel mit Sporen.

	Uniformrock.	Achsel-Abzeichen.
V. Oberforstmeister.	Wie bei I., jedoch mit goldener Stickerei auch auf der Brust.	Wie bei IV., aber mit drei goldenen Sternen auf dem Achselgeflecht. ******
VI. Oberforstmeister mit dem Range der Räthe dritter Klasse.	Wie bei V.	Wie bei IV., aber mit einer silbernen Eichel auf dem Achselgeflecht.
VII. Landforstmeister mit dem Range der Räthe zweiter Klasse.	Wie bei V., jedoch mit Ausdehnung der Stickerei vorn bis nahe an das untere Ende des Rockes.	Wie bei IV., aber mit zwei silbernen Eicheln auf dem Achselgeflecht.
VIII. Landforstmeister mit dem Range der Räthe erster Klasse ³).		Wie bei IV., aber mit zwei goldenen Eicheln auf dem Achselgeflecht.
IX. Oberlandforstmeister u. Ministerialdirektor.	Wie bei VII.	Wie bei IV., aber mit drei silbernen Eicheln auf dem Achselgeflecht.

Halsbinde, sowohl wenn farbige, als wenn weiße Beinkleider getragen
    werden: schwarz.
Reitzeug: Englischer Sattel auf einer Schabracke von jagdgrünem Tuche,
    ad I. bis IV. ohne Einfassung, ad V. bis IX. mit einer $4^1/_2$
    Centimeter breiten goldenen Eichenlaub-Tresse eingefaßt.

---

³) AE. 18. Jan. 99.

Hirschfänger.	Kopfbedeckung.	Beinkleider.
Hirschfänger wie bei IV., jedoch oben mit Adlerknopf. Portepee wie bei IV. Der Hirschfänger wird an einem beliebigen unter dem Rock befindlichen Koppel, durch den Rock gesteckt, getragen, so daß nur der Griff über dem Rocke bleibt, und bei großer Gala mit einem Hornfessel an einem $1\frac{1}{2}$ Centimeter breiten goldenen Bandelier auf grünem Sammet, welches mit silbernen den Königlichen Namenszug enthaltenden Platten und Schnallen besetzt ist.	Wie bei I.	Wie bei I.
Wie bei V.		
Wie bei V.		Wie vor, aber die Tresse 4,56 Centimeter breit.
Wie bei V.	Wie vor, aber mit schwarz und weißem Federbusch.	

Rücksichtlich der Befugniß zum Tragen des Offiziers-Portepees für frühere Militairs sind die Allerhöchsten Bestimmungen auch ferner für die Forstbeamten maßgebend.

D. Allgemeine Bestimmungen.

1. Die Beamten der Forst-Nebenbetriebsanstalten (bei den Flößereien, Torfgräbereien 2c.) haben die Uniform der entsprechenden Klasse der Forstbeamten zu tragen, jedoch, sofern sie nicht gelernte Jäger sind, ohne den Hirschfänger; die verwaltenden Beamten statt des Hirschfängers einen Degen.

2. Die Forstrendanten, wenn sie als solche definitiv mit Pensionsberechtigung angestellt sind, können die Uniform, welche für Forstassessoren vorgeschrieben ist, tragen, jedoch statt des Hirschfängers mit dem Degen und bei der Walduniform die Brustklappen von gleichem Tuche, wie den Rock. Bei der Staats-Uniform fällt die Tresse an den Beinkleidern fort.

3. Alle Königlichen Forstbeamten sind verpflichtet, bei dienstlichen Verrichtungen, namentlich aber bei Ausübung des Dienstes im Walde, die vorschriftsmäßige Uniform zu tragen.

   Auf die höheren Forstbeamten, vom Regierungs- und Forstrath incl. ab aufwärts, findet dies nur bei Dienstreisen Anwendung.

4. Die Wald-Uniform ist die vorschriftsmäßige Dienstkleidung bei der Besorgung der Geschäfte im Walde, insbesondere für die Wahrnehmung des Forstschutzes.

   Bei Hofjagden müssen sämmtliche Forst- und Jagdbeamte stets in der Wald-Uniform mit hohen Stiefeln erscheinen.

5. Die Staats-Uniform ist von den Königlichen Forstbeamten anzulegen, wenn sie (außer bei Abhaltung einer Hofjagd) vor Allerhöchsten und Höchsten Herrschaften und bei Hofe erscheinen, oder vor dem Chef der Forstverwaltung außerhalb des Waldes dienstlich sich zu melden haben, sowie bei größeren feierlichen Gelegenheiten. Wenn dazu nicht ausdrücklich große Gala (weiße Beinkleider) angesagt wird, ist die Staats-Uniform der halben Gala zu nehmen. Diese ist auch anzulegen bei offiziellen Vorstellungen vor dem Ober-Präsidenten, Regierungs-Präsidenten und den oberen Ministerial-Forstbeamten, wenn dazu das Erscheinen in Staats-Uniform für den betreffenden Fall bestimmt wird.

6. Die Interims-Uniform kann getragen werden, wo die Staats- oder Wald-Uniform nicht bestimmt vorgeschrieben, aber das Erscheinen in Uniform erforderlich (z. B. bei Forstgerichtsterminen oder anderen dienstlichen Verhandlungen) oder doch angemessen ist, und der Beamte die Benutzung der Interims-Uniform der Wald-Uniform vorzieht.

   Uebrigens bleibt es den Forstbeamten unbenommen, ist vielmehr erwünscht, daß sie auch im Privatverkehr die Wald- oder Interims-Uniform tragen.

7. Die zum Waffengebrauche berechtigten Forstbeamten dürfen sich der Waffen beim Forst- und Jagdschutze nur bedienen, wenn sie mit dem Wald- oder Interims-Uniformrocke bekleidet und mit dem Dienstadler an der Kopfbedeckung versehen sind.

8. Die Forstbeamten in Uniform haben den Gruß durch An=
legen der Hand an die Kopfbedeckung abzugeben [4]).

9. Während des Sommerhalbjahres kann statt der vorschrifts=
mäßigen Walduniform eine Litewka aus graugrünem Woll=
stoff, von der Farbe der Wald=Uniform im Dienste getragen
werden [5]).

E. Beschreibung der Litewka.

A. Beschaffenheit.

Aus graugrünem Wollstoff.

a) Ueberschlagkragen von gleichem Stoff, verschließbar durch zwei Haken
und Oesen aus schwarz lackirtem Metall. Der Ueberschlag bedeckt die
Kragennaht.

b) Das rechte Bruststück greift 9 cm, das linke 4 cm über den Kragen=
schluß herüber, rechts 6 Wappenknöpfe von 1,5 cm Durchmesser, links
Knopflöcher auf einer unterhalb des Bruststückes angebrachten Stoff=
leiste, diese mit dem Bruststück durch 6 Zwirnriegel verbunden.

c) Auf beiden Seiten vorne je eine Schooßtasche mit 17 cm langem wage=
rechten Eingriff und 7 cm breiter Ueberfallklappe. Außerdem auf dem
linken Bruststück eine gleichartige Tasche 23 cm unter der Kragennaht
mit 6,5 cm breiter Ueberfallklappe. Im Innern rechts eine Brusttasche.

d) Achselstücke und Hirschfänger wie bei der Walduniform.

B. Sitz.

Joppenartig mit lose anliegender Taille. Länge bis zu 24 cm oberhalb
des Knie's.

----

[4]) AE. vom 30. April 70 u. Vf. FM. 9. Mai 70 (DF. III. 2).

[5]) Vf. ML. 4. Septbr. 97 (DF. XXIX. 184).

Anlage B (zu §. 29).

Verfügung des Ministers für Landwirthschaft, Domainen und Forsten, betreffend Vorschriften über die Benutzung und bauliche Unterhaltung der Dienstgehöfte der Staats-Forstverwaltung vom 31. Januar 1893 (MB. 31).

Ueber die Benutzung und bauliche Unterhaltung der Forstdienstgebäude nebst Zubehör wird hierdurch Nachstehendes festgesetzt:

§. 1. [Allgemeine Bestimmungen.] Diese Vorschriften finden Anwendung auf alle Dienstgehöfte der Staatsforstverwaltung mit Ausnahme der Forstakademiegebäude zu Eberswalde und Münden.

§. 2. Jedem Beamten liegt ob, die ihm zur Wohnung und zur Benutzung überwiesenen Gebäude und dahin gehörigen Gegenstände nicht anders, als dem Zwecke entsprechend, zu gebrauchen, solche reinlich zu halten, vorsichtig zu behandeln und dahin zu sehen, daß alles dies auch von den Seinigen gehörig geschehe.

Von jedem baulichen Mangel, dessen Beseitigung ihm nicht selbst obliegt und bis zur nächsten Bautenbesichtigung nicht ausgesetzt werden kann, hat er seinem nächsten Vorgesetzten ungesäumt Anzeige zu erstatten.

§. 3. [Zuweisung und Entziehung.] Aus der Zuweisung einer Dienstwohnung erwirbt der Beamte keinen Anspruch auf dauernde Belassung derselben, vielmehr hat die Rückgewähr auch dann, wenn letztere bei der Ueberweisung nicht ausdrücklich vorbehalten ist, auf Verlangen der vorgesetzten Behörde binnen einer von der letzteren zu bestimmenden angemessenen Räumungsfrist zu erfolgen, ohne daß dem Beamten hierdurch ein Anspruch auf besondere Entschädigung erwächst.

§. 4. Kein Beamter darf seine Dienstgebäude ohne Genehmigung der Königlichen Regierung, sei es ganz, sei es theilweise, an einen Anderen vermiethen oder abtreten, oder andere als zu seinem Hausstande gehörige Personen ohne Genehmigung der Regierung länger als sechs Monate bei sich aufnehmen.

§. 5. Jedem anziehenden Beamten werden die Gebäude und dahin gehörigen Gegenstände nach der Gebäudebeschreibung übergeben.

Der abziehende Nutznießer oder dessen Erben haben bei ihrem Abgange die ihnen obliegenden Bauverbindlichkeiten, sofern sie etwa noch damit im Rückstande sind, vollständig zu erfüllen, oder Ersatz der desfallsigen Kosten zu leisten, oder sich mit dem Nachfolger darüber zu vereinigen, daß dieser das Mangelnde zur Ausführung übernimmt. Der die Uebergabe leitende Beamte hat die Pflicht, bei der Auseinandersetzung zwischen dem an- und abziehenden Beamten die bestimmten Erklärungen, in welcher Art die vorgefundenen Mängel beseitigt werden sollen, in die Uebergabeverhandlung aufzunehmen.

§. 6. [Gebäudebeschreibung.] Ueber jedes Dienstgehöft wird eine vorschriftsmäßig in 3 Ausfertigungen anzulegende Gebäudebeschreibung und zwar je eine bei der Königlichen Regierung, dem Oberförster und dem Kreisbaubeamten, geführt, welche neben einer kurzen Beschreibung der Bauart und Beschaffenheit der zugehörigen Baulichkeiten einen Lageplan und die Zeichnung von jedem Gebäude enthält.

Diese Gebäudebeschreibung, welche nach jeder in dem Bestande eintretenden Veränderung laufend berichtigt beziehungsweise ergänzt wird, hat Nutznießer alsbald nach stattgehabter Uebernahme des Gehöftes und nach jeder Berichtigung auf der Ausfertigung des Oberförsters unterschriftlich anzuerkennen, so daß dieselbe stets den zeitigen Zustand des Gehöftes erkennen läßt und eine ausreichende

Grundlage für die Rückgewähr bildet. Wegen Anlegung und Fortführung der Gebäudebeschreibung wird auf die bestehenden besonderen Bestimmungen verwiesen.

§. 7. [Unterhaltungspflicht des Wohnungsinhabers.] Dem Nutznießer eines Dienstgehöftes liegen — außer der Fürsorge für die Reinigung und Lüftung — die nachstehenden Leistungen ob:

a) die Erhaltung der Verglasung und Verkittung in den Fenstern, Glasthüren und Oberlichten,

b) das Fegen der Schornsteine und die Reinigung der Heizkörper und ihrer Feuerzüge von Ruß, Asche und Schlacken,

c) die Unterhaltung der Oefen, Kamine, Küchenherde, Bratöfen und Kesselfeuerungen bezüglich der durch den Gebrauch nöthig gewordenen Ausbesserungen, insbesondere der Ergänzung einzelner Kacheln und Steine, sowie das Verzwicken und Verstreichen einzelner schadhafter Stellen an den inneren Flächen der Schornsteine und an dem Herdpflaster, dem Gewölbe und dem Lehmpelze der Backöfen[1]),

d) die Unterhaltung der Beschläge und Schlösser an Thoren, Thüren, Fenstern und Fensterläden, sofern nur einzelne Theile in Betracht kommen und nicht eine Erneuerung des Gesammtbeschlages oder des ganzen Schlosses erforderlich ist[2]),

e) der Anstrich der inneren Thüren und Fenster[3]), einschließlich der Doppelfenster, der Panele, hölzernen Verschläge und Wandschränke, soweit einzelne durch den Gebrauch abgenutzte Stellen eine Wiederherstellung der Farbendecke erfordern, und das Bedürfniß eines neuen Anstrichs des gesammten Gegenstandes nicht anzuerkennen ist,

f) die Unterhaltung und Erneuerung des Anstrichs der Fußböden und Fußleisten,

g) die Unterhaltung und Erneuerung des weißen Kalkanstriches an allen inneren Wandflächen und Decken, einschließlich des erforderlichen Abreibens derselben und stellenweiser Ergänzungen des Kalkputzes, sowie in Oberförster-Wohnungen die Unterhaltung und stellenweise Erneuerung der etwa auf Staatskosten hergestellten oder bei der Uebergabe als noch brauchbar übernommenen Tapezirungen, Malereien und Farbenanstriche an inneren Wandflächen und Decken, einschließlich des Abreibens schmutzig gewordener Tapeten.

Ferner ist bei sämmtlichen Forstdienstgehöften, also auch denjenigen der Forstschutzbeamten auf welchen letzteren Tapezirungen und Malereien, abgesehen von dem weiter unten erörterten Ausnahmefalle, auf Staatskosten überhaupt nicht hergestellt werden, im Falle des Stellenwechsels der Nachfolger gehalten, die Wohnräume tapezirt oder gemalt zu übernehmen, sofern nach Ansicht des die Uebergabe leitenden Beamten die etwa vorhandenen Tapeten oder Malereien noch gut erhalten sind. Ein Anspruch auf Entschädigung für dergleichen Herstellungen

---

[1]) Vorhängeschlösser werden auf Kosten der Staatskasse nicht beschafft.

[2]) Der äußere und innere Anstrich der Außenthüren und äußeren Fenster wird auf Kosten des Staates bewirkt.

[3]) Die Kosten für die nothwendige Erneuerung von Hauptbestandtheilen der Feuerungen und Heizungen, namentlich von Heizthüren, Rauchröhren, Kochplatten und metallenen Einsätzen der Bratöfen, insofern die Nothwendigkeit der Erneuerung nicht durch fahrlässigen Gebrauch veranlaßt ist, fallen der Staatskasse zur Last.

steht dem abziehenden Nutznießer nicht zu. Auch ist letzterer verpflichtet, etwaige nicht mehr brauchbare Tapeten oder Malereien auf Verlangen durch einen weißen Kalkanstrich zu ersetzen.

Entsteht bei Bauten, welche auf Kosten der Staatskasse ausgeführt werden, eine Beschädigung der vorhandenen Tapeten oder Malerei, so trägt auch bei Dienstgehöften von Forstschutzbeamten die Staatskasse die Kosten der Wiederherstellung.

h) das stückweise Ausbessern der Treppenstufen und Wangen, der Dielen, Bohlen, der in den Wirthschaftsräumen etwa vorhandenen Bretterregale, ferner der Pflasterungen, Lehmstriche und Scheunentennen,

i) das Verstopfen der Stroh- und Rohrdächer,

k) die Ausbesserung der Krippen, Raufen, Schweine- und Wassertröge,

l) die Reinigung der Brunnen und bei Pump- und Röhrbrunnen die Unterhaltung der Beschläge und der Verlederung der Ventile, bei offenen Brunnen die Unterhaltung des Eimers, der Zugstange und der Beschläge, der Zugkette oder des Zugseils, der Welle, Kurbel, Vorgelege ꝛc., sowie des Geschlinges oder Brunnenschrankes, ferner das Umwickeln der Pumpen und Wasserstöcke zum Schutz gegen Frosteinwirkung und das Einsetzen neuer Gummischeiben und Verlederungen in die Wasserhähne, sowie die Reinigung der auf dem Dienstgehöfte befindlichen Sammelbecken der Wasserleitungen,

m) die Ausbesserung der Umwährungen[4]), soweit dieselbe auf Erneuerung einzelner Pfosten, Bretter, Stangen, Spriegel, Latten oder Fache sich erstreckt, die Unterhaltung der Hecken, Erdwälle, Knicks, Grenzmale und Grenzgräben innerhalb der Dienstländereien und um dieselben, soweit es sich hierbei nicht gleichzeitig um die fiskalische Eigenthumsgrenze handelt, ferner die Unterhaltung der lediglich zur Verbindung mit den Dienstländereien dienenden Brücken und Durchlässe, der Drainagen, Schleusen und sonstigen Meliorationsanlagen und die Räumung der auf den Dienstländereien zu deren Verbesserung angelegten Gräben,

n) die Reinigung der Dung- und Abtrittsgruben nebst Zubehör[5]), sowie der auf dem Dienstgehöfte befindlichen Rinnsteine und Schlammfänge,

o) die Unterhaltung der Feuerlöschgeräthe, einschließlich der kleinen Handfeuerspritzen, sofern die Ausbesserungen nicht durch den Gebrauch beim Löschen oder in Folge eines Brandes nöthig geworden sind[6]),

p) die Wiederherstellung des früheren Zustandes im Falle von Beschädigungen, welche durch Muthwillen oder Fahrlässigkeit des Inhabers, seiner Angehörigen oder seines Gesindes veranlaßt sind,

q) die Anschaffung und Unterhaltung von Gegenständen des Luxus, der Neigung oder Bequemlichkeit.

Soweit das Trink- und Wirthschaftswasser aus gemeinschaftlichen Leitungen entnommen wird, hat der Nutznießer das dafür zu

---

[4]) Auf Kosten der Staatskasse werden Umwährungen, sofern nicht nachbarliche Pflichten oder ausdrückliche Ministerial-Genehmigung eine Abweichung rechtfertigen, nur für die Höfe, Schweinebuchten und Hausgärten, nicht aber für Feldgärten und andere Dienstländereien hergestellt.

[5]) Jauchepumpen werden auf Staatskosten weder angeschafft noch unterhalten.

[6]) Der Ersatz einzelner Theile an den Feuerlöschgeräthen, wie Kolben, Ventile, Schläuche ꝛc. erfolgt auf Kosten der Staatskasse.

entrichtende Entgelt zu zahlen. Die für den Bezug von Gas und elektrischer Kraft zu gewährende Entschädigung muß in allen Fällen von ihm geleistet werden. Dasselbe gilt von der Miethe für Wasser-, Gas- und Elektrizitäts-Messer. Endlich liegt dem Nutznießer die Beschaffung und Unterhaltung der im Anschluß an die Leitungen zu benutzenden beweglichen Gegenstände, als Schläuche, Gartenspritzen und dergleichen, sowie der Beleuchtungskörper und Brenner aller Art ob[7]).

Zu allen hiernach den Nutznießern zur Last fallenden Herstellungen wird denselben das erforderliche Holz mit Genehmigung der Königlichen Regierung unentgeltlich angewiesen. Wenn die Holzabgabe aus Königlichen Forsten nicht für angemessen erachtet wird, so ist dem Nutznießer der Werth des anderweitig beschafften Holzes, ausschließlich der Anfuhrkosten zu ersetzen.

§. 8. [Unterhaltung durch den Staat.] Soweit nach den vorstehenden Bestimmungen die Kosten der Unterhaltung der Dienstgebäude nicht dem Inhaber auferlegt sind, fallen dieselben der Staatskasse zur Last.

Insbesondere treffen die letztere die Kosten der Beseitigung aller Schäden, welche in Folge von Feuer, Gewittern, Stürmen, Hagelschlag, Hochwasser oder anderen Naturereignissen nothwendig geworden, oder welche nachweislich entstanden sind aus Mängeln der ersten Anlage, oder aus Veränderungen in der technischen Struktur des Gebäudes, wie Rissen und Lösungen der Mauern und Decken.

§. 9. [Bestimmungen zur besseren Erhaltung der Gebäude.] Die Schornsteine dürfen niemals mit feuerfangenden Gegenständen, als Holz, Stroh, Heu, Flachs und dergl. verpackt, sondern müssen von allen Seiten frei gehalten werden. Hölzerne Stangen in den Schornsteinen zum Aufhängen der zu räuchernden Fleischwaaren sind nicht zulässig. Die Aufbewahrung von Asche auf den Böden ist unbedingt untersagt.

Die Aufstellung von Wäscherollen (Mangeln) auf den Böden ist nicht statthaft.

§. 10. Die unmittelbar an den Gebäuden stehenden Sträucher und Bäume müssen weggenommen werden, namentlich ist dafür zu sorgen, daß die Zweige nicht den Dächern zu nahe kommen. Die Fundamente und Wände sind von Dünger, Unkraut und Koth frei, insbesondere aber die Schwellen stets trocken zu halten, weshalb auch eine den Gebäuden nachtheilige Anhäufung des Düngers in den Ställen nicht stattfinden darf. Ebensowenig ist es gestattet, Düngerstellen unmittelbar an den Gebäuden, Brunnen und Bewährungen anzulegen oder unmittelbar davor Holz, Torf, Reisig, Stroh, Rohr und dergl. aufzustapeln. Zur Anpflanzung von Spalierobst und Weinstöcken bedarf es der ausdrücklichen Genehmigung der Königlichen Regierung, welche die Zulässigkeit in jedem einzelnen Falle zu prüfen hat. Die Geländer für Spalierobst dürfen nicht an den Gebäuden selbst befestigt werden.

Die Neuanpflanzung von Schlinggewächsen an Gebäuden ist unzulässig. Ob vorhandene Anpflanzungen dieser Art, namentlich Epheuberankungen, beibehalten werden dürfen, bleibt dem Ermessen der Königlichen Regierung überlassen. Von den Dächern sind dergleichen Pflanzen aber unter allen Umständen zu entfernen.

Bäume, deren Aeste das Dachwerk der Gebäude berühren und beschädigen, sind zu entfernen[8]).

§. 11. [Superinventarien auf Dienstgehöften] Neubaue oder Ver-

---

[7]) Zusatz Vf. ML. 16. Juli 00 (DJ. XXXII. 293).

[8]) Zusatz Vf. ML. 25. Okt. 95 (DJ. XXVIII. 23).

änderungen in der Anordnung und baulichen Einrichtung der Dienstgebäude dürfen ohne schriftliche Genehmigung der Königlichen Regierung nicht stattfinden.

§. 12. Erhält auf seinen schriftlichen Antrag der Nutznießer die Genehmigung zur Herstellung superinventarischer Gegenstände für seine Rechnung, so erwirbt er damit keinerlei Anspruch auf einen etwaigen späteren Ankauf für Rechnung des Fiskus, übernimmt vielmehr für sich und seine Erben die Verpflichtung, auf Erfordern den früheren Zustand auf seine Kosten wieder herzustellen.

§. 13. Alle ohne eine solche schriftliche Genehmigung etwa beschafften baulichen Gegenstände oder vorgenommenen Baue und Veränderungen gehen, falls nicht die Wiederherstellung des vorigen Zustandes von der Königlichen Regierung verlangt wird, ohne Weiteres in das ausschließliche Eigenthum des Fiskus über, gleichviel, ob solche in der Gebäudebeschreibung nachgewiesen sind oder nicht. Demnach ist der Ankauf von dergleichen Gegenständen Seitens des Fiskus oder eines Dienstnachfolgers ausgeschlossen.

§. 14. [Oberaufsicht.] Die Königliche Regierung hat die Befolgung der den Inhabern obliegenden Verpflichtungen zu überwachen. Die vorgesetzten Forstbeamten und die Baubeamten haben bei ihren Besichtigungsreisen von dem Zustande der Dienstwohnungen Kenntniß zu nehmen und bei Wahrnehmung von Verstößen und Mängeln die entsprechende Abhülfe zu veranlassen.

Bezüglich der periodisch vorzunehmenden Besichtigungen der Dienstgehöfte behält es bei den bestehenden Bestimmungen sein Bewenden.

§. 15. [Schlußbestimmungen.] Die vorstehenden Vorschriften treten mit dem 1. April 1893 in Kraft. Mit demselben Zeitpunkte wird das Regulativ vom 13. Jaunar 1882 aufgehoben; dagegen behalten die in dem Anhange zu dem letzteren zusammengestellten Bestimmungen über die zum Gebiete des Hochbaues gehörigen Bauten im Ressort der Staatsforstverwaltung [9]), insoweit sie

nicht durch die Verfügung vom 9. Oktober 1889 $\frac{\text{III. } 12\,613 \text{ M. f. L.}}{\text{I. } 14\,433 \text{ F. M.}}$ [10]) hinsichtlich der Beschaffung der Zeichnungen für die Gebäudebeschreibungen abgeändert sind, auch fernerhin Gültigkeit.

§. 16. Entstehen durch Vernachlässigung der den Beamten nach den §§. 2, 4, 7, 9, 10 und 11 obliegenden Verpflichtungen erweislich Nachtheile oder Schäden, so fallen |die zur Beseitigung derselben aufzuwendenden Kosten ohne Rücksicht auf die Höhe dem säumigen Nutznießer zur Last.

Zuwiderhandlungen gegen diese Vorschriften, namentlich gegen die vorstehend bezeichneten Bestimmungen derselben, werden überdies von der Königlichen Regierung nach Befinden der Umstände disziplinarisch geahndet werden.

§. 17. Jeder mit einer Dienstwohnung versehene Beamte der Staatsforstverwaltung hat diese ihm einzuhändigende Vorschriften als Inventarium sorgfältig aufzubewahren und sich mit den Bestimmungen derselben vertraut zu machen.

---

[9]) (MB. 82. S. 56). | [10]) (DJ. XXII. 22).

Anlage C (zu §. 31).

Verfügung des Ministers für Landwirthschaft, Domänen und Forsten, betreffend Vorschriften über die Auseinandersetzung zwischen dem anziehenden und dem abziehenden Forstbeamten oder dessen Erben bei den Dienstübergaben, vom 11. März 1901 (DJ. XXXIII. 93).

1. [Geltung.] Diese Vorschriften treten an die Stelle des Regulativs zur Auseinandersetzung zwischen dem an- und abziehenden Forstbeamten resp. dessen Erben bei den Dienstübergaben vom 23. Juli 1840 und seiner späteren Ergänzungen und Erklärungen. Sie gelten für alle Forstbeamten und Beamten der Forst-Nebenbetriebsanstalten der Staatsforstverwaltung.

2. [Leiter der Dienstübergabe.] In der Regel wird die Dienstübergabe einer Oberförsterstelle durch den Regierungs- und Forstrath, die Uebergabe einer Forstschutzbeamtenstelle durch den Oberförster geleitet. Der Stellung der Betheiligten entsprechend wird auch die Uebergabe von Stellen der Nebenbetriebsanstalten geleitet.

3. [Uebergabe der Gebäude.] Zur Uebergabe der Dienstgebäude ist der Kreisbaubeamte zuzuziehen, wenn es die Regierung für erforderlich hält.

Diese Uebergabe erfolgt nach den „Vorschriften über die Benutzung und bauliche Unterhaltung der Dienstgehöfte der Staatsforstverwaltung".

Das Ergebniß ist in der Uebergabeverhandlung niederzulegen.

4. [Uebergabe der Dienstländereien.] Die bei der Stelle vorhandenen und zu belassenden Dienstländereien sind dem anziehenden Beamten an Ort und Stelle und unter Zugrundelegung der etwa davon vorhandenen Pläne zu überweisen. Können sie nicht am Tage der Dienstübergabe örtlich überwiesen werden, so ist dies innerhalb einer kurzen Frist nachzuholen.

Es bleibt den Betheiligten zunächst überlassen, sich über die Auseinandersetzung bezüglich der Dienstländereien gütlich zu einigen.

Erfolgt die Einigung, so hat der anziehende Beamte in der Uebergabe-Verhandlung zu erklären, daß diese gütliche Einigung auf die künftige Auseinandersetzung zwischen ihm oder seinen Erben und seinem Dienstnachfolger von keinem Einflusse sein soll.

5. [Vertheilung der Nutzungen und Kosten.] Verlangen die Betheiligten die Auseinandersetzung durch den Leiter der Uebergabe, so nimmt dieser sie nach folgenden Grundsätzen vor:

a) die Nutzungen des laufenden Wirthschaftsjahrs, welches vom 1. Juli des einen bis zum 30. Juni des darauf folgenden Jahres gerechnet wird, werden zwischen dem abziehenden und dem anziehenden Beamten nach der Dauer ihres Besitzes in diesem Jahre getheilt.

Da die Auseinandersetzung in der Regel am ersten Tage eines Monats oder kurz vorher oder nachher erfolgt, sind die Theilungseinheiten Zwölftel der Jahresnutzung.

Zu den der Theilung unterworfenen Nutzungen des laufenden Wirthschaftsjahrs gehört auch sämmtliches etwa schon vor seinem Beginne in demselben Kalenderjahre gewonnene Heu von Wiesen und mit Futterkräutern angebauten Flächen sowie Raps und Rübsen. Dasselbe gilt von der durch Beweidung oder als Grünfutter genutzten Kreszenz.

Nach demselben Verhältnisse, nach welchem die Nutzungen vertheilt werden, wird der dem Abziehenden von dem Anziehenden zu erstattende Theil der wirthschaftlich verwendeten Bestellungs- und Gewinnungskosten berechnet.

Wie die Nutzungen des laufenden Wirthschaftsjahrs und die darauf verwendeten Kosten nach der Dauer des Besitzes in diesem Jahre zu vertheilen sind, veranschaulicht die folgende Uebersicht:

Tag der Auseinandersetzung	Der Abziehende erhält		Der Anziehende	
	von den Nutzungen des laufenden Wirthschaftsjahrs	die aufgewendeten Bestellungs- und Erntekosten	erhält von den Nutzungen des laufenden Wirthschaftsjahrs	erstattet die aufgewendeten Bestellungs- und Erntekosten
1. Juli	Nichts	Sämmtlich	Alle	Sämmtlich
1. August	$\frac{1}{12}$	zu $\frac{11}{12}$	$\frac{11}{12}$	zu $\frac{11}{12}$
1. September	$\frac{2}{12}$	" $\frac{10}{12}$	$\frac{10}{12}$	" $\frac{10}{12}$
1. Oktober	$\frac{3}{12}$	" $\frac{9}{12}$	$\frac{9}{12}$	" $\frac{9}{12}$
1. November	$\frac{4}{12}$	" $\frac{8}{12}$	$\frac{8}{12}$	" $\frac{8}{12}$
1. Dezember	$\frac{5}{12}$	" $\frac{7}{12}$	$\frac{7}{12}$	" $\frac{7}{12}$
1. Januar	$\frac{6}{12}$	" $\frac{6}{12}$	$\frac{6}{12}$	" $\frac{6}{12}$
1. Februar	$\frac{7}{12}$	" $\frac{5}{12}$	$\frac{5}{12}$	" $\frac{5}{12}$
1. März	$\frac{8}{12}$	" $\frac{4}{12}$	$\frac{4}{12}$	" $\frac{4}{12}$
1. April	$\frac{9}{12}$	" $\frac{3}{12}$	$\frac{3}{12}$	" $\frac{3}{12}$
1. Mai	$\frac{10}{12}$	" $\frac{2}{12}$	$\frac{2}{12}$	" $\frac{2}{12}$
1. Juni	$\frac{11}{12}$	" $\frac{1}{12}$	$\frac{1}{12}$	" $\frac{1}{12}$

Ist der auf den Anziehenden hiernach treffende Theil der Ernte schon verbraucht oder verkauft, so daß er ihm in Wirklichkeit nicht überwiesen werden kann, so wird das daran Fehlende nach dem Marktpreise der nächsten Marktstadt zur Zeit der Auseinandersetzung vom Abziehenden vergütet.

Sind die Dienstländereien zur Zeit der Uebergabe verpachtet, so tritt an die Stelle der Ernte der Pachtentgelt für das ganze betreffende Wirthschaftsjahr und wird nach denselben Grundsätzen vertheilt.

b) Die Nutzungen aus früheren Wirthschaftsjahren verbleiben sämmtlich dem Abziehenden.

c) Die Nutzungen des künftigen Wirthschaftsjahrs erhält der Anziehende, er muß aber dem Abziehenden die darauf verwendeten Bestellungskosten insoweit erstatten, als die Bestellung wirthschaftlich angemessen ausgeführt ist.

6. [Ermittelung des Ernteertrages und Berechnung der Kosten.] Den Ernteertrag sowie die auf Erzeugung und Gewinnung der Ernte verwendeten baaren Ausgaben und Arbeitsleistungen des eigenen Gesindes und Gespannes für das laufende wie für das künftige Wirthschaftsjahr muß der Abziehende durch seine Wirthschaftsbücher nachweisen, zu deren ordentlicher Führung er verpflichtet ist. Geben diese Bücher Anlaß zu Bedenken über ihre Vollständigkeit und Richtigkeit, so sind die erforderlichen Angaben nach dem Ermessen des Uebergabeleiters, wenn nöthig, durch Vernehmung von Zeugen oder Sachverständigen festzustellen.

Für die Berechnung der Kosten gilt Folgendes:

a) Der Preis des Saatgutes wird nach dem Marktpreise der nächsten Markt=
stadt zur Zeit der Einsaat berechnet. Für angekauftes Saatgut ist der
nachweislich dafür gezahlte Preis anzurechnen.

Für ausdauernde Futterpflanzen, namentlich Klee und Gras,
wird nur diejenige Aussaat angerechnet, von welcher der Abziehende
noch keine Ernte gezogen hat.

b) Für Stroh und Dünger, die zur Zeit der Auseinandersetzung vorhanden
und aus der Wirthschaft gewonnen sind, mögen sie sich in den Ställen,
auf dem Hofe oder auf dem Acker befinden und aus dem laufenden
oder aus einem früheren Wirthschaftsjahre herrühren, wird dem Ab=
ziehenden nichts gezahlt. Sollte ihm nachgewiesen werden können,
Stroh oder Stalldünger im letzten Wirthschaftsjahre ohne Erlaubniß
und ohne vollwerthigen Ersatz durch künstlichen Dünger verkauft zu
haben, so hat er deren ganzen Werth nach dem Ermessen des Ueber=
gabeleiters an den Anziehenden zu zahlen.

c) Dem Dienstlande erweislich und nach wirthschaftlichen Grundsätzen zu=
geführter künstlicher Dünger wird mit dem dafür bezahlten Preise und
Anfuhrlohn angerechnet, sofern er nicht aus dem Erlöse für verkauftes
Stroh angeschafft war. Ebenso werden die Kosten einer Gründüngung
angerechnet, wenn die Gründüngungspflanzen nicht abgeerntet, sondern
untergepflügt worden sind. Hat der Abziehende von dem künstlich oder
grüngedüngten Felde schon eine Ernte bezogen, so werden die Kosten
des darauf verwendeten Kunstdüngers oder der Gründüngung nicht
angerechnet.

d) Für die aus der Königlichen Forst angekauften Streumittel, die auf
dem Hofe vorhanden und noch nicht in den Zustand des Düngers über=
gegangen sind, hat der Anziehende die Anschaffungskosten und den An=
fuhrlohn zu erstatten.

e) Bestellungs= und Erntearbeiten aller Art, wie Pflugarten, Dünger=
fuhren, Grabenräumung, Gartenarbeiten u. s. w. werden mit den nach=
gewiesenen baaren Kosten, im Uebrigen mit den in der Gegend üb=
lichen Preisen angerechnet.

7. [Versicherung gegen Hagel und Feuerschaden.] Der Abziehende
kann von dem Anziehenden im Falle der Vernichtung der Ernte durch Hagel
oder Feuer eine Erstattung der Bestellungs= und Erntekosten nicht verlangen.

Ist die zu vertheilende Ernte durch Hagel oder Feuer nur beschädigt, so
hat der Anziehende Anspruch auf den unbeschädigt gebliebenen Rest bis zur Höhe
seines nach Ziffer 5a berechneten Antheils an der Ernte, welche erzielt worden
wäre, wenn die Beschädigung nicht stattgefunden hätte, und ist nur für den ihm
wirklich übergebenen Vorrath zur Erstattung eines entsprechenden Kostenantheils
verpflichtet. Für bestellt übernommene Felder, die durch Hagel beschädigt sind,
hat er nur den im Verhältniß zum Schaden gekürzten Betrag der Bestellungs=
kosten zu vergüten. Hatte der Abziehende die Ernte gegen Hagel oder Feuer
versichert, so werden die Versicherungsbeiträge wie die Kosten und die Ent=
schädigungssummen wie die Nutzungen vertheilt.

8. [Vertheilung des Nutzungs= und Weidegeldes.] Das für die
Dienstländereinutzung festgesetzte Nutzungsgeld zahlt bis zum Tage der Ausein=
andersetzung der Abziehende, von da ab der Anziehende.

Das Weidegeld für die dem Dienstinhaber etwa gestattete Waldweide zahlt
jeder Theil nach der Zeit der Benutzung.

9. [Verbesserungen.] Für Verbesserungen der Dienstländereien wird

dem Abziehenden von dem Anziehenden keine Vergütung geleistet. Hat der Ab=
ziehende derartige Verbesserungen mit Genehmigung der Regierung vorgenommen,
und ist ihm dafür eine Vergütung auf den Fall zugesichert, daß er für seine
Aufwendungen durch die bis zu seinem Abzuge von der Dienststelle davon ge=
zogenen Nutzungen noch nicht entschädigt sein sollte, so erfolgt die Auseinander=
setzung hierüber zwischen ihm und der Forstverwaltung. Diese entscheidet, ob
hiernach von dem Anziehenden ein erhöhtes Nutzungsgeld zu beanspruchen ist.

Für gute, gesunde Obstbäume und Weinstöcke, die innerhalb der letzten
5 Jahre nach wirthschaftlichen Grundsätzen gepflanzt und über den festgesetzten
Bestand hinaus vorhanden sind, hat der Anziehende dem Abziehenden die nach=
gewiesenen Ankaufs= und Pflanzungskosten zu vergüten. Können diese Kosten
nicht nachgewiesen werden, so setzt der die Uebergabe leitende Beamte nach eigenem
Gutachten eine Entschädigung fest.

Für wilde Bäume wird keine Vergütung geleistet.

10. [Rodungskosten.] Sind einem Beamten Ländereien zur Rodung
auf eigene Kosten gegen den Genuß von Freijahren überlassen, so ist er ver=
pflichtet, jährlich den sovielten Theil dieser Ländereien zu roden, als die Zahl
der Freijahre beträgt.

Bei der Uebergabe ist eine Mehr= oder Minderleistung vom Anziehenden
oder vom Abziehenden zu vergüten.

11. [Brennholz.] Für das zur Zeit der Auseinandersetzung dem Ab=
ziehenden bereits überwiesene und noch vorhandene Brennholz sind die dafür
aufgewendeten Werbungs=, Anfuhr= und Zerkleinerungskosten zu erstatten.

12. [Vieh, Wirthschafts= und Hausgeräth.] Wegen der Ueber=
lassung von Vieh, Wirthschafts= oder Hausgeräthen, die dem abziehenden Be=
amten gehören, haben die betheiligten Beamten sich allein auseinanderzusetzen.

13. [Verminderung und Abnahme der Dienstländereien.] Werden
im Laufe des Wirthschaftsjahrs die Dienstländereien einer Stelle ganz oder theil=
weise abgenommen, so bezieht der Stelleninhaber noch die Ernte dieses Jahres,
hat aber auch das Nutzungsgeld bis zum Ende des Wirthschaftsjahrs zu ent=
richten. Tritt während dieser Zeit ein Beamtenwechsel ein, so findet die Aus=
einandersetzung ohne Rücksicht auf die Abzweigung statt, und der Anziehende
tritt lediglich in die Rechte und Pflichten des Abziehenden ein.

14. [Auseinandersetzung mit dem Fiskus.] Zieht bei dem Ab=
gange des bisherigen Nutznießers oder seiner Erben ein neuer Beamter nicht
an (z. B. bei Einziehung einer Stelle oder bei Amtsenthebung eines Beamten),
so findet die Auseinandersetzung nach den vorstehenden Bestimmungen zwischen
dem bisherigen Stelleninhaber und dem Fiskus statt. Dabei bleibt es der Re=
gierung überlassen, ob sie nach Maaßgabe der Ziffer 5 oder der Ziffer 13 mit
dem Abziehenden sich auseinandersetzen will.

15. [Auseinandersetzung durch die Regierung.] Kann der Ueber=
gabeleiter zwischen dem Anziehenden und dem Abziehenden, oder den Erben oder
Gläubigern des verstorbenen Beamten eine Einigung nicht herbeiführen, so setzt
die Regierung auf Grund der Verhandlungen und etwa für nöthig erachteten
nachträglichen Ermittelungen einen Auseinandersetzungsplan nach den vorstehen=
den Bestimmungen fest. Fügen sich die Betheiligten auch dieser Festsetzung nicht,
so bleibt es ihnen überlassen, ihre weiteren Ansprüche auf dem Rechtswege zu
verfolgen.

————

6. Geschäfts=Anweisung für die Königlichen Forstkassenrendanten vom 1. Juni 1902.[1])

§. 1. [Einleitung.] Der Forstkassenrendant hat die ihm anvertraute Kasse, welche die Bezeichnung „Königliche Forstkasse" führt, nach Maßgabe der bestehenden gesetzlichen Bestimmungen, sowie nach den Vorschriften dieser An= weisung und den zu derselben noch ergehenden erläuternden, ergänzenden und abändernden Bestimmungen zu verwalten. Als Staatsbeamter hat er die aus diesem Verhältnisse entspringenden allgemeinen Pflichten zu erfüllen.

§. 2. [Kassenkurator.] Für jede Forstkasse wird von der Königlichen Regierung ein Kassenkurator bestellt. Ist die Forstkasse mit einer anderen König= lichen Kasse nebenamtlich vereinigt, so hat der für letztere bestellte Kurator auch die Kuratel über die Forstkasse zu führen.

§. 3. [Dienstliche Stellung des Forstkassenrendanten.] Die dem Forstkassenrendanten zunächst vorgesetzte Dienstbehörde ist die Königliche Regierung.

Der Kassenkurator hat die Amtsverwaltung des Forstkassenrendanten sorgfältig zu beobachten und, sobald er Veranlassung zu Ausstellungen findet, behufs Beseitigung der hervorgetretenen Mängel 2c. der Königlichen Regierung Anzeige zu machen. Im Uebrigen ist der Kassenkurator nur insoweit befugt, dem Forstkassenrendanten Anweisungen zu ertheilen, als dieselben sich auf einen Auftrag der Königlichen Regierung oder auf sonstige besondere Bestimmungen gründen oder aus dem Verhältnisse als Kassenkurator unmittelbar hervorgehen. In gleicher Weise haben der Oberforstmeister und der Regierungs= und Forst= rath, auch wenn sie nicht Kassenkuratoren sind, die Amtsverwaltung des Forst= kassenrendanten zu beobachten.

§. 4. [Verhältniß zu der Regierungs=Hauptkasse.] Der Forst= kassenrendant ist verpflichtet, die Aufträge der Regierungs=Hauptkasse wegen Einziehung der zur Reichskasse, zur Staatskasse oder den sonst ihr zur Mitver= waltung überwiesenen Provinzial= und Institutenfonds fließenden Einnahmen oder wegen Auszahlung der von der Reichskasse, der Staatskasse oder aus den gedachten Nebenfonds zu leistenden Ausgaben zu erledigen.

§. 5. [Geschäftskreis.] Der Forstkassenrendant hat alle Geschäfte, welche seither schon mit der ihm übertragenen Forstkasse verbunden gewesen sind, oder im Laufe der Amtsführung, noch überwiesen werden, zu besorgen.

---

[1]) Die Gesch.=Anw. tritt vom Etats= jahre 1903, bezw. vom Forstwirthschafts= jahre 1. Okt. 02/3 an die Stelle der Gesch.=Anw. 2. Febr. 88. — Inhalt: Allgemeine Dienstvorschriften § 1 bis 15, Vorschriften über Buch= und Kassen= führung § 16 bis 35, über Abführung der Einnahmen und den Geldverkehr § 36 bis 49, über Bücherabschluß und Rechnungslegung § 50 bis 53, Schluß= bestimmungen § 54 u. 55. — Ausf.= Best. Vf. ML. 12. Juli 02. — Die in der Gesch.=Anw. nicht berührten Be= stimmungen über Kassenrevisionen sind enthalten in dem AE. 19. Aug. 23 (GS. 159), Einführung in die neuen Provinzen V. 7. März 68 (GS. 232), und StMB. 21. März 79 (JMB. 100). Jede Kasse soll einige=, minde= stens einmal in jedem Jahre (Etats= jahre) revidirt werden. Ueber Revision der Forstkassen handelt Vf. ML. 11. April 92 Anlage A. — Die Anstellung der Forstkassenrendanten erfolgt durch den Minister für Landwirthschaft Nr. 3 Anm. 17 d. W. Uniform Nr. 5. Anl. A. Abschn. D. 2 d. W.

Insbesondere liegt dem Forstkassenrendanten ob:

1. Die Erhebung sämmtlicher Geldeinnahmen für diejenigen Ober=
förstereien u. s. w., deren Kassenverwaltung ihm übertragen ist, sowie die Leistung
der Geldausgaben für dieselben.

Auf die Geschäftsanweisung für die Oberförster vom 4. Juni 1870, von
welcher jedem Forstkassenrendanten ein Abdruck mitgetheilt worden ist, nebst
den ergänzenden Bestimmungen wird dieserhalb noch besonders hingewiesen.

2. Die desfallsige Buchführung, sowie sämmtliche dahin einschlagenden Ar=
beiten, mit Einschluß der Aufstellung der Etatsentwürfe und der Rechnungs=
legung, soweit diese nicht von dem Oberförster oder von der Regierungs=Haupt=
kasse zu bewirken ist.

3. Die Wahrnehmung sämmtlicher in seinem Amtsbezirke vorkommenden,
von dem Oberförster, dessen Stellvertreter von dem Regierungs= und Forstrath
oder dem durch die Königliche Regierung hierzu bestimmten Beamten abzu=
haltenden Termine zum öffentlichen Verkaufe von Forsterzeugnissen, sowie die Er=
hebung von Geldern und Leistung von Zahlungen in und nach diesen Terminen.

Die Regierung kann jedoch den Forstkassenrendanten von der Wahrnehmung
öffentlicher Verkaufs=Termine, in denen Forsterzeugnisse mit einem Gesammt=Tax=
werthe von weniger als 1000 Mark zum Verkauf gestellt werden sollen, entbinden[2]).

Die vorstehenden Bestimmungen erleiden eine sinngemäße Aenderung, wenn
dem Rendanten nach §. 10 Untererheber unterstellt sind.

§. 6. [Diensteinkommen, Nebengeschäfte.] Das Diensteinkommen
der vollbeschäftigten Forstkassenrendanten besteht in dem ihm beigelegten festen
Gehalt und dem gesetzlichen Wohnungsgeldzuschuß. Außerdem bezieht derselbe
zur Bestreitung der Amtsunkosten die für das von ihm verwaltete Amt ausge=
setzte Entschädigung, die nach der Bestimmung des Ministers für Landwirthschaft,
Domainen und Forsten jederzeit geändert werden kann.

Die Bezüge der nebenamtlich beschäftigten Forstkassenrendanten werden
durch die Annahmeverfügung geregelt.

Die Führung von Nebenämtern und Nebengeschäften darf der Forstkassen=
rendant nur mit ministerieller Genehmigung übernehmen.

Hinsichtlich der Verwaltung von Spezialbaukassen verbleibt es bei den
dieserhalb bestehenden oder noch ergehenden besonderen Vorschriften.

§. 7. [Amtsbedürfnisse.] 1. Auf Kosten der Staatskasse werden dem
Forstkassenrendanten gewährt und unterhalten:

    a) zwei Dienstsiegel (ein Lacksiegel und ein Schwarzdruckstempel),

    b) ein Stempel zur Herstellung des Aversonirungsvermerks für die mit
        der Post frei abzulassenden Sendungen,

    c) eine Geldwaage mit den dazu gehörigen Gewichten,

    d) eine Goldwaage — sofern eine solche nöthig ist — nebst Normal= und
        Passirgewichten oder ein Münzprüfer,

    e) ein Geldschrank oder Geldkasten,

    f) die erforderlichen Aktenstände, in denen einige Fächer zum Verschließen
        der Beläge einzurichten sind,

    g) eine Tafel zum Aushängen vor dem Kassenlokale,

    h) je ein Abdruck des Reichs=Gesetzblatts, der Gesetz=Sammlung und
        des Amtsblattes.

---

[2]) Von dieser Ermächtigung ist nur ausnahmsweise Gebrauch zu machen. Alsdann müssen stets die betr. Förster dem Termine beiwohnen Vf. ML. 2. Febr. 88 (MB. 87).

In denjenigen Fällen, wo Forstkassen mit anderen Königlichen Kassen nebenamtlich vereinigt sind, werden nur die vorstehend unter a, f und g erwähnten Gegenstände gewährt und unterhalten.

2. Ferner werden die Formulare zu den Abschlüssen und anderen der Regierung und deren Hauptkasse zu bestimmten Zeiten einzureichenden Nachweisungen, sowie zur Ausführung von Auftragszahlungen für die Letztere, namentlich diejenigen zu den Nachweisungen über die Invalidenpensionen und die fortlaufenden Zahlungen, wie auch zu den Anrechnungsübersichten, Designationen und den Lieferzetteln, sowie die im Verwaltungs-Zwangsverfahren zu verwendenden Formulare dem Forstkassenrendanten nach Bedarf unentgeltlich von der Regierung verabreicht.

3. Dagegen hat der Forstkassenrendant alle übrigen Geschäftsausgaben, insbesondere die Ausgaben für Beschaffung des Kassenraumes, für sämmtliche zu führende Kassenbücher, für den Einband der Gesetz- und Amtsblätter 2c., für alle, außer den vorstehend unter 1 und 2 bezeichneten, erforderlichen oder von ihm für nützlich befundenen Bedürfnisse, ferner die Kosten für die mit den eigentlichen Dienstobliegenheiten des Forstkassenrendanten verbundenen Reisen, die Kosten für Schreibmaterialien und die Materialien zur Verpackung der Gelder, die Beförderung der Dienstbriefe, Geldsendungen 2c. von und zu der Post, sowie die Ausgaben für Arbeitshülfe jeder Art selbst zu tragen.

§. 8. [Urlaub, Krankheit und Stellvertretung.] 1. Der Forstkassenrendant darf, wenn nicht etwaige auswärtige Dienstgeschäfte es erforderlich machen, sich aus seinem Wohnorte über Nacht nicht entfernen, ohne vorher Urlaub erbeten und erhalten zu haben.

2. Der Forstkassenrendant hat den Urlaub durch den Kassenkurator bei der Regierung nachzusuchen und dafür zu sorgen, daß die Kassenverwaltung ihren regelmäßigen Fortgang nimmt, auch außer im Falle des §. 9 einen geeigneten Stellvertreter vorzuschlagen und die Verantwortlichkeit für die Kassenverwaltung desselben, sowie die hierdurch entstehenden Kosten zu tragen.

3. In besonderen Eilfällen, in welchen die vorherige Einholung des Urlaubs bei der Regierung nicht mehr möglich ist, kann jedoch dem Forstkassenrendanten ein Urlaub bis zu drei Tagen von dem Kassenkurator ertheilt werden, der aber der Regierung dann hiervon Anzeige zu erstatten hat.

§. 9. 1. Wird der Forstkassenrendant durch Krankheit oder in anderer Weise zeitweilig behindert, sein Amt zu verwalten, so hat er von der eingetretenen Behinderung, im Erkrankungsfalle unter Beifügung eines ärztlichen Zeugnisses, der Regierung durch Vermittelung des Kassenkurators sofort Anzeige zu machen, damit wegen der Stellvertretung das Erforderliche veranlaßt werde.

2. Ueber die Art der Stellvertretung ist — sofern nicht Gefahr im Verzuge — der Forstkassenrendant zu hören und sein diesfälliger Vorschlag thunlichst zu berücksichtigen.

3. Für den von ihm vorgeschlagenen Stellvertreter haftet er mit seinem Vermögen.

4. Die dem von der Regierung bestellten Vertreter aus der Verwaltung der Forstkasse etwa erwachsenden Geschäftsunkosten einschließlich des Aufwandes für erforderliche Kassen- und Schreibhülfe hat der Forstkassenrendant zu erstatten, sofern nicht aus besonderen Gründen die vorgesetzte Behörde bestimmt, daß der Stellvertreter die Dienstaufwand-Entschädigung bezieht.

§. 10. [Untererheber und Annahme von Privatkassengehülfen.] 1. Bei ausgedehnten Kassenbezirken können dem Forstkassenrendanten nach dem Ermessen der Königlichen Regierung ein oder mehrere Untererheber unterstellt werden. Es bleibt der jedesmaligen Anordnung vorbehalten, ob die Annahme der Untererheber auf Gefahr und Kosten des Forstkassenrendanten oder der Forstverwaltung stattzufinden hat.

Das Dienstverhältniß der Untererheber zum Rendanten, der Geschäftskreis und die Geschäftsführung der Untererheber ist durch eine von der Königlichen Regierung nach Maaßgabe der örtlichen Verhältnisse und des Umfangs der Forsthülfskassen (Untererheberstellen) zu erlassende Geschäftsanweisung zu regeln.

Der Forstkassenrendant ist verpflichtet, die ihm unterstellte Forsthülfskasse zu überwachen. Ist ihm letztere auf seine Gefahr und Kosten unterstellt, so hat er sie auch nach Bedürfniß örtlich zu revidiren.

2. Der Forstkassenrendant darf sich bei der Ausführung seiner Dienstgeschäfte der Mitwirkung von Gehülfen bedienen, deren Vergütung er aus eigenen Mitteln zu bestreiten hat. Für die Arbeiten der Gehülfen ist der Forstkassenrendant persönlich verantwortlich. — Der Gehülfe darf Eintragungen in das Einnahme-Journal, das Ausgabe-Journal und das Tagesabschlußbuch (§§. 16, 19 und 25) nur dann vornehmen und Quittungen über Zahlungen an die Forstkasse nur dann ausstellen, wenn die Regierung hierzu die Genehmigung ertheilt hat und dies auf Kosten des Rendanten im Amtsblatt und im Kreisblatte, sowie durch Anschlag der genehmigenden Verfügung an der Aushängetafel veröffentlicht worden ist. Die volle persönliche Verantwortlichkeit für alle Amtshandlungen des Vertreters trifft aber den Rendanten.

Für die mit anderen Königlichen Kassen nebenamtlich vereinigten Forstkassen gelten die für Erstere getroffenen Bestimmungen wegen der Bevollmächtigung von Gehülfen.

Der Regierung verbleibt die Befugniß, diejenigen Dienstgeschäfte zu bestimmen, zu welchen Gehülfen nicht verwendet werden dürfen, auch, wenn sie es für erforderlich erachtet, den Forstkassenrendanten zur sofortigen Entlassung der von ihm beschäftigten Gehülfen anzuhalten.

§. 11. [Aeußere Sicherheit der Kasse.] 1. Der Forstkassenrendant hat auf seine Kosten ein nach dem Ermessen der Regierung angemessenen und ausreichenden, insbesondere auch den Anforderungen an die Sicherheit gegen Feuer und Diebstahl entsprechenden Kassenraume zu beschaffen und in dem hiernach gebotenen Zustande fortdauernd zu erhalten.

2. Der Geldschrank oder Geldkasten ist entweder in dem Kassenzimmer selbst aufzubewahren, und muß in diesem Falle der Forstkassenrendant in letzterem oder einem unmittelbar daneben belegenen Zimmer schlafen, oder es ist derselbe in dem Schlafzimmer des Forstkassenrendanten unterzubringen. Von dieser Verpflichtung kann der Forstkassenrendant durch die Regierung nur dann entbunden werden, wenn die Sicherheit der Kasse anderweit genügend nachgewiesen ist.

3. Wo der Kassenraum vom Staate in einem öffentlichen Gebäude vorgehalten wird, ohne daß der Forstkassenrendant selbst in letzterem wohnt, wird jedesmal bestimmt werden, ob und inwieweit die zur Sicherung der Kasse erforderlichen Vorkehrungen auf Kosten des Forstkassenrendanten oder der Staatskasse bewirkt werden sollen.

§. 12. 1. Die aus der Dienstverwaltung des Forstkassenrendanten herrührenden Gelder und geldwerthen Papiere dürfen nur in dem Geldschrank oder Geldkasten aufbewahrt werden. Ausgenommen hiervon ist jedoch die Tageseinnahme und das Wechselgeld, deren Beträge von dem Forstkassenrendanten unter seiner Verantwortlichkeit bis zum täglichen Kassenschlusse in einem besonderen Behälter verwahrt werden dürfen.

2. Der Forstkassenrendant hat den Geldschrank oder Geldkasten stets sorg= fältig verschlossen zu halten, die Schlüssel dazu an sich zu nehmen, und das Aufbewahrungs= bezw. Kassenzimmer, wenn nicht er selbst oder dritte Personen, für die er einzustehen hat, sich darin befinden, unter Verschluß zu halten. Sind zum Verschluß des Geldschrankes oder Geldkastens zweite Schlüssel vor= handen, so sind solche dem Forstkassenrendanten zur verantwortlichen Aufbewahrung zu überlassen. Bei den Kassenrevisionen sind diese zweiten Schlüssel dem Revisor vorzuzeigen.

3. Gelder oder geldwerthe Papiere, welche einen Theil des Kassenbestandes nicht bilden, oder sonstige Werthsachen dürfen, sie mögen dem Forstkassenrendanten persönlich oder dritten Personen gehören, ohne schriftliche Genehmigung der Regierung, durch welche die zu beachtenden besonderen Bedingungen genau fest= zusetzen sind, überhaupt in dem Geldschranke oder Geldkasten nicht untergebracht und keinenfalls mit den Kassengeldern vermengt werden.

§. 13. [**Inventarium.**] 1. Ueber alle dem Forstkassenrendanten zum Dienstgebrauche überwiesenen Gegenstände, sowie die auf Staatskosten ge= lieferten Gesetz=Sammlungen, Amtblätter 2c. ist ein besonderes Inventarien= verzeichniß zu führen, welches stets vollständig zu erhalten und in dem Kassen= lokale aufzubewahren ist.

2. Der Forstkassenrendant ist für die gute Erhaltung der ihm im ordnungs= mäßigen Zustande zu übergebenden Inventarienstücke persönlich verantwortlich und hat jeden daran durch sein Verschulden entstehenden Schaden oder Verlust aus eigenen Mitteln zu decken.

3. Das Reichs=Gesetzblatt, die Gesetz=Sammlung und das Amtsblatt müssen nach Jahrgängen eingebunden werden.

4. Die Dienstsiegel und der Stempel zur Herstellung des Aversionirungs= vermerks sind unter Verschluß zu halten.

§. 14. [**Ersatz der Kosten für Kassenbücher und Formulare beim Ausscheiden eines Forstkassenrendanten.**] Ein ausscheidender Forstkassenrendant hat für die im Gebrauche befindlichen Kassenbücher eine Ent= schädigung nicht zu beanspruchen. Für die vorräthigen Formulare und die für das nächste Jahr bereits angelegten Kassenbücher hat der Amtsnachfolger dem abgehenden Rendanten die entstandenen Anschaffungskosten zu erstatten.[3]

Beim Mangel einer gütlichen Vereinbarung zwischen den Betheiligten fällt die Entscheidung hierüber der Regierung anheim.

§. 15. [**Anwesenheit im Kassenraume.**] 1. Der Forstkassenrendant muß, sofern er nicht zur Wahrnehmung von Terminen außerhalb des Kassenraumes dienstlich beschäftigt ist, während der nach den örtlichen Verhältnissen hierzu be= sonders geeigneten Tagesstunden in seinem Kassenraume zur Annahme von Ein= zahlungen, zur Leistung von Ausgaben und zur Erledigung der sonstigen Dienst= geschäfte anwesend sein.

2. Die Feststellung dieser Stunden, sowie derjenigen Tage, an denen zur Besorgung der Abschlußarbeiten der Kassenraum geschlossen bleiben kann, erfolgt durch die Regierung.

Die bezüglichen Anordnungen derselben sind durch bleibenden Anschlag an der äußeren Seite der Thür der Kassenräume bekannt zu machen.

3. Der Forstkassenrendant bleibt aber verpflichtet, in dringenden Fällen auch außerhalb der festgesetzten Amtsstunden Einzahlungen in Empfang zu nehmen und Ausgaben, namentlich Löhne an Waldarbeiter, zu leisten.

---

[3]) Die anzuschaffenden Formulare sind im § 7 bezeichnet.

4. Die Bestimmung darüber, ob und wie lange die Kasse während der Revision derselben zu schließen ist, bleibt dem betreffenden Revisor überlassen.

§. 16. [Buchführung.] Der Forstkassenrendant hat nach Anleitung der beiliegenden Muster folgende Bücher zu führen:

A. ein Aktenverzeichniß (§. 17),
B. ein Geschäftsbuch (§. 18),
C. ein Einnahme-Journal (§. 19),
D. ein Ausgabe-Journal (§. 19)
E. Manuale (§. 21),
F. ein Postgeldeingangsbuch (§. 24),
G. ein Tagesabschlußbuch (§. 25).

Außerdem hat der Forstkassenrendant zur Kontrole der rechtzeitigen und ordnungsmäßigen Erledigung der periodischen Arbeiten einen Terminkalender, sowie eine Nachweisung über die Beschreibung falscher Werthzeichen (§. 43) zu führen.

Die Kassenbücher zu C., D. und E. dürfen nur für je ein Etatsjahr bezw. Forstwirthschaftsjahr angelegt und gebraucht werden.[4]

Für die mit einer anderen Königlichen Kasse verbundenen Forstkassen können die für die erstere geführten Bücher zu A., B. und F., sowie die Nachweisung über die Beschreibung falscher Werthzeichen auf Anordnung der Regierung mit- benutzt werden. Für derartige Kassen sind ferner keine eigenen Tagesabschluß- bücher zu führen; es sind vielmehr die Tagessummen der Forst-Journale in das Tagesabschlußbuch der das Hauptamt bildenden Kasse zu übernehmen.

§. 17. [Aktenführung.] 1. Schriftstücke über wichtige und allgemeine Angelegenheiten sind, nach Gegenständen geordnet, in Sammelakten aufzubewahren. Alle übrigen eingehenden Schriftstücke sind, soweit sie auf Buchungsgeschäfte Bezug haben, gleich den Belägen, andernfalls als Weglegesachen zu behandeln.

2. Jedes Aktenstück ist mit einer Nummer zu versehen und unter dieser in das Aktenverzeichniß (Muster A.) einzutragen.

3. Bei neuer Einrichtung oder Umarbeitung der Registratur einer Forst- kasse ist der auf Muster A eingetragene Plan zum Anhalt zu nehmen.

§. 18. [Geschäftsbuch.] In das Geschäftsbuch (Muster B.) werden alle bei dem Forstkassenrendanten eingehenden Dienstbriefe — mit Ausnahme der Geldbriefe, Erhebungsurkunden und Zahlungsanweisungen —, ferner die von dem Forstkassenrendanten ausgehenden Berichte und Schreiben nach der Zeitfolge unter einer bei dem Beginne jedes Jahres mit „eins" anfangenden fortlaufenden Nummer, welche gleichzeitig auf das betreffende Stück geschrieben wird, eingetragen.

2. Die Antworten auf die eingetragenen Verfügungen und Schreiben er- halten dieselben Nummern, unter welchen letztere eingetragen sind.

§. 19. [Einnahme-Journal und Ausgabe-Journal.] 1. Ueber sämmtliche Einnahmen einer Forstkasse ist ein Einnahme-Journal (Muster C.) und über sämmtliche Ausgaben ein Ausgabe-Journal (Muster D.) zu führen. Dabei ist Folgendes zu beachten:

a) Für jede Oberförsterei und für jede Nebenbetriebsanstalt der Forstver- waltung (fiskalische Sägemühle, Torfverwaltung u. s. w.), für welche ein besonderer Etat besteht, ebenso auch für andere Anstalten der Forstverwaltung (Akademien 2c.) mit besonderen Etats, ist je eine be- sondere Spalte im Einnahme-Journal und im Ausgabe-Journal zu bestimmen. Dasselbe muß geschehen, wenn eine Forstkasse nebenbei als Forsthülfskasse (Untererheberstelle) für eine andere Forstkasse dient.

---

[4] Nr. 4. § 5 d. W.

b) Ist die Forstkasse mit einer Domänen-Amtskasse vereinigt, oder überhaupt mit der Erhebung von Domänengefällen betraut, so sind für die
Domänen- und Forstverwaltung gemeinschaftliche Einnahme- und Ausgabe-Journale, selbstverständlich unter Anlegung besonderer Spalten für
die Domänen-Verwaltung, zu führen. Die Titelbezeichnung der Journale ist in diesem Falle entsprechend abzuändern.

Für die mit einer Forstkasse verbundenen nebenamtlichen Verwaltungen (Kirchen-, Stifts-, Spar-, Darlehns-, Kommunal- u. f. w.
Kassen) sind in dem Einnahme- und dem Ausgabe-Journale in der
Regel ebenfalls besondere Spalten einzurichten. Für Nebenverwaltungen
einfacher Art, die nur in der Erhebung und Ablieferung von Einnahme
oder in der vorschußweisen Zahlung von Ausgaben bestehen, ist ebenso,
wie für alle anderen unbedeutenden, zufälligen und nicht oft wiederkehrenden Neben-Erhebungen und -Ausgaben die Spalte 20 bezw. 19
des Einnahme- und des Ausgabe-Journals zu benützen.

c) Die im Muster zum Einnahme- und Ausgabe-Journal enthaltene
Spalte „übertragen in das Haupt-Journal unter Nr." kommt nur für
Forstkassen in Betracht, welche mit solchen anderen Königlichen Kassen
verbunden sind, bei denen die tägliche Uebernahme der Forst-Einnahmen
und Ausgaben in die Haupt-Journale vorgeschrieben ist.

Wenn die Forstkasse nebenamtlich mit einer anderen Königlichen
Kasse vereinigt ist, erhält das Forstkassen-Journal folgenden Titel:

Forst-Einnahme- (Ausgabe-) Journal
der Königlichen . . . . . . Kasse zu N. N.
über Einnahmen (Ausgaben) der Königl. Forstkasse N. N.
für das Etatsjahr 1902
Forstwirthschaftsjahr 1. Oktober 1901/2

2. Die Eintragungen in das Einnahme-Journal und das Ausgabe-
Journal geschehen nach der Zeitfolge unter bis zum Jahresabschluß fortlaufender,
alljährlich mit „eins" beginnender Nummer.

3. Jede Einnahme muß sofort und jede Ausgabe spätestens bis zum
Tagesabschlusse in das Einnahme- bezw. Ausgabe-Journal eingetragen werden.
Dieses gilt auch bezüglich der sog. durchlaufenden Posten.

Ausgaben, welche ausnahmsweise nach Herstellung des Tagesabschlusses
(§. 24 Nr. 1) noch geleistet und erst in dem nächsten Tagesabschlusse berücksichtigt
werden, sind sofort in das Ausgabe-Journal einzutragen.

4. Eine Ausnahme von der zu 3. aufgestellten Regel tritt nur bezüglich
derjenigen Einnahmen und Ausgaben ein, welche der Forstkassenrendant in
außerhalb des Kassenraumes abgehaltenen Terminen erhebt bezw. leistet. Die
Buchung derartiger Einnahmen und Ausgaben, über welche der Forstkassenrendant eine Nebenliste zu führen hat, in dem Einnahme- bezw. Ausgabe-
Journale muß unmittelbar nach der Rückkehr des Rendanten von diesem Termine oder doch spätestens am folgenden Morgen erfolgen.

5. In den Holzversteigerungsterminen hat der Forstkassenrendant in Gemäßheit des §. 36 der Geschäftsanweisung für die Oberförster vom 4. Juni 1870[5])
den Namen und Wohnort jedes Käufers, die Nummer der Verabfolgezettels,
sowie den zu zahlenden Geldbetrag in eine nach dem Muster H zu führende
Nebenliste einzutragen. Nach Beendigung der Versteigerung ist diese Nebenliste
mit dem Versteigerungsprotokoll zu vergleichen, und in Uebereinstimmung zu

---

[5]) Nr. 4. § 36 d. W.

bringen. Die Annahme des Geldes erfolgt sodann seitens des Rendanten auf Grund der gleich im Termine oder gleich nach Beendigung der Versteigerung auszustellenden Holzverabfolgungszettel. Die vom Oberförster und Rendanten gemeinschaftlich zu unterschreibenden Holzverabfolgungszettel hat der Oberförster auszustellen. In besonderen Ausnahmefällen kann jedoch die Regierung diese Arbeit ganz oder theilweise dem Rendanten übertragen[6]).

Die Nebenlisten (Muster H) sind nach deren Erledigung als Beläge bei den Kassenbüchern aufzubewahren.

Die Isteinnahme für das in den Holzversteigerungsterminen selbst bezahlte Holz wird im Einnahme-Journal der Forstkasse summarisch auf einer Linie gebucht, während die später erfolgenden Zahlungen einzeln, die von einem und demselben Käufer aus einem Termine herrührenden und gleichzeitig bezahlten Beträge in einer Summe, in das Einnahme-Journal einzutragen sind.

Die noch nicht eingelösten Holzzettel hat der Rendant außerhalb der Geschäftsstunden unter Verschluß zu halten.

6. Ein gleiches Verfahren wie bei den Holzversteigerungen ist zu beobachten, wenn Torf, Schnittmaterial aus fiskalischen Sägemühlen oder andere Nebenprodukte öffentlich meistbietend zum Verkauf gelangen.

7. Eine summarische Buchung im Einnahme-Journale der Forstkasse wird noch bezüglich derjenigen Beträge nachgelassen, welche durch Ausgabe von Raff- und Leseholzzetteln, sowie Erlaubnißscheinen zum Beerensammeln, zur Waldweidenutzung, Grasnutzung u. s. w. in einem vom Oberförster für diese Zwecke anberaumten besonderen Termine oder für die Eingesessenen einer Ortschaft gleichzeitig zur Erhebung gelangen.

8. Die aufkommenden Gebühren aus dem Verwaltungszwangsverfahren sind in den Journalen unter den Forstgefällen bezw. den Domänengefällen zu buchen, wenn sie der Staatskasse zuzuführen sind und ihre Verrechnung der Forstkasse bezw. der damit vereinigten Domainenkasse obliegt, dagegen unter verschiedene Nebenerhebungen und sonstige unbestimmte Einnahmen (Asservaten) nachzuweisen, wenn sie Vollziehungsbeamten oder Hülfsvollziehungsbeamten als Diensteinkommen zustehen.

Ist die Forstkasse mit einer Königlichen Kreiskasse nebenamtlich vereinigt, so werden die bei ersterer und der etwa damit verbundenen Domainenkasse aufkommenden Gebühren aus dem Verwaltungszwangsverfahren, soweit sie zur Staatskasse zu vereinnahmen sind, bei der Verwaltung der direkten Steuern verrechnet. In diesem Falle sind die Gebühren der Regel nach gleich beim Eingange in das Einnahme-Journal der Kreiskasse gehörigen Orts einzutragen.

Wenn die Zahl der Gebührenposten bei einer Forstkasse aber so groß ist, daß die vorgedachte Einzelbuchung bei der Kreiskasse einen erheblichen Zeitaufwand erfordern würde, so sind die Gebühren in den Journalen der Forstkasse in einer hinter Spalte 20 einzustellenden weiteren Spalte (21) „Gebühren aus dem Verwaltungszwangsverfahren" je auf derselben Linie mit den bezüglichen Forst- 2c. Gefällen in Einnahme nachzuweisen und allmonatlich vor

---

[6]) Im Interesse gesicherter Kassenführung soll die Regierung von dieser Befugniß möglichst wenig und nur dann Gebrauch machen, wenn der Revierverwalter überlastet ist und nicht genügende Hülfskräfte zur Seite hat Ausf.-Best. 12. Juli 02 Nr. 3. — Die Oberförster bleiben für die Richtigkeit der von ihnen unterschriebenen Holzverabfolgezettel, bezw. für die sorgfältige Prüfung der auf denselben enthaltenen Angaben verantwortlich, auch wenn sie die Zettel nicht selbst ausgestellt haben sollten Vf. ML. 2. Febr. 88 (MB. 87) u. Nr. 4 Anm. 30 d. W.

der letzten Steuer= 2c. Ablieferung an die Regierungs=Hauptkasse summarisch als
an die Kreiskasse abgeführt zu verausgaben. Gleichzeitig mit dieser Veraus=
gabung ist die Summe im Einnahme=Journale der Kreiskasse gehörigen Orts zu
buchen. Bei dieser Uebernahme ist in den Journalen gegenseitig durch Angabe
der Journalnummer hinzuweisen. Bei welchen einzelnen Forstkassen aus dem
vorbemerkten Grunde das letztgedachte Verfahren einzuschlagen ist, hat die Regie=
rung zu bestimmen.

9. Die für Rechnung der Regierungs=Hauptkasse geleisteten Zahlungen
werden ebenso wie alle anderen Zahlungen einzeln in das Ausgabe=Journal
(Muster D.) eingetragen, bei deren Verrechnung zur Regierungs=Hauptkasse aber
sofort in dem Einnahme=Journal (Muster C.) gebucht, dergestalt, daß der Betrag
der in einem Lieferzettel (§. 39) angerechneten Zahlungen unter Anführung der
Nummer des Ausgabe=Journals auf einer Linie im Einnahme=Journale nach=
gewiesen wird.

Bei Kassen mit erheblichen Auftragszahlungen kann jedoch die Regierung
gestatten, daß solche nur im Manual einzeln gebucht, in das Ausgabe=Journal
dagegen unter Angabe der Seiten und Nummern des Manuals täglich mit den
summarischen Beträgen übernommen werden.

Die Buchung jeder Zahlung in dem Ausgabe=Journale verdient den Vorzug,
und es ist von derselben nur da Abstand zu nehmen, wo sie nach der begründeten
Ueberzeugung der Regierung nach den obwaltenden Verhältnissen undurchführbar
ist oder doch zu einer ganz erheblichen Erschwerung der Kassengeschäfte führt.

10. Die Zahlungen an Invalidenpensionen, über welche von den Em=
pfängern bestimmungsmäßig keine Quittungen ausgestellt werden, brauchen auch
von denjenigen Kassen, welche zur täglichen summarischen Buchung der Auf=
tragszahlungen in dem Ausgabe=Journale nicht ermächtigt sind, nicht einzeln,
sondern können auf Grund der darüber geführten und bei den Kassenbüchern
aufzubewahrenden Zahlungsnachweisungen täglich mit den summarischen Beträgen
in das Ausgabe=Journal eingetragen werden.

11. Sofern eine Forstkasse mit einer anderen Königlichen Kasse vereinigt
ist, sind hinsichtlich der Buchung und Verrechnungsweise der für Rechnung der
Regierungs=Hauptkasse geleisteten Zahlungen die für diese Kasse erlassenen Be=
stimmungen maßgebend.

12. Zwischen den einzelnen Eintragungen in dem Einnahme=Journale
(Muster C.) und ebenso in dem Ausgabe=Journale (Muster D.) dürfen Zwischen=
räume nicht gelassen und zwischen den einzelnen Linien in denselben keine Ein=
tragungen gemacht werden.

13. Hinsichtlich der Bezeichnung der Rubriken und deren Aufeinanderfolge
sind die Formulare für das Einnahme=Journal und für das Ausgabe=Journal
vollständig in gegenseitiger Beziehung zu halten.

§. 20. [Neben=Journale.] 1. Die Führung von Neben=Journalen für
einzelne mit einer selbstständigen Forstkasse verbundenen Kassenverwaltungen ist
nur mit ausdrücklicher Genehmigung der Regierung gestattet.

2. Die Neben=Journale haben die sämmtlichen Einnahmen und Ausgaben
der betreffenden Nebenverwaltung nachzuweisen. Es ist nicht gestattet, dieselben
nur zeitweise in Gebrauch zu nehmen. Wo dieselben überhaupt Anwendung
finden sollen, müssen sie zu denjenigen Eintragungen, für welche sie bestimmt
sind, durchgehend gebraucht werden.

3. Dieselben sind täglich aufzunehmen. Die sich ergebenden Summen sind
unter gegenseitigem Hinweis auf die entsprechende Journalnummer in das
Haupt=Journal zu übertragen.

4. Auf dem Titelblatte des Haupt-Einnahme- und Ausgabe-Journals sind alle besonderen Journale und Einnahme- und Ausgabekonten, welche der Rendant führt, zu vermerken.

§. 21. [Manuale.] 1. Das Manual bildet die Grundlage der Rechnung und hat den Zweck, für Einnahme und Ausgabe das Soll nach dem Etat, das Soll nach der vorigen Rechnung (an Resten), die gegen das Etatssoll bis zum Schlusse des Vorjahres bereits verfügten, dauernden Veränderungen gegen den Etat, die gegen das Etats- und Restensoll im Laufe des Etatsjahres noch weiter vorkommenden Zu- und Abgänge, das unter Berücksichtigung aller Zu- und Abgänge sich ergebende wirkliche Soll, die darauf geleisteten Zahlungen (Isteinnahme und Istausgabe) und die verbliebenen Reste nach den einzelnen Kapiteln, Titeln und Abtheilungen getrennt nachzuweisen.

2. Das Manual soll somit eine nach Gegenständen geordnete Uebersicht über die gesammten Kassengeschäfte darbieten und die ordnungsmäßige Abwickelung der letzteren kontroliren.

3. Bei der Anlegung des Manuales ist zwischen den einzelnen Kapiteln, Titeln, Abtheilungen und Abschnitten ein dem Bedürfniß entsprechender Raum zu Eintragungen offen zu halten.

Auf dem Titelblatte des Manuales sind die in demselben enthaltenen Kapitel, Titel, Abtheilungen und Abschnitte zu bezeichnen.

4. Die sorgfältige und dem Kassenzustande stets genau entsprechende Führung des Manuales wird dem Rendanten zur Pflicht gemacht.

Es folgt daraus, daß die Uebertragungen aus den Journalen jeden Tag erfolgen müssen, so daß am Schlusse jeden Tages die Journale mit dem Manuale übereinstimmen.

Bei den Uebertragungen der einzelnen Posten ist in den Journalen der Buchstabe, sowie die Seite des betreffenden Manuals zu vermerken, desgleichen ist im Manual der Zahlungstag, sowie die Nummer des Einnahme- bezw. Ausgabe-Journals einzutragen.

5. Für jede Oberförsterei und für jede Nebenbetriebsanstalt der Forstverwaltung (fiskalische Sägemühle, Torfverwaltung u. s. w.), für welche ein besonderer Etat besteht, auch für andere Anstalten der Forstverwaltung (Akademien 2c.) mit besonderen Etats, ist je ein Manual nach dem Muster E¹ anzulegen und zu führen.

6. Die Eintragungen in der Spalte des Manuals „Solleinnahme bezw. Sollausgabe nach dem Etat" erfolgen auf Grund der genehmigten Etats und etwaiger Etatsdeklarationen. Dabei sind die nach dem Manuale des Vorjahres eingetretenen, dauernden Veränderungen durch gleichzeitige Eintragung in die Spalten für Zu- und Abgang zu berücksichtigen.

Die Reste (Soll nach der vorigen Rechnung) sind nach dem endgültig abgeschlossenen Manuale des vorhergehenden Jahres unmittelbar nach dem Jahresabschluß am Anfange des betreffenden Titels bezw. der Abtheilung einzeln einzutragen und ist hierzu bei den voraufgehenden Eintragungen nach dem Etat 2c. der nöthige Raum zu lassen.

7. Die im Laufe des Etatsjahres noch weiter vorkommenden Veränderungen gegen den Etat werden gleichfalls in den Spalten Zugang bezw. Abgang nachgewiesen. Die Eintragung der Zu- und Abgänge erfolgt auf Grund ergangener Anweisungen sogleich, wenn dadurch Zu- und Abgang sofort festgestellt werden kann; sie erfolgt aber erst am Jahresschlusse, wenn sich der Mehr- oder Minderbetrag erst am Jahresschlusse vollständig übersehen läßt, wie z. B. bei den Einnahmen für Holz.

8. Der Sollbetrag der der Kasse überwiesenen Einnahmen und Ausgaben ist sofort nach Eingang der desfallsigen Anweisungen bezw. Erhebungs=Urkunden in die Spalte „Wirkliche Solleinnahme bezw. Sollausgabe" einzutragen. Bei der Solleinnahme nach den Erhebungs=Urkunden ist die Nummer des vom Oberförster geführten Solleinnahmebuches zu vermerken. Die Eintragung in die Spalte „Hiervon sind fällig" erfolgt bei den Einnahmen nach Maßgabe des Etats und der Erhebungs=Urkunden, bei den Ausgaben nach Maßgabe des Etats und der Zahlungsanweisungen. Die nach öffentlichen Versteigerungen verbleibenden Holzkaufgeldrückstände sind nach den Mustereintragungen im Manuale vorzutragen, d. h. jeder Restant ist unter Ermittelung des zu zahlenden Angeldes mit dem Gesammtbetrage seines nicht bezahlten Holzkaufgeldes aufzuführen. Die Aufführung ist nach Buchstaben zu ordnen.[7]) Auch bei Holzverkäufen vor dem Einschlage uud bei freihändigen Holzverkäufen auf Grund besonderen Vertrages ist das Soll für jeden einzelnen Käufer vorzutragen. Für Einnahmen auf Grund der monatlichen Erhebungslisten ist dieses Verfahren nicht erforderlich, da es sich bei diesen nur um geringe Summen mit in der Regel zum Schlusse des Ueberweisungsmonats ablaufenden Zahlungsfristen handelt.

9. Unterliegt eine Isteinnahme oder eine Istausgabe des Etatsfonds der Forstkasse im Laufe des Rechnungsjahres einer Verminderung in der Weise, daß statt des ursprünglich gezahlten und definitiv gebuchten Betrages in der abzulegenden Rechnung der berichtigte, geringere Betrag nachzuweisen ist, so ist die Rückzahlung, welche die Forstkasse leistet, nicht als Ausgabe, sondern als Absetzung von der Einnahme, und die Rückzahlung, welche die Forstkasse empfängt, nicht als Einnahme, sondern als Absetzung von der Ausgabe zu buchen. Es geschieht dies mittelst einer besonderen Eintragung mit rother Tinte

> im Journal: unter besonderer Journalnummer nach der Zeitfolge, wie alle anderen Eintragungen (§. 19[2]),
>
> im Manuale: bei der betroffenen Einnahme= oder Ausgabeposition.

Ist die zum Ausgleiche erforderliche Rückzahlung oder Rückeinnahme vor dem Jahresschlusse nicht mehr ausführbar, so sind die betreffenden Beträge ebenfalls von der Einnahme oder Ausgabe abzusetzen, gleichzeitig aber auf derselben Linie des Einnahme= oder Ausgabe=Journales in die Spalte „Verschiedene Nebenerhebungen und sonstige unbestimmte Einnahmen (Asservate)" bezw. „Sonstige Vorschußzahlungen" zu übertragen und im Ueberfonds=Manuale unter den gleichen Abschnitten einzutragen.

Nach dem Jahresschlusse dürfen Herauszahlungen und Rückerstattungen auf Grund besonderer Anweisungen nur als Ausgabe bezw. Einnahme verrechnet werden, insoweit es sich nur um übertragbare Fonds handelt, bei denen die in einem Vorjahre zu viel verausgabten und deshalb zurückgezahlten Beträge ohne Rücksicht auf den Jahreskassenabschluß jederzeit von der Ausgabe wieder abzusetzen sind.

10. Für die mit einer Forstkasse verbundenen nebenamtlichen Verwaltungen, für deren Einnahmen und Ausgaben in den Journalen besondere Spalten ein-

---

[7]) Diese Ordnung ist nach dem Anfangsbuchstaben der Ortschaften und innerhalb der Ortschaften nach dem Anfangsbuchstaben der Holzkäufer zu bewirken. Auch die Nummern der Holzzettel können beigefügt werden. — Am Schlusse der Versteigerungsverhandlungen, sowie der Verkaufs= und Erhebungslisten (Nr. 4 § 27 d. W.) sind:

a) die Summe der Kaufgelder, die bis zu dem in den Versteigerungsbedingungen angegebenen Zahlungsterminen eingekommen sind,

b) im Einzelnen und nach Zahlungstagen getrennt die nach diesem Termine eingekommenen Beträge anzugeben Ausf.=Best. 12. Juli 02 Nr. 2 u. 5.

gerichtet sind, (§. 19, 1b) sind auch besondere Manuale zu führen. Für alle übrigen Nebenfonds einer Forstkasse ist ein gemeinschaftliches Manual nach dem Muster E² anzulegen und zu führen.

11. Von denjenigen Forstkassen, welche die für Rechnung der Regierungs-Hauptkasse geleisteten Zahlungen in dem Ausgabe-Journal einzeln zu buchen haben, ist zu deren Eintragung in das Nebenfonds-Manual das Muster 1 der Abtheilung I zu benutzen, und zwar sind solche für jede Buchhalterei getrennt in
    a) fortlaufende,
    b) einmalige
in zwei verschiedenen Abschnitten nachzuweisen. Die an Invalidenpensionen und Veteranen-Unterstützungen gezahlten Beträge sind aus den darüber geführten besonderen Zahlungsnachweisungen in den Abschnitt der betreffenden Buchhalterei über die fortlaufenden Zahlungen monatlich vor der Anrechnung summarisch zu übernehmen. Das Gleiche gilt bezüglich der Wittwen- und Waisengelder, Civil-pensionen u. s. w., soweit über diese Zahlungen Special-Manuale geführt werden. Jeder Abschnitt ist monatlich für sich zu summiren, und beide Abschnitte sind sodann zusammen zu stellen. Die Zusammenstellung der Ausgaben der sämmtlichen Buchhaltereien und die Buchung der darauf zur Anrechnung gelangten Summen hat in der im Muster dargestellten Weise stattzufinden. Die nicht angerechneten Zahlungen sind für jeden Monat am Schlusse unter einem besonderen Abschnitte nachzuweisen.

12. Dagegen haben diejenigen Forstkassen, welche zufolge Ermächtigung der Regierung (§. 19 zu 9) die für Rechnung der Regierungs-Hauptkasse geleisteten Zahlungen täglich nur mit dem summarischen Betrage in dem Ausgabe-Journal zu buchen brauchen, zur Eintragung derselben in das Nebenfonds-Manual das Muster 2 der Abtheilung I zu verwenden.

Die Zahlungen sind von diesen Kassen ebenfalls getrennt in fortlaufende und einmalige der Zeitfolge nach, wie selbige geleistet worden, in das Manual einzutragen, und nachdem den fortlaufenden Zahlungen der summarische Tages-betrag der Invalidenpensionen und Veteranen-Unterstützungen auf Grund der darüber geführten Zahlungsnachweisungen zugetragen worden, täglich mit dem Gesammtbetrage der Tagesausgabe in das Ausgabe-Journal zu übernehmen. Die Buchung der zur Anrechnung gekommenen Beträge, der Nachweis der nicht angerechneten Zahlungen und der monatliche Abschluß des Manuals ist in der im Muster angedeuteten Weise zu bewirken.

Außerdem ist über die fortlaufenden Zahlungen eine nach den Buchhalte-reien der Regierungs-Hauptkasse geordnete Zahlungsnachweisung nach dem Muster 1 der Abtheilung I zu führen, in der diese Zahlungen vorschriftsmäßig zum Soll zu stellen, und in welche die Istbeträge täglich aus dem Manual einzeln zu übertragen sind. Statt der Journalnummer sind die Nummern, unter welchen die Zahlungen im Manual gebucht worden, anzugeben.

Die an Invalidenpensionen und Veteranen-Unterstützungen u. s. w. gezahlten Beträge sind in diese Nachweisung ebenfalls, jedoch monatlich summarisch zu übernehmen, auch ist die Nachweisung monatlich ordnungsmäßig abzuschließen, damit die Uebereinstimmung der darin nachgewiesenen Summen mit den bezüg-lichen Summen der Spalte 5 des Manuals ersichtlich wird.

Bezüglich der einmaligen Zahlungen findet bei dieser Art der Manual-führung eine Sollstellung nicht statt.

13. Auf Grund der Eintragungen unter Abtheilung I sind die Desig-nationen (§. 38), sowie das mit jedem Vierteljahrsabschlusse der Regierung vorzu-

legende Verzeichniß über die nicht zur Anrechnung gelangten Auftragszahlungen für die Regierungs=Hauptkasse (§. 36 Nr. 6) aufzustellen.

14. Asservate sind thunlichst vor dem Jahresrechnungsschlusse abzuwickeln. Die gleichwohl am Schlusse des Etatsjahres verbleibenden Asservate sind einzeln, unter namentlicher Bezeichnung der Einzahler und mit Hinweisung auf Seite und Nummer des vorjährigen Manuals, in das Manual des neuen Rechnungs= jahres zu übertragen.

§. **22.** [Etatsjahr und Forstwirthschaftsjahr.] 1. Das Etatsjahr läuft vom 1. April bis 31. März.

2. Um die einem jeden Etatsjahre angehörenden Einnahmen und Aus= gaben thunlichst auch in der betreffenden Jahresrechnung endgültig nachzuweisen, und Reste zu vermeiden, haben die Forstkassen erst Ende April ihre Bücher für das abgelaufene Etatsjahr zu schließen. Für die Holznutzung und das Forst= kulturwesen beginnt aber das Wirthschaftsjahr mit dem 1. Oktober des vorher= gehenden und endet rücksichtlich der Holz=Einnahme und der Kulturgelder=Aus= gabe mit dem 30. September des laufenden Etatsjahres. Es sind daher alle Natural=Einnahmen an Holz bis zum 30. September für das laufende und vom 1. Oktober ab für das nächstfolgende Etatsjahr zu verrechnen. Ebenso werden die Werbungskosten für das am 1. Oktober und später vereinnahmte Holz, sowie die Kulturgelder für das folgende Etatsjahr verausgabt. Um jedoch das Ver= bleiben von Natural=Beständen für die Jahresrechnung möglichst zu vermeiden, sind die Natural=Ausgaben, welche an Material des abgelaufenen Wirthschafts= jahres erfolgen, und die Solleinnahme an Geld dafür noch bis zum 31. März des folgenden Kalenderjahres in den Büchern des abgelaufenen Wirthschafts= jahres nachzuweisen. Alle nach dem Monat März, wenn auch innerhalb der Zeit bis zum Jahresabschluß (Ende April) verkauften Hölzer aus dem abgelaufenen Wirthschaftsjahre gehören dem nächsten Rechnungsjahre an, und ist der rechnungs= mäßige Nachweis derselben bezw. des Erlöses aus denselben in der nächsten Jahresrechnung zu führen.

Welche Fonds sonst nach dem Forstwirthschaftsjahre zu verrechnen sind, wird durch den Kassenetat bestimmt.

3. Hieraus ergeben sich für die Forstkassen bezüglich des mit dem 1. April beginnenden neuen Etatsjahres zwei Vorquartale für die Zeit vom 1. Oktober bis Ende März. — Demgemäß sind z. B. in den Forstkassenbüchern des Etats= jahres 1902 nachzuweisen:

a) die Einnahmen für dasjenige Holz, welches im Forstwirthschaftsjahre 1. Oktober 1901 bis Ende September 1902 in den in Betracht kommen= den Oberförstereien eingeschlagen und bis Ende März 1903 verwerthet worden ist;

b) die im Forstwirthschaftsjahre 1. Oktober 1901/2 für diese Oberförstereien aufgewendeten Holzwerbungs= und Kulturkosten;

c) alle sonstigen Einnahmen und Ausgaben, welche für diese Oberförstereien im Laufe des Etatsjahres 1902 nach dem Etat und den besonderen Anweisungen zu erheben bezw. zu leisten gewesen sind.

§. **23.** [Rechtzeitige Vorrichtung der Kassenbücher.] Das neue Einnahme= und Ausgabe=Journal und die Manuale sind schon vor Beginn des neuen Forstwirthschaftsjahres, also z. B. die für das Etatsjahr 1902 vor dem mit dem 1. Oktober 1901 beginnenden neuen Forstwirthschaftsjahre, anzulegen und neben den alten Journalen bezw. Manualen für das Etatsjahr 1901 zu führen.

§. **24.** [Postgeldeingangsbuch.] 1. Sofern nach dem Bestehen der Einrichtungen die mit der Post eingehenden Werth= und Geldsendungen nicht durch den Postboten überbracht werden, ist ein Postgeldeingangsbuch nach dem Muster F zu führen.

2. Dieses Buch dient zum Nachweise aller mit der Post eingehenden Sendungen von Geldern und geldwerthen Effekten. Auch die als unbestellbar an die Kasse zurückkommenden Postanweisungen und Werthsendungen sind in das Geldeingangsbuch einzutragen.

3. Der Forstkassenrendant vollzieht die Postauslieferungsscheine unter Beidruck des Kassenstempels, trägt dieselben in das Posteingangsbuch ein und läßt letzteres bei Abholung der Gelder u. s. w. von der Postanstalt durch diese nach Maßgabe der zu §. 43 der Postordnung vom 20. März 1900 erlassenen Ausführungsbestimmungen vollziehen.

4. Die eingegangenen Gelder 2c. sind sofort im Einnahme-Journal u. s. w. zu buchen, auch ist die laufende Nummer, unter welcher die Eintragung erfolgt ist, im Posteingangsbuche zu vermerken.

§. 25. [Tagesabschluß.] 1. Am Schlusse eines jeden Tages hat der Forstkassenrendant die Gesammt-Tageseinnahme und die Gesammt-Tagesausgabe nach dem Einnahme-Journal (Muster C.) und dem Ausgabe-Journal (Muster D.) in dem Tagesabschlußbuche (Muster G.) zusammenzustellen und sich mit Hülfe dieses Abschusses täglich von der Uebereinstimmung des baaren Kassenbestandes mit dem Sollbestande zu überzeugen.

2. Etwaige sich hierbei ergebende, nicht sofort aufklärbare Abweichungen sind in der Spalte „Bemerkungen" des Tagesabschlußbuches zu vermerken und einstweilen dadurch auszugleichen, daß ein Fehlbetrag Seitens des Rendanten sofort zur Kasse gelegt, ein Mehrbetrag aber bis zur Aufklärung der Abweichung als Asservat vereinnahmt wird. Ist die Abweichung auch später nicht aufklärbar, so ist der Königlichen Regierung hiervon Anzeige zu machen, damit diese die endgültige Vereinnahmung und Verrechnung des Betrages anordnet. Bei einer mit einer anderen Königlichen Kasse nebenamtlich verbundenen Forstkasse ist bezüglich dieser Abweichungen nach den für die Kasse des Hauptamtes bestehenden Vorschriften zu verfahren.

3. Die Uebereinstimmung des baaren Kassenbestandes mit dem Sollbestande ist von dem Forstkassenrendanten in der Spalte „Bemerkungen" des Tagesabschlußbuches durch seine Unterschrift anzuerkennen.

§. 26. [Führung der Kassenbücher im Allgemeinen.] 1. Sämmtliche Kassenbücher müssen reinlich gehalten und deutlich geführt werden, auch sind Buchungen stets mit Tinte, niemals mit Blei- oder Farbestiften vorzunehmen. Jede Rasur in denselben ist verboten.

2. Unrichtige Eintragungen in den Büchern dürfen in keinerlei Weise gänzlich weggeschafft, vielmehr müssen dieselben mittelst einfachen Durchstreichens und Hinzuschreibens in der Weise berichtigt werden, daß das fehlerhaft Eingetragene noch lesbar bleibt und das Richtige deutlich darüber oder daneben geschrieben wird.

In dem Einnahme- und Ausgabe-Journale darf nach dem Tagesabschluß eine Berichtigung in den Geldspalten nur durch Zu- oder Absetzung mittelst einer besonderen Eintragung erfolgen.

3. Sobald eine Seite in den Journalen vollgeschrieben ist, muß deren Aufrechnung durch alle Spalten erfolgen und der Seitenbetrag auf die nächstfolgende Seite übertragen werden.

4. Bei der Eintragung von Geldbeträgen in die Bücher sind die Pfennige in den bezüglichen Spalten als Hunderttheile der Mark ($\mathcal{M}$) aufzuführen, und ist daher vor den Zahlen von 1 bis 9 Pfennigen jedesmal eine Null zu schreiben.

§. 27. 1. Sämmtliche Journale und Manuale müssen fest eingebunden werden. Die übrigen Bücher brauchen nur dauerhaft geheftet zu sein.

2. Die sämmtlichen Kassenbücher müssen, soweit beide Seiten ein Ganzes ausmachen, mit Blattnummern, sonst aber mit Seitennummern versehen werden. Auch hierbei müssen die Zahlen mit Tinte geschrieben werden.

§. 28. 1. Das Einnahme=Journal (Muster C.), das Ausgabe=Journal (Muster D.) und etwaige Nebenjournale, das Postgeldeingangsbuch (Muster F.) und das Tagesabschlußbuch (Muster G.) müssen mit einer Schnur durchzogen werden, deren beide Enden der Kassenkurator (§. 2) mit seinem Amtssiegel auf dem Titel zu befestigen hat.

2. Der Kassenkurator hat ferner auf dem Titel den Vermerk einzutragen:

Nachstehendes Einnahme=Journal (Ausgabe=Journal, Postgeld=gangsbuch, Tagesabschlußbuch) umfaßt . . . .
(in Zahlen und Worten ausgedrückt)
Blätter (Seiten) und ist von mir auf dem ersten und letzten Blatte (der ersten und letzten Seite) mit meiner Namensunterschrift versehen, auch ist die Schnur, mit welcher dasselbe durchzogen ist, von mir mit meinem Amtssiegel angesiegelt worden.
(Ort), den . . ten . . . . 18 . .
Der Kassenkurator
N. N.
(Name und Amtscharakter.)

3. Außerdem hat der Kassenkurator auf dem ersten und dem letzten Blatte (Seite) oben über der Linie zu vermerken:
„Erstes, bezw. xtes (in Buchstaben) und letztes Blatt" (Seite)
und daneben seinen Namen zu setzen.

4. Der Forstkassenrendant darf keines der obengedachten Bücher in Ge=brauch nehmen, ehe dasselbe nicht in vorstehend bezeichneter Weise angelegt ist.

§. 29. 1. Die für die Kassenbücher vorgeschriebenen Formulare und die Grundsätze der Buchführung, auf welchen dieselben beruhen, sind als maßgebend anzusehen.

2. Der Regierung bleibt aber überlassen, die äußere Form der Formulare (Größe, Zahl der Querlinien, Bemessung des Raumes für die einzelnen Spalten) zu bestimmen.

§. 30. 1. Die Kassenbücher dürfen nur im Kassenraume (§. 11) aufbewahrt werden und sind außerhalb der Geschäftsstunden unter besonderem Verschlusse zu halten.

2. Akten, Kassenbücher und Beläge dürfen nur dem Kassenkurator, dem Revisor sowie den Mitgliedern des Regierungskollegiums, anderen Beamten aber nur, sofern diese eine besondere Veranlassung hierzu nachweisen können, im Kassenlokale zur Einsicht vorgelegt werden.

3. Zur Verabfolgung von Akten, Kassenbüchern oder Belägen außerhalb des Kassenlokals ist eine schriftliche Anweisung der Regierung erforderlich.

4. Zur Vorlegung bezw. Verabfolgung derartiger Gegenstände an andere Personen bedarf es in jedem einzelnen Falle der besonderen Genehmigung der Regierung, es sei denn, daß die Aushändigung der Beläge an die Oberförster oder die Kreisbauinspektoren durch die Geschäftsanweisung für die Oberförster oder sonstige Vorschriften besonders gestattet und geregelt ist.

§. 31. [Einnahmen und zwangsweise Einziehung der Forst=gefälle.] 1. Die Einnahmen erfolgen auf Grund der dem Forstkassenrendanten zugefertigten Special-Geld-Etats oder etwaigen Etatsdeklarationen und der von Oberförster zugefertigten Erhebungs-Listen sowie auf Grund der dem Rendanten zugehenden besonderen Einnahme-Anweisungen.

2. Der Forstkassenrendant hat die Einziehung der Forstgefälle in den vorgeschriebenen Terminen, die Einziehung der ihm sonst überwiesenen Hebungen aber binnen der ihm besonders gestellten Frist, und wo in den Aufträgen u. s. w. der Regierungs-Hauptkasse oder anderer Kassen ein Termin nicht festgesetzt ist, in möglichst kurzer Frist zu bewirken.

3. Jede ertheilte Quittung muß mit dem Datum der Einzahlung versehen sein.

4. Es ist dem Forstkassenrendanten untersagt, den Zahlungspflichtigen bei Entrichtung ihrer Gefälle Stundungen zu gewähren. Wenn Fälle vorkommen, wo nach pflichtmäßigem Ermessen des Rendanten Gründe für eine zu gewährende Stundung sprechen, hat derselbe rechtzeitig, unter ausführlicher Darlegung der Verhältnisse, an die Königliche Regierung zu berichten und diesen Antrag durch Vermittelung des Oberförsters vorzulegen. Liegen solche eine Stundung rechtfertigenden Gründe nicht vor, so ist die zwangsweise Einziehung der Gefälle bei nicht rechtzeitiger Leistung nach den Vorschriften der Verordnung vom 15. November 1899, betr. das Verwaltungszwangsverfahren wegen Beitreibung von Geldbeträgen (GS. 545) und der Ausführungsanweisung zu derselben vom 28. November 1899 zu veranlassen. Hierzu wird bemerkt, daß die Königliche Regierung die Forstkasse von der Verpflichtung zur Führung der in §. 20 der Ausführungsanweisung bezeichneten Restverzeichnisses entbinden kann.

5. Alle vor Eingang der betreffenden Einnahme-Beläge bei den Forstkassen auf Lösescheine (Holz- 2c. Verabfolgezettel, Legitimations- und Erlaubnißscheine) zur Einzahlung kommenden Forsteinnahme-Beträge sind nicht bei den Asservaten zu buchen, sondern im Einnahme-Journale wie auch in dem Manuale über Forsteinnahmen der betreffenden Oberförsterei bei dem betreffenden Einnahmetitel als Isteinnahme zu buchen. In dieser Weise wird die jederzeitige Uebereinstimmung zwischen dem Einnahme-Journale und dem Manuale über Forsteinnahmen ermöglicht und bleibt nach dem Eingange der bezüglichen Erhebungsurkunden 2c. nur die Vervollständigung des Manuals über Forsteinnahmen durch Vortragung der Solleinnahme-Beträge 2c. nachzuholen.

6. Wenn andere Einzahlungen angeboten werden, welche an und für sich an die Forstkasse geleistet werden dürfen, für die aber noch keine Einnahmeanweisung ergangen ist, so sind dieselben zwar anzunehmen und im Einnahme-Journal, sowie im Manual unter näherer Bezeichnung des Gegenstandes als eingegangene Asservate zu buchen, der Forstkassenrendant hat jedoch sofort eine Einnahmeanweisung zu erbitten und nach Eingang derselben das Asservat durch Verausgabung bei den Asservaten und demnächstiger Vereinnahmung bei den laufenden Gefällen 2c. aufzuräumen.

§. 32. [Ausgaben.] 1. Nur solche Ausgaben dürfen geleistet werden, zu welchen der Forstkassenrendant durch den Etat, die etwaige Etatsdeklaration oder durch allgemeine Anweisungen und besondere Verfügungen ermächtigt ist, welche fällig sind und über welche Quittungen ausgestellt werden.

2. Eine vorherige Quittungsertheilung ist bei Geldsendungen zwischen Königlichen und Reichskassen nicht zu verlangen, vielmehr dient der Postschein bis zum Eingange der Quittung — wenn solche überhaupt erforderlich ist — als Ausweis (zu vergl. Nr. 4).

3. Wegen Zahlung der Gehälter an Beamte, die nicht am Sitze der zahlenden Kasse ihren Wohnsitz haben, der Besoldungen und Zuschüsse für Elementar-

lehrer, Lehrerinnen und Schulen, sowie der Invalidenpensionen und Veteranen-unterstützungen sind die bestehenden besonderen Vorschriften zu beachten.

4. Inwieweit Postscheine als genügende Beläge der Ausgabe angesehen werden, bestimmen die Staatsministerialbeschlüsse vom 8. Januar 1869 und 18. März 1899 [8]).

5. Der Forstkassenrendant hat dafür zu sorgen, daß die zu leistenden Aus-gaben pünktlich zur Abhebung gelangen, so daß namentlich die Uebertragung von Ausgaberesten in das folgende Rechnungsjahr möglichst vermieden wird. Wenn die diesfälligen Erinnerungen ohne Erfolg bleiben, so ist hiervon der Regierung bezw. deren Hauptkasse zur weiteren Veranlassung Anzeige zu machen.

6. Auf den Ausgabebelägen ist unten links die Nummer des Ausgabe-Journals bezw. des Manuals, unter welcher die Buchung bei der Forstkasse stattgefunden hat, zu vermerken.

7. Die für Rechnung der Regierungs-Hauptkasse geleisteten Zahlungen sind derselben allmonatlich anzurechnen.

8. Zahlungen auf gewährte Kredite dürfen nur insoweit geleistet werden, als der Betrag des Kredits dazu ausreicht.

§. 33. [Quittungen der Zahlungsempfänger.] 1. Jede über eine geleistete Zahlung ausgestellte Quittung muß in deutscher Sprache und in deutschen oder lateinischen Schriftzeichen geschrieben werden. Die Verwendung von Farb- oder Bleistiften ist unzulässig.

Jede Quittung muß enthalten:
a) die Angabe des Betrages in Zahlen und Buchstaben;
b) die Bezeichnung des Gegenstandes bezw. des Zeitraumes, für welchen die Zahlung erfolgt;
c) die Benennung der Rechnung legenden Kasse, für welche die Zahlung erfolgt, sofern nicht nach den erlassenen, besonderen Bestimmungen die Angabe „aus der Staatskasse" genügt;
d) die Angabe des Orts und des Datums der Zahlungsleistung;
e) die vollständige Unterschrift des Empfängers oder im Falle der Schreibens-unfähigkeit das amtlich oder durch einen Zeugen beglaubigte Handzeichen des Empfängers.

Quittungen, welche unter Liquidationen, Rechnungen, Lohnzettel 2c. gesetzt werden, brauchen die unter b bezeichneten Erfordernisse nicht zu enthalten, wenn aus den Schriftstücken selbst bereits das Nöthige hervorgeht.

2. In denjenigen Fällen, in welchen eine besondere Bescheinigung über die Berechtigung des Empfängers zur Erhebung vorgeschrieben ist, hat der Forst-kassenrendant die Beibringung derselben bei eigener Verantwortlichkeit zu erfordern.

3. Da, wo für einzelne Verwaltungszweige besondere Quittungsformulare vorgeschrieben sind, müssen diese benutzt werden.

4. Ist zu der Quittung eine amtliche Bescheinigung erforderlich, so muß der Unterschrift des bescheinigenden Beamten dessen Amtssiegel beigedruckt werden.

5. Weder der Forstkassenrendant selbst, noch dessen Angehörige oder Ge-hülfen dürfen das Handzeichen eines Zahlungsempfängers beglaubigen. Der Forstkassenrendant hat aber auf Ansuchen zur richtigen Abfassung der Quittungen Anleitung zu ertheilen.

---

[8]) StMB. 18. März 99 (MB. 54), Vf. FM. 30. Aug. 00 u. Vf.MdJ. 9. April 01 (DJ. XXXIII. 191. — Die Ver-sendung von Geldern durch Postan-weisung ist bis zum Betrage von 800 M. erhöht; der Post-Einlieferungschein ist dafür als gültiger Rechnungsbeleg anzu-sehen.

§. 34. [Identität der Empfänger.] 1. In der Regel wird an den=
jenigen, welcher eine ordnungsmäßig ausgestellte Quittung vorzeigt, Zahlung
geleistet.

2. Der Forstkassenrendant ist jedoch verpflichtet, mit Vorsicht zu verfahren,
und wenn bei der Prüfung über die Identität des Empfängers, über die Rich=
tigkeit der Namensunterschrift oder über die Berechtigung zum Empfange ein
Zweifel entsteht, so ist die Identität des Empfängers zuvor festzustellen oder die
Beglaubigung der Unterschrift oder die Beibringung eines Nachweises über die
Empfangsberechtigung zu erfordern.   Der §. 18 der Försterdienstinstruktion vom
23. Oktober 1868 ist zu beachten[9]).

§. 35. [Vorschüsse.] (Betriebszuschüsse von der Regierungs=
Hauptkasse.) 1. Reichen die in der Forstkasse vorhandenen Gelder zu den
zu leistenden Zahlungen in einzelnen Fällen nicht aus, und kann der erforder=
liche Bedarf aus den vorhandenen verfügbaren Beständen der von dem Forst=
kassenrendanten verwalteten anderen fiskalischen Kassen nicht gedeckt werden, so
hat der Forstkassenrendant den erforderlichen Vorschuß — in auf Zehner oder
Hunderte von Mark abgerundeter Summe — gegen vom Kassenkurator (§. 2)
mit dem Vermerke „Eingetragen in der Kontrole unter Nr. ...“ zu versehende
und vom Kassenrathe der Regierung zu genehmigende Quittung nach dem
Muster J. bei der Regierungs=Hauptkasse rechtzeitig nachzusuchen.   Inwieweit bei
der Ueberweisung von Vorschüssen (Betriebszuschüssen) die Vermittelung der
Reichsbankanstalten eintritt, richtet sich nach den dieserhalb bestehenden besonderen
Vorschriften.

2. Die Erstattung derartiger Vorschüsse ist möglichst bald und vorweg vor
allen Anrechnungen auf andere Einnahmen zu bewirken.   In das neue Etats=
jahr dürfen dergleichen Vorschüsse nicht übertragen werden.   Es ist hierauf be=
reits in den letzten Monaten des Rechnungsjahres Rücksicht zu nehmen und die
Entnahme von Vorschüssen für das ablaufende Jahr auf das äußerste Bedürfniß
zu beschränken.   Namentlich sind die zu Zahlungen für das neue Etatsjahr zu
verwendenden Vorschüsse bei der Hauptkasse auf Rechnung des neuen Etatsjahres
zu entnehmen und auf dieses zu buchen.

3. Bei vereinigten Königlichen Kassen muß die Ausgleichung wegen der
von einer Kasse an die andere aus den verfügbaren Beständen derselben geleisteten
Vorschüsse vor dem jedesmaligen Vierteljahrsabschlusse erfolgen und ist der
dazu etwa erforderliche Vorschuß von der Regierungs=Hauptkasse im Wege des
Quittungswechsels, also durch Ablieferung mittelst Vorschußquittung, in der vor=
stehend ad 1 geordneten Weise zu entnehmen.   Ablieferungen durch Vorschuß=
quittungen sind außerdem nur in dem im §. 37 bezeichneten Falle zulässig.

§. 36. [Abführung der Einnahmen.] 1. Die Abführung der Ein=
nahmen an die betreffenden Kassen und die Anrechnung der für dieselben ge=
leisteten Zahlungen findet unabhängig von dem monatlichen Bücherabschlusse
(§. 50) statt.   Dabei sind die §§. 71 u. ff. der Geschäftsanweisung für die Regie=
rungs=Hauptkassen vom 21. Mai 1887 und die dazu ergangenen besonderen Ver=
fügungen zu beachten.   Inwieweit bei den Geldablieferungen die Vermittelung
der Reichsbankanstalten eintritt, richtet sich nach den dieserhalb bestehenden
besonderen Vorschriften.

2. Die Ablieferung ist nach näherer Anordnung der Regierung so oft zu
bewirken, als entbehrliche — d. h. nicht zu nahe bevorstehenden Auszahlungen

---

[9]) Nr. 5 § 18 d. W. betr. Verbot der Annahme u. Auszahlung von Kassen=
geldern.

für die betreffende Kasse erforderliche — Bestände vorhanden sind. Unter allen Umständen ist aber vor dem Schlusse eines jeden Monats mindestens eine Ab= lieferung — sei es in Bar oder in Belägen oder in Anrechnung auf empfangenen Vorschuß (§. 35) — an die Regierungs=Hauptkasse vorzunehmen. Insofern nicht die Regierung eine Trennung der Beläge=Ablieferungen von den Baar=Abliefe= rungen angeordnet hat, sind gleichzeitig mit letzteren sämmtliche für die Regie= rungs=Hauptkasse geleisteten Zahlungen, für deren Anrechnung nicht ausdrücklich ein anderer Termin gestattet ist, unter Beifügung der betreffenden Quittungen und sonstigen Beläge mittelst Designation anzurechnen.

3. Ergeben sich bei der Revision der Ablieferungen und Beläge durch die Regierungs=Hauptkasse Abweichungen in Folge mangelhafter Anrechnungen, oder werden angerechnete Posten oder Ablieferungen von der empfangenden Kasse nicht, oder nicht in ihrem ganzen Betrage angenommen, so ist nach Maßgabe des §. 39 der Geschäftsanweisung für die Regierungs=Hauptkassen vom 21. Mai 1887 zu verfahren.

4. Derartige Abweichungen sind sofort aufzuklären und möglichst alle vor dem Jahresabschlusse zu beseitigen.

5. Bei den Ablieferungen dürfen niemals die auf eine Gattung von Ge= fällen und für ein bestimmtes Etatsjahr eingenommenen Gelder auf andere Ge= fälle oder ein anderes Jahr gerechnet werden.

6. Ueber die nicht zur Anrechnung gekommenen Auftragszahlungen für die Regierungs=Hauptkasse ist von dem Forstkassenrendanten am Schlusse jedes Vierteljahrs ein spezielles Verzeichniß nach dem beigefügten Muster K. aufzu= stellen und mit dem Vierteljahrsabschlusse einzureichen. Nach dem Eingang bei der Regierung gelangt das Verzeichniß zunächst an die Regierungs=Hauptkasse zur Vergleichung mit ihren Büchern und den Designationen. Etwaige sich dabei ergebende Abweichungen sind sofort der Regierung anzuzeigen, die wegen deren Aufklärung das Erforderliche anzuordnen hat.

§. 37. 1. Die gänzliche Abführung aller Einnahmen ist unbedingt vor dem Jahresabschlusse zu bewirken. Sollten derartige Einnahmen zur Bestreitung von Zahlungen für die Regierungs=Hauptkasse verbraucht sein, deren Anrechnung vor dem Jahresabschlusse nicht zu ermöglichen ist, so hat der Forstkassenrendant aus= nahmsweise mittelst Vorschußquittung (§. 35) über einen Betrag, welcher der Summe der nach dem betreffenden speziellen Verzeichnisse (§. 36) nicht angerech= neten Zahlungen gleichkommt, die Ablieferung der fraglichen Einnahmen zu be= wirken. Der Betrag dieses Vorschusses ist gleichzeitig in den Büchern des neuen Etatsjahres in Einnahme zu buchen und auf der desfallsigen Vorschußquittung (Muster J.) zu bescheinigen, daß und wo die Vereinnahmung des Betrages im Einnahme=Journale der Forstkasse erfolgt ist.

2. Falls am Jahresabschlusse bei einer Oberförsterei oder forstlichen Neben= betriebsanstalt mit besonderem Etat die eigenen Jahres=Einnahmen zur Deckung der Ausgaben nicht hinreichen, ist nach Maaßgabe des §. 72 Absatz 3 der Ge= schäftsanweisung für die Regierungs=Hauptkassen vom 21. Mai 1887 (vergl. An= merkung zu §. 36) zu verfahren. Dasselbe gilt für die Forstakademiekassen, welche durch Vermittelung der betreffenden Regierungs=Hauptkasse mit der General= Staatskasse abrechnen.

3. Sollte der Fall eintreten, daß die Forstkasse von den an die Regierungs= Hauptkasse abgelieferten Ueberschüssen einen Betrag zur Deckung ihrer eigenen Ausgaben zurückzuziehen genöthigt ist, so darf dies nur gegen eine von dem Kassenkurator und vom Kassenrathe der Regierung nach §. 35 Abs. 1 zu be=

handelnde Quittung geschehen. Dieser Betrag ist dann in dem Ausgabe-Journale der Forstkasse und im Manuale als zurückgezogene Ablieferung mit rother Tinte von der Ausgabe abzusetzen.

In gleicher Weise ist dann zu verfahren, wenn

a) ein Theilbetrag der für eine Oberförsterei abgelieferten Ueberschüsse auf das Konto einer anderen, zu derselben Forstkasse gehörenden Oberförsterei übertragen werden muß, oder

b) während des Offenstehens der Bücher für 2 Etatsjahre in der Zeit vom 1. Oktober bis 31. März ein Ausgleich zwischen den Ueberschußablieferungen des alten und neuen Etatsjahres nothwendig wird.

In beiden Fällen ist der zurückzuziehende, gleichzeitig als Ablieferung für die andere Oberförsterei bezw. das andere Etatsjahr geltende Betrag der Regierungs-Hauptkasse mittelst eines neuen Lieferzettels zuzuführen.

§. 38. [**Lieferzettel und Designationen.**] 1. Jede Ablieferung ist mit einem Lieferzettel nach Muster L. in doppelter Ausfertigung zu begleiten.

Der Lieferzettel muß enthalten:

a) die Bezeichnung der einzelnen Einnahmen, auf welche die Ablieferung erfolgt;

b) die Angabe der einzelnen abgelieferten Geldbeträge, getrennt nach dem Gegenstande der Einnahme.

Am Schlusse ist der Gesammtbetrag der Ablieferung in Zahlen und Buchstaben anzugeben.

2. Sind für mehrere Buchhaltereien der Regierungs-Hauptkasse Einnahmen abzuliefern, so ist außer den für jede Buchhalterei aufzustellenden Einzellieferzetteln ein Hauptlieferzettel nach dem Muster M. beizufügen. Eine Ausfertigung des Hauptlieferzettels bleibt bei den Akten der Forstkasse.

3. Erfolgt eine Ablieferung mittelst Anrechnung von Belägen, so sind die letzteren für jede Buchhalterei in einer Designation nach dem Muster N. zu verzeichnen. Die bei den einzelnen Zahlungen gemachten Abzüge sind darin in der im §. 77 der Geschäftsanweisung für die Regierungs-Hauptkassen vom 21. Mai 1887 vorgeschriebenen Art nachzuweisen.

4. Bei Baarsendungen ist zugleich der Sortenzettel auszufüllen, aus welchem ersichtlich sein muß, wie viel

a) an Goldmünzen,

b) an Reichskassenscheinen und Banknoten (nach Stücken von gleicher Gattung und gleichem Werthe getrennt),

c) an Silbermünzen (nach den einzelnen Münzsorten getrennt),

d) an Nickel- und Kupfermünzen,

e) an Zinsscheinen

abgeführt und

f) in Belägen und in welchen angerechnet wird. Zinsscheine sind außerdem mit einem besonderen, nach den einzelnen Beträgen zu ordnenden Verzeichnisse zu begleiten.

5. Erfolgen Ablieferungen für verschiedene Etatsjahre, so müssen für jedes Etatsjahr getrennte Lieferzettel und Designationen aufgestellt und der Regierungs-Hauptkasse eingesandt werden.

6. Damit die Forstkassen die fortlaufenden Zahlungen für Rechnung der Regierungs-Hauptkasse in den Designationen nicht bei jeder Anrechnung aufs Neue aufzuführen brauchen, kann über dieselben den Designationen eine für jede

Buchhalterei nach dem Muster O gefertigte, zum Gebrauche für das ganze Rechnungsjahr bestimmte Nachweisung beigefügt werden. In der ersteren ist alsdann nur der Abschluß der letzteren in der in dem Muster 2 angedeuteten Weise aufzunehmen. Diese Nachweisung wird der Forstkasse spätestens nach der jedesmaligen Revision der Regierungs-Hauptkasse zum ferneren Gebrauche zurückgesandt. Nach Ablauf des Rechnungsjahres verbleibt dieselbe bei der Hauptkasse.

7. Wegen Anrechnung der gezahlten Invalidenpensionen (Soldatenwittwen-Unterstützungen, Erziehungsbeihülfen 2c.), Veteranenunterstützungen, Lehrerbesoldungszuschüsse u. s. w. sind die bestehenden besonderen Vorschriften zu beachten.

§. 39. 1. Die zweiten Ausfertigungen der Lieferzettel werden von der Regierungs-Hauptkasse ungesäumt quittirt an die Forstkasse zurückgesendet. Sollten die Quittungen über die nach dem Geschäftsverkehr der Regierungs-Hauptkasse und nach dem gewöhnlichen Postenlaufe erforderliche Zeit ausbleiben, so ist dieserhalb Anfrage zu halten und event. davon der Regierung Anzeige zu machen.

In dieser Hinsicht wird bemerkt, daß die Quittungen der Regierungs-Hauptkasse über die mit der Post eingegangenen Gelder in der Regel noch an demselben Tage, spätestens aber am Tage nach der Einzahlung ausgefertigt, dem Landrentmeister vorgelegt und nach erfolgter Vollziehung zur Post befördert werden.

Die eingehenden Quittungen der Hauptkasse über baar abgelieferte Beträge müssen von dem betreffenden Buchhalter, dem Kassirer und dem Landrentmeister, dagegen diejenigen über Einzahlungen, welche nicht baar, sondern durch Anrechnung erfolgen, von dem Buchhalter und dem Landrentmeister vollzogen sein.

2. Zum Umtausch der Einzelquittungen über die Ablieferungen an Forstgefällen gegen Jahresquittung haben die Forstkassen sämmtliche quittirte Lieferzettel des betreffenden Jahres in ein Heft vereinigt mit einer Zusammenstellung nach dem Muster P. der Regierungs-Hauptkasse zu übersenden.

3. Welche Buchhaltereien bei der Regierungs-Hauptkasse die verschiedenen Einnahmen und Ausgaben zu verrechnen haben, wird die Hauptkasse den Forstkassenrendanten mittheilen und denselben auch von eintretenden Veränderungen alsbald Kenntniß geben.

§. 40. [Geldverkehr.] 1. Der Forstkassenrendant darf nur solche Münzen und Werthzeichen in Zahlung annehmen, welche gesetzlichen Kurs haben oder deren Annahme ihm von der Regierung gestattet ist.

2. Ebenso dürfen Staats- und andere Werthpapiere nur dann angenommen werden, wenn der Forstkassenrendant besondere Anweisung dazu erhalten hat. Wegen Annahme und Behandlung der Zinsscheine sind die bestehenden besonderen Vorschriften zu beachten.

3. Für die in den Reichsbankgiroverkehr eingetretenen Forstkassen sind die für diesen Verkehr erlassenen oder noch zu erlassenden Vorschriften maßgebend.

§. 41. [Verfahren bei Falschstücken, sowie bei gewaltsam oder sonst gesetzwidrig beschädigten Münzen.] 1. Für angenommene falsche oder gewaltsam beschädigte (beschnittene 2c.) Münzen und für nachgemachte oder verfälschte Reichskassenscheine und Banknoten wird dem Forstkassenrendanten von der Regierung kein Ersatz geleistet.

2. Der Forstkassenrendant hat die bei der Forstkasse eingehenden nachgemachten oder verfälschten Münzen, Reichskassenscheine und Reichsbanknoten anzuhalten.

3. Wird ein Geldstück oder Werthzeichen in Zahlung angeboten, welches der Forstkassenrendant ohne Weiteres für falsch anerkennt, so ist dasselbe anzu-

halten und sofort der zuständigen Gerichts- oder Polizeibehörde unter Beifügung der mit dem Einzahler aufzunehmenden kurzen Verhandlung oder des eingegangenen Begleitschreibens, des Umschlags u. s. w. zu übergeben.

4. Erscheint die Unechtheit eines Geldstücks oder Werthzeichens zweifelhaft, so ist dasselbe, nachdem dem bisherigen Inhaber eine Bescheinigung über den Sachverhalt ertheilt worden, an die bezüglich der Prüfung zuständige Behörde zu senden, und zwar:

 a) Reichsmünzen einschließlich der noch nicht außer Kurs gesetzten Landesmünzen an das Münzmetalldepot des Reichs bei der Königlichen Münze in Berlin,

 b) Reichskassenscheine an die Reichsschuldenverwaltung daselbst und

 c) Reichsbanknoten an das Reichsbankdirektorium ebendaselbst.

Im Falle der Echtheit wird dem Einzahler Ersatz geleistet, im Falle der Unechtheit gelangt das Falschstück an die Forstkasse zurück, um damit nach der Bestimmung unter 3 zu verfahren.

5. Durch gewaltsame oder gesetzwidrige Beschädigung am Gewicht verringerte echte Reichsmünzen sind gleichfalls anzuhalten. Liegt der Verdacht eines Münzvergehens gegen eine bestimmte Person vor, so ist in der unter 3 vorgeschriebenen Weise zu verfahren. Liegt ein solcher Verdacht nicht vor, so ist dasselbe durch Zerschlagen oder Einschneiden für den Umlauf unbrauchbar zu machen und dem Einzahler zurückzugeben.

6. Ebenso sind gewaltsam beschädigte, aber vollwichtig gebliebene echte Reichsmünzen anzuhalten, durch Zerschlagen oder Einschneiden für den Umlauf unbrauchbar zu machen und alsdann dem Einzahler zurückzugeben.

Diese Bestimmung findet jedoch keine Anwendung auf Münzen, deren Beschädigung so geringfügig ist, daß hierdurch ihre Umlaufsfähigkeit nicht beeinträchtigt wird, sowie auf solche, deren schadhafte Beschaffenheit von Mängeln bei der Ausprägung herrührt. Erstere sind anzunehmen und bezw. im Umlauf zu belassen. Letztere sind nach der Vorschrift unter 4a zu behandeln.

7. Die bezüglichen Postsendungen zwischen der Forstkasse einerseits und den unter 4a und b bezeichneten Behörden andererseits werden als Reichsdienstsachen portofrei befördert.

§. 42. [Behandlung abgenutzter Reichsmünzen und der beschädigten 2c. Reichskassenscheine und Reichsbanknoten.] In Betreff der abgenutzten Reichsmünzen, sowie der beschädigten und unbrauchbar gewordenen Reichskassenscheine ist folgendes Verfahren zu beobachten:

1. Reichsgoldmünzen, welche in Folge längeren Umlaufs und durch Abnutzung am Gewicht so viel eingebüßt haben, daß sie das Passirgewicht (§. 9 des Reichsgesetzes vom 4. Dezember 1871, Reichs-Gesetzbl. S. 403) nicht mehr erreichen,
   sowie
Reichssilber-, Nickel- und Kupfermünzen, welche in Folge längeren Umlaufs und durch Abnutzung an Gewicht oder Erkennbarkeit erheblich eingebüßt haben, sind bei Zahlungen zum vollen Werth anzunehmen.

2. Die in Zahlung angebotenen beschädigten oder unbrauchbar gewordenen (auch die geklebten und beschmutzten) Reichskassenscheine sind anzunehmen, wenn deren Umtauschfähigkeit zweifellos ist, d. h. wenn das vorgelegte Stück zu einem echten Reichskassenscheine gehört und mehr als die Hälfte eines solchen beträgt. Ist die Umlauffähigkeit der Reichskassenscheine zweifelhaft oder deren Ersatz nach §. 6 des Reichsgesetzes vom 30. April 1874 (Reichs-Gesetzbl. S. 40) der Reichsschuldenverwaltung überlassen, so sind die Inhaber solcher Scheine mit dem Antrage auf Ersatz an die Reichsschuldenverwaltung zu verweisen.

3. Die zur Annahme gelangten abgenutzten rc. Münzen und Reichskassen=
scheine (Nr. 1 und 2) sind nicht wieder auszugeben, sondern gelegentlich der
nächsten Einnahme=Ablieferung besonders verpackt und bezeichnet der Regierungs=
Hauptkasse zuzuführen.

4. Inwieweit die Reichsbank für beschädigte Reichsbanknoten Ersatz zu
leisten hat, ergiebt der §. 4 des Bankgesetzes vom 14. März 1875 (Reichs=Ge=
setzbl. S. 177).

§. 43. [Nachweisung über die Beschreibung falscher Werth=
zeichen.] 1. Der Forstkassenrendant hat eine Nachweisung über die Beschreibung
Register falscher Werthzeichen (Reichskassenscheine, Banknoten rc.) zu führen und
hierzu die öffentlichen Blätter und sonstigen Bekanntmachungen zu benutzen.

2. Auch empfiehlt es sich, daß der Forstkassenrendant über den Empfang
größerer Kassenscheine und Banknoten ein Verzeichniß führt, aus welchem der
Name und Wohnort des Einzahlers, sowie Nummer und Betrag des Werth=
zeichens zu ersehen ist.

§. 44. [Verpackung der Gelder und geldwerthen Papiere.] 1. Die
eingehenden Gelder werden, bevor sie zur Aufbewahrung in dem Geldschrank
(Geldkasten) oder zur Versendung kommen, sortirt und in Rollen oder Beuteln
oder zu Packeten gehörig verpackt. Dabei dürfen niemals verschiedene Münz=
sorten vermengt werden. Derjenige Theil des Bestandes, welcher sich nicht vor=
schriftsmäßig verpacken läßt, wird sortirt in einem besonderen Behälter in den
Geldschrank oder Geldkasten niedergelegt.

2. Die Verpackung des Metallgeldes erfolgt entweder in Rollen oder in Beuteln.

3. Die Verpackung der Reichsmünzen hat folgenderweise zu geschehen:

	in Beuteln zu	und	in Rollen zu
Doppelkronen	10 000 M.	2 000 M. oder	1 000 M.
Kronen	10 000 „	1 000 „ „	500 „
5=Markstücke	1 000 „	200 „	
2= „	1 000 „	100 „	
1= „	1 000 „	100 „ oder	50 „
50=Pfennigstücke	1 000 „	100 „ „	50 „
20=Pfennigstücke	200 „	20 „ „	10 „
10= „	100 „	10 „ „	5 „
5= „	100 „	10 „ „	5 „
2= „ . . . . 50 oder	20 „	2 „ „	1 „
und 1= „	20 „	2 „ „	1 „

Thalerstücke sind in Beuteln zu 500 Stück oder in Rollen zu 50 Stück zu
verpacken. Gleichartige Münzsorten sind in einen Beutel oder in eine Rolle zu
verpacken, wobei die preußischen Thaler aus den Jahren 1823 bis 1856 und die
Vereinsthaler von 1857 ab je für sich getrennt zu halten sind.

4. Zu den Rollen muß haltbares Papier genommen werden, und zwar:
  zur Verpackung von Goldmünzen rosafarbenes,
      „   „   „ Silbermünzen weißes,
      „   „   „ Nickelmünzen blaues
  und „   „   „ Kupfermünzen schmutziggraues.

5. Die Rollen sind in folgender Weise zu beschreiben:
------------------- Mark in Stücken zu (Münzsorte)
Brutto (Gewicht).
(Firma der Forstkasse.)
Bei etwaiger Versendung sind dieselben an beiden Enden mit dem Kassen=
siegel zu versiegeln.

6. Die Beutel müssen von grauer, fester Leinwand und doppelt (mit einer sogenannten Kappnath) genäht sein. Bei der Verpackung kommt die Nath nach innen.

7. Die Beutel sind mit gutem festen Bindfaden zu schnüren, dessen Enden derartig durch die sämmtlichen Falten des Beutels zu ziehen sind, daß das eine Ende unter, das andere über der Verschnürung durchgeht und ein Abstreifen des Bandes unmöglich ist. Um eine regelmäßige, möglichst vielfache Faltung des Beutels, auf welche besondere Aufmerksamkeit zu verwenden ist, zu erreichen, ist der Bund in einiger Entfernung über dem eingepackten Gelde anzulegen. Die durchgezogenen beiden Enden des Bindfadens sind, nachdem sie festgeknotet und durch den anzubringenden Aufschriftszettel gezogen, auf dessen Rückseite durch das Dienstsiegel zu befestigen. Auf der Vorderseite des Aufschriftzettels ist die in dem Beutel enthaltene Geldsumme, die Münzsorte, das Gewicht, sowie die Firma der Forstkasse zu vermerken. Das zu den Aufschriftszetteln zu verwendende Papier, muß je nach der Münzsorte, von derselben Farbe wie das Papier zu den Münzrollen sein.

Das Gewicht der in Beuteln und Rollen verpackten Reichsmünzen ist ausschließlich in Kilogramm und Gramm (Dezimalstellen) zu bezeichnen.

8. Reichskassenscheine und Banknoten sind zu Packeten aus Stücken von gleicher Gattung und gleichem Werthe zusamenzulegen. Jedes Packet ist in der Richtung der kurzen Seite mit einem geschlossenen Papierstreifen, auf welchem der Inhalt des Packets und der Name der Forstkasse vermerkt wird, zu umgeben, dergestalt, daß die Zählung der einzelnen Stücke, ohne den Papierstreifen zu beschädigen, möglich ist. Bei der Verpackung sind die Stücke gleichmäßig nach der Schauseite zu legen.

9. Die als baares Geld zu behandelnden Invalidenversicherungsmarken sind in Umschlägen zu verwahren. Dabei sind Marken von gleichem Werthe zusammenzulegen. Auf jedem Umschlage ist der Inhalt zu vermerken. Aenderungen desselben sind mittelst einfachen Durchstreichens und Hinzuschreibens des neuen Inhalts zu bewirken.

§. 45. Der Forstkassenrendant darf Beutel und Rollen von anderen Kassen ohne Nachzählung nur dann annehmen, wenn solche in der vorgeschriebenen Art (§. 44) kassenmäßig verpackt und ganz unbeschädigt sind, auch das richtige, auf denselben bemerkte Gewicht halten. Auf seine Gefahr bleibt ihm überlassen, dergleichen gehörig verpackte Beutel und Rollen auch von sicheren Privatpersonen ohne Nachzählung anzunehmen, wenn sie mit dem Namen des Einzahlers bezeichnet sind. Beutel und Rollen der letztgedachten Art dürfen aber nicht ausgegeben werden, bevor der Bezeichnungszettel oder die Rolle von dem Forstkassenrendanten mit Gewichtsvermerk und dem Kassensiegel (§. 44 zu 5 und 7) versehen worden ist.

§. 46. 1. Bei Versendung der Gelder mit der Post hat deren Verpackung in der Weise stattzufinden, wie dieselbe für Geldsendungen allgemein vorgeschrieben ist und von den Postanstalten gefordert wird.

2. Bei Versendung in größeren Summen werden die Beutel in der Regel in haltbare Fässer oder Kisten gepackt, welche nur runde Summen enthalten dürfen. Die Fässer oder Kisten werden auf beiden Böden mit Bindfaden überzogen und dieser wird mit dem Knoten angesiegelt.

3. Die Versendung kann aber auch, namentlich bei kleineren Summen, in Beuteln erfolgen, welche jedoch einen zweiten Beutel als Umschlag erhalten müssen, dergestalt, daß der Kropf des ersten Beutels auf den Boden des zweiten zu stehen kommt, und der als Ueberzug dienende Beutel in der unter 6 und 7

des §. 44 vorgeschriebenen Art und Weise oder nach den Anordnungen der Postverwaltung geschlossen und bezeichnet wird.

4. Banknoten und Kassenscheine werden bei der Versendung in Papier geschlagen und dann in Leinwand oder dauerhafte Briefumschläge, große Summen aber in haltbare Kisten verpackt. Dasselbe gilt von Zinsscheinen und Werthpapieren.

§. 47. [Sicherung des Transports der Gelder und geldwerthen Papiere.] 1. Die Geld- und Werthsendungen müssen, wenn die zur Empfangnahme bestimmte Kasse nicht am Sitze der Forstkasse sich befindet, durch die Post bewirkt werden. Ausnahmen hiervon sind nur mit Genehmigung der Regierung zulässig.

2. Für die Sicherheit der abzusendenden, wie ankommenden Geld- und Werthsendungen auf dem Wege nach und von der Post, — sofern nach den bestehenden Einrichtungen die mit der Post eingehenden Geld- und Werthsendungen nicht durch den Postboten überbracht werden — ferner für die sichere Uebermittelung der Gelder, welche ohne Vermittelung der Post an die am Sitze der Forstkasse befindlichen Kassen, Bankstellen u. s. w. zu zahlen oder bei solchen Kassen abzuheben sind, bleibt der Forstkassenrendant verantwortlich und mit seinem Vermögen verhaftet. Er muß daher, wenn er dies zur Sicherung der Gelder für nöthig hält, die Uebermittelung selbst besorgen oder begleiten, auch bei Postsendungen die Post-Einlieferungs- und Auslieferungsscheine selbst in Empfang nehmen.

3. Wenn bei einer Einnahme-Ablieferung Beläge angerechnet werden, so ist im Falle der Versendung durch die Post die Werthangabe in Betreff der Beläge zu unterlassen. Können dieselben nicht in Verbindung mit einer Baarsendung, die ohnehin durch die Werthangabe gesichert ist, befördert werden, so sind die bezüglichen Sendungen als Einschreibebriefe, oder, wenn die Briefform mit Rücksicht auf das Gewicht nicht zulässig ist, als gewöhnliche Packete bei der Post einzuliefern.

§. 48. [Hinterlegung von Werthpapieren.] Werthpapiere, welche zur Sicherung von Holzkaufgelderresten oder aus anderen Ursachen hinterlegt werden, sind nicht bei der Forstkasse, sondern bei der Regierungs-Hauptkasse zu verwahren.

Gelangen derartige Werthpapiere zunächst an die Forstkassen, so sind sie mit dem Nennwerthe zunächst als Asservat zu vereinnahmen, aber sofort an die Regierungs-Hauptkasse zur Verwahrung weiter zu geben. Bei der Annahme ist darauf zu achten, daß auch die Zinsscheinanweisungen und alle noch nicht fälligen Zinsscheine eingeliefert werden. Welche Zinsscheine sich bei den eingegangenen Werthpapieren befinden, muß in den Kassenbüchern bei der Buchung ersichtlich gemacht werden.

§. 49. [Ordnung und Aufbewahrung der Beläge.] 1. Sämmtliche Einnahme- und Ausgabebeläge, welche sich bei der Forstkasse befinden, sind verschlossen und sicher aufzubewahren. Sie müssen für die Zeit von einer Kassenrevision bis zur anderen stets nach der Folge der Eintragung in den Journalen geordnet sein, damit der Kassenrevisor ohne Aufenthalt jede Post nach dem Belage prüfen kann.

2. Nach beendeter Revision werden die Beläge, welche zur Belegung der Jahresrechnung erforderlich sind, für die verschiedenen Oberförstereien u. s. w. nach Titeln und Abschnitten der Rechnung geordnet und in entsprechend überschriebenen Umschlägen aufbewahrt, die übrigen dagegen nach Erledigung der bezüglichen Einnahme- und Ausgabeposten zu den Akten gebracht.

3. In den Belägen dürfen keine Rasuren vorkommen. Unvermeidliche Berichtigungen oder Abänderungen müssen in der hinsichtlich der Bücher vorgeschriebenen Weise (§. 26 zu 2) bewirkt werden und zwar bei Quittungen unter Anerkennung des Ausstellers.

4. Hinsichtlich der Holzverabfolgungszettel wird auf den §. 57 der Dienstinstruktion für die Königlich Preußischen Förster vom 23. Okt. 1868[10]) verwiesen, wonach auf denselben weder Zahlen durchstrichen, noch Rasuren vorgenommen werden dürfen.

§. 50. [Bücherabschluß.] 1. Sämmtliche Journale sind monatlich am letzten Werktage, oder mit Rücksicht auf die etwa an diesem Tage stattfindende ordentliche Kassenrevision nach dem Ermessen der Regierung schon am Nachmittage des vorletzten Werktages des Monats abzuschließen. Die Ergebnisse dieses Abschlusses werden den sich am Schlusse des nächsten Monats ergebenden Summen hinzugerechnet, so daß am Monatsschlusse nicht allein die Summe des betreffenden Monats, sondern auch die Summe für sämmtliche abgelaufene Monate des Etatsjahres ersichtlich wird. Hinter der letzteren darf unter keinen Umständen noch irgendwelche Zu- oder Absetzung erfolgen. Außerdem sind diese Journale bei der außerordentlichen Kassenrevision und da, wo die ordentliche Kassenrevision nicht am letzten Werktage des Monats, sondern an einem anderen Tage stattfindet, auch zum Zwecke der Letzteren abzuschließen.

2. Die Manuale sind vierteljährlich abzuschließen. Eine Ausnahme hiervon macht jedoch die Abtheilung I „Auftragszahlungen“ im Manual von den Nebenfonds, die monatlich abzuschließen ist.

3. Der endgültige und vollständige Abschluß sämmtlicher Bücher erfolgt nach dem Ablaufe des Etatsjahres am letzten Werktage des Monats April des folgenden Etatsjahres. Nur auf Anordnung der Regierung kann mit dem Bücherabschlusse schon am 28. April begonnen und die Kasse für den öffentlichen Verkehr geschlossen werden (§. 16 zu 2), damit dem Forstkassenrendanten Zeit bleibt, um einen ordnungsmäßigen Jahresabschluß bewirken zu können.

4. Bis zum Jahresabschluß-Termine sind sämmtliche Kassenbücher offen zu halten und darin alle Einnahmen und Ausgaben für das Etatsjahr, und zwar, wenn irgend möglich, ohne Reste nachzuweisen. Zu diesem Zwecke ist die exekutivische Betreibung der Gefälle (§. 31) vor dem Jahresabschlusse zu Ende zu führen.

5. Nach dem Abschlusse der Bücher und der Aufstellung des Jahresabschlusses ist jede nachträgliche Eintragung und Aenderung in den Büchern untersagt.

Es müssen vielmehr vorgekommene Abweichungen bis zum Jahresabschluß vollständig beseitigt sein und die etwa nachher sich ergebenden Abweichungen in dem nächsten Jahre ordnungsmäßig zur Ausgleichung gebracht werden.

6. Die bei dem Jahresabschlusse aus Nebenfonds und an Asservaten etwa aus dem verflossenen Etatsjahre verbleibenden Bestände und die bei den Nebenfonds etwa verbleibenden Ueberzahlungen (Vorschüsse) sind nach erfolgtem Bücherabschlusse sofort in die Kassenbücher für das neue Etatsjahr zu übertragen. Dabei ist in den Büchern des abgelaufenen Etatsjahres auf die betreffende Journalnummer und die Seite des Manuals für das neue Etatsjahr und umgekehrt zu verweisen.

§. 51. [Vierteljahrs- und Jahresabschlüsse, sowie Abschlüsse für die Hauptbuchhalterei des Königlichen Finanz-Ministeriums.]

____

[10]) Nr. 5 d. W.

1. Die Aufstellung, Form u. s. w. der an die Regierung einzureichenden Vierteljahres- und Jahresabschlüsse richtet sich nach den ergangenen oder noch ergehenden besonderen Bestimmungen.

2. Die in den vorbezeichneten Abschlüssen enthaltenen Summen der einzelnen Titel und die Schlußsummen müssen genau mit den betreffenden Kassenbüchern übereinstimmen.

In Bezug auf die Abschlüsse für das I., II. und III. Vierteljahr des betreffenden Etatsjahres wird noch besonders darauf aufmerksam gemacht,

a) daß die Spalte „Mithin wirkliche Solleinnahme" das Jahres-Etatssoll mit den für das laufende Etatsjahr bereits feststehenden Zu- und Abgängen (z. B. bei Neuverpachtungen unter Berücksichtigung des Mehr oder Weniger an Pachtaufkommen) nachzuweisen hat, wogegen das etatsmäßige Sollaufkommen für Holz und jede unbestimmte Einnahme so lange unverändert stehen bleiben, als kein Zugang gegen das Etatssoll (Mehreinnahme gegen den Etat) vorhanden ist,

b) daß die Spalte der Einnahme „Hiervon ist fällig" mit dem Abschlusse vom Soll-Einnahmebuch des Oberförsters übereinstimmen muß, und also auch die ganze Soll-Einnahme für bereits verkauftes Holz nachzuweisen hat, gleichviel ob die den Käufern gestellte Zahlungsfrist bereits abgelaufen ist oder nicht.

3. Die Abschlüsse sind in zweifacher Ausfertigung aufzustellen, von denen die eine bei der Kasse verbleibt.

4. In den allmonatlich der Hauptbuchhalterei des Finanzministeriums einzusendenden Abschlüssen haben die Forstkassen ihre eigenen Einnahmen und Ausgaben nur an den Vierteljahrs- und Jahresabschlüssen titel- bezw. gruppenweise, in den Abschlüssen für die Zwischenmonate dagegen summarisch zu deklariren. Dasselbe gilt von den für die beiden Vorvierteljahre Oktober/März einreichenden Abschlüsse, in welche eine titel- oder gruppenweise Deklaration gleichfalls nur beim Vierteljahrsschlusse (Ende Dezember oder Ende März) erforderlich ist. Die Formulare zu den Abschlüssen werden von der genannten Hauptbuchhalterei geliefert.

§. 52. [Rechnungslegung.] Die Rechnungslegung ist nach den von der Königlichen Ober-Rechnungskammer unterm 13. Januar 1893 ertheilten Vorschriften zu bewirken. Die hierzu ergangenen oder noch ergehenden besonderen Bestimmungen sind zu berücksichtigen[11]).

§. 53. [Aufbewahrung der Kassenbücher. Vernichtung der Kassenbücher und Beläge.] 1. Die Kassenbücher werden nach ihrem Abschlusse bei der Forstkasse aufbewahrt.

2. Bezüglich der Vernichtung und Aufbewahrung der Kassenbücher und der bei der Forstkasse etwa verbleibenden Beläge sind die erlassenen und noch zu erlassenden besonderen Vorschriften maßgebend[12]).

3. Die Forstkassenrendanten sind nicht Eigenthümer der von ihnen aus der Amtsunkosten-Vergütung angeschafften Kassenbücher zc. und haben daher über den Verbleib derselben nicht zu verfügen.

§. 54. [Allgemeine Bestimmungen.] Durch diese Anweisung wird in den Verpflichtungen, welche die Gesetze und Verordnungen den Verwaltern öffentlicher Kassen auflegen, nichts geändert.

---

[11]) Vf. ML. 13. Januar 93 (DJ. XXV. 92).

[12]) Reglement des StM. 7. Mai 84 (MB. 194) und 5. Juli 61 (MB. 224).

§. 55. Nach dieser Anweisung, welche an die Stelle der Geschäftsanweisung für die Forstkassenrendanten vom 2. Februar 1888 tritt, ist vom Etatsjahre 1903 bezw. vom Forstwirthschaftsjahre 1. Oktober 1902/3 ab zu verfahren.

Verzeichniß der der Geschäftsanweisung beigefügten Formulare:
Schema A—G siehe §. 16.
    „   H   zu Nebenlisten in Holzversteigerungsterminen (§. 19).
    „   J   zu Vorschuß=Quittungen (§. 35).
    „   K   zum Verzeichniß über Auftragszahlungen (§. 36).
    „   L   zu Lieferzetteln (§. 38).
    „   M   zu zu Hauptlieferzetteln (§. 38).
    „   N 1 u. 2 zu Designationen (§. 38).
    „   O   zu Nachweisung der geleisteten, fortlaufenden Zahlungen (§. 38).
    „   P   zur Zusammenstellung der Einzelquittungen über Ablieferungen (§. 39).

Anlagen zur Geschäftsanweisung für die Königlichen Forstkassenrendanten.

Anlage A (zu Anmerkung 1).
Verfügung des Ministers für Landwirthschaft, Domainen und Forsten vom 11. April 1892 (DJ. XXIV. 212).

Die bestehenden Vorschriften über die Revision der Forstkassen lassen einige Aenderungen, bezw. Ergänzungen zweckmäßig erscheinen.

Ich bestimme deshalb im Einverständniß mit dem Herrn Finanzminister in dieser Beziehung für die Zukunft Folgendes:

Es ist zu unterscheiden zwischen

a) solchen Forstkassen, welche mit anderen Königl. Kassen — insbesondere Kreiskassen — nebenamtlich vereinigt sind, und

b) den selbstständigen Forstkassen.

Bei den Kassen zu a ist der Regel nach der Forstinspektionsbeamte nicht zum Kurator oder ständigen Revisor bestellt. Soweit dies nicht bereits geschehen sein sollte, muß aber Vorkehr getroffen werden, daß von den durch den Kurator oder sonst bestellten Revisor abzuhaltenden Kassenrevisionen der Forstinspektions= beamte Kenntniß erhält, damit derselbe Gelegenheit hat, sich bei den Revisionen zu betheiligen, falls er dies für angemessen erachtet. Nebenher können aber von dem Inspektionsbeamten auch außerordentliche Revisionen dieser Kassen vor= genommen werden, wobei er sich der Hülfe eines Rechnungsbeamten be= dienen darf.

Für die selbstständigen Forstkassen zu b wird als Mindestmaß[1]) der jähr= lichen Revisionen die Abhaltung einer ordentlichen und einer außerordentlichen Revision vorgeschrieben. Dieselben sind einem geeigneten Rechnungsbeamten zu übertragen, sofern nicht der Forstinspektionsbeamte ausdrücklich wünscht, die Revi= sionen unter eigener Verantwortung abzuhalten, bezw. zu leiten. Im letzteren Falle ist demselben, mindestens für die außerordentliche Revision, als Gehülfe

---

[1]) Genehmigt durch AE. 16. Jan. 93   XXV. 132).
Vf. FM. u. ML. 30. Jan. 93 (DJ.

ein erfahrener Rechnungsbeamter zur Verfügung zu stellen. Wenn aber die Revision unmittelbar einem solchen, oder überhaupt einem anderen als dem Inspektionsbeamten übertragen wird, so ist Anordnung zu treffen, daß letzterer von der Revision Kenntniß erhält, damit er Gelegenheit nehmen kann, derselben beizuwohnen, worüber in der Revisionsverhandlung ein entsprechender Vermerk zu machen ist.

Neben der nach Vorstehendem als Mindestmaß vorgeschriebenen Revisionen ist aber selbstverständlich der Königlichen Regierung, bezw. Ihrem Herrn Präsidenten in Gemäßheit der Allerhöchsten Kabinets-Ordre vom 19. August 1823 (Gesetzs. für 1823 Seite 159) überlassen, noch weitere Revisionen anzuordnen, wenn hierzu weitere Veranlassung vorliegt, namentlich wenn Unregelmäßigkeiten vermuthet werden. In solchem Falle sind die Revisionen in der Regel unvorbereitet abzuhalten[2]).

Daß neben den vollständigen Kassenrevisionen die Forstinspektionsbeamten auch ferner ebenso befugt als verpflichtet sind, von den Büchern der Kasse, mag diese eine selbstständige Forstkasse oder eine Nebenkasse sein, gelegentlich Einsicht zu nehmen und von der Geschäftsführung des Rendanten durch theilweise Revisionen sich fortgesetzt Kenntniß zu verschaffen, entspricht den dieserhalb ergangenen Bestimmungen, welche auch fernerhin in Kraft bleiben.

Die Tagegelder und Reisekosten der Revisoren, soweit es sich nicht um die zuständigen Oberforstmeister oder Regierungs- und Forsträthe handelt, sind auf den Personal- und Bedürfniß-Fonds der Königlichen Regierung Kapitel 58 Titel 11 zu übernehmen.

---

7. Bestimmungen über Ausbildung und Prüfung für den Königl. Forstverwaltungsdienst vom 1. Juni 1899 (DF. XXXI. 155).

§. 1. [Allgemeine Uebersicht.] Die Befähigung zur Anstellung als Verwaltungsbeamter, (Oberförster 2c.) im Königlichen Forstdienste wird erlangt durch:

das Bestehen der ersten forstlichen Prüfung, (Forstreferendar-Prüfung), und der

forstlichen Staats-Prüfung, (Forstassessor-Prüfung).

§. 2. Die Ausbildung zu den forstlichen Prüfungen erfolgt durch vorbereitende Beschäftigung im Walde, durch systematische wissenschaftliche Studien und durch praktische Uebung in allen Geschäften der Forstverwaltung.

§. 3. [Allgemeine Bedingungen.] Die Zulassung zu der Laufbahn für den Königlichen Forstverwaltungsdienst kann nur demjenigen gestattet werden, welcher

1. das Zeugniß der Reife von einem Gymnasium des Deutschen Reiches, einem Preußischen Realgymnasium oder einer Preußischen Ober-Realschule erlangt und in diesem Zeugnisse ein unbedingt genügendes Zeugniß in der Mathematik erhalten,

---

[2]) Durch Vf. ML. 2. Feb. 02 (DFZ. Neudamm XVII. 248) ist ein besonderes Formular für Revisionsverhandlungen vorgeschrieben und bemerkt worden, daß der Revisor berechtigt und bei aufstoßenden Bedenken verpflichtet sei, zur Prüfung der Buchungen einer Anzahl bezahlter Holzverabfolgezettel von den Forstschutzbeamten durch Vermittelung der Oberförster einzufordern.

2. das 22ste Lebensjahr noch nicht überschritten hat,

3. eine namentlich auch hinsichtlich des Seh=, Hör= und Sprachvermögens fehlerfreie, kräftige, für die Beschwerden des Forstdienstes angemessene Körperbeschaffenheit besitzt, so daß seine Felddienstfähigkeit keinem Zweifel unterliegt, (§. 5 Nr. 3)

4. über tadellose, sittliche Führung sich ausweist und

5. den Nachweis der zur forstlichen Ausbildung erforderlichen Geldmittel führt. (§. 5 Nr. 5.)

§. 4. [Praktische Vorbereitung.] Die forstliche Ausbildung beginnt mit einer mindestens einjährigen, praktischen Vorbereitung im Walde, unter Leitung eines Königlichen verwaltenden Forstbeamten (Oberförsters, Forstmeisters).

Zweck dieser Vorbereitung ist, daß der Forstbeflissene mit dem Walde und den beim Forstbetriebe vorkommenden Arbeiten durch lebendige Anschauung und praktische Uebung sich bekannt macht, insbesondere die wichtigsten Holzarten kennen lernt und durch fleißige Theilnahme an den Forstkultur=Arbeiten, der Waldpflege, den Arbeiten in den Holzschlägen, am Forstschutze und an waidmännischer Aus= übung der Jagd, sowie durch Beschäftigung mit Vermessungsarbeiten sich die= jenigen Vorkenntnisse und Fertigkeiten aneignet, welche als Grundlage zu weiteren erfolgreichen forstwissenschaftlichen Studien und namentlich zum Verständniß der Vorträge bei einer Forstakademie erforderlich sind.

§. 5. [Bedingungen des Eintritts als Forstbeflissener.] Der Antrag zur Annahme als Forstbeflissener ist an den Ober=Forstmeister der Re= gierung zu richten, in deren Bezirk der Antragsteller die praktische Vorbereitungs= zeit durchzumachen wünscht.

Dem eigenhändig schriftlich abzufassenden Antrage ist beizufügen:

1. das Schulzeugniß der Reife[1]),

2. Taufschein oder Geburtsschein,

3. eine Bescheinigung eines oberen Militärarztes, daß der Antragsteller frei von körperlichen Gebrechen und wahrnehmbaren Anlagen zu chroni= schen Krankheiten ist, ein scharfes Auge mit deutlichem Unterscheidungs= vermögen für sämmtliche Farben, gutes Gehör und fehlerfreie Sprache hat, und daß die gegenwärtige Körperbeschaffenheit keine Bedenken gegen die künftige Tauglichkeit zum Militärdienst begründet,

4. wenn der Antragsteller nicht unmittelbar aus der Schulanstalt tritt, für die Zwischenzeit glaubhafte Zeugnisse über Beschäftigung und sittliche Führung,

5. eine schriftliche Verpflichtung des Vaters oder der Angehörigen, oder des Vormundes, beziehungsweise der vormundschaftlichen Behörde zur Unter= haltung des Eintretenden während mindestens noch zwölf Jahren.

Der Ober=Forstmeister hat über die Familienverhältnisse des Antragstellers und über seine Persönlichkeit noch nähere Erkundigungen einzuziehen, zu prüfen, ob der Antragsteller allen Anforderungen genügt und ihn abzuweisen, wenn das nicht der Fall ist. Liegen grundsätzliche Bedenken gegen die Zulassung nicht vor, so ist vom Oberforstmeister der Antrag mit allen dazu gehörigen Zeugnissen als= bald dem Minister für Landwirthschaft, Domänen und Forsten zur endgültigen Entscheidung einzureichen[2]).

---

[1]) Das Schulzeugniß ist durch eine Be= scheinigung des Gymnasial pp.=Direktors, daß die Reifeprüfung voraussichtlich zum Ostertermine mit einem unbedingt genügenden Urtheil in der Mathematik bestanden werden wird, zu ersetzen, wenn es dem spätestens Anfang Febr. zu stellen= den Aufnahmeantrage noch nicht bei= gefügt werden kann Vf. ML. 16. März 02. (DFZ. Neudamm XVII. 312).

[2]) Im Monat Februar Vf. wie zu Anm. 1.

§. 6. [Eintritt als Forstbeflissener]. Ist die Zulassung von dem Minister ausgesprochen worden, so bezeichnet der Ober-Forstmeister nach Anhörung der betreffenden Regierungs- und Forsträthe dem Forstbeflissenen geeignete Oberförstereien für die praktische Vorbereitungszeit. Der Forstbeflissene hat alsdann seine Aufnahme auf eine dieser Oberförstereien von dem betreffenden Oberförster zu erwirken, der den Tag des Eintritts in die praktische Vorbereitungszeit sofort dem Regierungs- und Forstrathe und Ober-Forstmeister anzuzeigen hat. Es bleibt jedoch deren Ermessen vorbehalten, den Forstbeflissenen gleich oder auch im Laufe der Vorbereitungszeit an einen anderen Oberförster zur Ausbildung zu überweisen, eine Maßregel, über deren Gründe nur dem Minister auf Erfordern Auskunft zu geben ist.

§. 7. [Ausbildung während der Vorbereitungszeit.] Eine dem Zwecke der Vorbereitung entsprechende, sorgfältige und gründliche Unterweisung und Beschäftigung der Forstbeflissenen gehört zu den wichtigsten Dienstobliegenheiten der Oberförster. Insbesondere ist auch Anleitung im Feldmessen und Nivelliren zu ertheilen.

Zeigt sich ein Forstbeflissener aus Mangel an natürlichen Anlagen oder an Anstelligkeit und Interesse für die Waldgeschäfte, wegen körperlicher Schwäche oder Gebrechen, wegen Unfleißes, Unzuverlässigkeit, unmoralischer Führung oder aus sonst einem Grunde als ungeeignet für den Königlichen Forstdienst, so hat der Oberförster dem Regierungs- und Forstrathe und Ober-Forstmeister hiervon Anzeige zu machen, die rechtzeitig die Entlassung des Forstbeflissenen anzuordnen haben, wenn sie die Ueberzeugung gewinnen, daß er sich für den Forstdienst nicht eignet.

§. 8. [Zeugniß über die praktische Vorbereitungszeit.] Am Schluß der Vorbereitungszeit hat der Oberförster dem Forstbeflissenen ein Zeugniß[3] über deren Dauer, sowie über seine Führung und die erlangte Vorbildung auszustellen. Es ist darin ausdrücklich zu erwähnen, daß sich der Forstbeflissene auch mit Vermessungs- und Nivellements-Arbeiten beschäftigt hat.

Das Zeugniß ist vom Oberförster, unter Beidrückung des Dienstsiegels, unterschriftlich zu vollziehen und vom Regierungs- und Forstrathe in gleicher Weise, nach Umständen mit den ihm erforderlich erscheinenden Zusätzen zu bestätigen.

§. 9. [Forstwissenschaftliches Studium.] Zur weiteren, forstwissenschaftlichen Ausbildung hat der Forstbeflissene eine Forstakademie oder eine mit einer Universität verbundene Forstlehranstalt des Deutschen Reiches mindestens 2 Jahre zu besuchen. Wer zu diesem Behufe andere Forstlehranstalten als die zu Eberswalde oder Münden benutzen will, muß sich durch Anfrage bei dem Minister vorher vergewissern, daß der Besuch ihm auf den vorgeschriebenen Zeitraum forstwissenschaftlicher Studien angerechnet werden kann. Diese Studien müssen alle diejenigen Gegenstände, welche in dem Regulativ für die Forstakademien zu Eberswalde und Münden[4] als Lehrgegenstände bezeichnet sind, in dem Maße umfassen, wie es nothwendig ist, um den Anforderungen in den forstlichen Prüfungen zu genügen. An den Akademien zu Eberswalde und Münden findet die Aufnahme zu Ostern statt. Ausnahmen sind mit Genehmigung der Akademie-Direktoren zulässig.

§. 10. [Universitäts-Studium.] Außer diesem forstwissenschaftlichen Studium hat der Forstbeflissene noch zwei Semester Universitätsstudien, ins-

---

[3] Hierzu ist ein Stempel von 1,50 ℳ zu verwenden StempelG. 31. Juli 95

(GS. 413), Vf. ML. 18. April 99 (DJ. XXXI. 91).

[4] Anlage A.

besondere der Rechts- und Staats-Wissenschaften zu machen, wofür er den Zeit-punkt nach eigenem Ermessen zu wählen hat.

Die Ableistung des Militärdienstjahres kommt als Studienzeit weder für den Besuch der Forstakademie noch der Universität in Anrechnung.

§. 11. [Meldung zur ersten forstlichen Prüfung.] Nach Vollendung dieser Studien und zwar spätestens binnen 6 Jahren nach Beginn der Vor-bereitungszeit (§. 4) ist die Meldung zur ersten forstlichen Prüfung bei dem Minister mittelst schriftlicher Eingabe zu bewirken, unter Vorlegung

1. eines eigenhändig geschriebenen Lebenslaufs,
2. des Reifezeugnisses von der Schule,
3. des Zeugnisses über die praktische Vorbereitungszeit (§. 8) und, wenn nach dessen Ausstellung nicht sofort die Studien auf der Forstakademie oder Universität begonnen sind, der Bescheinigung über Verwendung der Zwischenzeit,
4. der Zeugnisse über den Besuch einer Forstakademie (§. 9),
5. der Zeugnisse über Universitätsbesuch (§. 10),
6. einer auf Grund eigener Vermessung und Auftragung gefertigten Spezial-karte über mindestens 100 ha nebst einer General-Vermessungstabelle und Coordinatenberechnung unter Beifügung des Vermessungsmanuals. Bei dieser Vermessung ist die Umringsmessung mit dem Theodoliten, die Detailmessung mit der Bussole auszuführen,
7. einer Bestands- oder einer Wirthschaftskarte im Maßstabe von 1 : 25 000 über mindestens 500 ha,
8. der Darstellung eines Nivellements von mindestens 2 km Länge in Zeichnung und Tabellen nach eigener Aufnahme unter Beifügung des Nivellementsmanuals.

Jedes der Stücke sub 6 bis 8 muß mit einer von dem Prüfling selbst ge-schriebenen Versicherung versehen sein, daß er es in allen Theilen eigenhändig, ohne fremde Beihülfe gefertigt habe.

§. 12. [Zweck der ersten forstlichen Prüfung.] Durch die erste forstliche Prüfung soll der Nachweis geführt werden, daß der Forstbeflissene die erforderliche, allgemeine Bildung und hinreichende Auffassungsgabe besitzt, daß er seine Fachstudien mit befriedigendem Erfolge betrieben, daß er eine genügende, wissenschaftliche Grundlage für seine weitere praktische Ausbildung gelegt hat, und daß er im Ganzen zu der Erwartung berechtigt, er werde sich zu einem brauchbaren Verwaltungsbeamten für den Königlichen Forstdienst heranbilden.

§. 13. [Anforderungen in der ersten forstlichen Prüfung.] Es sind daher in der ersten forstlichen Prüfung folgende Anforderungen zu stellen:
A. in der Hauptwissenschaft gründliche Kenntnisse in der gesammten Theorie der Forstwissenschaft in Beziehung auf Waldbau, Forsteinrichtung und Abschätzung, Waldwerthberechnung, Forstbenutzung und Technologie, Forstschutz und Forstpolizei, Forstgeschichte und Forstliteratur;
B. in den Hülfswissenschaften:
1. in der reinen Mathematik: Kenntniß der Arithmetik und Algebra bis einschließlich der Lehre von den Gleichungen zweiten Grades, von den Logarithmen nebst deren praktischen Anwendung und der Lehre von den Reihen; Kenntniß der Planimetrie, Stereometrie, ebenen Trigonometrie und der Grundzüge der sphärischen Trigono-metrie, sowie der Lehre von den Linear- und Polar-Koordinaten.
2. in der Geodäsie: Kenntniß des Feldmessens, Nivellirens, Tracirens und der Instrumentenkunde, sowie der barometrischen Höhenmessung;

Fertigkeit im Gebrauche der zum Feldmessen und Nivelliren üblichen Instrumente; Fertigkeit im Auftragen, Berechnen, in der Feldertheilung und im Planzeichnen; Kenntniß der für Preußen bestehenden Vorschriften über die Ausführung von Landmesser=[5]), insbesondere forstgeometrischen Arbeiten.

3. in der Statik und Mechanik: Bekanntschaft mit den Elementen dieser Wissenschaften.

4. in der Naturkunde: Kenntniß der allgemeinen Klassifikation der Naturkörper und insbesondere

a) in der Zoologie: Bekanntschaft mit der systematischen Eintheilung des Thierreichs und Kenntniß der für den Forstmann und Jäger wichtigen Säugethiere, Vögel und Insekten, rücksichtlich der letzteren nähere Bekanntschaft mit der entomologischen Systematik und Nomenklatur, mit dem Bau und der Lebensweise der Insekten im Allgemeinen und der schädlichen und nützlichen Forstinsekten insbesondere;

b) in der Botanik: Bekanntschaft mit einem anerkannt guten Systeme, Uebung im Klassifiziren und Beschreiben der Pflanzen, mit Anwendung richtiger Terminologie, spezielle Kenntniß der in Deutschland im Freien ausdauernden Holzarten und für den Forstmann wichtigen sonstigen Pflanzen, und Bekanntschaft mit den allgemeinen Lehren der Pflanzen=Physiologie und Anatomie;

c) in der Mineralogie: generelle Bekanntschaft mit der Oryktognosie, Geognosie und Geologie insoweit, daß eine allgemeine, deutliche Ansicht von der Entstehung und den Lagerungsverhältnissen der Gebirgsarten, ihrer Gemengtheile und vorzüglichsten Bestandtheile, sowie ihrer Einwirkung auf die Vegetation nachgewiesen, und spezielle Kenntniß der für den Forstmann wichtigsten Gesteine, Mineralien und Bodenarten dargethan wird;

d) in der Chemie und Physik: Bekanntschaft mit den Hauptlehren über die allgemeinen Eigenschaften der Körper, über Wärme, Licht, Magnetismus, Elektrizität und mit den Hauptlehren der Chemie, namentlich in Beziehung auf die Forsttechnologie (Verkohlung, Gewinnung und Benutzung der Baumsäfte 2c.);

[5]) Vorschriften über die Prüfung öffentlich anzustellender Landmesser 4. Sept. 82 (MB. 202) nebst Aenderungen 12. Juni 93 (MB. 140) u. 29. Jan. 96 (MB. 18) § 28: „Forstassessoren und Forstreferendare, welche auf Grund der von ihnen als solche bereits abgelegten Prüfungen nachträglich noch die formelle Befähigung zum Landmesser erwerben wollen, haben die Bescheinigung eines Landmessers (Feldmessers) beizubringen, daß sie mindestens sechs Monate hindurch ausschließlich mit speziell namhaft zu machenden Vermessungs= und Nivellirungsarbeiten beschäftigt gewesen sind und dabei bewiesen haben, daß sie selbstständig richtige Vermessungen, Kartirungen und Berechnungen auszuführen vermögen. Außerdem haben sie die im § 8 bezeichneten und, wie dort vorgeschrieben, ausgeführten und bescheinigten Probearbeiten, sowie die Beschreibung ihres Lebenslaufes vorzulegen.

5. in der Rechtskunde:

Bekanntschaft mit der historischen Entwickelung und den allgemeinen Grundsätzen des materiellen und formellen Rechts in Preußen und dem deutschen Reich, sowie auch Kenntniß der bei der Forstverwaltung hauptsächlich in Betracht kommenden, gesetzlichen Bestimmungen des Civil- und Strafrechts.

§. 14. [Erste forstliche Prüfung.] Die erste forstliche Prüfung wird durch eine vom Minister dazu berufene Kommission nach Maßgabe der Prüfungs-Bestimmungen, theils im Zimmer, theils im Walde abgehalten. In den Fächern sub B. 1—4 des §. 13 ist die Prüfung eine abschließende.

§. 15. [Bescheid über Ausfall der ersten forstlichen Prüfung. Erlangung des Prädikats „Forstreferendar".] Ueber das Ergebniß der Prüfung wird von dem Minister ein Bescheid ausgefertigt, durch den der Forstbeflissene, wenn er die Prüfung bestanden hat, das Prädikat „Forstreferendar"[6]) und die erforderliche Anweisung über die Fortsetzung seiner Laufbahn erhält. Hat er aber den Anforderungen nicht genügt, so wird er auf eine nur einmal zulässige Wiederholung der Prüfung verwiesen. Die Wiederholung der Prüfung muß spätestens nach 2 Jahren stattfinden.

§. 16. [Vereidigung als Forstreferendar.] Auf Grund der bestandenen ersten Prüfung erfolgt, wenn kein Bedenken obwaltet, die Vereidigung derjenigen Forstreferendarien, welche nicht dem Reitenden Feldjäger-Corps oder einem Jägerbataillon angehören, oder nicht schon anderweit den Staatsdienereid[7]) geleistet haben.

§. 17. [Weitere praktische Ausbildung.] Zu seiner weiteren Ausbildung hat der Forstreferendar sich in lehrreichen Forsten durch fortgesetztes wissenschaftliches Selbststudium, besonders aber durch eifrige Theilnahme an allen Geschäften im Walde und überhaupt an allen in den künftigen Beruf einschlagenden Arbeiten, praktisch alle für den Forstwirthschaftsbetrieb und die Geschäftsverwaltung erforderlichen Kenntnisse und Fertigkeiten unter Leitung geeigneter Königlicher Oberförster gründlich anzueignen.

§. 18. [Wahl der Reviere dazu.] Welche Königliche Oberförstereien er zu diesem Behufe wählen will, wird in der Regel dem Ermessen des Forstreferendars überlassen. Es bleibt jedoch dem Minister vorbehalten, ihm vorzuschreiben, auf welchen Oberförstereien er seine weitere Ausbildung verfolgen soll.

Durch Vermittelung desjenigen Königlichen Oberförsters, bei welchem der Referendar einen längeren als vierwöchentlichen Aufenthalt zu nehmen beabsichtigt, hat er sich bei dem Ober-Forstmeister und Regierungs- und Forstrathe des Bezirks, unter Beifügung des Bescheides über die bestandene erste forstliche Prüfung schriftlich zu melden, und deren Genehmigung dazu nachzusuchen. Finden sich Bedenken, diese zu ertheilen, so haben beide Beamte darüber gemeinschaftlich an den Minister zu berichten.

Der Forstreferendar hat von jeder Veränderung seines Aufenthaltsortes, welche nicht in Folge unmittelbar an ihn ergehender Anweisung der Centralforstbehörde eintritt, also auch von jeder Einberufung zum Militärdienste dem Minister sofort unmittelbar Anzeige zu machen.

---

[6]) AE. 9. April 83, Vf. ML. 20. April 83 (MB. 91) u. 16. Juni 83 (MB. 162) Forstreferendare gehören bezüglich der Tagegelder und Reisekosten zu den Beamten § 1. V. G. 15. April 76 (GS. 107); Uniform Nr. 5 Anl. A d. W.

[7]) VU. 31. Jan. 50 (GS. 17) Art. 108, V. 6. Mai 67 (GS. 715). Die Referendare erhalten dadurch die Eigenschaft von im Staatsdienste stehenden Beamten. — Verweisung auf den geleisteteten Diensteid bei Einführung in ein anderes Amt allgemein weggefallen Vf. FM u. MJ. 26. Okt. 88 (MB. 191).

§. **19.** [**Dienstverhältniß.**] Der Oberförster ist der nächste dienstliche Vorgesetzte des in der betreffenden Oberförsterei sich aufhaltenden Forstreferendars. Jeder Forstreferendar hat für sein dienstliches Verhältniß zu dem Oberförster und den höheren Vorgesetzten die Dienstinstruktion für die Königlichen Forstschutz=beamten[8]) zur Richtschnur zu nehmen.

§ **20.** [**Zeitraum für die praktische Ausbildung.**] Der Zeitraum für die praktische Ausbildung des Forstreferendars beträgt nach vollständig ge=nügender Ablegung der ersten forstlichen Prüfung noch mindestens zwei Jahre. Bei Berechnung dieser Zeit dürfen Unterbrechungen der praktischen Beschäftigung durch Militärdienst, der nicht zum einjährigen freiwilligen Dienste gehört, oder durch Beurlaubung nur insoweit außer Betracht bleiben, als sie in einem Jahre zusammengenommen 6 Wochen nicht überschreiten. Erfolgt aber die Einziehung zu einer militärischen Dienstleistung auf länger als 6 Wochen, so sollen von einer solchen Dienstleistung bis höchstens 8 Wochen in einem Jahre auf die praktische Ausbildungszeit in Anrechnung kommen.

§. **21.** [**Besondere Vorschriften für die praktische Ausbildungs=zeit. Försterdienstgeschäfte 2c.**] Während der praktischen Ausbildungszeit hat der Forstreferendar mindestens 6 Monate lang hintereinander und zwar in den Monaten Dezember bis Mai, bei einer und derselben Oberförsterei in einem bestimmt abgegrenzten Theile des Reviers, welcher ihm nach einer für den Zweck angemessenen Auswahl und Größe nach näherer Bestimmung des Regierungs= und Forstrathes[9]) durch den Oberförster zu überweisen ist, sämmtliche Geschäfte eines Försters, sowohl beim Forstschutze,[10]) als auch bei den Hauungen, dem Nummeriren und Aufmessen des Holzes, Aufstellung der Nummerbücher und Lohnzettel, bei dem Verkaufe und der Ueberweisung des Holzes, sowie bei den Kulturen und der Waldpflege selbst und allein unter eigener Verantwortlichkeit auszuführen. Während des vorgedachten Zeitraums von 6 Monaten ist die Be=schäftigung als förmlicher Hülfsarbeiter des Oberförsters nicht statthaft.

Ferner hat er wenigstens 5 Monate hintereinander in einem und demselben Reviere unter Aufsicht und Verantwortung des Oberförsters die Verwaltung der=gestalt zu führen, daß er alle Zweige des Oberförsterdienstes zwar selbstständig, aber unter der Leitung des allein verantwortlichen Oberförsters wahrnimmt, dessen Weisungen er deshalb unbedingt zu folgen verbunden ist. Der Oberförster ist seinerseits verpflichtet, den Referendar in alle vorkommenden Dienstgeschäfte ein=treten zu lassen, sofern er nicht auf Grund besonderer, vorliegender Verhältnisse nach pflichtmäßiger Erwägung, — z. B. in Personalsachen außergewöhnlicher Art, — eine Ausnahme machen zu müssen glaubt. Sämmtliche Dienstschriftstücke sind von dem Oberförster mitzuvollziehen, um damit nicht nur seine Mitwirkung, sondern auch seine Verantwortung festzustellen. In den 5 Monaten muß von dem Forstreferendar entweder die Natural= oder die Holzwerbungskosten= oder die Kulturgelder=Rechnung gelegt werden. Auch hat er sich während dieser Zeit mit dem Kassenwesen vollkommen vertraut zu machen und dabei einigen Kassen=revisionen beizuwohnen. Die Zuziehung zu den Revisionen hat er bei dem Regierungs= und Forstrathe zu beantragen. Die Theilnahme an Revisionen von Forstkassen=Untererhebestellen genügt nicht.[11])

---

8) Nr. 5 d. W.

9) Versieht der Oberforstmeister die Inspektionsgeschäfte, so erfolgt die Be=stimmung durch ihn.

10) Nr. I. 3 Anm. 33 d. W.

11) Die Regierung kann auf Antrag die Theilnahme an der Kassenrevision auch unter Leitung eines anderen ge=eigneten Beamten anordnen Vf. ML. 28. Sept. 92 (DJ. XXIV. 249).

Zum Antritte dieser praktischen fünfmonatlichen Ausbildung in der Verwaltung eines Reviers hat der Forstreferendar durch Vermittelung des betreffenden Oberförsters rechtzeitig vorher die Genehmigung der Königlichen Regierung einzuholen. Wird die Genehmigung versagt, so hat die Regierung über die Gründe dem Minister zu berichten.

Ist einem Forstreferendar zur Unterstützung oder Vertretung eines Oberförsters die Verwaltung theilweise oder gänzlich selbstständig übertragen, so wird ihm die Dauer dieser Beschäftigung auf die obigen 5 Monate angerechnet, und zwar dergestalt, daß bei fünfmonatlicher Dauer solcher Beschäftigung das obige Erforderniß als erfüllt zu erachten ist, auch wenn die Legung einer der genannten Rechnungen nicht in jene Zeit gefallen ist. Bei einer kürzeren Dauer hat der Forstreferendar die noch fehlende Zeit auf demselben oder einem anderen Reviere nachzuholen und, wenn irgend möglich, die Legung einer der Rechnungen auszuführen.

Im Weiteren sind von dem Forstreferendar wenigstens 4 Monate auf Betriebsregulirungsarbeiten unter Ausschluß der reinen Meß- und mechanischen Rechnungs-Arbeiten bei den im Gange befindlichen Forsteinrichtungen und Abschätzungen oder Taxationsrevisionen zu verwenden. Dabei hat er sich über die gesammten Arbeiten genau zu unterrichten, insbesondere aber sich an dem Entwurfe des Betriebsplanes, der Aufstellung der verschiedenen Nachweisungen 2c. und an den Abschlußarbeiten zu betheiligen. Er tritt während dieser Zeit ganz in das Verhältniß der bei den Betriebsregulirungen gegen Tagegelder beschäftigten Hülfsarbeiter, ohne jedoch Tagegelder zu erhalten. Ob ihm eine Beschäftigung bei Betriebsregulirungen nach ihrer Art und Weise im Hinblick auf die vorstehenden Gesichtspunkte ganz oder theilweise auf die obigen 4 Monate angerechnet werden kann, darüber entscheidet der Taxationskommissar, und wo ein solcher nicht bestellt ist, der die Taxe leitende Regierungs- und Forstrath oder Ober-Forstmeister. Die Entscheidung ist dem Forstreferendar rechtzeitig schriftlich kund zu thun und auch in die über ihn abzugebende Aeußerung aufnehmen (§. 26).[12])

§. 22. [Besuch verschiedener Oberförstereien.] Im Uebrigen ist die praktische Ausbildungszeit fleißig zu benutzen, um mit der Bewirthschaftung aller in den Königlichen Forsten vorkommenden forstlich wichtigen Holzarten und mit den verschiedenen Betriebsarten sich genau bekannt zu machen, um die erforderliche Uebersicht über den gesammten Forsthaushalt zu gewinnen und Uebung in allen Geschäften des Forstbetriebes, sowohl im Walde als auch in den schriftlichen Arbeiten, namentlich im Rechnungswesen, durch fleißige und selbstthätige Theilnahme an allen Geschäften eines Oberförsters zu erlangen.

§. 23. [Tagebuch.] Während der praktischen Ausbildungszeit hat der Forstreferendar ein mit Seitenzahlen zu versehendes Tagebuch zu führen. Darin ist zu verzeichnen, womit er sich an jedem Tage beschäftigt hat, welcher Bezirk nach Umfang, Lage, Standorts- und sonstigen forstlichen Verhältnissen ihm speziell zur Besorgung der Dienstgeschäfte eines Försters überwiesen worden, welche Hauungen und Kulturen und Waldpflegearbeiten er nach Umfang und Art der Ausführung 2c. darin bewirkt hat, welche bemerkenswerthen Fälle beim Forstschutze ihm dabei vorgekommen sind, welche Wahrnehmungen und Erfahrungen er bei seiner Beschäftigung im Walde, sowie bei den schriftlichen Arbeiten im Ge-

---

[12]) Offizieren und Offizieranwärtern des Beurlaubtenstandes wird die Dauer militairischer Dienstleistungen auf die Vorbereitungszeit für den Civil-Staatsdienst angerechnet Vf. ML. 2. Juni 99 (DJ. XXXI. 94).

schäftszimmer des Oberförsters, bei den Betriebsregulirungsarbeiten und bei seinen weiteren wissenschaftlichen Selbststudien gewonnen hat.

Dieses Tagebuch soll nicht theoretische, aus Büchern geschöpfte Abhandlungen enthalten. Der erste Theil soll die tägliche Beschäftigung nachweisen und die dabei gemachten Wahrnehmungen wiedergeben, der zweite Theil dagegen einige größere zusammenhängende Ausarbeitungen umfassen, die sich auf besondere Verhältnisse und Beobachtungen in den besuchten Revieren beziehen.

Das Tagebuch ist unaufgefordert am 1. jeden Monats und jedesmal beim Abgange aus einem Reviere dem Oberförster und bei jeder Anwesenheit eines höheren Forstbeamten auch diesem vorzulegen und von denselben jedesmal mit ihrem „Gesehen" zu bezeichnen oder auch mit etwaigen Bemerkungen zu versehen.

Bei Beendigung des Aufenthalts auf einem Reviere hat der Oberförster in dem Tagebuche zu bescheinigen, daß die darin enthaltenen Zeitangaben bezüglich seines Reviers richtig sind, und wie der Referendar sich in diesem Zeitraume in sittlicher Beziehung geführt hat.

§. 24. [Obliegenheiten der Oberförster 2c. zur Förderung der Ausbildung.] Es gehört zu den wichtigsten Pflichten der Oberförster und höheren Forstbeamten, die praktische Ausbildung der Forstreferendarien sachgemäß zu leiten.

Insbesondere haben die Oberförster sich eingehend mit den Forstreferendarien zu beschäftigen, ihnen zu selbstthätiger Theilnahme an allen Verwaltungsgeschäften, sowohl im Walde als auch im Geschäftszimmer, Gelegenheit und Anleitung zu geben, die Arbeiten der Forstreferendarien nachzusehen, sie auf deren Mängel aufmerksam zu machen und ihnen überhaupt auf jede Weise zur Förderung ihrer praktischen und wissenschaftlichen Ausbildung behülflich zu sein.

Auch über das Privatleben der Forstreferendarien ist eine sorgfältige Aufsicht zu führen und darauf zu halten, daß sie einen anständigen, sittlichen Lebenswandel führen.

Sollten in dieser Beziehung oder aus Mangel an Fleiß, Pünktlichkeit, Zuverlässigkeit und Gehorsam im Dienste begründete Ausstellungen gegen einen Forstreferendar zu machen sein, und wiederholte Warnungen und Verweise nicht genügend beachtet werden, oder sollte sich entschiedene Unfähigkeit eines Forstreferendars für den Königlichen Forstverwaltungsdienst herausstellen, so ist der betreffende Oberförster verpflichtet, dem Regierungs- und Forstrathe zur weiteren Veranlassung, erforderlichen Falles zur Berichterstattung an den Minister, Anzeige zu machen.

§. 25. [Dienstentlassung.] Forstreferendarien, die sich durch tadelhafte Führung der Belassung im Dienste unwürdig zeigen oder in ihrer Ausbildung nicht gehörig fortschreiten, oder für den Forstdienst körperlich unbrauchbar werden, können von dem Minister ohne weiteres Verfahren, jederzeit aus dem Dienste entlassen werden.

§. 26. [Aeußerungen der Oberförster 2c. über Befähigung der Forstreferendarien.] Hat sich ein Forstreferendar länger als 4 Wochen im Bereich einer Oberförsterei aufgehalten, so hat der Oberförster beim Abgange des Referendars vom Reviere eine gewissenhafte und ausführliche Aeußerung über seinen Fleiß, seine Befähigung u. s. w. genau nach dem beigefügten[13]) Vordrucke dem Regierungs- und Forstrathe einzureichen. Dieser hat seine Wahrnehmungen über den Referendar beizufügen, dabei rücksichtlich eines solchen, welcher die Försterzeit durchgemacht hat, ausdrücklich zu erwähnen, welches Ergebniß die von

---

[13]) Zu § 26 u. 30.

ihm ausgeführte, genaue Revision des dem Referendar überwiesenen Schutz=
bezirks hinsichtlich seiner Leistungen in den Förstergeschäften ergeben hat, und
dann die Aeußerung sofort an die Regierung abzugeben. Diese wird die Aeuße=
rungen sammeln und, nachdem sie mit den zusätzlichen Bemerkungen des Ober=
forstmeisters versehen sind, an den Minister in den ersten 5 Tagen eines jeden
Vierteljahres zu den Personalakten des Referendars einsenden.

Der Oberförster hat die Aeußerung auch über diejenigen Referendarien
aufzustellen, welche etwa nicht unmittelbar unter ihm, sondern unter einem Kom=
missarius bei Vermessungs= oder anderen Arbeiten in seinem Reviere beschäftigt
gewesen sind. In diesem Falle ist die Aeußerung vom Oberförster zunächst dem
betreffenden Kommissarius zuzustellen, der sein Urtheil hinzufügen und sie dann
an den Regierungs= und Forstrath unverzüglich weiter zu befördern hat. Wegen
der von dem Kommissarius, dem Regierungs= und Forstrathe oder Ober=Forst=
meister zu treffenden Entscheidung über die mit Betriebsregulirungsarbeiten be=
schäftigt gewesenen Referendarien wird auf § 21 verwiesen.

In gleicher Weise wie über die Försterzeit ist eine eingehende Aeußerung
darüber von dem Oberförster abzugeben und von dem Regierungs= und Forst=
rathe durch sein Einverständniß oder sein abweichendes Urtheil zu ergänzen, mit
welchem Erfolge der Forstreferendar die Revierverwaltungsgeschäfte in den vor=
geschriebenen 5 Monaten wahrgenommen, und welche Rechnungen er dabei ge=
legt hat. Der Regierungs= und Forstrath hat noch besonders anzugeben, an
welchen Kassenrevisionen der Referendar sich betheiligt hat.

§. 27. [Meldung zur forstlichen Staats=Prüfung.] Nach Erledi=
gung der praktischen Ausbildungszeit, Erfüllung aller vorgeschriebenen Bedin=
gungen und Ableistung der Militärdienstpflicht kann sich der Forstreferendar bei
dem Minister zur forstlichen Staats=Prüfung melden.

Der Anspruch auf Zulassung zur Prüfung erlischt, wenn die Meldung nicht
binnen 5 Jahren nach dem Bestehen der ersten forstlichen Prüfung erfolgt.

Der Meldung ist beizufügen:
1. ein eigenhändig geschriebener Lebenslauf,
2. das Schulzeugniß der Reife,
3. das Zeugniß über die praktische Vorbereitungszeit,
4. die Zeugnisse über Forstakademie= und Universitätsbesuch,
5. das Tagebuch
    und Seitens der nicht dem Reitenden Feldjäger=Corps oder einem
    Jägerbataillon angehörenden Referendare
6. ein Schriftstück, welches nachweist, daß der Prüfling seiner Militärpflicht
genügt hat.

§. 28. [Forst=Ober=Examinations=Kommission.] Waltet gegen
die Zulassung zur Staats=Prüfung kein Bedenken ob, so wird der Referendar
der vom Minister zu ernennenden Forst=Ober=Examinations=Kommission über=
wiesen, welche die Prüfung abhält, sobald eine angemessene Zahl überwiesen ist.

§ 29. [Zweck und Anforderungen der Prüfung.] Die Prüfung
wird nach Maßgabe der vom Minister erlassenen Bestimmungen theils im Zimmer,
hauptsächlich aber im Walde, mit überwiegender Richtung auf Erforschung der
praktischen Brauchbarkeit des Prüflings für die Bewirthschaftung des Waldes und
die forstliche Geschäftsverwaltung, abgehalten.

Die Prüfung erstreckt sich auf alle Theile der Forstwissenschaft und Forst=
wirthschaft in ihrem ganzen Umfange, auf das in Preußen und dem Deutschen
Reiche geltende öffentliche Recht, insbesondere das Verfassungs= und Verwaltungs=
Recht, auf den bei der Forstverwaltung gewöhnlich in Betracht kommenden Theil

des einheimischen Privatrechts, auf Volkswirthschaftslehre, Finanzwissenschaft, insbesondere Forstpolitik; auf die Organisation der Verwaltung, Ressortverhältnisse, Dienstkreise der Beamten, auf das Etats-, Kassen- und besonders das Forst-rechnungswesen, sowie überhaupt auf alle Gegenstände der forstlichen Geschäfts-verwaltung, der Jagdkunde und Jagdverwaltung.

§. 30. [Zeugniß. Ernennung zum Forstassessor. Einreihung in die Anwärterliste.] Hat der Referendar die Prüfung bestanden, so wird für ihn von der Prüfungs-Kommission ein Zeugniß ausgefertigt, auf Grund dessen er in die Liste der Anwärter für die Oberförsterstellen eingetragen wird. Lautet das Zeugniß auf die genügende Befähigung zur Verwaltung einer Ober-försterei, so erfolgt durch den Minister die Ernennung des Referendars zum „Forstassessor" [14]). Ist die Befähigung zur Verwaltung einer Oberförsterei aber nur unter dem Vorbehalte eines Probedienstes, etwa auf einer Revierförsterstelle oder unter noch schärferen Einschränkungen zuerkannt, so findet die Ernennung zum Forstassessor nicht statt. — Die demnächstige probeweise oder endgültige An-stellung solcher Forstreferendarien, sowie ihre Beschäftigung vor der Anstellung regelt sich nach den für die Forstassessoren geltenden Bestimmungen (§. 31), denen sie sich in gleicher Weise, wie die Forstassessoren zu unterwerfen haben.

Hat der Referendar die Prüfung nicht bestanden, so ertheilt die Prüfungs-Kommission einen Bescheid, durch den er auf eine nur einmal zulässige Wieder-holung der Prüfung, frühestens nach 6 und längstens nach 24 Monaten, ver-wiesen wird, unter Umständen aber auch von weiterer Verfolgung der Laufbahn ganz ausgeschlossen werden kann.

§. 31. [Beschäftigung und künftige Anstellung der Forst-assessoren.] Ob und wann ein Forstassessor demnächst als Oberförster angestellt wird, bleibt wesentlich von seiner ferneren Dienstführung, von dem Fortschreiten seiner Ausbildung, von der Bethätigung eines lebendigen Interesses für den Wald und die Waldgeschäfte, von Tüchtigkeit und Auszeichnung durch Fleiß und befriedigende Leistungen abhängig.

Bis die Anstellung als Oberförster erfolgt, werden die Forstassessoren bei der Königlichen Forstverwaltung, soweit sich dazu Gelegenheit bietet, gegen Tage-gelder beschäftigt. [15]) Sie sind verpflichtet, jeden forstlichen Auftrag, der ihnen von dem Minister oder einer Regierung ertheilt wird, mit Fleiß und Sorgfalt pünktlich auszuführen.

Ein Anspruch auf dauernde Beschäftigung gegen Tagegelder steht den Forst-assessoren jedoch nicht zu.

Die Uebernahme einer Beschäftigung im Gemeinde-, Instituten- oder Privat-forstdienste, wofür die Genehmigung des Ministers einzuholen ist, schließt von der Anstellung im Königlichen Dienste an und für sich nicht aus.

Auf seinen bei dem Minister zu stellenden Antrag kann der Forstassessor für eine bestimmte Zeit von der Hilfeleistung im Staatsdienste entbunden werden. Lehnt er aber nach Ablauf dieser Zeit eine angebotene, wenn auch nur vorüber-

---

[14]) AE. 9. April u. Vf. ML. 20. April 83 (MB. 91). Forstassessoren haben den Rang der V. Klasse der Provinzial-beamten Vf. ML. 16. Juni 83 (MB. 162). — Ihnen können selbstständige Dezernate bei den Regierungen über-tragen werden; ihr Stimmrecht ist wie das der Regierungsassessoren zu regeln AE. 24. Aug. 92 (MB. 321) Vf. MJ., FM. u. ML. 15. Sept. 92 (DJ. XXIV. 250) u. 10. Okt. 92 (DJ. XXV. S. 1). — Uniform Nr. 5. Anl. A d. W.

[15]) Den im Sinne des G. 24. Febr. 77 (GS. 15) § 3 dauernd gegen feste Ver-gütung beschäftigten Forstassessoren sind bei Versetzungen die gesetzlichen Um-zugskosten zu gewähren Vf. FM. 3. Okt. 93, 29. Juli 99 u. 3. April 01.

gehende Beschäftigung im Staatsdienste gegen Tagegelder ab, so kann er nach der Entscheidung des Ministers von der Anwärterliste gestrichen werden.

§. **32.** [Dienstverhältniß.] Jeder Forstassessor ist verpflichtet, demjenigen Ober-Forstmeister und Regierungs- und Forstrathe, in deren Bezirk er seinen Aufenthalt, sei es in einem Königlichen Forstreviere, oder in anderen Forsten oder in einem sonstigen Verhältnisse, länger als 8 Wochen zu nehmen beabsichtigt, durch Vermittelung des Königlichen Oberförsters, in dessen Revier er sich aufhalten will, oder der seinem Aufenthaltsorte zunächst wohnt, schriftlich Anzeige zu machen. Eine gleiche Anzeige hat er bei Veränderung seines Aufenthaltsortes innerhalb eines Regierungsbezirks, oder beim Verlassen desselben dem Ober-Forstmeister und Regierungs- und Forstrathe durch den betreffenden Königlichen Oberförster zu erstatten. Außerdem hat er von jeder Veränderung seines Aufenthaltsortes, die nicht in Folge unmittelbar an ihn ergehender Anweisung der Central-Forstbehörde eintritt, also auch von jeder Einberufung zum Militärdienste, dem Minister sofort unmittelbar Anzeige zu machen.

§. **33.** Die Bestimmungen der vorstehenden §§. 19, 25 und 26 finden auch auf Forstassessoren Anwendung. Ueber die bei den Regierungen beschäftigten Forstassessoren sind die Aeußerungen (§. 26) vom Ober-Forstmeister aufzustellen und vom Präsidenten mit seinen zusätzlichen Bemerkungen dem Minister einzureichen[16]).

§. **34.** [Reitende Feldjäger und Fußjäger.] Wer die Laufbahn für den Königlichen Forstverwaltungsdienst durch den Eintritt in das Reitende Feldjäger-Corps[17]) oder in ein Jäger-Bataillon[18]) zum Dienst auf Forstversorgung verfolgt, hat ebenfalls allen vorstehenden Bestimmungen mit den aus dem militärischen Dienstverhältnisse von selbst folgenden Maßgaben vollständig Genüge zu leisten.

(zu §§. 26 und 30)

Oberförsterei ——————————————————————————   Jahr 19……

Aeußerung

über den

Forst-Referendar (-Assessor) Carl August Ernst Schulze.

Geboren am: *18. Februar 18……*   Confession: *Evangelisch.*
Militärverhältniß: *Leutnant der Reserve im 3. Hess. Infant.-Rgmt. No. 83.*
Stand und Wohnort des Vaters: *Oberförster zu Hirschberg, verstorben. Mutter lebt zu Torgau.*
Wann und wie die erste forstliche Prüfung bestanden: *18…… mit Bedingung, 18…… genügend.*
Wann und wie die forstliche Staats-Prüfung bestanden: *18…… genügend.*
Hat sich während des laufenden Jahres im Bereiche hiesiger Oberförsterei aufgehalten:

---

[16]) Ueber Forstassessoren in dauernder Beschäftigung mit ständigem Wohnsitze z. B. über ständige Hülfsarbeiter der Revierverwalter, sowie über die in den Privat- oder Gemeinde- 2c. Forstdienst beurlaubten Assessoren sind ebenfalls Aeußerungen alljährlich (15. Jan.) einzureichen Vf. ML. 11. Juli 01 (DJ. XXXIII. 219).

[17]) Aufnahme-Bestimmungen für das Königliche Reitende Feldjäger-Corps Anlage B.

[18]) AE. 12. Juni 77. Dazu gehört auch das Garde-Schützen-Bataillon ABefehl 12. Juni 72. Vf. FM. 2. Juli 72 (DJ. V. 97). — Nr. 8 § 6 d. W.

wo? bei dem Oberförster (auf der Revierförsterstelle zu.................... —
     In der Stadtforst Guben.)
wann? vom 18. Januar bis 28. Mai, war dann zum Militairdienst
     eingezogen, und vom 15. August bis 1. November. Ist dann nach
     der Oberförsterei X. abgegangen.

Art der Beschäftigung: *Hierunter ist anzugeben, womit der Referendar be-*
     schäftigt gewesen, event. mit welchem Tagegeldersatze oder
     Diensteinkommen; bei einem Forstreferendar, wenn er die
     Förstergeschäfte während des Jahres wahrgenommen hat, für
     welche Fläche und während welcher Zeit solches geschehen ist,
     welche Hauungen, Culturen und Waldpflegearbeiten er dabei
     ausgeführt hat.

Gesundheitsbeschaffenheit: *Hat am Fieber gelitten; jetzt gesund, aber nicht sehr*
     kräftiger Körper. Etwaige Fehler bezüglich des Sprach-, Hör-
     oder Seh-Vermögens etc. sind anzugeben.

Familienverhältnisse: *Unverheirathet. (Verheirathet und 1 Sohn.)*

Vermögensverhältnisse: *Wohlhabende Eltern. (Dürftig.)*

Aeußerung über sittliches Verhalten, Fleiß und Befähigung: *Hierunter ist eine*
     ausführliche pflichtmässige Aeusserung abzugeben über das sitt-
     liche Verhalten, über Fleiss, über das für den Wald und die
     Waldgeschäfte bethätigte Interesse, über Befähigung und
     Leistungen im Allgemeinen sowie nach deren vorwiegender
     Richtung, insbesondere über den Stand der praktischen Aus-
     bildung und Brauchbarkeit.

     In Betreff eines Forstreferendars, welcher Förstergeschäfte
     wahrgenommen hat, ist besonders anzuführen, wie er diese Ge-
     schäfte bei den Hauungen, Culturen und der Waldpflege, sowie
     beim Forstschutze besorgt hat, ob und welche Ausstellungen etwa
     bei Revision seines Schutzbezirks und seiner Bücher zu machen
     waren.

     Diese Aeusserung ist streng der Wahrheit gemäss, ohne
     Rückhalt, vollständig und ohne etwas zu verschweigen, was zu
     richtiger Beurtheilung des Referendars von Einfluss ist, mit
     strengster Unparteilichkeit abzufassen.

Anlagen zu den Bestimmungen über Ausbildung und Prüfung für den Königlichen Forstverwaltungsdienst.

Anlage A (zu Anmerkung 4).

Satzungen für die Studirenden der Königlichen Forst-Akademien zu Eberswalde und Münden vom 24. Januar 1884 (DJ. XVI. 59).

     § 1. Die Aufnahme der Studirenden bei der Forst-Akademie geschieht, nachdem die Zulassung zum Besuche derselben in Gemäßheit der Bestimmungen für die Königlichen Forst-Akademien (Anlage I.) genehmigt und die Verpflichtung auf die Satzungen der Anstalt erfolgt ist, durch eigenhändiges Einschreiben des Namens 2c. in das Album der Akademie.

§. 2. Die Verpflichtung auf die Satzungen erfolgt durch den Direktor, indem dieser dem Studirenden die Satzungen einhändigt und letzterer sich mit einem Handschlage verpflichtet, dieselben treu und gewissenhaft zu beobachten.

§. 3. Die Einschreibung begründet für die Studirenden das Recht bezw. die Pflicht, die Vorlesungen und Exkursionen bei der Anstalt zu besuchen, und deren Lehrmittel, insbesondere auch die Bibliothek und die Sammlungen unter den dieserhalb maßgebenden Bedingungen (Anlage II.) zu benutzen.

§. 4. Bei der Einschreibung erhält der Studirende eine Erkennungskarte. Er ist verpflichtet, diese Karte während seines Aufenthaltes auf der Akademie stets bei sich zu tragen und, falls er von dem Direktor oder einem Lehrer der Akademie, von einem Polizeibeamten, bezw. dem Nachtwächter dazu aufgefordert wird, sie sofort unweigerlich an ihn abzugeben. Weigerung der Abgabe kann Entfernung von der Forst-Akademie zur Folge haben. Auch wird hier noch besonders auf §. 113 des Strafgesetzbuches für das Deutsche Reich[1]) aufmerksam gemacht.

Wenn einem Studirenden die Erkennungskarte abgenommen ist, hat er dieselbe binnen 24 Stunden bei dem Direktor wieder in Empfang zu nehmen.

Im Falle die Erkennungskarte abhanden gekommen sein sollte, hat der Studirende unverzüglich die Aushändigung einer neuen Erkennungskarte beim Direktor nachzusuchen und für deren Ausfertigung Drei Mark zur Akademie-Kasse zu entrichten.

Beim Abgange von der Forst-Akademie ist die Erkennungskarte am Tage vor der Abreise an den Direktor abzuliefern.

§. 5. Das Belegen der Plätze in den Hörsälen, sowie im Zeichensaale, erfolgt am ersten Tage jedes Semesters, zu der vom Direktor durch Anschlag bekannt gemachten Stunde, durch jeden einzelnen Studirenden in Person. Hierbei haben die anwesenden älteren Studirenden auf ihre seitherigen Plätze ein Vorzugsrecht. Im Uebrigen entscheidet bei mehreren Bewerbern für einen Platz die Reihenfolge der Einschreibung im akademischen Album und tritt erforderlichenfalls endgültig die Entscheidung des Direktors, oder für einen nur von einem Lehrer benutzten Lehrraum, die dieses Lehrers ein.

§. 6. Die Studirenden müssen pünktlich an dem zum Beginne des Semesters bestimmten Tage zur Theilnahme an dem Unterrichte sich einfinden und demselben bis zum Schlusse des Semesters beiwohnen.

§. 7. Jeder Studirende meldet sich persönlich zu Anfang und am Schlusse jedes Semesters bei den Lehrern, deren Vorlesungen, Repetitorien, Demonstrationen und Exkursionen er besuchen will bezw. besucht hat, unter Vorlegung des bei der Einschreibung erhaltenen Anmeldungsbogens, auf welchem der Lehrer den Tag der An- und Abmeldung unter Beifügung seiner Unterschrift einträgt.

Den Unterrichtsgegenständen hat der Studirende Pünktlichkeit und rege Theilnahme zuzuwenden. Er darf namentlich den Unterricht nicht ohne triftigen Grund versäumen. Sollte aber ein solcher ihn länger als zwei Tage von der Theilnahme am Unterrichte abhalten, so hat er dem Direktor davon Anzeige zu machen.

§. 8. Die Studirenden sind den bestehenden allgemeinen Gesetzen, Verordnungen und polizeilichen Vorschriften, sowie den zur Ausführung derselben bestellten Behörden unterworfen. Gerichtliche oder polizeiliche Bestrafung schließt aber die Anwendung der außerdem für angemessen zu erachtenden disziplinarischen Maßregeln nicht aus.

---

[1]) Nr. I 2 d. W.

§. 9. In Hinsicht der inneren Disziplin, der Studien, des Fleißes und des sittlichen Lebenswandels stehen sie unter der Aufsicht des Direktors und haben dessen Anordnungen pünktlich Folge zu leisten.

§. 10. Jeder Studirende ist verpflichtet, in allen Beziehungen sich so zu verhalten, wie es einem gebildeten und wohlgesitteten jungen Manne geziemt, und wie der Zweck des Besuches der Anstalt es erheischt. Insbesondere wird von den Studirenden Fleiß und strenge Sittlichkeit, Folgsamkeit und Achtung gegen den Direktor und die Lehrer, friedliches Betragen unter sich und ein den Forderungen des Anstandes und guter Sitte entsprechendes geselliges Verhalten gefordert.

§. 11. Die Theilnahme an gesetzlich verbotenen Glücksspielen und überhaupt Kartenspielen mit so hohen Sätzen, daß sie zum Glücksspiel führen, haben im ersten Falle Verwarnung durch den Direktor, im Wiederholungsfalle Wegweisung zur Folge.

§. 12. Verbindungen, welche nach Zweck, Einrichtung oder Wirksamkeit mit dem Zweck des Besuchs der Akademie nicht vereinbar sind, können vom Direktor aufgelöst und verboten werden.

Die Theilnahme an einer ausdrücklich verbotenen Verbindung wird mit Wegweisung bestraft. Im Uebrigen wird auf die allgemeinen gesetzlichen Vorschriften und auf die für die kommandirten Jäger und Feldjäger noch besonders ergangenen Bestimmungen wegen des Verbots der Betheiligung an nicht erlaubten Vereinen oder Verbindungen hingewiesen.

§. 13. Die Anstifter und Beförderer etwaiger Verrufserklärung haben Wegweisung zu gewärtigen.

§. 14. Wegen Duells, Ausforderung und Beihülfe dazu wird gegen die Betheiligten mit geeigneten Disziplinarmaßregeln, nach Befinden mit Wegweisung eingeschritten.

Im Uebrigen wird auf die §§. 201—210 des Strafgesetzbuchs[2]) verwiesen.

---

[2]) StGB.: § 201. Die Herausforderung zum Zweikampf mit tödtlichen Waffen, sowie die Annahme einer solchen Herausforderung wird mit Festungshaft bis zu sechs Monaten bestraft.

§ 202. Festungshaft von zwei Monaten bis zu zwei Jahren tritt ein, wenn bei der Herausforderung die Absicht, daß einer von beiden Theilen das Leben verlieren soll, entweder ausgesprochen ist oder aus der gewählten Art des Zweikampfes erhellt.

§ 203. Diejenigen, welche den Auftrag zu einer Herausforderung übernehmen und ausrichten (Kartellträger), werden mit Festungshaft bis zu sechs Monaten bestraft.

§ 204. Die Strafe der Herausforderung und der Annahme derselben, sowie die Strafe der Kartellträger fällt weg, wenn die Parteien den Zweikampf vor dessen Beginn freiwillig aufgegeben haben.

§ 205. Der Zweikampf wird mit Festungshaft von drei Monaten bis zu fünf Jahren bestraft.

§ 206. Wer seinen Gegner im Zweikampf tödtet, wird mit Festungshaft nicht unter zwei Jahren, und wenn der Zweikampf ein solcher war, welcher den Tod des einen von Beiden herbeiführen sollte, mit Festungshaft nicht unter drei Jahren bestraft.

§ 207. Ist eine Tödtung oder Körperverletzung mittelst vorsätzlicher Uebertretung der vereinbarten oder hergebrachten Regeln des Zweikampfs bewirkt worden, so ist der Uebertreter, sofern nicht nach den vorhergehenden Bestimmungen eine härtere Strafe verwirkt ist, nach den allgemeinen Vorschriften über das Verbrechen der Tödtung oder der Körperverletzung zu bestrafen.

§ 208. Hat der Zweikampf ohne Sekundanten stattgefunden, so kann die verwirkte Strafe bis um die Hälfte, jedoch nicht über fünfzehn Jahre, erhöht werden.

§. 15. Oeffentliche Versammlungen und Aufzüge mit oder ohne Musik dürfen von Studirenden ohne besondere Erlaubniß des Direktors und der Ortspolizeibehörde nicht unternommen werden. Zuwiderhandlungen und überhaupt Handlungen, welche die Ruhe und Ordnung auf den Straßen, insbesondere während der Nachtzeit, stören, sowie andere zum öffentlichen Aergernisse gereichende Ausschreitungen der Studirenden, wohin auch der Besuch gemeiner Schank= und Tanzlokale und liederlicher Häuser und verdächtiger Umgang mit liederlichen Dirnen gehört, haben nach Befinden Wegweisung von der Akademie zur Folge.

§. 16. Studirenden, welche durch Schuldrückstände eine Beschwerde der Gläubiger bei dem Direktor herbeiführen, wird von diesem eine angemessene Frist bestimmt, innerhalb welcher sie die Tilgung der Schuld nachzuweisen haben.

Bei nicht genügend entschuldigter Versämniß dieser Frist, oder erneutem muthwilligen Schuldenmachen, erfolgt Seitens des Direktors Bedrohung mit der Wegweisung, unter gleichzeitiger Benachrichtigung der Eltern oder Vormünder, und wenn auch dieses Mittel fruchtlos bleibt, wird die Wegweisung herbeigeführt.

§. 17. Die selbstständige Ausübung der Jagd in den Lehrforsten ohne schriftliche Erlaubniß des Direktors, bezw. des betr. Revierverwalters, ist den Studirenden untersagt. Wird ein Erlaubnißschein ertheilt, so hat der Studirende diesen bei Ausübung der Jagd stets bei sich zu führen, ihn unaufgefordert jedem im Reviere ihm begegnenden Königlichen Forstbeamten vorzuzeigen und nach Ablauf der gestellten Frist dem Direktor zurückzugeben.

Bei den gemeinschaftlichen Jagden in den Lehrjagdrevieren haben sich die Studirenden den jagdlichen Anordnungen des leitenden Beamten unbedingt zu fügen. Anpachten von Jagden oder Theilnahme an Jagdpachtungen ist den Studirenden untersagt.

§. 18. Schießübungen sind nur auf dem für die Studirenden bestimmten Schießstande mit der gehörigen Vorsicht und unter pünktlicher Beachtung der polizeilichen Vorschriften und der speziellen Anordnungen des Direktors auszuführen.

§. 19. Das Rauchen in den Unterrichtsräumen und in den Sammlungsräumen ist untersagt. In die zur Akademie gehörenden Gebäude und Gärten dürfen Hunde nicht mitgebracht werden.

§. 20. Wenn ein Studirender den Satzungen zuwiderhandelt, ist der Direktor so befugt als verpflichtet, die geeigneten Ermahnungen und Verwarnungen zu ertheilen, oder nach Bewandtniß des Falles ihm mittelst schriftlicher Verhandlung die Wegweisung von der Akademie anzudrohen.

Sollten die Ermahnungen des Direktors ohne genügenden Erfolg bleiben, oder sollte ein Studirender erwiesenermaßen sich eines durch die Satzungen mit Wegweisung bedrohten Vergehens schuldig gemacht haben, so hat der Direktor nach Berathung mit den Lehrern, worüber eine schriftliche Verhandlung aufzunehmen ist, die Wegweisung oder eine andere, bestimmt zu bezeichnende Bestrafung, z. B. die Zurückweisung von der Prüfung auf eine bestimmte Zeit, bei dem Minister für Landwirthschaft, Domainen und Forsten zu beantragen.

---

§ 209. Kartellträger, welche ernstlich bemüht gewesen sind, den Zweikampf zu verhindern, Sekundanten, sowie zum Zweikampf zugezogene Zeugen, Aerzte und Wundärzte sind straflos.

§ 210. Wer einen Andern zum Zweikampf mit einem Dritten absichtlich, insonderheit durch Bezeigung oder Androhung von Verachtung anreizt, wird, falls der Zweikampf stattgefunden hat, mit Gefängniß nicht unter drei Monaten bestraft.

In gleicher Weise ist zu verfahren, wenn der Direktor nach Anhörung des Lehrer-Kollegiums die Ueberzeugung hat, daß ein Studirender durch schlimmes Beispiel, insbesondere in Hinsicht auf Duelle, Sittenlosigkeit und Unfleiß, einen verderblichen Einfluß auf seine Kommilitonen und den unter den Studirenden herrschenden Geist ausübt.

Dem Strafantrage ist die Aeußerung des Lehrer-Kollegiums beizufügen.

§. 21. Die vom Minister verfügte Wegweisung eines Studirenden wird nöthigenfalls im Zwangswege ausgeführt. Wer von einer Forst-Akademie weggewiesen wird, ist dadurch zugleich von Aufnahme auf der anderen und von weiterer Verfolgung der Laufbahn für den Königlichen Forstdienst ausgeschlossen.

Unteranlage A I (zu Anlage A: Satzungen §. 1).
Bestimmungen für die Königlichen Forst-Akademien zu Eberswalde und Münden vom 24. Januar 1884.

§. 1. [Zweck der Anstalten]. Die Forst-Akademien haben den Zweck, Unterricht in der Forstwissenschaft, sowie in deren grundlegenden und Neben-Fächern zu ertheilen, insbesondere eine umfassende wissenschaftliche und praktische Vorbildung für den Dienst in der Staats-Forstverwaltung zu gewähren und die Fortbildung der Forstwissenschaft zu fördern.

§. 2. [Ressortverhältniß.] Die Forst-Akademien sind dem Minister für Landwirthschaft, Domänen und Forsten untergeordnet, auf dessen Vorschlag der Direktor jeder Akademie vom Könige ernannt wird.

§. 3. [Kurator.] Der Minister bedient sich zur oberen Leitung und Beaufsichtigung der Forst-Akademien des Ober-Landforstmeisters als Kurators derselben.

Zu den Pflichten des Kurators gehört es, durch örtliche Untersuchungen sich über den Zustand und gedeihlichen Fortgang der Lehranstalt, über die zweckmäßige Richtung des wissenschaftlichen und praktischen Unterrichts, über Beschaffenheit und nothwendige Ergänzung der Lehrmittel, so wie über Aufrechterhaltung guter Disziplin unter den Studirenden zu vergewissern, wo in irgend einer Beziehung Mängel oder Zweckwidrigkeiten bemerkbar werden, den Direktor und die übrigen Lehrer hierauf aufmerksam zu machen und nach Befinden dem Minister Bericht zu erstatten. Alle Berichte des Direktors an den Minister sind durch den Kurator zu befördern, welcher demselben, wenn dazu Veranlassung ist, sein Gutachten beizufügen hat.

§. 4. [Lehrer-Personal.] Das Lehrer-Personal besteht bei jeder Akademie aus:

1. dem Direktor, welcher zugleich Lehrer der Forstwissenschaft ist,
2. den erforderlichen anderen Lehrern für Forstwissenschaft mit Einschluß der Forstpolitik und den Lehrern für Mathematik, Naturwissenschaften und Rechtskunde.

Die Zulassung als Privatdocent bei einer Forst-Akademie ist mit Genehmigung des Ministers statthaft.

§. 5. [Obliegenheiten des Direktors.] Dem Direktor liegt außer der allgemeinen Leitung der Akademie im Besonderen ob:

1. Ertheilung der Erlaubniß zum Besuche der Akademie nach Maßgabe der Vorschriften in §§. 10 und folgenden,
2. Ueberwachung des planmäßigen Ganges des Unterrichts,

3. Aufsicht über die Sammlungen und sonstigen Lehrmittel, für welche jedoch zunächst die betheiligten Docenten verantwortlich sind, so wie über die Instandhaltung der Lokale und des Inventariums,

4. Aufsicht über die Fonds der Akademie und Kuratel über die Akademie-Kasse,

5. Anschaffung der nöthigen Gebrauchsgegenstände und Lehrmittel und Vollziehung der Zahlungs- und Erhebungs-Anweisungen an die Kasse, innerhalb der Grenzen des Etats,

6. Prüfung, Bescheinigung und Einreichung der Jahresrechnungen,

7. Erstattung von Semesterberichten über den Besuch der Akademie, event. auch eines Jahresberichts über Gesammt-Verhältnisse derselben,

8. Verwaltung der Forstlehrgärten und Versuchsfelder, rücksichtlich der botanischen Gärten im Einverständnisse mit dem Professor der Botanik, welchem die Leitung der letzteren obliegt,

9. die Leitung der Verwaltung der als Lehrmittel dienenden Oberförstereien nach Maßgabe der darüber ertheilten besonderen Bestimmungen,

10. Aufrechterhaltung der Disziplin unter den Studirenden,

11. Berufung der Lehrer zu Berathungen über den Lehrplan, über wichtigere Disziplinarfälle und andere die Akademie betreffenden Verhältnisse, so oft solches erforderlich ist,

12. Leitung etwaiger Prüfungen nach Maßgabe des §. 16,

13. Abhaltung von Vorträgen und praktischen Unterweisungen in der Forst-wissenschaft.

§. 6. [Lehr-Gegenstände.] Der Unterricht umfaßt, nach einem für beide Akademien möglichst gleichen Lehrplane, alle Zweige der gesammten Forstwissen-schaft, und wird durch praktische Anleitung und gründliche Erläuterungen in den Lehrforsten und anderen benachbarten Forsten, sowie durch Repetitorien, Exkur-sionen in die Lehrforsten und durch forstliche Reisen, wozu in der Regel ab-wechselnd in einem Jahre bei der einen, im anderen Jahre bei der anderen Akademie ein Theil der Herbstferien benutzt wird, unterstützt.

Die innerhalb der auf 2 Jahre berechneten Studienzeit vorzutragenden Lehr-Gegenstände umfassen:

A. Grundlegende Fächer:

1. Physik, Meteorologie und Mechanik.

2. Chemie.

3. Mineralogie, Geologie.

4. Botanik:

   a) Allgemeine Botanik, Anatomie, Physiologie und Pathologie der Pflanzen,

   b) Systematische Botanik mit besonderer Berücksichtigung der Forstpflanzen.

5. Zoologie:

   a) Allgemeine Zoologie,

   b) Spezielle Zoologie (wirbellose Thiere, Wirbelthiere) mit besonderer Rücksicht auf die für Forstwirthschaft und Jagd wichtigen Thiere, namentlich auf die Forstinsekten.

6. Mathematik:

   a) Repetitorien und Uebungen in der Arithmetik, Planimetrie, Stereo-metrie, ebenen und sphärischen Trigonometrie,

   b) Grundzüge der analytischen Geometrie einschließlich der Lehre von den Linear- und Polar-Coordinaten,

    c) Geodäsie, und zwar: Landmeßkunde, Nivelliren und barometrische Höhenmessung, Traciren, Instrumentenkunde, Planzeichnen.

B. **Hauptfächer:**

1. Geschichte und Literatur des Forstwesens.
2. Forstliche Standortslehre.
3. Holzzucht.
4. Forstschutz.
5. Forstbenutzung. Forsttechnologie.
6. Forstertragsregelung. Holzmeßkunde. Forstvermessungs-Vorschriften in Preußen.
7. Waldwerthberechung und forstliche Statik.
8. Forststatistik.
9. Forstpolitik und Forstverwaltungslehre.
10. Ablösung der Waldservituten mit Rücksicht auf Preußisches Recht.

C. **Nebenfächer.**

1. Rechtskunde. Civilrecht. Strafrecht. Civil- und Strafprozeß.
2. Waldwegebau.
3. Jagdkunde.
4. Fischzucht.

Der Unterricht in den Grund- und Nebenwissenschaften ist mit spezieller Beziehung auf die Forstwirthschaft zu halten und nicht weiter auszudehnen, wie es nothwendig ist, um die zu einer zweckmäßigen Bewirthschaftung der Forsten erforderliche wissenschaftliche Grundlage zu erlangen. Es ist in dieser Beziehung zur Richtschnur zu nehmen, was in den Bestimmungen über Ausbildung und Prüfung für den Königlichen Forstverwaltungsdienst vom 1. August 1883 (§. 13) über die in der ersten forstlichen Prüfung zu stellenden Anforderungen vorgeschrieben ist.

§. 7. [**Lehrmittel.**] Zu den Lehrmitteln bei Verfolgung dieses Zweckes dienen:

1. die unter der oberen Leitung des Direktors verwalteten Königlichen Oberförstereien (Eberswalde, Biesenthal, Chorin und Freienwalde bei Eberswalde, Gahrenberg und Cattenbühl bei Münden),
2. die Samendarre bei Eberswalde,
3. die Fischzucht-Anstalten bei Eberswalde und Münden,
4. die Forstlehrgärten,
5. die chemischen Laboratorien,
6. die naturwissenschaftlichen Sammlungen,
7. die geodätischen Sammlungen,
8. die forst- und jagdlichen Sammlungen,
9. die Bibliothek.

§. 8. [**Lehr-Plan**]. Alljährlich mit dem Sommer-Semester beginnt ein neuer 2jähriger Lehrkursus. Die zweckmäßigste Folge der Vorträge bietet sich deshalb denjenigen, welche zu Ostern die Akademien beziehen.

Der spezielle Unterrichtsplan wird für jedes Semester vom Direktor im Einvernehmen mit den Lehrern entworfen, dem Minister 8 Wochen vor Beginn des Semesters eingereicht und nach erfolgter Genehmigung durch die öffentlichen Blätter vom Direktor bekannt gemacht.

§. 9. [**Lehr-Zeit.**] Das Sommer-Semester beginnt am Montag nach der Osterwoche und endet am 20. August. Das Winter-Semester beginnt am 15. Oktober und endet 14 Tage vor Ostern. Ferien finden im Laufe eines Semesters nicht statt und Aussetzungen der Vorlesungen nur an den Sonn- und

Feiertagen und in der Zeit vom Freitag vor bis Donnerstag nach Pfingsten, sowie vom 22. Dezember bis 3. Januar.

§. 10. [Anmeldung.] Die Anmeldungen zur ersten Aufnahme auf einer der Akademien sind mit den erforderlichen Zeugnissen (§. 11) schriftlich bis zum 15. März bezw. 15. August bei dem Direktor einzureichen, welcher über deren Annahme oder Ablehnung entscheidet.

Die Meldungen zum Uebergange von einer Akademie zur anderen sind bis 15. März bezw. 15. August bei dem Direktor der zu besuchenden Akademie anzubringen.

Verspätete, jedoch nicht über den Beginn der Vorlesungen hinaus verzögerte Meldungen können nach Befinden von dem Direktor angenommen oder zurückgewiesen werden.

§. 11. [Bedingungen der Aufnahme.] Die Aufnahme darf nur erfolgen, wenn der Angemeldete

1. das Zeugniß der Reife von einem Gymnasium des Deutschen Reiches oder von einem Preußischen Realgymnasium oder von einer Preußischen Ober-Realschule erlangt und in diesem Zeugnisse eine unbedingt genügende Censur in der Mathematik erhalten hat,

2. vor Ablauf des 25. Lebensjahres das forstakademische Studium beginnt, bezw. begonnen hat,

3. das Zeugniß über die praktische Vorbereitungszeit oder bei der Meldung eine desfallsige vorläufige Bescheinigung beibringt,

4. über tadellose sittliche Führung sich ausweist,

5. den Nachweis der zum Aufenthalt auf der Akademie erforderlichen Unterhaltsmittel führt.

Außerdem sind den Meldungen

6. die Zeugnisse über etwa schon erledigte Universitäts- oder sonstige Studien, über etwaigen Aufenthalt in Forsten außer der praktischen Vorbereitungszeit, sowie über die Militair-Verhältnisse beizufügen.

Für die aus dem reitenden Feldjägerkorps zum Besuche der Anstalt kommandirten Feldjäger bedarf es nur der Beibringung des unter 3 bezeichneten Zeugnisses und der Vorlegung der Zeugnisse unter 1 bis 6 (jedoch mit Ausschluß der Militär-Papiere) zur Einsicht des Direktors.

Studirende, welche den Eintritt in den Preußischen Staatsdienst nicht beabsichtigen, können auch ohne Erfüllung der Bedingungen 1 bis 3 aufgenommen werden, wenn sie anderweitig eine genügende Vorbildung nachweisen.

§. 12. [Dauer des Besuchs.] Ein längerer als zweijähriger Besuch der Akademie ist nur ausnahmsweise statthaft.

Der Direktor ist befugt, Forst-Beflissenen und Forst-Referendarien, welche die zweijährige Studienzeit auf einer Preußischen Forst-Akademie bereits erledigt haben, die Theilnahme an den Exkursionen und die Benutzung der Lehrmittel unentgeltlich zu gestatten, soweit solches ohne Störung für den Lehrzweck thunlich ist und so lange die Betheiligten die in dieser Beziehung vom Direktor ertheilten Bestimmungen pünktlich befolgen. Wünschen solche Forst-Beflissene oder Forst-Referendare auch noch einzelne Vorlesungen oder Repetitorien als Hospitanten zu besuchen, so kann der Direktor auch solches, wenn kein Bedenken obwaltet, gestatten, jedoch nur gegen ein zur Akademie-Kasse vorher zu zahlendes Honorar von zehn Mark für jede Vorlesung oder jedes Repetitorium, welche der Hospitant zu besuchen wünscht.

Wer sonst als Hospitant vom Direktor zugelassen wird, hat außer jenem Honorare eine Einschreibe-Gebühr von zehn Mark zur Akademie-Kasse zu entrichten, wofür ihm auch die Theilnahme an den Exkursionen und die Benutzung der Lehrmittel gestattet ist.

§. 13. [Einschreibe=Gebühr und Honorar.] Wer als Studirender aufgenommen wird, hat an Einschreibe=Gebühren bei der ersten Aufnahme auf einer der beiden Akademien fünfzehn Mark zu zahlen. Außerdem sind an Honorar für jedes Semester fünf und siebenzig Mark im Voraus an die Akademie=Kasse zu entrichten. Beim Uebergange von einer Akademie zur anderen ist eine Einschreibe=Gebühr nicht zu erlegen.

Die innerhalb der etatsmäßigen Zahl zur Theilnahme am Unterricht kommandirten Mitglieder des reitenden Feldjägerkorps und der Jägerbataillone, sowie die im Genusse des von Ladenbergschen Stipendiums sich befindenden Studirenden, sind von vorgedachten Zahlungen befreit.

Sonstige Befreiungen oder Erleichterungen können ausnahmsweise vom Minister für Landwirthschaft, Domänen und Forsten bewilligt werden, wenn außergewöhnliche Verhältnisse solches begründen.

§. 14. [Disziplin.] In Hinsicht der inneren Disziplin, der Studien, des Fleißes und des sittlichen Lebenswandels stehen sämmtliche eingeschriebene Studirende, einschließlich der Hospitanten, unter der Aufsicht des Direktors. Wer die Akademie besucht, ist verpflichtet, die Satzungen, welche ihm bei der Ein= schreibung eingehändigt werden, gewissenhaft zu beobachten.

§. 15. Bei Entlassungen, welche auf Grund der Satzungen erfolgen, oder bei etwaigen Ausweisungen durch die Polizeibehörde, wird von dem bezahlten Honorar und Einschreibegelde nichts zurückerstattet. Dies findet auch dann An= wendung, wenn die Entlassung auf eigenen Antrag erfolgt oder irgend ein Hinderniß, den Unterricht ferner zu benutzen, eintritt.

§. 16. [Abgangs=Zeugnisse.] Jeder abgehende Studirende erhält, wenn er es verlangt, ein vom Direktor auf Grund des Anmeldungsbogens aus= zustellendes Abgangszeugniß, in welchem über die Zeit des Besuches der Aka= demie, die gehörten Vorlesungen 2c. und über das Verhalten des Abgehenden Aeußerung abzugeben ist. Unterbrechungen und Unregelmäßigkeiten in der Theil= nahme am Unterricht können, sofern sie von längerer Dauer und nicht genügend entschuldigt sind, in dem Abgangs=Zeugnisse bemerkt werden.

Das Abgangszeugniß wird unentgeltlich ausgestellt.

Wünscht der Abgehende sich einer besonderen Prüfung zu unterwerfen, so ist eine solche, jedoch nur am Schlusse eines Semesters, vom Direktor und mindestens vier von diesem zur Prüfung zu berufenden Lehrern der Akademie schriftlich und mündlich abzuhalten, und in dem Abgangszeugnisse, welches solchen Falles von sämmtlichen betheiligten Lehrern mit zu vollziehen ist, das Ergebniß der Prüfung in den einzelnen Fächern speziell zu vermerken.

Für eine solche Prüfung hat der Abgehende vor Beginn derselben zur Akademie=Kasse eine Gebühr von 40 Mark zu entrichten.

§. 17. Die vorstehenden Bestimmungen treten sofort, an Stelle der Be= stimmungen vom 5. April 1875, in Kraft.

Unteranlage A II (zu Anlage A: Satzungen §. 3).

Bestimmungen über die Benutzung der Lehrmittel der Königlichen Forst-Akademie durch die Studirenden derselben.

§. 1. Die Lehrmittel der Forst-Akademie, welche von den Studirenden zum Selbststudium benutzt werden können, sind:

1. die Forstlehrgärten,
2. die naturwissenschaftlichen Sammlungen, nämlich
   a) Sammlungen chemischer Präparate,
   b) Sammlung physikalischer Apparate,
   c) mineralogische, geognostische und Boden-Sammlungen,
   d) botanische Sammlungen. (Herbarium. Holzsammlung. Samen-sammlung. Anatomische und pathologische Sammlungs-Apparate [Mikroskop 2c.]),
   e) zoologische Sammlungen. (Systematische Thiersammlung. Biologische und anatomische Sammlung.)
      Die Sammlungen ad 2. c, d, e zerfallen in wissenschaftliche und Handsammlungen;
3. die geodätischen Sammlungen. (Instrumenten- und Karten-Sammlungen),
4. die forst- und jagdlichen Sammlungen. (Geräthe. Modelle. Erzeugnisse),
5. die Bibliothek.

§. 2. [Forstlehrgärten.] Die Benutzung der Forstlehrgärten ist den Studirenden unter der Bedingung gestattet, daß

1. keine Hunde, weder frei noch an der Leine, in die Gärten gebracht,
2. die Beete nicht betreten,
3. ohne besondere Erlaubniß der Lehrer Pflanzen weder ganz noch theil-weise, z. B. durch Ausziehen, Abschneiden, Brechen u. s. w. entnommen werden.

§. 3. [Naturwissenschaftliche Sammlungen.] Die Besichtigung der Sammlung chemischer Präparate ist nur gegen besondere Erlaubniß des be-treffenden Professors gestattet.

Dasselbe gilt bezüglich der Sammlung physikalischer Apparate.

Bezüglich der übrigen naturwissenschaftlichen Sammlungen (§ 1 c bis e) gelten folgende Bestimmungen:

Der Zutritt zu den Sammlungsräumen behufs Besichtigung der unter Glas und Rahmen befindlichen Gegenstände ist den Studirenden bei Tage unter der Bedingung gestattet, daß die Schlüssel zu den Sammlungsräumen nach den von den betreffenden Professoren zu ertheilenden Bestimmungen vor dem Gebrauche entnommen und unmittelbar nach dem Gebrauche wieder abgeliefert werden.

Jede weitergehende Benutzung der Sammlungen, welche ein Oeffnen der Schränke, Schiebladen und Kästen erfordert, darf nur auf besondere Erlaubniß des betreffenden Professors erfolgen.

Die Benutzung der Handsammlungen steht den Studirenden nach den von den betreffenden Professoren zu ertheilenden Bestimmungen zur Verfügung.

§. 4. [Geodätische Sammlungen.] Die zum Auftragen und Zeichnen erforderlichen Gegenstände (Transporteure, Maßstäbe, Schablonen, Vorlege-blätter u. s. w.) können von dem betreffenden Professor den Studirenden zum leihweisen Gebrauche auf bestimmte Zeit, unter der Haftung für unbeschädigte Rücklieferung, verabfolgt werden. Die Aufsicht über die Rückgabe ist Sache des Professors.

Im Uebrigen erfordert die Benutzung der Sammlung geodätischer Instrumente die besondere Erlaubniß des betreffenden Professors.

§. 5. [Forst= und jagdliche Sammlungen.] Die Benutzung der forst- und jagdlichen Sammlungen geschieht auf besondere Erlaubniß des betreffenden Lehrers. Ausnahmsweise kann von diesem mit Zustimmung des Direktors einem Studirenden auch die Erlaubniß zur leihweisen Entnahme einzelner Gegenstände auf bestimmte Zeit, unter Haftung unbeschädigter Rückgabe, welche der dafür verantwortliche Lehrer beaufsichtigt, ertheilt werden.

§. 6. [Bibliothek.] Um die Benutzung der Bibliothek zu erleichtern, liegt ein Katalog der im Besitz der Forst=Akademie befindlichen Bücher und Karten im Lesezimmer aus, und kann daselbst von Morgens bis Abends 8 Uhr, wo das Lesezimmer der Benutzung geöffnet ist, eingesehen werden.

§. 7. Die Benutzung der zur Bibliothek gehörigen Bücher und Karten erfolgt entweder nur im Lesezimmer, rücksichtlich der daselbst ausgelegten Gegenstände, oder durch Entleihung von Büchern und Karten 2c. zum zeitweisen häuslichen Gebrauche des Leihenden.

§. 8. Die im Lesezimmer ausgelegten Bücher und Karten dürfen durchaus weder nach Hause noch in ein anderes Zimmer mitgenommen werden.

Die Titel der ausliegenden Gegenstände sind aus einer im Lesezimmer befindlichen Liste zu ersehen.

§. 9. Die zum zeitweisen häuslichen Gebrauche gewünschten Bücher und Karten erhält der Studirende leihweise von dem Bibliothekar der Anstalt gegen Abgabe einer Quittung längstens auf vier Wochen, nach deren Ablauf Bücher und Karten ohne besondere Aufforderung zurückzugeben sind, oder eine Verlängerung der Frist nachzusuchen ist. Diese kann nur gewährt werden, wenn die Gegenstände inzwischen nicht von Anderen verlangt worden sind.

Erfolgt die Rückgabe innerhalb der bestimmten Leihfrist nicht, so wird vom Bibliothekar durch einen Mahnzettel erinnert, für dessen Ueberbringung der Studirende 20 Pfennige für jedes zurückgeforderte Stück zu zahlen hat. Ist die Rückgabe binnen 8 Tagen nach der Mahnung nicht erfolgt, so hat der Studirende binnen weiteren 8 Tagen den Ladenpreis oder den vom Direktor zu bestimmenden Preis des Buches 2c. zu erstatten.

§. 10. Auf ein zurückzulieferndes Buch oder Karte hat derjenige den nächsten Anspruch, welcher sich für dasselbe zuerst gemeldet und ausdrücklich seine Notirung dafür beantragt hat.

§. 11. Kupferwerke, geologische, geographische und physikalische Karten dürfen an die Studirenden nur auf besondere Erlaubniß des Direktors ausgeliehen werden.

In der Bibliothek ist den Studirenden die eigenhändige Herausnahme von Büchern aus den Repositorien unbedingt untersagt.

§. 12. Die für die Ausgabe und Zurücknahme der Bücher, Karten 2c. bestimmten Zeiten werden für jedes Semester besonders angezeigt.

§. 13. Wenn einer der Studirenden ohne Erlaubniß ausgelegte Bücher oder Karten entnimmt, oder sonst die Vorschriften, unter denen die Bücher und Karten benutzt werden können, nicht beachtet, so hat der Direktor das Recht, ihn von der Benutzung der Bücher= 2c. Sammlung auszuschließen.

§. 14. Das Weiterverleihen entliehener Gegenstände Seitens des Entnehmers ist durchaus unstatthaft.

§. 15. Sämmtliche entliehene Gegenstände sind auch vor Ablauf der Leihfrist (§. 9) zurückzugeben:

a) wenn die Rückgabe vom Direktor ausdrücklich angeordnet wird,

b) wenn dieselben zum Auslegen im Lesezimmer von einem Lehrer be= stimmt werden oder ein Lehrer sie zum Unterrichte bedarf,

c) wenn eine Revision der Bibliothek oder der betreffenden Sammlung bevorsteht, was in der Regel acht Tage vorher bekannt gemacht werden wird,

d) spätestens acht Tage vor Beginn der Oster= und der Herbstferien.

§. 16. [Allgemeine Bestimmungen.] Sämmtliche Sammlungen sind während der Oster= und Herbstferien geschlossen.

Ausnahmsweise ist auch während der Ferien der Zutritt zu den Samm= lungen auf besondere Erlaubniß des betreffenden Professors oder in dessen Ab= wesenheit im Beisein eines Mitgliedes des Lehrerkollegiums gestattet.

Die leihweise Entnahme von Sammlungs=Gegenständen darf während der Ferien ausnahmsweise nur unter Zustimmung des betreffenden Professors und des Direktors stattfinden.

Die spezielle Verantwortlichkeit für die ordnungsmäßige Benutzung der Sammlungen liegt den betreffenden Lehrern ob.

Alle sonstigen Sondervorschriften, z. B. das Schließen der Fenster, Herab= lassen der Vorhänge, das Verbot des Rauchens u. s. w., welche bei dem Aufent= halte in den Sammlungs=Sälen unter Benutzung der Sammlungen zu beachten sind, werden durch Aushang in den Sammlungsräumen veröffentlicht.

Jede Beschädigung des Mobiliars, der Sammlungs= und Gebrauchs=Gegen= stände begründet die Verpflichtung zur Anzeige bei dem betreffenden Professor und zum Schadenersatze.

Anlage B (zu §. 34 Anmerkung 16).

Aufnahme-Bestimmungen für das Königliche Reitende Feldjägerkorps vom 30. November 1899.

Von der Aufnahme in das Reitende Feldjägerkorps.

§. 1. Das Reitende Feldjägerkorps ergänzt sich aus Anwärtern des preußischen Forstverwaltungsdienstes, welche nachfolgenden Anforderungen ge= nügen: Der Anwärter muß:

1. Deutscher Reichsangehöriger sein.

2. Das 23. Lebensjahr noch nicht überschritten haben.

3. Die nöthigen Mittel zur Verfolgung der Laufbahn besitzen.

4. Offizier der Reserve eines Jäger= oder des Garde=Schützen=Bataillons sein.

5. Eine der künftigen Bestimmung angemessene Prüfung bestanden haben.

§. 2. Die Meldung zur Aufnahme in das Korps ist von dem Anwärter eigenhändig abzufassen und hat zu erfolgen, sobald derselbe bei einem Jäger= oder dem Garde=Schützen=Bataillon als Einjährig=Freiwilliger eingetreten ist.

Mit der Meldung sind einzureichen:

1. Ein Lebenslauf.

2. Ein Geburtschein.

3. Die die Annahme als Forstbeflissener aussprechende Ministerialverfügung.

4. Ein von dem Bataillonsarzt ausgestelltes Gesundheitszeugniß mit aus= drücklicher Aeußerung über gutes Seh=, Hör= und Sprachvermögen.

5. Das Schulzeugniß der Reife.

6. Ein notariell oder gerichtlich beglaubigter Vermögensnachweis. Derselbe muß aussprechen, daß der Anwärter das genügende eigene Vermögen zur Verfolgung der Laufbahn besitzt, oder daß ihm hinreichende Zulagen selbst nach dem Ableben der Eltern zur fortlaufenden Erhebung sicher=gestellt sind. Als Anhalt wird bemerkt:

a) Für den während der ersten 10 Jahre aus eigenen Mitteln zu be=streitenden Unterhalt ist ein jährliches Einkommen von mindestens 1800 Mk. nachzuweisen.

b) Zur allernöthigsten Ausrüstung bei dem Eintritt in das Korps sind mindestens 500 Mark erforderlich.

c) Ein ins Einzelne gehender Nachweis des Vermögens ist nicht er=forderlich, vielmehr genügt es, wenn vom Notar oder dem Gericht bescheinigt wird, daß auf Grund eines in die Vermögensverhältnisse des Betreffenden gethanen Einblicks die Ueberzeugung von dem Vor=handensein der erforderlichen Mittel gewonnen sei.

Auch wird an Stelle des gerichtlichen oder notariellen Nachweises die Bei=bringung einer Benachrichtigung der Hauptverwaltung der Staatsschulden, daß eine entsprechende Eintragung in das Staatsschuldbuch stattgefunden hat, als aus=reichend erachtet (s. Anlage Nr. 1).

Meldung und Zeugnisse zu 1 bis 6 hat der Anwärter gleich nach seinem Eintritt in das Heer seinem Bataillonskommandeur vorzulegen, welcher dieselben mit einer Aeußerung über die dienstliche und moralische Qualifikation des Be=treffenden am 1. Dezember j. J. zur Prüfung und weiteren Veranlassung dem Kommando des Reitenden Feldjägerkorps einsenden wird. Im Mai und am Schlusse des Dienstjahres werden erneute Qualifikationsberichte von den Bataillonen eingereicht. (Inspekt. Verfügungen vom 27. Juni 1887 Nr. 635 und vom 15. De=zember 1893 Nr. 1688.)

§. 3. Ist die Meldung vorschriftsmäßig erfolgt, so wird nach Eingang der Qualifikationsberichte vom Mai unter sorgfältiger Erwägung sämmtlicher Ver=hältnisse der Anwärter seitens des Korps benachrichtigt, ob er für die im Februar nächsten Jahres stattfindende Aufnahmeprüfung vorgemerkt ist. Er hat alsdann von jeder Veränderung seines Aufenthaltsortes Meldung an das Kommando zu erstatten.

Die endgültige Entscheidung über die Zulassung zur Prüfung erfolgt erst nach Schluß des Dienstjahres.

Vor der Prüfung haben sich die Anwärter den Oberjägern persönlich vor=zustellen.

§. 4. Gegenstand der Prüfung sind:

1. Neuere Sprachen: Im Französischen die nöthigen Kenntnisse, um mit Geläufigkeit sprechen und ein gegebenes Thema schriftlich bearbeiten zu können.

Im Englischen oder Italienischen die erforderliche Uebung, um sich mündlich und schriftlich verständlich machen zu können, wobei auf die mündliche Beherrschung der Sprache der Hauptwerth zu legen ist.

2. Pferdekunde: Kenntniß der Anatomie des Pferdes, der am häufigsten vorkommenden Pferdekrankheiten und der Gegenmittel, des Hufbeschlags, der Stallpflege und der Fütterung.

3. Reiten: Zäumung und Sattelung des Pferdes.

Beim Reiten in der Bahn mit und ohne Bügel sicherer, ruhiger Sitz und stetige Führung des Pferdes im Schritt, Trab und Galopp auf graden und gebogenen Linien. Leichtere Seitengänge.

Im Gelände sicheres und entschlossenes Reiten in freien Gang-arten einzeln, sowie zu zweien und dreien. Nehmen leichterer Hindernisse.

§. 5. Die Prüfung, welche einen etwa viertägigen Aufenthalt in Berlin erforderlich macht, wird unter dem Vorsitz des Kommandeurs von Professoren und den drei Oberjägern oder ältesten Feldjägern abgehalten.

Der Bescheid über das Bestehen oder Nichtbestehen der Prüfung erfolgt binnen vier Wochen nach Beendigung derselben. Eine Wiederholung kann nur ausnahmsweise noch einmal ganz oder teilweise stattfinden.

§. 6. Nach bestandener Prüfung hat der Anwärter durch zwei achtwöchent-liche, militärische Uebungen bei einem Jäger- oder dem Garde-Schützen-Bataillon seine Qualifikation zum Reserve-Offizier der Jägertruppe dazuthun. Werden die hierüber von dem betreffenden Bataillon ausgefertigten Berichte seitens des Kommandos des Reitenden Feldjägerkorps als genügend erachtet, so stellt dieses dem Anwärter ein Annahmezeugniß aus (vergl. Anlage 2), auf Grund dessen derselbe sich bei dem Bezirkskommando seines Wohnsitzes zur Offizierswahl stellen lassen kann. (Kriegsm. Erl. vom 11. Juni 1888.)

Die Beförderung zum Reserveoffizier ist unter Angabe der Allerhöchsten Kabinets-Ordre sofort an das Korps zu melden, welches alsdann die Versetzung in das Korps auf dem vorgeschriebenen Instanzenwege veranlassen wird.

Auf diejenigen Anwärter, welche vor ihrem Eintritt in das Korps bereits aktive Offiziere waren, finden vorstehende Bestimmungen sinngemäße Anwendung.

§. 7. Das Dienstalter innerhalb des Korps regelt sich jahrgangsweise nach dem Offizierpatent.

Der neu eingestellte Feldjäger wird auf den Feldjägereid verpflichtet (vergl. Anlage 3) und zunächst zu seiner forstlichen Ausbildung beurlaubt oder ab-kommandirt.

Anlage 1.

Der Zinsgenuß von ⸺⸺M., also ein jährlicher Zinsbetrag von ⸺⸺M. ist dem ⸺⸺ als vorschriftsmäßige Zu-lage von dem Tage des Eintritts desselben in das Reitende Feldjägerkorps bis zum ⸺⸺ (mindestens auf 10 Jahre) zur eigenen Einziehung über-wiesen worden. Während dieser Zeit darf die eingetragene Forderung von ⸺⸺ M., bezw. das Nießbrauchsrecht des ⸺⸺ an jener Forderung nur im Falle des Ablebens des Nießbrauchers oder mit schriftlicher Zustimmung des Kommandos des Reitenden Feldjägerkorps in Berlin gelöscht werden.

Anlage 2.

Annahme-Bescheinigung.

Dem Vicefeldwebel der Reserve (Vor- und Zuname) wird hiermit be-scheinigt, daß derselbe die für die Aufnahme in das Reitende Feldjägerkorps er-forderlichen Bedingungen erfüllt hat und sich gemäß dem kriegsministeriellen Erlasse vom 11. Juni 1888 durch das Bezirkskommando seines Wohnsitzes behufs Uebertritts in das Reitende Feldjägerkorps zur Offizierswahl stellen lassen kann.

Stempel.   Unterschrift.

Anlage 3.

Feldjäger=Eid.

Ich (Vor= und Zuname) schwöre zu Gott dem Allmächtigen und Allwissenden, daß ich in unwandelbarer Treue gegen Seine Kaiserliche und Königliche Majestät, meinen Herrn, die mir anvertrauten Dienstdepeschen nach der mir ertheilten Instruktion getreulich und gewissenhaft überliefern, dabei keine Gefahr scheuen, vielmehr lieber mein Leben verlieren will, als die mir anvertrauten Depeschen in fremde Hände kommen lassen, daß ich in allen Dienstverrichtungen die größte Pünktlichkeit und strengste Verschwiegenheit beobachten und mich überhaupt so verhalten will, wie es einem pflichtgetreuen und braven Feldjäger gebührt.   So wahr mir Gott helfe durch Jesum Christum zur Seligkeit.   Amen.

(Für Katholische: so wahr mir Gott helfe und sein heiliges Evangelium. Amen.)

---

8. Bestimmungen über Ausbildung, Prüfung und Anstellung für die unteren Stellen des Forstdienstes in Verbindung mit dem Militairdienst im Jägercorps. Vom 1. Oktober 1897.
(MB. 237.)

I. Allgemeine Grundzüge.

§. 1.   Einen Anspruch auf Anstellung als Förster oder Forsthülfsaufseher im Staatsdienste[1]) haben nur diejenigen Personen, die die Forstanstellungs= berechtigung gemäß nachstehender Bestimmungen erlangt haben.

Die gleiche Berechtigung ist erforderlich für solche Forstbeamtenstellen der Gemeinden und Anstalten, die ein Jahreseinkommen von mindestens 750 Mark, einschließlich des Werthes sämmtlicher Nebeneinnahmen, gewähren, aber keine höhere Befähigung erfordern, wie die eines Königlichen Försters.

Auch die Königlichen Revierförsterstellen sind vorzugsweise an geeignete Förster zu vergeben.

Als Ausweis für die Anstellungsberechtigung gilt der Forstversorgungs= schein (siehe auch § 25).

Die Anstellungsberechtigung wird erworben:

a) durch vorschriftsmäßige forsttechnische Ausbildung,

b) durch volle Erfüllung der zu übernehmenden besonderen Pflichten des Militairdienstes im Jägercorps (§. 14).

Erstere erfolgt durch:

1. praktische Unterweisung während der Lehrzeit (§. 4),

2. Forstunterricht beim Jäger=Bataillon (§. 10),

3. weitere forstliche Beschäftigung und Unterweisung während des Militair= Reserverhältnisses,

und ist nachzuweisen durch das Bestehen zweier Prüfungen (§§. 11, 12 und §. 20).

II. Die Lehrzeit.

§. 2.   [Eintritt in die Lehre und ihre Dauer.]   Die Laufbahn für den Forstschutzdienst beginnt mit einer mindestens zweijährigen forstlichen Lehr=

---

[1]) Dem Staatsdienste wird der Forst= dienst im Bereiche der Hofkammer der | Königlichen Familiengüter gleichgeachtet Nr. I 3 Anm. 33 d. W.

zeit. Der Eintritt in die Lehre darf nicht vor Beginn des 16. Lebensjahres und muß spätestens am 1. Oktober desjenigen Kalenderjahres erfolgen, in dem der Bewerber das 18. oder, wenn er die Berechtigung zum einjährig-freiwilligen Militairdienst erworben hat, das 20. Lebensjahr vollendet[2]).

Der Bewerber hat sich drei Monate vor dem beabsichtigten Beginn der Forstlehre bei dem Oberforstmeister desjenigen Bezirks, in dem er sich aufhält, oder in dem er in die Lehre treten will, schriftlich anzumelden und dabei vorzulegen:

1. das Geburtszeugniß,
2. ein Unbescholtenheitszeugniß der Polizeibehörde seines Wohnorts,
3. ein Attest eines oberen Militairarztes, daß er frei von körperlichen Gebrechen und wahrnehmbaren Anlagen zu chronischen Krankheiten ist, ein scharfes Auge mit deutlichem Unterscheidungsvermögen für sämmtliche Farben, gutes Gehör, fehlerfreie Sprache hat und eine Körperbeschaffenheit besitzt, die kein Bedenken gegen die künftige Tauglichkeit zum Militairdienst begründet*),

*) **A.** Hinsichtlich der für den Eintritt in die forstliche Lehre erforderlichen Körperbeschaffenheit sind nachstehende Bestimmungen maßgebend:

1. Als Minimalmaße für die Körpergröße und den Brustumfang haben zu gelten:

im Alter von:	Körpergröße:	Brustumfang:
15 Jahren	151 cm	70—76 cm
16 "	153 "	73—79 "
17 "	156 "	76—81 "

2. Das rechte Auge muß vollkommen fehlerfrei sein (volle Sehschärfe, keine Refraktions-Anomalien). Auf dem linken Auge darf die Sehschärfe nicht weniger als $^3/_4$ der normalen betragen. Kurzsichtigkeit auf dem linken Auge, bei welcher der Fernpunktsabstand 70 cm oder weniger beträgt, schließt vom Eintritt in die Forstlehre aus,
3. beide Ohren müssen normale Hörweite besitzen,
4. die Sprache muß fehlerfrei sein,
5. die in der Anlage 1 der Heer-Ordnung vom 22. November 1888 verzeichneten Fehler machen der Mehrzahl nach zur Aufnahme ungeeignet, wenn sie nicht sehr unbedeutend sind oder sich noch heben lassen.

B. Zur Erlangung des militärärztlichen Attestes haben sich die Bewerber mit ihren Gesuchen rechtzeitig an das nächste Landwehr-Bezirks-Kommando zu wenden, welches die direkte Zustellung des Attestes an den Oberforstmeister desjenigen Bezirks, in dem der Bewerber sich anmelden will, veranlassen wird.

4. Zeugnisse der besuchten Schulanstalten oder der Lehrer über Schulbildung, insbesondere darüber, daß er bis zur gegenwärtigen Meldung einen stetigen Schulunterricht genossen oder seit dem Abgang von der Schule seine Fortbildung ununterbrochen betrieben hat,
5. einen selbstgeschriebenen Lebenslauf.

Der Bewerber wird hinsichtlich seiner Schulbildung zum Eintritt in die Lehre ohne Weiteres als geeignet erachtet:

a) wenn er das Zeugniß der wissenschaftlichen Befähigung für den einjährig-freiwilligen Militairdienst erworben,

---

[2]) Ausnahme § 6.

b) wenn er durch den Besuch einer höheren Schule (Gymnasium, Progymnasium, Realgymnasium, Realprogymnasium, Ober=Realschule, Realschule, höhere Bürgerschule) die Reife für die Tertia (bezw. an höheren Bürgerschulen für die dritte Klasse) erreicht hat.

Genügt der Bewerber den Bedingungen zu **a** und **b** nicht, so hat er sich einer besonderen Prüfung in den Schulkenntnissen zu unterziehen.

Ist eine Prüfung nicht erforderlich, so benachrichtigt der Oberforstmeister den Bewerber davon, daß er die Befähigung zum Eintritt in die Forstlehre **nach** Maßgabe der Bestimmungen vom 1. Oktober 1897 nachgewiesen hat. Wird eine Prüfung nöthig, so kann der Oberforstmeister geeigneten Falls einen Regierungs= und Forstrath oder einen Oberförster*) des Bezirks mit deren Ausführung beauftragen.

*) Zu den „Oberförstern" im Sinne dieser Bestimmungen gehören auch die den Titel „Forstmeister" führenden Revierverwalter.

Die Prüfung soll feststellen, ob der Bewerber befähigt ist, Gedrucktes und Geschriebenes geläufig richtig zu lesen, seine Gedanken über eine einfache Aufgabe in einem kurzen Aufsatze verständlich und ohne erhebliche Fehler in der Rechtschreibung, mit gut leserlicher Handschrift niederzuschreiben, und in den vier Spezies sowie in der Regeldetri mit benannten und unbenannten Zahlen, ferner mit einfachen und Decimalbrüchen geläufig und richtig zu rechnen.

Ist das Ergebniß genügend, so läßt der Oberforstmeister dem Bewerber die vorgedachte Benachrichtigung zugehen[3]).

Ist das Ergebniß nicht genügend, so bemerkt solches der Oberforstmeister auf dem letzten Schulzeugnisse. Die Meldung zur Wiederholung der Prüfung kann nach Ablauf von neun Monaten erfolgen, wenn nach Maßgabe des Alters des Bewerbers die Zulassung zur Forstlehre dann noch statthaft ist.

§. 3. [**Wahl des Lehrherrn.**] Die Lehrzeit kann während des ersten Jahres bei jedem vom Regierungs= und Forstrath und Oberforstmeister des Bezirks zur Annahme eines Lehrlings ermächtigten, im praktischen Forstdienste des Staates, der Gemeinden, öffentlichen Anstalten oder Privaten angestellten Forstbeamten zurückgelegt, muß aber während des zweiten Jahres bei einem Staats=Oberförster oder bei einem vom Regierungs= und Forstrath und Oberforstmeister des Bezirks zur Ausbildung von Lehrlingen ermächtigten verwaltenden Beamten des Gemeinde=, Anstalts= oder Privatforstdienstes zugebracht werden.

Jeder Forstbeamte, welcher einen Lehrling annehmen will, hat die schriftliche Annahme=Genehmigung für jeden einzelnen Fall bei dem Regierungs= und Forstrath und dem Oberforstmeister des Bezirks einzuholen. Dem Antrage sind beizufügen die im §. 2 unter 1 bis 5 erwähnten Schriftstücke und die im §. 2 weiter vorgeschriebene Benachrichtigung eines Oberforstmeisters.

Im Versagungsfalle ist die Berufung an den Oberlandforstmeister statthaft, dessen Entscheidung endgültig ist. Dieser entscheidet auch, wenn Regierungs= und Forstrath und Oberforstmeister über Genehmigung oder Versagung sich nicht einigen können.

Die Lehrzeit kann auch ganz oder theilweise auf einer der Kgl. Forstlehrlingsschulen nach Maßgabe der für diese erlassenen Bestimmungen zurückgelegt werden.[4])

---

[3]) Die Zahl der jährlich anzunehmenden Lehrlinge ist für jeden RBez. bestimmt. Wird die Zahl nicht erreicht, so erfolgt Ergänzung aus einem anderen Bezirke durch den Minister Vf. ML. und KM. 6. Juli 89 (MB. 139) und 4. Sept. 96 (DJ. XXIX. 1). — Die über das Prüfungsergebniß zu ertheilende Bescheinigung ist stempelpflichtig (1,50 M.) Vf. ML. 19. Sept. 96 (DJ. XXIX. 10).

[4]) In Gr.=Schönebeck (RBez. Potsdam) und Proskau (RBez. Oppeln).

§. 4. [Zweck der Lehrzeit.] Zweck der Lehrzeit ist, daß der Lehrling sich durch lebendige Anschauung und praktische Uebung mit dem Walde und den beim Forstbetriebe vorkommenden Arbeiten bekannt macht, insbesondere an den Forstkulturarbeiten, der Waldpflege, den Arbeiten in den Holzschlägen, am Forstschutze und an der waidmännischen Ausübung der Jagd sich fleißig betheiligt, die einheimischen Bäume und die wichtigsten Sträucher, die Lebensweise der Jagdthiere und der sonstigen für den Wald wichtigen Thiere, namentlich auch der nützlichen und schädlichen Vögel und Insekten kennen lernt, in den schriftlichen und Rechnungsarbeiten im Büreau der Oberförsterei sich ausbildet, einfache Vermessungs= und Nivellirungs=Arbeiten ausführen hilft und mit den Gesetzen und Verordnungen über Forstdiebstahl, Forst= und Jagd=Polizei und Handhabung des Forst= und Jagdschutzes sich bekannt macht.

§. 5. [Pflichten des Lehrherrn und des betreffenden Regierungs= und Forstraths.] Eine dem Zwecke der Lehrzeit entsprechende sorgfältige und gründliche Anleitung, Unterweisung und Beschäftigung der Lehrlinge gehört zu den wichtigsten Dienstobliegenheiten der Forstbeamten. Die Lehrzeit soll insbesondere dazu dienen, die sittliche Erziehung des Lehrlings, namentlich durch gutes Beispiel des Lehrherrn, zu fördern, ihn an Gehorsam, Pünktlichkeit, Ausdauer, an Ertragen körperlicher Anstrengungen zu gewöhnen und Lust und Liebe für den Wald und für seinen künftigen Beruf in ihm zu wecken.

Ueber die Ausbildung und Führung der von den untergebenen Forstschutzbeamten angenommenen Lehrlinge hat auch der Oberförster besondere Aufsicht zu führen. Zu diesem Zweck steht es ihm zu, über die Art der Beschäftigung der in seiner Oberförsterei sich aufhaltenden Lehrlinge Bestimmung zu treffen und ihnen unmittelbar Anweisungen und Aufträge zu ertheilen.

Der Regierungs= und Forstrath ist verpflichtet, nicht nur von dem Gange der Fortbildung sämmtlicher Lehrlinge seines Bezirks Kenntniß zu nehmen, sondern auch am Schlusse der Lehrzeit erforderlichen Falls durch eine Prüfung sich über den Grad der Ausbildung, welche der Lehrling erlangt hat, ein Urtheil zu verschaffen; er kann zu diesen Zwecken den Lehrling an einen geeignet gelegenen Prüfungsort berufen.

Zeigt sich ein Lehrling wegen unsittlicher Führung, Ungehorsam, Unzuverlässigkeit oder nach seiner körperlichen Beschaffenheit oder aus sonst einem Grunde ungeeignet für den Forstdienst, so hat der Lehrherr ihn aus der Lehre zu entlassen.

Auch gegen den Willen des Lehrherrn kann die Entlassung sowohl durch den Regierungs= und Forstrath als auch durch den Oberforstmeister angeordnet werden.

§. 6. [Lehrzeit der Bewerber für den Forstverwaltungsdienst.] Für diejenigen Bewerber, welche die Befähigung zur Anstellung als Forstverwaltungsbeamte erstreben — Forstbeflissene —, zugleich aber die Anstellung im Forstschutzdienste sich offen erhalten wollen, sind an Stelle der vorstehenden §§. 2 bis 5 die §§. 1 bis 8 der Bestimmungen über Ausbildung und Prüfung für den Königlichen Forstverwaltungsdienst vom 1. Juni 1899[5]) maßgebend.

§. 7. [Anmeldung der Lehrlinge zum Militairdienst und ihre ärztliche Untersuchung.] Die Forstlehrlinge haben ihrer Militairpflicht im Jägercorps zu genügen. Um die Einstellung herbeizuführen, hat der Lehrherr in der Zeit vom 1. bis 5. Januar desjenigen Jahres, in welchem der Lehrling bis zum 1. Oktober seine Lehrzeit vollendet haben wird, das Nationale des

---

[5]) Nr. 7 d. W., früher v. 1. Aug. 83.

Lehrlings nach dem beiliegenden Muster **A** an den Regierungs- und Forstrath des Bezirks einzureichen.

Die im §. 6 bezeichneten Bewerber sind in gleicher Weise anzumelden.

Hat ein Bewerber die Berechtigung zum einjährig-freiwilligen Dienst erworben und will von ihr Gebrauch machen, so ist dem Nationale der Berechtigungsschein beizufügen.

Der Regierungs- und Forstrath hat die bei ihm eingehenden Nationale mit der Bescheinigung zu versehen, daß die vorschriftsmäßige Lehrzeit des Lehrlings bis zum 1. Oktober d. J. beendet sein wird, und, event. mit dem Berechtigungsscheine zum einjährig-freiwilligen Dienste, bis spätestens zum 1. Februar jeden Jahres der Inspection der Jäger und Schützen zu Berlin einzureichen. Diese veranlaßt darauf die Untersuchung der Lehrlinge durch die betreffende Ober-Ersatzkommission. Außerdem hat der Lehrherr den Lehrling in der Zeit vom 15. Januar bis 1. Februar bei der Ortsbehörde behufs Herbeiführung der Untersuchung durch die Ersatz-Kommission anzumelden und seine Vorstellung bei der letzteren nach Maßgabe der öffentlich bekannt gemachten Gestellungstermine ohne weitere Aufforderung zu veranlassen.

Forstlehrlinge, welche die Ersatz-Kommission als „zu schwach" bezeichnet, werden der Untersuchung durch die Ober-Ersatzkommission gleichwohl unterworfen.

In der Zeit vom 1. bis 5. October desselben Jahres hat sich der Lehrherr über die Leistungen des Lehrlings zu äußern und diese nach dem Muster B[6]) ausgestellte Aeußerung[7]) nebst der Benachrichtigung über die Befähigung zum Eintritt in die Lehre (§. 2), dem Atteste des oberen Militairarztes (§. 2 Nr. 3) und der Annahmegenehmigung (§ 3) dem Regierungs- und Forstrath des Bezirks einzureichen. Dieser hat die Aeußerung auf Grund des von ihm über den Lehrling erlangten Urtheils (§. 5) mit einem Vermerk darüber zu versehen, ob der Lehrling die Lehrzeit sachgemäß angewendet und eine hinreichende praktische und wissenschaftliche Ausbildung erlangt hat, um zu der Erwartung zu berechtigen, er werde demnächst die forstliche Laufbahn mit genügendem Erfolge fortsetzen können.

Bis zum 20. Oktober hat der Regierungs- und Forstrath die Aeußerung demjenigen Jäger-Bataillon zuzustellen, in das der Lehrling eintreten soll und welches dem Regierungs- und Forstrath rechtzeitig von der Inspection der Jäger und Schützen bezeichnet werden wird. Ist der Lehrling nicht für einstellungsfähig befunden, so ist die Aeußerung dem Lehrherrn zurückzugeben.

Für die Forstbeflissenen (§. 6) tritt an Stelle dieser Aeußerung diejenige über die praktische Vorbereitungszeit[8]).

Wird der Lehrling vom Militairdienst zurückgestellt, so hat er die Lehre fortzusetzen. Er kann von dem betreffenden Regierungs- und Forstrath zwar zur Uebernahme einer Beschäftigung im Forstdienste beurlaubt werden, verbleibt aber auch dann unter der Aufsicht des bisherigen Lehrherrn. Der Lehrherr hat das Nationale des zurückgestellten Lehrlings neu aufzustellen, die Aeußerung mit den entsprechenden Zusätzen zu versehen und beide Schriftstücke in den nächsten Jahren so lange dem Regierungs- und Forstrath einzureichen, bis der Lehrling entweder zur Einstellung beim Jägercorps gelangt oder eine anderweitige endgültige Entscheidung über sein Militairverhältniß erhält, beziehungsweise seines Alters wegen (§. 8) zur Erdienung von Forstversorgungsansprüchen im Jägercorps nicht mehr zugelassen werden kann.

---

[6]) Anlage A.
[7]) Ohne Amtssiegel, damit stempel-

frei Vf. ML. u. KM. 26. Juli 99 (DJ. XXXI. 169).
[8]) Nr. 7 § 26.

Falls ein Lehrling seinen Aufenthaltsort verändert, nachdem das Nationale aufgestellt und bevor die Musterung vor der Ober=Ersatzkommission erfolgt ist, hat der Lehrherr den Ort und Kreis des neuen Aufenthalts unverzüglich der In=spection der Jäger und Schützen anzuzeigen.

III. Der Militairdienst beim Jägercorps und die Jägerprüfung.

§. 8. [Termin der Einstellung in den Militairdienst.] Die Ein=stellung der Lehrlinge in den Militairdienst des Jägercorps erfolgt in der Regel im Oktober. Sie findet nicht vor Vollendung des 18. Lebensjahres statt und ist nicht mehr zulässig nach dem allgemeinen Einstellungstermin des Kalender=jahres, in dem der Lehrling das 21., oder wenn er die Berechtigung zum ein=jährig=freiwilligen Militairdienst erworben hat, das 22. Lebensjahr vollendet. Für die im §. 6 bezeichneten Lehrlinge kann der Eintritt bis zum 1. Oktober desjenigen Jahres hinausgeschoben werden, in dem der Bewerber das 23. Lebens=jahr vollendet.

§. 9. [Einstellung in den Truppentheil.] Die zur Einstellung in den Militairdienst tauglich befundenen Forstlehrlinge werden von der Inspection der Jäger und Schützen den einzelnen Jäger=Bataillonen*) zugetheilt und er=halten Gestellungsbefehle, denen sie pünktlich Folge zu leisten haben.

*) Zu den Jäger=Bataillonen im Sinne dieser Bestimmungen ge=hört auch das Garde=Schützen=Bataillon, nicht aber das Mecklen=burgische Jäger=Bataillon Nr. 14.

§. 10. [Forstlicher Unterricht beim Jäger=Bataillon.] Die gemäß §. 9 eingestellten Jäger haben drei Jahre, die Einjährig=Freiwilligen ein Jahr bei der Fahne zu dienen und werden auch während des aktiven Militairdienstes durch forstlichen Unterricht im Zimmer und Unterweisung im Walde fortgebildet. Die zu diesem Zwecke für die Jäger=Bataillone erforderlichen forstlichen Lehrer und Lehrmittel werden von der Forstverwaltung beschafft, soweit nicht für die außerhalb Preußens garnisonirenden Jäger=Bataillone hierüber besondere Ver=einbarungen bestehen und nicht die Lehrkräfte durch Kommandirung von Offizieren des Reitenden Feldjäger=Corps zur Verfügung stehen.

Wegen Unterweisung im Walde durch Anschauungs=Unterricht bei Gelegen=heit von forstlichen Ausflügen und Theilnahme an den Waldarbeiten wird das Erforderliche zwischen der Militär= und Forstverwaltung vereinbart[9]).

§. 11. [Zulassung zur Jägerprüfung.] Diejenigen Jäger, welche den vorstehenden Bedingungen genügen und sich gut geführt haben, werden bis zum 25. Januar ihres dritten, die Einjährig=Freiwilligen bis zum gleichen Zeit=punkte ihres ersten Dienstjahres der Inspection der Jäger und Schützen von den Bataillonen mittelst einer Vorschlagsliste nach dem Muster C unter Bei=fügung der Aeußerung über die Lehrzeit zur Ablegung der Jägerprüfung vor=geschlagen. Die Forstbeflissenen haben sich zwar dieser Prüfung nicht zu unter=werfen, sind aber in die Vorschlagsliste unter Beifügung der Aeußerung über die praktische Vorbereitungszeit und die Führung im Militairdienste aufzunehmen. Die Inspection prüft die Vorschlagsliste, stellt sie fest und übergiebt sie dem Oberlandforstmeister, der die Ausführung der Prüfung veranlaßt.

§ 12. [Ausführung der Prüfung.] Die Prüfung soll feststellen, welche allgemeine Bildung in Beziehung auf Lesen, Schreiben, Rechnen und Ab=

---

[9]) Zwischen dem Bataillonskomman=deur und dem Oberforstmeister. Am Kapitulantenunterricht können auch die Jäger der Klasse A theilnehmen Bf. ML. 2. Febr. 82 (DJ. XIV. 59).

fassung kurzer Aufsätze die Jäger besitzen, welchen Grad von Vorbildung in Bezug auf Waldbau, Forstschutz, Forstbenutzung, Jagd, und welches Maß von Kenntnissen in Beziehung auf die Forstdiebstahls=, Forstpolizei= und Jagdgesetz=gebung, sowie auf die Vorschriften der Förster=Dienstinstruktion sie sich an=geeignet haben.

Für jedes Jäger=Bataillon wird vom Oberlandforstmeister ein Prüfungs=Ausschuß ernannt, der nach den bestehenden Prüfungs=Vorschriften [10]) die ihm über=wiesenen Jäger theils im Zimmer schriftlich und mündlich, theils im Walde zu prüfen und das Ergebniß der Prüfung unter Benutzung der Beurtheilung: Sehr gut — gut — genügend — festzustellen hat. Für diejenigen, die den Anforde=rungen nicht genügt haben, ist hierüber ein Bescheid auszustellen.

Wiederholung der Prüfung ist nur einmal und zwar bei dem nächsten Prüfungstermine zulässig, wenn der Prüfungs=Ausschuß solches befürwortet; der betreffende Jäger verbleibt alsdann wenigstens bis zum Bekanntwerden des Ergebnisses der wiederholten Prüfung im aktiven Dienst, ohne jedoch Anspruch auf Kapitulanten=Gebührnisse erheben zu können.

§. 13. [Feststellung des Gesammtergebnisses der Prüfungen.] Von dem Prüfungs=Ausschuß wird dem Oberlandforstmeister ein Verzeichniß eingereicht, und zwar:

a) derjenigen, welche die Prüfung bestanden haben,
b) derjenigen, welche sie nicht bestanden haben.

Die ersteren sind nach den Prüfungs=Ergebnissen und bei gleichen Prüfungs=Ergebnissen nach der Charge (Oberjäger, Gefreite, Jäger), innerhalb der Charge nach dem Tage der Beförderung, und falls auch letzterer derselbe ist, nach Maß=gabe des Lebensalters einzuordnen. Die Bewerber für den Königlichen Forst=verwaltungsdienst werden mit der Beurtheilung „sehr gut“ bestanden aufgenommen.

Der Oberlandforstmeister stellt aus den Prüfungs = Verzeichnissen aller Bataillone nach Maßgabe der erlangten Beurtheilung eine Gesammtrangliste auf und übergiebt diese nebst den Bescheiden (§. 12) spätestens bis zum 1. August der Inspection der Jäger und Schützen, welche den Jägern von dem Ausfall der Prüfung Mittheilung machen, bezw. die Bescheide aushändigen läßt.

Diejenigen, welche die Prüfung erst bei der Wiederholung bestanden haben, sind hinter den in der vorjährigen Gesammtrangliste Verzeichneten und unter sich nach Maßgabe der erlangten Beurtheilung bezw. der Charge und des Lebensalters in einer Nachtragsliste aufzuführen. Einjährig=Freiwillige sind nachträglich in die Gesammtrangliste desjenigen Jahrganges einzuordnen, dem sie nach Maßgabe ihres Eintrittes beim Militair angehören.

§. 14. [Verpflichtung der Jäger zur Klasse A.] Diejenigen Jäger, welche die Prüfung bestanden haben, oder von ihr befreit waren (§. 11), werden, sofern sie sich fortgesetzt gut führen, im dritten, wenn sie als Einjährig=Frei=willige dienen, im ersten Dienstjahre auf ihren Antrag mittelst einer Verhand=lung nach Muster D zu einer ferneren neunjährigen, bezw. die Einjährig=Frei=willigen zu einer weiteren elfjährigen Dienstzeit im Jägercorps verpflichtet. Diese Dienstzeit ist gewöhnlich in der Reserve, jedoch mit der Verpflichtung abzuleisten, bis zur Erlangung des Forstversorgungsscheines auch im Frieden, und zwar bis zu einer im Ganzen achtjährigen Anwesenheit bei der Fahne zur Verfügung zu stehen. Die zu Oberjägern beförderten bezw. zu dieser Beförderung in Aus=sicht genommenen Jäger verpflichten sich zu neunjährigem aktiven Dienst. Ge=lernte Jäger können auch über die aktive Dienstzeit hinaus bei der Fahne zurück=

---

[10]) Vorschriften üb. die Jägerprüfung Vf. ML. 12. März 00. Anlage B.

behalten werden, ohne daß dieselben gemäß vorstehender Bestimmung verpflichtet sind oder daß eine Kapitulation mit ihnen eingegangen ist.

Die Verpflichteten werden durch Vollziehung der Verhandlung in die Jägerklasse A aufgenommen und erlangen die Aussicht, seiner Zeit im Forstschutzdienste angestellt zu werden.

Die derartig übernommene Verpflichtung kann nicht einseitig durch den Jäger, sondern nur unter Zustimmung der Inspection der Jäger und Schützen wieder aufgehoben werden. Sollte ein Jäger die Aufhebung wünschen, so hat er dies nach anliegendem Muster E bei der Landwehrbehörde, bezw. der JägerCompagnie zu Protokoll zu erklären.

IV. Beurlaubung zur forstlichen Beschäftigung. Försterprüfung.

§. 15. [Beurlaubung zur Reserve. Anmeldung bei einer Regierung.] Die Jäger der Klasse A*) werden nach guter Führung und bewährter Zuverlässigkeit, sofern sie eine berufsmäßige Beschäftigung (§. 17) nachzuweisen vermögen, zur Reserve beurlaubt. Die Beurlaubung erfolgt mit dem Ablauf des 3. bezw. für die Einjährig-Freiwilligen des 1. Dienstjahres, soweit die Jäger nicht etwa zu Oberjägern befördert, zu dieser Beförderung in Aussicht genommen sind oder aus anderen Gründen bei der Fahne zurückbehalten werden.

*) Unter den Jägern und Reservejägern der Klasse A sind im Nachstehenden in der Regel die Oberjäger (einschließlich der Sergeanten, Vicefeldwebel und Feldwebel) der Klasse A einbegriffen, sofern nicht für diese besondere Bestimmungen getroffen sind.

Gegen Ende ihres letzten aktiven Dienstjahres**) erhalten die Jäger von dem betreffenden Bataillon eine nach Muster F auszustellende Bescheinigung. Sie sind verpflichtet, vor Ablauf dieses Dienstjahres sich bei einer Regierung***) zu forstlicher Beschäftigung unter Beifügung jener Bescheinigung anzumelden.

**) Der Zeitpunkt der Ausgabe dieser Bescheinigung richtet sich nach der Erledigung der Verpflichtungs-Eingaben, liegt zwischen dem 20. August und 1. September und wird für alle Bataillone gleichmäßig alljährlich von der Inspection der Jäger und Schützen festgesetzt.
***) Wünscht ein Jäger in Elsaß-Lothringen beschäftigt zu werden, so hat er die Meldung an eines der Bezirks-Präsidien daselbst zu richten.

Denjenigen Jägern, die Aussicht haben, alsbald im Gemeinde-, Anstaltsoder Privatdienst eine berufsmäßige Beschäftigung zu erhalten und diese anzunehmen wünschen, bleibt es unbenommen, dies bei ihrer Meldung anzuzeigen.

Die Regierung hat jeden sich rechtzeitig meldenden Jäger der Klasse A sofort zu notiren.

Die notirten Jäger werden, soweit sich hierzu Gelegenheit bietet, im Königlichen Forstdienste berufsmäßig (§. 17) gegen Gewährung der zulässigen Besoldung nach Maßgabe ihrer Befähigung und thunlichst fortdauernd beschäftigt. Unter gleich geeigneten Jägern ist dem früher notirten der Vorzug zu geben, doch können diejenigen, die im Gemeinde-, Anstalts- oder Privatdienste eine berufsmäßige Beschäftigung anzunehmen wünschen, übergangen werden.

Die Regierung wird nach der Notirung unverzüglich den Jäger bescheiden, ob er sogleich nach seiner Beurlaubung aus dem Militairdienste eine Beschäftigung im Königlichen Forstdienste finden wird oder nicht.

Unmittelbar nach ihrer Beurlaubung zur Reserve haben die Jäger den Militairpaß und das Militairführungszeugniß der Regierung, bei der sie sich angemeldet haben, einzureichen; letztere bemerkt auf dem Militairpasse, daß und wann die Meldung bei ihr erfolgt ist, und stellt den Jägern den Militärpaß und das Militairführungszeugniß baldigst wieder zu.

§. 16. [**Beurlaubung der aktiven Oberjäger zur Verwendung im Forstdienste. Beeidigung auf das Forstdiebstahlsgesetz.**] Die Oberjäger der Klasse A, die den Forstversorgungsanspruch durch Dienst bei der Fahne erwerben, können vom 8. Dienstjahre an ein Mal zur Förderung ihrer forstlichen Ausbildung unter Belassung der Militairgebührnisse auf sechs Monate behufs Verwendung im Forstschutzdienste bezw. zur Ablegung der Försterprüfung beurlaubt werden. Die Regierungen haben Anträge auf Beurlaubung von Ober=jägern möglichst bis zum 20. August jeden Jahres an die Inspection der Jäger und Schützen zu richten.

Die zur forstlichen Beschäftigung beurlaubten Oberjäger und Jäger der Klasse A (§. 15) können auf Grund des Urlaubspasses, bezw. des Militairpasses, nach Vorschrift des Gesetzes, betreffend den Forstdiebstahl vom 15. April 1878 (G. S. für 1878 S. 222 §. 23) gerichtlich beeidigt werden*)[11]) und erlangen da=durch die Befugniß zum Waffengebrauch nach Maßgabe des Gesetzes vom 31. März 1837 (G. S. für 1837 S. 65)[12]), sofern sie im staatlichen Dienste als Forstschutzbeamte beschäftigt werden. Bei einer solchen Beschäftigung im Communal= oder Privatdienste erlangen sie die Befugniß zum Waffengebrauch nur dann, wenn ihnen außerdem von ihrem Bataillonskommandeur die in den Allerhöchsten Kabinetsordres vom 21. Mai 1840 (G. S. für 1840 S. 129) und vom 21. August 1855 (G. S. für 1855 S. 633) erwähnte Bescheinigung über ihre Zuverlässigkeit nach dem beigefügten Muster G ertheilt wird.

*) Sofern Inhaber des Forstversorgungsscheins noch nicht nach dem Forstdiebstahlsgesetz beeidigt sein sollten, erfolgt ihre Beeidigung auf Grund des Forstversorgungsscheins.

Der Empfang oder Nichtempfang dieser Bescheinigung, deren Belassung oder Entziehung bei etwaigen Einbeorderungen wird zur Kenntniß der anstellen=den Behörden durch den Bataillonskommandeur auf dem Compagnieführungs=zeugnisse unter Beidrückung des Bataillonsstempels vermerkt. Hat die Ent=ziehung der Rechte eines Forstschutzbeamten, insbesondere die Berechtigung zum Waffengebrauch, Seitens einer Behörde stattgefunden, so ist dies bei jener Be=scheinigung zu vermerken.

§. 17. [**Allgemeine Vorschriften über das Verhalten der Reservejäger der Klasse A. Berufsmäßige Beschäftigung.**] Die Reserve=jäger der Klasse A haben sich genau nach den Bestimmungen zu richten, die für ihr Verhalten von der Inspection der Jäger und Schützen erlassen sind. Eine Zusammenstellung dieser Bestimmungen wird ihnen bei der Beurlaubung vom Truppentheil mitgegeben.

Sie haben jede Veränderung ihres Aufenthaltsorts unter näherer Angabe der ihnen übertragenen Beschäftigung der Jäger=Compagnie und, falls sie nicht im Staatsforstdienste beschäftigt werden, auch der Regierung, die sie notirt hat, ohne Verzug anzuzeigen.

Hat ein Jäger keine berufsmäßige Beschäftigung, so hat er dies der Jäger=Compagnie sofort zu melden, damit seine Wiedereinziehung zum aktiven Dienst durch das Jäger=Bataillon veranlaßt wird. Bei Nachweis einer berufsmäßigen Beschäftigung ist er von dem Bataillon wieder zu entlassen.

Als Hauptpflicht gilt für die Reservejäger der Grundsatz, sich ununter=brochen im Forstdienste berufsmäßig zu beschäftigen und so ihre weitere forstliche Ausbildung eifrig zu betreiben.

---

[11]) Nr. I 3 d. W. | [12]) Nr. I 5 d. W.

Im Allgemeinen ist als berufsmäßige Beschäftigung nur die im praktischen Forstdienste anzusehen.

Hierher gehört auch die Beschäftigung im Fischerei-Aufsichtsdienste des Staates, wenn sie nicht länger als zwei Jahre dauert; ferner die als Schreib-gehülfe eines Oberförsters. Die Beschäftigung mit Karten- oder Schreibarbeiten bei einer Regierung oder dem Ministerium, die Beschäftigung als Forstpolizei-Sergeant, Forstkassen-Rendant, Pirschjäger oder Feldmesser ist nur dann als berufsmäßige zu betrachten, wenn sie nicht länger als 5 Jahre dauert, oder aber mit gleichmäßiger Beschäftigung im praktischen Forstdienste nachweislich verbunden wird. Der Besuch einer Forstlehranstalt gilt als berufsmäßige Be-schäftigung.

Der Aufenthalt bei dem Vater oder einem Verwandten, der im Forstfache angestellt ist, wird als berufsmäßige Beschäftigung nur anerkannt, wenn durch eine Bescheinigung des betreffenden Königlichen Regierungs- und Forstraths bezeugt wird, daß sich hiergegen nichts zu erinnern findet.

Als unbedingt nicht berufsmäßige Beschäftigung gilt die Uebernahme des Beschusses von Gemeinde- und Privatjagden ohne gleichzeitige Anstellung für den Forstschutz, der Betrieb von Handel mit Holz oder anderen Waldpro-dukten, sowie die Anstellung als Forst- und Feld-Polizei-Sergeant im Commu-naldienste.

Wie weit versuchsweise die Beschäftigung in einer Holzhandlung zugelassen werden kann, ist Gegenstand der Entscheidung im einzelnen Falle.

Der Dienst als Leibjäger wird mit Ausnahme desjenigen als Königlicher sowie Prinzlicher Leib- und Hofjäger als berufsmäßige Beschäftigung nicht angesehen.

Die Entscheidung darüber, ob eine Beschäftigung als berufsmäßig anzusehen ist oder nicht, hat die Inspection der Jäger und Schützen, welche in zweifelhaften Fällen sich der Zustimmung des Ministers für Landwirthschaft, Domänen und Forsten versichert.

Ausnahmsweise kann für den Fall, daß ein auf Forstversorgung dienender Jäger beabsichtigt, sich für einen anderen, nicht forstlichen Beruf vorzubereiten, zu diesem Zwecke von der Inspection der Jäger und Schützen eine nach Vor-stehendem nicht berufsmäßige Beschäftigung widerruflich bis zur Dauer von zwei Jahren zugelassen werden.

Die Anträge auf Beurlaubung zu diesem Zwecke sind an die Jäger-Compagnie zu richten. Mit dem Antragsteller ist eine Verhandlung nach Muster H aufzunehmen, und zwar hinsichtlich der aktiven Jäger seitens der Jäger-Compagnie und hinsichtlich der Reservejäger seitens der militärischen Kontrolstelle, der ein Entwurf der Verhandlung von der Jäger-Compagnie übermittelt wird. Die Verhandlung ist dem Kommando des Jäger-Bataillons zuzustellen, welches sich, sofern es sich um einen Reservejäger handelt, zunächst mit der betheiligten Regierung ins Einvernehmen setzt.

Die wegen der Kontrole der Jäger während dieser Zeit erforderlichen Anordnungen werden seitens der Inspectinn getroffen. Die auf Grund dieser Bestimmung in einer nicht berufsmäßigen Beschäftigung zugebrachte Urlaubszeit wird bei der Anerkennung zur Forstversorgung auf die Dienstzeit voll in An-rechnung gebracht, sofern inzwischen der Uebertritt in einen anderen Beruf nicht erfolgen sollte.

§. 18. [Verpflichtung zur Annahme einer angebotenen Be-schäftigung im Staatsforstdienste.] Die Reservejäger sind verpflichtet, jede ihnen von der Regierung, bei der sie notirt sind, angebotene Beschäftigung, einschließlich des Dienstes in den vom Staate verwalteten Stiftsforsten, mit der für ihr Dienstalter bestimmten Besoldung anzunehmen*).

*) Die Besoldung für die noch zu den Reservejägern gehörenden Forsthülfsaufseher, welche eine Militairdienstzeit zurückgelegt haben von
a) 10 Jahren und darüber, beträgt monatlich 72 M.,
b) 7—10 Jahren, beträgt monatlich 66 M.,
c) unter 7 Jahren, beträgt monatlich 60 M.

Bei außergewöhnlicher örtlicher Theuerung können an einzelnen Orten die vorstehend genannten Sätze, soweit es die Regierung für unabweislich erachtet, um 3 Mark monatlich erhöht werden.

Soweit bestimmungsmäßig Tagessätze für die Besoldung von Forsthülfsaufsehern in Anwendung kommen, wird der Tagessatz auf den 30. Theil des Monatssatzes bestimmt.

Zur Beschäftigung im Staatsforstdienste gehört auch diejenige als Schreibgehülfe eines Königlichen Oberförsters, hierbei ist jedoch eine das Dienstalters-Einkommen um 6 Mark monatlich übersteigende Besoldung zu zahlen und dafür zu sorgen, daß die Jäger gleichzeitig im praktischen Forstdienste beschäftigt werden.

Die freie Station, welche von einem Königlichen Oberförster dem von ihm als Schreibgehülfe beschäftigten Reservejäger gewährt wird, kommt mit 30 Mark auf die monatliche Besoldung in Anrechnung.

Die im Staatsforstdienste beschäftigten Jäger können jederzeit innerhalb des Bezirkes, in dem sie notirt sind, versetzt werden.

Werden die Jäger im Staatsforstdienste nicht beschäftigt, so haben sie das Recht, bis zu ihrer Einberufung in denselben eine Beschäftigung im Gemeinde-, Anstalts- oder Privatdienste anzunehmen; zur Uebernahme einer solchen können sie auf ihren Antrag auch von der Regierung aus einer Beschäftigung im Staatsforstdienste entlassen werden.

§. 19. [Uebergang in einen anderen Bezirk.] Der Minister für Landwirthschaft, Domänen und Forsten kann die Reservejäger, gleichviel, ob sie im Staatsforstdienste beschäftigt sind oder nicht, einem anderen Regierungsbezirke zur Notirung und Beschäftigung überweisen.

Auch haben die Reservejäger die Befugniß, sich bei der Regierung, bei der sie notirt sind, ab- und bei einer anderen Regierung anzumelden und notiren zu lassen. Zu einem derartigen Uebergange bedürfen sie nur dann der Genehmigung der erstgenannten Behörde, wenn sie eine Beschäftigung im Staatsforstdienste innehaben oder ihnen eine solche angeboten worden ist. Diese Behörde hat, wenn die Abmeldung zulässig ist, auf dem Militairpasse oder, wenn dieser noch nicht eingereicht ist, dem Militairführungszeugnisse (§. 15 Abs. 2) der Jäger die Abmeldung zu notiren, da vorher die Anmeldung von einer anderen Regierung nicht angenommen werden darf.

§. 20. [Die Försterprüfung.] Die Reservejäger der Klasse A haben im Bezirke der Regierung, bei der sie notirt sind, nach Vollendung des 8., aber vor Ablauf des 11. Dienstjahres die Försterprüfung abzulegen. Wenn besondere Umstände dies erwünscht machen, kann die Regierung die Försterprüfung soweit hinausschieben, daß die Anstellung als Förster unmittelbar erfolgt. Aeußersten Falls kann die Prüfung mit einer probeweisen Anstellung verbunden werden[13]).

Die Oberjäger der Klasse A, die durch aktiven Militairdienst die Forstversorgungs-Berechtigung erlangen (§. 23), brauchen sich der Försterprüfung nicht vor dem Ausscheiden aus dem Militairdienste zu unterwerfen.

---

[13]) Zusatz Vf. ML. u. KM. 4. Okt. 99 (MB. 262).

Von denjenigen Corpsjägern, die wegen Invalidität aus dem aktiven Dienst mit dem Forstversorgungsschein entlassen werden oder den Schein wegen eintretender Invalidität bei unmittelbarer Ausübung des Staats=Forstschutzdienstes erhalten, bevor sie die Prüfung abgelegt haben, ist die Försterprüfung erst nach Empfang des Forstversorgungscheines abzulegen.

Zweck der Prüfung ist, festzustellen, ob die Jäger diejenigen Eigenschaften, Kenntnisse und Fertigkeiten besitzen, die von einem Förster verlangt werden müssen.

Die Prüfung besteht in einer mindestens sechsmonatlichen, in die Hiebs= und Kulturzeit zu legenden Beschäftigung als Hülfsaufseher und demnächst in einer mündlichen und schriftlichen Prüfung nach Maßgabe der darüber von dem Minister für Landwirthschaft, Domänen und Forsten erlassenen Prüfungs=Vorschriften[14]).

Der Oberforstmeister ist befugt, von der sechsmonatlichen Beschäftigung als Hülfsaufseher den Prüfling zu entbinden, wenn dieser bereits eine in jeder Beziehung vorzügliche Tüchtigkeit und Zuverlässigkeit durch Leistungen während längerer Beschäftigung im Staats=, Gemeinde= oder Anstalts=Forstdienste erwiesen hat.

Die Prüfung ist in einer Königlichen Oberförsterei abzulegen. Der Oberforstmeister kann die Abhaltung der Prüfung unter Umständen auch in einer Gemeinde= oder Anstaltsforststelle genehmigen. Auch darf die Prüfung in einer geeigneten Privat=Forststelle stattfinden, sofern es möglich ist, die Prüflinge hier bezüglich ihrer Leistungen und ihres gesammten Verhaltens gehöriger Aufsicht zu unterstellen.

Wenn ein zur Prüfung heranstehender Jäger bei einer anderen Regierung beschäftigt ist oder sich im Bezirk einer anderen Regierung aufhält, als derjenigen, bei der er notirt ist, so bleibt es der letzteren überlassen, diese Regierung um Ausführung der Prüfung anzugehen.

Ebenso kann von der Einberufung derjenigen forstversorgungsberechtigten Anwärter, welche im Privat= oder Communalforstdienst von Elsaß=Lothringen beschäftigt sind, zur Ablegung der Försterprüfung Abstand genommen werden, sofern die reichsländische Forstverwaltung auf Ersuchen der Regierung, bei der die Notirung der Jäger stattgefunden hat, sich bereit erklärt, die Prüfung mit den betreffenden Jägern in ihren derzeitigen Dienststellungen abzuhalten.

Der Oberforstmeister wählt das Prüfungsrevier und bestimmt die Zeit der Prüfung nach Maßgabe der zur Beschäftigung der Prüflinge sich bietenden Gelegenheit und der sonstigen Verhältnisse.

Der Aufforderung zur Ablegung der Prüfung hat der Prüfling pünktlich Folge zu leisten.

Wird die Prüfung in einer Königlichen Oberförsterei erledigt, so sind während der Prüfungszeit die dem Dienstalter entsprechenden Tagegelder und das zulässige Brennmaterial zu gewähren. Hin= und Rückreise werden nicht vergütet.

Hat zwar die Prüfungsbeschäftigung, aber nicht die gesammte Prüfung ein genügendes Ergebniß gehabt, so kann die mündliche und schriftliche Prüfung einmal, aber nur binnen Jahresfrist wiederholt werden.

Ueber Ausführung und Ergebniß der Försterprüfung hat die Regierung auf dem Militairpasse bezw. dem Forstversorgungscheine (Absatz 2 dieses §) einen kurzen Vermerk zu machen.

---

[14]) Vorschriften für die Försterprüf. v. 3. Feb. 87. Anlage C.

§. **21.** [Entlassung eines Jägers aus der Klasse A.] Meldet sich ein Jäger der Klasse A nicht vor Ablauf seines letzten aktiven Dienstjahres bei einer Regierung (§. 15) oder lehnt er es ab, eine ihm angebotene Beschäftigung im Staatsforstdienste zu übernehmen (§. 18), oder scheidet er aus einer solchen ohne Genehmigung der Regierung aus, oder kommt er der Aufforderung zur Ablegung der Försterprüfung nicht nach (§. 20), oder besteht er diese endgültig nicht, so ist er aus der Jägerklasse A zu entlassen.

Diese Entlassung kann ferner erfolgen, wenn der Jäger, gleichviel ob im aktiven Dienst oder im Reserveverhältniß in seinen Leistungen nicht befriedigt oder durch seine Führung zu erheblichem Tadel Anlaß giebt.

Erachtet die Regierung die Entlassung eines Reservejägers für erforderlich, so hat sie unter Angabe der Gründe dem betreffenden Jäger-Bataillon hiervon Mittheilung zu machen.

Dieses sendet die Akten an die Inspection der Jäger und Schützen, die die Entlassung aus der Jägerklasse A im Falle des Einverständnisses verfügt, dies auf dem Militairpasse und Führungszeugnisse durch das zuständige Bataillon kurz vermerken und hiervon die Regierung benachrichtigen läßt.

Erachtet die Inspection der Jäger und Schützen die Entlassung nicht für begründet, so entscheiden der Kriegsminister und der Minister für Landwirthschaft Domänen und Forsten gemeinschaftlich.

Wird ein Jäger der Klasse A dauernd invalide, so scheidet er aus dem Militairverhältnisse aus und verliert vorbehaltlich des etwaigen Anspruchs auf Civilversorgung seine Forstversorgungs-Ansprüche, falls ihm diese nicht in den im §. 23 angegebenen Fällen belassen werden.

§. **22.** [Liste der Reservejäger der Klasse A.] Die Regierung hat über die von ihr notirten Reservejäger der Klasse A eine Liste nach Muster J zu führen und in dieser fortlaufend über Art und Ort der Beschäftigung, auch wenn der betreffende Jäger sich im Gemeinde-, Anstalts- oder Privatforstdienst befindet, Ablegung der Försterprüfung, Abmeldung, Ausscheiden aus der Klasse A wegen Ablebens, Entlassung, endgültiger Anstellung (§. 30) oder Empfang des Forstversorgungsscheins u. s. w. Eintragungen zu machen.

Alljährlich zum 1. August sind die eingetretenen Veränderungen durch eine nach Muster J aufzustellende Nachweisung des Abganges und Bestandes zur Kenntniß der Inspection der Jäger und Schützen und des Ministers für Landwirthschaft, Domänen und Forsten zu bringen. Wegen der gleichzeitig zuzustellenden Nachweisung über Veränderungen bezüglich der Forstversorgungsberechtigten vergleiche §. 35.

V. Die Forstversorgungsberechtigung.

§. **23.** [Anerkennung zur Forstversorgungsberechtigung.] Den Jägern der Klasse A wird nach Ablauf der zwölfjährigen Dienstzeit oder, wenn sie zum Oberjäger befördert worden sind und eine mindestens fünfjährige Dienstzeit in dieser Charge abgeleistet haben, nach Ablauf einer neunjährigen aktiven Dienstzeit die Forstversorgungsberechtigung durch Aufnahme in die Liste der zur Forstanstellung berechtigten Anwärter — Forstversorgungsliste — und Ertheilung des Forstversorgungsscheins von der Inspection der Jäger und Schützen zuerkannt. (Einordnung siehe §. 24.)

Diejenigen forstversorgungsberechtigten Oberjäger und Jäger, welche die für die Erwerbung des Civilversorgungsscheins bestehenden gesetzlichen Bestimmungen erfüllen, empfangen diesen neben dem Forstversorgungsschein.

Nach Erfüllung der übernommenen Militairdienstverpflichtungen scheiden die Jäger der Klasse A aus dem Jägercorps aus und treten zur Landwehr 2. Aufgebots über (siehe §. 38 der Heer-Ordnung vom 22. November 1888). Als Ausweis über die im Jägercorps abgeleistete Dienstzeit gilt der Militairpaß. Die in einer der Kaiserlichen Deutschen Schutztruppen verbrachte Dienstzeit wird ebenso als aktive Dienstzeit wie die bei einem Jäger-Bataillon gerechnet.

Scheidet ein Jäger bereits vor Ablauf der zur Erlangung des Forstversorgungsscheins vorgeschriebenen Dienstzeit in Folge von Invalidität aus dem Militairdienste, so können ihm in folgenden Fällen die Forstversorgungsansprüche belassen werden:

a) Wird er im Militairdienste ganzinvalide, und ist gesetzlich die Ertheilung des Civilversorgungsscheins vorgeschrieben, so kann ihm neben diesem auf seinen Antrag alsbald der Forstversorgungsschein gewährt werden, wenn gegen die Verwendbarkeit des Jägers im Staatsforstdienste von keiner Seite Bedenken bestehen.

b) Wird er im Militairdienste dauernd halbinvalide, so kann ihm mit Genehmigung des Kriegsministers die Aussicht belassen werden, nach Ablauf von 12 Jahren seit seinem Eintritt in den Militairdienst, falls er alsdann den Bedingungen für die Anerkennung der Forstanstellungsbefähigung genügt und insbesondere auch die Försterprüfung abgelegt hat, den Forstversorgungsschein zu erhalten.

c) Wird er in Ausübung des Forstschutzdienstes durch unmittelbare Beschädigung bei Angriff oder Widersetzlichkeit von Holz- oder Wildfrevlern invalide, so kann ihm auf seinen Antrag mit Genehmigung des Kriegsministers alsbald der Forstversorgungsschein ertheilt werden, wenn gegen seine Verwendbarkeit im Staatsforstschutzdienste von keiner Seite Bedenken bestehen.

d) Zieht er sich bei Ausübung des Forst- oder Jagddienstes unverschuldet durch die eigene Waffe, durch Sturz und sonstige Beschädigung die Invalidität zu, so kann ihm mit Genehmigung des Kriegsministers dieselbe Aussicht wie im Falle b belassen werden.

§. **24.** Die Reservejäger, bezw. in den Fällen zu §. 23 b und d die bereits aus dem Militairdienste ausgeschiedenen Jäger, haben, zur Erlangung des Forstversorgungsscheines, vor Ablauf der 12 jährigen Dienstzeit bei derjenigen Regierung, von der sie notirt sind, die weitere Veranlassung zur Ausstellung des Forstversorgungsscheins zu beantragen.

Die Regierung fertigt die Bescheinigung: „daß dem Jäger die sittliche, körperliche und forstliche Befähigung zur Anstellung im Staatsforstdienste beiwohnt" dem Bataillons-Kommandeur bis zum 15. Juni j. Js. zu oder theilt diesem die der Ausstellung der Bescheinigung entgegenstehenden Gründe mit. Auch ist die Regierung befugt, die Bescheinigung zeitweise, jedoch nicht über die Dauer eines Jahres hinaus, vorzuenthalten, sofern hierzu Anlaß vorliegt. Dem Jäger hat sie von der Gewährung, zeitweisen Vorenthaltung oder Versagung der Bescheinigung Kenntniß zu geben. Bezüglich der im aktiven Dienst befindlichen Oberjäger entscheidet die Inspection der Jäger und Schützen über die etwaige zeitweise Vorenthaltung der Bescheinigung.

Von dem Bataillons-Kommandeur wird die Ertheilung der Forstversorgungsscheine bei der Inspection der Jäger und Schützen für die von den Regierungen hierfür in Vorschlag gebrachten Reservejäger, sowie für diejenigen Oberjäger, welche die Forstversorgungsberechtigung im aktiven Dienste erworben haben, beantragt.

Diejenigen Anwärter, denen die Forstversorgungsberechtigung zuerkannt wird, sind von der Inspection der Jäger und Schützen in die Forstversorgungs= liste einzutragen. In der Forstversorgungsliste, welche am 1. Januar jeden Jahres mit einer neuen Nummerfolge zu beginnen hat, sind der Reihe nach auf= zunehmen:

1. etwa außerterminlich Anzuerkennende,
2. die aktiven Oberjäger, welche im Herbst des betreffenden Jahres eine neunjährige Dienstzeit vollenden — gleichgiltig, ob dieselben Feldwebel, Vice=Feldwebel, Sergeant oder Oberjäger sind,
3. die der Reserve angehörenden Anwärter, welche im Herbst des betreffenden Jahres eine zwölfjährige Dienstzeit voll= enden — gleichgiltig, ob dieselben Oberjäger, Gefreite oder Jäger sind [15]).

Innerhalb dieser Abtheilungen und für den Fall, daß die Anerkennung von mehreren außerterminlich Vorgeschlagenen auf einen Tag fällt, entscheidet die Dienstzeit, bei gleicher Dienstzeit die Reihenfolge in der Gesammtrangliste, die auf Grund der in der Jäger=Prüfung erlangten Beurtheilung nach §. 13 aufgestellt ist.

Diejenigen, welche ohne eigenes Verschulden — etwa wegen Krankheit — die Jägerprüfung ein Jahr später als ihr Jahrgang abgelegt und im Uebrigen alle Bedingungen wie ihre Altersgenossen erfüllt haben, können nach dem Prüfungs= ergebniß in ihre Abtheilung eingeordnet werden.

Diejenigen, welche die Prüfung erst bei der Wiederholung bestanden haben, folgen am Schluß ihrer Abtheilung und nach diesen diejenigen, welche die Prüfung wegen schlechter Führung erst ein Jahr nach ihrem Jahrgang ab= gelegt haben.

Die Liste ist am 31. Dezember jeden Jahres abzuschließen und durch den Inspekteur der Jäger und Schützen zu vollziehen.

Hierauf fertigt die Inspektion der Jäger und Schützen entsprechend der Anlage K die Forstversorgungsscheine aus, die die Nummer der Forstversorgungs= liste erhalten, und stellt sie den Betreffenden durch Vermittelung der Bataillone bezw. der Landwehr=Bezirks=Kommandos zu.

§. 25. [Ansprüche des Inhabers eines Forstversorgungsscheins.] Der Forstversorgungsschein gewährt dem Inhaber die Berechtigung, in Preußen oder in Elsaß=Lothringen als Forst=Hülfsaufseher beschäftigt oder auf einer Förster= stelle im Staatsdienste, nach Maßgabe der Fähigkeiten auch auf einer Revier= försterstelle, angestellt zu werden, wenn gegen seine körperliche, sittliche und forst= liche Befähigung keine begründete Ausstellung zu erheben ist.

Die Inhaber des Forstversorgungsscheins*) haben ferner Anspruch auf alle diejenigen Gemeinde= und Anstalts=Forstbeamtenstellen, die einschließlich des Werthes etwaiger Nebeneinnahmen ein Jahreseinkommen von mindestens 750 Mark gewähren, aber eine weiter gehende Befähigung als die eines Försters nicht erfordern (siehe auch §. 1).

*) Einschließlich der Inhaber des „beschränkten Forstversorgungs= scheins" (vergl. Regulativ vom 15. Februar 1879).

Den Inhabern des Forstversorgungsscheins können gegen Rückgabe dieses Scheines gemäß § 10⁴ der Grundsätze für die Besetzung der Subaltern= und Unterbeamtenstellen ꝛc. vom Jahre 1882 [16]) auch die den Militairanwärtern im Civil=

---

[15]) Geändert Vf. wie Anm. 13.
[16]) Reichs=Centralbl. 123. Inhaber des Forstversorgungsscheines können

auch ohne vorherige Erwirkung des Civilversorgungsscheines gleich den Mi= litäranwärtern in der Staatseisenbahn=

dienste vorbehaltenen Stellen verliehen werden, sofern eine Reichsbehörde oder eine Behörde des betreffenden Staates von der Anstellung eines mit diesem Scheine Beliehenen einen besonderen Vortheil für den Reichs- oder Staatsdienst erwartet.

§. 26. [Anmeldung bei einer Regierung.] Die Inhaber des Forstversorgungsscheins sind verpflichtet, sich längstens innerhalb eines Jahres nach dem Tage der Ausstellung des Scheines bei derjenigen Regierung*), in deren Bezirk sie angestellt zu werden wünschen, auch wenn sie bereits als Reservejäger bei ihr notirt sind, zu melden und der Meldung den Forstversorgungsschein und einen von ihnen selbst geschriebenen Lebenslauf beizufügen. Diejenigen Oberjäger, welche nach Empfang des Forstversorgungsscheins beim Militair verbleiben, haben sich in gleicher Weise zu melden und ihren weiteren Verbleib beim Militairdienste sowie seiner Zeit ihr Ausscheiden aus letzterem anzuzeigen.

*) Die Anmeldung ist auch in Elsaß-Lothringen zulässig (vergl. Anmerkung zu § 15).

Die Wahl des Bezirks, für den die Anwärter notirt zu werden wünschen, ist im allgemeinen nicht beschränkt.

Um eine dem Bedürfnisse entsprechende Vertheilung der Anwärter auf die einzelnen Bezirke sicher zu stellen, bleibt es jedoch dem Minister für Landwirthschaft, Domainen und Forsten vorbehalten, erforderlichen Falls bei Ueberfüllung einzelner Bezirke für diese zeitweise weitere Notirungen dergestalt auszuschließen, daß nur die Meldungen solcher Jäger angenommen werden, die zur Zeit der Ausstellung des Forstversorgungsscheins mindestens 2 Jahre im Staatsforstdienste jenes Bezirks beschäftigt sind. Diese Bezirke werden alljährlich im Monat September durch die Amtsblätter zur öffentlichen Kenntniß gebracht und vor der Inspektion der Jäger und Schützen den Anwärtern bei Ertheilung des Forstversorgungsscheins zugleich mit denjenigen Bezirken bezeichnet, in denen augenblicklich ein Mangel an Anwärtern obwaltet.

Auf den Vorschlag der Inspektion der Jäger und Schützen wird jedoch der Minister für Landwirthschaft, Domainen und Forsten denjenigen Oberjägern, die den Forstversorgungsschein im aktiven Militairdienste erhalten, auch für die geschlossenen Bezirke Meldungen in der Zahl von ein Prozent der Försterstellen gestatten. Die Inspektion wird im Allgemeinen von mehreren Bewerbern dem Minister für Landwirthschaft, Domainen und Forsten diejenigen zur Berücksichtigung vorschlagen, welche die beste Jägerprüfung abgelegt haben.

§. 27. [Notirung der Forstversorgungsberechtigten.] Die Regierung hat den sich meldenden Anwärter in der Liste der für den Bezirk notirten forstversorgungsberechtigten Anwärter (§ 35) zu notiren, die erfolgte Notirung auf dem Forstversorgungsschein zu vermerken und diesen aufzubewahren.

---

verwaltung angestellt werden, sofern die Anstellungsbehörde von der Anstellung des Betreffenden einen besonderen Vortheil für den Staatsdienst erwartet Bf. M. d. ö. A. 29. Jan. 96 u. ML. 17. Juni 97 (DZ. XXIX. 115). — Zu Gunsten der Inhaber des Forstversorgungsscheines, welche ihn nach drei-, bezw. einjähriger aktiver Militairdienstzeit und einer neun-, bezw. elfjährigen Dienstzeit in der Reserve, also nach zwölfjähriger Gesammtdienstzeit erworben haben, mithin nach jenen Grundsätzen nicht zu den vorzugsberechtigten Anwärtern gehören, darf in Ausnahmefällen, sowohl bei der Einberufung, wie bei der Besetzung etatsmäßiger Stellen von der Regel abgewichen werden, wenn eine solche Abweichung durch ein dringendes dienstliches Interesse bedingt wird, was namentlich bei Anstellung im Büreaudienst der Regierungs-Forstabtheilungen vorliegen kann Bf. KM., FM., ML. u. MZ. 20. Mai 02 (DFZ. Neudamm XVII. 473.)

Die Inhaber derjenigen im Laufe je eines Kalenderjahres bei der Regierung eingehenden Forſtverſorgungsſcheine, die von dem vorigen oder einem früheren Jahre herrühren, werden lediglich nach dem Eingangsvermerk der Meldung eingeordnet. Die Inhaber der aus dem laufenden Kalenderjahre herrührenden Forſtverſorgungsſcheine ſind hinter den Inhabern der aus den Vorjahren herrührenden und unter ſich nach der Nummer des Forſtverſorgungsſcheins einzuordnen. Iſt ein Anwärter von dem Miniſter für Landwirthſchaft, Domainen und Forſten einem anderen Bezirke überwieſen worden, ſo iſt er ſo einzuordnen, als wenn er ſich an dem Tage, an welchem ſeine Meldung in dem bisherigen Bezirke notirt war, in dem anderen Bezirke gemeldet hätte.

§. 28. [Beſchäftigung im Forſtdienſte.] Die notirten Forſtverſorgungsberechtigten werden, ſoweit ſich hierzu Gelegenheit bietet, im Königlichen Forſtdienſte gegen Gewährung der zuläſſigen Vergütung nach Maßgabe ihrer Befähigung und thunlichſt fortdauernd beſchäftigt. Unter gleich geeigneten Forſtverſorgungsberechtigten iſt dem früher notirten der Vorzug zu geben, doch können diejenigen, welche im Gemeinde-, Anſtalts- oder Privatdienſte eine berufsmäßige Beſchäftigung anzunehmen oder eine angenommene beizubehalten wünſchen, übergangen werden.

Bezüglich der Beſchäftigung im Staatsforſtdienſte ſowie im Gemeinde-, Anſtalts- oder Privatforſtdienſte gelten die Beſtimmungen im §. 18.

Die monatliche Vergütung der Forſtverſorgungsberechtigten im Staatsforſtdienſte (§. 18 Abſ. 1) beträgt jedoch mindeſtens 78 Mark*).

*) Für die forſtverſorgungsberechtigten Anwärter innerhalb eines Regierungsbezirks beträgt die Vergütung

a) während der erſten 2 Jahre nach Empfang des Forſtverſorgungsſcheins monatlich . . . . 78 M.
b) in den folgenden 2 bis 4 Jahren monatlich . . . . 84 „
c) in den folgenden 4 bis 6 Jahren monatlich . . . . 90 „
d) bei mehr als 6 Jahren monatlich . . . . 100 „

Theuerungszulage von 3 M. monatlich zuläſſig.

Den unter Bewilligung monatlicher feſter Vergütung angenommenen Forſtaufſehern ſind dieſe Tagegelder im Voraus zu zahlen. Vf. ML. 1. April 99.

Für den Uebergang in einen anderen Bezirk ſind die Beſtimmungen des §. 19 im Allgemeinen maßgebend. Erfolgt die Abmeldung aus einem Bezirke, ſo muß die Anmeldung für einen anderen Bezirk ſpäteſtens binnen Jahresfriſt bewirkt werden. Vorkommenden Falls iſt die Abmeldung auf dem Forſtverſorgungsſchein zu notiren. Diejenigen forſtverſorgungsberechtigten Anwärter, welche ſich nach Empfang des Forſtverſorgungsſcheins auf Grund deſſelben bei einer anderen Regierung, als derjenigen, in deren Bezirk ſie zur Zeit der Anmeldung beſchäftigt ſind, zur Beſchäftigung und demnächſtigen Anſtellung im Staatsforſtdienſte notiren laſſen, ſind bis zur Einberufung dorthin in dem Bezirke, in welchem ſie ſich zur Zeit der Anmeldung befinden, thunlichſt weiter zu beſchäftigen.

Die Forſtverſorgungsberechtigten ſind verpflichtet, jede Veränderung ihres Aufenthaltsortes der Inſpektion der Jäger und Schützen und, falls ſie nicht im Staatsdienſte in dem Bezirke der Regierung, die ſie notirt hat, beſchäftigt ſind, auch dieſer unverzüglich anzuzeigen.

Im Unterlaſſungsfalle haben die Anwärter es ſich ſelbſt zuzuſchreiben, wenn ſie bei der Anſtellung übergangen oder in der Forſtverſorgungsliſte geſtrichen werden. Der ſchriftliche Verkehr der Forſtverſorgungsberechtigten mit der Inſpektion hat unmittelbar mit derſelben und nicht durch die Vermittelung des

Bezirks-Kommandos stattzufinden. Auf allen Eingaben ist Jahrgang und Nummer des Forstversorgungsscheines anzugeben.

§. 29. [Bewerbung um Gemeinde- und Anstaltsforstbeamtenstellen. Bekanntmachung der Stellen.] Jede Erledigung einer den Anwärtern des Jägerkorps zustehenden Gemeinde- oder Anstaltsforstbeamtenstelle (§. 25 Abf. 2) wird, sofern solche nicht einem Inhaber der im §. 25 Abf. 1 u. 2 bezeichneten Stellen übertragen wird, im Amtsblatte und in den in dem betreffenden Bezirke am meisten gelesenen Blättern, mit Angabe des Diensteinkommens und der Aufforderung zur Bewerbung binnen achtwöchiger Frist, bekannt gemacht. Eine Abschrift dieser Bekanntmachung wird sowohl dem betreffenden Regierungspräsidenten, als auch der Inspektion der Jäger und Schützen*) von der die Bekanntmachung erlassenden Behörde mitgetheilt.

*) Die Inspektion veröffentlicht die Namen, das Einkommen ꝛc. der erledigten Stellen in den an jedem Mittwoch erscheinenden „Vakanzenlisten für Militairanwärter“. Diese Listen sind bei den LandwehrBezirks-Kommandos, den Bezirksfeldwebeln und den Jäger-Bataillonen einzusehen und können auch durch die Post bezogen werden.

Handelt es sich um eine Stelle, deren Jahreseinkommen einschließlich des Werthes von Nebeneinnahmen 1000 M. oder mehr beträgt, so hat die Regierung den vier ältesten auf ihrer Liste (§. 35) befindlichen Inhabern des Forstversorgungsscheins besondere Nachricht zu geben und ihnen zu überlassen, ob sie sich um die Stelle bewerben wollen.

Bei der Bewerbung sind der Forstversorgungsschein oder der Militairpaß und die seit dessen Ertheilung erlangten Dienst- und Führungszeugnisse, die den ganzen, seitdem verflossenen Zeitraum in ununterbrochener Folge belegen müssen, einzureichen.

§. 30. [Anstellung der Anwärter.] Der anstellenden Behörde steht, unbeschadet des Erfordernisses der Bestätigung durch die Aufsichtsbehörde nach Maßgabe der bezüglichen gesetzlichen Bestimmungen, die freie Wahl zu unter den Forstversorgungsberechtigten**) und den Inhabern der im §. 25 Abf. 1 und 2 bezeichneten Stellen.

**) Einschließlich der Inhaber des „beschränkten Forstversorgungsscheins“.

Melden sich keine Bewerber dieser Art, aber Reservejäger der Klasse A***), so ist einem der letzteren die Stelle zu übertragen.

***) Einschließlich der noch vorhandenen Reservejäger der Klasse A II. (Vergl. das Regulativ vom 15. Februar 1879.)

Die Anstellung der Forstversorgungsberechtigten oder Reservejäger darf aber nur dann erfolgen, wenn sie die schriftliche Erklärung†) abgeben, durch die Anstellung ihre Forstversorgungsansprüche als erfüllt zu betrachten.

†) Die Inhaber des „beschränkten Forstversorgungsscheins“ und die Reservejäger der Klasse A II haben diese Erklärung nicht abzugeben.

Die Anstellung kann fest oder auf Probe erfolgen. Im letzteren Falle sind die Vorschriften des §. 32, Absatz 3, maßgebend††). Von denjenigen Anwärtern, welche die Försterprüfung noch nicht abgelegt haben, kann von der anstellenden Behörde das Bestehen dieser Prüfung gefordert werden.

††) Durch Runderlaß des Ministers des Innern — I B. 22 —, des Kriegsministers 133/1 C_2 3 — und des Ministers für Landwirthschaft, Domänen und Forsten — $\frac{\text{I } 21467^1}{\text{III } 15963}$ — vom 22. Januar 1891 [17]) ist bis auf Weiteres versuchsweise genehmigt worden, daß Forst-

---

[17]) (MB. 19.)

versorgungsberechtigte und Reservejäger der Klasse A im Gemeinde- und Anstalts-Forstschutzdienste auch über die Probedienstzeit hinaus provisorisch angestellt werden dürfen, ohne daß von denselben ein Aufgeben ihrer Ansprüche auf Anstellung im Staatsdienste verlangt wird.

Von jeder Wahl hat die anstellende Behörde unverzüglich unter Einreichung der Wahlverhandlung und event. der oben bezeichneten Erklärung und des Forstversorgungsscheins oder des Militairpasses des Gewählten dem betreffenden Regierungspräsidenten Anzeige zu erstatten und dabei anzugeben, welche Anwärter überhaupt sich beworben haben. Auch ist anzuzeigen, ob die Anstellung fest oder auf Probe erfolgen soll.

Der Regierungspräsident bestätigt die Wahl, wenn Einwendungen hiergegen nicht zu erheben sind. Andernfalls ordnet er eine neue Wahl an.

Führt die dem Anwärter etwa auferlegte Probedienstzeit zu einer festen Anstellung, so ist dies ebenfalls dem Regierungspräsidenten anzuzeigen.

Ergeben die Zeugnisse oder sonstige Nachforschungen begründete Bedenken gegen die Anstellung sämmtlicher Anwärter, die sich für eine Stelle gemeldet haben, oder erweist sich bei einer Anstellung auf Probe, daß der betreffende Anwärter für die Stelle nicht geeignet ist, so hat die Behörde, der die Anstellung obliegt, hierüber ausführlich, unter Beifügung der erforderlichen Belagstücke an den Regierungspräsidenten zu berichten, der nach Prüfung der Sachlage entscheidet, ob jene Anwärter für die Stelle in Betracht kommen oder nicht. Erforderlichen Falls ist das Verfahren auf Entziehung der Ansprüche des Anwärters nach Maßgabe der §§. 21 oder 33 der Bestimmungen zu eröffnen.

Ist die feste Anstellung eines Anwärters erfolgt, so sind event. die von der Regierung nach §. 22, bezw. §. 35 dieser Bestimmungen zu führenden Listen der Reservejäger der Klasse A, bezw. der Forstversorgungsberechtigten zu berichtigen*). Die Erklärung (Absatz 3 dieses §.) ist zu den Akten der Regierung, und der Forstversorgungsschein zu den Akten der anstellenden Behörde zu bringen. Wird ein Anwärter probeweise angestellt, so ist dies auf dem Forstversorgungsscheine zu vermerken (§. 32, letzter Absatz). Ist ein Reservejäger der Klasse A**) auf einer Gemeinde- oder Anstaltsforstbeamtenstelle fest angestellt worden, so wird für ihn ein Forstversorgungsschein nicht ausgestellt.

*) Von allen Anstellungen von Inhabern des „beschränkten Forstversorgungsscheins" oder Jägern der Klasse A II ist von dem Regierungs-Präsidenten der Inspektion der Jäger und Schützen alsbald Mittheilung zu machen.

**) Mit Einschluß von A II.

§. 31. [Feste Anstellung im Staatsforstdienst.] Den notirten Anwärtern sind nach Maßgabe ihrer Reihenfolge in der Anwärterliste des betreffenden Bezirks die erledigten etatsmäßigen Försterstellen der Staatsforstverwaltung anzubieten.

Eine Abweichung von dieser Reihenfolge ist nur dann und soweit gestattet, als die Erfordernisse einer bestimmten, zu besetzenden Stelle im Vergleich zu der Befähigung und den persönlichen Verhältnissen der nach dem Dienstalter zunächst in Betracht kommenden Anwärter ein Uebergehen Einzelner rechtfertigen. Dergleichen Abweichungen sind jedoch in den der Inspektion der Jäger und Schützen und dem Minister für Landwirthschaft, Domainen und Forsten zu übersendenden Jahresnachweisungen (§. 35) jedesmal besonders zu begründen.

Ablehnung der Stelle hat den Verlust der Forstversorgungsberechtigung zur Folge. Nur den Anwärtern vom Stande der Oberjäger, die nach Empfang des Forstversorgungsscheins im Militairdienste verbleiben, ist, so lange sie im letzteren stehen, eine einmalige Ablehnung einer etatsmäßigen Försterstelle gestattet. Das zweite Angebot einer solchen Stelle darf frühestens ein Jahr nach der Ablehnung erfolgen *).

   *) Forstversorgungsberechtigten des Oberjägerstandes, die sich bereit erklärten, bis zum Ablauf ihrer 12 jährigen Dienstzeit beim Bataillon zu verbleiben, und von dem Recht einer ersten Ablehnung bereits Gebrauch gemacht haben, ist als zweite Stelle eine solche anzubieten, deren Antritt erst nach Ablauf ihrer aktiven zwölfjährigen Dienstzeit erforderlich ist.

Durch die feste Anstellung sind die Forstversorgungsansprüche des Anwärters erfüllt, was auf dem Forstversorgungsscheine zu vermerken ist. Die Regierung hat den Forstversorgungsschein der betreffenden Besoldungsverfügung an die Kasse zum Rechnungsbelage beizufügen.

Der Genehmigung des Ministers für Landwirthschaft, Domainen und Forsten bedarf es, wenn die Regierung den Inhaber einer Forststelle im Gemeinde- oder Anstaltsdienst in den Königlichen Forstdienst übernehmen will.

§. 32. [Anstellung der Anwärter auf Probe.] Die Anstellung bei der Staatsforstverwaltung erfolgt in der Regel gleich fest; es bleibt jedoch der Regierung unbenommen, wenn der Anwärter im Privatdienste steht oder zu Bedenken gegen seine Tüchtigkeit und Zuverlässigkeit Anlaß gegeben hat, auch eine Anstellung auf Probe eintreten zu lassen.

Die vorgängige Anstellung auf Probe muß erfolgen bei den Anwärtern, welche zur Anstellung heranstehen, ehe sie die Försterprüfung abgelegt haben (§. 20 Abs. 2 und §. 23, Fall a und c). Die letztere ist alsdann in der Probedienstzeit abzulegen, und die feste Anstellung ist von ihrem Bestehen abhängig.

Eine Anstellung auf Probe darf nicht länger als auf höchstens 1 Jahr ausgedehnt werden. Längere Probedienstzeit kann nur ganz ausnahmsweise mit Genehmigung des Ministers für Landwirthschaft, Domainen und Forsten und des Kriegsministers, welche vor Ablauf des 10. Monats der Probezeit von der betreffenden Regierung nachzusuchen ist, zugelassen werden, wenn die Zweifel über die Brauchbarkeit des Anwärters nicht durch sein eigenes Verschulden hervorgerufen worden sind.

Bei jeder Anstellung auf Probe ist der Beginn der Probedienstzeit und der Name der dazu übertragenen Stelle auf dem Forstversorgungsscheine von der Regierung zu notiren.

§. 33. [Verlust des Forstversorgungsanspruchs.] Der Forstversorgungsberechtigte ist von der betreffenden Regierung seiner Ansprüche verlustig zu erklären,

1. wenn er sich nicht innerhalb eines Jahres nach Ausstellung des Forstversorgungsscheins bei einer Regierung meldet, bezw. wenn er nach erfolgter Abmeldung aus einem Bezirke die Anmeldung für einen andern Bezirk nicht binnen Jahresfrist bewirkt,

2. wenn er eine ihm angetragene Anstellung auf einer etatsmäßigen Försterstelle der Staatsforstverwaltung (mit Ausnahme des im §. 31 Absatz 3 bezeichneten Falles), oder eine ihm angetragene Beschäftigung im Staatsforstdienste, zu deren Annahme er verpflichtet ist (§. 28) ablehnt oder aus einer solchen Beschäftigung ohne Genehmigung der betreffenden Regierung ausscheidet,

3. wenn er, sei es im Königlichen oder im Gemeinde-, Anstalts- oder Privatdienste, durch sein Verhalten in oder außer dem Dienste, körperliche Gebrechen oder Mangel der erforderlichen forstlichen Befähigung zur Anstellung als Förster sich nicht geeignet zeigt.

Wenngleich zu einer solchen Erklärung ein förmliches Disciplinar-Verfahren nicht erforderlich ist, so darf der Forstversorgungsberechtigte doch nur nach vollständiger Untersuchung auf Grund sorgfältiger Erwägung, durch einen mit Gründen auszufertigenden Beschluß der betheiligten Regierung seiner Ansprüche verlustig erklärt werden.

Ein solcher Beschluß ist dem Betreffenden in Originalausfertigung zuzustellen.

Hat die Regierung einem Forstversorgungsberechtigten die Ansprüche entzogen, so theilt sie dies der Inspektion der Jäger und Schützen unter Beifügung des betreffenden Beschlusses und des Forstversorgungsscheines zur Vernichtung des letzteren und zur Berichtigung der Forstversorgungsliste mit.

Trägt die Inspektion Bedenken gegen die Entziehung der Ansprüche, so ist von ihr an den Kriegsminister zu berichten, welcher gemeinschaftlich mit dem Minister für Landwirthschaft, Domainen und Forsten entscheidet.

§. 34. [**Beeidigung als Civilstaatsdiener.**] Erst nach dem Ausscheiden aus dem Jägerkorps haben die Jäger, die im Staatsdienste beschäftigt sind oder in demselben angestellt werden, den allgemeinen Staatsdienereid zu leisten. Dies gilt auch für solche Oberjäger, die bereits vor ihrem Ausscheiden aus dem Jägerkorps fest angestellt sein sollten.

§. 35. [**Liste der Forstversorgungsberechtigten.**] Jede Regierung hat in der Liste, welche sie über die für ihren Bezirk notirten forstversorgungsberechtigten Anwärter führt (§. 27), über Art und Ort der Beschäftigung, Probedienstleistung, feste Anstellung, Abmeldung, Verlust des Forstversorgungsanspruchs und Verzichtleistung auf die Forstversorgung fortlaufend die erforderlichen Eintragungen zu machen.

Alljährlich zum 1. August sind die eingetretenen Veränderungen durch eine nach Muster L aufzustellende Nachweisung des Abganges und Bestandes der notirten forstversorgungsberechtigten Anwärter zur Kenntniß der Inspektion der Jäger und Schützen und des Ministers für Landwirthschaft, Domainen und Forsten zu bringen und zwar gemeinschaftlich mit der Nachweisung derjenigen Veränderungen, welche die Reservejäger betreffen (§. 22).

Von der Inspektion der Jäger und Schützen wird auf Grund dieser Nachweisungen die Forstversorgungsliste (§. 23 und 24) berichtigt.

VI. Die Jägerklasse B.

§. 36. Die Jäger, die zwar die vorschriftsmäßige Forstlehre erledigt haben, aber zur Klasse A nicht verpflichtet oder aus derselben entlassen worden sind, bilden, gleich denjenigen ausgehobenen Jägern, die nicht in der vorschriftsmäßigen Forstlehre gestanden haben, die Jägerklasse B.

VII. Beginn der Giltigkeit der Bestimmungen.

§. 37. Gegenwärtige Bestimmungen treten an Stelle des Regulativs vom 1. Oktober 1893 zum 1. Oktober 1897 in Kraft.

VIII. Bestimmungen bezüglich der Jäger der Klasse A II und Inhaber des beschränkten Forstversorgungsscheins.

§. 38. Hinsichtlich der aus früherer Zeit noch vorhandenen Reservejäger der Klasse A II und der Inhaber des beschränkten Forstversorgungsscheins bleiben bis auf Weiteres noch die Bestimmungen im §. 38 des Regulativs vom 1. Oktober 1893 in Kraft.

<table>
<tr><td>Der Minister für Landwirthschaft,
Domainen und Forsten.</td><td>Der Kriegsminister.</td></tr>
</table>

Anlagen zu den Bestimmungen über Ausbildung für die unteren Stellen des Forstdienstes vom 1. Oktober 1897.

Anlage A (zu Anmerkung 6).

Aeußerung

über den

Forstlehrling <u>*Carl*</u> *Friedrich August Schütz.*

Geboren am *15. Mai 1878.*
Sohn des *verstorbenen Gemeindeförsters Schütz zu Zanow.*
Hat als Forstlehrling in der Lehre gestanden:
> *vom 1. Juli 1896 bis 30. Juni 1897 bei dem Privatförster Müller
> zu Bernstorf im Kreise Stolp,*
> *vom 1. Juli 1897 bis jetzt bei dem unterzeichneten Oberförster.*

Die sittliche Führung des Lehrlings *hat in seinem ersten Lehrverhältnisse
nicht ganz befriedigt, ist aber während seines hiesigen Aufent-
haltes gut gewesen.*
Sein Gehorsam war *bei dem Unterzeichneten stets befriedigend.*
Pünktlichkeit und Zuverläßigkeit *sind zu loben.*
Schulkenntnisse im Lesen, Schreiben und Rechnen *sind gut.*
Ausdauer im Ertragen körperlicher Anstrengungen *ist nur mässig.*
Interesse für den Wald und die Waldgeschäfte *hat er bekundet.*
Beim Gebrauch des Schießgewehrs und bei der Jagd *hat er gute Anstelligkeit
gezeigt.*
Bei der Theilnahme am Forst= und Jagdschutze *haben seine Leistungen be-
friedigt.*
Bei den Kulturen *hatte er Gelegenheit, Saaten und Pflanzungen von Kiefern,
Eichen und Buchen ausführen zu helfen, wobei er Eifer und
Geschick bewiesen hat.*
In den Holzschlägen *hat er den Hieb in Buchen- und Kiefern-Samenschlägen,
in Kiefernkahlschlägen, in Buchen- und Kieferndurchforstungen,
im Erlenniederwalde, im Eichenschälwalde kennen gelernt und die
dabei ihm übertragenen Geschäfte befriedigend ausgeführt.*
Die einheimischen Bäume und die wichtigsten Sträucher *sind ihm soweit be-
kannt, dass er sie richtig benennen und deren Samen unterscheiden
kann.*
Von der Lebensweise der Jagdthiere und der sonstigen für den Wald wichtigen
Thiere, namentlich auch der nützlichen und schädlichen Vögel und Insekten:
hat er befriedigende Kenntnisse sich erworben.
In den schriftlichen und Rechnungs=Arbeiten *hat er eine gute Ausbildung
erlangt.*
Mit den Gesetzen und Verordnungen über Forstdiebstahl, Forst= und Jagd=
Polizei *ist er ausreichend bekannt.*

> (Hier können dann weitere Aeußerungen über die Persönlichkeit
> des Lehrlings, über besondere Neigung für einzelne Zweige des
> forstlichen Berufes, namentlich ob er vielleicht mit der Gärtnerei
> bekannt ist und für die Arbeiten in Forstgärten und Baumschulen

außergewöhnliches Geschick gezeigt, im Messen, Nivelliren und Zeichnen besondere Fertigkeit erworben oder für den Bureaudienst sich geeignet erwiesen hat, angeschlossen werden.

Diese Aeußerung ist streng der Wahrheit gemäß und ohne Rückhalt mit strengster Unparteilichkeit abzugeben.)

Die vorstehende Aeußerung habe ich nach Pflicht und Gewissen meiner Ueberzeugung gemäß ausgestellt und derselben die Benachrichtigung des Oberforstmeisters N. über Befähigung zum Eintritt in die Lehre, das Attest des oberen Militairarztes (§. 2 Nr. 3 der Bestimmungen vom 1. Oktober 1897), sowie die Annahmegenehmigung *für den Förster Müller und für mich* angeheftet.

Hochzeit, den 1. Oktober 1898.

L. S.

Hartung, Königlicher Oberförster.

Der Lehrling hat die Lehrzeit sachgemäss angewendet, eine im Ganzen gute praktische und wissenschaftliche Ausbildung erlangt und berechtigt zu der Erwartung, er werde demnächst die forstliche Laufbahn mit genügendem Erfolge fortsetzen können.

N., den 5. Oktober 1898.

N., Königlicher Regierungs- und Forstrath.

Da der pp. Schütz im vorigen Jahre als zu schwach auf ein Jahr zurückgestellt worden ist, habe ich ihn mit Genehmigung des Herrn Regierungs- und Forstraths N. zu N. vom 1. November 1898 ab nach N. im Kreise N. beurlaubt, wo er im Forstdienste des N. bis jetzt beschäftigt worden ist.

Seine Führung während dieser Zeit ist gut gewesen.

Hochzeit, den 2. Oktober 1899.

Hartung, Königlicher Oberförster.

Gesehen und *nichts zu bemerken.*

N., den 10. Oktober 1899.

N., Königlicher Regierungs- und Forstrath.

Anlage B (zu Anmerkung 10).

Vorschriften für die Jägerprüfung (§. 11—13 der Bestimmungen über Ausbildung, Prüfung und Anstellung für die unteren Stellen des Forstdienstes pp. vom 1. Oktober 1897) vom 12. März 1900.

§. 1. [Zusammensetzung des Prüfungs-Ausschusses.] Die Mitglieder des für jedes Jäger-Bataillon zu bestellenden „Ausschusses zur Prüfung der Jäger" werden vom Oberlandforstmeister in der Regel auf je drei Jahre ernannt.

Der Ausschuß besteht der Regel nach

1. aus einem Vorsitzenden,
2. aus einem oder zwei Regierungs- und Forsträthen, von denen der Dienstälteste den Vorsitzenden in Verhinderungsfällen vertritt,
3. aus zwei Forstmeistern bezw. Oberförstern.

Die Mitglieder des Prüfungs=Ausschusses erhalten, soweit sie zu den Be=
amten der Königlichen Forstverwaltung gehören, für die zum Zwecke der Prüfung
auszuführenden Reisen und die Tage der Abwesenheit von ihrem Wohnorte die
gesetzlichen Tagegelder und Reisekosten auf ihre darüber dem Minister für Land=
wirthschaft, Domainen und Forsten einzureichenden Berechnungen, soweit sie der
Gemeinde= oder Anstalts=Forstverwaltung angehören, eine von demselben zu be=
stimmende Pauschal=Vergütung aus der Staatskasse.

§. 2. [Vorsitzender.] Der Vorsitzende hat den Beginn der Prüfung
nach der darüber vom Oberlandforstmeister auf Grund der Vereinbarung mit der
Inspektion der Jäger und Schützen alljährlich zu treffenden Anordnung anzu=
beraumen, den Gang der Prüfung und die Zeiteintheilung, sowie die zur Prüfung
im Walde zu wählenden Forsten zu bestimmen, den Fortgang der Prüfung zu
leiten und für genaue Beachtung dieser Prüfungs=Vorschriften zu sorgen. Es
bleibt ihm überlassen, ob und wie weit er selbst prüfen will, und im Uebrigen
zu bestimmen, für welche Gegenstände jedes Mitglied des Prüfungs=Ausschusses
die Prüfung zu übernehmen hat.

§. 3. [Zweck der Prüfung.] Durch die Jägerprüfung soll erforscht
werden, welche allgemeine Bildung der Jäger in Beziehung auf Lesen, Schreiben,
Rechnen und Abfassung kurzer Aufsätze besitzt, welchen Grad von Vorbildung in
Beziehung auf Waldbau, Forstbenutzung, Forstschutz, Jagd, und welches Maß
von Kenntnissen in Beziehung auf die Forstdiebstahls=, Forstpolizei= und Jagd=
gesetzgebung, sowie auf die Vorschriften der Försterdienstinstruktion er sich er=
worben hat. Es ist ein solches Maß von Kenntnissen und Fertigkeiten zu fordern,
wie es von einem mit gewöhnlichen natürlichen Fähigkeiten und genügender
Schulbildung (§. 2 der Bestimmungen) ausgerüsteten jungen Manne bei fleißiger
Benutzung einer zweckmäßig geleiteten Lehrzeit und des Unterrichts bei den
Jäger=Bataillonen verlangt werden kann.

§. 4. [Ausführung der Prüfung.] Die Prüfung ist theils im Zimmer,
theils im Walde abzuhalten, und besteht in der schriftlichen Lösung von Aufgaben,
sowie in mündlicher Beantwortung von Fragen und Ausführung von Arbeiten
im Walde.

§. 5. [Ueberweisung der Prüflinge.] Die Vorschlagsliste der zu
prüfenden Jäger eines jeden Bataillons wird von der Inspektion der Jäger und
Schützen festgestellt und dem Oberlandforstmeister, in der Regel im Monat
Februar oder März, mitgetheilt.

In der Vorschlagsliste sind getrennt aufzuführen:
a) diejenigen Jäger, welche die Prüfung wiederholen,
b) die zum erstenmale zu prüfenden Jäger, ausschließlich der Einjährig=
   Freiwilligen,
c) die Einjährig=Freiwilligen.

Die Bewerber für den Königlichen Forstverwaltungsdienst sind zwar in die
Vorschlagsliste mit aufzunehmen, haben sich indessen der Prüfung nicht zu unter=
werfen und werden seiner Zeit so behandelt, als hätten sie die Beurtheilung
„sehr gut" erhalten. (§. 16 Anm. 2.)

Der Oberlandforstmeister veranlaßt auf Grund der Vorschlagsliste, die Auf=
stellung und Vervielfältigung des Verzeichnisses der zu prüfenden Jäger nach
beiliegendem Muster A und fertigt dem Vorsitzenden des Prüfungs=Ausschusses
die erforderliche Zahl von Abdrücken zu. Der Vorsitzende hat seinerseits jedem
Mitgliede des Prüfungs=Ausschusses einen Abdruck zuzustellen.

Der Inspektion der Jäger und Schützen werden vom Oberlandforstmeister
3 Abdrücke zur Mittheilung an das Bataillon übersendet.

§. 6. [Schriftliche Prüfung.] Mindestens 2 Monate vor Abhaltung der mündlichen Prüfung werden an zwei von der Inspektion der Jäger und Schützen zu bestimmenden, und zwar bei allen Bataillonen gleichen Tagen die schriftlichen Aufgaben gelöst. Diese Aufgaben erteilt für alle Bataillone gleich= lautend der Oberlandforstmeister, mit Bestimmung der zur Lösung jeder einzelnen Aufgabe zu verstattenden Zeit. Sie werden für jedes Bataillon und jeden Tag in besonderer Ausfertigung mit der Aufschrift „Aufgaben für die schriftliche Prüfung der Jäger im Jahre 19.. für das N Jäger=Bataillon" — der In= spektion der Jäger und Schützen versiegelt zugestellt und von dieser mit Be= stimmung der Tage für die Ausführung den Bataillonen versiegelt zugefertigt.

Die weiteren Anordnungen für die Abhaltung der schriftlichen Prüfung, insbesondere die Sicherstellung der erforderlichen Aufsicht, werden von der In= spektion der Jäger und Schützen getroffen. Ueber die Ausführung der schrift= lichen Prüfung wird eine kurze Verhandlung aufgenommen.

§. 7. [Weitere Behandlung und Beurtheilung der schriftlichen Arbeiten. — Personalakten.] Die Ausarbeitungen jedes einzelnen Prüflings sind zu einem Personal=Aktenstück des Jägers zu heften. Dieses muß auf der Vorderseite den Namen und die Kompagnie, auf dem ersten Blatte das Nationale pp. des Jägers nach dem Muster A der Bestimmungen vom 1. Oktober 1897, dahinter die Zeugnisse über Lehrzeit (§. 7 der Bestimmungen, Muster B)¹) und Führung, ferner den schon vor der Prüfung unter Aufsicht vom Prüfling selbst verfaßten und abgelieferten Lebenslauf und dann die schriftlichen Arbeiten in der gegebenen Reihenfolge enthalten.

Die Militairbehörde sorgt dafür, daß die sämmtlichen abgelieferten Arbeiten, ohne nachträgliche Aenderungen, Zusätze oder Vertauschung zu den betreffenden Akten gebracht werden.

Diese sämmtlichen Personalakten der Prüflinge übersendet das Bataillons= Kommando nebst der vorerwähnten Verhandlung (§. 6) unverzüglich an den Vorsitzenden des Prüfungs=Ausschusses.

Dieser setzt dieselben, nachdem er sie durchgesehen hat, bei den Mitgliedern des Ausschusses in Umlauf. Jedes Mitglied hat die Arbeiten binnen längstens 12 Tagen weiter zu befördern und am Schlusse jeder Aufgabe diejenige Beur= theilung (§. 11) neben seiner Namensunterschrift zu vermerken, welche er als an= gemessen erachtet.

§. 8. [Zusammentritt des Prüfungs=Ausschusses.] Der Vor= sitzende beruft sämmtliche Mitglieder des Prüfungs=Ausschusses auf den dazu be= stimmten Tag (§. 2) zur Abhaltung der weiteren Prüfung nach der Garnison des Bataillons und giebt zugleich dem Kommandeur desselben hiervon Nachricht. Die Personalakten sind von dem Vorsitzenden beim Zusammentreten dem Prüfungs= Ausschusse vorzulegen. Derselbe beschließt zunächst, ob noch eine weitere schriftliche Prüfung abzuhalten ist, was nur ausnahmsweise erforderlich wird, wenn die gelieferten Arbeiten dazu Veranlassung geben sollten. Die etwaige weitere schriftliche Prüfung, für welche die Aufgaben vom Vorsitzenden des Ausschusses ertheilt werden, darf höchstens auf einen halben Tag ausgedehnt und kann nach dem Ermessen des Ausschusses auf diejenigen Prüflinge, rücksichtlich deren besondere Zweifel ob= walten, beschränkt werden.

§. 9. [Mündliche Prüfung, a) im Zimmer.] Die mündliche Prüfung wird theils im Zimmer, theils im Walde ausgeführt.

---

¹) Anl. A.

Bei der Prüfung im Zimmer sind an jeden Prüfling Fragen zu richten:
a) über Waldbau,
b) über Forstbenutzung,
c) über Forstschutz gegen Thiere und Naturkräfte pp., sowie über Forst-
polizei,
d) über Jagdwesen, Schonzeiten pp.

Die Prüfung im Zimmer ist so einzurichten, daß sie mit Gruppen von höchstens je 15 Prüflingen abgehalten wird, und für eine Zahl von 15 zu a, b, c und d zusammen die Zeit von 5 bis 6 Stunden in der Regel nicht überschreitet.

§. 10. [b) im Walde.] Die zuletzt abzuhaltende Prüfung im Walde, welche auch noch Gelegenheit bieten wird, die vorherige Prüfung im Zimmer zu ergänzen, ist in nahe liegenden Forsten dahin zu richten, daß erforscht wird, ob der Prüfling eine auf lebendiger Anschauung und praktischer Uebung beruhende Bekanntschaft mit den Waldgeschäften eines Försters sich erworben hat. Die Auf-gaben im Walde werden daher hauptsächlich so zu wählen sein, daß dem Prüflinge Gelegenheit gegeben wird, seine Kenntnisse in Unterscheidung und Benennung der einheimischen Holzarten und ihrer Keimlinge und Sämereien, sowie der sich vorfindenden wichtigsten Forstunkräuter, seine Fertigkeit im Säen und Pflanzen nebst allen dabei auszuführenden Arbeiten und Handgriffen, seine Bekanntschaft mit der Fällung, Aufarbeitung, Messung und Klassenbildung des Holzes, seine Uebung im Ansprechen der Länge, Stärke, des Massengehaltes liegender und stehender Stämme darzulegen, ferner zu zeigen, daß er bei Handhabung des Forstschutzes sowohl gegen Menschen als auch in Beziehung auf Thiere und Naturereignisse sachgemäß zu handeln, daß er Wildfährten richtig anzusprechen versteht, uud mit den wichtigsten Regeln und Vorschriften für die Ausübung der Jagd und des Jagdschutzes bekannt ist.

Die Prüfung im Walde ist in der Regel mit sämmtlichen Prüflingen zu-gleich auszuführen und so einzurichten, daß ihre Dauer womöglich nicht über so viele Tage hinausgeht, als je 15 Prüflinge sind.

§. 11. [Abstufungen der Urtheile.] Die Urtheile sind in folgenden Abstufungen abzugeben:

sehr gut   = 1
gut   = 2
genügend   = 3
ungenügend   = 4.

§. 12. [Abstimmung.] Die Feststellung der Urtheile erfolgt durch Stimmen-mehrheit. Bei Stimmengleichheit entscheidet die Stimme des Vorsitzenden. Ein gleiches Verfahren ist auch bei anderweiten Beschlüssen des Ausschusses maßgebend, sofern etwas Anderes nicht ausdrücklich bestimmt ist.

§. 13. [Beurtheilung.] Nach den aus den schriftlichen Arbeiten, ins-besondere den Rechnungsaufgaben, sich ergebenden Schulkenntnissen und dem bei der weiteren Prüfung erlangten Urtheile hat der Ausschuß den Grad der Schul-bildung des Prüflings festzustellen.

In der schriftlichen Prüfung und der Prüfung im Walde ist für jede Auf-gabe, in der mündlichen Prüfung im Zimmer für jedes der im §. 9 bezeichneten Fächer je ein Urtheil abzugeben. Sodann wird sowohl für die schriftliche, als auch für die Wald-Prüfung hinsichtlich jedes der 4 im §. 9 bezeichneten Fächer eine Durchschnittsurtheils-Ziffer als rechnerisches Mittel der für die be-treffenden Einzelaufgaben abgegebenen Urtheile bis auf eine Decimale berechnet. Ein anderes Verfahren ist bei Einstimmigkeit der Mitglieder des Prüfungsausschuffes nur zulässig, wenn die einzelnen Aufgaben ihrer Bedeutung nach sehr verschieden ins Gewicht fallen.

Aus dem rechnerischen Mittel der in den einzelnen Abtheilungen der Prüfung, nämlich der schriftlichen Prüfung, der mündlichen Prüfung und der Prüfung im Walde, sich ergebenden Beurtheilungen wird für ein jedes der vier im §. 9 bezeichneten Fächer eine Haupturtheils-Ziffer und zwar bis auf zwei Decimalen berechnet. (Vergl. Anlage A.)

Endlich hat der Ausschuß aus den Fachurtheilen die Gesammturtheils-Ziffer bis auf drei Decimalen zu berechnen, wobei das Haupturtheil für das Jagdwesen einfach, das für die Schulbildung, die Forstbenutzung und den Forstschutz doppelt und das für den Waldbau dreifach in Ansatz kommt. Von den auf diese Weise rechnungsmäßig festgestellten Gesammturtheils-Ziffern gelten

1,000 bis 2,000 für sehr gut,
2,001 „ 2,500 „ gut,
2,501 „ 3,250 „ genügend,
3,251 oder mehr für ungenügend.

Wer hiernach 3,251 oder eine höhere Zahl als Gesammturtheils-Ziffer erhält, hat die Prüfung nicht bestanden.

Von der Festsetzung des Endergebnisses derselben nach Vorstehendem darf ausnahmsweise nur dann abgewichen werden, wenn der Prüfungs-Ausschuß einstimmig der Ansicht ist, daß hervorragende Leistungen des Prüflings oder erhebliche Mängel in seinem Wissen in dem rechnungsmäßig ermittelten Gesammturtheile nicht in angemessener Weise zum Ausdruck gelangt sind. In solchen Fällen sind die Gründe für die Festsetzung eines anderen Urtheilsgrades in der Prüfungsverhandlung (§. 18, 1) anzugeben.

§. 14. [Gesammturtheil „ungenügend".] Abgesehen von der in §. 13 gegebenen Richtschnur muß das Gesammturtheil auf „ungenügend" lauten, wenn die Schulbildung als ungenügend sich zeigt, d. h., wenn der Prüfling nicht im Stande sein sollte, Gedrucktes oder Geschriebenes geläufig und richtig zu lesen, seine Gedanken über eine einfache Aufgabe in einem Aufsatze verständlich und ohne erhebliche Fehler in der Rechtschreibung mit gut leserlicher Handschrift niederzuschreiben, und in den vier Haupt-Rechnungsarten, sowie in der Regel de tri mit benannten und unbenannten Zahlen, ferner mit einfachen und DecimalBrüchen geläufig und richtig zu rechnen.

Ist das Gesammturtheil ungenügend, und der ungünstige Ausfall etwa durch augenblickliche Befangenheit oder vorübergehende Zufälligkeiten herbeigeführt worden, so kann der Ausschuß befürworten, daß eine Wiederholung der Prüfung gestattet werde. Die Wiederholung ist nur einmal und zwar lediglich bei dem nächsten Prüfungstermine zulässig.

§. 15. [Rücktritt bezw. Zurückstellung von der Prüfung.] Wenn ein Prüfling sich unerlaubter Hülfsmittel bedient, so ist ihm die Fortsetzung der Prüfung nicht zu gestatten. Dieselbe gilt dann als nicht bestanden.

Verläßt ein Prüfling vor dem Schlusse der Prüfung dieselbe, ohne den Nachweis zu führen, daß Unwohlsein ihn an völliger Erledigung der Prüfung verhindert hat, so wird dieselbe als ungenügend bestanden angesehen. Auch in Erkrankungsfällen kann der Ausschuß beschließen, die Prüfung als ungenügend bestanden anzurechnen, wenn er nach dem Ergebnisse des bereits erledigten Theiles der Prüfung überzeugt ist, daß das Gesammturtheil auf ungenügend gelautet haben würde, wenn auch der noch übrige Theil der Prüfung völlig befriedigend ausgefallen wäre.

21*

§. 16. [Abschluß der Vorschlagsliste.] Die den Prüflingen ertheilten, sowie sämmtliche nach Vorschrift des §. 13 berechneten Urtheile sind in dem Verzeichnisse (Muster A) aufzuführen[2]).

Sodann ist die Reihenfolge derjenigen, welche die Prüfung bestanden haben, nach den rechnungsmäßigen Gesammturtheilen (§. 13) für jede der im §. 5 bezeichneten drei Klassen gesondert mit der Maßgabe festzusetzen, daß bei gleichen Prüfungsergebnissen die Anwärter nach der Charge (Oberjäger, Gefreite, Jäger), innerhalb der Charge nach dem Tage der Beförderung und falls auch letzterer derselbe ist, nach Maßgabe des Lebensalters einzuordnen sind.

In der entsprechenden Spalte des Verzeichnisses der zu prüfenden Jäger (Muster A) wird diese Reihenfolge durch eine für jede der drei Klassen für sich fortlaufende Nummerfolge angegeben.

§. 17. [Prüfungs-Verzeichniß.] Der Ausschuß hat ferner die Ergebnisse der Prüfung in dem „Prüfungs-Verzeichnisse" nach dem unter C anliegenden Muster zusammenzustellen, und zwar in der Weise, daß unter

I. diejenigen, welche die Prüfung bestanden haben, getrennt nach den drei im §. 5 angegebenen Klassen und in jeder Klasse nach der gemäß §. 16 festgestellten Reihenfolge, unter

II. diejenigen, welche die Prüfung nicht bestanden haben, aufzuführen sind, und zwar diese gesondert, je nachdem für sie

a) Zulassung zur Wiederholung befürwortet oder

b) die Gestattung nochmaliger Prüfung nicht befürwortet wird.

Das Prüfungsverzeichniß ist von sämmtlichen Mitgliedern des Ausschusses zu vollziehen und von einem Mitgliede eigenhändig zu schreiben, da es unbedingt vermieden werden muß, die Ergebnisse der Prüfung vor Aushändigung der Bescheide an die Prüflinge bekannt werden zu lassen.

§. 18. [Prüfungs-Verhandlung und Schluß der Prüfung.] 1. Die über die Prüfung und den Gang derselben aufzunehmende, von sämmtlichen Mitgliedern des Ausschusses zu vollziehende Verhandlung, ferner

2. die Verhandlung über die schriftliche Prüfung (§. 6),

3. ein von einem Mitgliede des Ausschusses eigenhändig auszufüllender Abdruck des Verzeichnisses der zu prüfenden Jäger, Muster A (§. 16),

4. das Prüfungs-Verzeichniß, Muster C (§. 17), hat der Vorsitzende des Prüfungs-Ausschusses an den Oberlandforstmeister einzureichen, die Personalakten der Geprüften (§. 7) aber an das Bataillons-Kommando zurückzusenden.

§. 19. [Ausfertigung der Bescheide. — Gesammt-Rangliste.] Der Oberlandforstmeister veranlaßt, daß für diejenigen Jäger, welche die Prüfung bestanden haben, Bescheide nach Muster D, für diejenigen, welche dieselbe nicht bestanden haben, Bescheide nach Muster E ausgefertigt werden, und setzt die Ausfertigungen bei den Mitgliedern des Ausschusses zur Vollziehung durch Namensunterschrift (ohne Beisetzung des Amtstitels) in Umlauf.

Für die Bewerber des Königlichen Forstverwaltungsdienstes werden Bescheide nicht ausgefertigt.

Der Oberlandforstmeister stellt ferner eine nach den drei im §. 5 bezeichneten Klassen getrennte Gesammtrangliste derjenigen, welche die Prüfung bestanden haben, auf und übergiebt diese nebst den Bescheiden bis spätestens zum 1. August der Inspektion der Jäger und Schützen, welche die Bescheide den Geprüften zufertigen läßt. In der Gesammtrangliste sind nachrichtlich diejenigen Jäger, welche

---

[2]) Von den Bewerbern für den Königlichen Forstverwaltungsdienst handelt §. 5 Abf. 2.

die Prüfung nicht bestanden haben, gesondert nach den zur Wiederholung der Prüfung zuzulassenden und den zur Wiederholung nicht zuzulassenden, und schließlich diejenigen Jäger aufzuführen, welche zur Ausführung der Prüfung wegen Krankheit u. s. w. nicht gelangt sind.

§. 20. Soweit es nothwendig wird, für den Zweck der Prüfung durch Anschaffung von Holzsämereien, Annahme von Arbeitern zur Hülfeleistung für die Waldprüfung und dergleichen baare Auslagen zu machen, sind dieselben von einem Mitgliede des Prüfungs-Ausschusses vorzustrecken und, mit den erforderlichen Quittungen und Bescheinigungen belegt, der Tagegelder- und Reisekosten-Berechnung desselben zuzusetzen.

Der Minister für Landwirthschaft, Domainen und Forsten.

Anlage C (zu Anmerkung 14).

Vorschriften für die Försterprüfung. Vom 3. Februar 1887 (MB. 49).

§. 1. [Zweck der Prüfung. Maß der Anforderungen.] Die Försterprüfung hat den Zweck, zu erforschen, ob und in welchem Maße der Jäger die Befähigung zu künftiger Anstellung als Förster sich erworben hat. Zum Bestehen dieser Prüfung ist es erforderlich, daß der Examinand diejenigen Eigenschaften, Kenntnisse und Fertigkeiten darlegt, welche er besitzen muß, um allen Anforderungen der Dienst-Instruktion für die Königlichen Förster genügen zu können.

§. 2. [Theile der Prüfung.] Die Försterprüfung besteht:

a) in einer mindestens sechsmonatlichen Beschäftigung als Hülfsaufseher (Prüfungsbeschäftigung)[1].

b) in einem schriftlichen und

c) in einem mündlichen Examen.

§. 3. [Zeit und Ort der Ausführung.] Diejenige Regierung (Hofkammer), bei welcher der Jäger auf Grund des §. 15 bezw. 19 der Bestimmungen vom 1. Oktober 1897[3] notirt ist, hat, sobald sich nach Vollendung des achten Dienstjahres geeignete Gelegenheit zu der Prüfungsbeschäftigung ermitteln läßt, jedenfalls aber spätestens gegen Ende des zehnten Dienstjahres, die Ausführung der Försterprüfung von Amtswegen zu veranlassen. Welche Oberförsterei innerhalb des Regierungs-Bezirks hierzu bestimmt werden soll, bleibt dem Ermessen des Oberforstmeisters überlassen. Ist der Examinand bereits nach §. 15 der Bestimmungen vom 1. Oktober 1897[2] im Königlichen Dienst beschäftigt, oder befindet er sich, wenn die Prüfung abgehalten werden soll, in einer Gemeinde- oder Anstalts-Forststelle, so kann, sofern sich die betreffende Stelle nach dem Ermessen des Oberforstmeisters hierfür eignet, die Prüfungsbeschäftigung in diesem Dienstverhältnisse zugelassen werden[3]. Eine andere Regierung, auch wenn in deren Bezirk der zu Prüfende sich aufhält, um Ausführung der Prüfung anzugehen, ist nicht statthaft[4].

---

[1] Der Oberforstmeister kann den Prüfling davon entbinden, wenn dieser sich bereits während längerer Beschäftigung im Staats-, Gemeinde- oder Anstalts-Forstdienst als tüchtig und zuverlässig erwiesen hat § 20 Abs. 6.

[2] An Stelle des § 16 bezw. 19 des Regulativs vom 1. Februar 1887 getreten.

[3] Die Prüfung darf auch in einer geeigneten Privat-Forststelle stattfinden § 20 Abs. 7.

[4] Dies ist jetzt statthaft § 20 Abs. 8 und § 29.

Der Beginn der Prüfungsbeschäftigung ist thunlichst in die ersten Monate des Wirthschaftsjahres zu legen.

§. 4. [**Prüfungsbeschäftigung als Hülfsaufseher.**] Der Oberforstmeister hat den Examinanden mindestens vier Wochen vor dem zum Beginn der Prüfungsbeschäftigung bestimmten Termine anzuweisen, wann und bei welchem Oberförster er sich zu diesem Behufe persönlich zu melden hat, und zugleich den betreffenden Oberförster dieserhalb mit Anweisung zu versehen. Leistet der Jäger der Aufforderung nicht pünktlich Folge, so hat der Oberförster solches der Regierung anzuzeigen, welche dann nach Vorschrift des §. 21 der Bestimmungen vom 1. Oktober 1897 verfährt.

Den rechtzeitig sich einfindenden Examinanden hat der Oberförster als Hülfsaufseher zu beschäftigen und ihm dabei die selbstständige Wahrnehmung aller Förstergeschäfte in mindestens einem Holzschlage von angemessenem Umfange, so wie bei mindestens einer größeren Kultur, thunlichst aber bei verschiedenen Kulturen (Saat und Pflanzung), zu übertragen, auch, wo sich Gelegenheit dazu ermitteln läßt, die Ausführung von Durchforstungen, Läuterungshieben und Wegebauten aufzugeben.

§. 5. [**Kontrole während der Beschäftigung. Prüfungsakten.**] Der Oberförster hat die Leistungen des Examinanden sowohl beim Forstschutze als auch bei den Hauungen und Kulturen, sowie dessen gesammtes Verhalten sorgfältig zu beobachten und seine desfallsigen Wahrnehmungen und Urtheile, so oft sich dazu Veranlassung ergiebt, jedenfalls aber am Schlusse jeden Monats, und außerdem bei der Abnahme der dem Examinanden überwiesenen Schläge und Kulturen oder sonstigen Arbeiten in einem Aktenhefte zu verzeichnen, welches unter der Aufschrift: „Prüfungsakten des Jägers N." anzulegen und vom Oberförster geheim unter eigenem Verschlusse zu halten ist. Die dem Examinanden zugetheilten Schläge, Kulturen und sonstigen Arbeiten sind darin nach Ort, Art und Umfang speziell zu verzeichnen. So oft während der Prüfungszeit ein höherer Vorgesetzter im Revier anwesend ist, hat der Oberförster dieses Aktenheft demselben zur Einsicht und event. Beifügung seiner eigenen Wahrnehmungen und Bemerkungen vorzulegen[5]).

Auch dem Regierungs- und Forstrath[6]) und dem Oberforstmeister liegt es ob, bei Anwesenheit auf dem Reviere von dem Verhalten und den Leistungen des Examinanden durch Revision seiner Schläge, Kulturen und Bücher Kenntniß zu nehmen.

Das Augenmerk ist hauptsächlich darauf zu richten, daß ein völlig begründetes Urteil über die Zuverlässigkeit, die körperliche Rüstigkeit und Ausdauer und die forsttechnische Tüchtigkeit des Examinanden, sowie über seinen Fleiß und Diensteifer und sein Interesse für die Waldgeschäfte erlangt wird. Alle hierzu dienlichen Notizen sind in den Prüfungsakten niederzulegen. Wenn zu erheblicheren Ausstellungen sich Veranlassung ergeben sollte, so ist dem Examinanden darüber protokollarisch Vorhalt zu machen und jede desfallsige Verhandlung zu den Prüfungsakten zu bringen.

Sollte der Oberförster nach Ablauf der für die Prüfungsbeschäftigung festgesetzten Zeit ein genügendes Urtheil über den Examinanden ausnahmsweise noch nicht erlangt haben, so hat er durch einen an den Regierungs- und

---

[5]) Bei Zulassung der Prüfung in einem Privatrevier sind wegen Führung der Prüfungsakten entsprechende abweichende Anordnungen zu treffen Vf. ML. 12. Juli 96 (DJ. XXVIII. 185).

[6]) Nr. 3 Anl. A Anm. 6 d. W.

Forstrath[6]) und Oberforstmeister gerichteten Bericht unter Angabe der Gründe eine Verlängerung der Prüfungsbeschäftigung zu beantragen. Eine hiernach vom Oberforstmeister anzuordnende Fortsetzung der Prüfungsbeschäftigung ist jedoch so zu bemessen, daß die Prüfungsbeschäftigung im Ganzen nicht länger als 18 Monate dauert.

§. 6. [Urtheil über die Prüfungsbeschäftigung.] Nach Beendigung der Prüfungsbeschäftigung ist vom Oberförster zu den Prüfungsakten eine eingehende Beurtheilung über:

a) Gesundheit und Körperbeschaffenheit,
b) sittliches Verhalten,
c) Zuverlässigkeit und Pünktlichkeit im Dienst,
d) Fleiß, Diensteifer und Interesse für den Wald,
e) Leistungen beim Forstschutz,
f) Leistungen bei den Hauungen 2c.,
g) Leistungen bei den Kulturen, der Waldpflege 2c.,
h) Befähigung für das Jagdwesen
und demnächst eine Gesammtcensur (§. 11) über die Prüfungsbeschäftigung abzugeben.

Dieser Aeußerung des Oberförsters hat der Regierungs= und Forstrath[6]) auf Grund seiner eigenen Wahrnehmungen und namentlich auf Grund seiner Revision der von dem Examinanden ausgeführten Arbeiten bei den Hauungen und Kulturen und der von ihm geführten Nummerbücher, des Forstrügenbuchs 2c. sein eigenes Urtheil für jeden einzelnen Punkt zu a bis h, sowie seine Gesammtcensur hinzuzufügen. Schließlich hat auch der Oberforstmeister diejenigen Bemerkungen zuzusetzen, zu denen er Veranlassung findet, seine Gesammtcensur zu ertheilen und ein Gesammt=Prädikat für die Prüfungsbeschäftigung nach Stimmenmehrheit der Examinatoren festzustellen.

§. 7. [Entbindung von der Prüfungsbeschäftigung.] Die Prüfungsbeschäftigung als Hülfsaufseher kann der Oberforstmeister ausnahmsweise ganz oder theilweise erlassen, wenn der Examinand bereits eine in jeder Beziehung vorzügliche Tüchtigkeit und Zuverlässigkeit durch Leistungen während längerer Beschäftigung im Königlichen, Gemeinde=, oder Anstalts=Forstdienste dergestalt bewährt hat, daß der Oberforstmeister die Verantwortlichkeit für Gestattung einer solchen Ausnahme zu übernehmen kein Bedenken trägt[1]).

Wenn dieser Fall eintritt, so sind die Prüfungsakten bei der Regierung anzulegen. In denselben notirt der Oberforstmeister, während welcher Zeiten und in welchen Revieren die Beschäftigung, auf Grund deren die Prüfungsbeschäftigung erlassen ist, stattgefunden hat und giebt außerdem eine specielle Aeußerung über jeden der Punkte a bis h des §. 6 ab.

§. 8. [Schriftliches und mündliches Examen.] Das schriftliche und mündliche Examen ist unter der Leitung des Oberforstmeisters vom Regierungs= und Forstrath[6]) und dem betreffenden Oberförster, in demjenigen Revier abzuhalten, in welchem die Prüfungsbeschäftigung stattfindet.

Im Falle des §. 7 hat der Oberforstmeister zu bestimmen, welcher Oberförster zu dem Examen zugezogen, bezw. in welchem Reviere dasselbe abgehalten werden soll. Der Prüfungstermin wird vom Oberforstbeamten so anberaumt, daß er das Examen thunlichst bei Gelegenheit einer Revierbereisung abhalten kann. Das Examen kann sowohl während der Dauer der Prüfungsbeschäftigung, als auch erst nach deren Beendigung abgehalten werden, letzteren Falls ist aber die Schlußprüfung wenn irgend thunlich binnen acht Wochen nach dem Ende der

Prüfungsbeschäftigung auszuführen. Das schriftliche Examen kann von dem mündlichen getrennt zu einer anderen Zeit als dieses abgehalten werden.

§. 9. [Das schriftliche Examen.] Mit Abhaltung des schriftlichen Examens kann der Oberforstmeister den Regierungs- und Forstrath[6]) beauftragen.

Dieses Examen besteht in der unter Aufsicht des Regierungs- und Forstraths[6]) und Oberförsters zu bewirkenden schriftlichen Lösung einiger innerhalb des Wirkungskreises eines Königl. Försters liegenden Aufgaben aus den Gebieten des Waldbaues, der Forstbenutzung, des Forstschutzes, des Jagdwesens und der praktischen Geschäftskenntniß einschließlich des Rechnens.

Die Ausarbeitungen der Examinanden sind sofort zu deren Prüfungsakten zu heften, nachdem am Schlusse jeder einzelnen Aufgabe zuerst der Oberförster und dann der Regierungs- und Forstrath[6]) die Censurziffer (§. 11) neben seiner Namensunterschrift notirt hat, welche jeder für die Arbeit als angemessen erachtet.

Schließlich hat jeder dieser beiden Examinatoren sein Votum über das Gesammtergebniß des schriftlichen Examens mit einem der im §. 11 vorgeschriebenen Prädikate in die Prüfungsakten niederzuschreiben, worauf der Oberforstmeister seine Censur ertheilt und ein Gesammtprädikat für das schriftliche Examen nach Stimmenmehrheit der Examinatoren feststellt.

§. 10. [Das mündliche Examen.] Das mündliche Examen ist vom Oberforstmeister, Regierungs- und Forstrath[6]) und Oberförster gemeinschaftlich, und zwar hauptsächlich im Walde, abzuhalten. Es ist vorzugsweise dahin zu richten, daß erforscht wird, ob der Examinand eine auf praktischer Uebung beruhende Bekanntschaft mit den Waldgeschäften eines Försters sich erworben hat. Die Fragen und Aufgaben werden daher so zu wählen sein, daß dem Examinanden Gelegenheit gegeben wird, seine Kenntnisse in Unterscheidung und Benennung der einheimischen Holzarten und ihrer Sämereien und Keimlinge, seine Fertigkeit im Säen und Pflanzen und in allen dabei auszuführenden Arbeiten und Handgriffen, seine Befähigung zur Anlegung und Anleitung der Holzhauer und Kulturarbeiter, seine Bekanntschaft mit der Fällung, Aufarbeitung, Messung und Sortirung des Holzes, seine Uebung im Berechnen und Ansprechen der Stärke, Länge, des Massen- und Sortimentsgehaltes einzelner liegender und stehender Stämme darzulegen, ferner zu zeigen, daß er bei Handhabung des Forstschutzes sachgemäß zu handeln, daß er Wildfährten richtig anzusprechen versteht, und mit den wichtigsten Regeln und Vorschriften für die Ausübung der Jagd und des Jagdschutzes bekannt ist.

Nach Beendigung des mündlichen Examens ist die Ansicht eines jeden Examinators über dessen Gesammtergebniß in einer kurzen Verhandlung zu den Prüfungsakten zu vermerken und schließlich ein Gesammtprädikat für die ganze mündliche Prüfung nach Stimmenmehrheit der Examinatoren festzustellen.

Wenn der Oberforstmeister zugleich auch die Regierungs- und Forstraths[6])-Funktionen in der betreffenden Oberförsterei wahrzunehmen hat, und solchen Falls also nur zwei Examinatoren vorhanden sind, so ist, im Falle der Meinungsverschiedenheit, die Stimme des Oberforstmeisters hier wie auch bei dem Urtheil über die Prüfungsbeschäftigung und über die schriftliche Prüfung die entscheidende.

§. 11. [Censurgrade.] Alle Censuren bei der Försterprüfung sind nur in folgenden Abstufungen zu ertheilen:

1. vorzüglich,
2. gut,

3. genügend,
4. nicht genügend.

§. 12. [Schluß der Prüfung. Gesammturtheil.] Wenn alle Theile der Försterprüfung beendet sind, hat zuerst der Oberförster nach dem Gesammtergebniß der ganzen Prüfung und nach dem Inbegriff aller seiner Wahrnehmungen über das Verhalten und die Kenntnisse des Examinanden, sich zu äußern, ob er denselben zur künftigen Anstellung als Königl. Förster vorzüglich, gut, genügend oder nicht genügend geeignet erachtet. Mit diesem Urtheil gehen die Prüfungsakten an den Regierungs- und Forstrath[6]) und werden von diesem, nach Beifügung seines Urtheils, dem Oberforstmeister vorgelegt welcher endlich gleichfalls sein Urtheil darin niederschreibt und das Schlußergebniß feststellt.

Das letztere darf unbedingt nur mit einem der im §. 11 vorgeschriebenen Prädikate ausgesprochen werden.

Die Frage, ob der Examinand überhaupt bestanden (Censur 1 bis 3 im §. 11) oder nicht bestanden (Censur 4) hat, wird nach Stimmenmehrheit der Urtheile der Examinatoren entschieden, sofern nicht auch hier nach dem Schlußsatze des §. 10 zu verfahren ist.

Ob einem Examinanden, welcher hiernach die Prüfung bestanden hat, die schließliche Gesammtcensur vorzüglich, gut oder genügend zu ertheilen ist, bleibt in jedem Falle der Entscheidung des Oberforstmeisters vorbehalten.

Hat zwar die Prüfungsbeschäftigung, aber nicht das gesammte Examen ein genügendes Ergebniß gehabt, so ist nach Stimmenmehrheit zu entscheiden, ob das mündliche und schriftliche Examen wiederholt werden darf. Die Wiederholung darf nur einmal und zwar binnen Jahresfrist erfolgen.

Eine Wiederholung der gesammten Prüfung ist unzulässig.

§. 13. [Gesammtprädikat „vorzüglich".] Die Gesammtcensur „vorzüglich" darf nur ertheilt werden, wenn der Examinand, bei völlig tadellosem dienstlichen und außerdienstlichen Verhalten im Allgemeinen, eine über das Maß der gewöhnlichen Elementar-Schulkenntnisse hinausgehende allgemeine Bildung gezeigt, zweifellose Zuverlässigkeit, ausdauernden Fleiß und lebendiges Interesse für den Wald und die Waldgeschäfte bewährt, durch seine Leistungen beim Forstschutze, den Hauungen und Kulturen völlig befriedigt, und im mündlichen Examen das Gesammtprädikat „vorzüglich" erhalten hat.

§. 14. [Gesammtprädikat „nicht genügend".] Ohne für andere Fälle dem Beschlusse des Prüfungs-Ausschusses vorzugreifen, muß die Gesammtcensur auf „nicht genügend" lauten:

    a) wenn nach dem einstimmigen Urtheile aller Examinatoren der Examinand nach seiner Gesundheits- und Körperbeschaffenheit den Anforderungen des Forstschutzdienstes für einen Schutzbezirk von mittlerem Umfange und gewöhnlichen Verhältnissen zu genügen sich außer Stande zeigt; oder

    b) wenn der Examinand durch seine Führung zu so erheblichem Tadel Anlaß giebt, oder in seinen Leistungen bei der Prüfungsbeschäftigung so ungenügend sich zeigt, daß die Regierung nach §. 21 der Bestimmungen vom 1. Oktober 1897 seine Entlassung aus der Jägerklasse A zu beschließen sich veranlaßt findet. In diesem Falle bedarf es der Abhaltung des schriftlichen und mündlichen Examens, wenn solches nicht schon bewirkt ist, nicht mehr.

Endlich ist das Prädikat „nicht genügend" zu ertheilen:

    c) wenn das Gesammtergebniß der Försterprüfung die Ueberzeugung begründet, daß der Examinand den Wirkungskreis eines Königl. Försters,

wie solcher durch die Dienstinstruktion bestimmt wird, nicht völlig ge=
nügend ausfüllen werde.

§. 15. [Rücktritt vor der Prüfung.] Wenn ein Examinand vor
völlig beendeter Prüfung von derselben zurücktritt, beziehungsweise aus der
Prüfungsbeschäftigung freiwillig ausscheidet, so ist die Prüfung als nicht genügend
bestanden anzusehen.

§. 16. [Mittheilung und Notirung des Prüfungsergebnisses.]
Nach schließlicher Feststellung ist das Ergebniß der Prüfung dem Examinanden
bekannt zu machen und in der Liste der Reservejäger (vergl. §. 22 der Be=
stimmungen vom 1. Okt. 97) zu notiren. Auf dem Militairpasse ist zu vermerken:

Die Försterprüfung ist in der Zeit vom . . . . bis . . . .
in der (Königl., Gemeinde=, Anstalts=) Oberförsterei . . . . abgelegt und
{ vorzüglich, gut, genügend, } bestanden.
{ nicht genügend

. . . ., den . . . . ten . . . . 19 . .
Königliche Regierung.

Ist eine Wiederholung der Prüfung gestattet worden (§. 12), so wird
hierüber eine kurze Notiz in der Liste der Reservejäger der Klasse A und auf
dem Militairpasse angebracht.

Wenn das Gesammtprädikat endgültig auf „nicht genügend" lautet, hat die
Regierung nach Maßgabe des §. 21 der Bestimmungen vom 1. Oktober 1897
die Entlassung des Jägers aus der Klasse A zu veranlassen.

§. 17. [Remunerirung für die Prüfungsbeschäftigung.] Wird die
Prüfung in einer Königlichen Oberförsterei erledigt, so sind während der Prüfungs=
zeit die dem Dienstalter entsprechenden Tagegelder und das für Hülfsjäger[7] zu=
lässige Brennmaterial zu gewähren.

Für die Zureise und Rückreise kann eine Vergütung nicht bewilligt werden.

§. 18. [Försterprüfung für Forstversorgungsberechtigte.] Wenn
die Försterprüfung in den Fällen, welche der §. 20, Absatz 2 und 3 und der
§. 23 (a und c) der Bestimmungen vom 1. Oktober 1897 erwähnen, erst nach
Erlangung des Forstversorgungsscheins abgelegt wird, so ist dieselbe eben=
mäßig nach den vorstehenden Vorschriften auszuführen, und der Vermerk über
das Ergebniß in den Forstversorgungsschein und die Liste der Forstversorgungs=
berechtigten einzutragen. Bei nicht genügendem Ausfalle der Prüfung hat die
Regierung nach Maßgabe des §. 33 zu Nr. 3 der Bestimmungen vom 1. Oktober
1897 den Forstversorgungsberechtigten seiner Ansprüche für verlustig zu erklären.

Wegen der Verbindung der Försterprüfung mit der Probedienstzeit vergl.
§. 32, Absatz 2 der Bestimmungen vom 1. Oktober 1897.

---

[7] Die Worte „für Hülfsjäger" sind in die Bestimmungen vom 1. Oktober
1897 § 20 Abs. 12 nicht übernommen.

III. Gemeinde- und Anstaltsforsten.

1. Einleitung.

Die dem Staate obliegende Verpflichtung zur Ueberwachung der Vermögens-
verwaltung der Gemeinden und öffentlichen Anstalten umfaßt hinsichtlich der
Forsten[1] die Beaufsichtigung des Betriebes und die Vorkehrungen für Anstellung geeigneter Forstbeamten.

Die Beaufsichtigung des Betriebes ist für die einzelnen Landestheile
verschieden geregelt. Maßgebend sind dafür:

a) in den sieben östlichen Provinzen das G. v. 14. Aug. 76 (Nr. 2);

b) in der Provinz Westfalen und der Rheinprovinz die V. vom
24. Dez. 16 (Nr. 3);

c) in der Provinz Hannover und zwar in dem Fürstenthum
Hildesheim die V. über die Bewirthschaftung der den Gemeinden,
Kirchen und öffentlichen Anstalten zustehenden Forsten 21. Oktober 15
(Hagemann's Samml. d. Hannov. Landesverordn. 15. S. 886);

in den Fürstenthümern Kalenberg, Göttingen und
Grubenhagen und in den damit verbundenen Landestheilen
das G., die Verwaltung der Gemeinde- und Kirchenforsten betreffend,
10. Juli 59 (GS. f. Hannov. 59 I. Abth. 725)[2] nebst Ausf.-Anw.
26. Juli 59 (daselbst 739);

d) in der Provinz Hessen-Nassau und zwar in dem vormals kurhessischen Landestheile die V. v. 30. Mai 1711, 25. Juli 1777
wegen Verwaltung der Stadt-, Gemeinde- und Kirchenwaldungen,
ferner die V., betreff. die Umbildung der bisherigen Staatsverwaltung
29. Juni 1821 (GS. für Kurhessen 29) §. 132, Gem.-O. 23. Okt. 34
(GS. f. Kurh. 1819), Regulativ über Einleitung und Ausführung des
Forstbetriebes und die Handhabung des Forstschutzes in den gemein-
heitlichen Waldungen 5. März 40, StO. f. Hessen-Nassau 4. Aug. 97
(GS. 254) §. 60 und LGO. 4. Aug. 97 (GS. 301) §. 44;

in dem vormaligen Herzogthum Nassau: Edikt über die Forstorganisation vom 9. Nov. 16 (VBl. f. Nassau 166), G., die Gehälter
der Förster betreffend, v. 27. Sept. 49 (VBl. 441), Gem.-O. 26. Juli 54
(VBl. 166). StO. u. LGO. f. Hessen-Nassau: wie vorstehend. KrO. f.
Hessen-Nassau 7. Juni 85 (GS. 193) §. 116 Abf. 2;

in dem vormals Bayerischen Landestheile: ForstG. für das
Königr. Bayern 28. März 52 (GB. f. d. K. Bayern 69) Abth. II. 2;

---

[1] Nach der Uebersicht (Nr. I. 1. Anl.
Spalte 7 u. 8) beträgt die Gesammtfläche
der Gemeindeforsten 1 103 646, der Anstaltsforsten 97 972 ha.

[2] Dieses G. gilt nur für Landge-
meinde-, nicht auch für städtische Forsten.

in den vormals Großherz. Hessischen Landestheilen: die V. über die Forstorganisation 16. Jan. 11 (Großherz. Hess. V. 11 StO.) u. V. über das Forstwesen 29. Dez. 23 (Großh. Hess. V. 429);

in dem vormals Landgräfl. Hessen-Homburg'schen Landestheile: ForstorganisationsG. 6. Febr. 35 u. ForstverwaltungsO. 15. April 35 (Archiv der Forst- und Jagdgesetzgebung der Deutschen Bundesstaaten von St. Behlen XIV. 2. 43. S. 179);

e) in den Hohenzollern'schen Landen: das GemeindeforstG. für die Hohenz. Lande 22. April 02 (GS. 95)[3].

f) in den übrigen Landestheilen bestehen keine besonderen Bestimmungen über Beaufsichtigung des Forstbetriebes. Für sie kommen nur die allgemeinen Vorschriften über die Einwirkung des Staates auf die Verwaltung des Gemeinde- und Anstaltsvermögens in Betracht[4].

Für die Anstellung und Versorgung der Gemeinde-Forstbeamten hat das KommunalbeamtenG. 30. Juli 99 (Nr. IV) eine einheitliche Grundlage geschaffen[5].

---

[3] Anm. zu c, d und e: Die hier aufgeführten G. u. V. regeln die Staatsaufsicht übereinstimmend dergestalt, daß die Gemeinde- und Anstaltsforsten, sowie die gemeinschaftlichen Holzungen durch vom Staate angestellte und besoldete Beamte zu verwalten sind. Die Waldeigenthümer haben Besoldungsbeiträge nach der Fläche zu leisten und für den Forstschutz selbst zu sorgen (nur in dem vorm. Hess. Homburg'schen Landestheile hat der Staat auch die Forstschutzbeamten auf seine Kosten gegen Bezug von Besoldungsbeiträgen der Gem. anzustellen). Die Betriebs- und jährlichen Wirthschaftspläne werden den Gemeinden und Anstalten zur Erklärung vorgelegt, etwaige Ausstellungen unter thunlichster Berücksichtigung der geäußerten Wünsche in dem darüber vorgeschriebenen Verfahren erledigt. Die Verwerthung der Forsterträge ist den Waldeigenthümern überlassen. Die weiteren Vorschriften über die Handhabung der Staatsaufsicht weichen im Einzelnen nicht wesentlich von einander ab. Als Beispiel für sie ist das unter c aufgeführte Hannov. G. 10. Juli 59 beigefügt. Anlage A.

[4] Dazu gehören: Die Provinz Schleswig-Holstein, von der Provinz Hannover die RBez. Hannover (außer Kalenberg), Lüneburg, Stade, Osnabrück und Aurich, sowie die von dem Geltungsgebiete des G. 10. Juli 59 (siehe c) ausgeschlossenen nicht amtssässigen Städte, ferner die Stadt Frankfurt a. M. (GemVf. G. f. d. St.F. 25. März 67, GS. 401). In dem nördlichen Theile des RBez. Hannover, namentlich in den Grafschaften Hoya und Diepholz, wird allerdings auf Grund der VerwaltungsO. für die Landgemeindeforsten 1. September 30 (GS. f. Hannover 247) Abth. III von dem Regierungspräsidenten unter Mitwirkung des Regierungs- u. Forstraths eine gewisse Oberaufsicht durch Prüfung und Bestätigung der Betriebspläne und der jährlichen Wirthschaftspläne ausgeübt, die Rechtsgültigkeit der V. ist jedoch angefochten und ihre Bestimmungen kommen nur in beschränkter Form, auch nicht überall zur Anwendung. Für die Forsten der nicht amtssässigen hannoverschen Städte (Nr. I 4 Anm. 81 d. W.) ist die Prüfung u. Bestätigung der Wirthschafts- u. Betriebspläne durch den Reg.-Pr. auf Grund der rev. StO. 24. Juni 58 (Hann. GS. I. 141) § 119 oder von Ortsstatuten eingeführt.

[5] Ueber sonstige Rechtsverhältnisse der Gemeindeforstbeamten, sowie über die ihnen und den Forstbeamten der öffentlichen Anstalten vorgeschriebenen Dienstkleidung Nr. 4. Anm. 21 u. 22 d. W.

Anlage A (zu Anmerkung 4).

Gesetz, die Verwaltung der Gemeinde- und Kirchenforsten in den Fürsten=
thümern Kahlenberg, Göttingen und Grubenhagen und in den damit ver=
bundenen Landestheilen betreffend. Vom 10. Juli 1859 (GS. f. Hannover
59, X. Abth. 725).

Wir erlassen hierdurch unter Zustimmung Unserer getreuen Kahlenberg=
Grubenhagenschen Landschaft das folgende Gesetz:

§. 1. Die Forsten der Landgemeinden, sowie der in denselben bestehenden
Genossenschaften, Kirchen und Volksschulen (mit Einschluß der zu den beiden
letzteren gehörigen Stellen, Wittwenthümer u. s. w.) in den Fürstenthümern
Kahlenberg, Göttingen und Grubenhagen und in den damit vereinigten Landes=
theilen, einschließlich des Eichsfeldes, sollen nach den in dem Folgenden enthaltenen
Bestimmungen, unter insoweitiger Beschränkung der Rechte, der Eigenthümer,
von Unseren Behörden und Angestellten verwaltet werden.

§. 2. Der Betrieb in den fraglichen Forsten wird durch Unsere Forst=
behörden und Forstbeamte geführt.

Die Oberaufsicht über den Betrieb steht Unseren Landdrosteien beziehungs=
weise Unserer Berghauptmannschaft unter Unserem Ministerium des Innern zu.

§. 3. Als Gegenstände des Forstbetriebes sind anzusehen:

1. Die Feststellung allgemeiner Wirthschaftspläne zur Sicherung nachhaltiger
   Benutzung;
2. die Aufnahme, Feststellung und Sorge für Ausführung der jährlichen
   Hauungen und Kulturen;
3. die Abnahme der Schläge und Ueberweisung der Erträge derselben;
4. die Anweisung etwa zulässiger Nebenbenutzungen von Mast, Laub, Gras,
   Weide, Steinbrüchen u. s. w.

Eine Bestimmung über die Benutzung des gewonnenen Holzes Seitens der
Eigenthümer steht der Betriebsverwaltung nicht zu.

§. 4. Bei Feststellung der allgemeinen Wirthschafts= und der jährlichen
Betriebspläne sollen die Forsteigenthümer oder deren Vertreter und zwar, wenn
sie darauf antragen, in einer unter Mitwirkung der Obrigkeit abzuhaltenden
Konferenz mit ihren Ansichten und Wünschen gehört, und es sollen deren An=
träge soweit berücksichtigt werden, als es ohne wesentlichen Nachtheil für den
Forst geschehen kann.

Die Entscheidung gegen die Anträge der Forsteigenthümer oder deren Ver=
treter in Beziehung auf Feststellung der Wirthschafts= und der jährlichen Betriebs=
pläne steht der zuständigen Landdrostei, beziehungsweise der Berghauptmannschaft
und in letzter Instanz Unserem Ministerium des Innern zu.

§. 5. Die Forsteigenthümer haben die festgestellten Hauungen, Kulturen
und sonstigen Forstverbesserungen auf eigene Kosten nach näherer Bestimmung
der Betriebsverwaltung auszuführen, und wenn diese die Ausführung der
Arbeiten durch von ihr anzunehmende Arbeiter für nöthig halten sollte, die des=
fallsigen Kosten zu tragen.

§. 6. Die Forsteigenthümer haben ferner nach Maßgabe des Bedürfnisses
und nach näherer Bestimmung der Betriebsverwaltung die zur Wahrnehmung
des Forstschutzes erforderlichen Einrichtungen zu treffen, auch nöthigenfalls, soweit
ihre Steuerkräfte es gestatten, und der Umfang der Forst zu dem Aufwande in
einem angemessenen Verhältnisse steht, dazu besondere Forstaufseher anzustellen.

Bei einem nicht ausreichenden Umfange einzelner Forsten können in ge=
eigneten Fällen Forstaufseher von den Eigenthümern mehrerer Forsten gemein=
schaftlich angestellt werden.

Das Aufsichtspersonal steht unter dem Befehle und der Dienstaufsicht der
Betriebsverwaltung, welche die zum Schutze der Forst nöthigen Maßregeln zu
leiten hat und auch zu eigener Ausübung des Forstschutzes, wenn auch nicht
verpflichtet, so doch berechtigt ist.

§. 7.   Die Forstrechnungsführung liegt den Eigenthümern ob; jedoch sind
Seitens der Betriebsverwaltung die Forstmanuale zu führen und die Lohnscheine
über Waldarbeiten auszustellen.

§. 8.   Als Beitrag zu den Besoldungen Unserer die Betriebsverwaltung
führenden Forstbeamten haben die Forsteigenthümer für jeden Morgen Forst
jährlich die Summe von 1 Gr. ($^1/_{30}$ Rthlr.) in Unsere Generalkasse zu zahlen.

Sonstige Zahlungen für die Betriebsverwaltungen und die mit derselben
nach diesem Gesetze verbundenen Geschäfte haben die Forsteigenthümer nicht zu leisten.

Die durch dieses Gesetz veranlaßten Verhandlungen Unserer Behörden er=
folgen gebührenfrei.

§. 9.   Die Verwaltungsordnung für die Forsten der Landgemeinden im
Bezirke der Landdrostei Hannover vom 1. September 1830 wird für das Fürsten=
thum Kahlenberg hierdurch außer Kraft gesetzt.

Auch wird das Regulativ vom 8. November 1852, betreffend die Verwaltung
der Forsten der Landgemeinden und der ländlichen Kirchen auf dem Hannoverschen
Eichsfelde hierdurch aufgehoben.

§. 10.   Unsere Ministerien der Finanzen und des Innern haben die zur
Ausführung dieses Gesetzes nöthigen Vorschriften zu treffen und den Termin zu
bestimmen, mit welchem dasselbe in Wirksamkeit tritt.

---

2. Gesetz, betreffend die Verwaltung der den Gemeinden und öffentlichen Anstalten gehörigen Holzungen in den Provinzen Ostpreußen, Westpreußen[1]), Brandenburg, Pommern, Posen, Schlesien und Sachsen. Vom 14. August 1876. (GS. 373)[2]).

§. 1.   Die Verwaltung der Holzungen[3]) der Gemeinden[4]), Kirchen,
Pfarren, Küstereien, sonstigen geistlichen Institute, öffentlichen Schulen,

---

[1]) Die Prov. Preußen ist in diese
beiden Prov. getheilt G. 19. März 77
(GS. 107).

[2]) Zweck des G. ist die Erweiterung
der unzureichenden Aufsichtsbefugnisse
des Staates. — Bei den Vorschriften
des G. bewendet es, abgesehen von der
Fristveränderung im § 11, auch nach
der neueren Verwaltungsgesetzgebung
(ZustG. § 16 Abs. 2, 30 Abs. 2, LGO.
für die 7 östl. Prov. 3. Juli 91 (GS.
233. § 69 Abs. 2). Inhalt: Fest=
setzung der Oberaufsicht § 1, Bewirth=
schaftung § 2, Feststellung und Ueber=
wachung der Betriebspläne § 3 bis 6,
Anstellung von Forstbeamten § 7, Auf=
forstung unkultivirter Grundstücke § 8
und 9, Zwangsmaßregeln § 10 u. 11,
Verfahren und Schlußbestimmungen
§ 12 bis 16. — Ausf.=Instr.:
21. Juni 77 (MB. 259) Anlage A.
Quellen: Landt.=Verh. HH. 76 Druckf.
Nr. 19 (Begr.), 40 (KB); AH. StB.
1572. 1871. Bearb. von Öhlschläger
u. Bernhardt (Berl. 78).

[3]) Der Ausdruck Holzungen ist der
Grundsteuergesetzgebung entnommen.

[4]) Das sind die zum sogen. Käm=
merei=, sowie die zum Gemeindeglieder=
vermögen (Dekl. 26. Juli 47. GS.

höheren Unterrichts= und Erziehungsanstalten, frommen und milden Stiftungen und Wohlthätigkeitsanstalten [5]) unterliegt der Oberaufsicht des Staates nach Maßgabe dieses Gesetzes [6]).

Holzungen, welche sich in staatlicher Verwaltung befinden [7]), werden von diesem Gesetze nicht berührt.

§. **2.** Die Benutzung und Bewirthschaftung der in §. 1 Absatz 1 bezeichneten Holzungen muß sich innerhalb der Grenzen der Nachhaltig= keit bewegen [8]). Insbesondere darf die Erhaltung der standortsgemäßen Holz= und Betriebsarten nicht durch die Nebennutzungen gefährdet werden [9]).

Ein Betrieb, der eine der im §. 2 des Gesetzes vom 6. Juli 1875, betreffend Schutzwaldungen und Waldgenossenschaften (GS. S. 416), be= zeichneten Gefahren herbeiführen könnte, ist unzulässig [10]).

§. 3 [11]). Der Bewirthschaftung der im §. 1 Absatz 1 bezeichneten Holzungen sind Betriebspläne zu Grunde zu legen, welche der Feststellung durch den Regierungs=Präsidenten bedürfen. Hierbei sind namentlich hin= sichtlich der Holz= und Betriebsart, sowie der Umtriebszeit, die wirth= schaftlichen Bedürfnisse und die Wünsche der Waldeigenthümer zu berück= sichtigen, soweit dies mit den Grundsätzen des §. 2 vereinbar ist.

Die im Betriebsplan festgesetzte nachhaltige Holzabnutzung (Ab= nutzungssatz) ist für den jährlichen Holzeinschlag maßgebend.

Wenn die Gesammtfläche des Waldbesitzes einer Gemeinde beziehungs= weise öffentlichen Anstalt so gering ist, daß eine regelmäßige Bewirth= schaftung nur mit unverhältnißmäßigen Opfern Seitens des Eigen= thümers stattfinden kann, oder wenn die Betriebsverhältnisse so einfach sind, daß eine spezielle Nutzungsregulirung entbehrlich erscheint, so kann von der Aufstellung förmlicher Wirthschaftspläne Abstand genommen werden. In solchen Fällen genügt eine kurze Darstellung der Stand=

---

327) gehörenden Waldgrundstücke der Gemeinden; nicht einbegriffen sind da= gegen die zum Privatvermögen der Betheiligten gehörenden Interessenten= forsten (LR. II. 7 § 23 ff. StO. 30. Mai 53 GS. 261 § 44) Begr. — Als ausgeschlossen sind auch die im Besitze von Provinzial= oder Kreisverbänden befindlichen Holzungen anzusehen. Öhlschläger u. Bernhardt S. 11.

[5]) Der in der Ueberschrift des G. ent= haltene Ausdruck „öffentliche Anstalten" ist der V. 24. Dez. 16 (Nr. III 3 d. W.) entnommen; es sind darunter die in Uebereinstimmung mit anderen Ges. (LR. IX. 6 § 25) im § 1 aufgeführten Anstalten zu verstehen. Begr.

[6]) In der Verwendung und Ver= werthung des Ertrages dieser Holzungen sind die Gemeinden und öffentlichen Anstalten durch das G. nicht beschränkt. Begr.

[7]) Darunter sind namentlich auch die dem Geschäftsbereich des Ministers der geistlichen zc. Angelegenheiten ange= hörenden Holzungen (Neuzeller Stifts= forsten, Universitätsforst Greifswald, Forsten der Landesschule Pforta u. A. m.) zu verstehen.

[8]) Begr. u. Anl. A. Nr. 2.

[9]) Auf wohlerworbene Rechte Dritter bezieht sich diese Bestimmung nicht. Die Beschränkung oder Aufhebung von Waldservituten kann nur im Wege der Ablösung stattfinden. Begr. zu § 2.

[10]) Nr. IV. 2 d. W.

[11]) Anl. A. Nr. 3 bis 7.

orts= und Betriebsverhältnisse, sowie die Angabe über den Zeitpunkt des Abtriebes und über die Art der Wiederkultur.

§. 4.   Abweichungen von dem festgestellten Betriebsplane (§. 3)

a) durch Rodungen[12]),

b) durch den Abtrieb von Holzbeständen, sofern solcher bei Hoch= waldungen für die laufende zwanzigjährige Nutzungsperiode, bei dem eingetheilten Mittel= und Niederwalde für die nächsten fünf Jahre im Betriebsplane nicht vorgesehen ist,

c) durch Holzfällungen, welche den Abnutzungssatz bei Berücksichtigung des seit Festsetzung desselben erfolgten Mehr= oder Mindereinschlages um mehr als zwanzig Prozent seines Betrages überschreiten würden,

d) durch Ueberschreitungen des Abnutzungssatzes, welche innerhalb der laufenden Nutzungsperiode nicht wieder eingespart werden können,

bedürfen der Genehmigung des Regierungspräsidenten[13]).

Werden Abweichungen der unter a bis d gedachten Art ohne Ge= nehmigung unternommen, so kann der Regierungspräsident eine ent= sprechende Abänderung des Betriebsplans, insbesondere auch den Wieder= anbau gerodeter Flächen mit Holz anordnen.

§. 5.   Die Betriebspläne sind der Revision und erneuten Fest= stellung zu unterziehen, wenn dies von dem Regierungspräsidenten für erforderlich erachtet oder von dem Waldeigenthümer beantragt wird. Mindestens alle zehn Jahre muß eine Revision stattfinden[14]).

§. 6.   Der Regierungspräsident kann den Zustand und die Bewirth= schaftung der in §. 1 Absatz 1 bezeichneten Holzungen an Ort und Stelle untersuchen lassen[15]).   Wenn die Untersuchung ergiebt, daß der Betrieb den Grundsätzen des §. 2 oder dem festgestellten Betriebsplan nicht ent= spricht, so kann der Regierungspräsident, unbeschadet der ihm nach §. 10 zustehenden Befugnisse, die Einreichung jährlicher Fällungs=, Kultur= und Nebennutzungspläne anordnen[16]).   Dieselben sind nach Maßgabe der §§. 2, 3 festzustellen.

§. 7.   Die Eigenthümer der im §. 1 Absatz 1 bezeichneten Holzungen sind verpflichtet, für den Schutz und die Bewirthschaftung derselben durch genügend befähigte Personen ausreichende Fürsorge zu treffen[17]).

---

[12]) D. h. Rodungen von Holzungen oder Theilen derselben zum Zwecke der Umwandlung in andere Kulturarten (Acker, Wiese).

[13]) Zur Kontrole über den Stand der Abnutzung ist die Führung eines Kontrolbuches anzuordnen Anl. A. Nr. 8.

[14]) Auch auf Fälle des § 3 Abs. 3 zu beziehen Anl. A. Nr. 5 u. 6 Abs. 5 u. 9.

[15]) In jeder Holzung mindestens alle drei Jahre Anl. A. Nr. 10.

[16]) Anl. A. Nr. 11. Die Befugniß zur Einforderung und Feststellung jährlicher Pläne beschränkt sich auf den Fall eines planwidrigen Betriebes. Begr. zu § 6 UOVG. 18. Febr. 88 (DJ. XXI 10).

[17]) Von vorgängiger Prüfung und Bestätigung des Personals ist abgesehen und dessen Annahme dem Waldeigen=

§. 8[18]). Die Gemeinden sind verpflichtet, da, wo ihre Kräfte es gestatten und ein dringendes Bedürfniß der Landeskultur dazu vorliegt, unkultivierte Grundstücke, welche nach sachverständigem Gutachten zu dauernder landwirthschaftlicher oder gewerblicher Nutzung nicht geeignet, dagegen mit Nutzen zur Holzzucht zu verwenden sind, mit Holz anzu= bauen[19]). Zur Erfüllung dieser Verpflichtung können die Gemeinden nach Anhörung ihrer Vertreter und des Kreisausschusses durch Beschluß des Bezirksausschusses[20]) angehalten werden.

Gegen den Beschluß des Bezirksausschusses[20]) findet innerhalb einer Präklusivfrist von zwei Wochen[21]) die Beschwerde an den Pro= vinzialrath statt.

Die Deckung und Aufforstung der Meeresdünen kann auf Grund dieses Gesetzes nicht gefordert werden[22]).

§. 9. In den Fällen, in welchen die Kräfte der Gemeinden es nicht gestatten, die im Interesse der Landeskultur vorzunehmenden Auf= forstungen unkultivirter Grundstücke aus eigenen Mitteln auszuführen, wird denselben aus der Staatskasse nach Maßgabe der im Staatshaus= halts=Etat angesetzten Mittel zu diesem Zwecke eine angemessene Beihülfe gewährt.

In allen Fällen ist den Gemeinden, welche auf Grund der im §. 8 enthaltenen Verpflichtung Holzkulturen nach forstwirthschaftlichen Regeln ausführen, der zwanzigfache Betrag der auf den betreffenden Grundstücken ruhenden Jahresgrundsteuer zu den Kosten der ersten An= lage aus der Staatskasse zu überweisen.

thümer dergestalt überlassen, daß die Forstaufsichtsbehörde nur, wenn nicht ausreichende Fürsorge getroffen wird, einem Dritten den Schutz und die Pflege des Waldes auf Rechnung des Eigenthümers vorübergehend kom= missarisch übertragen darf Begr. und Anl. A. Nr. 12. — Hinsichtlich der vom RegPr. bestimmten Dienstbe= züge des von ihm mit der Forstver= waltung beauftragten Kommissars ist das Verwaltungsstreitverfahren unzu= lässig. Die Befugniß, den Waldeigen= thümer, der eine genügend befähigte und ausreichende Persönlichkeit für ge= ringere Aufwendungen gewinnen zu können vermeint, von vornherein zur Gewährung höherer Dienstbezüge an= zuhalten, kann aus d. G. nicht ab= geleitet werden UODBG. 10. Juli 94 XXVII. 296), auch nicht die Befugniß, für die Bewirthschaftung der Forst die Anstellung eines Beamten zu fordern UODBG. 11. Jan. 95 (XXVII. 304).

Ob die Kommunal=Aufsichtsbehörde dazu befugt ist, hat das Urtheil unent= schieden gelassen. — Die Gleichstellung der Forstbeamten mit anderen Ge= meindebeamten hinsichtlich der Be= soldungsfestsetzung, Pensionsberechtig= ung u. Hinterbliebenenfürsorge ist durch das KommunalbeamtenG. 30. Juli 99 (Nr. 4 d. W.) herbeigeführt.

[18]) Von dieser dem Art. 23 des rheinischen GemVerfG. 15. Mai 56 (GS. 435) (Nr. 3 Anm. 9 d. W.) nachgebildeten Bestimmung sind die öffentlichen Anstalten ausgeschlossen StB. AHS. 1875.

[19]) Die Aufforstungsverpflichtung soll sich nur auf absoluten Waldboden beziehen Begr. zu § 8. Anl. A Nr. 13.

[20]) An Stelle des Bezirksraths ge= treten LVG. § 153.

[21]) An Stelle der Frist von 21 Tagen getreten LVG. § 51.

[22]) Entspricht der Bestimmung Nr. IV. 2 § 2 Abs. 2 d. W.

§. **10.** Wenn ein Waldeigenthümer einer ihm nach §§ 2 bis 7 dieses Gesetzes obliegenden Verpflichtung trotz geschehener Aufforderung nicht nachkommt, so ist der Regierungspräsident befugt, die zur Erfüllung der Verpflichtung erforderlichen Handlungen durch einen Dritten aus= führen zu lassen, den Betrag der Kosten vorläufig zu bestimmen und im Wege der Exekution von dem Verpflichteten einzuziehen[23]).

§. **11.** Gegen die auf Grund der §§. 2 bis 7 und §. 10 von dem Regierungspräsidenten erlassenen Verfügungen findet innerhalb einer Präklusivfrist von zwei Wochen[21]) Beschwerde an den Oberpräsidenten und gegen den Bescheid des Oberpräsidenten die Klage beim Oberver= waltungsgericht statt[24]).   Die Klage kann nur darauf gestützt werden:

1. daß der angefochtene Bescheid auf der Nichtanwendung oder un= richtigen Anwendung des bestehenden Rechts, insbesondere auch der von den Behörden innerhalb ihrer Zuständigkeit erlassenen Verordnungen beruhe;

2. daß die thatsächlichen Voraussetzungen nicht vorhanden seien, welche die Polizeibehörde zum Erlasse der Verfügung berechtigt haben würden;

3. auf die Behauptung, daß das Zwangsmittel nach Art und Höhe nicht gerechtfertigt oder nach Lage der Sache zur Erreichung des angeordneten Zweckes überhaupt nicht erforderlich sei.

§. **12.** Die im Staatsforstdienste angestellten Beamten sind den in Ausführung dieses Gesetzes an sie ergehenden Aufträgen des Regierungs= präsidenten, des Bezirksraths und des Provinzialraths Folge zu leisten verpflichtet[25]).

§. **13.** In der Provinz Posen tritt bis zur Einsetzung von Kreis- ausschüssen, Bezirksräthen und eines Provinzialraths an die Stelle des Kreisausschusses der Kreistag, an die Stelle des Bezirksraths die Be- zirksregierung und an die Stelle des Provinzialraths der Oberpräsident.

Gegen die Verfügungen des Regierungspräsidenten findet die Be- schwerde an den Oberpräsidenten und gegen dessen Bescheid die Klage bei dem Oberverwaltungsgericht nach Massgabe des §. 11 statt[26]).

---

[23]) Die Befugniß beschränkt sich nicht auf die Fälle des allgemeinen Landeskultur= und Forstinteresses, son= dern bezieht sich in erster Linie auf das Recht zur Ueberwachung der den Eigenthümern durch § 2 auferlegten Verpflichtung, ihre Holzungen nach Vorschrift des G. zur Erhaltung des Waldvermögens innerhalb der Grenzen der Nachhaltigkeit zu benutzen und zu bewirthschaften Begr. und Bf. M. d. g. A., MJ. u. ML. 11. Febr. 81 (MB. 59).

[24]) Gegen Anordnungen der Forst= aufsichtsbehörde ist nach § 11 — ent= sprechend dem im LVG § 127 bis 129 in Bezug auf Polizeiverfügungen vorgeschriebenen Verfahren — die Be= schwerde mit nachfolgender Klage zu= gelassen, während gegen solche der Kommunalaufsichtsbehörde nach den Gemeindegesetzen nur der Beschwerde= weg zulässig ist U. OVG. 10. Juli 94 (Anm. 17).

[25]) Anl. A. Nr. 14.

[26]) G. 19. Mai 89 (GS. 108) Art. I.

§. 14.   Die aus der staatlichen Oberaufsicht erwachsenden Kosten fallen der Staatskasse zur Last[27]).

§. 15.   Dieses Gesetz tritt mit dem 1. Januar 1877 in Kraft. Alle demselben entgegenstehenden Bestimmungen, insbesondere die Ver= ordnung vom 24. Dezember 1816, soweit sie für die Provinz Sachsen gilt, sind von diesem Zeitpunkte ab aufgehoben.

§. 16.   Der Finanzminister, der Minister des Innern und der Minister für die landwirthschaftlichen Angelegenheiten sind mit der Aus= führung dieses Gesetzes beauftragt und erlassen die dazu erforderlichen Anordnungen und Instruktionen[2]).

Anlage A zum Gemeindewaldgesetz vom 14. Aug. 76 (zu Anmerkung 2).

Ministerial-Instruktion vom 21. Juni 1877 (MB. 259) zur Ausführung des Gesetzes v. 14. Aug. 76.

Auf Grund von §. 16 des Gesetzes, betreffend die Verwaltung der den Gemeinden und öffentlichen Anstalten gehörigen Holzungen in den Provinzen Preußen, Brandenburg, Pommern, Posen, Schlesien und Sachsen vom 14. August 1876 (GS. S. 373) wird Folgendes bestimmt:

1. Zu §. 1.   Der Regierungs=Präsident, als ausführendes Organ für die durch das Gesetz vom 14. August 1876 geregelte Staatsaufsicht über die Ver= waltung der Gemeinde= und Anstaltswaldungen, hat die dem Gesetz unterliegen= den Holzungen unter Zuziehung der Eigenthümer nach der Flächengröße und den Besitz=Verhältnissen festzustellen und das hierüber anzulegende Verzeichniß bei der Gegenwart zu erhalten.

Die Flächengröße der Holzungen ist, sofern sie nicht aus vorhandenen Forstvermessungswerken hervorgeht, aus den Grundsteuer=Büchern zu entnehmen.

Die zufolge Circularerlaß vom 10. Juli 1874 von den Regierungen der Provinzen Preußen, Brandenburg, Pommern, Posen und Schlesien vorgelegten Nachweisungen entbehren zum Theil der Genauigkeit und sind bei den jetzt an= zustellenden Ermittelungen nur mit Vorsicht zu benutzen.

2. Zu den §§. 2, 7.   Der Regierungs=Präsident hat durch forsttechnische Sachverständige untersuchen zu lassen:

    a) wie die unter das Gesetz fallenden Waldungen bestanden sind,

    b) welcher Art die Bewirthschaftung derselben ist, insbesondere ob diese Bewirthschaftung innerhalb der Grenzen der Nachhaltigkeit sich bewegt und auf der Grundlage genügender Betriebspläne geführt wird, sowie ob die Ausübung der Nebennutzungen innerhalb der Grenzen des Ge= setzes stattfindet,

    c) welche Personen mit der Betriebsführung und der Wahrnehmung des Forstschutzes beauftragt, und ob diese Personen für den Zweck genügend befähigt sind.

---

[27]) Anl. A. Nr. 15. Die Kosten für Aufstellung und Revision der Betriebs= pläne haben die Waldeigenthümer zu tragen U. OVG. 19. Sept. 88 (XVII. 333).

22*

Bei der Untersuchung zu b ist bezüglich der Frage, ob die Benutzung und Bewirthschaftung des betreffenden Waldes sich innerhalb der Grenzen der Nachhaltigkeit bewegt, die Größe des Waldes zu berücksichtigen. Wo dieselbe eine derartige Anordnung und Abnutzungs=Vertheilung der einzelnen Bestände gestattet, daß eine den Boden= und Bestands=Verhältnissen entsprechende Abnutzung alljährlich erfolgen kann, ist ein nachhaltiger Betrieb im Sinne des Gesetzes als vorhanden anzunehmen, wenn die Abnutzung und Wiederkultur in dieser Weise geordnet ist (vergl. §. 3 Absatz 1 und 2 in Verbindung mit §. 4 c, d des Gesetzes).

Wo der Wald dagegen einen so geringen Umfang hat, daß eine Abtriebsnutzung nur in Zwischenräumen stattfinden kann (aussetzender Betrieb), ist ein nachhaltiger Betrieb dann als vorhanden anzunehmen, wenn für die Wiederergänzung der in angemessenem Alter abgetriebenen Bestände genügend gesorgt ist (vergl. §. 2 Absatz 3 des Gesetzes). In beiden Fällen aber muß eine solche wirthschaftliche Behandlung der einzelnen Bestände stattfinden, daß dem Boden die nach den obwaltenden Verhältnissen mögliche höchste Production abgewonnen oder wo dies aus dem einen oder anderen zwingenden Grunde zur Zeit unausführbar ist, die Erzielung einer solchen Production in der wirthschaftlich zulässigen kürzesten Frist angebahnt wird. Bei welcher Größe des Waldes der aussetzende Betrieb gerechtfertigt ist, läßt sich allgemein nicht bestimmen. Der Regierungs=Präsident wird dies in jedem einzelnen Falle nach forsttechnischem Gutachten und nach Anhörung des Waldeigenthümers zu prüfen haben.

Bezüglich der Frage, ob durch die Ausübung der Nebennutzungen die Erhaltung der standortsgemäßen Holz= und Betriebsarten gefährdet wird, ist bei den Untersuchungen zu b als Regel festzuhalten:

a) rücksichtlich der Weide, daß alle Verjüngungs= und Schlagholzbestände und alle Saaten und Pflanzungen so lange mit Vieh nicht betrieben werden dürfen, bis das Holz dem Maule des Viehes entwachsen ist, und daß steile oder aus losem Gerölle bestehende Hänge und Waldorte, deren Boden zum Flüchtigwerden neigt, nicht behütet werden dürfen,

b) rücksichtlich der Streuentnahme, daß, wofern nicht die Entnahme der Streu (Laub, Nadeln, Heide, Beerkräuter) im Interesse der Waldkultur stattfinden muß, dieselbe in Holzbeständen an steilen Hängen und auf armen, zum Flüchtigwerden neigenden Boden gar nicht, in anderen Holzbeständen nur, wo es deren wirthschaftlicher Zustand gestattet, also in Hochwaldbeständen nicht vor vollendetem Höhenwuchse, in Schlagholzbeständen nicht vor Vollendung des zweiten Drittels des Umtriebsalters, und auch dann nur in angemessenen Zwischenräumen stattfinden, und daß bei der Gewinnung kein Boden entnommen werden darf,

c) rücksichtlich der Mast, daß die Verjüngungsschläge mit dieser Nutzung soweit verschont werden müssen, als dies zur Erzielung und Erhaltung einer vollständigen Ansamung erforderlich ist,

d) rücksichtlich der Grasnutzung, daß dieselbe in jungen Ansamungen, Pflanzungen und Schlagholzbeständen nicht mit schneidenden Instrumenten ausgeübt werden darf, es sei denn, daß das Ausschneiden des Grases im Interesse der Waldkultur oder unter Aufsicht geschieht.

Die Ergebnisse der forsttechnischen Untersuchungen sind in die Verzeichnisse (Nr. 1) einzutragen.

3. Zu §. 3. Wo die forsttechnische Untersuchung (Nr. 2) ergiebt, daß die Grundlagen des Wirthschaftsbetriebes den Vorschriften des Gesetzes (§. 3) nicht entsprechen, hat der Regierungs=Präsident die Beschaffung genügender Wirthschaftsgrundlagen anzuordnen.

Hierbei fragt es sich, in welchen Fällen der Waldbesitz als so gering zu erachten ist, daß gemäß §. 3 Absatz 3 des Gesetzes von der Aufstellung eines förmlichen Wirthschaftsplanes Abstand genommen werden darf. Eine allgemeine Vorschrift läßt sich in dieser Beziehung nicht geben, vielmehr wird diese Frage in jedem einzelnen Falle nach Maßgabe der in Betracht kommenden Bestands= und wirthschaftlichen Verhältnisse zu beantworten sein. In der Regel wird jedoch von der Aufstellung förmlicher Wirthschaftspläne nur bei denjenigen Waldungen abzusehen sein, für welche der aussetzende Betrieb (Nr. 2) sich recht= fertigt, während bei Waldungen, für welche die Festsetzung einer jährlich wieder= kehrenden Abnutzung angänglich und angezeigt ist, die Aufstellung eines förm= lichen Betriebsplanes im Allgemeinen zu verlangen sein wird.

Die anzustellenden Untersuchungen werden voraussichtlich ergeben, daß für zahlreiche unter das Gesetz fallende Waldungen genügende Wirthschafts=Grund= lagen nicht vorhanden sind.

Es wird aber kaum ausführbar sein, das Fehlende überall sofort und gleichzeitig zu beschaffen. Wo dies nicht angeht, ist die Aufstellung der fehlenden Betriebs= pläne und summarischer Betriebs=Gutachten zunächst für diejenigen Waldungen anzuordnen, in denen die Art der Wirthschaftsführung die geringste Garantie für einen ordnungsmäßigen Betrieb bietet. Hinsichtlich der übrigen Waldungen ist dafür zu sorgen, daß die Betriebs=Grundlagen so bald als thunlich beschafft werden.

Die Kosten der Aufstellung der Betriebspläne gehören, wie die Materialien des Gesetzes ergeben, nicht zu den nach §. 14 auf die Staats=Kasse zu über= nehmenden Oberaufsichts=Kosten, sondern bleiben den Waldeigenthümern zur Last.

4. Was die Art und Form der zur Feststellung durch den Regierungs= Präsidenten geeigneten förmlichen Betriebspläne betrifft, so wird die in den Staatsforsten übliche und den Sachverständigen geläufige Methode des combinirten Flächen= und Massenfachwerks in der Regel die zweckmäßigste sein.

Bei der Anwendung dieser Methode sind im Allgemeinen die für die Staatsforsten geltenden Vorschriften zur Richtschnur zu nehmen. Doch ist es nicht nöthig, daß die Waldeigenthümer jedesmal den ganzen bei der Staats= Forstverwaltung gebräuchlichen Schematismus zur Anwendung bringen. Viel= mehr können je nach der Lage des einzelnen Falles diejenigen Vereinfachungen zugelassen werden, welche mit dem zu erreichenden Zweck verträglich sind. Als Anhalt hierbei ist das Folgende zu beachten:

a) Den zur Aufstellung des Betriebsplanes erforderlichen Vermessungs= Arbeiten sind die vorhandenen Forstkarten, wenn sie für die Zwecke der Betriebsplan=Aufstellung brauchbar sind, sonst die Kataster oder vor= handenen Separationskarten zu Grunde zu legen.

Aus den Kataster= (Separations=) Karten ist der Umring der Waldungen und das für die Betriebsregelung verwendbare Vermessungs= Detail (Straßen, Flüsse, Eisenbahnlinien 2c.) zu copiren. In diese Copien oder in die vorhandenen brauchbaren Forstkarten ist demnächst das für den Betriebsplan erforderliche Bestands=Detail einzumessen. Auf Grund der in dieser Weise ergänzten Karten ist die Flächenberechnung zu bewirken. Die vollständige Neu=Vermessung eines Waldes ist, falls der Besitzer sie nicht selbst wünscht, nur dann zu fordern, wenn auf dem vorstehend bezeichneten Wege eine für die Zwecke der Betriebsregelung hinlänglich genaue Karte nicht zu beschaffen ist.

b) Eine angemessene Eintheilung der Waldungen nach dem für die Staats= forsten üblichen Verfahren (Jagen, Districte, Schläge, Bestandsabtheilungen und wenn nöthig auch Blöcke) muß stets gefordert werden. Bezüglich der Ertrags=Berechnung kann dagegen das Verfahren, was die Hoch= waldungen anlangt, eine Einschränkung überall dahin erleiden, daß die Nachhaltigkeit nur durch eine angemessene Vertheilung der Bestands= flächen auf die einzelnen Perioden des angenommenen Umtriebes nach= gewiesen wird, und eine Material=Aufnahme und Berechnung nur rück= sichtlich der in der I. Periode zum Abtriebe bestimmten Bestände, sowie rücksichtlich der in dieser Periode zu erwartenden Durchforstungs= und Auszugs=Erträge erfolgt.

c) Ein vollständiger Betriebsplan muß ersehen lassen:

α) den auf Grund der Karte (a) berechneten Flächen=Bestand des Waldes,

β) rücksichtlich der Hochwaldungen die vorkommenden Altersklassen der einzelnen Holzarten nach Größe, Boden und Bestand, deren periodische Vertheilung und die in der 1. Periode zur Nutzung gelangenden Material=Erträge;

rücksichtlich der Mittel=, Nieder= und geordneten Plenterwaldungen die einzelnen Schläge nach Größe, Boden und Bestockung, deren Abtriebszeit und Materialertrag,

γ) die Art der vorzunehmenden Hauungen und Kulturen in der ersten Hochwaldperiode beziehungsweise während des angenommenen Um= triebes (Schlagholz),

δ) den Abnutzungssatz und zwar, wenn mehrere Betriebsarten vor= kommen, sowohl für jede einzelne derselben getrennt als auch für alle zusammen,

ε) die Ergebnisse der Betriebs=Regelung, dargestellt auf einer Uebersichts= (Wirthschafts=) Karte.

Zum Anhalte für die formelle Darstellung der einzelnen Theile des Betriebs= planes können die beiliegenden Schemas A, B, C dienen, und zwar das Schema A für den Flächennachweis zu α, die Schemas B und C für die Nachweise zu β und γ. Wo in einem Walde nur eine Betriebs=Art vorkommt, können die Schemas B, C auch zur Führung des Flächennachweises eingerichtet werden, wie dies in dem ebenfalls beiliegenden Schema D für den Hochwald durch ein Beispiel veranschau= licht ist.

5. Für diejenigen Fälle, in denen gemäß §. 3 Absatz 3 des Gesetzes eine kurze Darstellung der Standorts=, Bestand= und Betriebs=Verhältnisse des Waldes, sowie die Angabe über den Zeitpunkt des Abtriebes und die Art der Wieder= kultur der einzelnen Bestände desselben genügt, bedarf es keiner besonderen An= weisung über das einzuschlagende Verfahren. Jedoch ist in diesen Fällen von einer Aufmessung der Bestandsflächen nur dann Abstand zu nehmen, wenn aus den Grundsteuerbüchern oder durch gutachtliche Ermittelungen die für das summarische Betriebs=Gutachten erforderlichen Flächenangaben mit hinlänglicher Genauigkeit sich beschaffen lassen.

6. Nach Absatz 1 im §. 3 des Gesetzes sollen die Wünsche und wirthschaft= lichen Bedürfnisse der Waldeigenthümer namentlich hinsichtlich der Holz= und Betriebsart und der Umtriebs=Zeit berücksichtigt werden, soweit dies mit den Grundsätzen des §. 2 vereinbar ist. Im Hinblick auf diese Vorschrift wird, um der Ausführung vergeblicher Arbeiten vorzubeugen, bezüglich des Verfahrens bei Aufstellung der förmlichen Betriebs=Pläne Folgendes bestimmt.

Bevor zur Aufstellung eines förmlichen Betriebsplanes (sei es auf Anordnung des Regierungs=Präsidenten, sei es aus eigenem Antriebe des Waldeigenthümers) geschritten wird, sind von dem Letzteren Vorschläge zu erfordern, in welcher

Weise die geometrischen Grundlagen für den Plan beschafft (Nr. 4a), welche Betriebs= und Holz=Arten Platz greifen, und in welchem Umtriebe die gewünschten Betriebsarten bewirthschaftet werden sollen.

Soweit als thunlich, ist diesen Vorschlägen ein Project der Eintheilung des Waldes (in Wirthschaftsfiguren, beziehungsweise Schlägen) beizufügen. Auch hat der Waldeigenthümer den Sachverständigen zu bezeichnen, durch den er den Betriebsplan will ausarbeiten lassen.

Der Regierungs=Präsident hat diese Vorschläge durch Sachverständige an Ort und Stelle unter Zuziehung des Waldeigenthümers prüfen zu lassen und auf Grund dieser Prüfung dem Waldeigenthümer die Art und Weise zu bezeichnen, wie bei Anfertigung des Betriebsplans, damit die demnächstige Feststellung des= selben keinen Anstand findet, zu verfahren ist. Es wird sich empfehlen, hierbei die Arbeiten, welche zur vollständigen Ausführung des Betriebsplanes zu liefern, und die Form, in welcher die Ergebnisse darzustellen sind, möglichst genau anzu= geben. Zugleich wird eine Frist für die Vorlegung des Betriebsplanes zu be= stimmen sein.

Wo nur ein summarisches Betriebs=Gutachten aufzustellen ist, wird es der vorgängigen Einforderung von Vorschlägen über Umtrieb 2c. nicht bedürfen. In diesem Falle ist nur die Angabe des Sachverständigen zu verlangen, durch den der Waldeigenthümer das Betriebs=Gutachten ausarbeiten lassen will.

Für die Vorlegung desselben behufs der Feststellung wird auch hier eine Frist zu bestimmen sein.

Wenn der Waldeigenthümer es unterläßt, einen förmlichen Betriebsplan oder ein summarisches Betriebs=Gutachten ausarbeiten zu lassen, hat der Regierungs= Präsident gemäß §. 10 des Gesetzes die Ausarbeitung durch einen von ihm zu bestellenden Sachverständigen auf Kosten des Waldeigenthümers anzuordnen. Auch in diesem Falle ist, wenn es sich um einen förmlichen Betriebsplan handelt, vor Beginn der eigentlichen Betriebsregelungs=Arbeiten von dem Sachverständigen ein Gutachten über Holzart, Betriebsart, Umtrieb 2c. abzugeben, welches der Regierungs=Präsident dem Waldeigenthümer zur Erklärung vorlegen läßt.

Abgesehen von dem Falle des §. 10 des Gesetzes steht die Wahl der mit der Ausarbeitung der Betriebs=Pläne 2c. zu beauftragenden Sachverständigem dem Waldeigenthümer zu. Zweckmäßig wird es jedoch sein, daß der Regierungs= Präsident dem Waldeigenthümer, falls dieser ihm eine ungeeignete Persönlichkeit bezeichnet, einen besser geeigneten Sachverständigen benennt und dabei auf die Kosten und Weiterungen aufmerksam macht, die dem Waldeigenthümer aus der Vorlegung eines zur Feststellung nicht geeigneten Betriebsplanes erwachsen würden.

Die ihm vorgelegten Betriebspläne und summarischen Betriebs=Gutachten hat der Regierungs=Präsident durch Forsttechniker örtlich unter Zuziehung der Waldbesitzer prüfen zu lassen und nach Erledigung der sich ergebenden Anstände festzustellen.

7. Behufs der Kontrole über die vorschriftsmäßige Ausübung der Neben= nutzungen hat der Regierungs=Präsident den Waldeigenthümern die Aufstellung von Nebennutzungsplänen aufzugeben, welche als Zubehör der Betriebspläne oder Betriebs=Gutachten mit diesen vorzulegen sind. In dem Nebennutzungsplan sind für die nächsten 10 Jahre die zulässigen Nebennutzungen und die Bestände, in denen sie ausgeübt werden dürfen, zu verzeichnen und gleichzeitig die Bedingungen anzugeben, unter denen die Ausübung statthaft ist, (z. B. ob die Weide nur in ganzer Heerde stattfinden darf, zu welchen Jahreszeiten, an wie viel Tagen und mit welchen Instrumenten die Nebennutzungen auszuüben sind 2c.).

8. Zu §. 4. Um jederzeit ersehen zu können, ob einer der unter c und d im §. 4 des Gesetzes bezeichneten Fälle vorliegt, ist den Waldeigenthümern seitens des Regierungs=Präsidenten die Führung eines Kontrolbuches aufzugeben, welches die Summen des Einschlags, getrennt nach Hauptnutzung und Vornutzung, für jede Bestands=Abtheilung nachweist. Es ergiebt sich dann durch Zusammen= rechnung und Balancirung des Material=Einschlages gegen den Betrag des Abnutzungssatzes für die betreffenden Jahre, ob eine Ueberschreitung des Abnutzungs= satzes vorhanden ist.

Ist beispielsweise für einen Wald ein Abnutzungssatz von 2000 Festmeter Derbholz vom Jahre 1866 ab festgesetzt und sind in den Jahren

1866 3000 Festmeter Derbholz
1867 4000   "   "
1868 1000   "   "
  2c.
1876 5000   "   "

zusammen in 11 Jahren 23 000 Festmeter Derbholz geschlagen worden, so ist am Ende des Jahres 1876 gegen den 11jährigen Betrag des Abnutzungssatzes ein Ueberhieb von 1000 Festmetern vorhanden.

Im Jahre 1877 würden dann streng genommen nur 1000 Festmeter Derb= holz geschlagen werden dürfen und die Genehmigung des Regierungs=Präsidenten einzuholen sein, wenn der Waldeigenthümer dieses 1000 Festmeter betragende Abnutzungs=Soll um mehr als 20% überschreiten, also etwa 1250 Festmeter Derbholz einschlagen wollte.

Ebenso würde diese Genehmigung erforderlich sein, wenn die beabsichtigte Ueberschreitung des Abnutzungs=Solls zwar weniger als 20% betrüge, z. B. in dem vorliegenden Fall nur 200 Festmeter, wenn aber der Mehrbetrag von 200 Festmetern bis zum Ende der laufenden Nutzungsperiode, etwa deshalb, weil dieselbe mit dem betreffenden Jahre zu Ende geht, nicht würde eingespart werden können. Wo Hoch=, Plenter= und Mittelwaldwirthschaft in derselben Waldung bestehen, wo demnach der Abnutzungssatz für den Hoch= und den Plenterwald und für das Oberholz im Mittelwalde besonders festgesetzt ist, muß die Balance des wirklichen Einschlages gegen den Abnutzungssatz getrennt bewirkt werden.

Eine der Genehmigung bedürfende Ueberschreitung des Abnutzungssatzes wird in diesem Falle aber nur dann anzunehmen sein, wenn der beabsichtigte Einschlag in den vorkommenden Betriebsarten zusammen das aus der Balance für diese Betriebsarten sich ergebende gesammte Abnutzungs=Soll um mehr als 20% übersteigt. Beispielsweise würde, wenn in einer Hoch= und Mittelwald enthaltenden Forst der Abnutzungssatz für den Hochwald auf zusammen 5000, für das Oberholz im Mittelwalde anf zusammen 4000 Festmeter Derbholz vom Jahre 1866 ab festgesetzt worden wäre, die Balance sich folgendermaßen gestalten.

Im Hochwalde hat seit Festsetzung des Abnutzungssatzes die wirkliche Ab= nutzung betragen:

im Jahre 1866 4000 Festmeter Derbholz
   "   " 1867 5000   "   "
   "   " 1868 3000   "   "
   "   " 1869 6000   "   "
     2c.
   "   " 1876 4000   "   "

zusammen in 11 Jahren 56 000 Festmeter Derbholz.

Da der Abnutzungssatz für diese 11 Jahre nur 55 000 Festmeter Derbholz beträgt, so ist am Ende des Jahres 1876 ein Vorgriff von 1000 Festmetern

Derbholz vorhanden; es können deshalb im Jahre 1877 nur 5000 — 1000 =
4000 Festmeter Derbholz im Hochwald geschlagen werden.

Im Oberholze des Mittelwaldes hat seit Festsetzung des Abnutzungssatzes
die wirkliche Abnutzung betragen

im Jahre 1866 3000 Festmeter Derbholz
„   „   1867 8000   „   „
2c.
„   „   1876 5000   „   „

zusammen in 11 Jahren 45 000 Festmeter Derbholz.

Für diese 11 Jahre beträgt der Abnutzungssatz nur 44 000 Festmeter Derb=
holz, am Ende des Jahres 1876 ist mithin ein Vorgriff von 1000 Festmetern
Derbholz vorhanden, es können deshalb im Jahre 1877 nur 4000 — 1000 =
3000 Festmeter Derbholz im Oberholze eingeschlagen werden.

Für den Hochwald und das Oberholz des Mittelwaldes zusammen ergiebt
sich gegen die betreffenden Abnutzungssätze ein Vorgriff von 2000 Festmetern
Derbholz, in beiden Betriebsarten können daher im Jahre 1877 im Ganzen nur
9000 — 2000 = 7000 Festmeter geschlagen werden.

Wenn nun der Waldbesitzer im Hochwalde 4000 und im Mittelwalde
4000 Festmeter, im Ganzen 8000 Festmeter einschlagen wollte, so müßte er hierzu
die Genehmigung des Regierungs=Präsidenten einholen, weil diese 8000 Fest=
meter das gesammte Abnutzungs=Soll um 1000 Festmeter, also um mehr als 20%
übersteigen.

In den Waldungen mit aussetzendem Betriebe, ebenso in Waldungen, wo,
wie in reinen Schlagholzwaldungen, die Nachhaltigkeit lediglich auf der Abgrenzung
der jährlich abzunutzenden Schlagflächen beruht, kommen die Bestimmungen unter
c und d im §. 4 des Gesetzes nicht zur Anwendung. Hier ist die Genehmigung
des Regierungs=Präsidenten nur erforderlich, wenn die Holzabnutzung entweder
einen zum Abtrieb in der laufenden Nutzungsperiode nach dem Betriebs=Gut=
achten nicht bestimmten Hochwaldbestand oder im Mittel= und Niederwald einen
Schlagholzbestand betrifft, der nach der bestehenden Schlageintheilung in den
nächsten 5 Jahren nicht zur Abnutzung gelangen sollte.

Die näheren Anordnungen über die Einrichtung der Kontrolbücher bleiben
nach Maßgabe der örtlichen Verschiedenheiten den Regierungs=Präsidenten über=
lassen. Dieselben haben sich alljährlich zu einer von ihnen zu bestimmenden Zeit
eine Abschrift der Kontrolbücher einreichen zu lassen.

Die bestehenden Vorschriften über die Veräußerung von Gemeinde= und
Anstalts=Grundstücken und über die dazu erforderliche Genehmigung sind auch
in Ansehung der Waldgrundstücke durch das vorliegende Gesetz unberührt geblieben.

9. Zu §§. 4, 5. Die Bestimmungen des Gesetzes über Abweichungen von
den festgestellten Betriebsplänen und über Revision der Betriebspläne finden,
wie aus den Materialien des Gesetzes hervorgeht, nicht nur auf die förmlichen
Betriebspläne (§. 3 Absatz 1), sondern auch auf die summarischen Betriebs=Gut=
achten (§. 3 Absatz 3) Anwendung.

10. Zu §. 6. Die im §. 6 des Gesetzes vorgesehene örtliche Untersuchung
ist in jeder dem Gesetz unterliegenden Holzung mindestens alle drei Jahre vor=
zunehmen.

11. Wo der Regierungs=Präsident es für erforderlich erachtet, die Vorlage
jährlicher Fällungs=, Kultur= und Nebennutzungspläne anzuordnen, ist den
Waldeigenthümern die Vorlegung dieser Pläne spätestens bis zum 15. August
jeden Jahres aufzugeben.

Die Feststellung und Rückgabe der Pläne hat spätestens bis zum 1. Oktober jeden Jahres zu erfolgen.

12. Zu §. 7.   Die Art und Weise der Fürsorge für den Schutz und die Bewirthschaftung der Waldungen durch genügend befähigte Personen überläßt das Gesetz zunächst den Waldeigenthümern. Indem es von bestimmten Vor= schriften über die Zahl und die Qualification des zu beschaffenden Personals absieht, hat es den mannigfachen Verschiedenheiten, die sich aus der Größe und Lage der Holzungen, aus den Bestands= und Betriebs=Verhältnissen, aus der Gelegenheit zur Mitbenutzung fremden Personals 2c. ergeben, Rechnung tragen und die freie Bewegung der Waldeigenthümer nicht mehr als nöthig beschränken wollen.

Dies gilt jedoch nur, wenn und solange die von dem Waldeigenthümer getroffene Fürsorge eine für den Schutz und die Bewirthschaftung des Waldes ausreichende ist. Darauf, ob dies der Fall ist, hat der Regierungs=Präsident sein besonderes Augenmerk zu richten, wofür die örtlichen Untersuchungen (Nr. 2, 10 dieser Instruktion) die Unterlagen bieten werden. Fehlt eine ausreichende Fürsorge, so ist auf die Erfüllung der gesetzlichen Verpflichtung mit Nachdruck zu halten. Das Mittel hierzu gewährt der §. 10 des Gesetzes, welcher den Regierungs=Präsidenten ermächtigt, so lange der Waldeigenthümer der Ver= pflichtung des §. 7 in ausreichender Weise nachzukommen unterläßt, auf Kosten desselben den Schutz und die Bewirthschaftung des Waldes durch geeignete Per= sonen zur Ausführung zu bringen (vergleiche die Motive des Gesetzes in Nr. 19 der Drucksachen des Herrenhauses von 1876).

13. Zu §. 8.   In Verbindung mit den unter Nr. 1, 2 dieser Instruction angeordneten Feststellungen und Untersuchungen ist zu ermitteln, in welchen Fällen die Voraussetzungen für das Verfahren zur Aufforstung unkultivirter Gemeinde=Grundstücke vorliegen. Die ermittelten Fälle sind in den anzulegenden Verzeichnissen (Nr. 1) zu vermerken und behufs der Beschlußfassung zur Kenntniß des Bezirksrathes zu bringen.

14. Zu §. 12.   Der Regierungs=Präsident hat sich zur Prüfung der jähr= lichen und periodischen Betriebspläne 2c. sowie zur Ausführung der örtlichen Walduntersuchungen der Regierungs=Forstbeamten zu bedienen. Wenn nach dem Gutachten des Oberforstmeisters die Kräfte dieser Beamten zu den erforderlichen Bereisungen nicht ausreichen, so kann der Regierungs=Präsident hierzu auch die ihm von dem Oberforstmeister bezeichneten Königlichen Oberförster des Bezirks aushülfsweise verwenden.

Zu den örtlichen Walduntersuchungen haben die betreffenden Beamten die Waldeigenthümer und deren Forstbeamten stets zuzuziehen.

Soweit als thunlich hat der Regierungs=Präsident den Regierungs=Forst= beamten die in dem sonstigen Dienstbezirke derselben gelegenen Gemeinde= 2c. Waldungen zuzuweisen und die Reihenfolge zu bestimmen, in der die Waldungen periodisch zu besichtigen sind, damit diese Beamten auch gelegentlich ihrer sonstigen Dienstreisen die Interessen der Oberaufsicht über die dem Gesetz unterliegenden Waldungen wahrnehmen können.

Für die zur Wahrnehmung der staatlichen Oberaufsicht nach Anweisung des Präsidenten auszuführenden Reisen sind den betreffenden Beamten die Gebühren aus der Staatskasse nach den dieserhalb zu erlassenden besonderen Bestimmungen zu gewähren.

15. Zu §. 14.   Die der Staatskasse zur Last fallenden Kosten begreifen im Wesentlichen die Tagegelder und Reisekosten für die zur Wahrnehmung der

Oberaufsicht auf Anweisung des Regierungs=Präsidenten ausgeführten Reisen von Forstbeamten.

16. Abschriften der nach Nr. 1, 2, 13 dieser Instruction anzufertigenden Verzeichnisse sind bis zum 1. November 1877 dem Minister für die landwirth=schaftlichen Angelegenheiten einzureichen. Wegen Einreichung von Anzeigen über die in der Folge eintretenden Veränderungen bleibt weitere Anordnung vorbehalten.

---

3. Verordnung, die Verwaltung der den Gemeinden und öffentlichen Anstalten gehörigen Forsten in den Provinzen Sachsen, Westphalen und Rheinprovinz betreffend.
Vom 24. Dezember 1816.   (GS. 17 S. 57)[1].

Die Forsten der Gemeinden und öffentlichen Anstalten in den, mit Unserm Reiche wieder vereinigten und in den neu erworbenen Provinzen sind bisher zum Theil nach solchen Vorschriften öffentlich verwaltet worden, welche die Dispositions=Freiheit der Eigenthümer beinahe gänz=lich ausschließen, und dem Forst=Grundeigenthume ganz unverhältniß=mäßige Lasten und Abgaben auflegen. Da solche Einschränkungen in der Benutzung dieses wichtigen Gemeinde=Eigenthums mit den Grund=sätzen des Rechts unvereinbar sind, der Gebrauch desselben aber eben so wenig einer schädlichen Willkühr Preis gegeben werden kann, so ver=ordnen Wir, um einerseits den Gemeinden und öffentlichen Anstalten[2] das Dispositionsrecht über die ihnen zugehörigen Waldungen da, wo ihnen solches genommen war, wiederzugeben, andrerseits aber, eine dem Wesen und den Zwecken der öffentlichen Korporationen entsprechende Benutzungsart zu sichern, hierdurch Folgendes:

---

[1] Die V. ist neu eingeführt in das mit der Rheinprovinz vereinigte Gebiet des vormals Hessen=Homburgischen Oberamtes Meisenheim V. 20. Sept. 67 (GS. 1534), dagegen aufgehoben für die Provinz Sachsen G. 14. Aug. 76 (Nr. 2 d. W.) § 15. Der Geltungs=bereich umfaßt somit gegenwärtig die Provinz Westfalen und die Rhein=provinz, die an Stelle von Kleve, Berg und Niederrhein getreten ist. — Die V. ist durch die spätere Gemeindegesetzgebung aufrecht erhalten StO. f. Westfalen 19. März 56 (GS. 237) § 54, f. d. Rheinprovinz 15. Mai 56 (GS. 406) § 50, Land=GemO. f. Westfalen 19. März 56 (GS. 265) § 55, GemO. f. d. Rheinprovinz 23. Juli 45 (GS. 523) § 99, AE. 12. Aug. 39 (GS. 266), ebenso ZustG. § 16 Abs. 2 u. § 30 Abs. 12. — Dasselbe gilt in Betreff der Anstaltsforsten, die insbe=sondere durch G. über die Vermögens=verwaltung in den katholischen Kirchen=gemeinden vom 20. Juni 75 (GS. 241) nicht berührt worden sind Vf. M. d. g. A., MK. u. MJ. 19. Juli 79. — Ausf.=Instr. des Oberpräs. d. Rhein=prov. für die RBez. Coblenz u. Trier 31. Aug. 39 (v. Kamptz, Ann. XXIII S. 14) im Wesentlichen gleichlautend mit der des Oberpräs. der Prov. West=falen für die RBez. Minden und Arnsberg 19. Mai 57 (MB. 163) Anlage A. Bearb. v. Ohlschläger und Bernhardt f. Nr. 2 Anm. 1 und Grunert (Berl. u. Leipz. 76).

[2] Oeffentliche Anstalten Nr. 2 d. W. Anm. 5.

Aufhebung der bisher stattgefundenen Einschränkungen in der Administration, und der auferlegten besonderen Abgaben.

§. 1. Alle in den genannten Provinzen bisher statt gefundene Einschränkungen des Forst=Eigenthums der Gemeinden und öffentlichen Anstalten sollen, wo solche durch die Gouvernements nicht schon aufgehoben sind, vom Tage der eintretenden allgemeinen Organisation der Verwaltung Unserer landesherrlichen Forsten in den genannten Provinzen an gerechnet, völlig aufhören und die unter den vorigen Regierungen den Gemeinde=Waldungen, als solchen, aufgelegten besondern Abgaben an den Staat fernerhin nicht weiter erhoben werden.

Vorzüglich gehören hierher:

die Zehn=Prozent=Gelder, welche bei Holzverkäufen an den Meist=bietenden von dem Käufer zur landesherrlichen Kasse bezahlt werden mußten;

die sogenannten Vakationsgebühren oder Anweisegelder zur Grati=fikationskasse;

ferner die außerordentlichen Hauungen, deren Ertrag zur landes=herrlichen Kasse eingezogen oder verzinslich deponirt wurde, so wie alle jährliche direkte Geldbeiträge zu den Besoldungen der landesherrlichen Forstbedienten, und endlich die Ausziehung der vorzüglichsten Stämme für öffentliche Zwecke.

Verwaltungsrecht der Gemeinden und öffentlichen Anstalten hinsichtlich ihrer Forst=Ländereien.

§. 2. Den Gemeinden und öffentlichen Anstalten werden, Kraft dieser Verordnung, ihre Forstländereien [3]) zur eigenen Verwaltung über=lassen [4]). Sie sind jedoch dabei eben so, als bei der Verwaltung der übrigen Gemeindegüter, in höherer Instanz der Oberaufsicht der Re=gierungspräsidenten [5]) unterworfen, und müssen sich nach den An=weisungen derselben wegen eines regelmäßigen Betriebs und der vor=theilhaftesten Benutzungsart genau richten. In der Regel sind die Forstländereien auch fernerhin dieser Bestimmung zu widmen. Wenn die Gemeinden, Korporationen oder öffentlichen Anstalten aber die Ver=

---

[3]) D. h. forstwirthschaftlich benutzte Grundstücke.

[4]) Für die RBez. Trier u. Coblenz ist durch AE. v. 18. Aug. 35 u. für die RBez. Arnsberg u. Minden durch AE. v. 28. Mai 36 (beide nicht veröffentlicht) bestimmt, daß bei Erledigung einer der damals vorhandenen Kommunalober=försterstellen von Neuem zu prüfen sei, ob es auch ferner eines gemeinschaft=schaftlichen technischen Betriebsbeamten

bedürfe. Läßt sich eine freiwillige Zu=stimmung der betheiligten Gemeinden zu der Vereinigung oder zu der Wahl eines geeigneten Beamten nicht er=reichen, so hat der Minister sowohl über das Bedürfniß der Vereinigung, als auch über eine etwa erforderliche kommissarische Verwaltung zu entschei=den Anl. A. § 14.

[5]) An Stelle der Regierungen ge=treten LVG. § 18.

wandlung ihres Forstlandes in Acker und Wiese für zuträglicher als
die Benutzung zur Holzerziehung halten, so haben sie den deshalb ge=
faßten Beschluß mit Darstellung der rechtfertigenden Gründe der vor=
gesetzten Kreisbehörde [6]) bekannt zu machen, welche hierauf die Prüfung
desselben vorzunehmen und die Entscheidung hierüber bei dem betreffen=
den Regierungspräsidenten [5]) zu veranlassen hat.

Nähere Bestimmungen über die Verwaltung selbst.

§. **3.** Die Gemeinden und öffentlichen Anstalten sind verpflichtet,
die in ihrem Besitz befindlichen Forstländereien

1. nach den von dem Regierungspräsidenten [5]) genehmigten
Etats zu bewirthschaften [7]);
2. solche Wälder und beträchtliche Holzungen, die nach ihrer Be=
schaffenheit und Umfang zu einer forstmäßigen Bewirthschaftung
geeignet sind, durch gehörig ausgebildete Forstbediente administriren
zu lassen [8]); auch können sie
3. außerordentliche Holzschläge, Rodungen und Veräußerungen nur
mit Genehmigung des Regierungspräsidenten [5]) vornehmen.

Oberaufsichtsrecht der Regierungen.

§. **4.** Die Oberaufsicht, welche die Regierungspräsidenten [5])
über diese Güter und deren Verwaltung zu führen haben, ist zum
Ressort des Regierungspräsidenten [5]) gehörig. Sie beschränkt sich
im Wesentlichen darauf, daß die Forsten, gleich jeder anderen Gattung
des Gemeinde=Vermögens, den öffentlichen Zwecken des Gemeinwesens
erhalten, und weder durch unwirthschaftliche Verwaltung zerstört oder
sonst verschleudert, noch mit Hintenansetzung des fortwährenden Besten
der Korporation und zum Vortheile einzelner Mitglieder oder Klassen
derselben verwendet werden. Nach diesen Rücksichten haben sie daher
auch die von den Gemeinden einzureichenden Forst=Etats und deren
Anträge auf außerordentliche Holzschläge und Rodungen oder ander=
weitige Dispositionen über die Substanz selbst durch Sachverständige
prüfen zu lassen, und nach deren Befinden darüber zu bestimmen [9]).

---

[6]) Das ist der Landrath LVG. § 36.

[7]) Hierin liegt auch die Befugniß des
Regierungspräsidenten zur Festsetzung
der Gehälter der Forstbeamten. Diese
Befugniß ist nicht, wie bezüglich aller
übrigen Gemeindebeamten, nach ZustG.
§ 32⁴ auf den Kreisausschuß überge=
gangen, weil es nach § 30 Abf. 2 daf.
hinsichtlich der Verwaltung der Ge=
meindewaldungen bei den bestehenden
Bestimmungen (V. 24. Dez. 16) be=
wendet. — Auch zur Zwangsetatisirung

nach § 19 u. 35 daf. ist der Regierungs=
präsident, bezw. Landrath befugt An=
lage A. § 3. 9. 15 bis 17. Diese Be=
fugnisse sind durch d. KommunalbeamtenG. v. 30. Juli 99 aufrecht erhalten
Nr. III. 4 § 23² d. W. Ueber Bewirth=
schaftung der Waldungen handelt Anl. A
§ 23 bis 36.

[8]) Anl. A § 1 bis 22.

[9]) Anl. A § 37. Erweitert durch
GemVG. für das Rheinprovinz
vom 15. Mai 56 (GS. 441) Art. 23:

Untersuchung der Forst-Bewirthschaftung selbst und Abstellung zweckwidriger Verwaltung.

§. 5. Zu gleichem Behuf steht denselben auch zu, die in den Forsten der Gemeinden und öffentlichen Anstalten statt habende Bewirthschaftung von Amts wegen oder auf spezielle Veranlassung untersuchen, und gegen forstwidrige Verwaltungen durch Anordnung einer speziellen Beaufsichtigung oder sonst zweckmäßige Vorkehrungen treffen zu lassen [9]).

Bestimmung, ob zur zweckmäßigen Verwaltung die Anstellung eigener Forstbedienten nothwendig ist.

§. 6. Ganz vorzüglich aber werden sie, mit Hinsicht auf Oertlichkeit und die individuelle Beschaffenheit der Kommunal= und Instituts-Waldungen, bestimmen, ob zu deren, dem im §. 4 angedeuteten Zwecke entsprechenden Bewirthschaftung die Anstellung eines eigenen Forstbedienten unumgänglich erforderlich sey, oder ob solche ebenso gut und zweckmäßig durch die Gemeindeglieder ausgeführt, oder nach den Wünschen der Gemeinden und öffentlichen Anstalten gegen eine angemessene Remuneration einem benachbarten Königlichen Forstoffizianten übertragen werden könne. Wenn die Regierung die Annahme eines eigenen gehörig ausgebildeten Forstbedienten nach den Umständen nothwendig findet, so steht den Gemeinden und öffentlichen Anstalten die Wahl eines qualifizirten Sachverständigen zu. Sie haben aber dabei vorzugsweise auf die bisher schon angestellt gewesenen Forstbedienten, die zur Versorgung bestimmten Subjekte des Jägerkorps und die mit Versorgungsansprüchen entlassenen freiwilligen Jäger, wenn solche übrigens die erforderlichen Eigenschaften dazu besitzen, Rücksicht zu nehmen [10]). Die gewählten Subjekte sind dem Regierungspräsidenten [5]) vorzustellen, der [5]) ihre Prüfung durch Sachverständige zu veranstalten und sie, wenn sie tüchtig und geschickt befunden worden, als Kommunal= [11]) oder Institutsbeamte zu

---

Die Gemeinden können, wo ein dringendes Bedürfniß der Landeskultur dazu vorliegt und ihre Kräfte es gestatten, nach Anhörung der betreffenden Gemeindevertretung und des Kreistages angehalten werden, unkultivirte Gemeindegrundstücke, namentlich durch Anlage von Holzungen und Wiesen, in Kultur zu setzen.

Nähere Bestimmungen hierüber sind Königlicher Verordnung vorbehalten.

Dazu ergangen V. v. 1. März 58 (GS. 103) Anlage B. — Für Westfalen u. für Anstaltsforsten besteht solche Vorschrift nicht.

[10]) Nr. II. 8 d. W. § 1. 25. 29. 30.

[11]) Für Gemeindeforstbeamte ist d. Besoldungsfestsetzung, Pensionsberechtigung und Hinterbliebenenfürsorge geregelt Kommunalbeamten G. 30. Juli 99 Nr. 4 d. W.

bestätigen hat, worauf solche in den ihnen übertragenen Posten ein=
gewiesen werden können.

§. 7. Den Gemeinden und öffentlichen Anstalten liegt im All=
gemeinen ob, die gegenwärtig ausschließlich bei ihren Waldungen an=
gestellten Offizianten anderweit zu versorgen oder zu pensioniren, in
sofern solche zu dem einen oder andern individuell geeignet befunden
werden. Dahingegen theilt sich diese Verbindlichkeit pro rata zwischen
dem Staate und den betreffenden Korporationen in Rücksicht derjenigen
Forstbedienten, welche bisher für landesherrliche und Kommunal=
Waldungen zugleich angestellt waren, vorausgesetzt, daß ihre Tüchtigkeit
zur Wiederanstellung oder ihre Berechtigung zum Pensionsgenuß nach=
gewiesen und anerkannt worden.

§. 8. Die Regierungspräsidenten[5]) können sich zur Beauf=
sichtigung der Kommunal= und Instituts=Waldungen da, wo sie es noth=
wendig finden, Unserer Ober=Forstmeister und der denselben untergeordneten
Forstoffizianten bedienen.

Wenn letztere bei ihren Forstbereisungen in den Kommunal=
Waldungen Uebelstände bemerken, so haben sie solche ex officio[12]) den
Regierungspräsidenten[5]) anzuzeigen, welche den nöthigen Gebrauch
davon machen werden.

§. 9. Die Bestimmungen dieses Gesetzes sollen in den genannten
Provinzen zu der im §. 1 bemerkten Zeit zur Anwendung kommen
und von Unseren Ministern für Landwirthschaft, Domainen und
Forsten[13]) und des Innern deshalb die erforderlichen Verfügungen
getroffen werden. Jedoch verordnen Wir ausdrücklich, daß dieses Gesetz
nicht anwendbar sey auf die in Verbindung mit dem Staate besessenen
Kommunal= oder sogenannten Marken=Waldungen und Gemeinheiten,
indem diese vielmehr nach wie vor und bis zu weiterer gesetzlicher
Verfügung der allgemeinen Forstverwaltung von Seiten des Staats, in
der bisherigen Art, unterworfen bleiben soll.

---

[12]) Sie bedürfen dazu keines beson=
deren Auftrages im Gegensatz zu G.
14. Aug. 76 (Nr. 2 d. W.) § 12.

[13]) An Stelle des Ministeriums der
Finanzen getreten Nr. II. 1 d. W.

Anlagen zur Verordnung, die Verwaltung der den Gemeinden und öffentlichen Anstalten gehörigen Forsten in der Provinz Westfalen u. der Rheinprovinz betr. vom 24. Dez. 16.

Anlage A (zu Anmerkung 1).

Instruction des Oberpräsidenten vom 19. Mai 1857 (MB. 163), betreffend die Verwaltung der Waldungen der Gemeinden und öffentlichen Anstalten in den Regierungsbezirken Arnsberg und Minden in Gemäßheit des Gesetzes vom 24. Dezember 1816 und der Allerh. Kabinetsordre vom 28. Mai 1836.

I. Anstellung der Beamten.

a) der Schutzbeamten.

§. 1. Bei Erledigung eines Forstschutzbezirkes der im Besitz von Gemeinden und öffentlichen Anstalten befindlichen Waldungen haben die gesetzlichen Vertreter der Gemeinden und öffentlichen Anstalten ein qualificirtes Subjekt für die Stelle des Forstschutzbeamten zu wählen und über die Bedingungen, unter denen die Anstellung erfolgen soll, wohin namentlich die Feststellung des Gehaltes und der übrigen Emolumente gehört, Beschluß zu fassen.

Der zum Forstschutzbeamten Gewählte ist dem vorgesetzten Regierungs-präsidenten[1]) zur Bestätigung zu präsentiren; demselben sind zugleich die beschlossenen Anstellungsbedingungen zur Genehmigung vorzulegen.

§. 2. Wenn sich qualificierte Versorgungsberechtigte zu einer erledigten Stelle dieser Art melden, so gebührt ihnen nach §. 6 des Gesetzes vom 24. Dezember 1816 der Vorzug, weshalb die Gemeinden und öffentlichen Anstalten bei ihrer Wahl auf solche vorzugsweise zu rücksichtigen haben. Sofern sie dieses ohne zureichenden Grund versäumen, wird der Regierungspräsident[1]) die Bestätigung des Gewählten versagen.

§. 3. Der Regierungspräsident[1]) hat die Qualification des Gewählten und die Bedingungen seiner Anstellung zu prüfen. Er wird zu dem Ende nach Vorschrift des Gesetzes vom 24. Dezember 1816, §. 6, in Erwägung ziehen, ob mit Rücksicht auf die Oertlichkeit und Bedeutung der betreffenden Waldungen die Anstellung eines ausgebildeten Forstbeamten nöthig sei oder nicht. Im ersteren Falle muß die Wahl, insofern der Gewählte nicht ein auf Forstversorgung dienender und nach den Bestimmungen der Allerhöchsten Kabinets-Ordre vom 21. Mai 1840 qualificirter Reservejäger ist, auf Lebenszeit erfolgen, und der Anzustellende die nämliche Qualification besitzen, wie ein Königlicher Förster; in letzterem Falle können minder qualificirte Waldwärter oder Forstschutzgehilfen zugelassen werden.

Die Regierungspräsidenten[1]) werden keine Bedingungen gestatten, durch welche der Zweck der Anstellung und ein kräftiger Schutz der Waldungen vereitelt werden könnte.

§. 4. Ist der Schutzbezirk einer Gemeinde oder öffentlichen Anstalt zu klein, um für solchen einen eigenen qualificirten Förster anzustellen und besolden zu können, so kann der Schutz der betreffenden Waldungen einem bereits angestellten

---

[1]) Nr. 3 Anm. 5 d. W.

Gemeinde- oder Königlichen Förster übertragen werden; in letzterem Falle ist jedoch die Einwilligung der Königlichen Forstverwaltung zur Uebernahme des Nebenamts erforderlich.

§. 5. Die Vorschläge wegen einer solchen Einrichtung (§. 4), sowie überhaupt wegen der Modificationen in den Schutzbezirksgrenzen werden von der Kommunal-Forstverwaltung abgegeben; die Vertreter der betreffenden Gemeinden und Anstalten sind über diese Vorschläge mit ihrer Erklärung zu hören, worauf von dem Regierungspräsidenten[1]) das dem forstlichen Interesse Entsprechende angeordnet wird.

§. 6. In solchen Fällen, wo der Schutzbezirk einer Gemeinde oder Korporation zu klein ist, um für solchen einen eigenen Beamten anzustellen, zugleich aber die isolirte Lage der Waldungen eine Kombinirung mit anderen Königlichen oder Gemeinde-Schutz-Distrikten nicht gestattet, ist der Regierungspräsident[1]) ermächtigt, von den Forderungen des §. 3 abzugehen und anderweitige Anordnungen zu treffen.

§. 7. Findet der Regierungspräsident[1]) bei der Qualification des Gewählten und bei den Bedingungen seiner Anstellung nichts zu erinnern, so hat er die Wahl zu bestätigen. Die auf Lebenszeit anzustellenden Förster haben aber zunächst eine von dem Regierunspräsidenten[1]) festzusetzende Probezeit zu bestehen; nach Ablauf derselben wird der Vorstand der betreffenden Gemeinde oder Anstalt vernommen, ob gegen die Dienstführung des Angestellten etwas zu erinnern sei. Ergeben sich aus dieser Vernehmung oder aus den eigenen Wahrnehmungen der vorgesetzten Behörde gegründete Klagen gegen den Angestellten, so ist dessen Entlassung zu verfügen; liegen dergleichen Klagen nicht vor, so hat der Regierungspräsident[1]) die definitive Bestätigung zu ertheilen, durch welche der Angestellte aller Rechte und Pflichten eines Gemeinde-Beamten namentlich rücksichtlich der Bedingungen, unter welchen er von seinem Posten entfernt werden kann, theilhaft wird.

§. 8. Wegen der Pensionirung können bei der Anstellung mit Genehmigung des Regierungspräsidenten[1]) besondere Bestimmungen getroffen werden; in deren Ermangelung haben die auf Kündigung angestellten Beamten keinen Anspruch auf Pension; die auf Lebenszeit angestellten Förster aber haben Anspruch auf Pension nach den für die Pensionirung Königlicher Förster maßgebenden Grundsätzen.

§. 9. Findet der Regierungspräsident den Gewählten unqualificirt oder die Bedingungen seiner Anstellung ungeeignet, so hat er die Vertreter der Gemeinde oder Anstalt zu einer neuen Wahl, oder zur Abänderung der Anstellungs-Bedingungen aufzufordern.

Im Weigerungsfalle, oder wenn zum zweiten Male ein unqualificirtes Subjekt gewählt, oder ungeeignete Bedingungen beschlossen werden sollten, kann der Regierungspräsident[1]), vermöge seines Aufsichtsrechts die Anstellung resp. die Festsetzung des Diensteinkommens selbst verfügen, sowie er auch befugt ist, die Erhöhung der Besoldung eines bereits angestellten unzulänglich besoldeten Forstbeamten anzuordnen.

§. 10. Nach den Vorschriften der §§. 1 bis 5 und 7 bis 9 ist auch da zu verfahren, wo bis jetzt kein qualificirter Forstschutz-Beamter angestellt gewesen ist, und nicht der in §. 6 vorgesehene Fall eintritt.

§. 11. Zur Verstärkung des Forstschutzes, wenn solche nach dem Ermessen des Regierungspräsidenten[1]) erforderlich wird, können nach Anhörung der Vertreter der Gemeinden und Anstalten neben den Förstern noch Waldwärter oder Forstschutz-Gehilfen auf bestimmte Zeit oder auf Kündigung angestellt werden.

§. **12.** Wo sich unbescholtene Eingesessene bereit finden, das unbesoldete Amt von Ehren=Waldhütern anzunehmen, da ist deren Vereidung nach Anordnung des Regierungspräsidenten[1]) zu bewirken; es wird aber dadurch die An= stellung eines qualificirten Försters nicht entbehrlich gemacht.

b) der verwaltenden Beamten.

§. **13.** Für jeden nach den Bestimmungen der §§. 19 und folgende zu bildenden Kommunal=Oberförster=Bezirk wird zur Bewirthschaftung der Waldungen der Gemeinden und öffentlichen Anstalten ein verwaltender Beamter (Kommunal= Oberförster) angestellt. Die betheiligten Gemeinden und Anstalten des Bezirkes haben durch die gemäß §. 20 zu bestellenden Deputirten unter Vorbehalt der Be= stätigung resp. Genehmigung des Regierungspräsidenten[1]) (§§. 15 und 16) den Anzustellenden zu wählen und über die Bedingungen seiner Anstellung zu beschließen, wobei das daselbst angegebene Stimmverhältniß maßgebend ist.

§. **14.** In den Fällen, wo die Waldungen einer einzelnen Gemeinde oder Anstalt nach ihrem Umfange, ihrer Lage und ihren Betriebsverhältnissen die Anstellung eines besonderen vollständig ausgebildeten verwaltenden Forstbeamten nöthig machen, oder wo eine freiwillige oder von den Behörden für nothwendig erkannte, und auf den Grund der Allerhöchsten Kabinets=Ordre vom 28. Mai 1836[2]) angeordnete Vereinigung mehrerer Gemeinden und Anstalten zur Anstellung eines verwaltenden Forst=Beamten in dem Maße stattfindet, daß der betreffende Wald=Komplexus mit Rücksicht auf seinen Flächeninhalt, seine Lage (und zwar sowohl aller Theile zusammengenommen, als der einzelnen Theile zu einander) und Betriebsverhältnisse, dem Verwaltungsbezirke eines Königlichen Oberförsters in dem Bezirke der Regierung ungefähr gleich zu achten ist, muß der anzustellende Verwaltungs=Beamte die materielle Qualification eines Königlichen Oberförsters besitzen, worüber sich der Regierungspräsident[1]) nöthigenfalls durch eine Prüfung Gewißheit verschafft.

§. **15.** Das Gehalt eines solchen Beamten wird durch einen Beschluß der Deputirten der betheiligten Gemeinden und Anstalten (§. 20) regulirt, welche verpflichtet sind, einen solchen Gehaltsbetrag zu gewähren, welcher mit Rücksicht auf das Interesse der Forstverwaltung für angemessen zu achten ist; dieser Be= schluß unterliegt der Genehmigung des Regierungspräsidenten[1]).

§. **16.** Der Regierungspräsident hat die Qualification des von der Versammlung der Deputirten (§. 20) gewählten Kandidaten und die Bedingungen seiner Anstellung nach den vorstehenden Bestimmungen zu prüfen, und wenn sich dabei nichts zu erinnern findet, zunächst die Annahme auf eine nach ihrem Ermessen zu bestimmende Probezeit zu genehmigen und nach deren Ablauf die definitive Anstellung auf Lebenszeit zu bestätigen; die im §. 7 wegen der Be= stätigung der auf Lebenszeit anzustellenden Forstschutzbeamten sowie die wegen der Pensionirung im §. 8 ertheilten Vorschriften finden hier gleichmäßige An= wendung.

§. **17.** Findet der Regierungspräsident[1]) sich veranlaßt, die Bestätigung des Gewählten oder die Genehmigung der Bedingungen seiner Anstellung zu versagen, so ist in gleicher Weise zu verfahren, wie im §. 9 hinsichtlich der Forst= schutzbeamten vorgeschrieben ist.

§. **18.** Die bisher zur Bewirthschaftung der im Besitze von Gemeinden und öffentlichen Anstalten befindlichen Waldungen angestellten Kommunal=Ober= förster verbleiben in ihren Aemtern und Funktionen, sofern ihre Anstellung nicht blos kommissarisch oder widerruflich erfolgt ist.

---

[2]) Nr. 3 Anm. 4.

§. 19. Wird oder ist eine solche Stelle erledigt, so veranlaßt der Regierungs-präsident[1]), welcher inzwischen für die kommissarische Verwaltung derselben Sorge zu tragen hat, den Zusammentritt von Deputirten derjenigen Gemeinden und Anstalten, welche bis dahin den Verwaltungs-Verband bildeten, zur Berathung der Frage, ob der Verband beizubehalten oder aufzulösen, oder in welcher anderen Weise die ordnungsmäßige Bewirthschaftung der Waldungen zu sichern sei. Die Berathung über diese Frage muß bei dem ersten, entweder jetzt vor-handenen oder zunächst vorkommenden Erledigungsfalle eintreten, ist aber dem-nächst nicht weiter nothwendig.

§. 20. Zum Zwecke der im §. 19 gedachten Berathung hat jede betheiligte Gemeinde oder Anstalt, sofern sie mindestens 100 Morgen Waldboden besitzt, durch ihre gesetzliche Vertretung und aus deren Mitte einen Deputirten zu wählen. Die so gewählten Deputirten versammeln sich unter dem Vorsitze eines Kommissars der Regierung und beschließen über die im §. 19 bezeichnete Frage nach Stimmenmehrheit, jedoch in der Art, daß die Deputirten der 100 Morgen und mehr, aber weniger als 500 Morgen besitzenden Gemeinden und Anstalten eine Stimme, die Deputirten der 500 bis 2000 Morgen besitzenden Gemeinden und Anstalten zwei Stimmen und die Deputirten der Gemeinden und Anstalten mit noch größerem Waldebesitze für jede ferneren vollen 2000 Morgen noch eine Stimme mehr haben.

§. 21. Fällt der Beschluß für die Beibehaltung des seitherigen Verbandes aus, oder wird die Bildung neuer mit besonderen verwaltenden Forstbeamten zu besetzender Verbände beschlossen, so sind zugleich die Bedingungen, unter welchen die Anstellung eines oder mehrerer verwaltender Beamten erfolgen soll, festzustellen und die nöthigen Wahlen zu bewirken.

§. 22. Fällt der Beschluß der Versammlung (§. 20) dahin aus, daß besondere Verbände für die Anstellung verwaltender Forstbeamten nicht erforderlich seien, so müssen zugleich die Mittel angezeigt werden, wie die Verwaltung in anderer Weise zu sichern sei.

Dies kann geschehen:

a) dadurch, daß jede einzelne Gemeinde oder Anstalt einen für die Ver-waltung geeigneten Beamten, welcher gleichzeitig den Schutz besorgen kann, anstellt; derselbe muß aber seine Qualification nach Vorschrift des §. 14 nachweisen;

b) dadurch, daß die Verwaltung der Gemeinde- und Anstalts-Waldungen einem bereits angestellten verwaltenden Gemeinde-Forstbeamten (Kreis-förster oder Kommunal-Oberförster) oder einem Königlichen Oberförster aufgetragen wird; es bedarf aber hierzu der Genehmigung der vor-gesetzten Dienstbehörde des betreffenden Beamten.

Hält der Regierungspräsident[1]) den Beschluß, daß es besonderer Ver-bände für die Anstellung verwaltender Forstbeamten nicht bedürfe, sowie die für diesen Fall nach den Bestimmungen zu littr. a und b gestellten Anträge dem Interesse einer geregelten Forstwirthschaft nicht für entsprechend, so hat er darüber, durch Vermittelung des Oberpräsidenten, an die Königlichen Ministerien des Innern und für die landwirthschaftlichen Angelegenheiten zu berichten, welche nach der Allerhöchsten Kabinets-Ordre vom 28. Mai 1836[2]) die Entscheidung zu treffen haben.

II. Bewirthschaftung der Waldungen.

§. 23. Der Verwaltung der Waldungen der Gemeinden und öffentlichen Anstalten soll, so weit solches erforderlich, ein Betriebsplan und eine Ertragsermittelung nach näherer Anordnung des Regierungspräsidenten[1]) zum Grunde gelegt werden.

§. 24.   Die Ausarbeitung des Betriebsplanes und der Ertragsermittelung (§. 23) liegt in der Regel dem verwaltenden Beamten unter der Kontrole des Oberforstbeamten der Regierung ob; doch können nach Befinden des Regierungs= präsidenten diese Arbeiten auch andern dazu geeigneten Personen übertragen werden.

§. 25.   Die Betriebspläne werden vom Oberforstbeamten der Regierung geprüft und festgesetzt, nachdem zuvor die aufzustellenden allgemeinen Wirthschafts= und Kulturpläne der Vertretung der betreffenden Gemeinden und Anstalten zur Einsicht vorgelegt worden; die von der gedachten Vertretung in Beziehung auf die Wirthschaftsführung geäußerten Wünsche sind so weit zu berücksichtigen, als sie mit einer nachhaltigen forstwirthschaftlichen Verwaltung vereinbar sind.

§. 26.   Von dem ermittelten nachhaltigen Ertrage der Waldungen wird mindestens, nach dem Ermessen des Regierungspräsidenten[1]) $^1/_{10}$ bis $^1/_6$ als Reserve für außerordentliche Fälle, als: Brand, größere Kommunalbauten u. s. w. abgesetzt und der Rest als das jährliche Einschlags=Quantum angenommen, welches nicht überschritten werden darf.

Der Ertrag muß steigend regulirt werden, wenn die jüngeren Altersklassen in überwiegendem Umfange vorhanden sind, oder die künftigen Erträge erst noch aufzuforstender Räumden und Blößen die späteren Perioden decken sollen.

§. 27.   Ist das Reserve=Quantum in zehn Jahren nicht benutzt, und auch eine Wahrscheinlichkeit des nahen Bedarfs nicht vorhanden, so kann der ursprüng= liche jährliche Abzug dem jährlichen Einschlags=Quantum zugesetzt werden, so jedoch, daß das zehnjährige Reserve=Quantum unangegriffen bleibt, ohne sich weiter zu verstärken.

§. 28.   Treten Fälle ein, welche einen Angriff des Reserve=Quantums nöthig machen, so hat der Vorstand der Gemeinde oder Anstalt die entsprechenden Anträge an den Regierungspräsidenten[1]) zu richten, welcher über die Zu= lässigkeit zu entscheiden hat.

§. 29.   Vorgriffe auf den Ertrag künftiger Jahre sind möglichst zu ver= meiden und nur in dringenden Nothfällen von dem Regierungspräsidenten[1]) zu bewilligen; der Vorgriff muß dann in längstens zehn Jahren durch Abzüge an dem ermittelten nachhaltigen Einschlagsquantum wieder gedeckt werden.

§. 30.   Alljährlich spätestens bis zum 1. September ist der Holzfällungs=Plan für jede betheiligte Gemeinde und Anstalt von dem verwaltenden Forstbeamten aufzustellen, welchem die Gemeinde= und Anstalts=Vorstände von den etwaigen besonderen Wünschen und Bedürfnissen der Interessenten zeitig vorher Kenntniß zu geben haben, damit hierauf, soweit sie dem generellen Wirthschaftsplane, resp. den Regeln der Holzzucht nicht zuwiderlaufen, bei den Hauungsvorschlägen und der Normirung des Einschlags=Quantums thunlichst Rücksicht genommen werden kann.   Der Holzfällungsplan ist zunächst den Gemeindevorständen, welche den= selben der Gemeindevertretung, und dem Anstaltsvorstande, welcher denselben den etwaigen Interessenten zur Einsicht vorzulegen hat, mitzutheilen, spätestens aber bis zum 1. Oktober jeden Jahres dem Regierungspräsidenten[1]) zur Fest= setzung einzureichen; dem Plane müssen, soweit die Gegenbemerkungen der Ge= meinde= und Anstaltsbehörde nicht haben berücksichtigt werden können, die des= fallsigen Verhandlungen beigefügt werden.

§. 31.   In gleicher Weise und zu derselben Zeit wird mit Aufstellung des Kulturplanes verfahren; es gilt hierbei als Regel, daß die Gemeinden und öffentlichen Anstalten schuldig sind, ihre Waldungen, wo die natürliche Holzzucht nicht ausreicht, durch Kulturen in solchem Stande zu erhalten, daß der ermittelte nachhaltige Ertrag gesichert bleibt. Die Gemeinden können gleichfalls zur Kultur von Waldblößen in dem Falle angehalten werden, wenn der vorhandene Wald=bestand zur Befriedigung der eigenen Bedürfnisse an Brenn= oder Bauholz im Hinblick auf die muthmaßliche Zunahme der Bevölkerung nicht ausreicht.

§. 32. Wenn die Gemeindeglieder die Holzfällungs= und Aufbereitungs= oder die Forstkultur=Arbeiten selbst verrichten wollen und dies von dem Regierungs=präsidenten[1]) für forstwirthschaftlich zulässig erkannt wird, so muß in den Fällungs= und Kulturplänen das Erforderliche vermerkt werden; die Gemeinde=glieder müssen sich aber alsdann auch in die für dergleichen Arbeiten ertheilten Vorschriften fügen, solche ordnungsmäßig verrichten und sich der Aufsicht der Forstbeamten unterwerfen.

§. 33. Fällungen, welche nicht in dem Hauungsplane vorgesehen sind, dürfen nur in Nothfällen, und dann nur auf den Antrag des Vorstandes nach Anhörung des verwaltenden Forstbeamten mit Erlaubniß des Regierungs=präsidenten[1]), oder in dem Falle, wenn das abzugebende Material den Werth von 10 Thlr. nicht übersteigt, mit Erlaubniß des Landraths vorgenommen werden.

Das durch solche außerordentliche Fällungen aufkommende Material ist genau zu notiren und auf das etatsmäßige Einschlags=Quantum des nächsten Jahres in Anrechnung zu bringen.

§. 34. Windfälle und Windbrüche sind, sofern sie nicht Servitutberechtigten gehören, gehörig aufzuklaftern, nach der Quantität zu konstatiren, zu verwerthen und ebenso auf das Einschlagsquantum des nächsten Jahres anzurechnen, wie nach §. 33 der Ertrag außerordentlicher Fällungen.

§. 35. Wegen der den Gemeinde= und Korporationsmitgliedern zustehen=den Nebennutzungen, namentlich der Weide, der Mast, des Streulaubes und des Raff= und Leseholzes, sind, soweit es nicht bereits geschehen, für jede Gemeinde oder Korporation besondere Reglements zu erlassen, welche zuvor dem Regierungs=präsidenten[1]) zur Bestätigung vorgelegt werden müssen; die Bedürfnisse der Betheiligten dürfen dadurch nur insoweit eingeschränkt werden, als die Er=haltung der Waldungen, einschließlich der Hauberge, und die Handhabung des Forstschutzes solches erfordert.

Als Regel gilt:
1. Hinsichtlich der Weide, daß alle Besamungs=, Licht= und Abtriebschläge, und überhaupt der junge Nachwuchs in den Hochwaldungen, ingleichen die Niederwaldungen so lange geschont werden müssen, bis nach dem Ermessen der Forstverwaltung das Holz dem Verderben durch das Vieh nicht mehr ausgesetzt ist, sowie daß Ziegen gar nicht in den Wald kommen dürfen.
2. Hinsichtlich der Mast, daß die Besamungs= und Abtriebs=Schläge so weit verschont werden müssen, als es zur Erhaltung einer vollkommenen Besamung erforderlich ist;
3. daß das Einsammeln des Streulaubes, wo solches gestattet wird, nur an ein oder zwei Wochentagen und nur in denjenigen Distrikten statt=finden darf, in welchen solches wirthschaftlich zulässig ist. Eiserne Rechen dürfen bei Einsammlung desselben nicht gebraucht werden.
4. Die Einsammlung des Raff= und Leseholzes ist gleichfalls auf ein oder zwei Wochentage zu beschränken, und dürfen dabei keine schneidenden Instrumente gebraucht werden.

Außerdem ist in diesen besonderen Reglements festzusetzen: bis zu welchem Alter die jungen Bestände ganz mit der Streunutzung zu verschonen, in welchen

Monaten solche ausgeübt werden dürfe u. s. w., und können auch wegen des Köhlereibetriebes die zum Schutz der Waldungen gegen Feuersgefahr und Entwendungen nöthigen polizeilichen Vorschriften eingeschaltet werden. Uebrigens bleibt, neben den in jenen Reglements getroffenen Bestimmungen, ein Jeder, welcher zu vorgedachten Nebennutzungen befugt ist, den bestehenden oder noch zu erlassenden allgemeinen forstpolizeilichen Anordnungen unterworfen.

§. 36. Ueber die Verwerthung und Verwendung der Wald= 2c. Produkte beschließen die Vertreter der Gemeinden unter Beobachtung der Vorschriften der bezüglichen Gemeinde=Ordnung sowie die Vertreter der öffentlichen Anstalten nach Maßgabe der für diese bestehenden Verfassung; doch muß in der Regel, von den Waldprodukten so viel verkauft werden, daß aus dem Erlöse die Steuern und die Verwaltungs= und Aufsichtskosten für den Wald gedeckt werden können.

III. Aufsicht des Regierungspräsidenten[1]).

§. 37. Der Regierungspräsident[1]) hat die regelmäßige Bewirthschaftung und den gehörigen Schutz der Kommunal=Waldungen nach den in dieser Instruktion enthaltenen Vorschriften durch die Oberforstbeamten und die Regierungs= und Forsträthe[3]), soweit Letzteres ohne Beeinträchtigung des Königlichen Dienstes geschehen kann, genau überwachen und kontroliren zu lassen. Gegen Anordnungen und Entscheidungen, welche von dem Regierungspräsidenten[1]) auf Grund der gegenwärtigen Instruktion getroffen werden, findet, vorbehaltlich der am Schlusse des §. 22 getroffenen Bestimmung, der Rekurs an den Oberpräsidenten der Provinz statt; dieser Rekurs muß binnen einer Präklusivfrist von vier Wochen nach der Zustellung oder Bekanntmachung der bezüglichen Anordnung oder Entscheidung eingelegt werden.

§. 38. Die Regierungspräsidenten[1]) haben auf Grund und nach Maßgabe der gegenwärtigen Instruktion
1. eine Dienstanweisung für die Kommunal=Oberförster und für das Forstschutz=Personal, und
2. eine Hau=Ordnung zu erlassen.

Anlage B (zu Anmerkung 9).

Verordnung zur Ausführung des Artikels 23 des Gesetzes über die Gemeinde-Verfassung in der Rheinprovinz vom 15. Mai 1856. Vom 1. März 1858. (GS. 103).

§. 1. Die Kultur eines Gemeindegrundstücks nach Artikel 23 des Gesetzes vom 15. Mai 1856, betreffend die Gemeinde=Verfassung der Rheinprovinz, kann von jedem einzelnen Gemeindemitgliede, sowie von der Gemeindebehörde — sei es auf deren eigenen Antrieb oder nach Anweisung der vorgesetzten Aufsichtsbehörde — beantragt werden.

§. 2. Erfolgt Widerspruch, so entscheidet der Regierungspräsident[1]) über die Zulässigkeit und die Ausführung der Kultur.

§. 3. Der Beschluß des Regierungspräsidenten[1]) ist zu stützen auf:
a) den von einem Sachverständigen zu liefernden Nachweis der Rentabilität und den von eben solchem aufzustellenden Plan und Kostenanschlag,

---

[3]) Nr. II 3. Anl. A Anm. 6 d. W. | [1]) Nr. 3 Anm. 5.

b) den vom Bürgermeister aufzustellenden Plan zur Aufbringung der Kosten,

c) den Nachweis, daß diese Dokumente (a, b) in der Gemeinde während eines Zeitraums von vierzehn Tagen offen gelegen haben und daß die Gemeindemitglieder davon auf ortsübliche Weise und mit dem Eröffnen in Kenntniß gesetzt worden sind, wie es ihnen während jener Frist freistehe, die Dokumente einzusehen und ihre Einwendungen gegen deren Inhalt beim Bürgermeister schriftlich oder mündlich zum Protokoll anzubringen,

d) das Gutachten des Gemeinderathes über die Kultur, wie über die etwa erhobenen Einwendungen,

e) den Haushaltsetat der Gemeinde und die abgeschlossene Rechnung des verflossenen Jahres,

f) das auf Vorlegung der Dokumente sub. a—e von den Kreisständen abgegebene Gutachten.

§. 4. Gegen den Beschluß des Regierungspräsidenten[1]) findet der Rekurs an die Ministerien des Innern und für die landwirthschaftlichen Angelegenheiten statt.

Für die Frist und den Weg, in welchen derselbe einzulegen ist, gilt der §. 117 der Gemeinde-Ordnung vom 23. Juli 1845[2]).

§. 5. Der §. 32 der für die Gemeinde- und Instituts-Waldungen der Regierungsbezirke Coblenz und Trier geltenden Verwaltungs-Instruktion vom 31. August 1839[3]) bleibt durch gegenwärtige Verordnung unberührt.

---

4. Gesetz, betreffend die Anstellung und Versorgung der Kommunalbeamten. Vom 30. Juli 1899. (GS. 141)[1]).

Wir u. s. w., verordnen, für den Umfang der Monarchie mit Ausschluß der Hohenzollernschen Lande[2]), was folgt:

Allgemeine Bestimmungen.

§. 1. Als Kommunalbeamter im Sinne dieses Gesetzes gilt, wer als Beamter für den Dienst eines Kommunalverbandes (§§. 8 bis 22)[3])

---

[2]) Danach ist der Rekurs binnen einer Präklusivfrist von sechs Wochen bei dem Regierungspräsidenten einzulegen. Die Rechtfertigung des Rekurses kann auch an die vorgesetzte Behörde eingereicht werden.

[3]) Nr. 3 Anm. 1 d. W. §. 32 ist inhaltlich gleichlautend mit Anl. A § 31.

[1]) Das Gesetz regelt die Rechtsverhältnisse der Kommunalbeamten, einschließlich der Gemeindeforstbeamten, über Begründung der Beamteneigenschaft, Dauer der Anstellung, Besoldungsfestsetzung, Pensionsberechtigung und Hinterbliebenenfürsorge in grundsätzlich einheitlicher Weise. Das Gesetz berücksichtigt die besonderen Verhältnisse der Gemeindeforstbeamten (§ 12,

23), und läßt auch die Ansprüche der Inhaber des Forstversorgungsscheines auf gewisse Gemeindeforststellen, sowie die Vorschriften über Bewerbung um solche Stellen und über Anstellung der Bewerber (Nr. II. 8. § 1, 25, 29, 30 d. W.) unberührt. — Ausf. Anw. 12. Okt. 99. (MB. 192.) Anlage A. Quellen: Landt. Verh. HH. 99. Drucks. 27 (Begr.) 63 (KB.) StB. 9. Mai u. 3. Juli, AH. Drucks. 179 (KB.) StB. 16. u. 19. Juni. — Bearb. von Freytag (Berl. 00).

[2]) Eingeführt in Hohenzollern durch GemO. 2. Juli 00 (GS. 189) § 87 bis 91 und Amts- u. LandesO. 9. Okt. 00 (GS. 324) § 47 u. 77.

[3]) Ausgeschlossen bleiben nur die Beamten der in der Verf. 30. Sept. 92

gegen Besoldung angestellt ist. Die Anstellung erfolgt durch Aushändigung einer Anstellungsurkunde[4]).

§. **2.** Die Rechtsverhältnisse der auf Probe[5]), zu vorübergehenden Dienstleistungen oder zur Vorbereitung angestellten Kommunalbeamten unterliegen den Bestimmungen dieses Gesetzes nur insoweit, als dies ausdrücklich[6]) vorgesehen ist. Die Anstellung auch dieser Beamten erfolgt nach §. 1 Satz 2.

Auf Personen, welche ein Kommunalamt nur als Nebenamt oder als Nebenthätigkeit ausüben oder ein Kommunalamt führen, das seiner Art oder seinem Umfange nach nur als eine Nebenthätigkeit anzusehen ist[7]), findet dieses Gesetz keine Anwendung.

§. **3.** Die Zahlung des Gehalts an Kommunalbeamte erfolgt in Ermangelung besonderer Festsetzungen vierteljährlich im Voraus.

§. **4.** Die Hinterbliebenen eines Kommunalbeamten erhalten für das auf den Sterbemonat folgende Vierteljahr noch die volle Besoldung des Verstorbenen (Gnadenquartal); war der Verstorbene pensionirt, so gebührt ihnen die Pension noch für den auf den Sterbemonat folgenden Monat (Gnadenmonat). Dabei finden die für die unmittelbaren Staatsbeamten geltenden Bestimmungen[8]) mit der Maßgabe Anwendung, daß an Stelle der Genehmigung des Verwaltungschefs und der Provinzialbehörde, auf deren Etat die Pension übernommen war, die Genehmigung der Kommunalverwaltungsbehörde[9]) tritt.

§. **5.** In dem Genusse der von dem verstorbenen Beamten bewohnten Dienstwohnung ist die hinterbliebene Familie in Ermangelung anderweiter Festsetzungen nach Ablauf des Sterbemonats noch drei fernere Monate zu belassen. Hinterläßt der Beamte keine Familie, so ist denjenigen, auf welche sein Nachlaß übergeht, unter der gleichen Voraus-

---

(MB. 285) Nr. 2 genannten kommunalständischen Verbände in den alten Provinzen und der landwirthschaftlichen Verbände in der Prov. Hannover, der Hohenzollernschen Amtsverbände, der Bezirksverbände der Reg. Bez. Kassel u. Wiesbaden, des Hohenzollernschen u. Lauenburg'schen Landeskommunalverbandes, ferner der aus Gemeinden, bezw. Gemeinde- u. Gutsbezirken für bestimmte kommunale Zwecke gebildeten Verbände, der Gesammtarmenverbände u. Wegeverbände, der Bürgermeistereien in der Rheinprov., der Aemter in Westfalen u. der Zweckverbände im Sinne des § 128 d. LGO. — Anl. A. Nr. I. 1 b.

[4]) Zur Begründung der Beameneigenschaft Anl. A Nr. I. 2. — Die Vorschrift hat keine rückwirkende Kraft auf

vorher (§ 26) angestellte Beamte Anl. A. Nr. I. 6.

[5]) Anstellung von Gemeindeforstbeamten auf Probe Nr. II. 8, § 30 d. W.

[6]) § 6, 7 u. 10.

[7]) Im Streitfalle, wenn der Beamte eine Anstellungsurkunde verlangt, hat die Aufsichtsbehörde — Anm. 10 — darüber zu befinden; wenn es sich aber um vermögensrechtliche Ansprüche handelt, ist die Entscheidung nach § 7 herbeizuführen Anl. A. I. 1 c u. 4.

[8]) G. 6. Febr. 81 (GS. 17) § 2 u. 3, G. 27. März 72 (GS. 268) § 31.

[9]) Provinzialausschuß, Kreisausschuß, Magistrat und die sonstigen Gemeindevorstände Anl. A. Art. II. 2.

setzung eine vom Todestage an zu rechnende einmonatliche Frist zur Räumung der Dienstwohnung zu gewähren.

In jedem Falle müssen Arbeits= und Sitzungszimmer sowie sonstige, für den amtlichen Gebrauch bestimmte Räumlichkeiten sofort geräumt werden.

§. 6. Ueber die Art und Höhe der Reisekostenentschädigung, welche den Kommunalbeamten, einschließlich der im §. 2 Absatz 1 erwähnten, bei Dienstreisen zugebilligt werden sollen, können die Kommunalverbände Vorschriften erlassen. Kommen solche in Fällen, in welchen ein Bedürf= niß der Regelung besteht, nicht zu Stande, so kann die Aufsichtsbehörde[10]) die erforderlichen Vorschriften erlassen, welche solange in Geltung bleiben, bis anderweite Bestimmungen seitens der Kommunalverbände getroffen sind.

§. 7[11]). Der Bezirksausschuß beschließt über streitige vermögens= rechtliche Ansprüche der Kommunalbeamten einschließlich der in §. 2 Absatz 1 erwähnten Beamten aus ihrem Dienstverhältnisse, insbesondere über Ansprüche auf Besoldung, Reisekostenentschädigung, Pension sowie über streitige Ansprüche der Hinterbliebenen der Beamten auf Gnaden= bezüge oder Wittwen= und Waisengeld. Die Beschlußfassung erfolgt, soweit sie sich auf die Frage erstreckt, welcher Theil des Dienstein= kommens bei Feststellung der Pensionsansprüche als Gehalt anzusehen ist, vorbehaltlich der den Betheiligten innerhalb zwei Wochen bei dem Be= zirksausschuß gegen einander zustehenden Klage im Verwaltungsstreit= verfahren. Im Uebrigen findet gegen den in erster oder auf Beschwerde in zweiter Instanz ergangenen Beschluß binnen einer Ausschlußfrist von sechs Monaten nach Zustellung desselben die Klage im ordentlichen Rechts= wege statt. Die Beschlüsse sind vorläufig vollstreckbar.

Bei den in §§. 18 bis 20 erwähnten ländlichen Kommunalver= bänden tritt an die Stelle des Bezirksausschusses sowohl für das Be= schluß= als auch für das Verwaltungsstreitverfahren der Kreisausschuß.

Beamte der Stadtgemeinden.

(§. 8, 9 u. 10)[12]).

§. 11. Die Aufsichtsbehörde kann in Fällen eines auffälligen Miß= verhältnisses zwischen der Besoldung und den amtlichen Aufgaben der Beamtenstelle verlangen, daß den städtischen Beamten[13]) die zu einer

---

[10]) Für Städte der Regierungspräsi= dent, für Landgemeinden in erster In= stanz der Landrath als Vorsitzender des Kreisausschusses ZustG. § 24.

[11]) Durch diese den Vorschriften des ZustG. § 20 Abs. 4 u. 36 Abs. 3 sich anschließende Bestimmung wird die dort nur für streitige Pensionsansprüche ge= troffene Anordnung auf Verfolgung aller streitigen vermögensrechtlichen An= sprüche ausgedehnt Begr. und Anl. A. Art. II. 4 zu § 7.

[12]) § 8 bis 10 kommen für Gemeinde= forstbeamte nicht in Betracht § 23¹.

[13]) § 11 Abs. 1 gilt nicht für städtische Forstbeamte in Rheinland und West= falen, für welche dem Regierungs= präsidenten das unbeschränkte Recht auf

zweckmäßigen Verwaltung angemessenen und der Leistungsfähigkeit der Stadtgemeinde entsprechenden Besoldungsbeträge bewilligt werden, insoweit nicht die Besoldung der betreffenden Stelle durch Ortsstatut festgesetzt ist. Im Falle des Widerspruchs der Stadtgemeinde erfolgt die Feststellung der Besoldungsbeträge durch Beschluß des Bezirksausschusses.

Betreffs der Polizeibeamten bewendet es bei der Bestimmung im §. 4 Absatz 1 Satz 1 des Gesetzes über die Polizeiverwaltung vom 11. März 1850 (GS. S. 265), §. 4 Absatz 1 der Verordnung vom 20. September 1867 (GS. S. 1529), §. 5 Absatz 1 des Lauenburgischen Gesetzes vom 7. Januar 1870 (Offizielles Wochenblatt S. 13).

§. 12 [14]). Die städtischen Beamten erhalten bei eintretender Dienstunfähigkeit — sofern nicht mit Genehmigung des Bezirksausschusses ein Anderes festgesetzt ist — Pension nach den für die Pensionirung der unmittelbaren Staatsbeamten geltenden Grundsätzen, wobei Artikel III des Gesetzes vom 31. März 1882, betreffend die Abänderung des Pensionsgesetzes vom 27. März 1872 (GS. 1882 S. 133), insoweit er nicht durch das Gesetz vom 1. März 1891 (GS. S. 19) abgeändert ist, unberührt bleibt.

Als pensionsfähige Dienstzeit wird, unbeschadet der über die Anrechnung der Militairdienstzeit bei Militairanwärtern und forstversorgungsberechtigten Personen des Jägerkorps [15]) geltenden Bestimmungen [16]) und in Ermangelung anderweiter Festsetzungen nur die Zeit gerechnet, welche der Beamte in dem Dienste der betreffenden Gemeinde zugebracht hat.

Die Bestimmungen des Gesetzes vom 31. März 1882, betreffend die Abänderung des Pensionsgesetzes vom 27. März 1872 (GS. 1882 S. 133), in Betreff der Beamten, welche das 65. Lebensjahr vollendet haben, können durch Ortsstatut auch für Kommunalbeamte in Kraft gesetzt werden.

§. 13. Das Recht auf den Bezug der Pension (§. 12) ruht, wenn und solange ein Pensionär im Staats= [17]) oder Kommunaldienst ein Diensteinkommen oder eine neue Pension bezieht, insoweit als der Betrag des neuen Einkommens unter Hinzurechnung der zuvor verdienten Pension

---

zweckentsprechende Gehaltsbemessung nach V. v. 24. Dez. 16, Nr. 3 d. W. zusteht. Diese V. ist aufrecht erhalten § 23², Anl. A. Art. VII. 3.

[14]) § 12 bezieht sich auch auf schon vor 1. April 00 — § 26 — angestellte Beamte, soweit sie nicht dem Gemeindevorstande angehören Anl. A. Art. IV. 2.

[15]) Gemeindeforstbeamten, soweit sie Anwärter aus dem Jägerkorps sind, steht die Anrechnung der aktiven Militairdienstzeit und die in der verpflichteten Reserve zugebrachte Zeit als Dienstzeit ebenso zu, wie den aus dem Jägerkorps hervorgegangenen Staatsforstbeamten. KB. HH. S. 19 u. 20, Anl. A. Art. VII, 5 Abs. 2.

[16]) MilitairpensionsG. v. 27. Juni 71 (RGB. 275) § 107, RG. v. 22. Mai 93 (RGB. 171).

[17]) Als Staatsdienst gilt auch der Dienst in einem nichtpreußischen deutschen Bundesstaate URGer. 12. Mai 99 (IV. Senat). Anl. A. Art. IV. 2 zu § 13.

den Betrag des von dem Beamten vor der Pensionirung bezogenen Diensteinkommens übersteigt.

§. **14.** Betreffs der Anstellung, Besoldung und Pensionirung der Mitglieder des kollegialischen Gemeindevorstandes (Magistrats), sowie in Städten ohne kollegialischen Gemeindevorstand der Bürgermeister und deren Stellvertreter (zweite Bürgermeister, Beigeordnete), bewendet es bei den bestehenden Bestimmungen mit der Aenderung, daß die Pension vom vollendeten zwölften Dienstjahre ab bis zum vierundzwanzigsten Dienstjahre alljährlich um $1/60$ steigt.

In der Provinz Hannover findet, unter entsprechender Aufhebung der Vorschrift des §. 64 Absatz 2 der revidirten Städteordnung vom 24. Juni 1858 (Hannoversche GS. S. 141), auch auf die im Absatz 1 gedachten Beamten die Berechnung der Pension nach Maßgabe des §. 8 des Gesetzes vom 31. März 1882, betreffend die Abänderung des Pensionsgesetzes vom 27. März 1872 (GS. 1882 S. 133), Anwendung.

§. **15.** Die Wittwen und Waisen der pensionsberechtigten Beamten der Stadtgemeinden, einschließlich der im §. 14 aufgeführten Beamten, erhalten — sofern nicht mit Genehmigung des Bezirksausschusses ein Anderes festgesetzt ist — Wittwen- und Waisengeld nach den für die Wittwen und Waisen der unmittelbaren Staatsbeamten geltenden Vorschriften [18]) unter Zugrundelegung des von dem Beamten im Augenblick des Todes erdienten Pensionsbetrages; dabei tritt an die Stelle der für das Wittwengeld bei unmittelbaren Staatsbeamten vorgeschriebenen Höchstsätze der Höchstsatz von 2000 Mark.

Auf das Wittwen- und Waisengeld kommen die Bezüge, welche von öffentlichen Wittwen- und Waisenanstalten oder von Privatgesellschaften gezahlt werden, in demselben Verhältnisse in Anrechnung, in welchem die Stadtgemeinde sich an den vertraglichen Gegenleistungen betheiligt hat. Als Betheiligung der Stadtgemeinde wird es auch, soweit die Zeit vor dem Inkrafttreten des Gesetzes in Betracht kommt, angesehen, wenn die Gegenleistung seitens des Beamten auf Grund ausdrücklicher, bei der Anstellung übernommener Verpflichtung oder anderweiter Festsetzungen erfolgt ist.

§. **16.** Stadtgemeinden im Sinne dieses Gesetzes sind diejenigen Städte, welche nach einer Städteordnung verwaltet werden, einschließlich der im §. 1 Absatz 2 der Städteordnung für die sechs östlichen Provinzen vom 30. Mai 1853 (GS. S. 261) und der in §§. 94 ff. des Gesetzes, betreffend die Verfassung und Verwaltung der Städte und Flecken

---

[18]) G. betr. die Fürsorge für die Wittwen und Waisen der unmittelbaren Staatsbeamten 20. Mai 82 (GS. 298) u. 1. Juni 97 (GS. 169).

in der Provinz Schleswig=Holstein vom 14. April 1869 (GS. S. 589), erwähnten Ortschaften und Flecken.

§. **17.** Die in den vorstehenden Bestimmungen vorgesehenen Orts=statuten unterliegen auch in den Städten von Neuvorpommern und Rügen der Genehmigung des Bezirksausschusses.

Beamte der Landgemeinden, der Landbürgermeistereien, Aemter, Zweck=verbände und Amtsbezirke.

§. **18.** Die Anstellungs=, Besoldungs= und Pensionsverhältnisse der Beamten der Landgemeinden, sowie die Ansprüche der Hinter=bliebenen dieser Beamten auf Wittwen= und Waisengeld können durch Ortsstatut geregelt werden. Hierbei gelangt für die Rheinprovinz und die Provinz Westfalen §. 19 Nr. 2 zur Anwendung.

Kommt ein derartiges Statut in größeren Landgemeinden, für welche nach ihren besonderen örtlichen Verhältnissen ein Bedürfniß orts=statutarischer Regelung (Absatz 1) besteht, insbesondere städtischen Vor=orten, Industrieorten, Badeorten u. s. w. nicht zu Stande, so kann auf Antrag der Aufsichtsbehörde der Kreisausschuß beschließen, ob und in=wieweit die Bestimmungen der §§. 8 bis 10 und 12 bis 15 dieses Gesetzes auf die Beamten oder einzelne Klassen der Beamten derselben ent=sprechende Anwendung zu finden [19]). Bei Anwendung der vorgedachten Bestimmungen tritt an die Stelle des Bezirksausschusses der Kreis=ausschuß. Der Beschluß des Kreisausschusses bleibt solange in Geltung, bis durch Ortsstatut (Absatz 1) eine anderweite Regelung getroffen ist.

Auf Antrag der Betheiligten oder der Aufsichtsbehörde [10]) beschließt der Kreisausschuß über die Festsetzung der Besoldungen und sonstigen Dienstbezüge der Landgemeindebeamten.

Die vorstehenden Bestimmungen gelten auch für die Beamten der Amtsbezirke und der auf Grund der §§. 128 ff. der Landgemeindeord=nung für die sieben östlichen Provinzen vom 3. Juli 1891 (GS. S. 233), §§. 128 ff. der Landgemeindeordnung für die Provinz Schleswig=Holstein vom 4. Juli 1892 (GS. S. 155), §§. 100 ff. der Landgemeindeordnung für die Provinz Hessen=Nassau vom 4. August 1897 (GS. S. 301) ge=bildeten Zweckverbände.

§. **19.** Die Vorschriften der §§. 8 bis 15 dieses Gesetzes finden auf die Beamten der Bürgermeistereien in der Rheinprovinz und der Aemter in der Provinz Westfalen, sowie im Umfange der §§. 12 bis 15 auch auf die Gemeindeeinnehmer in diesen Provinzen mit folgenden Maßgaben sinnentsprechende Anwendung:

---

[19]) Dieses Verfahren ist auf Forst=beamte nicht anwendbar, weil die § 8 bis 10 des G. für sie außer Betracht bleiben § 23[1] des G.

1. die Anstellung der Bürgermeister und Amtmänner, sowie die Festsetzung der Besoldung und Dienstunkostenentschädigung für diese Beamten und die Gemeindeeinnehmer (Amtseinnehmer) erfolgt nach den bisherigen Vorschriften;
2. im Falle der Pensionirung kommt bei der Berechnung der Dienstzeit auch die Zeit in Anrechnung, während welcher der zu pensionirende Beamte bei anderen Bürgermeistereien (Amtsverbänden) oder Landgemeinden innerhalb der betreffenden Provinz angestellt gewesen ist;
3. an Stelle des Bezirksausschusses tritt überall der Kreisausschuß.

§. **20.** Für die Bürgermeistereien in der Rheinprovinz und die Aemter in der Provinz Westfalen kann die Anstellung besoldeter Beigeordneter durch die Bürgermeisterei= oder Amtsversammlungen beschlossen werden. Die Art der Ernennung und die Bedingungen der Anstellung regeln sich nach den die Landbürgermeister oder Amtmänner betreffenden Bestimmungen.

Beamte der Kreis= und Provinzialverbände.

§. **21.** Auf die Rechtsverhältnisse der Kreiskommunalbeamten finden die Vorschriften in §§. 8 bis 15 entsprechende Anwendung; an Stelle der ortsstatutarischen Regelung tritt die der Genehmigung des Bezirksausschusses unterliegende Beschlußfassung des Kreistages.

§. **22.** Hinsichtlich der Provinzialbeamten und der Beamten der Bezirksverbände der Regierungsbezirke Cassel und Wiesbaden sowie der Beamten des Lauenburgischen Landes=Kommunalverbandes bewendet es, unbeschadet der allgemeinen Bestimmungen dieses Gesetzes, bei den bestehenden Vorschriften [20]).

Gemeindeforstbeamte. [21])

§. **23.** Die Rechtsverhältnisse der Gemeindeforstbeamten [22]) unterliegen der Regelung durch das vorliegende Gesetz mit folgenden Maßgaben:

---

[20]) Provinzial=Ordnung 29. Juni 75 (GS. 335), § 96, 120 Abs. 3, für Hessen=Nassau 8. Juni 85 (GS. 242) § 69, 96 Abs. 3, für Lauenburg Prov.=Ord. für Schleswig=Holstein 27. Mai 88 (GS. 191) Art. V.

[21]) Hülfsbeamte der Staats=anwaltschaft Nr. I, 3 Anm. 27 d. W.; Waffengebrauch Nr. I, 5 d. W.; Dienstkleidung AE. 11. Okt. 99 (MB. 203) Anlage B; Anspruch auf Entschädigung bei Betriebsunfällen ist für Gemeindeforstbeamte und deren Hinterbliebene von vorgängiger statutarischer Regelung abhängig Fürsorge=G. 2. Juni 02 (GS. 153) Art. 1 § 10—12; disziplinarisch unterstehen die Gemeindeforstbeamten, wie andere Gemeindebeamte nach ZustG. § 20 u. 36 dem DisziplinarG. 21. Juli 52 (GS. 465). Dies gilt namentlich auch für die Gemeindeforstbeamten in Westfalen u. Rheinprovinz Nr. 3 Anl. A. §. 7 d. W.

[22]) Für die hier behandelten Rechtsverhältnisse kommen in Betracht: a) G.

1. die §§. 8 bis 10 bleiben außer Anwendung;
2. die Verordnung, betreffend die Verwaltung der den Gemeinden und öffentlichen Anstalten gehörigen Forsten in den Provinzen Westfalen, Cleve, Berg und Niederrhein vom 24. Dezember 1816 (GS. 1817 S. 57)[23], §. 15 des Gesetzes vom 14. August 1876 (GS. S. 373)[24] und das Gesetz, betreffend die Forstschutzbeamten der Gemeinden und öffentlichen Anstalten im Regierungsbezirk Wiesbaden u. s. f., vom 12. Oktober 1897 (GS. S. 411)[25] bleiben unberührt;
3. die Forstbeamten der Landgemeinden in der Rheinprovinz[26] und in der Provinz Westfalen erhalten Pension und deren Wittwen und Waisen Hinterbliebenenversorgung nach den Vorschriften der §§. 12 bis 15; dabei tritt an Stelle des Bezirksausschusses der Kreisausschuß, und kommt im Falle der Pensionirung auch diejenige Zeit in Anrechnung, während deren der Beamte bei einer anderen Landgemeinde innerhalb der betreffenden Provinz als Forstbeamter angestellt gewesen ist.[27]

Schluß- und Uebergangsbestimmungen.

§ 24. Ist die nach Maßgabe dieses Gesetzes zu bemessende Pension eines Beamten geringer als die Pension, welche ihm hätte gewährt werden müssen, wenn er am 31. März 1900 nach den bis dahin für ihn geltenden Bestimmungen pensionirt worden wäre, so wird diese letztere Pension an Stelle der ersteren bewilligt[28], jedoch unbeschadet der Fest-

---

14. Aug. 76 für die sieben östlichen Provinzen u. Ausf. Instr. Nr. 2 Anm. 17 und Anl. A d. W.; b) V. 24. Dez. 16 für Westfalen und Rheinprovinz nebst Oberpräsidial-Instr. Nr. 3 Anm. 7 u. Anl. A d. W.; c) V. 4. Juli 67 betr. die neu erworbenen Landestheile Nr. II, 1 d. W. Anl. A, in denen die vielfach von einander abweichenden Bestimmungen nunmehr einheitlich, wie in den sieben östlichen Provinzen geregelt sind Begr. zu § 23. Die weitergehenden Vorschriften für den RBez. Wiesbaden sind aufrecht erhalten Anm. 25, ebenso die besonderen Bestimmungen für den RBez. Kassel Anm. 30; d) Gemeindeforst-G. für die Hohenzollernschen Lande 22. April 02 (GS. 95) § 13, wodurch für die Rechtsverhältnisse der Forstschutzbeamten die Bestimmungen des § 23 mit unwesentlichen Abweichungen eingeführt sind.

[23] Die Aufrechterhaltung dieser V. ist nach Anm. 13 für städtische Forstbeamte besonders wichtig.

[24] Nr. 2 § 15 d. W., betr. die Versetzung der Provinz Sachsen aus dem Geltungsbereiche der V. 24. Dez. 16 in das des G. v. 14. Aug. 76.

[25] Anlage C Anm. 22.

[26] Die in der Rheinprovinz nach G. v. 11. Sept. 65 — Anlage D — bestehenden Bestimmungen über die Pensionsberechtigung der Gemeindeforstbeamten sind hierdurch nicht nur aufrecht erhalten, sondern für die ländlichen Forstbeamten sowohl in der Rheinprovinz, als auch in Westfalen durch Ergänzung des Pensionsrechtes nach § 12 und durch Hinzufügung der unbedingten Wittwen- und Waisenversorgung erweitert worden Anl. A. VII. 4.

[27] Das Bestehen der Provinzialkassenverbände in beiden Provinzen erleichtert diese Anrechnung.

[28] Dem im § 12 angezogenen G. 1. März 91 nachgebildet.

stellung des Wittwen- und Waisengeldes nach Maßgabe dieses Gesetzes, soweit nicht auch in dieser Beziehung bereits erworbene Rechte bestehen.

§. **25.** Die diesem Gesetze entgegenstehenden Bestimmungen treten außer Kraft. Insbesondere gilt dieses auch von den §§. 41 Absatz 3 und 47 der Hannoverschen Städteordnung vom 24. Juni 1858 (Hannoversche GS. S. 141).

Unberührt bleiben:

1. §. 28 Absatz 2 bis 5 der Kreisordnung für die Provinz Westfalen vom 31. Juli 1886 (GS S. 217) und §. 27 Absatz 2 bis 6 der Kreisordnung für die Rheinprovinz vom 30. Mai 1887 (GS. S. 209)[29]), jedoch mit der Maßgabe, daß die Zahlungspflicht der Kassenverbände sich auch auf die den Beamten nach §. 18 zustehenden Pensionen erstreckt.

Im Uebrigen kann in den beiden genannten Provinzen durch Beschluß des Provinziallandtages mit Genehmigung des Ministers des Innern der Kassenverband verpflichtet werden:

a) auch diejenigen Pensionen von Beamten der Amtsverbände (Bürgermeistereien) und Landgemeinden zu zahlen, welche diesen im Wege der Einzelvereinbarung unter Beachtung der in den §§. 12 Absatz 1, 19 Nr. 2, 23 Nr. 3 oder 25 Absatz 2 Nr. 1b festgestellten Grundsätze gewährt werden,

b) bei Zahlung der Pensionen auch diejenigen Beträge zu übernehmen, welche sich aus einer Anrechnung der von den Beamten im Reichs-, insbesondere im Militairdienste oder im Dienste eines deutschen Kommunalverbandes oder einer anderen öffentlichen Korporation verbrachten Zeit ergeben.

2. §§. 81 bis 87 der Landgemeindeordnung für die Provinz Hessen-Nassau vom 4. August 1897 (GS. S. 301)[30]), §. 84 indessen

---

[29]) Diese Bestimmungen betreffen die Bildung von Kassenverbänden.

[30]) Für Gemeindeforstbeamte kommen nur die § 85 bis 87 in Betracht:

§. 85. Die auf Lebenszeit angestellten besoldeten Gemeindebeamten erhalten, sofern nicht mit Genehmigung des Kreisausschusses ein Anderes vereinbart worden ist, bei eintretender Dienstunfähigkeit Pension nach den für die unmittelbaren Staatsbeamten geltenden Grundsätzen. Unberührt bleibt der Artikel III des Gesetzes vom 31. März 1882 (GS. 133), soweit er nicht durch das Gesetz, betreffend die Ausdehnung einiger Bestimmungen des Gesetzes vom 31. März 1882 wegen Abänderung des Pensionsgesetzes vom 27. März 1872 auf mittelbare Staatsbeamte, vom 1. März 1891 (GS. 19) abgeändert ist.

§. 86. Die Pension fällt fort oder ruht insoweit, als der Pensionirte durch anderweitige Anstellung im Staats- oder Gemeindedienste ein Einkommen oder eine Pension erwirbt, welche mit Zurechnung

mit der Aenderung, daß die Pension vom vollendeten 12. Dienstjahre ab bis zum 24. Dienstjahre alljährlich um $^1/_{60}$ steigt.

§. **26.** Das gegenwärtige Gesetz tritt am 1. April 1900 in Kraft.

§. **27.** Der Minister des Innern ist mit der Ausführung dieses Gesetzes beauftragt.

Anlagen zum Kommunalbeamtengesetz vom 30. Juli 1899.

Anlage A (zu Anmerkung 1).

Anweisung vom 12. Oktober 1899 (MB. 192) zur Ausführung des Gesetzes, betreffend die Anstellung und Versorgung der Kommunalbeamten vom 30. Juli 1899.

Allgemeine Bestimmungen.
(§§. 1—7 des Gesetzes.)

Artikel I. Anwendungsgebiet des Gesetzes. — Begründung der Beamteneigenschaft.

(§§. 1, 2.)

1. Durch die Ueberschrift und die zwei ersten Paragraphen des Gesetzes wird das Anwendungsgebiet desselben nach einer dreifachen Richtung abgegrenzt.

a) Zunächst regelt das Gesetz nur die Anstellung und Versorgung (Besoldung, Pensionirung, Wittwen- und Waisenversorgung) der Kommunalbeamten in einigen wichtigen Beziehungen. Im Gebiete der Anstellung insbesondere greift es nur diejenigen Rechtsverhältnisse heraus, welche die Begründung der Beamteneigenschaft und die Dauer des Anstellungsverhältnisses betreffen, läßt indessen die nach den Gemeindeverfassungsgesetzen bestehenden Verschiedenheiten in der Art der Bestellung der Beamten, d. h. die Bestimmungen über Wahl oder Anstellung, über Bestätigung u. s. f. unberührt.

b) Sodann werden nur die Beamten derjenigen Kommunalverbände, welche in den §§. 8 bis 22 erwähnt sind, von dem Gesetze betroffen, d. h. die Beamten der Stadt- und Landgemeinden, der rheinischen Landbürgermeistereien, der westfälischen Aemter, der Zweckverbände, Amtsbezirke, Kreise und — soweit die all-

---

der ersten Pension sein früheres Einkommen übersteigen.

§. 87. Die Wittwen und Waisen der besoldeten Bürgermeister, sowie derjenigen Gemeindebeamten, welche mit Pensionsberechtigung angestellt gewesen sind, erhalten, falls nicht ein Anderes mit Genehmigung des Kreisausschusses vereinbart worden ist, Wittwen- und Waisengeld nach den für die Wittwen und Waisen der unmittel-

baren Staatsbeamten geltenden Vorschriften unter Zugrundelegung des von dem Beamten im Augenblick des Todes erdienten Pensionsbetrages.

Auf das Wittwen- und Waisengeld kommen diejenigen Bezüge in Anrechnung, welche von öffentlichen Wittwen- und Waisenanstalten gezahlt werden, insoweit die Gemeinde die Einkaufsgelder und Beiträge geleistet hat.

gemeinen Bestimmungen (§§. 1—7) in Betracht kommen — auch der Provinzen, der Bezirksverbände Kassel und Wiesbaden sowie des Lauenburgischen Landes-kommunalverbandes (§. 22); es bleiben also die Beamten der übrigen, in Nr. 2 des Runderlasses vom 30. September 1892 (M.-Bl. S. 285) genannten kommunal-ständischen und landschaftlichen Verbände von dem Anwendungsgebiete des Ge-setzes ausgeschlossen.

c) Aber auch innerhalb dieser Kommunalverbände werden nicht alle Beamten-kategorien dem Gesetze unterworfen, vielmehr bleiben unberührt die Verhältnisse derjenigen Beamten, welche ohne Besoldung, also ehrenamtlich angestellt sind, oder welche ihr Kommunalamt nur als Nebenamt verwalten. In die erstere Kategorie fallen auch diejenigen, welche als Entgelt ihrer Dienstleistungen ledig-lich eine im Wesentlichen zur Deckung ihrer Amtsunkosten bestimmte Baarent-schädigung erhalten, die zweite Kategorie wird von denjenigen gebildet, deren Amt entweder im Hinblick auf seine Art und seinen Umfang oder im Hinblick auf den Umstand, daß es neben einem Hauptamt oder einer nichtamtlichen Haupt-thätigkeit verwaltet wird, als Nebenamt anzusehen ist. Zu der letzteren Kate-gorie würden hiernach sowohl Inhaber solcher Aemter gehören, deren Verwaltung im Allgemeinen Zeit und Kraft eines Mannes nur nebenbei in Anspruch zu nehmen pflegt, als auch Kommunalbeamte, deren Hauptamt ein Staatsamt (z. B. Kreisausschußsekretaire, welche im Hauptamte Kreissekretaire sind), oder deren Hauptthätigkeit ein Handwerkerberuf ist (z. B. Nachtwächter, deren Haupt-beruf das Schmiedehandwerk ist). Ein etwaiger Streit über das Vorhandensein dieser Voraussetzungen würde in dem durch §. 7 des Gesetzes vorgeschriebenen Verfahren auszutragen sein, vorausgesetzt, daß es sich bei demselben um ver-mögensrechtliche Ansprüche des Beamten handelte. Fordert indessen der Beamte zunächst die Aushändigung einer Anstellungsurkunde (§. 1 Satz 2), so gilt für diesen Fall das zu Nr. 4 Gesagte.

Eine Sonderstellung im Systeme des Gesetzes nehmen die auf Probe, zu vorübergehenden Dienstleistungen oder zur Vorbereitung angenommenen Kommu-nalbediensteten ein. Auf diese Personen, welche im Allgemeinen auch im Wege des civilrechtlichen Dienstmiethsvertrages eingestellt werden könnten (siehe unter 5), findet das Gesetz, sofern ihnen von dem Kommunalverbande Beamtenqualität eingeräumt wird, nur insoweit Anwendung, als dies ausdrücklich vorgesehen ist, d. h. im Umfange der Bestimmungen in §§. 1 Satz 2, 6, 7 und 10 (§. 2 Abs. 1). Hiernach erfolgt die Anstellung auch dieser Beamtenklasse durch Aushändigung einer Anstellungsurkunde, eine Vorschrift, welche die deutliche Unterscheidung der beamteten von den nicht beamteten Probisten u. s. f. bezweckt; die Regelung der Annahmebedingungen geschieht vor dem Antritt der Beschäftigung, die Probe-dienstzeit ist zeitlich abgegrenzt, die allgemeinen Vorschriften über Reisekosten-entschädigung und über Verfolgung vermögensrechtlicher Ansprüche sind auf sie ausgedehnt.

Während mit den aus dem Vorstehenden sich ergebenden Maßgaben die allgemeinen Bestimmungen des Gesetzes alle Beamtenkategorien der in demselben erwähnten Kommunalverbände betreffen, nehmen innerhalb der mit §. 8 beginnen-den besonderen Bestimmungen einzelne Beamtenklassen wiederum eine Sonder-stellung ein; hierher gehören insbesondere aus dem Kreise der städtischen Beamten die Mitglieder des kollegialischen Gemeindevorstandes (Magistrats) sowie in Städten ohne kollegialischen Gemeindevorstand die Bürgermeister und deren Stell-vertreter (zweite Bürgermeister, Beigeordnete), auf deren Rechtsverhältnisse die besonderen Bestimmungen über städtische Beamte (§§. 8—17) nur im Umfange der §§. 14—17 Anwendung finden. Die übrigen Verschiedenheiten in der Behandlung einzelner Beamtenkategorien im Rahmen der besonderen Bestimmungen ergeben sich aus den §§. 19, 23, 25 Nr. 2.

2. Nach §. 1 Satz 2 erfolgt die Anstellung der Kommunalbeamten fortan durch Aushändigung einer Anstellungsurkunde. Durch diese Fassung ist zum Ausdruck gebracht, daß die Aushändigung der Anstellungsurkunde der die Beamteneigenschaft begründende formale Akt sein soll, sodaß es in Zukunft ausgeschlossen sein soll, diese Eigenschaft aus irgend welchen anderen Momenten, etwa aus der Art oder der Dauer der Beschäftigung, aus der Vereidigung u. s. f. zu folgern. Von besonderer Wichtigkeit wird das durch das Erforderniß der Anstellungsurkunde eingeführte wesentliche Unterscheidungsmerkmal für diejenigen Gruppen von Kommunalbediensteten werden, welche, wie die Funktionäre städtischer Betriebsverwaltungen, schon nach der bisherigen Praxis theils im Wege des privatrechtlichen Vertrages, theils in dem des öffentlich-rechtlichen Beamtenkontrakts angenommen zu werden pflegten.

3. Was die Form der Anstellungsurkunden anbelangt, so ist es erwünscht, daß dieselbe, sofern es nicht schon anderweitig geschehen ist, durch das die Beamtenverhältnisse des Kommunalverbandes ordnende Ortsstatut (für die Provinz durch Reglement) festgestellt werde. Bei Erlaß und Genehmigung solcher genereller Bestimmungen werden die im folgenden Absatz aufgeführten Momente zu beachten sein.

Jedenfalls wird die Form möglichst einfach zu gestalten und so zu fassen sein, daß über den Beamtencharakter des Anzustellenden kein Zweifel obwalten kann.

Neben diesem wesentlichen Bestandtheil der Anstellungsurkunden wird die Aufnahme der beobachteten Bestellungsformalitäten, der Anstellungsdauer, der Amtskompetenzen und etwaiger besonderer Verabredungen sich empfehlen. Hiernach würden die Anstellungsurkunden für einen städtischen Polizeiinspektor und einen städtischen Bureauassistenten etwa so zu lauten haben:

a) Nach Vernehmung der Stadtverordnetenversammlung und nach Bestätigung durch den Königlichen Regierungspräsidenten zu N. werden Sie hierdurch zum Polizeiinspektor für die Stadtgemeinde X. und damit zum städtischen Beamten auf Lebenszeit ernannt.

Als Gehalt wird Ihnen ein Jahresbetrag von .... ℳ und Dienstkleidung nach Maßgabe des Reglements vom .... gewährt.

X., den ....

Der Magistrat.

b) Nach Vernehmung der Stadtverordnetenversammlung werden Sie hierdurch zum Bureauassistenten in der Stadt X. mit Beamteneigenschaft ernannt. Ihre Anstellung erfolgt unter dem Vorbehalt dreimonatlicher Kündigung nach Maßgabe des Ortsstatuts vom ....

Als Gehalt haben Sie einen Jahresbetrag von ..... zu beziehen.

X., den ....

Der Magistrat.

Die Königlichen Regierungspräsidenten werden zu erwägen haben, ob es sich empfiehlt, für die ihrer Aufsicht unterstellten Kommunalverbände Muster von Anstellungsurkunden der einzelnen Beamtenkategorien zu erlassen, und im Bedürfnißfalle das Geeignete selbst oder — hinsichtlich der ländlichen Kommunalverbände — durch die Königlichen Landräthe zu veranlassen haben.

4. Die Vorschrift des §. 1 Satz 2 bezieht sich auf alle, vom Inkrafttreten des Gesetzes an anzustellenden besoldeten und nicht bloß im Nebenamt thätigen Beamten der unter 1b genannten Kommunalverbände, also auf gewählte und ernannte, obere und untere Beamte. Mit Rücksicht auf diese große praktische

Bedeutung der Vorschrift und auf den Umstand, daß die erfahrungsmäßige Ab-
neigung einzelner Gemeindebehörden in kleineren Stadt= oder Landgemeinden
gegen schriftliche Aufzeichnungen zu schweren Schädigungen von Personen führen
könnte, welche als Inhaber von Amtsstellen Anstellungsurkunden nicht erhalten
haben, wird es nicht den anzustellenden Beamten allein überlassen werden dürfen,
die Aushändigung solcher Urkunden zu betreiben. Vielmehr wird es erforderlich
sein, daß die Königlichen Regierungspräsidenten bezw. Landräthe für die ihrer
Aufsicht unterstehenden kleineren Kommunalverbände je nach Bedürfniß eine
periodische oder Einzelkontrole der korrekten Handhabung dieser gesetzlichen Vorschrift einrichten und überall dort, wo sie einen Inhaber einer Amtsstelle ohne
Anstellungsurkunde finden, die Aushändigung einer solchen — gegebenen Falls
mit den Zwangsmitteln des §. 132 des Gesetzes über die allgemeine Landesverwaltung vom 30. Juli 1883 — herbeiführen.

5. Wohl zu unterscheiden von dem Fall einer Versäumung der Urkunden=
aushändigung an den Inhaber einer Amtsstelle, dessen Beamteneigenschaft von
den Parteien gewollt, aber wegen jener Versäumniß nicht erreicht worden ist, ist
der Fall, in welchem ein Kommunalverband Funktionen, die ordnungsmäßiger
Weise von einem Beamten wahrgenommen werden sollten, von einer im privatrechtlichen Dienstmiethvertrag angenommenen Person versehen läßt, d. h. entweder eine Amtsstelle für diese Funktionen nicht schaffen oder eine bestehende
Amtsstelle nicht mit einem Beamten besetzen will.

In dieser Beziehung wird an dem bisher geltenden Grundsatze festzuhalten
sein, daß obrigkeitliche Funktionen ausschließlich von Beamten ausgeübt werden
müssen, daß aber die Kommunalverbände nicht verpflichtet sind, die nicht mit
solchen Funktionen auszustattenden, besonders zu technischen, wissenschaftlichen,
künstlerischen oder zu mechanischen Dienstleistungen benöthigten Kräfte im Wege
des öffentlichrechtlichen Beamtenkontrakts anzustellen. Hiernach bleibt es den
Verbänden namentlich unverwehrt, die im Arbeiterverhältniß stehenden und die
ausschließlich in Betriebsverwaltungen beschäftigten, nicht mit obrigkeitlichen
Funktionen ausgestatteten Personen im Wege der civilrechtlichen Dienstmiethe
anzunehmen. So werden für die Dienste in städtischen Theatern, Museen, Bade-
etablissements, Gasanstalten, Schlachthöfen im Allgemeinen Nichtbeamte angenommen werden können, während im Einzelnen einem Schlachthofvorsteher,
welchem die Befugniß zum Erlaß polizeilicher Verfügungen (z. B. betreffs der
Verweisung minderwerthigen Fleisches auf die Freibank) übertragen werden soll,
Beamteneigenschaft eingeräumt werden muß. Zu den mechanischen, auch von
Nichtbeamten wahrnehmbaren Dienstleistungen werden die Funktionen von Pfört-
nern, Dienern, Kopisten, Arbeitern und anderen ähnlich beschäftigten Personen
unbedenklich gerechnet werden können. Auch werden solche Beschäftigungsarten,
welche von vornherein zeitlich oder sachlich begrenzt — z. B. die Bearbeitung
einer kommunalen Entwässerungsanstalt u. s. f. —, oder welche auf Probe oder
zur Vorbereitung übertragen werden, nicht dem Beamten vorzubehalten, sondern
zur privatrechtlichen Regelung freizugeben sein, sofern bei den betreffenden Geschäften obrigkeitliche Funktionen nicht in Betracht kommen.

Was die zulässigen Einwirkungen der Aufsichtsbehörden zur Herbeiführung
einer den vorstehenden Ausführungen gemäßen Amtsorganisation in den Kommunalverbänden betrifft, so ist zunächst für das gesammte Gebiet der Ortspolizeiver-
waltung an der durch das Polizeigesetz vom 11. März 1850 (Verordnung vom
20. September 1867, Lauenburgisches Gesetz vom 7. Januar 1870) begründeten
staatlichen Organisationsbefugniß festzuhalten. Aber auch darüber hinaus bleibt
es Recht und Pflicht der Aufsichtsbehörde, die Wahrnehmung obrigkeitlicher

Funktionen durch Beamte — nöthigenfalls im Wege des Zwanges — durchzusetzen. In der Berechtigung der Aufsichtsbehörde zu denjenigen Maßregeln, welche erforderlich sind, um die Verwaltung in dem ordnungsmäßigen Gange zu erhalten und in der weiteren durch §. 11 festgestellten Berechtigung zur Regulirung unzulänglicher Beamtenbesoldungen ist weiterhin die Befugniß enthalten, auch für solche Funktionen, welche zwar nicht obrigkeitlicher Natur sind, aber aus organisatorischen Gründen von besoldeten Beamten wahrgenommen werden müssen, die Anstellung solcher zu verlangen. Hiernach wird es der Aufsichtsbehörde zustehen, zur Verwaltung umfangreicher, verantwortlicher und ständiger Sekretairsgeschäfte in einem größeren Kommunalverbande, welche bisher in unzulänglicher Weise durch Privatschreiber des mit einem Dienstunkostenpauschsatze bedachten Bürgermeisters versehen worden sind, die Anstellung eines besoldeten Bureaubeamten zu verlangen.

6. Ihrem Wortlaut nach kann der Vorschrift des §. 1 Satz 2 eine rückwirkende Kraft nicht beigelegt werden. Aus dieser Vorschrift kann demnach zur Entscheidung der Fragen, ob einer oder der andere der bereits vor Inkrafttreten des Gesetzes angenommenen Kommunalbediensteten als Beamter anzusehen und daher gemäß Satz 1 des §. 1 der Wohlthaten der §§. 3—6, 12—15 theilhaftig zu machen sei, nichts entnommen werden. Wohl aber erscheint es angezeigt, gelegentlich der Einführung des Gesetzes Zweifel über die rechtliche Eigenschaft solcher Kommunalbediensteter im Wege der Vereinbarung zu erledigen. In diesem Sinne wird insbesondere auf die Magistrate (Bürgermeister) von Stadtgemeinden und im Bedürfnißfalle auch auf die Vorstände sonstiger Kommunalverbände einzuwirken sein.

Art. II. **Gehalt. Gnadenbezüge. Reisekostenentschädigung. Verfolgung vermögensrechtlicher Ansprüche aus der Beamtenanstellung.**

(§§. 3—7.)

1. Die in §§. 3 und 5 vorbehaltenen „besonderen (anderweiten) Festsetzungen" haben den Charakter von Verwaltungs-, nicht von Verfassungsvorschriften und können daher ebensowohl in der Form von Verwaltungsregulativen als in der Form von Ortsstatuten erlassen werden. Für die Provinzial- und die ihnen gleichgestellten Beamten bewendet es natürlich bei §. 96 der Provinzialordnung und den dieser Bestimmung nachgebildeten Vorschriften. Uebrigens werden die obenerwähnten Festsetzungen ebensowohl im Wege der Vereinbarung getroffen werden können.

Auch die im §. 6 erwähnten „Vorschriften" der Kommunalverbände über Art und Höhe der Reisekostenentschädigungen können sowohl als Regulative wie als Ortsstatute erlassen werden.

2. Die in §. 4 für die Regelung der Gnadenkompetenzen in Bezug genommenen, hinsichtlich der unmittelbaren Staatsbeamten geltenden Bestimmungen sind in §§. 2, 3 des Gesetzes vom 6. Februar 1881 und §. 31 des Gesetzes vom 27. März 1872 enthalten.

Als Kommunalverwaltungsbehörde im Sinne dieses Paragraphen sind der Provinzialausschuß, Kreisausschuß, Magistrat und die sonstigen Gemeindevorstände zu verstehen.

Durch die Vorschrift des §. 4 sollen endlich günstigere Festsetzungen einzelner Kommunalverbände nicht ausgeschlossen werden.

3. Für die Ausführung des §. 6 wird zu beachten sein, daß nach dem Beschlusse des Reichsgerichts (III. Civil-Senat) vom 15. Februar 1898 bei Be-

messung der Gebühren für gerichtliche Zeugen= und Sachverständigenvernehmungen der Kommunalbeamten in den Fällen des §. 14 der Gebührenordnung vom 30. Juni 1878 (RGBl. S. 173) die auf Grund gesetzlicher Bestimmung erlassenen Vorschriften der Kommunalverbände über Dienstreisekosten zu Grunde zu legen sind.

Wenn auch angesichts der großen örtlichen Verschiedenheiten davon abge= sehen werden muß, für das Gebiet der Monarchie Grundlinien behufs einer ein= heitlichen Regelung dieser Materie zu ziehen, so wird doch thunlichst auf die Vermeidung weitgehender Abweichungen der Vorschriften innerhalb der einzelnen Regierungsbezirke hinzuwirken, und dieser Gesichtspunkt überall dort zur Geltung zu bringen sein, wo wegen der gewählten ortsstatutarischen Form oder wegen erforderlich gewordener Feststellung der Aufsichtsbehörde (§. 6 Satz 2) staatliche Mitwirkung erforderlich wird.

Uebrigens werden die kommunalen Vorschriften bestimmen können, für welche Dienstreisen Entschädigungen gewährt werden, und ob die letzteren in Reisekosten und Tagegeldern oder in ungetrennten Sätzen bestehen sollen; auch Pauschalentschädigungen werden zugelassen werden dürfen.

Unzulässig würde selbstverständlich eine Regelung sein, welche ausschließlich für die Gerichtsgebühren Geltung haben oder für letztere andere Sätze als für Dienstreisen in kommunalen Angelegenheiten bestimmen würde.

Aufsichtsbehörde ist hier wie z. B. auch in §. 9 al. 1 die mit der laufenden Kommunalaufsicht betraute Staatsbehörde, nicht die zur Mitwirkung bei dieser Aufsicht berufene Selbstverwaltungsbeschlußbehörde; für Städte mithin der Regierungspräsident, nicht der Bezirksausschuß. Diese Aufsichtsbehörde hat, nach= dem sie gegebenenfalls die Vorschriften erlassen hat, dieselben wieder aufzuheben, sobald anderweite Bestimmungen seitens der Kommunalverbände getroffen sind.

4. §. 7 bringt eine neue und einheitliche Regelung der Verfolgung ver= mögensrechtlicher Ansprüche der Kommunalbeamten aus ihrem Dienstverhältnisse. Zu dem vorletzten Satze des ersten Absatzes ist zu bemerken, daß gegen den Be= schluß des Bezirksausschusses die Beschwerde oder die Klage im ordentlichen Rechtswege offensteht, und daß die Klage auch noch gegen den Beschluß des Provinzialraths, sofern Beschwerde an denselben erhoben war, zulässig ist.

Beamte der Stadtgemeinden.
(§§. 8—17.)

Art. III. Prinzip der lebenslänglichen Anstellung städtischer Beamter und Abweichungen. Beamte städtischer Betriebsverwaltungen.

(§§. 8—10.)[1]

Art. IV. Besoldung. Pensionirung. Wittwen= und Waisen= versorgung der städtischen Beamten.

(§§. 11—17.)

1. Die Vorschrift des §. 11 soll der Aufsichtsbehörde die Handhabe bieten, unter den im ersten Absatze bezeichneten Voraussetzungen unzulängliche Beamten= gehälter im Wege einer Beschlußfassung des Bezirksausschusses auf die angemessene Höhe zu bringen. Ueber den Rahmen dieser Voraussetzungen hinaus ist von einer Mitwirkung der Aufsichtsbehörden bei der Festsetzung der Beamtengehälter abzusehen. Nach Abs. 2 des §. 11 bezieht sich die Bestimmung des ersten Absatzes

---

[1] Da die § 8—10 für Forstbeamte nicht gelten, sind die an diese Para= graphen geknüpften Ausführungen hier entbehrlich.

nicht auf die städtischen Polizeibeamten, deren Gehälter auf Grund der durch das Polizeigesetz vom 11. März 1850 festgestellten staatlichen Organisations= befugniß der unbeschränkten Revision durch den Regierungspräsidenten unterliegen (vgl. hinsichtlich der Gemeindeforstbeamten Artikel VII Nr. 3). Auch auf die Mitglieder des Gemeindevorstandes findet der §. 11 keine Anwendung (§. 14).

2. Durch §. 12 wird die Pensionsberechtigung der lebenslänglich angestellten städtischen Beamten auf die sämmtlichen städtischen Beamten, insbesondere also die auf Kündigung angestellten ausgedehnt, welche letztere Pension erhalten, sofern sie nach Zurücklegung der erforderlichen Dienstjahre, ohne vorher eine Kündigung erfahren zu haben, dauernd dienstunfähig werden.

Eine weitere Neuerung enthält §. 12 al. 1 insofern, als er eine von der gesetzlichen Pensionsregelung abweichende Festsetzung der Genehmigung des Be= zirksausschusses unterwirft. Die Königlichen Regierungspräsidenten werden als Vorsitzende der Bezirksausschüsse ihren Einfluß dahin geltend zu machen haben, daß im Allgemeinen nur günstigere Abweichungen im Interesse der Beamten die Genehmigung erhalten. Andere Abweichungen werden sich nur dann zur Ge= nehmigung eignen, wenn der betreffende Beamte, sei es weil er schon aus einer früheren Dienststellung eine Pension bezieht, sei es aus anderen Gründen größeren Werth auf Anstellung überhaupt als auf Gewährung der regelmäßigen Pension legt. Nachdem das Reichsgericht durch Entscheidung vom 27. Februar 1896 (Entscheidung in Civilsachen Bd. 37 S. 235) dahin erkannt hat, daß gemäß §. 107 des Militärpensionsgesetzes vom 27. Juni 1871 in der Fassung des Reichsgesetzes vom 22. Mai 1893 bei der Pensionirung der im preußischen Kommunaldienst angestellten Militäranwärter die Militärdienstzeit als pensionsfähige Dienstzeit in Anrechnung zu bringen sei, werden diejenigen Festsetzungen einer Genehmigung unfähig sein, mittels deren eine Stadtgemeinde die Anrechnungsfähigkeit der bezeichneten Dienstjahre einzuschränken oder aufzuheben strebt, sofern nicht auch hier das Interesse des Militäranwärters ausnahmsweise die Genehmigung an= gezeigt erscheinen läßt. (Vgl. bezüglich der Gemeindeforstbeamten Artikel VII a. E.)

Neben der Bezugnahme auf die eben erörterte reichsgesetzliche Bestimmung enthält der zweite Absatz des §. 12 die Vorschrift, daß als pensionsfähige Dienst= zeit im Uebrigen „in Ermangelung anderweiter Festsetzungen" „nur die Zeit gerechnet wird, welche der Beamte in dem Dienste der betreffenden Gemeinde zugebracht hat". Wenn auch hierdurch lediglich der Gedanke hat zum Ausdruck gebracht werden sollen, daß bei Uebertragung der im ersten Absatz bezogenen pensionsrechtlichen Gesetze auf die mittelbaren Staatsbeamten diejenigen Dienst= jahre nicht anrechnungsfähig sein können, welche einem anderen Verbande als dem ruhegehaltspflichtigen Kommunalverbande gewidmet worden sind, wenn dem= nach der zweite Absatz die Vorschrift des ersten nur in einem Einzelpunkte klar= zustellen bestimmt ist, so sollen doch die von der Kommission des Herrenhauses beschlossenen Worte des zweiten Absatzes: „in Ermangelung anderweiter Fest= setzungen" nach den Kommissionsverhandlungen die Bedeutung haben, daß eine etwa beschlossene oder vereinbarte Anrechnung auch auswärtiger Dienstjahre im Gegensatze zu sonstigen günstigeren Pensionsbestimmungen, welche nach Abs. 1 der Genehmigung des Bezirksausschusses unterliegen, einer solchen Genehmigung nicht bedürfe (Komm.=Ber., Drucksachen des Herrenhauses 1899 Nr. 63 S. 20).

Die anderweiten Festsetzungen in Abs. 1 und 2 begreifen übrigens in formeller Hinsicht ebensowohl die generellen Bestimmungen als die Vereinbarungen.

Durch §. 12 werden auch die von dem Gemeindevorstand gegen Besoldung angestellten besonderen städtischen Standesbeamten, welche gemäß §. 4 Abs. 4 des Personenstandsgesetzes vom 6. Februar 1875 Gemeindebeamte sind, pensions=

berechtigt, sofern sie nach erreichtem pensionsfähigen Dienstalter dauernd dienstunfähig werden und vorher ein Widerruf der zu ihrer Bestallung erforderlichen
Genehmigung nicht ergangen ist (§. 5 a. a. O.).

Die Regelvorschrift des §. 12 bezieht sich ihrem Wortlaut nach nicht etwa
bloß auf die nach Inkrafttreten des Gesetzes zur Anstellung kommenden, sondern
auch auf die zu jenem Zeitpunkt bereits im Amte befindlichen Beamten, soweit
sie nicht dem Gemeindevorstande angehören (§. 14).

Sind hinsichtlich der Pensionirung der Beamten in einer Stadtgemeinde
Ortsstatute oder Regulative in Geltung, welche andere als die in §. 12 enthaltenen Bestimmungen enthalten, so werden sie gemäß §. 25 al. 1 insoweit
rechtsungültig. Daher werden die Stadtgemeinden diese Bestimmungen einer
baldigen Revision und gegebenen Falls einer Umarbeitung zu unterziehen und
die Genehmigung der Bezirksausschüsse noch vor dem 1. April 1900 einzuholen
haben. Die letzteren werden, da die Geltung dieser neuen Festsetzungen vom
Inkrafttreten des Gesetzes an datiren wird, kein Bedenken tragen können, die
Genehmigung nach Maßgabe des neuen Gesetzes schon vor der Inkraftsetzung
desselben zu ertheilen.

§. 13 wiederholt eine schon aus dem bisherigen Rechte bekannte Vorschrift,
zu welcher an der Hand einer neuerlich ergangenen Entscheidung des Reichsgerichts (vom 12. Mai 1899, IV. Senat) nur zu bemerken ist, daß unter „Staatsdienst" auch der Dienst in einem nichtpreußischen deutschen Bundesstaate zu verstehen ist.

§. 14 enthält, abgesehen von der in Abs. 2 für die Provinz Hannover
getroffenen Bestimmung, die Neuerung, daß die Pension der (auf Amtsperioden
gewählten) Mitglieder des Gemeindevorstandes vom vollendeten 12. Dienstjahre
ab bis zum 24. Dienstjahre alljährlich um $^1/_{60}$ steigt. Da nach 12 Dienstjahren
eine Pension von $^{30}/_{60}$ erreicht wird, steigt nach dieser Vorschrift die Pension mit
dem 24. Dienstjahre auf $^{42}/_{60}$, d. i. um $^2/_{60}$ höher als bisher, wo nur ein
Pensionssatz von $^2/_3 = {}^{40}/_{60}$ erreicht wurde.

3. Die Vorschrift des §. 15 räumt allen besoldeten städtischen Beamten
mit alleiniger Ausnahme der in §. 2 des Gesetzes genannten, also auch den Mitgliedern des Gemeindevorstandes und den nicht auf Lebenszeit angestellten
sonstigen Beamten den Anspruch auf Wittwen- und Waisenversorgung nach
Maßgabe der für die unmittelbaren Staatsbeamten geltenden Bestimmungen,
insbesondere also auch der Novelle vom 1. Juni 1897, ein, sofern nicht etwa
ihre Pensionsberechtigung ausnahmsweise ausgeschlossen ist. Auch hier werden
die in Abs. 1 vorbehaltenen Abweichungen im Allgemeinen und abgesehen von
Ausnahmefällen, wie sie unter Nr. 2 oben berührt worden sind, nur dann die
Genehmigung der Bezirksausschüsse finden können, wenn sie dem Beamten
günstiger sind, insbesondere wird grundsätzlich solchen abweichenden Festsetzungen,
welche Reliktenbeiträge des Beamten vorsehen, die Genehmigung zu versagen
sein. Auch hinsichtlich der bereits in Stadtgemeinden geltenden statutarischen
oder reglementarischen Bestimmungen, ihrer Revision und Umarbeitung sowie
der Genehmigung der Neufeststellungen durch die Bezirksausschüsse gelten die
bezüglich der Pensionirung unter Nr. 2 gemachten Ausführungen. Unter dem
Ausdruck „festgesetzt" subsumirt das Gesetz auch hier die generelle Festsetzung
und die konkrete Vereinbarung.

Die Vorschrift des zweiten Absatzes sieht zu Gunsten der Stadtgemeinden
vor, daß auf das Wittwen- und Waisengeld die Versicherungsgelder, welche von
öffentlichen Wittwen- und Waisenanstalten — z. B. von Provinzial-Wittwen-
und Waisenkassen — oder von Privatgesellschaften gezahlt werden, in demselben

Verhältnisse in Anrechnung kommen sollen, in welchem die Städte sich an den vertraglichen Gegenleistungen betheiligt haben, mögen diese Gegenleistungen in Einkaufsgeldern oder in Beiträgen bestanden haben. Der letzte Satz des Absatzes 2 stellt für die Vergangenheit den Leistungen der Stadtgemeinden diejenigen Zahlungen gleich, welche zwar Seitens der Beamten, aber auf Grund ausdrücklicher, bei der Anstellung übernommener Verpflichtung oder anderweiter Festsetzungen erfolgt sind, um namentlich denjenigen Fällen Rechnung zu tragen, in welchen Stadtgemeinden die Beamten wegen der ihnen obliegenden Versicherungsbeiträge in anderer Weise, insbesondere durch höhere Gehaltsfestsetzungen bisher schadlos gehalten haben.

Beamte der Landgemeinden, der Landbürgermeistereien, Aemter, Zweckverbände und Amtsbezirke.

Art. V. Regelung der Beamtenverhältnisse in den ländlichen Kommunalverbänden durch die Aufsichtsbehörden. Beamtenverhältnisse in der Rheinprovinz und in Westfalen.

(§§. 18—20.)

1. §. 18 Abs. 2 und 4 geben den Kreisausschüssen die Befugniß, in größeren Landgemeinden, ländlichen Zweckverbänden und Amtsbezirken, für welche nach ihren örtlichen Verhältnissen ein Bedürfniß ortsstatutarischer Regelung der Anstellung und Besoldung ihrer Beamten besteht, diese Regelung nach den für städtische Beamte geltenden Bestimmungen auch gegen den Willen der Verbände auf Antrag der Aufsichtsbehörde herbeizuführen. Für die Ausführung dieser Bestimmung werden diejenigen Landgemeinden und ländlichen Verbände in Betracht kommen, welche, wie gewisse städtische Vororte, Industrie-, Badeorte u. s. f. durch Einwohnerzahl und Bedeutung den Stadtgemeinden gleich- oder nahekommen. Die Höhe der Einwohnerzahl wird nicht in mechanischer Weise zu bestimmen, vielmehr werden für die Anwendbarkeit der Bestimmung die Verhältnisse des Einzelfalls sowohl im Hinblick auf die Gesammtlage des ländlichen Kommunalverbandes als auch auf die Beziehungen desselben zu den Stadtgemeinden der betreffenden Gegend maßgebend sein müssen.

Das Gesetz überläßt es der Beschlußfassung des Kreisausschusses, inwieweit die Bestimmungen der §§. 8—10 und 12—15 auf die Beamten oder einzelne Klassen derselben entsprechende Anwendung finden sollen. Es wird deshalb zulässig sein, die für städtische Beamte geltenden Anstellungs- und Versorgungsgrundsätze nach Maßgabe des Bedürfnisses nur in einem näher begrenzten Umfange auf den ländlichen Verband zu übertragen. Da nur eine „entsprechende" Anwendung der bezogenen Gesetzesparagraphen stattfinden soll, wird z. B. die Bestimmung in §. 14 Mangels einer Analogie der Grundlagen von der Uebertragung auf den ländlichen Verband auszuschließen sein; das Gleiche gilt von den entsprechenden Bezugnahmen in §§. 19, 21 und 23. Die über die Besoldungsfeststellung handelnde Vorschrift des §. 11 ist deshalb von einer Uebertragung auf die ländlichen Beamten ausgenommen worden, weil es nicht in der Absicht liegt, die weitergreifende, für alle dem Gesetze unterliegenden Landgemeindebeamten gedachte Bestimmung des dritten Absatzes des §. 18 im Falle der Statutoktrohirung für die davon betroffene Beamtenklasse auszuschließen.

2. Die Anrechnung der in anderen ländlichen Kommunalverbänden der Provinz verbrachten Dienstzeit bei den pensionsberechtigen Beamten der rheinischen und westfälischen Landgemeinden, Landbürgermeistereien und Aemtern (§. 18 al. 1 Satz 2, §. 19 Nr. 2, §. 23 Nr. 3) ist bedingt durch das Bestehen der

provinziellen Pensionskassenverbände in der Rheinprovinz und Westfalen (§. 25 al. 2 Nr. 1).

Die Vorschrift des §. 20 ist dazu bestimmt, den Bürgermeister oder Amtmann, namentlich in großen industriellen Bürgermeistereien bezw. Aemtern durch Zulassung der Anstellung besoldeter Beigeordneter nach Bedürfniß zu entlasten.

Beamte der Kreis= und Provinzialverbände.

Art. VI.   Beschlußfassungen der Kreistage.   Besondere Bestimmung für Provinzialbeamte.

(§§. 21, 22.)

1. Da auf die Rechtsverhältnisse der Kreiskommunalbeamten die für die städtischen Beamten gegebenen Vorschriften entsprechende Anwendung zu finden haben, beziehen sich die zu den letzteren Vorschriften oben gemachten Ausführungen auch auf die Kreisbeamten. Bei den Anträgen auf Genehmigung der gemäß §. 9 al. 1 von den Kreistagen zu beschließenden Abweichungen von dem Grundsatze der lebenslänglichen Beamtenanstellung werden die Bezirksausschüsse die individuellen Verhältnisse der einzelnen Kreise zu berücksichtigen in der Lage sein.

2. Für die Beamten der Provinzialverbände, der Regierungsbezirks-Verbände Cassel und Wiesbaden sowie des Lauenburgischen Landeskommunalverbandes erlangen nur die allgemeinen Bestimmungen des Gesetzes Geltung.

Gemeindeforstbeamte.

Art. VII.   Maßgaben der Gleichstellung mit den übrigen Gemeindebeamten.   Verhältnisse in Rheinland und Westfalen.

(§. 23.)

1. Die Gemeindeforstbeamten werden durch das Gesetz prinzipiell den übrigen Gemeindebeamten gleichgestellt; es erlangen also auch für sie die allgemeinen Bestimmungen und die für die Beamten der einzelnen Kommunalverbände gegebenen besonderen Bestimmungen Geltung. Indessen findet diese Gleichstellung nur mit den aus folgenden Nummern ersichtlichen Maßgaben statt:

2. Die betreffs der Anstellung gegebenen Vorschriften des Gesetzes (§§. 8 bis 10) sollen von der Anwendung auf Forstbeamte im gesammten Geltungsgebiete des Gesetzes ausgeschlossen bleiben. Eine Konsequenz dieser Thatsache ist, daß auch im Wege der Statutoktroyirung nach §. 18 al. 2 die §§. 8—10 auf die Forstbeamten größerer Landgemeinden nicht ausgedehnt werden dürfen. Der Ausschluß der §§. 8—10 hat indessen nicht etwa irgendwelche Verschlechterung der äußeren Lage der Gemeindeforstbeamten zur Folge; vielmehr will er nur die zur Zeit über Art und Dauer ihrer Anstellung geltenden anderweiten Regeln unberührt lassen.

3. Durch die Aufrechterhaltung der Verordnung vom 24. Dezember 1816 (GS. 1817 S. 57) wird die Geltung des §. 11 al. 1 für die städtischen Forstbeamten in Rheinland und Westfalen zu Gunsten des unbeschränkten Rechts der Regierungspräsidenten auf zweckentsprechende Gehaltsregulirung (Erkenntniß des Oberverwaltungsgerichts vom 1. Mai 1894, Entscheidungen Bd. 27 S. 77) ausgeschlossen.

4. Für die ländlichen Gemeindeforstbeamten der Provinzen Rheinland und Westfalen bringt das Gesetz durch §. 23 Nr. 3 die Ergänzung des schon bestehenden Pensionsrechts gemäß §. 12 und die obligatorische Wittwen= und Waisenversorgung gemäß §. 15.

5. Für die Forstschutzbeamten im Regierungsbezirke Wiesbaden bewendet es bei dem Gesetze vom 12. Oktober 1897.

Hinsichtlich der Anwendung des §. 12 auf Gemeindeforstbeamte ist noch zu bemerken, daß diese, soweit sie Anwärter aus dem Jägerkorps sind, in Bezug auf die Anrechnung der Militärdienstzeit bei der Pensionirung ebenso zu behandeln sind wie die aus dem Jägerkorps hervorgegangenen staatlichen Forstbeamten, welchen die aktive Militärdienstzeit und die in der verpflichteten Reserve des Jägerkorps zugebrachte Zeit als Dienstzeit angerechnet wird.

Schluß- und Uebergangsbestimmungen.

Art. VIII. Rechtsverhältnisse der zur Zeit des Inkrafttretens des Gesetzes im Amte befindlichen Kommunalbeamten. Erlaß der im Gesetze vorgesehenen Ortsstatute.

(§§. 24—27.)

1. Wie die zur Zeit noch nicht erledigten Zweifel über die rechtliche Natur des Dienstverhältnisses oder die Dauer der Anstellung bereits im Kommunaldienste stehender Bediensteter zu beseitigen sein werden, ist unter Artikel I Nr. 6 und Artikel III Nr. 3 ausgeführt worden. Unter Artikel IV Nr. 2 und 3 ist weiterhin festgestellt worden, daß die jetzt in Städten geltenden Pensions- und Reliktenversorgungs-Regulative oder -Statuten, welche andere Bestimmungen enthalten, als solche durch §§. 12 ff. erlassen sind, mit der Inkraftsetzung dieses Gesetzes rechtsungültig werden. Als eine Maßgabe dieser Konsequenz enthält der erste Satztheil des §. 24 die schon aus den Gesetzen vom 31. März 1882 und 1. März 1891 bekannte Bestimmung, daß, sofern die nach Maßgabe dieses Gesetzes, d. i. nach Maßgabe entweder der ausdrücklichen Vorschriften desselben oder der durch §. 12 zugelassenen anderweiten Festsetzungen, zu bemessende Pension geringer ist als die Pension, welche dem Beamten hätte gewährt werden müssen, wenn er am 31. März 1900 nach den bis dahin für ihn geltenden Bestimmungen pensionirt worden wäre, diese letztere Pension an Stelle der ersteren bewilligt wird. Für die Berechnung der Hinterbliebenenversorgung soll indessen in diesem Falle — unbeschadet wohlerworbener Rechte — nach dem zweiten Satztheil des §. 24 diejenige Pension zu Grunde gelegt werden, welche nach Maßgabe des vorliegenden Gesetzes geschuldet wird. Die Vorschrift des ersten Satztheils wird übrigens auch für die Beamten der Provinz Hannover praktische Bedeutung haben. Da voraussichtlich diejenigen Städte, welche schon jetzt Festsetzungen über Pensionirung und Hinterbliebenenversorgung getroffen haben, die den Beamten günstiger als die durch das Gesetz gewährleisteten Rechte sind, Werth auf eine weitere Aufrechterhaltung derselben legen werden, so werden dieselben, wie dies in Artikel IV Nr. 2 und 3 vorgesehen ist, alsbald das Weitere zur Revision und zur Erlangung der Genehmigung der Bezirksausschüsse bezüglich jener Regulative u. s. f. zu veranlassen haben. Auf diesem Wege werden etwaige Uebergangsschwierigkeiten im Gebiete der Beamtenversorgung unschwer zu beseitigen sein.

2. Der alsbaldige Erlaß der ebengedachten Festsetzungen wie auch der übrigen im Gesetze vorgesehenen ortsgesetzlichen oder administrativen Regelungen, insbesondere der etwa gemäß §. 9 städtischerseits zu beschließenden Abweichungen von dem Prinzipe lebenslänglicher Beamtenanstellung wird seitens der Aufsichtsbehörden mit Nachdruck zu betreiben sein. Das Gleiche gilt für die Kreiskorporationen, die rheinischen Bürgermeistereien und die westfälischen Aemter (§§. 19, 21) sowie im Bedürfnißfalle für die Landgemeinden, Amtsbezirke 2c. (§. 18). Daß die mit der Genehmigung der zu erlassenden Vorschriften befaßten

Selbstverwaltungsbeschlußbehörden schon vor dem 1. April 1900 die Genehmigung solcher mit diesem Zeitpunkt in Geltung tretender Bestimmungen zu ertheilen in der Lage sind, ist unter Artikel IV Nr. 2 und 3 ausgeführt worden.

Spätestens mit dem Zeitpunkt des Inkrafttretens des Gesetzes wird Erlaß und Genehmigung der zu beschließenden Ortsstatute oder Regulative beendigt sein müssen.

Anlage B (zur Anmerkung 21).
Allerhöchster Erlaß vom 11. Oktober 1899 (MB. 203).

Auf den Bericht vom 18. September d. Js. bestimme Ich, daß die Forstbeamten der Kommunalverbände[1] und öffentlichen Anstalten, deren Waldungen unter Staatsaufsicht stehen, soweit sie a auf Lebenszeit angestellt sind, b zu den für den Forstdienst bestimmten oder mit dem Forstversorgungsschein entlassenen Anwärtern aus dem Jägerkorps gehören, eine Walduniform nach dem Muster der der Staatsforstbeamten mit folgenden unterscheidenden Merkmalen zu tragen haben: 1. an dem Rocke sind Achselschnüre von grauem Kameelgarn anstatt der grünen der Staatsforstbeamten und grüne Knöpfe nach dem anbei zurückfolgenden Muster, 2. an der Kopfbedeckung (Hut oder Mütze) vorn über der Kokarde anstatt des fliegenden Adlers der Königlichen Beamten ein Wappenadler von Messing mit dem Königlichen Namenszuge (W) und der Krone, wie er für die städtischen Polizeibeamten des Exekutivdienstes vorgeschrieben ist, anzubringen. Sämmtlichen zum Tragen dieser Uniform berechtigten Kommunal= und Anstalts=Forstbeamten ist auch das Tragen der Litewka, wie Ich sie für die Staatsforstbeamten zugelassen habe, gestattet, jedoch mit der Maßgabe, daß auch bei der Litewka an die Stelle der grünen Achselstücke und der Wappenknöpfe der Staatsforstbeamten graue Achselstücke und grüne Knöpfe treten. Den nicht zum Tragen der Uniform berechtigten Beamten, die aber nach §. 23 Ziffer 2 des Forstdiebstahl=Gesetzes vom 15. April 1878 doch ein für alle Mal gerichtlich beeidigt werden können, d. h. solchen Personen, die keine Anzeigegebühr erhalten und nach bescheinigter dreijähriger tadelloser Forstdienstzeit auf mindestens drei Jahre mittels schriftlichen Vertrages mit dem Waldschutze betraut sind, will Ich das Tragen der Litewka ohne Achselstücke und des Diensthutes oder der Dienstmütze gestatten. Im Uebrigen bestimme Ich, daß denjenigen Beamten, denen seither das Tragen einer Uniform gestattet war, das Auftragen der bisherigen Uniformen ohne Zeitbeschränkung erlaubt bleibt, sowie, daß denjenigen zur Zeit im Dienst befindlichen Beamten im Regierungsbezirk Wiesbaden, welchen nach dem allerhöchsten Erlasse vom 21. Juli 1869 das Recht verliehen worden ist, die Walduniform der Königlichen Forstschutzbeamten zu tragen, dies Recht bis auf Weiteres zu belassen ist. Für die übrigen Beamten, insbesondere für diejenigen,

---

[1] Als Kommunalverbände im Sinne dieses Erlasses haben nicht nur die Stadt= und Landgemeinden, die Kreise und Provinzen zu gelten, sondern auch die in den alten Provinzen noch bestehenden kommunalständischen Verbände und die landschaftlichen Verbände in der Provinz Hannover, die Bezirksverbände der Regierungsbezirke Kassel und Wiesbaden, der Hohenzollernsche und Lauenburgische Landeskommunalverband, die Bürgermeistereien in der Rheinprovinz und die Aemter in der Provinz Westfalen. — Das in dem AE. erwähnte Muster für die Knöpfe ist ein dunkelgrüner, an der Oberfläche mäßig gewölbter, fein geriffelter Hornknopf von 2,5 cm Durchmesser mit metallner Oese an der Unterseite Vf. ML. u. MJ. 21. Nov. 99 (MB. 203).

die auf Grund des Gesetzes vom 12. Oktober 1897, betreffend die Forstschutz=
beamten der Gemeinden und öffentlichen Anstalten im Regierungsbezirk Wies=
baden (Gesetzsammlung S. 411) angestellt werden, haben die vorstehenden all=
gemeinen Uniformvorschriften ohne Weiteres in Kraft zu treten.[2]

Anlage C (zur Anmerkung 25).

**Gesetz, betreffend die Forstschutzbeamten der Gemeinden und öffentlichen An=
stalten im Regierungsbezirke Wiesbaden mit Ausschluß des vormals Land=
gräflich Hessen-Homburgischen Gebietes[1] und des Stadtkreises Frankfurt a. M.[2]
Vom 12. Oktober 1897. (GS. 411.)**

§. 1. Die Gemeinden und öffentlichen Anstalten sind verpflichtet, für den
Schutz ihrer Waldungen durch genügend befähigte Personen ausreichende Für=
sorge zu treffen.

§. 2. Diejenigen Gemeinden und öffentlichen Anstalten, deren Waldungen
zu klein zur Anstellung eines eigenen Forstschutzbeamten sind, haben sich, soweit
die örtlichen Verhältnisse nicht entgegenstehen, mit anderen Wald besitzenden Ge=
meinden und öffentlichen Anstalten zur gemeinschaftlichen Anstellung eines Forst=
schutzbeamten zu vereinigen.

Falls über die Bildung gemeinschaftlicher Schutzbezirke eine Verständigung
unter den Betheiligten nicht erzielt wird, entscheidet der Regierungspräsident
nach Anhörung des Kreisausschusses, wenn mehrere Kreise betheiligt sind, der
Kreisausschüsse, sowie, wenn ein Stadtkreis betheiligt ist, des Bezirksausschusses.

Mit Zustimmung der betheiligten Waldbesitzer (Staat, Gemeinden und
öffentlichen Anstalten) können vereinzelt liegende Flächen von Staatswald der=
artigen gemeinschaftlichen Schutzbezirken angeschlossen oder vereinzelt liegende
Gemeinde= oder Anstaltswaldungen fiskalischen Schutzbezirken angeschlossen werden.

§. 3. Die Besetzung der Stellen erfolgt:

a) bei Städten durch den Magistrat, oder, wo ein solcher nicht besteht,

---

[2] Aelteren verdienten Förstern der
Kommunalverbände und öffentlichen
Anstalten, deren Waldungen unter
Staatsaufsicht stehen, soweit sie nach
Maßgabe des AE. 11. Okt. 99 zum
Tragen der Walduniform nach dem
Muster der Königlichen Förster mit den
daselbst vorgeschriebenen unterscheiden=
den Merkmalen befugt sind, ist das
Recht verliehen, zur Uniform ein gol=
denes Portepée am Hirschfänger zu
tragen, wie es von den Königlichen
Förstern auf Grund des AE. 22. März
02 (II. 5 Anl. A Anm. 1 d. W.) ge=
tragen wird. Als Vorbedingung der
Auszeichnung ist außer vorwurfsfreier
Führung im allgemeinen eine 15 jährige
Dienstzeit zu fordern, vorbehaltlich ein=
zelner Ausnahmen, wenn es sich um
Anerkennung besonderer Verdienste
handelt. Das Portepée hat sich der
betreffende Förster, ebenso wie dies hin=
sichtlich der Uniform im allgemeinen
der Fall ist, auf eigene Kosten zu be=
schaffen. Dem Kommunalverbande oder
der Anstalt bleibt es unbenommen, ihm
die Kosten zu ersetzen. — Die Anträge
auf Ertheilung der Erlaubniß zum
Tragen des goldenen Portepées sind
durch die Regierungs= und Oberpräsi=
denten den Ministern des Innern und
für Landwirthschaft, Domainen und
Forsten vorzulegen AE. 30. Juli 02,
Bf. MJ. und ML. (DFZ. Neudamm
XVII. 731).

[1] Im Hessen=Homburg'schen Gebiete
sind die Forstschutzbeamten Staatsbeamte
Nr. 1 Anm. 4 d. W.

[2] Für den Stadtkreis Frankfurt a. M.
gilt das GemVG. f. d. St. F. 25. März
67 (Nr. 1 Anm. 5 d. W.).

durch den Bürgermeister nach Anhörung der Stadtverordnetenversammlung,

b) bei Landgemeinden mit kollegialischem Gemeindevorstand durch diesen,

c) bei den übrigen Landgemeinden durch den Bürgermeister nach Anhörung der Gemeindeversammlung (Gemeindevertretung),

d) bei öffentlichen Anstalten durch deren verfassungsmäßige Vertretung.

Wird bei gemeinschaftlichen Schutzbezirken unter den Betheiligten über die Besetzung der Stelle eine Verständigung nicht erzielt, so entscheidet der Regierungspräsident.

§. 4. Die Forstschutzbeamten der Gemeinden und öffentlichen Anstalten bedürfen der Bestätigung durch den Regierungspräsidenten und sind nach vorwurfsfreier Ablegung einer einjährigen Probedienstzeit auf Lebenszeit anzustellen.

Ausgeschlossen von der Anstellung auf Lebenszeit bleiben diejenigen Beamten, deren Zeit und Kräfte durch die ihnen übertragenen Geschäfte nur nebenbei in Anspruch genommen werden, oder welche nur für ein seiner Natur nach vorübergehendes Geschäft angenommen worden sind.

Darüber, ob eine Forstschutzbeamtenstelle eine solche ist, daß sie die Zeit und Kräfte eines Beamten nur nebenbei in Anspruch nimmt, entscheidet mit Ausschluß des Rechtsweges der Regierungspräsident nach Anhörung des Kreisausschusses, wenn mehrere Kreise betheiligt sind, der Kreisausschüsse, sowie, wenn ein Stadtkreis betheiligt ist, des Bezirksausschusses.

§. 5. Im Staats-, Gemeinde- oder Anstaltsdienste bereits lebenslänglich angestellt gewesene Forstschutzbeamte können von den Gemeinden oder öffentlichen Anstalten ohne Ablegung der sonst erforderlichen Probedienstzeit lebenslänglich angestellt werden.

§. 6. Die Festsetzung der Besoldungen unterliegt in allen Fällen der Genehmigung des Bezirksausschusses.

Dieser entscheidet auch, falls bei gemeinschaftlichen Schutzbezirken über die Festsetzung der Besoldungen eine Verständigung unter den Betheiligten nicht erzielt wird.

Der Regierungspräsident kann verlangen, daß angemessene Besoldungsbeträge bewilligt werden, und im Falle der Weigerung die Eintragung des Betrages in den Haushalts-Etat verfügen. Gegen diese Verfügung steht den betheiligten Gemeinden und Anstalten die Klage beim Oberverwaltungsgerichte offen.

Die Besoldung gemeinschaftlicher Beamten (§. 2) ist von den Waldbesitzern Mangels anderweiter Vereinbarung nach Maßgabe der Fläche der betheiligten Waldungen aufzubringen.

§. 7. Die auf Lebenszeit angestellten Forstschutzbeamten erhalten bei eintretender Dienstunfähigkeit Pension nach den für die unmittelbaren Staatsbeamten geltenden Grundsätzen.

Bei der Berechnung der Dienstzeit Zwecks Festsetzung der Pension kommt auch die Zeit in Anrechnung, während welcher der zu pensionirende Forstschutzbeamte als solcher bei anderen Gemeinden oder öffentlichen Anstalten innerhalb des Geltungsbereichs dieses Gesetzes angestellt gewesen ist.

§. 8. Die Pension fällt fort oder ruht insoweit, als der Pensionirte durch anderweite Anstellung im Staats-, Gemeinde- oder Anstaltsdienste ein Einkommen oder eine neue Pension erwirbt, welche mit Zurechnung der ersten Pension sein früheres Einkommen übersteigen.

§. 9. Die Wittwen und Waisen der auf Lebenszeit angestellten Forstschutzbeamten erhalten Wittwen- und Waisengeld nach den für die Wittwen und

Waisen der unmittelbaren Staatsbeamten geltenden Vorschriften unter Zu=
grundelegung des von dem Beamten im Augenblicke des Todes erdienten
Pensionsbetrages.

§. 10.   Ueber streitige Pensionsansprüche der Forstschutzbeamten, sowie
über streitige Ansprüche der Hinterbliebenen dieser Beamten beschließt, wenn
Stadtgemeinden betheiligt sind, der Bezirksausschuß, in allen anderen Fällen der
Kreisausschuß, und zwar soweit sich der Beschluß darauf erstreckt, welcher Theil
des Diensteinkommens bei Feststellung der Pensionsansprüche als Besoldung
anzusehen ist, vorbehaltlich der den Betheiligten gegen einander zustehenden
Klage im Verwaltungsstreitverfahren, im Uebrigen vorbehaltlich des ordentlichen
Rechtsweges.

Der Beschluß ist vorläufig vollstreckbar.

§. 11. Ueber die Thatsache der Dienstunfähigkeit ist entstehendenfalls in dem be=
züglich der Entfernung aus dem Amte vorgeschriebenen Verfahren Entscheidung
zu treffen, und zwar, wenn Stadtgemeinden betheiligt sind, gemäß § 91 Absatz 1
Nr. 2 der Städteordnung für die Provinz Hessen=Nassau vom 4. August 1897
(Gesetz=Samml. S. 254), in allen anderen Fällen gemäß §. 115 Nr. 3 der Land=
gemeindeordnung für die Provinz Hessen=Nassau vom 4. August 1897 (Gesetz=
Samml. S. 301).

§. 12.   Sämmtliche Gemeinden und öffentlichen Anstalten, welche für ihre
Waldungen nach den vorstehenden Bestimmungen pensionsberechtigte Schutz=
beamte angestellt haben, werden zu einem Kassenverbande vereinigt, welchem es
obliegt, den in Ruhestand versetzten Forstschutzbeamten und den Hinterbliebenen
von Forstschutzbeamten die ihnen zustehenden Pensionen und Wittwen= und
Waisengelder zu zahlen.

Gehören zu einem gemeinschaftlichen Schutzbezirke fiskalische Waldgrund=
stücke, so hat der Forstfiskus für diese Flächen dem Kassenverbande beizutreten.

Die zur Bestreitung der Zahlungen von Pensionen und Wittwen= und
Waisengeldern erforderlichen Beiträge werden von den zum Verbande gehörigen
Waldeigenthümern nach Verhältniß des jeweiligen pensionsberechtigten Dienst=
einkommens aufgebracht.

Die Beiträge werden von dem Vorstande des Kassenverbandes festgesetzt.

Gegen den Feststellungsbeschluß findet innerhalb zwei Wochen die Beschwerde
an den Bezirksausschuß statt.

Im Uebrigen werden die Verhältnisse der Kasse durch ein nach Anhörung
des Kommunallandtages des Regierungsbezirkes Wiesbaden von dem Minister
des Innern zu erlassendes Regulativ geordnet.

§. 13.   Von der Errichtung des Kassenverbandes (§. 12)³) kann abgesehen
werden, so lange die auf Grund des Beschlusses des Kommunallandtages vom
18. April 1896 und der landesherrlichen Genehmigung vom 12. Juli 1896 be=
gründeten Ruhegehaltskasse und Wittwen= und Waisenkasse für die Kommunal=
beamten des Regierungsbezirkes Wiesbaden bestehen und die Zahlung der nach
diesem Gesetze an Forstschutzbeamte und deren Hinterbliebene zu gewährenden
Pensionen= und Wittwen= und Waisengelder übernehmen.

§. 14.   Denjenigen Gemeinden, welche anderweit ausreichend für die Pen=
sionirung ihrer Forstschutzbeamten und die Versorgung von deren Wittwen und
Waisen gesorgt haben, kann von dem Regierungspräsidenten das Fernbleiben
von dem Kassenverbande oder der Wiederaustritt aus demselben gestattet werden,
sofern dadurch die Interessen des Kassenverbandes nicht verletzt werden.

---

³) Der Kassenverband ist errichtet.

§. 15. Die beim Inkrafttreten dieses Gesetzes bereits seit länger als Jahresfrist in derselben Stellung befindlichen Forstschutzbeamten, deren Gesammtjahreseinkommen sich einschließlich der Nebeneinnahmen auf mindestens 400 Mark beläuft, sind, falls sie nicht ausdrücklich darauf verzichten, als lebenslänglich angestellt anzusehen.

§. 16. Dieses Gesetz tritt mit dem 1. April 1898 in Kraft. Gleichzeitig werden die entgegenstehenden Bestimmungen aufgehoben.

Anlage D (zur Anmerkung 26).

Gesetz, betreffend die Pensionsberechtigung der Gemeinde-Forstbeamten in der Rheinprovinz. Vom 11. September 1865 (GS. 989).

§. 1. Die Gemeinden in der Rheinprovinz sind verpflichtet, ihren besoldeten, auf Lebenszeit angestellten Forstbeamten bei eintretender Dienstunfähigkeit eine Pension zu gewähren. Insofern über den Betrag dieser Pension nicht andere Verabredung mit Genehmigung des Regierungspräsidenten[1]) getroffen worden, ist dieselbe nach denselben Grundsätzen zu gewähren, welche bei den unmittelbaren Staatsbeamten zur Anwendung kommen.[2])

Wenn der pensionirte Forstbeamte aus anderweitem Dienstverhältnisse im unmittelbaren oder mittelbaren Staatsdienste eine Besoldung oder Pension erwirbt, so ruht die demselben von der betreffenden Gemeinde zu zahlende Pension insoweit, als dieselbe mit Hinzurechnung der anderweiten Besoldung oder Pension das Einkommen übersteigt, von welchem sie berechnet worden ist.

§. 2. Ueber die Pensionsansprüche der Gemeinde-Forstbeamten entscheidet in streitigen Fällen der Regierungspräsident.[1]) Gegen den Beschluß des Regierungspräsidenten, soweit derselbe sich nicht auf die Thatsache der Dienstunfähigkeit oder darauf bezieht, welcher Theil des Diensteinkommens als Gehalt anzusehen sei, findet die Berufung auf richterliche Entscheidung statt. Ungeachtet der Berufung sind die festgesetzten Beträge vorläufig zu zahlen.

---

[1]) Nr. 3 Anm. 5 d. W.

[2]) Hierzu ist durch das G., betr. die Abänderung einiger Bestimmungen wegen der Pensionirung der Gemeindebeamten in den Landgemeinden der Rheinprovinz, 21. Juli 91 (GS. 330) bestimmt:

Art. II. Im Falle der Pensionirung der Forstbeamten einer Landgemeinde in der Rheinprovinz kommt bei Berechnung der Dienstzeit auch die Zeit in Anrechnung, während welcher der zu Pensionirende bei einer anderen Landgemeinde in der Rheinprovinz als Forstbeamter angestellt gewesen ist. Der Umstand, daß der Forstbeamte gleichzeitig im Dienste einer Landgemeinde und einer Stadtgemeinde steht oder gestanden hat, kommt nicht in Betracht.

Das Gesetz, betreffend die Pensionsberechtigung der Gemeindeforstbeamten in der Rheinprovinz, vom 11. Sept. 1865 (GS. S. 989) wird dementsprechend abgeändert.

Stellt sich die hiernach bemessene Pension geringer, als die nach den früheren, bis zum 1. Okt. 91 gültig gewesenen Bestimmungen, so sind nach Art. III des G. die letzteren maßgebend.

IV. Privatforsten.

1. Einleitung.

Die Privatforsten zerfallen in reine Privatforsten und gemeinschaft=
liche Holzungen.[1]

Zu den reinen Privatforsten gehören die im Einzeleigenthume be=
findlichen, sowie solche im Eigenthum einer Mehrheit von Personen stehenden
Forsten, bei denen das Miteigenthum aus privatrechlichen Verhältnissen hervor=
gegangen ist. Für diese Forsten gilt der Grundsatz freier Benutzung, Theilbarkeit
und Urbarmachung (Rodung). Nur in gewissen, gesetzlich bestimmten Fällen
sind aus landespolizeilichen Rücksichten Beschränkungen in der Benutzung und
Bewirthschaftung zulässig G. 6. Juli 75 (Nr. 2).

Die gemeinschaftlichen Holzungen, welche hauptsächlich in den west=
lichen Provinzen vertreten sind und vielfach aus Resten ehemaliger Marken=
waldungen bestehen, beruhen auf öffentlich=rechtlicher Grundlage. Zu ihnen ge=
hören die Forsten der Realgemeinden, Märkerschaften, Gehöferschaften und
ähnlichen Genossenschaften, ferner die solchen Genossenschaften bei einer Gemein=
heitstheilung oder Forstservitutablösung als Gesammtabfindung zugefallenen
Forsten. — Die gemeinschaftlichen Holzungen bilden eine Mittelstufe zwischen
den Gemeinde= und den reinen Privatforsten. Ihrer öffentlich=rechtlichen Be=
deutung wegen sind sie der Aufsicht des Staates nach Maßgabe der für die Ge=
meindewaldungen geltenden Bestimmungen unterstellt G. 14. März 81. (Nr. 3).

[1] Nach Uebersicht (Nr. I. 1. Anl.) Spalte 9 und 10 beträgt die Ge=
sammtfläche der reinen Privatforsten 3 201 197 ha, die der gemeinschaft=
lichen Holzungen 236 429 ha.

---

2. Gesetz, betreffend Schutzwaldungen und Waldgenossenschaften. Vom 6. Juli 1875. (GS. 416.) [1]

I. Allgemeine Bestimmung.

§. 1. Die Benutzung und Bewirthschaftung von Waldgrundstücken [2]
unterliegt nur denjenigen landespolizeilichen Beschränkungen, welche durch
das gegenwärtige Gesetz vorgeschrieben oder zugelassen sind [3].

[1] Zweck und Bedeutung Nr. 1 Abs. 2. Das G. behandelt den Wald=
schutz in zwei verschiedenen Richtungen. Schutzwaldungen sollen gegen ge=
wisse Gefahren Schutz durch Wald= bestand schaffen, Waldgenossen=
schaften sollen Schutz und Förde= rung der Waldkultur im Kleinbesitz

Die über die Beaufsichtigung, Benutzung und Bewirthschaftung der Staats=, Gemeinde=, Korporations=, Genossenschafts= und Instituten=forsten [4]), sowie der Schleswig=Holsteinischen sogenannten Bondenholzungen [5]) bestehenden besonderen Vorschriften bleiben jedoch in Kraft.

II. Schutzmaßregeln zur Abwendung von Gefahren.

§. 2 [6]). In Fällen, in denen:

a) durch die Beschaffenheit von Sandländereien benachbarte Grund=stücke, öffentliche Anlagen, natürliche oder künstliche Wasserläufe der Gefahr der Versandung,

b) durch das Abschwemmen des Bodens oder durch die Bildung von Wasserstürzen in hohen Freilagen, auf Bergrücken, Berg=kuppen und an Berghängen, die unterhalb gelegenen nutzbaren Grundstücke, Straßen oder Gebäude der Gefahr einer Ueber=schüttung mit Erde oder Steingeröll, oder der Ueberfluthung, ingleichen oberhalb gelegene Grundstücke, öffentliche Anlagen oder Gebäude der Gefahr des Nachrutschens,

c) durch die Zerstörung eines Waldbestandes an den Ufern von Kanälen oder natürlichen Wasserläufen Ufergrundstücke der

---

sichern. — Die erhoffte Wirkung des G. ist ungeachtet lebhafter Bemühungen der Behörden bisher nicht einge=treten. Schutzwaldungen sind nur für etwa 500 ha und Waldgenossenschaften (in 26 Fällen) für etwa 2600 ha be=gründet. Der Grund dazu ist nament=lich in den Schwierigkeiten, welche die Feststellung der Voraussetzungen für die Anwendbarkeit des G. bereitet, und in den Vorschriften über die Aufbrin=gung der Kosten zu suchen. — Das G. hat gleichwohl als erstes allgemeines Waldschutzgesetz grundsätzliche Bedeu=tung. Die Bestrebungen für seine An=wendung sind in neuester Zeit auch in=sofern erfolgreicher gewesen, als im RBez. Stade 30 Genossenschaften zum Zwecke der Aufforstung bloßliegender Heidegrundstücke im Umfange von etwa 2500 ha zu Stande gebracht worden sind und weitere derartige Genossen=schaftsbildungen dort in Aussicht stehen.

Quellen: Landt.=Verh. HH. 73/74 Drucks. Nr. 81 (KB.), StB. 5. Mai 74 und 24. Mai 75, AH. 75 II. Drucks. Nr. 15 (Entw. u. Begr.), 301, 314 (KB.) StB. 1. Febr., 4. u. 11. Mai. Bearb. von Öhlschläger u. Bernhardt (Berl. 78) u. v. Offenberg (Berl. 01).

²) Mithin ohne Unterschied des Besitzes.

³) Hierdurch sind, mit Ausnahme der im Abs. 2 genannten und der für die gemeinschaftlichen Holzungen durch G. 14. März 81 (Nr. 3) nachträglich eingeführten, alle früheren, die Be=nutzung und Bewirthschaftung von Waldgrundstücken einschränkenden Be=stimmungen, insbesondere die in der Rheinprovinz und in den meisten neuen Provinzen bestandenen Vorschriften, wonach Privatwaldungen nicht ver=wüstet und ohne Genehmigung des Staates nicht gerodet werden durften, aufgehoben Begr. Im landrechtlichen Gebiete war der Grundsatz der freien Benutzung der Privatwaldungen bereits durch Edikt 14. Sept. 11 (GS. 300) § 4 eingeführt.

⁴) Nr. III 1, 2 Anm. 5 u. Anm. 2 b. W.

⁵) Das sind Waldungen, welche bäuer=lichen Besitzungen von Staatswegen zur Befriedigung ihres Feuerungsbedarfs mit der Beschränkung zugelegt worden sind, sie haushälterisch zu benutzen und nicht ohne Genehmigung des Staates zu roden (Forst= u. JagdO. 2. Juli 1784, Patent 15. Juni 1785) Begr.

⁶) § 2 bezeichnet die Fälle, in denen nach dem G. Schutzwaldungen geschaffen werden können.

Gefahr des Abbruches oder die im Schutze der Waldungen gelegenen Gebäude oder öffentlichen Anlagen der Gefahr des Eisganges,

d) durch die Zerstörung eines Waldbestandes Flüsse der Gefahr einer Verminderung ihres Wasserstandes,

e) durch die Zerstörung eines Waldbestandes in den Freilagen und in der Seenähe benachbarte Feldfluren und Ortschaften den nachtheiligen Einwirkungen der Winde

in erheblichem Grade ausgesetzt sind, kann Behufs Abwendung dieser Gefahren sowohl die Art der Benutzung[7] der gefahrbringenden Grundstücke, als auch die Ausführung von Waldkulturen oder sonstigen Schutzanlagen auf Antrag (§. 3) angeordnet[8] werden, wenn der abzuwendende Schaden den aus der Einschränkung für den Eigenthümer entstehenden Nachtheil beträchtlich überwiegt.

Die Deckung und Aufforstung der Meeresdünen kann auf Grund dieses Gesetzes nicht gefordert werden.

§. 3. Der Antrag auf Erlaß der im §. 2 vorgesehenen Anordnungen kann gestellt werden:

a) von jedem gefährdeten Interessenten[9],

b) von Gemeinde-, Amts-, Kreis- und sonstigen Kommunalverbänden[10] in allen innerhalb ihrer Bezirke vorkommenden Fällen (§. 2),

c) von der Landespolizeibehörde[11].

§. 4. Eigenthümer, Nutzungs-, Gebrauchs- und Servitutberechtigte, sowie Pächter der gefahrbringenden Grundstücke sind verpflichtet, sich allen Beschränkungen in der Benutzung der letzteren zu unterwerfen, welche in Gemäßheit des §. 2 dieses Gesetzes angeordnet werden, und die Ausführung der auf Grund dieser Vorschrift angeordneten Waldkulturen oder sonstigen Schutzanlagen zu gestatten. Es ist ihnen jedoch für den Schaden, welchen sie durch die angeordneten Beschränkungen

---

[7]) Dazu gehört u. A. die Untersagung der Weidenutzung, der Stockrodung, der Erlaß von Vorschriften über Pflege des Waldbestandes. — Für das Quellgebiet der linksseitigen Zuflüsse der Oder in der Provinz Schlesien sind besondere Schutzmaßregeln durch G. 16. Sept. 99 (GS. 169) angeordnet, das für die erforderliche weitere Gesetzgebung über Schutzwaldungen vorbildlich werden dürfte. Anlage A.

[8]) Beschränkt sich nicht ausschließlich auf Waldgrundstücke, ebensowenig nur auf nicht nutzbare Grundstücke U. OVG. 9. Febr. 85 (XI 279). Das G. bezieht sich ebenso auf Grundstücke (Flugsandflächen), welche erst zu dem Zwecke aufgeforstet werden, um anderen angrenzenden Ländereien zum Schutz zu dienen U. Kam.Ger. 29. Juni 85 (VI 264).

[9]) In den häufig nur bestimmt abgegrenzte Einzelinteressen betreffenden Fällen ist es zunächst den Betheiessenten zu überlassen, ob und welche Schutzmaßregeln sie beantragen wollen Begr. zu § 2 u. 3.

[10]) Mithin auch selbstständige Gutsbezirke, Provinzialverbände 2c.

[11]) D. i. der Regierungspräsident LVG. § 18.

erleiden, volle Entschädigung zu gewähren [12]). Auch können die Eigen=
thümer der gefahrbringenden Grundstücke verlangen, daß ihnen die
Herstellung und Unterhaltung der angeordneten Schutzanlagen auf
eigene Kosten überlassen werde; sie unterliegen jedoch dabei der im §. 20
angeordneten Aufsicht [13]).

§. 5. In Bezug auf die Kosten der Herstellung und Unterhaltung
der angeordneten Schutzanlagen, sowie die nach §. 4 zu leistende Ent=
schädigung treten, in Ermangelung anderweitiger Vereinbarung, folgende
Bestimmungen in Kraft.

Die Pflicht der Entschädigung und die Aufbringung der Kosten
für Herstellung und Unterhaltung der auf Grund des §. 2 angeordneten
Waldkulturen und sonstigen Schutzanlagen liegt dem Antragsteller ob.

Es haben jedoch dazu, in den Fällen a, b und c des §. 2, die
Eigenthümer der gefährdeten Grundstücke, Gebäude, Wasserläufe oder
öffentlichen Anlagen nach Verhältniß und bis zur Werthshöhe des abzu=
wendenden Schadens beizutragen [14]).

Zu den Kosten der Schutzanlagen haben außerdem und zwar in
allen Fällen des §. 2 auch die Eigenthümer der gefahrbringenden
Grundstücke, nach Verhältniß und bis zur Höhe des Mehrwerthes,
welchen ihre Grundstücke durch die Anlagen erlangen, beizutragen.

§. 6. Der Antragsteller ist befugt, sofern nicht bereits eine dem
öffentlichen Interesse (§. 15) nicht entgegenstehende Vereinbarung über
die Entschädigung und die Kosten der Schutzanlagen zu Stande ge=
kommen ist, seinen Antrag bis zur rechtskräftigen Feststellung des
Regulativs durch das Waldschutzgericht zurückzunehmen, in den Fällen
a, b und c des § 2 jedoch nach Offenlegung des Regulativs durch den
Kommissar nur dann, wenn er zur Deckung der Entschädigung oder der
Kosten der Schutzanlagen in seiner Eigenschaft als Antragsteller beizu=
tragen hat [15]).

§. 7. Die Entscheidung darüber, ob und welche Maßregeln in
jedem einzelnen Falle anzuordnen sind, sowie die Entscheidung über
Entschädigung und Kosten (§. 5) erfolgt durch den Kreisausschuß, in den
Hohenzollernschen Landestheilen durch den Amtsausschuß. Der Kreis=

---

[12]) Die Entschädigung ist nicht nur
für Einbußen am Nutzungsertrage, son=
dern auch für entgehenden Gewinn zu
gewähren KB. AH. 75 II. Drucks. 314.

[13]) Die Aufsicht steht dem Vorsitzen=
den des Waldschutzgerichtes (dem Land=
rathe) zu § 20 u. 49.

[14]) In den Fällen § 2 d u. e herrscht
das öffentliche Interesse vor, weshalb
bei Berathung des G. angenommen

worden, daß in diesen Fällen die grö=
ßeren Verbände: Kreis, Provinz oder
Staat als Antragsteller auftreten werden
KB. AH. (Anm. 1).

[15]) Die gleiche Befugniß steht dem
Antragsteller nicht zu, wenn er nur als
Eigenthümer eines gefährdeten Grund=
stückes zu der Entschädigung und zu
den Kosten beizutragen hat KB. AH.
zu § 5a.

beziehungsweise Amtsausschuß führt in diesen Fällen die Bezeichnung: Waldschutzgericht.

Auf das Verfahren vor dem Waldschutzgerichte, auf die Berufung gegen die Entscheidung desselben und auf das Verfahren in den Berufungsinstanzen finden die gesetzlichen Vorschriften des Gesetzes über die allgemeine Landesverwaltung vom 30. Juli 1883 (GS. 195) [16] Anwendung.

Es treten jedoch für das Verfahren vor den Waldschutzgerichten folgende besondere Bestimmungen in Kraft.

§. 8. Der Antrag [17] auf Erlaß der im §. 2 vorgesehenen Anordnungen ist dem zuständigen Waldschutzgerichte schriftlich einzureichen.

Der Antrag muß die gefährdeten und gefahrbringenden Grundstücke, sowie die Art der Gefährdung genau bezeichnen und einen bestimmten Vorschlag über die zu ergreifenden Schutzmaßregeln enthalten.

Die Zuständigkeit des Waldschutzgerichtes wird durch die Belegenheit des gefahrbringenden Grundstückes bestimmt. Geht der Antrag von dem Bezirke [18] selbst aus, oder ist er gegen diesen gerichtet, so bestimmt der Bezirksausschuß und wenn ein Stadtkreis betheiligt ist, das Oberverwaltungsgericht [19] das zuständige Waldschutzgericht.

§. 9. Das Waldschutzgericht ernennt eines seiner Mitglieder oder einen anderen Sachverständigen zum Kommissar, welcher den Sachverhalt in vollem Umfange an Ort und Stelle und unter Anhörung der Betheiligten zu ermitteln und erforderlichen Falls den Beweis zu erheben hat [20].

§. 10. Das Waldschutzgericht kann auf Antrag des Kommissars oder der Betheiligten die Frage, ob eine Gefährdung im Sinne des §. 2 vorliegt, vorab durch Endurtheil entscheiden [21] und bis zur Rechtskraft desselben das weitere Verfahren einstellen.

Vor der Entscheidung hat der Kommissar über diese Frage ein schriftliches Gutachten anzufertigen, welches für die Betheiligten nach Maßgabe des §. 13 offen zu legen ist.

---

[16] An Stelle des G., betr. die Verfassung der Verwaltungsgerichte und das Verwaltungsstreitverfahren, ist getreten LVG. § 154 Abs. 2.

[17] Der Antrag gilt als Klage LVG. § 63.

[18] D. i. vom Kreisverbande.

[19] LVG. § 59; im Texte stand das Verwaltungsgericht. — Der Bezirksausschuß darf nicht den betheiligten Kreisausschuß als Waldschutzgericht bestimmen U. OVG. 7. Febr. 82 (VIII 176).

[20] Die Staatsforstbeamten haben sich auf Erfordern bei Bearbeitung der Provokationen zu betheiligen und sich auch den forsttechnischen Ermittelungen und Begutachtungen zu unterziehen Vf. FM. 7. Mai 76 (DJ. IX 1). — Zur Leitung der Verhandlungen ist nur der ernannte Kommissar zuständig.

[21] Die Frage, ob der abzuwendende Schaden den aus der Einschränkung erwachsenden Nachtheil übertrifft, scheidet hierbei zunächst aus U. OVG. 9. Febr. 85 (XI 279). Gegen dieses Endurtheil ist Berufung und Revision zulässig. Die Frist beträgt zwei Wochen LVG. § 82, 85, 93, 95.

§. **11.** Auf Grund seiner Ermittelungen hat der Kommissar ein Regulativ zu entwerfen, welches insbesondere folgende Punkte enthalten muß:

1. die Bestimmung der gefahrbringenden und gefährdeten Grundstücke;
2. die Einschränkungen in der Benutzung, welche den gefahrbringenden Grundstücken aufzulegen sind;
3. die Bestimmungen über die Herstellung, Unterhaltung und Aufsicht der erforderlichen Waldkulturen und sonstigen Schutzanlagen;
4. die Bestimmungen darüber, welche Entschädigungen, von wem, nach welchem Verhältniß, bis zu welchem Betrage und zu welchem Zeitpunkte dieselben, sowie die Kosten der Schutzanlagen aufzubringen sind.

§. **12.** Der Entwurf des Regulativs ist mit einem schriftlichen Gutachten zu begleiten, welches die getroffenen Bestimmungen zu begründen und die einschlagenden Fragen vollständig zu erörtern hat.

§. **13.** Der Kommissar hat das Gutachten und das Regulativ zur Einsichtnahme der Eigenthümer, Nutzungs-, Gebrauchs- und Servitutberechtigten und der Pächter der gefahrbringenden Grundstücke, sowie der gefährdeten Interessenten vier Wochen lang in den Gemeinden, in welchen der betheiligte Grundbesitz belegen ist, bei dem Gemeindevorsteher offenzulegen und daß dies angeordnet, zur Kenntnißnahme der Interessenten zu bringen.

Geht der Antrag von einem Kommunalverbande oder von der Landespolizeibehörde aus, so ist dem Antragsteller das Gutachten und das Regulativ zuzufertigen.

Demnächst hat der Kommissar die sämmtlichen Betheiligten Behufs Anmeldung ihrer Einwendungen gegen den Entwurf des Regulativs zu einer mündlichen Verhandlung unter der Verwarnung zu laden, daß die Berücksichtigung später erhobener Einwendungen durch das Waldschutzgericht ausgeschlossen werden kann.

In der mündlichen Verhandlung hat der Kommissar die Einwendungen und Gegenvorschläge zu erörtern und diejenigen, über welche eine Vereinbarung nicht erzielt werden kann, festzustellen.

§. **14.** Ueber Beschwerden, welche die Leitung des Verfahrens durch den Kommissar betreffen, entscheidet das Waldschutzgericht endgültig.

§. **15.** Das Waldschutzgericht kann ohne Weiteres das Regulativ durch Bescheid festsetzen und vollstreckbar erklären, wenn Einwendungen nicht vorliegen und sich auch im öffentlichen Interesse nichts dagegen zu erinnern findet. Der Bescheid ist den Betheiligten unter der Eröffnung zuzustellen, daß dieselben befugt seien, innerhalb einer zweiwöchent-

lichen [22]) Frist vom Tage der Zustellung an gegen den Bescheid Ein=
spruch zu erheben und die Anberaumung der mündlichen Verhandlung
zu beantragen. Wird kein Einspruch erhoben, so gilt der Bescheid vom
Tage der Zustellung ab als Endurtheil. [21])

§. **16.** Zur mündlichen Verhandlung vor dem Waldschutzgerichte
sind die gefährdeten Interessenten, die Eigenthümer, die Nutzungs=, Ge=
brauchs= und Servitutberechtigten, sowie die Pächter der gefahrbringenden
Grundstücke und der Antragsteller (§§. 4, 5 und 11 Nr. 4) durch be=
sondere Vorladungen, alle die sonst ein Interesse zur Sache zu haben
vermeinen, durch einmalige öffentliche Bekanntmachung im Amts= und
Kreisblatt unter der Verwarnung vorzuladen, daß beim Ausbleiben nach
Lage der Verhandlungen werde entschieden werden.

Das Waldschutzgericht hat durch Endurtheil über die gegen das
Regulativ erhobenen Einwendungen zu entscheiden und beziehungsweise
das Regulativ festzusetzen.

Streitigkeiten über die Existenz und den Umfang von Privatrechten
verbleiben dem ordentlichen Rechtswege.

§. **17.** Die durch das Regulativ den Eigenthümern gefährdeter
oder gefahrbringender Grundstücke auferlegte Beitragspflicht zur Ent=
schädigung oder zu den Kosten der Schutzanlagen (§. 5) ruht auf diesen
Grundstücken und ist den öffentlichen gemeinen Lasten gleich zu achten.

Bei Parzellirungen muß die Beitragspflicht auf alle Trennstücke
verhältnißmäßig vertheilt werden.

Rückständige Beiträge können auch von den Pächtern und sonstigen
Nutzungsberechtigten der verpflichteten Grundstücke, vorbehaltlich ihres
Regresses an die eigentlich Verpflichteten, im Wege der administrativen
Exekution beigetrieben werden.

Die dem Eigenthümer des gefahrbringenden Grundstücks auferlegte
Beschränkung und die den Eigenthümern der gefahrbringenden und der
gefährdeten Grundstücke auferlegte Beitragspflicht ist unter Hinweis auf
die näheren Bestimmungen des Regulativs im Grundbuche einzutragen.
Die Eintragung erfolgt auf Antrag des Vorsitzenden des Waldschutz=
gerichtes.

§. **18.** Sämmtliche in dem Verfahren vorkommende Verhandlungen
und Geschäfte, einschließlich der Eintragung in die Grundbücher und der
von den Gerichten oder anderen Behörden zu ertheilenden Auskunft sind
gebühren= und stempelfrei; es werden nur die baaren Auslagen in
Ansatz gebracht.

Die Kommissare, soweit dieselben nicht Mitglieder des Waldschutz=
gerichtes sind, und die sonst zugezogenen Sachverständigen erhalten

---

[22]) Früher zehntägige Frist LWG. § 51.

für ihre Arbeiten, für ihre baaren Auslagen, ſowie für Reiſe= und Zehrungskoſten Entſchädigungen nach Maßgabe des Koſtenregulativs vom 25. April 1836 und der ſpäter dazu ergangenen oder noch ergehenden Vorſchriften. [23])

Iſt ein Mitglied des Waldſchutzgerichtes zum Kommiſſar ernannt, ſo hat derſelbe nur Anſpruch auf Erſatz der Reiſe= und Zehrungskoſten nach Maßgabe vorgedachten Koſtenregulativs. [24])

§. **19.** Die Koſten des Verfahrens, welche erforderlichen Falls aus Kreis=Kommunalmitteln oder, wenn der Antrag von der Landes= polizeibehörde ausgeht, durch dieſe vorgeſchoſſen werden müſſen, hat der Antragſteller allein zu tragen, wenn der Antrag zurückgewieſen oder zurückgezogen iſt; andernfalls finden auf dieſe Koſten diejenigen Vor= ſchriften Anwendung, welche in den §§. 4 und 5 dieſes Geſetzes über die Aufbringung der zu leiſtenden Entſchädigung, beziehungsweiſe über die Beſtreitung der auf die angeordneten Anlagen zu verwendenden Koſten ertheilt ſind.

§. **20.** Die Ausführung des Regulativs, insbeſondere die Aus= ſchreibung und Einziehung der feſtgeſetzten Beiträge zu der Entſchädigung und zu den Koſten der Schutzanlagen, die Auszahlung der Entſchädigung und die Aufſicht darüber, daß die angeordneten Schutzanlagen regulativ= mäßig hergeſtellt und unterhalten, auch die ſonſtigen im Regulativ feſt= geſetzten Anordnungen befolgt werden, liegt dem Vorſitzenden des Wald= ſchutzgerichtes [13]) von Amtswegen ob.

Gegen Verfügungen des Vorſitzenden, welche dem Regulativ wider= ſprechen, kann innerhalb 10 Tagen [25]) nach erfolgter Zuſtellung bei dem Waldſchutzgerichte Einſpruch erhoben werden, welches darüber ent= ſcheidet. [26])

§. **21.** Iſt Gefahr im Verzuge, ſo kann der Vorſitzende des Waldſchutzgerichtes im öffentlichen Intereſſe ſchon vor rechtskräftiger Entſcheidung vorläufige Anordnungen treffen zur Verhinderung ſolcher Unternehmungen, welche eine die Gefahr vergrößernde oder begünſtigende Veränderung in der Bewirthſchaftung des Grundſtücks vorbereiten. Er kann dieſe Anordnungen nach Maßgabe des §. 132 des Geſetzes über die allgemeine Landesverwaltung vom 30. Juli 1883 (GS. 195) [27]) durch Anwendung der geſetzlichen Zwangsmittel durchſetzen.

---

[23]) Regulativ, betr. die Koſten in Auseinanderſetzungsſachen 25. April 36 (GS. 181), G. 24. Juni 75 (GS. 395) über das Koſtenweſen in Aus= einanderſetzungsſachen nebſt Abänd.G. 3. März 77 (GS. 99).

[24]) Mithin nicht auch Entſchädigung für Arbeitsleiſtung KB. AH.

[25]) Dieſe Friſt iſt durch LVG. § 51, der nur Beſchwerden gegen Beſchlüſſe des Kreisausſchuſſes betrifft, nicht ge= ändert.

[26]) Dagegen iſt innerhalb zwei Wochen Beſchwerde an die im Inſtanzenzuge zunächſt höhere Behörde zuläſſig LVG. § 60.

[27]) Früher KrO. 13. Dez. 72 § 79 u. 81, die durch LVG. § 132 erſetzt ſind.

Sowohl gegen die Anordnung als gegen die Festsetzung der Strafe kann innerhalb zwei Wochen Beschwerde im Aufsichtswege[28]) erhoben werden.

§. **22.** Ein rechtsverbindlich festgestelltes Regulativ kann später wieder abgeändert werden. Die Abänderung erfolgt auf Antrag eines Betheiligten und ist in demselben Verfahren wie die ursprüngliche Festsetzung zu bewirken.

III. **Bestimmungen, betreffend die Bildung von Waldgenossenschaft.**[29])

§. **23.** Wo die forstmäßige Benutzung nebeneinander oder vermengt gelegener Waldgrundstücke, oder Flächen oder Haideländereien nur durch das Zusammenwirken aller Betheiligten zu erreichen ist, können auf Antrag

a) jedes einzelnen Besitzers,

b) des Gemeinde-, beziehungsweise Amts-, Kreis- oder sonstigen Kommunalverbandes[10]), in dessen Bezirke die Grundstücke liegen,

c) der Landespolizeibehörde[11])

die Eigenthümer dieser Besitzungen zu einer Waldgenossenschaft vereinigt werden.

Das Zusammenwirken kann gerichtet sein, entweder

1. nur auf die Einrichtung und Durchführung einer gemeinschaftlichen Beschützung oder anderer der forstmäßigen Benutzung des Genossenschaftswaldes förderlichen Maßregeln[30]), oder

2. zugleich auf die gemeinschaftliche forstmäßige Bewirthschaftung des Genossenschaftswaldes nach einem einheitlich aufgestellten Wirthschaftsplane.

§. **24.** Die Vereinigung zu einer Waldgenossenschaft ist nur zulässig

a) in den Fällen des §. 23 bei 1, wenn die Mehrheit der Betheiligten, nach dem Katastral-Reinertrage der Grundstücke berechnet, dem Antrage zustimmt,

b) in den Fällen des §. 23 bei 2, wenn mindestens ein Drittel der Betheiligten dem Antrage zustimmt und die betheiligten Grundstücke derselben mehr als die Hälfte des Katastral-Reinertrages sämmtlicher betheiligter Grundstücke haben.

§. **25.** Das Rechtsverhältniß der Genossenschaft und deren Mitglieder wird durch ein Statut geregelt.

---

[28]) LVG. § 133; früher Klage bei dem Verwaltungsgericht.

[29]) Die landesgesetzlichen Vorschriften über Waldgenossenschaften sind durch das BGB. nicht berührt worden EG. z. BGB. Art. 83.

[30]) Z. B. gemeinschaftliche Anlage von Wegen, Triftzügen.

Für diese Regelung ist in allen Fällen der Grundsatz maßgebend, daß in den Eigenthums= und Besitzverhältnissen der einzelnen Betheiligten keine Aenderung eintritt.

Das Statut bedarf der Zustimmung der nach Maßgabe des §. 24 zu berechnenden Mehrheit der Betheiligten.

§. 26. Das Statut muß enthalten:

1. Name, Sitz und Zweck der Waldgenossenschaft,
2. eine genaue Angabe der einzelnen betheiligten Grundstücke und des Umfanges des genossenschaftlichen Bezirkes,
3. bei allen Wirthschaftsgenossenschaften (§. 23 Nr. 2) die Wirth= schaftsart und den Betriebsplan, die Formen, in welchen eine Abänderung derselben beschlossen oder bewirkt werden kann, sowie die Bestimmungen über die bis zur Durchführung des Betriebs= plans anzuordnende Bewirtschaftung,
4. die den Waldgenossen aufzuerlegenden Beschränkungen und Ver= pflichtungen,
5. das Verhältniß der Waldgenossen zu den Servitutberechtigten,
6. das Verhältniß der Theilnahme an den Nutzungen und Lasten (§. 27), sowie am Stimmrechte,
7. die Formen und Fristen, in denen die Vertheilungsrollen offen zu legen und etwaige Reklamationen anzubringen und zu prüfen sind,
8. die innere Organisation der Genossenschaft und ihre Vertretung nach Außen.

Jede Genossenschaft muß einen Vorstand haben, welcher dieselbe in allen ihren Angelegenheiten, auch in denjenigen Geschäften und Rechts= handlungen, für welche nach den Gesetzen eine Spezialvollmacht erforder= lich ist, in den durch das Statut festzusetzenden Formen vertritt.

§. 27. Das Theilnahmemaß jedes Waldgenossen an der gemein= schaftlichen Einrichtung ist im Statute für die Dauer der Genossenschaft festzusetzen.

Diese Festsetzung ist in Ermangelung anderer Verabredungen der Betheiligten dahin zu regeln:

a) daß in den Fällen des §. 23 unter 1 jeder Waldgenosse sein Grundstück selbst bewirthschaftet und die Kosten dafür trägt, daß aber die Kosten der gemeinschaftlichen Einrichtung nach dem Verhältnisse des Katastral=Reinertrages der vereinigten Grund= stücke von den Waldgenossen gemeinschaftlich aufgebracht werden;
b) daß in den Fällen des §. 23 unter 2 die Nutzungen, die Kosten und die Lasten der gemeinschaftlichen Bewirthschaftung des Ge= nossenschaftswaldes nach dem Verhältnisse des Kapitalwerthes des von jedem Waldgenossen eingeworfenen Bodens und des darauf

stehenden Holzbestandes auf sämmtliche Betheiligte vertheilt werden.

Bei der Festsetzung des Theilnahmemaßes unter b soll es jedoch den Eigenthümern verwerthbarer Holzbestände, welche dieselben in die Genossenschaft nicht mit einwerfen wollen, unbenommen sein, dieselben vorweg abzuräumen und für sich zu benutzen.[31] Sie haben dann aber die Kosten des ersten Wiederanbaues ihrer Flächen allein zu tragen. Ebenso sollen, wenn einzelne Grundstücke bei Bildung der Genossenschaft mit Holz nicht bestanden sind, die Kosten des ersten Holzanbaues den Eigenthümern vorweg zur Last fallen. In beiden Fällen ist zur Festsetzung des Theilnahmemaßes dieser Waldgenossen der Betrag der aufgewendeten Kulturkosten als Holzbestandswerth in Anrechnung zu bringen.

§. 28. In Ermangelung einer anderweitigen Vereinbarung ist das Stimmverhältniß der Waldgenossen nach dem Verhältnisse der Theilnahme derselben an den Nutzungen und Lasten zu regeln. Dabei ist als Einheit der Betrag des am geringsten Betheiligten zum Grunde zu legen. Nur volle Einheiten gewähren eine Stimme. Jeder Waldgenosse hat mindestens eine Stimme und kein Waldgenosse darf mehr als zwei Fünftel aller Stimmen vereinigen.

§. 29. Die Beitragspflicht zu den Genossenschaftslasten ruht auf den zur Genossenschaft gehörigen Grundstücken und ist den öffentlichen gemeinen Lasten gleich zu achten.

Bei Parzellirungen müssen die Genossenschaftslasten auf alle Trennstücke verhältnißmäßig vertheilt werden.

Rückständige Beiträge können auch von den Pächtern und sonstigen Nutzungsberechtigten der verpflichteten Grundstücke, vorbehaltlich ihres Regresses an die eigentlich Verpflichteten, im Wege der administrativen Exekution beigetrieben werden.[32]

§. 30. Sind Genossenschaftsgrundstücke mit Servituten belastet, so müssen die Berechtigten sich diejenigen Einschränkungen gefallen lassen, welche im Interesse der Genossenschaft erforderlich sind. Für diese Einschränkung muß den Berechtigten volle Entschädigung von der Waldgenossenschaft gewährt werden.[33]

§. 31. Die Bildung einer Waldgenossenschaft erfolgt durch den Kreisausschuß, in den Hohenzollernschen Landestheilen durch den Amtsausschuß.

Der Kreis= beziehungsweise Amtsausschuß führt in diesen Fällen die Bezeichnung: Waldschutzgericht.

---

[31] Dieser Weg erscheint im Interesse sachgemäßer Gestaltung des Altersklassenverhältnisses in dem zu bildenden Wirthschaftswalde weniger empfehlenswerth.

[32] I. 3 Anm. 48 d. W.

[33] Bei ablösbaren Servituten wird deren Ablösung (§ 34 Abs. 1) in Erwägung zu ziehen sein.

Der Antrag ist dem Waldschutzgerichte desjenigen Bezirks schriftlich einzureichen, in welchem die zu vereinigenden Grundstücke sämmtlich oder der Fläche nach zum größten Theil gelegen sind. Geht der Antrag von dem Kreise (Amtsverbande in Hohenzollern) selbst aus, so bezeichnet der Bezirksausschuß und wenn ein Stadtkreis betheiligt ist, das Oberverwaltungsgericht[19]) das zuständige Waldschutzgericht. In dem Antrage sind die zu vereinigenden Grundstücke, deren Besitzer und Kataster=bezeichnung einzeln aufzuführen und die begründenden Thatsachen genau zu bezeichnen.

§. **32.** Das Waldschutzgericht hat nach Maßgabe der Vorschrift im §. 9 den Antrag durch einen Kommissar an Ort und Stelle prüfen zu lassen.

Der Kommissar hat nach Feststellung der zu vereinigenden Flächen die betheiligten Grundbesitzer über den Antrag zu vernehmen.

Die Vorladung zu dem desfallsigen Termine erfolgt schriftlich unter der Verwarnung, daß die Nichterscheinenden dem Beschlusse der Er=scheinenden für zustimmend erachtet werden sollen.

§. **33.** Wird die Bildung der Waldgenossenschaft nicht beschlossen (§§. 23, 24, 32), so reicht der Kommissar die Verhandlungen dem Waldschutzgerichte ein, welches solchenfalls den Antrag durch einen nach Maßgabe des §. 15 zu erlassenden Bescheid abweist.[21])

§. **34.** Im anderen Falle hat der Kommissar nach Maßgabe der Vorschriften des gegenwärtigen Gesetzes und unter Berücksichtigung der besonderen Verhältnisse der zu bildenden Genossenschaft, unter Zuziehung der Betheiligten oder eines von ihnen gewählten Ausschusses, das Ge=nossenschaftsstatut zu entwerfen, auch die erforderlichen Einschränkungen der Servitutberechtigungen — insofern nicht deren gänzliche Ablösung nach den darüber geltenden Gesetzen beschlossen wird — sowie die für diese Einschränkungen zu gewährenden Entschädigungen gutachtlich fest=zustellen.

Der Entwurf und die gutachtliche Feststellung sind für alle Be=theiligten nach Maßgabe des §. 13 offenzulegen und beziehungsweise den=selben zuzufertigen.

§. **35.** Demnächst hat der Kommissar die Betheiligten und die Servitutberechtigten zu einer mündlichen Verhandlung vorzu=laden und zwar die Betheiligten unter der Verwarnung, daß die Nichterscheinenden als dem entworfenen Statute zustimmend erachtet werden würden.

In der mündlichen Verhandlung hat der Kommissar die Ein=wendungen gegen den Entwurf des Statutes und die gutachtliche Fest=stellung der Einschränkungen und Entschädigungen der Servitutberechtigten zu erörtern, die Abstimmung[34]) über das Statut herbeizuführen und diejenigen Einwendungen, über welche eine Vereinbarung nicht erzielt werden kann, festzustellen.

Der Kommissar reicht die Verhandlungen nebst seinem Gutachten über die Bedürfnißfrage dem Waldschutzgericht ein.

§. **36.** Hat das Statut in der mündlichen Verhandlung vor dem Kommissar die nach §. 25 erforderliche Mehrheit nicht gefunden, so weist das Waldschutzgericht den Antrag auf Bildung der Waldgenossen= schaft durch einen nach Maßgabe des §. 15 zu erlassenden Bescheid ab.[21])

§. **37.** Im anderen Falle hat das Waldschutzgericht durch End= urtheil zu entscheiden, ob ein Bedürfniß zur Vereinigung der betheiligten Eigenthümer zu einer Waldgenossenschaft nach Maßgabe des §. 23 vor= handen ist, ob das Statut die Zustimmung der gesetzlich erforderlichen Mehrheit der Betheiligten gefunden hat, sowie ob dasselbe den gesetz= lichen Vorschriften entspricht und ein öffentliches Interesse nicht verletzt. Waltet in allen diesen Beziehungen ein Bedenken nicht ob, so trifft das Waldschutzgericht Entscheidung dahin, daß die Waldgenossenschaft nach dem Statut zu begründen sei.

Zugleich entscheidet das Waldschutzgericht über die Widersprüche gegen die im Gutachten vorgeschlagenen Beschränkungen der Servitut= berechtigten, beziehungsweise über die Höhe der zu gewährenden Ent= schädigungen.[21])

§. **38.** Ist auf Begründung der Waldgenossenschaft erkannt und haben die in §. 37 vorgesehenen Entscheidungen Rechtskraft beschritten, so ertheilt das Waldschutzgericht dem Statute die Bestätigung.

Durch die Bestätigung wird die Waldgenossenschaft begründet. Das bestätigte Statut hat die Kraft einer vollstreckbaren gerichtlichen Urkunde.

§. **39.** Die den Eigenthümern der zur Genossenschaft gehörenden Grundstücke auferlegten Beschränkungen und Lasten sind unter Hinweis auf die näheren Bestimmungen des Statutes im Grundbuche einzutragen.

Die Eintragung erfolgt auf Antrag des Vorsitzenden des Wald= schutzgerichtes.

§. **40.** Auf das Verfahren vor dem Kommissar finden die Be= stimmungen des §. 14 und bezüglich der Kosten die Bestimmungen der §§. 18 und 19 Anwendung.

Die Kosten fallen, soweit sie nicht durch die ergangene Entscheidung dem unterliegenden Theile zur Last gelegt sind, den Waldgenossen nach dem im §. 27 dieses Gesetzes vorgeschriebenen, beziehungsweise im Statute ausgedrückten Verhältnisse zur Last.

---

[34]) Durch diese Abstimmung kann die früher erzielte Stimmenmehrheit (§ 24, 25) nicht in eine Minderheit umgeändert werden U. OVG. 22. Okt. 83 (X 170).

§. **41.** Im Uebrigen regelt sich das Verfahren vor dem Wald=schutzgerichte, die Berufung gegen die Entscheidung desselben und das Verfahren in den Berufungsinstanzen nach den gesetzlichen Vorschriften des Gesetzes über die allgemeine Landesverwaltung vom 30. Juli 1883 (GS. 195).[16])

§. **42.** Die Waldgenossenschaft kann unter ihrem Namen Rechte erwerben und Verbindlichkeiten eingehen, Eigenthum und andere ding=liche Rechte an Grundstücken erwerben, vor Gericht klagen und verklagt werden. Ihr ordentlicher Gerichtsstand ist bei dem Gerichte, in dessen Bezirk sie ihren Sitz hat.

§. **43.** Für die Verbindlichkeiten der Waldgenossenschaft haftet das Vermögen derselben.

Insoweit daraus Gläubiger der Waldgenossenschaft nicht befriedigt werden können, muß der Schuldbetrag durch Beiträge aufgebracht werden, welche von dem Vorstande nach dem im Statute festgesetzten Theilnahme=maße auf die Mitglieder umzulegen sind.

§. **44.** Die auf Grund vorstehender Vorschriften errichtete Wald=genossenschaft ist der Aufsicht des Staates unterworfen. Diese Aufsicht wird von dem zuständigen Waldschutzgerichte nach Maßgabe des Statutes, übrigens in dem Umfange und mit den Befugnissen gehandhabt, welche gesetzlich den Aufsichtsbehörden der Gemeinden zustehen.

In allen schleunigen Angelegenheiten kann der Vorsitzende des Waldschutzgerichtes Namens desselben Verfügungen erlassen.[35]) Einsprüche gegen diese Verfügungen unterliegen der Entscheidung des Waldschutz=gerichtes.

§. **45.** Wenn im Laufe der Zeit eine Abänderung des rechts=kräftig festgestellten Statutes nothwendig wird, so ist diese Abänderung in demselben Verfahren, wie die ursprüngliche Festsetzung, zu bewirken.

Die Auflösung einer nach diesem Gesetze begründeten Waldgenossen=schaft ist nur zulässig, wenn die nach §. 24 zur Bildung einer Genossen=schaft erforderliche Mehrheit der Betheiligten derselben zustimmt. Solche Beschlüsse bedürfen der Genehmigung der Aufsichtsbehörde (§. 44).

§. **46.** Bei der Auflösung einer der im §. 23 unter 2 bezeichneten Waldgenossenschaften erhält jeder Waldgenosse die eingeworfenen Grund=stücke zur eigenen Bewirthschaftung zurück. Außerdem sind, wenn das Statut nicht ein Anderes bestimmt, die in dem Genossenschaftswalde vorhandenen Holzbestände nach dem Verhältnisse des Kapitalwerthes der zur Zeit der Errichtung der Genossenschaft eingeworfenen Holzbestände unter die Genossen zu vertheilen.

---

[35]) In den Verfügungen ist den Be=theiligten zu eröffnen, daß sie befugt seien, innerhalb zwei Wochen Einspruch zu erheben LVG. § 117.

Bleibt der Werth des auf dem zurückerhaltenen Grundstücke vorhandenen Holzbestandes hinter dem Werthe des nach diesem Verhältniß ermittelten Antheils zurück, so ist dieser Minderwerth von denjenigen Waldgenossen verhältnißmäßig zu erstatten, welche mit ihren Grundstücken einen Ueberschuß an Holzbestandswerth erhalten haben.

§. 47. [IV. Theilung gemeinschaftlicher Waldungen.] Sofern eine nach den bestehenden Vorschriften zulässige Naturaltheilung eines von einer Realgemeinde oder einer Genossenschaft besessenen Waldgrundstücks solche Theilstücke ergeben würde, deren forstmässige Benutzung nur durch gemeinschaftliche Bewirthschaftung zu erreichen wäre, so darf dem Antrage auf Theilung nur dann stattgegeben werden, wenn die Mehrzahl der Betheiligten, nach den Theilnahmerechten berechnet, demselben zustimmt. [36])

(§. 48.) [V. Uebergangsbestimmungen.] [37])

§. 49. Das Waldschutzgericht wird aus dem Landrathe (Kreishauptmann) [38]) als Vorsitzenden und sechs Mitgliedern gebildet, welche von der Kreisversammlung nach absoluter Stimmenmehrheit gewählt werden. Wählbar als Mitglied ist jeder selbstständige Angehörige des Deutschen Reichs, mit Ausnahme der nicht angesessenen servisberechtigten Militairpersonen, welcher

a) in dem Kreise einen Wohnsitz hat,

b) sich im Besitze der bürgerlichen Ehrenrechte befindet.

Als selbstständig wird derjenige angesehen, welcher das 21. Lebensjahr vollendet hat, sofern ihm das Recht, über sein Vermögen zu verfügen und dasselbe zu verwalten, nicht durch gerichtliche Anordnungen entzogen ist.

Geistliche, Kirchendiener und Elementarlehrer können nicht Mitglieder des Waldschutzgerichtes sein; richterliche Beamte, zu denen jedoch die technischen Mitglieder der Handels- oder Gewerbe- und ähnlicher Gerichte nicht zu zählen sind, nur mit Genehmigung des vorgesetzten Ministers.

Die Wahl der Mitglieder erfolgt auf sechs Jahre mit der Maßgabe, daß bei Ablauf der Wahlperiode die Mitgliedschaft bis zur Wahl des Nachfolgers fortdauert. Alle zwei Jahre scheidet ein Drittel der Mitglieder aus. Die das erste und zweite Mal Ausscheidenden werden durch das Loos bestimmt. Die Ausgeschiedenen können wieder gewählt werden.

Die Mitglieder des Waldschutzgerichtes werden von dem Vorsitzenden

---

[36]) Aufgehoben durch G. 14. März 81 (Nr. 3 d. W.) § 10.

[37]) Mit Einführung des LVG. in das gesammte Staatsgebiet hinfällig geworden.

[38]) An Stelle des Kreishauptmanns ist der Landrath getreten KrO. für Hannover 6. Mai 84 (GS. 181) § 21 Abs. 2.

vereidigt. Sie können durch Beschluß des Bezirksausschusses [39]) ihrer Stellung enthoben werden.

Dieselben erhalten eine ihren Auslagen entsprechende Entschädigung aus Kreis-Kommunalmitteln.

Ueber die Höhe derselben beschließt der Kreistag.

§. 50. Das Waldschutzgericht ist beschlußfähig, wenn drei Mitglieder mit Einschluß des Vorsitzenden anwesend sind.

Die Beschlüsse werden nach Stimmenmehrheit gefaßt.

Ist eine gerade Zahl von Mitgliedern anwesend, so nimmt das dem Lebensalter nach jüngste gewählte Mitglied an der Abstimmung nicht Theil. Betrifft der Gegenstand der Verhandlung einzelne Mitglieder des Waldschutzgerichtes, oder deren Verwandte oder Verschwägerte in auf- oder absteigender Linie, oder bis zu dem dritten Grade der Seitenlinie, so dürfen dieselben an der Berathung nicht Theil nehmen.

Wird dadurch das Waldschutzgericht beschlußunfähig, so tritt nach der Bestimmung des Bezirksausschusses [39]) das Waldschutzgericht eines benachbarten Bezirkes an seine Stelle.

§. 51. So lange in einzelnen Kreisen ein Waldschutzgericht nicht gebildet ist, sind die nach §. 3 beziehungsweise §. 23 zulässigen Anträge an den Landrath (Kreishauptmann) [38]) zu richten, welcher verpflichtet ist, sofort die Bildung des Waldschutzgerichtes herbeizuführen.

In Fällen, wo Gefahr im Verzuge ist, kann der Landrath (Kreishauptmann) die im §. 21 vorgesehenen vorläufigen Anordnungen treffen.

§. 52. In selbstständigen Stadtkreisen finden die Bestimmungen der §§. 49, 50, 51 mit der Maßgabe Anwendung, daß an die Stelle des Landrathes (Kreishauptmanns) [38]) der Bürgermeister und an die Stelle der Kreisversammlung die Stadtverordnetenversammlung (Bürgervorsteherkollegium) tritt.

§. 53. [VI. Strafbestimmung.] Die Eigenthümer, Nutzungs-, Gebrauchs- und Servitutsberechtigten, sowie Pächter sind, wenn sie den Bestimmungen des Regulativs (§. 20) zuwider Holz einschlagen, mit einer Geldstrafe zu belegen, welche dem doppelten Werthbetrage des gefällten Holzes gleichkommt.

Wenn sie die sonstigen Festsetzungen des Regulativs, durch welche eine bestimmte Art der Benutzung vorgeschrieben oder verboten wird, übertreten, sind sie mit einer Geldbuße bis zu 100 Mark zu bestrafen.

§. 54. Der Minister für die landwirthschaftlichen Angelegenheiten ist mit der Ausführung dieses Gesetzes beauftragt.

---

[39]) Früher Deputation für das Heimathwesen; geändert durch LVG. § 7.

Anlage A (zu Anmerkung 7).

Gesetz, betreffend Schutzmaßregeln im Quellgebiete der linksseitigen Zuflüsse der Oder in der Provinz Schlesien.　Vom 16. September 1899.　(GS. 169.)

§. 1.　Die land= und forstwirthschaftliche Nutzung von Grundstücken der dem Gebirgs= und Hügelland angehörenden Quellgebiete der linksseitigen Zuflüsse der Oder in der Provinz Schlesien unterliegt den besonderen Bestimmungen dieses Gesetzes.

§. 2.　Eine forstwidrige Nutzung von Holzungen ist unzulässig.

Eine forstwidrige Nutzung im Sinne dieses Gesetzes liegt vor, wenn durch forstlich unwirthschaftliche Maßnahmen oder durch Unterlassung wirthschaftlich gebotener Handlungen die Zurückhaltung des Niederschlagwassers vereitelt oder erheblich erschwert, oder die Gefahr der Entstehung von Wasserrissen, Bodenabschwemmungen, Hangrutschungen, Geröll= oder Geschiebebildungen herbeigeführt wird.

Wird eine forstwidrige Nutzung durch den Regierungspräsidenten festgestellt, so hat dieser dem Eigenthümer oder dem Nutzungsberechtigten die künftige Bewirthschaftung vorzuschreiben.

§. 3.　Die Rodung von Holzungen darf nur mit Genehmigung des Regierungspräsidenten erfolgen.

Die Genehmigung darf nicht ertheilt werden, wenn die Erhaltung des Grundstücks als Holzung für die Zurückhaltung des Niederschlagwassers oder die Verhütung von Wasserrissen, Bodenabschwemmungen, Hangrutschungen, Geröll= oder Geschiebebildungen erforderlich ist.

§. 4.　Wenn eine Holzung ohne Genehmigung ganz oder theilweise gerodet worden ist, so kann der Regierungspräsident die Wiederaufforstung der gerodeten Fläche anordnen.

§. 5.　Die Neuanlage offener Gräben an Gebirgshängen in der Hauptgefällrichtung ist unzulässig.

Wird eine solche von dem Regierungspräsidenten festgestellt, so hat dieser ihre Beseitigung anzuordnen.

§. 6.　Das auf zu Thal führenden Wegen abfließende Wasser ist, soweit es nach den örtlichen Verhältnissen ohne wirthschaftliche Nachtheile geschehen kann, von den Besitzern der angrenzenden Grundstücke in Stichgräben abzuleiten und wo dazu Gelegenheit geboten ist, in Gruben (Schlammfängen) aufzufangen.

Ebenso hat auch die Anlage von Stichgräben zur seitlichen Ableitung des in Einfaltungen der Gebirgshänge abfließenden Wassers zu erfolgen.

Die Stichgräben und Gruben sind von dem Grundbesitzer jederzeit offen zu halten.

§. 7.　Soweit die Zurückhaltung des Niederschlagwassers oder die Verhütung der Entstehung von Wasserrissen, Bodenabschwemmungen, Hangrutschungen, Geröll= oder Geschiebebildungen es erfordert, kann der Regierungspräsident

　1. die Entwässerung von Moorflächen,

　2. die Beackerung und die Beweidung von Grundstücken auf Hochlagen
　　 oder an Gebirgshängen

untersagen oder einschränken,

　3. die Verlegung oder Beseitigung vorhandener Gräben

anordnen.

Für die den Grundbesitzern oder Nutzungsberechtigten hieraus entstehenden Nachtheile und Kosten haben zu $\frac{1}{3}$ die Gemeinde (Gutsbezirk), zu $\frac{1}{3}$ die Provinz, zu $\frac{1}{3}$ der Staat Entschädigung zu leisten.

Soweit eine Gemeinde (Gutsbezirk) leistungsunfähig ist, treten an ihre Stelle der Staat und die Provinz zu gleichen Theilen. Ueber das Maß der Leistungsfähigkeit entscheidet mangels Verständigung zwischen Provinz und Staat endgültig der Bezirksausschuß.

§. 8. Mangels gültiger Vereinbarung wird die Entschädigung durch den Regierungspräsidenten festgesetzt.

Für Nachtheile dauernder Art kann die Entschädigung nach Wahl der zur Entschädigung Verpflichteten durch Zahlung von Jahresbeträgen oder eines Kapitals zum fünfundzwanzigfachen Jahresbetrag erfolgen.

Für ein erforderlich werdendes Verwendungsverfahren sind die Vorschriften des §. 49 des Gesetzes über die Enteignung von Grundeigenthum vom 11. Juni 1874 (Gesetz-Samml. S. 221 ff.) maßgebend.

§. 9. Die zu den Quellgebieten zu rechnenden Gemarkungen und Gemarkungstheile, die darin vorhandenen Holzungen und diejenigen Grundstücke, auf welche die Vorschriften der §§. 5 bis 8 Anwendung finden, werden durch eine von dem Regierungspräsidenten zu berufende Kommission ermittelt. Die Kommission besteht aus einem Vertreter des Regierungspräsidenten, als Vorsitzendem, einem Forstsachverständigen, einem Landwirthe, dem Meliorationsbaubeamten und einem vom Provinzialausschusse zu wählenden Vertreter der Provinz. Außerdem tritt für jeden betheiligten Kreis je ein vom Kreisausschusse zu wählender Vertreter der betheiligten Gemeinden und Gutsbezirke hinzu.

Das Ergebniß der Ermittelung wird in den betheiligten Gemeinden und Gutsbezirken mindestens vier Wochen lang ausgelegt. Der Ort und die Dauer der Auslegung sind in ortsüblicher Weise in den betheiligten Gemeinden und Gutsbezirken, sowie durch das Kreisblatt bekannt zu machen. In der Bekanntmachung ist eine mindestens auf vier Wochen zu bemessende Frist anzugeben, in der etwaige Einwendungen bei dem Regierungspräsidenten geltend zu machen sind.

Ueber das Ergebniß der Ermittelung und die erhobenen Einwendungen entscheidet der Oberpräsident endgültig. Die Entscheidung wird im Regierungs-Amtsblatte veröffentlicht.

§. 10. Vor dem Erlaß einer auf Grund der §§. 2 bis 8 zu treffenden Anordnung sind die Betheiligten zu hören.

Die ergehenden Verfügungen sind den Betheiligten zuzustellen. Diesen steht binnen vier Wochen die Beschwerde an den Oberpräsidenten zu. Die Entscheidung des Oberpräsidenten ist endgültig.

Bezüglich der Höhe der zu leistenden Entschädigung (§§. 7 und 8) bleibt den Betheiligten binnen vier Wochen der Rechtsweg offen.

§. 11. Bei den zur Durchführung dieses Gesetzes ergehenden Anordnungen des Regierungspräsidenten findet gegen die Androhung, Festsetzung und Ausführung eines Zwangsmittels lediglich die Beschwerde im Aufsichtswege statt. Die Beschwerdefrist beträgt zwei Wochen.

§. 12. Mit Geldstrafe bis 150 Mark oder Haft wird bestraft, wer ohne die nach §. 3 erforderliche Genehmigung eine Holzung rodet oder den auf Grund des §. 7 getroffenen Anordnungen zuwider ein Grundstück entwässert, beackert oder beweidet.

---

3. Gesetz über gemeinschaftliche Holzungen. Vom 14. März 1881.
(GS. 261)[1].

§. 1.   Dieses Gesetz findet Anwendung:

1. auf Holzungen[2] und die damit im örtlichen Zusammenhange stehenden Waldblößen, an welchen bei dem Inkrafttreten desselben das Eigenthum mehreren Personen gemeinschaftlich zusteht, sofern nicht nachgewiesen wird, daß die Gemeinschaft durch ein besonderes privatrechtliches Verhältniß entstanden ist[3]), insbesondere auf die Holzungen der Realgemeinden, Nutzungsgemeinden, Markgenossenschaften, Gehöferschaften, Erbgenossenschaften und gleichartiger Genossenschaften;

2. auf Holzungen, welche Mitgliedern einer solchen Genossenschaft, oder welche einer Klasse von Mitgliedern oder von Einwohnern einer Gemeinde durch eine Gemeinheitstheilung oder Forstservitutenablösung als Gesammtabfindung überwiesen werden oder bereits früher überwiesen worden und bis zum Inkrafttreten dieses Gesetzes gemeinschaftliches Eigenthum geblieben sind.

Abfindungen, welche den vorstehend bezeichneten Berechtigten bei einer Gemeinheitstheilung oder Forstservitutenablösung als Holzung zu gewähren sind[4]), dürfen nur als Gesammtabfindung überwiesen werden.

---

[1]) Zweck u. Bedeutung des G. Nr. 1 Abs. 3. — Inhalt: Bezeichnung der unter das G. fallenden Holzungen (§ 1), Vorschriften über Verwaltung u. Bewirthschaftung (§ 2 bis 5), Theilung u. Veräußerung (§ 6 bis 8), Strafbestimmungen (§ 9), Schlußbestimmungen (§ 10). — Ausf. Anw. 26. April 81 (MB. 134) Anlage A und Unteranlage A 1. Quellen: Landt. Verh. HH. 79/80 Druckf. 47, 64, AH. 80/81, Druckf. 15. 179 (KB.) StB. 17. Nov. 80 und 11. Feb. 81.

[2]) Nr. III 2, Anm. 3 d. W. u. Anl. A Nr. II a.

[3]) Anl. A Nr. II e u. X. Das G. findet keine Anwendung auf Holzungen, welche zu einem Familienfideikommiß gehören oder sonst durch Erbschaft oder Vertrag in das Eigenthum mehrerer Personen gelangt sind, auch nicht auf die nach G. 6. Juli 75 (Nr. 2 d. W.) gebildeten Waldgenossenschaften. — Dagegen bleiben Holzungen, welche bei Inkrafttreten des Gesetzes gemeinschaftliche waren, dem Gesetz unterworfen, auch wenn sie später in das Alleineigenthum einer Person übergehen Anl. A Nr. II c. Das G. findet Anwendung auch auf solche Walddistrikte, welche in den vormals kurhessischen Landestheilen unter dem Namen „Gemeindegebräuche“ und „Gemeindewaldungen“ inbegriffen waren. Die Aufsichtsbehörde geht ihres Aufsichtsrechts über dergleichen Waldungen nicht ohne Weiteres schon dadurch verlustig, daß sie gegen eine von den Nutzungsberechtigten ohne ihre Zuziehung vorgenommene Theilung derselben keinen Einspruch erhoben hat U. Kamm. Ger. 3. Juli 84 (V. 336). — Ebenso unterliegen dem Gesetze die im Geltungsbereiche der Braunschweig-Lüneburgischen Landesresolution vom 6. Sept. 1681 (Chur-Braunschweig-Lüneburgische Landes-Ordnungen GS. Hannover 1744) gelegenen Genossenschafts- oder Interessentenforsten (Hannover) U. Kamm.Ger. 18. Juni 85. (VI. 259).

[4]) Solche Abfindungen sind zulässig nach G., betr. Abstellung der auf Forsten haftenden Berechtigungen u. s. w. für die Provinz Hannover 13. Juni 73 (GS. 357) § 13 und nach Ergänzungsgesetz, betr. Ablösung der Servituten für das vormalige Kurfürstenthum Hessen 25. Juli 76 (GS. 366) Art 5.

§. **2.** Diese Holzungen unterliegen, insoweit sie sich nach ihrer Beschaffenheit und ihrem Umfange zu einer forstmäßigen Bewirthschaftung eignen[5]), hinsichtlich des Forstbetriebs und der Benutzung der Aufsicht des Staates nach Maßgabe der gesetzlichen Bestimmungen, welche in den einzelnen Landestheilen für die Holzungen der Gemeinden gelten[6]).

§. **3.** Die Aufsichtsbehörde[7]) ist befugt, die Kosten, welche durch die Ausführung der von ihr innerhalb ihrer Zuständigkeit getroffenen Anordnungen entstehen, auf die Miteigenthümer nach dem Verhältnisse ihrer Eigenthumsantheile zu vertheilen und, vorbehaltlich des den Miteigenthümern über eine andere Art der Vertheilung zustehenden Rechtsweges, im Verwaltungszwangsverfahren einzuziehen[8]).

Die aus der staatlichen Oberaufsicht erwachsenden Kosten fallen der Staatskasse zur Last[9]).

§. **4.** Beläuft sich die Zahl der Miteigenthümer einer Holzung auf mehr als fünf, so sind dieselben auf Verlangen der Aufsichtsbehörde verpflichtet, Bevollmächtigte zu bestellen, welche sie in allen die Gemeinschaft betreffenden Angelegenheiten der Aufsichtsbehörde gegenüber zu vertreten und welche die von dieser innerhalb ihrer Zuständigkeit erlassenen Verfügungen auszuführen haben. Die Zahl der Bevollmächtigten darf drei nicht überschreiten.

Auf Antrag der Aufsichtsbehörde oder eines Miteigenthümers ist die Art der Bestellung der Bevollmächtigten, sowie das Verhältniß derselben unter einander und zu den Miteigenthümern durch ein Statut zu regeln[10]).

Das Statut bedarf der Zustimmung der Mehrheit der Miteigenthümer, nach dem Verhältnisse der Antheile berechnet, und der Bestätigung durch das Waldschutzgericht[11]). Auf die Feststellung des Statuts finden bezüglich der Bildung und der örtlichen Zuständigkeit der Waldschutzgerichte, des Verfahrens bei denselben, der Berufung und des Verfahrens in den Berufungsinstanzen die §§. 31 und folgende des Gesetzes, betreffend Schutzwaldungen und Waldgenossenschaften, vom 6. Juli 1875 (GS. S. 416)[11]) entsprechende Anwendung.

Wenn die Bestellung von Bevollmächtigten nicht erfolgt[12]), so liegt die Vertretung der Miteigenthümer gegenüber der Aufsichtsbehörde[7])

---

[5]) Anl. A Nr. IIb.

[6]) Nr. III 1. der V. u. Anl. A Nr. IV Abf. 3.

[7]) Das ist der Regierungspräsident LVG. § 18. — Anl. A Nr. I.

[8]) Anl. A Nr. VII. Abf. 1. Hierzu gehören auch die Kosten für Aufstellung u. Erneuerung von Betriebsplänen u. für Taxationsrevisionen Nr. III. 2 Anm. 27 d. W.

[9]) Anl. A Nr. VII. Abf. 2 u. Nr. VI.

[10]) Anl. A Nr. IX. Abf. 1.

[11]) Nr. 2 d. W. § 7.

[12]) Die Bestellung von Bevollmächtigten erfordert zu ihrer Rechtsbeständigkeit Stimmeneinhelligkeit aller Betheiligten Begr. zu § 4 und Anl. A Nr. IX. Abf. 2.

dem Gemeindevorsteher derjenigen Gemeinde ob, zu deren Bezirke die Holzung beziehungsweise der größere Theil derselben gehört. Der Gemeindevorsteher kann von den Miteigenthümern den Ersatz seiner baaren Auslagen und eine mit seiner Mühewaltung in billigem Verhältnisse stehende Entschädigung beanspruchen. Die Beschlußfassung hierüber steht der Aufsichtsbehörde zu [7]).

§. 5. Die nach Antheilen zu berechnende Mehrheit der Eigenthümer ist berechtigt, die Verwaltung und Bewirthschaftung der Holzung (§. 1) durch ein in Gemäßheit des §. 4 festzustellendes und zu bestätigendes Statut zu regeln [13]).

§. 6. Holzungen der im §. 1 bezeichneten Art dürfen der Regel nach nicht in Natur getheilt werden. Eine solche Theilung ist nur insoweit zu gestatten, als

1. die Holzung zu einer forstmäßigen Bewirthschaftung nicht geeignet ist [14]), oder

2. der Grund und Boden zu anderen als forstlichen Zwecken dauernd mit erheblich größerem Vortheile benutzt werden kann [15]),

und landes= oder forstpolizeiliche Interessen nicht entgegenstehen.

Ueber die Statthaftigkeit der Theilung entscheidet die Auseinandersetzungsbehörde [16]).

In den Landestheilen des linken Rheinufers ist zur Theilung, wenn sie nicht in dem durch das Gesetz vom 19. Mai 1851 (GS.

---

[13]) Hierdurch wird der Mehrheit der Miteigenthümer die Möglichkeit eröffnet, die Verwaltung und Bewirthschaftung auch gegen den Widerspruch der Minderheit statutarisch zu regeln Begr. zu § 5; Anl. A. I Nr. IX. Abs. 3. — Hierzu bestimmt G., betr. die Verfassung der Realgemeinden in der Prov. Hannover 5. Juni 88 (GS. 233) § 11:

Für Realgemeinden, deren Verfassung durch ein nach Maßgabe dieses Gesetzes gerichtetes Statut geregelt ist, treten die Bestimmungen der §§ 4 und 5 des Gesetzes vom 14. März 81 (GS. 261) über gemeinschaftliche Holzungen und die auf Grund desselben erlassenen, sowie alle sonstigen für dieselben bestehenden Statute außer Wirksamkeit. Im Uebrigen werden die besonderen Vorschriften über die Aufsicht und Mitwirkung der Staatsbehörden bei der Verwaltung der Forsten der Realgemeinden, ... durch das gegenwärtige Gesetz nicht berührt.

[14]) Die bloße Möglichkeit, die einzelnen Theile einer gemeinschaftlichen Holzung auch nach vollzogener Theilung forstmäßig zu benutzen, gilt nicht mehr als Theilungsgrund Begr.

[15]) Zu den anderen, als forstlichen Zwecken sind auch solche, welche nicht landwirthschaftlicher Art sind, beispielsweise auch industrielle oder bauliche, als zulässig zu erachten Begr. zu § 6. — Wegen Aufhebung der Staatsaufsicht in einem solchen Falle Anl. A Nr. II d.

[16]) Anl. A Nr. XI. u. Unteranl. A 1. I u. II.

S. 383) geordneten Verfahren erfolgt, die Genehmigung der Aufsichts-behörde erforderlich [17]).

Bezüglich der Theilbarkeit der halben Gebrauchswaldungen im vor-maligen Kurfürstenthum Hessen verbleibt es bei den bisherigen gesetz-lichen Bestimmungen [18]).

§. **7.** Die Bestimmungen des §. 6 finden auch auf bereits ein-geleitete Theilungen Anwendung, wenn zur Zeit des Inkrafttretens dieses Gesetzes der Theilungsplan noch nicht endgültig festgestellt ist.

Wird das Theilungsverfahren in Folge dieses Gesetzes eingestellt, so fallen die entstandenen Regulierungskosten [19]) der Staatskasse zur Last. Dasselbe tritt ein für die in Folge des Artikels 3 des Gesetzes vom 25. Juli 1876 (GS. S. 366 ff.) eingestellten Theilungsverfahren.

§. **8.** Zur Bildung [20]) und Veräußerung [21]) von Theilstücken einer Holzung (§. 1) ist die Genehmigung der Aufsichtsbehörde erforderlich. Die Genehmigung muß ertheilt werden, wenn die Bedingungen des §. 6 vorliegen, oder das Theilstück als Holzung erhalten und auf Verlangen der Behörde [21]) ihrer Aufsicht nach Maßgabe dieses Gesetzes unter-stellt bleibt.

Die Genehmigung ist nicht erforderlich, wenn die Veräußerung für Zwecke erfolgt, wegen welcher das Enteignungsverfahren zulässig ist.

§. **9.** Miteigenthümer, Nutzungs-, Gebrauchs- [22]) und Servitut-berechtigte, sowie Pächter oder Käufer sind, wenn sie ohne die gesetzlich erforderliche Genehmigung der Aufsichtsbehörde Holz einschlagen oder einschlagen lassen, mit einer Geldstrafe zu bestrafen, welche dem doppelten Werthbetrage des gefällten Holzes gleichkommt.

Wenn sie sonstige Nutzungen ausüben, welche die Aufsichtsbehörde innerhalb ihrer Zuständigkeit verboten hat, so sind sie mit einer Geld-strafe bis zu Einhundert Mark zu bestrafen.

§. **10.** Insoweit in einzelnen Landestheilen der Forstbetrieb in den oben bezeichneten Holzungen von den Staatsforstbehörden oder Be-amten geführt wird, verbleibt es bei den bestehenden gesetzlichen Bestim-mungen [23]).

In Kraft bleiben ferner: [24])

---

[17]) Aufgehoben G. 12. Mai 02 (GS. 139) §. 4.

[18]) Die Auseinandersetzung bezüglich der halben Gebrauchswaldungen ist in-zwischen durchgeführt.

[19]) Unteranl. A Nr. 1. III.

[20]) Anl. A Nr. XIII.

[21]) Anl. A Nr. XII. Dieses Verlangen ist grundsätzlich zu stellen, wenn nicht die Bedingungen des § 6 vorliegen.

[22]) Entspricht G. 6. Juli 75 (Nr. 2 d. W.) § 53. Wegen des Strafver-fahrens Anl. A. Nr. XIV.

[23]) Nr. III. 1. Anm. 4 d. W.

[24]) Diese Gesetze (1 bis 5) enthalten Sonderbestimmungen für die von ihnen betroffenen Holzungen, welche fast aus-schließlich aus Haubergen bestehen und in den Fällen 1 bis 3 u. 5 die Eigen-schaft gemeinschaftlicher Holzungen, im Falle 4 die Eigenschaft einer Waldge-nossenschaft haben. Der Regel nach sind

1. das Forstgesetz für das ehemalige Amt Olpe im Kreise Olpe vom 6. Januar 1810 [25]);
2. die in dem §. 5 der Verordnung vom 9. November 1816 (Sammlung der Edikte und Verordnungen für das Herzogthum Nassau, Band 2, S. 166) aufrecht erhaltenen Vorschriften über die Hauberge im vormaligen Herzogthum Nassau, insbesondere die Haubergordnung für das frühere Fürstenthum Siegen vom 5. September 1805 [26]);
3. die Polizeiordnung über die Bewirthschaftung der Hauberge in den Aemtern Freusburg und Friedewald, Kreises Altenkirchen, vom 21. November 1836 (Amtsblatt der Regierung zu Coblenz für 1837, S. 59 und GS. für 1851, S. 382) [27]);
4. das Waldkulturgesetz für den Kreis Wittgenstein vom 1. Juni 1854 (GS. S. 329);
5) die Haubergordnung für den Kreis Siegen vom 17. März 1879 (GS. S. 228).

Im Uebrigen werden alle Vorschriften, welche dem gegenwärtigen Gesetze entgegenstehen oder sich mit demselben nicht vereinigen lassen, insbesondere auch der §. 47 des Gesetzes vom 6. Juli 1875 (GS. S. 416) [28]) und Artikel 3 und 6 des Gesetzes vom 25. Juli 1876 (GS. S. 366) [29]), aufgehoben.

Anlagen zu dem Gesetze über gemeinschaftliche Holzungen. Vom 14. März 1881.

Anlage A (zu Anmerkung 1).

Ausführungsverfügung des Ministers für Landwirthschaft, Domainen und Forsten vom 26. April 1881 (MB. 134).

Zur Ausführung des Gesetzes über gemeinschaftliche Holzungen vom 14. März d. J. (GS. S. 261) bestimme ich Folgendes:

I. Die in § 1 bezeichneten Holzungen unterliegen hinsichtlich des Forstbetriebs und der Benutzung der Aufsicht des Staats nach Maßgabe

---

sie in Natur nicht theilbar und unterstehen der von dem Landrath und dem Regierungspräsidenten auszuübenden Staatsaufsicht.

[25]) Aufgehoben und nebst AbänderungsG. 27. Juni 75 (GS. 415) ersetzt durch G., betr. die Regelung der Forstverhältnisse für das ehemalige Justizamt Olpe im Kreise Olpe, RBez. Arnsberg 3. Aug. 97 (GS. 285).

[26]) Aufgehoben und ersetzt durch die Haubergordnung für den Dillkreis und Oberwesterwaldkreis 4. Juni 87 (GS. 289).

[27]) Aufgehoben und ersetzt durch die Haubergordnung für den Kreis Altenkirchen 9. April 90 (GS. 55).

[28]) Nr. 2 Anm. 36 d. W. Dieser § behandelt die Theilung gemeinschaftlicher Waldungen abweichend von den Bestimmungen des § 6.

[29]) Anm. 4. Dasselbe trifft für G. 25. Juli 76 Art. 3 zu; Art. 6 ist durch § 2 ersetzt.

der gesetzlichen Bestimmungen, welche in den einzelnen Landestheilen für die Holzungen der Gemeinden gelten. Diese Bestimmungen sind zunächst maßgebend dafür, welche Behörden die Aufsicht auszuüben haben. Es steht hiernach die Aufsicht im Geltungsbereiche des Gesetzes vom 14. August 1876 (GS. S. 373) den Regierungs-Präsidenten, in den übrigen Landestheilen, solange nicht daselbst die anderweitige Organisation der Verwaltungsbehörden in Gemässheit des Gesetzes vom 26. Juli 1880 (GS. S. 291) durchgeführt ist, den Regierungs-Abtheilungen des Innern und den Landdrosteien zu.[1]

Verschiedene Anträge, die Aufsicht über die im § 1 bezeichneten Holzungen nicht diesen Staatsbehörden, sondern den Waldschutzgerichten zu übertragen, sind vom Hause der Abgeordneten abgelehnt worden. Auch durch ein auf Grund des § 5 zu erlassendes Statut würde den Staatsbehörden ihr gesetzliches Aufsichtsrecht nicht entzogen oder geschmälert werden dürfen, da es sich bei demselben um die Wahrnehmung der öffentlichen Interessen handelt, und über diese den Privatbetheiligten eine Beschlußfassung nicht zusteht. Demgemäß ist auch in § 5 nur von der Verwaltung und Bewirthschaftung nicht aber auch von der Beaufsichtigung der Holzungen die Rede. Die letztere bildet hiernach keinen Gegenstand der statutarischen Regelung. Diese Auffassung ist schon in den Motiven zum § 5 der Regierungs-Vorlage (cfr. Drucksachen des Hauses der Abgeordneten, Session 1880/81, Nr. 15, S. 17) vertreten und im Hause der Abgeordneten vom Berichterstatter der Kommission Namens derselben ausdrücklich gebilligt worden (cfr. den stenographischen Bericht über die Sitzung vom 12. Februar d. J. S. 1736.)

II. Die Aufsichtsbehörde hat zunächst festzustellen, welche Holzungen innerhalb ihres Bezirks nach den §§ 1 und 2 der Aufsicht des Staates unterliegen, und dabei folgende Punkte zu berücksichtigen:

a) Das Gesetz gebraucht den Ausdruck „Holzungen" in demselben Sinne, welchen er nach der Grundsteuergesetzgebung hat (cfr. den § 5 der Anweisung für das Verfahren bei Ermittelung des Reinertrages der Liegenschaften behufs anderweiter Regelung der Grundsteuer vom 21. Mai 1861, GS. S. 257); er umfaßt also alle Grundstücke, deren hauptsächlichste Benutzung in der Holzzucht besteht.

Für die Feststellung dieser Grundstücke können die Katasteraufnahmen zum Anhalte dienen; sie dürfen jedoch nicht als entscheidend gelten. Maßgebend für die Feststellung ist der gegenwärtige thatsächliche Zustand der Grundstücke. Demnach sind auch abweichend von den Katasterangaben als Holzungen im Sinne des Gesetzes alle Grundstücke anzusehen, welche gegenwärtig in der Hauptsache mit Holz bestanden sind, und bei welchen die Holznutzung Hauptsache der Wirthschaft ist. Wenn einzelne zwischen oder an der Hauptfläche, mit derselben im Zusammenhange liegende Theile solcher Grundstücke gegenwärtig mit Holz nicht bestockt sind und öde liegen, also Waldblößen darstellen, so fallen auch diese Theile als zur Hauptfläche gehörig unter das Gesetz.

b) Die Staatsaufsicht hat sich nur auf solche Holzungen zu erstrecken, welche nach ihrer Beschaffenheit und ihrem Umfange zu einer forstmäßigen Be-

---

[1] An die Stelle der Regierungs-Abtheilungen des Innern und der Landdrosteien ist überall der Regierungspräsident getreten LVG. §§ 18 u. 25.

wirthschaftung geeignet sind. Diese Bedingung ist als vorhanden an=
zunehmen, wenn die Holzung eine solche Flächengröße hat, daß nach
sachverständigem Gutachten sowohl die Einrichtung eines der Holz= und
Betriebsart entsprechenden jährlichen Holzeinschlages, als auch mit ver=
hältnißmäßigem Kostenaufwande die Einrichtung eines genügenden Wald=
schutzes möglich ist. Holzungen, welche wegen ihres geringen Umfanges
nur im aussetzenden Betriebe bewirthschaftet werden können, sind nur
dann unter das Gesetz zu stellen, wenn Rücksichten auf die allgemeine
Landeskultur (z. B. ihre Lage auf zum Flüchtigwerden neigendem Wald=
boden, an Stromufern pp.) eine bestimmte Forstbetriebsweise erheischen.

Die Aufsichtsbehörde hat die hiernach erforderlichen sachverständigen
Ermittelungen durch die forsttechnischen Aufsichtsorgane ausführen zu
lassen, deren sie sich bei der Aufsicht über die Gemeindewaldungen
bedient.

c) Für die Anwendbarkeit des Gesetzes sind die Eigenthumsverhältnisse zur
Zeit des Inkrafttretens derselben entscheidend. Es bleiben daher Holz=
ungen, welche zu diesem Zeitpunkte gemeinschaftliches Eigenthum mehrerer
Personen gewesen sind, dem Gesetze unterworfen, auch wenn sie später
in das Alleineigenthum einer Person übergehen (cfr. den Bericht der
Commission des Hauses der Abgeordneten Nr. 179 der Drucksachen,
Session 1880/81, S. 3 u. 4). Dies gilt insbesondere auch für die Fälle
einer Subhastation, gleichviel ob dieselbe eine freiwillige oder noth=
wendige ist.

d) Bei Theilungen auf Grund des §. 6, Nr. 2 ist die Staatsaufsicht über
die zu anderen, als forstlichen Zwecken dauernd mit erheblich größerem
Vortheile benutzbaren Flächen aufzuheben, sobald die Benachrichtigung
der Auseinandersetzungsbehörde über die stattgehabte endgültige Fest=
stellung und Ausführung des Theilungsplanes eingeht. In geeigneten
Fällen wird nach endgültiger Feststellung des Planes über den für dessen
Ausführung in Aussicht genommenen Zeitpunkt der Staatsaufsichts=
behörde bereits vorher eine vorläufige Mittheilung gemacht werden.

e) Abgesehen von den im §. 1 unter Nr. 2 aufgeführten Gesammtabfindungen,
findet das Gesetz nicht Anwendung auf Holzungen, bei welchen die Ge=
meinschaft nachweislich auf einem besonderen privatrechtlichen Verhältnisse
beruht, also namentlich nicht auf Holzungen, welche zu einem Familien=
fideikommisse gehören, oder welche sonst durch Erbschaft, oder welche
durch Vertrag in das Eigenthum mehrerer Personen gelangt sind.

Den Nachweis, daß der Gemeinschaft ein privatrechtliches Ver=
hältniß zu Grunde liegt, haben, wenn diese Thatsache nicht notorisch
oder sofort klarzustellen ist, die Eigenthümer der Holzung zu führen.

III. Ueber die unter das Gesetz fallenden Holzungen ist für jeden Kreis ein
Verzeichniß aufzustellen, in welchem bezüglich einer jeden Holzung an=
zugeben sind:

1. die Lage, der Flächeninhalt und die Katasterbezeichnung,
2. die Eigenthumsverhältnisse,
3. wie die Holzung bestanden ist.

Auch solche Holzungen, bei welchem es in Rücksicht auf die Eigenthums=
verhältnisse zweifelhaft ist, ob sie unter das Gesetz fallen, sind in das
Verzeichniß aufzunehmen.

Die Verzeichnisse sind bei der Gegenwart zu erhalten.

Aus den Kreisverzeichnissen ist für jeden Regierungsbezirk eine übersichtliche Zusammenstellung anzufertigen, und diese mir bis zum 1. November d. J. vorzulegen.

IV. Bezüglich der Art und des Umfanges der Staatsaufsicht sind die unter das Gesetz fallenden Holzungen eben so zu behandeln, wie die Holzungen der Gemeinden.

Es sind daher in denjenigen Landestheilen, für welche besondere gesetzliche Bestimmungen bestehen, welche die Aufsicht des Staates über die Holzungen der Gemeinden regeln, diese Bestimmungen auch bei jenen Holzungen zur Anwendung zu bringen.[2]

In denjenigen Landestheilen, für welche solche gesetzliche Bestimmungen nicht bestehen, hat sich die Aufsicht des Staates nach den Vorschriften zu richten, welche für die Verwaltung des Gemeinde-Vermögens im Allgemeinen gelten.[3]

Nach Maßgabe und in dem Umfange dieser Bestimmungen hat die Aufsichtsbehörde darüber zu wachen, daß die Bewirthschaftung und Benutzung der Holzungen nach einem von ihr festzustellenden Betriebsplane innerhalb der Grenzen der Nachhaltigkeit erfolge, wobei die Kontrolle in Uebereinstimmung mit den für die Gemeindewaldungen bestehenden Formen stattzufinden hat, und daß die Verwaltung und der Forstschutz durch Personen ausgeübt werde, welche den hierfür in der Gemeinde-Gesetzgebung vorgeschriebenen Anforderungen entsprechen.

In letzterer Beziehung ist demgemäß die Verwaltung der hier in Rede stehenden Holzungen

a) in denjenigen Landestheilen, in welchen die Verwaltung der Gemeindewaldungen den Staatsoberförstern gegen eine von den Gemeinden an die Staatskasse zu zahlende Entschädigung zugewiesen ist,[4] eben so, wie

b) in denjenigen Landestheilen, in welchen gesetzlich die Gemeindewaldungen zu gemeinschaftlichen Forstverwaltungsverbänden vereinigt sind,[5]
den Oberförstereibezirken, bezw. den Forstverwaltungsverbänden, in welchen sie liegen, mit den, den betreffenden Gemeinden obliegenden Verpflichtungen zuzuweisen, wogegen

c) in denjenigen Landestheilen, in welchen den Gemeinden die Wahl ihrer Forstverwaltungsbeamten überlassen ist, in gleicher Weise auch bei jenen Holzungen zu erfahren ist.[6]

Bezüglich des Forstschutzes ist analog, wie bezüglich der Verwaltung zu verfahren.

V. Ich wünsche, daß die Aufsichtsbehörden bei Handhabung ihres Aufsichtsrechts zwar mit Nachdruck für die Erhaltung und, wenn nöthig, für die Wiederherstellung eines geordneten Zustandes der Holzungen Sorge tragen, daß sie aber ihre Einwirkung auf das in dieser Beziehung unerläßliche Maß beschränken. In der Regel wird zur Erreichung des Zweckes eine wirksame Aufsicht auf den forstwirthschaftlichen Theil des Betriebes genügen, und der ökonomische Theil desselben den Genossenschaften selbstverständlich überlassen werden können. Aber auch bezüglich des forstwirthschaftlichen Theiles des Betriebes empfehle ich den Aufsichtsbehörden, in bestehende Verhältnisse, Einrichtungen und hergebrachte Gewohnheiten abändernd oder beschränkend von Aufsichtswegen nur schonend

---

[2] Nr. III. 1, 2 u. 3 d. W.
[3] Nr. III. 1 d d. W.
[4] Nr. III. 1, Anm. 4 d. W.

[5] Nr. III. 1 b d. W.
[6] Nr. III. 1 a d. W.

und nur insoweit einzugreifen, als dies der vorhin angedeutete Zweck der Aufsicht unumgänglich erheischt. Insbesondere wünsche ich, daß auf die bestehenden ökonomischen Verhältnisse und auf die Gewohnheiten bei Zugutemachen der Nebennutzungen, namentlich der Streu, jede billige Rücksicht genommen[7]) und die im Interesse eines ordnungsmäßigen Holzbestandes etwa erforderlichen Einschränkungen nur allmählich ohne Schroffheit angebahnt werden. Es ist Aufgabe der Aufsichtsbehörden, die Interessenten zu überzeugen, daß ihrem eigenen dauernden Nutzen am besten gedient ist durch die neue Verwaltung und Kontrole.

VI. Die Aufsichtsbehörde hat sich zur Ausübung ihres Aufsichtsrechts soweit, als nöthig, derselben Staatsforstbeamten zu bedienen, welche sie zur Führung der Aufsicht über die Gemeindewaldungen nach Maßgabe der Vorschriften der betreffenden Gemeindeforstgesetze und der zu diesen erlassenen Instruktionen verwendet.

In denjenigen Landestheilen, in welchen den Staatsforsträthen[8]) bezirksweise die Gemeindewaldungen zur Ausübung der Staatsaufsicht unter entsprechender Feststellung der Dienstaufwandsentschädigung zugewiesen sind, treten den betreffenden Bezirken die in denselben gelegenen gemeinschaftlichen Holzungen ohne Weiteres hinzu. Die Regierungs- und Forsträthe[8]) haben die Aufsicht über letztere in diesen Bezirken eben so zu führen, wie die über die Gemeindewaldungen, ohne daß sie dafür eine besondere Entschädigung beanspruchen dürfen.

In denjenigen Landestheilen, in welchen solche Aufsichtsbezirke nicht bestehen, ist über die Verwendung und Entschädigung der Staatsforstbeamten lediglich nach den bezüglich der Gemeindewaldungen gegebenen Vorschriften zu verfahren.

VII. Unter den im ersten Absatze des §. 3 bezeichneten Kosten sind die sämmtlichen für die Verwaltung, den Forstschutz und die nothwendigen Forstbetriebsausführungen zu machenden Ausgaben verstanden.

---

[7]) Diesen Rücksichten soll nach Verfügungen des ML. v. 28. Mai 95 und 8. Juni 96 namentlich in der Richtung Rechnung getragen werden, daß

a) bei Aufstellung von Betriebsplänen alle nicht unbedingt nothwendigen Arbeiten zu vermeiden, die Betheiligten zunächst zu hören und ihre Wünsche zu berücksichtigen sind, soweit es mit der Erhaltung geordneter Zustände vereinbar ist, daß namentlich bei Bemessung der Umtriebszeiten der finanzielle Effekt angemessen berücksichtigt werde;

b) ebenso bei Aufstellung der jährlichen Hauungs- und Kulturpläne, sowie der Nebennutzungspläne zu verfahren sei. (Bezieht sich nur auf diejenigen Landestheile und Fälle, für welche die Aufstellung solcher Jahrespläne vorgeschrieben oder besonders angeordnet ist. Nr. III 1. 2 (Anm. 16. 3. d. W.);

c) die Eigenthümer wider ihren Willen nicht zu Aenderungen in der Nutzungsweise, sowie in der Wahl der Holz- und Betriebsarten anzuhalten sind, wenn dies nicht unbedingt geboten erscheint;

d) die Verwerthung der Waldprodukte den Betheiligten zu überlassen und nur darauf zu halten sei, daß dabei, sowie bei der Abfuhr der Waldprodukte ordnungsmäßig verfahren werde;

e) die Entwerfung systematischer Wegenetze, sowie der Ausbau von Wegen von der Zustimmung der Betheiligten abhängig zu machen sei.

f) bei Zulassung der Nebennutzungen auf die wirthschaftlichen Bedürfnisse der Eigenthümer schonende Rücksicht zu nehmen sei.

[8]) Nr. II. A. Anm 6. d. W.

Der zweite Absatz des §. 3, nach welchem die aus der staatlichen Oberaufsicht erwachsenden Kosten der Staatskasse zur Last fallen, ist dem §. 14 des Gesetzes vom 14. August 1876 (GS. S. 373)[9]) entnommen und gleich diesem im Wesentlichen nur auf die Tagegelder und Reise= kosten zu beziehen, welche die Staatsforstbeamten für die zur Wahrnehmung der Oberaufsicht ausgeführten Reisen nach den Bestimmungen unter VI etwa zu beanspruchen haben.

VIII. Es erscheint wünschenswerth, daß sich außer den Staatsforstbeamten, auch die Landräthe (Kreis- und Amtshauptleute)[10]) für die Ausführung des Gesetzes interessiren und bei derselben selbstthätig mitwirken. Ab= gesehen von den besonderen Aufträgen, welche ihnen von der Aufsichts= behörde ertheilt werden, haben diese Beamten von Amtswegen die Holzungen ihrer Kreise (Amtsbezirke)[10]) von Zeit zu Zeit zu besichtigen, die Abstellung etwaiger Mißstände bei der Aufsichtsbehörde in Antrag zu bringen, und eventuell, wenn Gefahr im Verzuge ist, selbstständig einzuschreiten. Die Aufsichtsbehörde hat die genannten Beamten mit entsprechender Anweisung zu versehen.

IX. Anträge auf Feststellung eines Statutes sind in der Regel den Eigen= thümern selbst zu überlassen und von der Aufsichtsbehörde nur dann zu stellen, wenn dazu im öffentlichen Interesse ein Bedürfniß vorliegt, welchen abzuhelfen die ihr gesetzlich zustehenden Befugnisse nicht genügen.

In den Fällen des § 4 hat sich die Aufsichtsbehörde, wenn die Be= stellung von Bevollmächtigten innerhalb einer angemessenen Frist nicht erfolgt, ohne Weiteres an den Gemeindevorsteher zu halten.

In den Fällen des §. 5 erfolgt die statutarische Regelung unbeschadet der staatlichen Aufsichtsbefugnisse (cfr. § 2 des Gesetzes und oben zu I). In Rücksicht hierauf ist den Landräthen als Vorsitzenden des Waldschutz= gerichts zu empfehlen, daß sie sich in diesen Fällen mit der Aufsichts= behörde wegen der in dem Statute über den Forstbetrieb und die Be= nutzung zu treffenden Bestimmungen zuvor in's Einvernehmen setzen.

X. Hinsichtlich der bei der Berathung im Hause der Abgeordneten angeregten Frage: ob auch Waldgenossenschaften, welche auf Grund der §§. 23 u. ff. des Gesetzes vom 6. Juli 1875 (GS. S. 416[11]) gebildet worden sind, und über welche nach dem § 44 dieses Gesetzes die Aufsicht bisher dem Waldschutzgerichte zugestanden hat, unter das neue Gesetz und damit unter die Aufsicht der Staatsbehörden fallen, ist zu berücksichtigen, daß sich die beiden Gesetze auf verschiedene Arten von Holzungen beziehen.

Das Gesetz vom 6. Juli 1875 setzt mehrere einzelne neben einander oder vermengt gelegene Grundstücke voraus, welche sich im besonderen Eigenthum verschiedener Eigenthümer befinden, und bezeichnet den Weg, auf welchem unter diesen Eigenthümern auf Grund von Mehrheits= beschlüssen eine statutarische Gemeinschaft hinsichtlich des Forstschutzes oder der forstmäßigen Benutzung oder Bewirthschaftung einzuführen ist. Das Gesetz vom 14. März d. J. setzt dagegen Grundstücke voraus, welche mehreren Personen im Ganzen und ungetheilt gehören, bei welchen also eine Gemeinschaft nicht bloß in den eben gedachten Beziehungen, sondern auch im Eigenthumsrechte selbst schon besteht, und für welche die bisherige Gemeinschaft im öffentlichen Interesse unter staatlicher Aufsicht erhalten bleiben soll, ohne daß es hierbei auf ein Statut oder

---

[9]) Nr. III. 2 d. W.   [11]) Nr. 2 d. W.
[10]) Nr. 2 Anm. 38 d. W.

sonst auf die Zustimmung der Eigenthümer ankommt. Aus dieser Verschiedenartigkeit des Gegenstandes und des Zweckes der beiden Gesetze ergiebt sich, daß das Gesetz vom 6. Juli 1875 für die Grundstücke der zuerst erwähnten Art nach, wie vor, maßgebend geblieben ist.

XI. Die Königlichen General-Kommissionen sind durch meine abschriftlich beiliegende Verfügung [12]) veranlaßt worden, sowohl bei neuen Theilungsanträgen, als auch bezüglich der Fortsetzung schon früher, eingeleiteter Theilungen in allen Fällen, wenn es sich um Holzungen der in §. 1 bezeichneten Art handelt, vor Genehmigung der Theilung die Aufsichtsbehörde darüber gutachtlich zu hören, ob die Bedingungen vorliegen, von welchen der § 6 die Zulässigkeit der Theilung abhängig macht. Die Aufsichtsbehörde hat in den von ihr abzugebenden Gutachten die landes- und forstpolizeilichen Interessen sorgfältigst zu vertreten.

XII. Zur Genehmigung von Veräußerungen, welche eine Theilung unter den Miteigenthümern bewirken, ist nach dem §. 6, abgesehen von den Landestheilen des linken Rheinufers, ausschließlich die Auseinandersetzungsbehörde zuständig, und zwar auch dann, wenn es sich nur um die Abfindung eines einzigen oder einzelner Miteigenthümer handelt. Der §. 8 bezieht sich nur auf Veräußerungen von Theilstücken, welche nicht unter den §. 6 fallen.

Nach der Regierungs-Vorlage sollten für die nach dem § 8 erforderliche Genehmigung der Aufsichtsbehörde zu solchen Veräußerungen die gleichen Bedingungen gelten, wie nach dem §. 6 für die Statthaftigkeit einer Theilung unter den Miteigenthümern. Nach einem vom Hause der Abgeordneten beschlossenen Zusatze zum §. 8 soll aber die Aufsichtsbehörde die Genehmigung zu ertheilen auch dann verpflichtet sein,

wenn das Theilstück als Holzung erhalten und auf Verlangen der Behörde ihrer Aufsicht unterstellt bleibt.

Um einer Gefährdung der forstlichen Interessen vorzubeugen, wird die Aufsichtsbehörde, wenn nicht die Bedingungen des §. 6 vorliegen, grundsätzlich zu verlangen haben, daß das Trennstück als Holzung erhalten und ihrer Aufsicht unterstellt bleibe. Es ist demnächst die Aufsicht über die veräußerten Theilstücke mit besonderer Sorgfalt auszuüben und strenge darauf zu halten, daß der Wirthschaftsplan, welcher stets schon vor Genehmigung der Veräußerung festzustellen ist, genau befolgt werde.

XIII. Nach dem §. 8 ist die Genehmigung der Aufsichtsbehörde nicht bloß zur Veräußerung, sondern auch zur „Bildung" von Theilstücken einer Holzung erforderlich. Diese Bestimmung, welche auf einem Beschlusse der Kommission des Hauses der Abgeordneten beruht, ist nach dem Kommissionsberichte (Drucksachen Nr. 179, S. 8) dahin zu verstehen, daß auch Neubildungen von Theilstücken, bei welchen eine Veränderung der Eigenthumsverhältnisse nicht eintritt, welche also nicht rechtlicher, sondern nur wirthschaftlicher Natur sind, der Genehmigung der Aufsichtsbehörde bedürfen.

XIV. Die Verhängung der Strafen auf Grund des §. 9 hat im gewöhnlichen Strafverfahren zu erfolgen.

---

[12]) Unteranlage A 1.

XV. Die Aufsichtsbehörden haben bei Einreichung der unter III erwähnten Nachweisungen zugleich über die allgemeinen Anordnungen zu berichten, welche sie inzwischen zur Ausführung des Gesetzes getroffen haben.

Unteranlage A I. (zu Anmerkung 1).

Verfügung des Ministers für Landwirthschaft, Domainen und Forsten vom 26. April 1881 (MB. 134).

Zur Ausführung des Gesetzes über gemeinschaftliche Holzungen vom 14. März d. J. (GS. S. 261) habe ich an die Herren Regierungs-Präsidenten die abschriftlich beiliegende Verfügung[1]) erlassen, welche die Königliche General-Kommission in den ihr Ressort betreffenden Punkten gleichfalls zu beachten hat.

Im Anschlusse an diese Verfügung bestimme ich,

I. daß die Auseinandersetzungsbehörden,

    1. wenn bei einer Gemeinheitstheilung, Zusammenlegung oder Forstservitutenablösung eine Gesammtabfindung der im §. 1 bezeichneten Art überwiesen,

    2. wenn die Theilung einer Holzung der im §. 1 bezeichneten Art genehmigt wird,

in allen Fällen hiervon die Aufsichtsbehörde in Kenntniß zu setzen haben, damit diese Behörde in Bezug auf die Einleitung oder anderweitige Regelung der Staatsaufsicht das Erforderliche veranlassen könne.

II. Darüber, ob die Bedingungen vorliegen, unter welchen der §. 6 eine Theilung der hier in Rede stehenden Holzungen ausnahmsweise gestattet, haben zwar — abgesehen von den Landestheilen des linken Rheinufers — die Auseinandersetzungsbehörden zu entscheiden. Indessen erscheint es im landes- und forstpolizeilichen Interesse zweckmäßig, daß auch der Aufsichtsbehörde Gelegenheit geboten werde, ihre etwaigen Bedenken gegen die Statthaftigkeit der Theilung rechtzeitig geltend zu machen. Ich bestimme daher ferner, daß die Auseinandersetzungsbehörden sowohl bei neuen Theilungsanträgen, bevor denselben stattgegeben wird, als auch bei bereits eingeleiteten Theilungen, wenn der Theilungsplan zur Zeit des Inkrafttretens des neuen Gesetzes noch nicht endgültig festgestellt gewesen ist, und die Fortsetzung des Theilungsverfahrens ungeachtet der Bestimmung des § 7 beabsichtigt wird, die gutachtliche Aeußerung der Aufsichtsbehörde über die Zulässigkeit der Theilung einzuholen haben.

III. Zu den Regulirungskosten, welche im Falle der Einstellung des Theilungsverfahrens nach dem §. 7 der Staatskasse zur Last fallen, dürfen nur solche Kosten, welche für die ordnungsmäßige Durchführung des Theilungsverfahrens aufzuwenden gewesen sind, aber weder Prozeß- noch Weiterungskosten gerechnet werden.

IV. Der im Geltungsbereiche einzelner Gemeinheitstheilungsordnungen bisher möglich gewesene Fall, daß die Theilung einer gemeinschaftlichen Holzung als landwirthschaftlich nützlich von der Auseinandersetzungsbehörde zugelassen, unter den Empfängern der Einzelpläne aber auf Grund des Gesetzes vom 6. Juli 1875 (GS. S. 416) eine

---

[1]) Anl. A.

Waldgenossenschaft gebildet wurde, wird mit Rücksicht auf die im §. 6 des Gesetzes vom 14. v. M. festgestellten Bedingungen für die Zulässig=keit der Theilung bei den diesem Gesetze unterliegenden Holzungen nicht mehr vorkommen. Es wird daher im Auseinandersetzungs=verfahren die Frage der Bildung einer Waldgenossenschaft fortan nur noch unter den allgemeinen Voraussetzungen der §§. 23 und ff. des Gesetzes vom 6. Juli 1875 in Betracht zu ziehen sein. Die hierbei in mehreren Spezialfällen hervorgetretenen Zweifel, ob die Aus=einandersetzungsbehörden, falls sie in einem vor ihnen schwebenden Verfahren die Bildung einer Waldgenossenschaft für angezeigt er=achten, bezüglich der zu diesem Behufe erforderlichen Verhandlungen und Entscheidungen, sowie bezüglich der Bestätigung des Genossenschafts=statutes selbst zuständig sind, habe ich verneinend entschieden, weil in dem Gesetze vom 6. Juli 1875, welches die fragliche Materie selbst=ständig und erschöpfend regelt und daher auch für Auseinander=setzungen gegenüber dem §. 8 der Verordnung vom 30. Juni 1834 als Spezialgesetz anzusehen ist, die Bildung von Waldgenossenschaften, ohne einen Vorbehalt für Auseinandersetzungssachen, an Organe der Selbstverwaltung in einem genau geregelten, abweichenden Verfahren übertragen ist. Indem ich dies der Königlichen General=Kommission zur Nachachtung mittheile, bemerke ich, daß die Bestellung des die Auseinandersetzung leitenden Spezialkommissarius zum Kommissar auch für das in Gemäßheit der §§. 32 und ff. des Gesetzes vom 6. Juli 1875 stattfindende Verfahren zweckmäßig erscheint, und des=halb hierauf bei den von Ihr eventuell auf Grund des § 23 ibid: bei dem Waldschutzgerichte anzubringenden Anträgen hinzuwirken sein wird. Die Bildung einer Waldgenossenschaft ist in dem Auseinander=setzungsregresse zu erwähnen und demselben das vom Waldschutz=gerichte festgestellte Statut anzuheften.

Verzeichniß der aufgenommenen Bestimmungen.

(Im Wortlaut aufgenommene Bestimmungen sind gesperrt gedruckt; die Zahlen bezeichnen die Seiten, die eingeklammerten die Anmerkungen.)

Bis 1800.

Braunschw.Lüneb.Landesres. 6.Sept. 1681 — 402 (3).

Kurh. V. 30. Mai 1711 — 331.

„ „ 25. Juli 1777 — 331.

Forst= u. JagdO. 2. Juli 1784 — 385 (5).

Patent 15. Juni 1785 — 385 (5).

LR. 1. Juni 1794 I. 9, §. 111 bis 113 — 36 (61), II. 14, §. 11 —81 (2), §. 16—20 — 86 (1).

Linksrh. G. 16. März 1796 — 9 (11).

1801—1820.

HaubergO. 5. Sept. 05 — 406.

Ed. u. HausG. 6. Nov. 09 — 83.

ForstG. 6. Jan. 10 — 406.

Großh. Hess. V. 16. Jan. 11 — 332.

Ed. 14. Sept. 11 — 385 (2).

Hann. V. 21. Okt. 15 — 331.

Nass.Ed. 9. Nov. 16 — 331, 406.

V. 24. Dez. 16. — 347.

V. 7. Febr. 17 — 95 (5).

Vf. 17. Febr. 17 — 109 (3).

Reg.Instr. 23. Okt. 17 — 89.

AE. 3. Nov. 17 — 95 (5).

V. 17. Jan. 20 — 85 (8).

AE. 31. Jan. 20 — 93 (18).

1821—1840.

Gem.Th.O. 7. Juni 21 — 85 (7), 99 (10).

Kurh. V. 29. Juni 21 — 331.

AE. 19. Aug. 23. — 243 (1).

Großh.Hess.V. 29. Dez. 23 — 332.

AK. 31. Dez. 25 — 94.

Gesch.Anw. f. d. Reg. 31. Dez. 25 — 97.

Vf. 30. April u. 19. Juni 26 — 93 (3).

Hann. VerwO. 1. Sept. 30 — 332 (4).

AE. 5. Juli 32 — 11 (10).

V. 30. Juni 34 — 97 (11).

Kurh. GemO. 23. Okt. 34 — 331.

Hess.Homb.G. 6. Febr. 35 — 332.

„ VerwO. 15. April 35 — 332.

AE. 18. Aug. 35 u. 28. Mai 36 — 348 (4).

HaubergO. 21. Nov. 36 — 406.

AE. 7. Febr. 37 — 11 (10).

„ 21. März 37 — 139 (37).

G. 31. März 37 — 72.

MinInstr. 17. April 37 u. 14. Juli 97 — 75.

AE. 6. Okt. 37 — 72 (3).

MinInstr. 21.Nov. 37 u. 1.Sept. 97 — 78.

AE. 16. Jan. u. Vf. 12. Febr.
  38 — 87.
AE. 19. April 38 — 72 (3).
V. 30. Juni 39 — 65.
AE. 13. Juli 39 — 201 (12).
  „ 22. Juli 39 — 11 (10).
  „ 12. Aug. 39 — 347 (1).
OberprInstr. 31. Aug. 39 — 347 (1).
Kurh. Regul. 5. März 40 — 331.
AE. 21. Mai 40 — 72 (3).

1841—1860.

Regul. 17. Nov. 41 — 154 (48).
AE. 19. Febr. 42 — 72 (3).
Vtr. 21. März 42 — 17 (31).
V. 5. März 43 — 69.
Rhein. GemO. 23. Juli 45 — 347
  (1), 359.
Dekl. 26. Juli 47 — 334 (4).
FPO. 1. Nov. 47 — 24 (1), 52
  (111), §. 40 — 36 (61).
Vtr. 15. Jan. 48 — 17 (31).
AE. 25. Juni 48 — 81 (5).
Vtr. 12. März 49 — 17 (3).
Naff. G. 27. Sept. 49 — 331.
VU. 31. Jan. 50 — 200 (7), 276 (7).
G. 2. März 50 — 84 (3), 87 (7).
ErgG. 2. März 50 — 85 (7), 99 (10).
G. 11. März 50 — 44 (92).
AE. 18. Sept. 50 — 95 (6).
G. 7. Jan. 52 — 89 (1).
Bahr. G. 28. März 52 — 331.
G. 21. April 52 — 97 (11).
DisciplG. 21. Juli 52 — 198 (2).
StO. 30. Mai 53 — 334 (4), 363.
G. 13. Febr. 54 — 75 (12), 198 (2).
WaldkulturG. 1. Juni 54 — 406.
Naff. GemO. 26. Juli 54 — 331.
AE. 11. Aug. 55 — 72 (3).
Westf. StO. u. LGO. 19. März 56
  — 347 (1).
Rhein. StO. 15. Mai 56 — 347 (1)

Rhein. GemVerfG. 15. Mai 56,
  Art. 23. — 337 (18), 349 (9).
OberprInstr. 19. Mai 57 —
  352.
Vf. 12. Juni 57. — 166.
V. 1. März 58. — 358.
Hann. StO. 24. Juni 58. —
  332 (4).
Hann. G. 10. Juli 59 — 331,
  333.
AusfAnw. 26. Juli 59 — 331.
Vf. 21. Nov. 59 — 106.

1861—1866.

Vf. 4. Juli 64 — 93 (18).
G. 11. Sept. 65 — 383.

1867.

V. 22. Febr. — 89 (1).
Frankf. GemVerfG. 25. März —
  332 (4), 380 (2).
V. 6. Mai — 276 (7).
  „ 25. Juni — 72 (1).
  „ 4. Juli — 82.
  „ 5. Juli — 86.
  „ 20. Sept. — 44 (92).
  „ 23. Sept. — 95 (5).

1868.

V. 7. März — 243 (1).
AE. 20. Juni — 89 (1).
Vf. 3. Juli — 93 (18).
Förster-DienstInstr. 23. Okt. —
  197.
Uniform-Regl. 29. Dez. — 224.

1869.

AE. 21. Juli — 379.
V. 24. Dez. — 72 (1).

1870.

G. 7. Jan. — 362, 371.
AE. 5. März — 98 (7).

AE. 30. April u. Bf. 9. Mai —
  233 (4).
EG. z. StGB. 31. Mai — 1.
GeschAnw.f.Oberförster 4.Juni
  — 109.

1871.

RVerf. 16. April — 200 (7).
Mil.Penf.G. 27. Juni — 362 (16),
  374.

1872.

G. 27. März — 360 (8).
KrO. 13. Dez. — 109 (4), 158 (53).

1873.

G. 13. Juni — 402 (4).

1874.

AE. 28. Jan. — 84 (4).
  „ 30. März — 93 (16).
FischereiG. 30. Mai §. 50[7] —
  33 (51).
G. 10. Juni — 201 (12).

1875.

Koften-Regul. 25. April — 391
  (23).
G. 20. Juni — 347 (1).
G. 24. Juni — 391 (23).
Prov.O. 29. Juni — 365 (20).
G. 6. Juli — 384.

1876.

StGB. 26. Febr. §§. 113 bis 115,
  117—119, 359 — 6 ff, §. 52,
  257 — 12 (13), §. 55 — 14
  (21), §. 123 — 27 (19), §. 137
  u. 247 — 30 (38), §. 201 bis
  210 — 285 (2), §. 303 — 26
  (14), §. 304 — 35 (57), §. 305
  — 34 (54), §. 321 u. 326 — 36
  (58), §. 360 — 40 (73), §. 366
  — 33 (50), §. 367 — 34 (53),

§. 370 — 31 (43), §. 374 —
  35 (55).
G. 25. Juli — 402 (4), 406.
G. 14. Aug. — 334.
G. 25. Aug. — 66.

1877.

EG. z. GVG. 27. Jan. §. 11 —
  198 (2).
StPO. 1. Febr. — 17 (30).
EG. z. StPG. 1. Febr. §. 2 —
  1, §. 53 — 199 (5).
G. 3. März — 391 (23).
  „ 19. „ — 334 (1).
Bf. 3. Juni — 101.
AE. 12. Juni — 282 (18).
AusfInstr. 21. Juni — 339.

1878.

FDG. 15. April — 10.
AE. 7. Aug. — 81 (4), 87 (3).
  „ 21. Okt. — 109 (3).

1879.

AE. 9. Jan. u. Bf. 30. Jan. —
  101 (16).
HaubergO. 17. März — 406.
StMB. 21. März — 243 (1).
Bf. 19. Juli — 347 (1).
Gesch.Anw. f. Amtsanwälte 28. Aug.
  — 16 (29).

1880.

F. u. FftPG. 1. April — 24.
Ausf.Best. 12. Mai — 56.
  „ „ 29. Mai — 61.

1881.

G. 6. Febr. — 360 (8).
Bf. 11. Febr. — 338 (23).
G. 14. März — 402.
Ausf.Bf. 26. April — 406, 413.
AE. 12. Aug. u. Bf. 15. Sept.
  — 102 (1).

1882.

AE. 4. Jan. — 198 (3).

Vf. 2. Febr. — 302 (9).

G. 31. März — 362, 363.

„ 20. Mai — 200 (11), 363 (18).

Prüf.=Vorschr. f. Landmesser 4. Sept. §. 28 — 275 (5).

1883.

StME. 6. April — 199 (5).

AE. 9. April, Vf. 20. April u. 16. Juni — 276 (6), 281 (14).

G. 23. April u. Ausf.Anw. 8. Juni — 43 (84), 52 (110), 59 (1, 2 u. 3).

G. 13. Juni — 42 (82).

Vf. 23. Juli — 22.

LVG. 30. Juli — 15 (26), 42 (77, 79 u. 83), 337 (20 u. 21), 348 (5), 388.

ZustG. 1. Aug. — 334 (2), 347 (1), 349 (7).

1884.

KrO. f. Hann. 6. Mai — 18 (34), 47 (100), 89 (1).

1885.

Vtr. 29. April — 17 (31).

KrO. f. Heff.Naff. 7. Juni — 331.

Prov.O. „   „   8. „ — 365 (20).

AE. 15. Juni — 95 (5).

1886.

KrO. f. Westf. 31. Juli — 367.

1887.

Vf. 3. Febr. — 325.

G. 4. Juli — 42 (82).

KrO. f. Rheinpr. 30. Mai — 367.

1888.

Vf. 2. Febr. — 244 (2), 250 (6).

RG. 22. März — 62.

G. 28. März — 200 (11).

G. über Realgem. in Hann. 5. Juni §. 11 — 404 (13).

ProvO. f. Schleswig=Holst. 27. Mai — 365 (20).

Vf. 26. Oft. — 276 (7).

„ 31. „ — 93 (18).

1889.

Vf. 4. Mai — 93 (18).

G. 19. „ — 338 (26).

Vf. 6. Juli — 299 (3).

1890.

G. 11. Juni — 42 (82).

1891.

G. 1. März — 362, 366 (28).

LGO. f. d. östl. Prov. 3. Juli — 334 (2), 364.

G. 21. Juli, Art. II — 383 (2).

AE. 14. Oft. — 95 (6), 109 (3).

1892.

Vf. 11. April — 270.

LGO. f. Schleswig=Holst. 4. Juli — 364.

AE. 24. Aug., Vf. 15. Sept. u. 10. Oft. — 281 (14).

1893.

AE. 16. Jan. u. Vf. 30. Jan. — 270 (1).

Vf. 31. Jan. — 234.

RG. 22. Mai — 362 (16).

1894.

—

1895.

Vf. 20. März — 169.

„ 28. Mai u. 8. Juni 96 — 410 (7).

AE. 14. Juli — 89 (5).

Vf. 25. Oft. — 237 (8).

Sachverzeichniß.

Spamersche Buchdruckerei, Leipzig.